U0156534

系统体系、
设计（第2版）

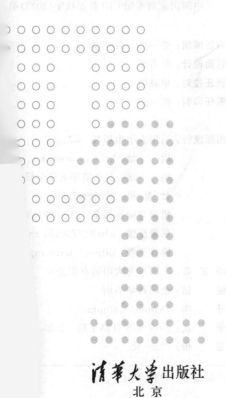

清华大学出版社
北京

本书基于多维融合知识体系展开阐述,系统、2
等内容。全书共 11 章,首先介绍嵌入式系统概念、
硬件、嵌入式(系统)软件以及嵌入式系统开发方法
计相关的基础数字电路、(异构)处理器、存储器、最
理和设计方法;软件部分阐述嵌入式软件的体系结
务机制和应用方式,以及主流的嵌入式图形库、文
入式软件与系统的开发机制以及典型的调试、测试

本书适合作为高等院校计算机、软件、物联网
通等相关专业的高年级本科生、研究生教材,同时

本书封面贴有清华大学出版社防伪标签,无标签

版权所有,侵权必究。举报:010-62782989,beic

图书在版编目(CIP)数据

嵌入式系统体系、原理与设计/张凯龙编著
计算机系列教材
ISBN 978-7-302-65098-0

Ⅰ.①嵌…　Ⅱ.①张…　Ⅲ.①微型计算

中国国家版本馆 CIP 数据核字(2023)第

责任编辑:张　民　战晓雷
封面设计:常雪影
责任校对:申晓焕
责任印制:沈　露

出版发行:清华大学出版社
　　　　网　　址:https://www.tup.c
　　　　地　　址:北京清华大学学研
　　　　社 总 机:010-83470000
　　　　投稿与读者服务:010-627769
　　　　质量反馈:010-62772015,zhi
　　　　课件下载:https://www.tup
印 装 者:三河市龙大印装有限公司
经　　销:全国新华书店
开　　本:185mm×260mm
版　　次:2017 年 5 月第 1 版　　2023
定　　价:79.90 元

产品编号:094564-01

计算机系列教材

张凯龙　编著

嵌入式
原理与

容 简 介

全面阐述了嵌入式计算机系统的体系、原理与设计方法
内涵、组成、演化及发展趋势,然后分数字电路与嵌入式
三大部分展开论述。硬件部分阐述嵌入式系统硬件设
小系统外围电路及 I/O 接口扩展等硬件组件的基本原
构与基础组件,嵌入式(实时)操作系统的典型模型、服
件系统、数据库等系统软件组件;设计与开发部分阐述嵌
式、仿真方法。
、自动化、电子信息等相关专业或航空航天航海、智能交
也可供专业设计人员参考。

者不得销售。

inquan@tup.tsinghua.edu.cn。

—2 版. —北京:清华大学出版社,2023.12(2024.9重印)

机—系统设计—教材 Ⅳ. ①TP360.21

235315 号

om.cn,https://www.wqxuetang.com

大厦 A 座　　　　　　　　邮　　编:100084
　　　　　　　　　　　　　邮　　购:010-62786544
69, c-service@tup.tsinghua.edu.cn
liang@tup.tsinghua.edu.cn
.com.cn,010-83470236

印　　张:33.5　　　　字　　数:818 千字
年 12 月第 2 版　　　　　印　　次:2024 年 9 月第 2 次印刷

序

　　作为计算机技术中演化出的一个重要分支体系，嵌入式系统前所未有地连接了信息世界和物理世界，并已成为全球科技创新、产业变革发展的重要驱动力。其主要特点在于，以"有机"嵌入物件、生物等各类物理对象的方式，为这些对象赋予匹配其物理执行过程的计算能力，或者说，赋予其以新的"数字化生命"甚至"数字化智慧"。过去的数十年里，嵌入式系统软硬件技术的发展与应用日新月异。今天，嵌入式系统技术与人工智能、云计算、大数据、5G通信等新一代信息技术持续融合，更是使得诸如物联网、智能制造等一系列新事物不断涌现。可以说，人类发明了嵌入式系统，创造了数字化生命体，而嵌入式系统又推动人类社会迈入了万物互联、万物智能的数字化、智能化新时代。由此可以预见，在数字化转型发展的新时期，嵌入式系统必将具有广阔的发展空间，因此，高水平的嵌入式系统技术创新及专业人才培养就变得非常重要。

　　从计算技术的角度看，嵌入式计算机系统仍归属于广义概念上的计算机范畴，它以图灵机作为构建计算体系的基本范式，以处理器、存储器、总线等作为构建系统的基础组件。但是，作为连接物理对象的特殊计算系统，嵌入式系统的逻辑模型、功能组件、设计方法及属性约束等又与通用计算机系统有着显著的不同。本质上，嵌入式系统技术首先要从根本上消除由物理世界与信息世界的差异所导致的一组矛盾，如物理（规律）约束与逻辑处理、连续过程与离散机制、环境驱动与指令流水、并发事务与串行调度等。这也使得该领域的研究工作独具特色。同时，作为形态取决于具体应用的系统，嵌入式系统的软硬件架构、功能、性能等与其多元化的应用一样百花齐放。因此，其技术体系也呈现高度综合、多学科交叉和快速演化的显著特点。从知识学习和能力培养的角度看，嵌入式系统技术的上述特点使其潜在地具备了训练高阶系统思维与创新能力的特质。那么，系统地学习该类技术并开展应用系统设计，必将有助于学生从感知、通信、计算、控制等诸多维度深刻地理解该类系统的本质及其软硬件设计，且学习和掌握该类技术的意义将超越该类技术本身。

　　西北工业大学张凯龙老师编著的这本教材紧扣嵌入式系统技术的特点，并以他在多年教学实践中探索、构建的多维融合知识体系为基础，以宏观到微观、模型到具象、理论到实例的组织方式循序渐进且系统地阐述了经典嵌入式系统中涵盖的体系结构、技术原理、设计方法等主要内容。首先，这种组织方式在有限篇幅内实现了完整知识体系的构建，以提取共性的方式覆盖了嵌入式系统各类软硬件技术的多样性。其次，在保证知识体系完整性的同时，又以具象示例和设计分析的方式在有限的篇幅内通透地呈现了各类具体的技术原理和思想方法。在完成技术内容阐述的同时，本书中还大量引入了数字技术范畴的科技创新事例、科技人文思考、前沿趋势分析等元素，这进一步提升了本书作为教材的专业品质。总体上，这种内容组织方式充分展现了嵌入式系统技术的知识内涵和育人特质，高度契合我国新时期的专业人才培养要求。

　　本书第一版已在国内高校、业界得到广泛使用，并被清华大学出版社推荐为经典教材。教材本身体现出作者对嵌入式系统技术有着扎实的积累和深刻的认识，同时，也反映出作者对教学和育人工作抱有严谨而热忱的积极态度。在本书第2版中，作者对内容做了全面修订和优化，并提供了嵌入式系统慕课等配套学习资源，具有更好的专业性、可读性和易学性，相信读者在阅读、学习本书的过程中一定会有切实的收获和提高。

中国工程院院士

2023年5月

前 言

本书第 1 版于 2017 年由清华大学出版社出版。在此后的 5 年多时间里,本书得到了高校师生及业界工程技术人员的广泛关注。在此期间,作者陆续收到了来自多个教学团队和很多读者的问题咨询和建议反馈,其中涉及课程的内容组织、知识阐述、教学方法、课程资源、习题分析等诸多方面。在这些反馈中,普遍对本书所呈现的多维融合嵌入式系统知识体系给予了高度评价,认为本书从宏观到微观、从模型到具象、从硬件到软件的多维融合知识体系组织方式有效破解了嵌入式系统知识体系中的"树木、森林在有限篇幅内难以兼顾"的内容组织难题,深入浅出、内容丰富且实用易学。因此,本书得到了越来越多的人认可,被国内 30 多所高校(包括双一流高校)以及中国航空研究院研究生院等作为主要教学资源。同时,作者负责组织建设并主讲的嵌入式系统课程已被评为西北工业大学课程思政示范课程、一流本科课程(线下一流课程)、高水平在线开放课程及在线示范课程,并获得西北工业大学优秀教学成果奖一等奖和二等奖。教材和课程获得的广泛好评使得作者 15 个月潜心著述所付出的艰辛实现了价值的彰显和升华,对于作者是一种极大的宽慰、鼓舞和鞭策。

信息技术日新月异,嵌入式系统技术快速演化,5 年对于嵌入式系统类的专业图书已是较为漫长的时间了。为此,在清华大学出版社的建议下,作者于 2021 年下半年开始对第 1 版内容进行修订,经过大半年的技术资料查阅以及增删改等修订工作,最终完成了本书的第 2 版。本书第 2 版内容的组织依然以多维融合的知识体系为主要框架,具体分为嵌入式系统概述、数字电路与嵌入式硬件、嵌入式软件与嵌入式开发方法四大部分,共 11 章,知识框架如图 1 所示。其中,第 1 章为概述,第 2~6 章为数字电路与嵌入式硬件,第 7~10 章为嵌入式软件,第 11 章为嵌入式系统开发方法。

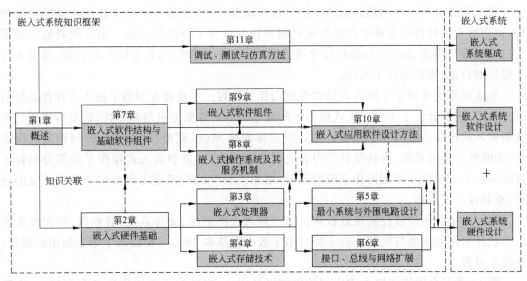

图 1　本书的知识架构

具体内容安排及修订情况简要说明如下。

第 1 章从科技历史与文化着手，从现代信息科学、计算科学、通信技术及网络技术等的交叉融合和发展导入，以泛在计算、信息物理融合计算为背景分析了嵌入式（计算机）系统的经典、高阶概念及其内涵，重点讨论了计算装置的可嵌入式发展过程以及嵌入式系统、组成、特点、趋势，对嵌入式系统与信息物理系统（CPS）、物联网（IoT）的联系及区别进行了辨析。同时，对习题进行了重新设计。

第 2 章总结、论述了与本书后续内容密切相关的硬件电路知识；进而阐述了嵌入式硬件的架构模型与子系统组成、典型嵌入式系统的硬件形式以及基本的硬件设计方法。第 2 版重点对集电极开路、上/下拉电阻、漏极开路与推挽电路、习题等内容进行了修订。需要说明的是，本章所涉及的电路、硬件等知识是从本书后续内容的需要中反向归纳得出的，是必要但非充分的。

第 3 章从嵌入式处理器的组成模型和典型逻辑架构出发，总结、阐述了不同类型嵌入式处理器的体系、组成、特点及差异，在此基础上分析了几种典型嵌入式处理器体系的机制和特性。第 2 版增加了 RISC-V 指令集及处理器，总结、更新了 ARM、SoC、AI（众核）计算等处理器的最新发展及特性，并对习题进行了重新设计。

第 4 章归纳、讨论了嵌入式存储器子系统的体系与模型，重点分析了不同类型存储器的架构、原理、特性以及微观的电路机制，并对存储器的测试与验证方法进行了简要介绍。第 2 版重点对混合存储器、新存储技术以及习题进行了重新设计。

第 5 章围绕最小系统硬件设计，阐述了电源、复位、时钟等外围电路的基本工作原理与设计机制，并对相关知识进行了延伸讨论。第 2 版增加了最小系统的内容，更新了时钟电路、低功耗设计等内容，重新设计了习题。

第 6 章面向完整的嵌入式系统硬件设计需要，论述了通用和典型 I/O 与总线的原理、特性及应用机制。第 2 版对 SPI 接口、VPX 总线、蓝牙、WiFi 等内容进行了修订和更新，对习题进行了重新设计。

第 7 章在分析嵌入式系统启动与运行过程的基础上，总结了嵌入式软件系统的典型架构，重点对系统软件中基础软件组件的机制与特性进行了分析和讨论。第 2 版对嵌入式系统启动过程与模式、Boot Loader、BSP 等内容、示例进行了修订，并增加了对容器、微服务与云原生的讨论，重新设计了习题。

第 8 章系统地讨论了嵌入式操作系统的相关内容。本章首先归纳了嵌入式操作系统的架构模型，进而分析了不同嵌入式操作系统所呈现的共性服务机制和特性，最后给出了几个典型嵌入式操作系统的实例分析。第 2 版对微内核、EOS 模型、优先级翻转问题的解决方法、实时性与实时系统、内核服务等内容进行了全面修订，典型嵌入式操作系统部分删掉了 Windows Embedded 系列操作系统的分析，增加了 SylixOS、鸿蒙等典型国产操作系统的分析，重新设计了习题。

第 9 章结合典型软件实现分析和讨论了嵌入式图形库、文件系统、数据库、协议栈等嵌入式软件组件的原理与机制。第 2 版与第 1 版内容基本一致，主要修改了第 1 版中的错误，补充了习题。

第 10 章综合阐述了嵌入式应用软件的设计方法，包括嵌入式应用软件典型结构、中断与数据共享问题、嵌入式软件设计机制以及软件工程方法等。第 2 版对模块化任务设计、中断服务程序设计等内容进行了修订,增加了对 Dev(Sec)Ops 方法的讨论,重新设计了习题。

第 11 章根据嵌入式系统的开发特点,总结了嵌入式软件与系统开发过程中的调试、测试及仿真验证等技术的基本原理、工作机制和实施方法。第 2 版与第 1 版内容基本一致,更新了部分示例和内容。

本书写作采用了整体体系贯穿与局部深度剖析相结合、共性机理归纳与设计案例分析相呼应的思路,系统、生动又深入浅出地呈现了嵌入式系统技术所涉及的体系架构、技术原理与设计方法等,第 2 版在强调新颖性、技术性、思想性的同时又进一步提升了实用性和易读性。

除了对专业内容的修订之外,第 2 版中还引用了《柏拉图与技术呆子》等以数字技术为主要背景的科技哲学著作中的内容,进而形成了包括科技事例、科技文化和科技哲学等在内的课程思政元素,期望能为读者提供超出技术本身的更高层次的知识营养。

在本书的写作过程中,作者得到了同行、亲友的关心、鼓励与热心帮助,他们是我不断前行的动力,作者在此一并表示感谢。特别感谢中国计算机学会嵌入式系统专业委员会主任、西安电子科技大学副校长王泉教授,西北工业大学副校长张艳宁教授,西北工业大学软件学院院长郑江滨教授,西北工业大学计算机学院院长尚学群教授等。感谢在书稿校对中付出智慧和辛勤努力的赵启迪、冯靖凯、李强、茆汉兵、杜长怡、龚祖、王天洋、李丘刚、裴伯昊、侯博元等多位研究生。

感谢我的家人! 母亲在电话里时时叮嘱我:迈入中年,要在工作中注意休息和身体。戎马躬耕一生的父亲已离我远去,但他潜心求学、迎难而上、踏实肯干的精神已深深融入我的生命,也在我们家庭中长久延续。

感谢我的夫人李瑜女士给予的支持和照顾,感谢嘉航、嘉芮两位少年给我带来的教育挑战和乐趣。让我们在大爱中共同成长、一起进步!

张凯龙

西北工业大学软件学院教授

中国计算机学会嵌入式系统专业委员会秘书长

2023 年 5 月于西安

目　录

第1章 概　述

大自然逐渐将无生命的东西变成有生命的动物,其间的界限无法分辨。

——亚里士多德①

给我最大快乐的,不是已懂的知识,而是不断学习;不是已达的高度,而是继续攀登。

——高斯②

信息技术无疑是人类文明史中人工创造的一个科技奇迹、一颗璀璨明珠,它前所未有地催生了一个与物理世界并存的信息世界,也推动人类社会发生了巨大变革。作为现代信息技术体系的重要分支,嵌入式系统技术的闪耀之处在于其真正开始了且正在加快物理世界和信息世界的桥接与融合。正如亚里士多德在《动物史》一书中所论述的那样,人类今天正在通过源于人工而非大自然的嵌入式系统技术创造性地赋予物理世界中的物件、生物以"数字化生命",从而也为世间万物的数字化通信互联、机器智慧赋能乃至新的数字化"物种"诞生奠定了重要基础。毋庸置疑,嵌入式系统是实现万物互联和万物智能的重要技术基石,也是万物智联大时代背景下信息技术知识体系的必要组成部分。

1.1　背景延伸：现代信息与计算概念的缘起

1.1.1　麦克斯韦妖、信息与智慧[1]

信息,被认为是对客观世界中各种事物的运动状态和变化的反映,是客观事物之间相互联系和相互作用的表征,其呈现出可存储、可复制、可传递等特点。实际上,许多科学家很早就开始用信息的概念刻画和度量有序与无序、复杂性与简单性。例如,有免疫学家提出,复杂系统比简单系统更能接收、存储和利用信息;也有物理学家提出,虽然不同系统的物理属性差异很大,但它们处理信息的方式却是类似的;等等。那么,到底什么是信息? 如何科学地定义信息? 又如何能够处理和计算信息呢? 要明确地回答这些问题,还需要追溯19世纪末物理学领域的一个思维挑战。

1871年,英国物理学家麦克斯韦③在《论热能》一书中提出了一个思想实验,名为"热力学第二定律④的局限"。麦克斯韦设想,有一个箱子被一块板子隔成两部分,板子上有一个

---

① 亚里士多德(Aristotle,前384—前322),古希腊人,柏拉图的学生,亚历山大的老师,世界古代史上伟大的哲学家、科学家和教育家之一,被称为希腊哲学的集大成者。

② 约翰·卡尔·弗里德里希·高斯(Johann Carl Friedrich Gauß,1777—1855),德国著名数学家、物理学家、天文学家、几何学家和大地测量学家,享有"数学王子"的美誉。

③ 詹姆斯·克拉克·麦克斯韦(James Clerk Maxwell,1831—1879),英国物理学家、数学家,经典电动力学创始人,统计物理学奠基人之一,提出了将电、磁、光统归为电磁场现象的麦克斯韦方程等电磁学理论,被誉为电磁理论之父。

④ 热力学第二定律也被称为熵增定律,其证明了存在时间上的不可逆过程,是唯一一个可以区分过去和未来的基本物理定律,也被认为定义了"时间之箭"。

活门,如图 1.1 所示。活门上有一个小妖把守,小妖能够测量气体分子的速度。如果从板子右边来的分子速度快,小妖就打开活门让其通过,否则就关上门不让其通过;如果从板子左边来的分子速度慢就让其通过,否则不让其通过。一段时间以后,箱子左边的分子速度就会很快,右边的则会很慢,这样熵就减小了。由热力学第二定律可知,要减小熵就得做功。但麦克斯韦假设小妖使用的活门既无质量也无摩擦,因此他说:"热系统(左边)变得更热,冷系统(右边)变得更冷,然而却没有做功,只有一个眼光锐利、手脚麻利的智能生物在工作。"没有做功,熵却减小了,由此,麦克斯韦推定热力学第二定律根本就算不上一条定律,而只是在大量分子情形下成立的统计效应,在个体分子尺度上并不成立。

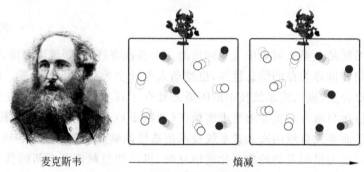

麦克斯韦　　　　　　←──────　熵减　──────→

图 1.1　麦克斯韦妖思想实验

在这个难题提出的几十年里,很多物理学家都想要解决这个悖论,很多人都认为是那个小妖玩了猫腻。直至 1929 年,突破才真正出现:匈牙利物理学家西拉德[①]提出,做功的是小妖的"智能",更精确地说,是通过测量获取信息并依靠信息干预系统的行为。在题为《热力学系统在智能生物干预下的熵的减小》的论文中,西拉德认为,测量过程(小妖通过测量获取比特信息)需要能量,因此必然会产生一定的熵且数量不少于使分子变得有序而减小的熵。西拉德被认为是第一个将熵和信息关联起来的人,这一关联后来成了信息论的基础和复杂系统的关键思想。在现代的知识背景下,我们认为获取信息需要额外做功应该是很显然的事情;但在西拉德的那个时代,人们仍然强烈倾向于将物理过程和精神过程视为完全独立的两个过程。在西拉德理论提出之后的几十年中,又陆续有多位物理学家、数学家对麦克斯韦妖实验和解释理论做了有趣的拓展研究,这里不再赘述。

麦克斯韦发明小妖是将其作为一个简单的思想实验,以证明热力学第二定律并不是一条定律,而只是统计效应。然而,与其他许多优秀的思想实验一样,麦克斯韦妖的影响极为深远。对麦克斯韦妖难题的解决最终成为信息论和信息物理学两个新领域的基础,现代的信息与计算概念也因此而逐渐形成。这其中,信息论创始人香农[②]在论文《通信的数学理论》中给出的信息定义尤为经典——"信息就是用来消除随机不确定性的东西",这个定义关注消息源的可预测性。

---

①　利奥·西拉德(Leo Szilard,1898—1964),匈牙利裔美籍核物理学家,美国芝加哥大学教授,曾参与美国曼哈顿计划,第二次世界大战后积极倡导核能的和平利用,反对使用核武器。

②　克劳德·艾尔伍德·香农(Claude Elwood Shannon,1916—2001),美国数学家、信息论创始人,他提出信息熵的概念为信息论和数字通信奠定了基础,符号逻辑和开关理论则奠定了数字电路的理论基础。

1.1.2 计算理论与技术的出现

现代的计算概念具有广义的内涵。近两个世纪以来,计算技术在不断猜想、证明、实践的交错过程中诞生并持续演化。

本质上,对计算的基础及其局限的研究导致了电子计算机的发明,但其最初的根源却是为了解决由德国数学大师希尔伯特[①]于 1900 年提出的一组抽象且深奥的数学问题。这些问题被归纳为"数学是不是完备的?""数学是不是一致的?"以及"是不是所有命题都是数学可判定的?"三大问题。事实上,这些问题不仅是数学内部的问题,还是关于数学本身以及数学能证明什么的问题。此后的几十年里,这些问题都没有被解决,这使得希尔伯特乐观地认为答案一定是"是",并且还断言"不存在不可解的问题"。直至 1931 年,25 岁的奥地利裔美国数学家哥德尔[②]提出了不完备性定理并从算术着手进行了数学语言表述和证明。该定理的主要内容是,如果第二个问题的答案为"是"(即数学是一致的),那么第一个问题的答案就必须为"否"。哥德尔用以证明的一个典型命题可以用语言这样描述:"这个命题是不可证的。"显然,这个命题要么是不一致的,要么是不完备的。在哥德尔解决前两个问题之后,1935 年,23 岁的图灵[③]发现了应该如何解决希尔伯特的第三个问题,即"是否存在'明确程序'可以判定任意命题是否可证",并给出了为"否"的答案。图灵的第一步是定义"明确程序"。他沿着莱布尼茨[④]在 17 世纪给出的思路,通过构想一种强有力的运算机器阐述他的定义,这个机器不仅能进行算术运算,也能操作符号,这样就能证明数学命题。通过思考人类如何计算,图灵构造了一个假想的机器,也就是后来成为电子计算机蓝图的图灵机,如图 1.2 所示。可以说,正是数学问题的理论研究促进了计算理论的形成,也为计算机科学与技术等的诞生与发展奠定了必要和重要的理论基础。

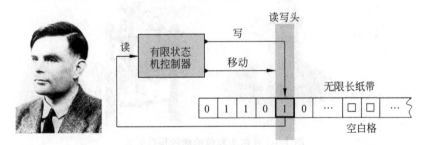

图 1.2 图灵与图灵机

从生产力发展的角度,现代计算技术的出现具有迫切的实际需求,一个重要的推动力可

---

① 大卫·希尔伯特(David Hilbert,1862—1943),德国著名数学家,近代形式公理学派的创始人,20 世纪最伟大的数学家之一,被后人誉为"数学界的无冕之王"。

② 库尔特·哥德尔(Kurt Godel,1906—1978),奥地利裔美国数学家、逻辑学家和哲学家,他最杰出的贡献是哥德尔不完备性定理和连续统假设的相对协调性证明。

③ 艾伦·麦席森·图灵(Alan Mathison Turing,1912—1954),英国数学家、计算机科学家、密码分析学家,被誉为计算机科学之父、人工智能之父。

④ 戈特弗里德·威廉·莱布尼茨(Gottfried Wilhelm Leibniz,1646—1716),律师,德国哲学家、数学家,在政治学、法学、伦理学、哲学、历史学、语言学等诸多方向都留下了著作,被誉为 17 世纪的亚里士多德。他建造了自己的计算机器,并认为人类将建造出能够判定所有数学命题真假的机器。

归于人类期望创造新型的生产工具以应对日益复杂的计算问题对人类算力瓶颈的挑战。19 世纪 20 年代，查尔斯·巴贝奇[①]深刻意识到手动计算的实际限制，首先想到了自动计算这个主意。当时，一大群人（被称为计算员）用纸和笔辛勤地进行计算，不仅速度慢、容易出错，而且错误还通常难以发现。同时，工业革命正开展得如火如荼，机器已经代替了许多手工劳动，例如用机器将水抽出矿井、用机器操作织布机的复杂结构等。这其中，织布机对将机械辅助引入计算领域起到了重要的启示作用。1821 年夏天，巴贝奇帮助他的朋友——天文学家约翰·赫歇尔检查一系列天文表，在费力计算那些令人身心俱疲的数字组合后，巴贝奇大喊："我的天，赫歇尔！我多希望可以用蒸汽执行这些计算啊！"不久之后，巴贝奇设计了一台名为差分机的机器，它可以机械地进行重复计算，因此巴贝奇也被视为计算机的先驱。

19 世纪中期，面对潮汐预报这一高度复杂的计算问题，英国剑桥大学毕业的开尔文[②]提出了自己的设想，并尝试"找到一种装置，它可以代替人完成艰苦的计算工作"（原文：*The work hitherto done has been accomplished by laborious arithmetical calculation, but calculation of so methodical a kind that a machine ought to be found to do it*）。从开尔文的笔记中，人们发现，他"采用科学的力量和方法理解自然世界"的想法在一定程度上受到了 18 世纪英国诗人亚历山大·蒲柏所做《人论》（*An Essay on Man*）一诗的启发。1876 年，开尔文设计出图 1.3 所示的潮汐预报装置。这是一种由圆形刻度盘和齿轮等组件所构成的，专门用于潮汐时间和高度等复杂数据计算的模拟计算装置。操作时，摇动手柄就可以完成模拟计算和输出，其计算效率是一个专业计算人员的 10 倍以上。1882 年，开尔文在一场学术报告中首先使用了 calculator（计算器）一词。

图 1.3　开尔文和他的潮汐预报装置

20 世纪以来，源自开尔文的设想的另一个典型实现当属范内瓦·布什[③]于 1931 年研制的微分分析仪（differential analyzer），如图 1.4 所示。这是第一台被用来解算微分方程的机械式计算机，被认为是电子计算机的先驱。这台装置与现代计算机的结构完全不同，将几百根平行的钢轴安放在金属框架上形成了这个机械式的计算装置，占地几十平方米。在应用

---

　　① 查尔斯·巴贝奇（Charles Babbage，1791—1871），英国数学家、发明家兼机械工程师，由于提出了差分机与分析机的设计概念，被视为计算机先驱。

　　② 威廉·汤姆森·开尔文勋爵（William Thomson, 1st Baron Kelvin，1824—1907），英国数学家、物理学家、电学家、发明家，热力学第二定律奠基人之一，创立了热力学温度，用莱顿瓶的振荡实验推导出了电磁振荡频率的公式，设计了静电计、镜式电流计、双肩电桥等电磁学测量仪器。

　　③ 范内瓦·布什（Vannevar Bush，1890—1974），美国杰出科学家与工程师，麻省理工学院教授，著有信息科学经典之作——*As We May Think*。

过程中,操作人员只有用改锥和铁锤改变机械特性,才能实现参数的编程输入。进而,多个电动机通过齿轮使这些钢轴转动,钢轴的转动则模拟了数的运算。后来,布什进一步采用电子元件替代某些机械零件,对计算装置进行了优化,实现了洛克菲勒微分分析仪2号。第二次世界大战中,美军曾广泛用微分分析仪计算弹道射击表,大大提高了计算和作战效率。例如,对于一张有3000多个参数的射击表、60s射程的弹道,单人手工计算时需要大约20h,而采用微分分析仪后仅需要二十多分钟,而且有更高的计算精度与可靠性。事实证明,计算装置的发明和运用可以很好地应对复杂计算问题对人类计算能力的巨大挑战,也真正拉开了现代计算技术发展与实用的信息时代的大幕。

图1.4　范内瓦·布什的微分分析仪

1.1.3　现代计算机技术的诞生与演化

电子计算机技术的出现,标志着人类文明开始迈入了信息技术新时代。然而,究其历史,电子计算机技术和其他很多发明创造一样,其诞生和发展都有着浓厚的军事色彩。如前所述,提高弹道和火力表参数的计算速度和精度,对于提高炮弹的打击命中率至关重要。为了进一步快速、精确地计算炮弹弹道,美国军方于1942年资助宾夕法尼亚州立大学的莫契利博士和24岁的埃克特等开始设计以电子管[①]替代继电器的高速电子化计算装置。1946年2月14日,全世界第一台通用电子计算机——ENIAC[②](埃尼阿克)研制成功,如图1.5所示。

图1.5　ENIAC

①　电子管于1904年问世,它是一种最早期的电信号放大器件,利用电场向真空中的控制栅极注入电子调制信号,并在阳极获得信号放大或反馈振荡后的不同参数信号。

②　ENIAC的全称是Electronic Numerical Integrator and Calculator,即电子数字积分器与计算器。

ENIAC 是一个昂贵的庞然大物，长 30.48m，宽 1m，具有 30 个操作台，占地面积约 170m²，重约 30t，耗电量 150kW·h，造价达到 48 万美元。其内部包含了 17 468 个真空管、7200 个水晶二极管、70 000 个电阻、10 000 个电容、1500 个继电器和 6000 多个开关。当然，最令当时的人叹为观止的是 ENIAC 的计算性能，如每秒执行 5000 次加法或 400 次乘法，是当时继电器计算机的 1000 倍、手工计算的 20 万倍。ENIAC 的应用使弹道参数的计算时间降至 30s。

虽然 ENIAC 在当时展现了突出的计算能力，但其本身仍然存在两大不可忽视的缺陷：一是它没有存储器；二是它要通过重新布线改变逻辑功能，影响使用效率。鉴于此，参与 ENIAC 论证的冯·诺依曼[1]和他领导的研制小组于 1945 年发表了一个全新的存储程序通用电子计算机方案——EDVAC(Electronic Discrete Variable Automatic Computer，离散变量自动电子计算机)。该方案广泛而具体地介绍了制造电子计算机和程序设计的新思想，堪称计算机发展史上一份划时代的技术文献，它向世界宣告电子计算机的时代开始了。EDVAC 方案阐明了这种新机器包括**运算器**、**控制器**、**存储器**、**输入设备**和**输出设备**五大组成部分，并描述了这五部分的功能及相互关系。同时，冯·诺依曼对 EDVAC 的设计思想作了进一步论证，成为现代电子计算机设计的里程碑。其中，冯·诺依曼根据电子元件双稳工作的特点，建议在电子计算机中采用二进制而非以前的十进制，并预言二进制将大大简化计算机的逻辑线路。第二个设计思想是把指令序列存储在计算机内部，从而实现存储程序控制的通用计算逻辑。人们后来将这一设计称为冯·诺依曼体系结构。1949 年，第一台采用了冯·诺依曼体系结构的 EDSAC 计算机在英国剑桥大学诞生。

除了体系结构的进步之外，微电子技术的持续突破也为计算机技术的发展注入了强大推动力。随着基于半导体材料的晶体管[2]、集成电路[3](Integrated Circuit，IC)等技术的出现，处理器的计算性能不断提升，体积则日益缩小，其发展趋势也被归纳为计算机第一定律——摩尔定律[4]。尤其是在大规模集成电路(Large Scale Integration，LSI)技术诞生后，单个半导体器件中可以集成更多的电子元件，计算机硬件的体积、功耗、成本显著降低。自此，计算装置就进入了微型化发展时代，将计算装置从形式上完全嵌入(即集成)到各种物件之中也就成为可能。可以说，微型化计算装置的出现加速了嵌入式系统的发展和应用，是一个重要里程碑。图 1.6 给出了相关电子技术与计算机硬件的发展历程。

(1) 1904 年，电子管技术问世；1946 年，美国宾夕法尼亚州立大学研制成功电子计算机 ENIAC。

(2) 1947 年，基于半导体材料的晶体管问世，是微电子革命的先声；1954 年美国贝尔实验室研制成功晶体管计算机 TRADIC。

---

① 冯·诺依曼(John Von Neumann，1903—1957)，美籍匈牙利裔数学家、计算机科学家、物理学家，是 20 世纪最重要的数学家之一，被誉为现代计算机之父、博弈论之父。

② 晶体管泛指一切以半导体材料为基础的单一元件，包括各种半导体材料制成的二极管、三极管、场效应管、晶闸管等。1947 年 12 月，世界上第一个晶体管问世。1956 年，肖克利、巴丁和布拉顿因发明晶体管同获诺贝尔物理学奖。

③ 集成电路是将所需的晶体管、电阻、电容和电感等元件及布线制作在一块半导体晶片上，成为具有特定逻辑功能的微型电路。1958 年，德州仪器公司的工程师杰克·基尔比发明了基于锗的集成电路，后来被称为硅谷之父的罗伯特·诺伊思则发明了基于硅的集成电路。

④ 摩尔定律(Moore's Law)：价格不变时，集成电路上可容纳的晶体管数目每隔 18～24 个月会增加一倍，性能提升一倍。该定律是英特尔公司创始人之一戈登·摩尔经过长期观察所得出的经验型结论，于 1965 年提出。

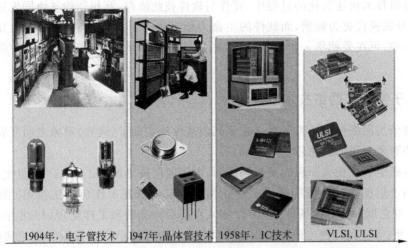

1904年，电子管技术	1947年，晶体管技术	1958年，IC技术	VLSI，ULSI
1946年，ENIAC	1954年，TRADIC	1962年，IBM360	20世纪80年代至今

图 1.6 电子器件与计算机技术发展

（3）1958 年，集成电路技术诞生，可以把很大数量的微晶体管集成到一个小的半导体芯片上；1962 年，IBM 公司推出集成电路计算机 IBM360。

（4）半导体工艺发展迅速，20 世纪 70 年代出现大规模集成电路，20 世纪 80 年代后期出现超大规模集成电路（Very Large Scale Integration，VLSI）和甚大规模集成电路（Ultra Large Scale Integration，ULSI）；1981 年，IBM 公司推出 IBM PC，各种微型、小型的计算装置出现。

对于不断演化的硬件逻辑，原有的软件体系和资源会制约硬件性能的有效发挥。20 世纪 70 年代初，贝尔实验室的汤普森和里奇[①]承担了为新型的 PDP-11 计算机重新开发可移植 UNIX 操作系统的任务。为了提高系统软件的设计效率和质量，他们首先将目标转向了新型编程语言的设计。1972 年，基于无数据类型的 B 语言所开发的 C 语言正式诞生。作为面向过程的、结构化的高级编程语言，C 语言可支持复杂、高效以及跨平台可移植软件的设计，其目标代码的效率仅比汇编语言低 10%～20%。在此之后，汤普森和里奇用 C 语言重写了之前基于汇编语言编写的 UNIX 操作系统。

操作系统（Operation System，OS）的诞生和运用，实现了硬件资源的向下管理并向上提供多任务、虚拟内存管理等系统服务，大幅提升了计算机的计算能力，是计算机技术发展过程中的又一个重要里程碑。嵌入式操作系统（Embedded OS，EOS）的发展以通用操作系统技术为基础。1981 年，Ready System 公司面向控制应用推出的 VTRX32 被公认为第一款商业嵌入式实时内核。此后的 20 世纪 90 年代至今，采用宏内核、微内核/超微内核及模块化设计思想的嵌入式操作系统百花齐放，有代表性的包括 VxWorks、μC/OS、Android、iOS、μCLinux、ThreadX、Windows Embedded 系列以及国内自主知识产权的天脉、鸿蒙、SylixOS、RT-Thread 等嵌入式操作系统。

---

① 肯尼斯·蓝·汤普森（Kenneth Lane Thompson，1943—）与丹尼斯·里奇（Dennis MacAlistair Ritchie，1941—2011）均为著名的美国计算机科学家和软件工程师，他们共同设计了 B 语言、C 语言，创建了 UNIX 和 Plan 9 操作系统，1983 年同获图灵奖。

在计算机技术快速演化的过程中，硬件与软件彼此依存、互相制约又协同发展。总体而言，硬件的升级换代更为频繁，而软件的生命力相对持久[2]。关于硬件、软件的分层范式及其生命力本质，可在爱德华·李教授所著《柏拉图与技术呆子》一书的第 4～6 章找到精彩论述。

1.1.4　电子通信与网络技术发展

电子通信与网络技术的重要意义在于其创造性地实现了（远程）对象之间互联互通以及数据在这些对象之间的快速传输与共享。

随着电磁学领域相关原理的发现和证明，电子通信技术诞生了，并于 19 世纪 30 年代后期开始应用于远程数据传输等领域。这些伟大的基础研究工作包括法拉第①的电磁感应（1831 年）、麦克斯韦的电磁场理论（1873 年）、奈奎斯特准则和采样定理（1928 年）以及香农定理（1948 年）等一批经典电磁学原理与通信理论。基于这些实验发现和理论研究成果，赫兹②于 1888 年在实验中首次证实了电磁波的存在，意大利的马可尼③和俄罗斯的波波夫④于 1895 年同时发明了无线电，特斯拉⑤于 1897 年获得无线电技术专利并在次年制造出世界上第一艘无线电遥控船，等等。这些杰出的工作都为此后有线/无线、模拟/数字数据通信系统的诞生奠定了坚实的理论和技术基础。图 1.7 列举了早期电磁学及通信理论与技术研究的重要里程碑。

图 1.7　早期电磁学及通信理论与技术发展历程

有了远程数据传输的技术基础，构造更为复杂的数据通信网络开始成为可能。1962年，麻省理工学院的利克莱德⑥教授在发表的一篇学术论文中提出了"星云网络"概念，其核心思想是将全球的计算机连接在一起，以便从任一节点获取资料。可以说，"星云网络"的理念正是现代互联网络及各种通信网络的概念之源。在同一时期，整个世界正处于美国和苏

---

① 迈克尔·法拉第（Michael Faraday，1791—1867），英国物理学家，在电磁学及电化学领域做出了巨大贡献，包括电磁感应、抗磁性、电解特性等。

② 海因里希·赫兹（Heinrich Hertz，1857—1894），德国物理学家，于 1888 年首先用实验证实了电磁波的存在。鉴于他对电磁学的伟大贡献，频率的国际制单位以他的名字命名。

③ 古列尔莫·马可尼（Guglielmo Marconi，1874—1937），意大利无线电工程师、企业家，实用无线电报通信的创始人，1899 年首次实现英法无线通信，1909 年与布劳恩一起获诺贝尔物理学奖。

④ 亚历山大·波波夫（Александр Попов，1859—1906），俄国物理学家和电气工程师，电磁波研究先驱。

⑤ 尼古拉·特斯拉（Nikola Tesla，1856—1943），美国塞尔维亚裔发明家、物理学家、机械工程师、电气工程师，在交流电、X 射线、无线能量传输、无线电等多个领域有近千项发明。

⑥ 利克莱德（J.C.R. Licklider，1915—1990），美国心理学家、计算机科学家，计算机网络理念先驱。

联两个超级大国主导的冷战状态。为了提高安全防范能力,美国军方制订了新的北约信息协作战略,计划将北约的全部计算机系统连成一个网络,其中任何一个节点遭到苏联的核弹攻击,连成一体的信息系统也不会瘫痪,信息都可以在如图 1.8 所示的网络中绕道传送,其中蕴含了具有高度鲁棒性的端到端数据传输原理。在美国高级研究计划署(ARPA)的支持下,为美国国防需要开发的 ARPANET 于 1969 年建成。这个网络最初仅有 4 个节点并采用了分组交换技术,它确立了网络的基本形态并被公认为现代计算机网络的鼻祖。

图 1.8　ARPANET 的最初构想

此后的几十年里,计算机网络技术不断革新。具有代表性的技术如下:梅特卡夫[1]于 1973 年发明了以太网(Ethernet);1974 年,卡恩[2]和瑟夫[3]正式发布 TCP/IP 协议标准;1991 年,蒂姆·伯纳斯-李[4]发明了万维网(World Wide Web,WWW);1993 年,伊利诺伊大学厄巴纳-香槟分校推出图形化浏览器 NCSA Mosaic;等等。此后,互联网技术和应用迅速发展,网络规模以及资源和用户的数量快速增加,网络应用不断丰富和普及。21 世纪以来,宽带网络、无线移动通信等技术快速发展,促进了网络形态的丰富和应用领域的拓展,工业总线网络、航电网络、无线个人区域网(Wireless Personal Area Network,WPAN)、无线传感器网络(Wireless Sensor Network,WSN)、物联网(Internet of Things,IoT)以及云计算等新兴网络化技术不断涌现,万物互联的时代大幕徐徐拉开。

1.2　理解嵌入式系统

1.2.1　计算装置的可嵌入发展

首先需要说明的是,"嵌入"从含义上等同于"埋入""集成到……之中"等表述。从嵌入式系统是桥接信息世界与物理世界的纽带这一本质出发,本书根据计算装置到物理设备的嵌入程度及其与物理世界、人类社会的融合程度,将嵌入式系统的发展归纳为如下 4 个阶段。

---

① 罗伯特·梅特卡夫(Robert Metcalfe,1946—),计算机网络先驱,3COM 公司创始人,提出了梅特卡夫定律。
② 罗伯特·卡恩(Robert Kahn,1938—),ARPANET 设计者,TCP 发明者,图灵奖获得者。
③ 温顿·瑟夫(Vinton G. Cerf,1943—),互联网之父,Google 公司副总裁兼首席互联网顾问,图灵奖获得者。
④ 蒂姆·伯纳斯-李(Timothy John Berners-Lee,1955—),英国计算机科学家,麻省理工学院教授。

1. 分散式集成的功能嵌入

在早期，由于采用电子管、晶体管设计的计算装置体积极其庞大，根本无法直接将其整体埋入物理设备之中。因此，针对特定设备的辅助计算或控制应用需要，研制具有相应功能的计算装置并将其通过外部连接与目标设备进行分散式集成，从而为设备赋予基于计算的监控或控制能力。这形成了嵌入式系统的最初阶段，该阶段以**将计算功能嵌入物理设备为主要特征**。该阶段具有代表性的系统是 Whirlwind（旋风），它是 20 世纪 50 年代初美国军方委托麻省理工学院设计的用于控制飞行模拟器的计算机[3]，如图 1.9 所示。与此前的模拟设备不同，美国军方要求该计算机应基于空气动力学设计并能够可靠地控制各种实时装置，即，**从被控对象获得信号以后，能在足够短的时间内完成对该信号所需的各种处理，并把结果送回被控对象以使其改变性状**。该计算机共有 4000 多个电子管，采用了在当时非常先进的实时处理理念，第一个实现了实时的图形/文字显示，第一个采用磁心存储器作为随机访问存储器以提高可靠性，拥有当时世界第一的运算速度等。Whirlwind 计算机后来也成为美国科德角系统（SAGE 半自动地面防空系统的原型）的核心控制系统。

图 1.9　用于控制飞行模拟器的 Whirlwind 计算机及其磁心存储器

2. 神形兼备的整体嵌入

如前所述，在超大规模集成电路出现之后，计算机系统才真正实现了微型化的跨越式发展，将计算装置埋入物理对象才成为可能。20 世纪 60 年代末，采用可编程逻辑控制器（如 Modicon 084）设计的计算装置首先应用于工业自动化领域，开启了工业 3.0 时代①。20 世纪 70 年代中后期，以 Intel 8048、Motorola 68HC05 等为代表的 8 位微控制器兴起。这些微控制器内部集成了构建一个微型计算装置所需的 CPU、RAM、ROM、中断系统、多种 I/O 接口及定时器/计数器等外设组件，因此也被称为单片机②。基于该类微型处理器，只需要进行简单的电路和 I/O 扩展就能构造出可以嵌入物理设备中的微型计算机硬件。此后的 30 多年里，摩尔定律继续发挥作用，计算机硬件性能不断提升，体积不断缩小，价格日益降低，且嵌入式系统硬件的体系越来越丰富。同时，软件系统日益复杂和多样，功能和性能也越来越强大。在这样的发展背景下，越来越多的物理设备被嵌入的计算装置赋予了"数字化生命"。在该阶段，**计算装置从功能上和形式上都被嵌入物理对象中，现代意义上的一体化嵌入式系统真正出现了**。

---

①　德国科技界对前三次工业革命给出的划分为：18 世纪引入机械制造设备时定义为工业 1.0，20 世纪初的电气化为工业 2.0，始于 20 世纪 70 年代的生产工艺自动化定义为工业 3.0。

②　单片机的完整英文术语为 Single-Chip Microcomputer（单芯片微型计算机），缩写为 SCM。

3. 多态接入到泛在物联

自 20 世纪末以来,越来越多的计算装置具备了网络通信能力。除了传统的互联网技术之外,这一阶段诸多适合嵌入式应用的网络技术不断涌现并实用化,典型的如 WiFi、蓝牙、3G/4G、ZigBee、工业现场总线等。与此同时,嵌入式操作系统、中间件等系统软件对各类网络接口驱动及网络服务的支持也更加完善和丰富,逐渐形成了强大的网络化嵌入式系统软硬件体系。另外,在硬件的高度模块化发展过程中,这些网络协议栈进一步被"固化"为基于 UART、SPI 等简单外设接口的专用器件(如 DSM-041 ZigBee 模组、ESP-12F WiFi 模组等),或者被直接集成到 SoC 等芯片中(如 CC2540 集成了蓝牙协议栈模块),这进一步降低了为已有/新系统拓展网络服务能力的复杂度。正是在多种网络技术的加持下,今天嵌入式系统的网络能力已经得到了大幅提升,同时基于网络的新应用、新模式也不断涌现,例如,今天通过手机就能远程使用家用电器等。本阶段,**嵌入式网络技术快速发展,嵌入式系统软硬件中的网络功能日益丰富,各类嵌入式应用的物联能力不断提升,多态网络接入、互联无所不在的局面日益形成,这为物联网以及大数据、云计算、群智能系统等技术体系以及各类应用的发展建立了重要的技术和产业生态。**

4. 物理、社会深度融合

得益于摩尔定律预测的集成电路技术,嵌入式系统硬件真正实现了微型化的发展,这使得嵌入式计算装置可被埋入形形色色、大大小小的各类物理对象,大到空间站、飞机、舰船、工厂机器等设备,小到门锁、手机、手表、心脏起搏器等物件。随着计算装置可以嵌入越来越多的物理设备中,计算就开始在物理世界中变得无所不在,同时又消失(不可见)了。对于嵌入式系统,高度集成并不代表深度融合。本书认为,**深度融合意味着系统能够与所处的物理世界、社会环境进行深度交互,可以更为丰富、准确地感知环境变化,进而能够自主做出合适的决策并给出及时恰当的响应。** 基于传感器与微机电系统(Micro electromechanical System,MEMS)技术近年来取得的长足进步,嵌入式系统中传感器的数量不断增加,类型不断丰富,可以进行更多维度、更准确的环境感知,同时也可以通过(微)机电等外设对环境作出反馈。例如,为了实现智能驾驶和舒适服务,智能车可能需要配置速度/加速度、激光雷达(lidar)、超声波、摄像头、GPS、V2X 通信以及 RFID、光强、雨量、温度、胎压、油量等诸多传感器,同时要通过电磁阀、电机、声音、图像等进行响应控制或反馈。智能车前所未有的信息化水平似乎已使其超越了汽车的概念,难怪有人将其称为装有轮子的智能计算机。同时,环境交互能力以及社会属性的增强必然导致指数增长的数据量,这对嵌入式系统的计算能力和智能化水平提出了更高要求,大大推动了嵌入式计算体系的演化及其与人工智能等信息技术以及应用领域知识、社会文化习惯等的深度融合,嵌入式系统将成为决定设备能力的"智慧大脑"。总之,通过近几十年的增量式发展,**该阶段的嵌入式系统将集成非常丰富的传感器和作动器(actuator),可以与物理世界进行深度交互,具备根据所处物理、社会环境特征自主作出决策和响应的能力。**

1.2.2 嵌入式系统内涵的演化

当计算装置可以从功能/整体上与物理对象集成的时候,形形色色的可嵌入计算装置便随之诞生了。与用于处理信息的个人计算机不同,这些计算装置可以与物理环境进行交互,尽管最初的交互非常简单。

1. 嵌入式系统的经典概念

为了讨论嵌入式系统的概念,首先回顾马克·维瑟①在20世纪90年代初发表的《21世纪的计算机》中提出的**泛在计算**(ubiquitous computing)这一专业名词[4]。那时,以硅为原材料的信息技术还远远没有融入人们周围的环境,而这个名词就反映出维瑟对于实现在**任何时间**(anytime)、**任何地点**(anywhere)进行计算(以及访问信息)的预言。维瑟同样还预言,计算机将被埋入各种物件中,并且变得不可见。为此,他又提出了**不可见计算机**(invisible computer)这一术语。基于类似的愿景,关于计算设备对人们日常生活渗透的预测进一步孕育出了**普适计算**(pervasive computing)和**环境智能**(ambient intelligence)这两个术语。当然,这3个术语仅是侧重于未来信息技术略微不同的几方面。泛在计算更多地关注随时随地提供信息的长期目标,而普适计算则更多地聚焦于实践方面以及现有可用技术的开发,环境智能主要强调了未来家庭或智能楼宇中的通信技术。

在这个大背景下,马韦德尔教授将**嵌入封闭系统中的信息处理系统称为嵌入式系统**[5],例如汽车、火车、飞机、电信或制造装备中的嵌入式系统。该类系统具有大量的共性特征,包括实时约束、可靠性以及效能要求等,且与物理学和物理系统的结合相当重要。同时,该类系统也是典型的**反应式系统**,其与所处环境连续交互且以环境决定的步长执行操作。爱德华教授认为,嵌入式系统技术研究的关键是要弥合计算的顺序性与物理世界并发性之间的鸿沟[6],并给出了嵌入式软件的定义:"**嵌入式软件是集成到物理进程中的软件。技术问题在于,要管理好计算系统中的时间和并发性**。"[7]显然,只要用"系统"一词替换"软件"一词,即可将其扩展为嵌入式系统的定义。

从计算机系统功能与组成的角度,国际电气与电子工程师协会(IEEE②)率先在其Std 610.12—1990标准中给出了一般性的定义:"**嵌入式计算机系统是一个计算机系统,是大系统的一个组成部分,并且可以运行大系统的某些要求,例如,飞机或快速运输系统中的计算机系统**。"[8]在该定义中,嵌入(Embedded)一词主要体现了嵌入式计算装置是大型系统的一个有机组成部分,而且该类计算装置对于普通用户而言不一定是可见的。类似地,国际研究组织Barr Group将嵌入式系统定义为"**一组计算机软硬件的综合体,还可以附属于机械或其他组件,被设计为执行特定的功能;在很多情形下,嵌入式系统是大系统或产品的一个组成部分,例如汽车中的防抱死系统(ABS)**"。英国国际电气工程师协会(IEE③)则将嵌入式系统定义为"控制、监视或辅助设备、机器以及工厂操作的装备"[9]。

2003年,IEEE在其Std 1003.13—2003标准中进一步细化了对嵌入式计算系统的定义:"**如果一台计算机(及其软件)是一个大系统中集成的一部分,并且通过特定的硬件装置控制和/或直接监控该系统,其就被认为是嵌入式的**。"[10]同时,IEEE还给出如下示例对修订的定义进行了说明。

(1)磁盘驱动器中的微处理器及软件,可以实时控制磁盘磁头组合硬件(HAD),因此是嵌入式计算系统。

(2)PDA(Personal Digital Assistant,个人数字助理)虽然体积小、通过非易失性存储器

---

① 马克·维瑟(Mark Weiser,1952—1999),施乐公司帕洛阿尔托研究中心(PARC)首席科学家,被公认为普适计算之父。

② IEEE:Institute of Electrical and Electronics Engineers,总部位于美国。

③ IEE:Institution of Electrical Engineers,创建于1871年,2006年并入英国工程技术协会(IET)。

存放操作系统与软件,但由于它只运行办公软件且不控制特定硬件对象,因此它不是嵌入式系统。

（3）智能手机中的软件控制无线通信硬件,且具有环境交互能力,因此是嵌入式系统。

（4）大型相控阵雷达中的计算装置是嵌入式计算系统,虽然该类计算装置体积巨大且可能远离雷达硬件,但其软件控制雷达硬件且整个装置是雷达系统的一部分。

（5）如果传统的飞行管理系统（Flight Management System,FMS）没有连接航电系统且只用于完成逻辑运算,那么它不是嵌入式系统。

（6）半数字仿真环境（Hardware-In-the-Loop,HIL,直译为硬件在环,即硬件在线仿真）中的计算装置控制硬件对象,因此它是嵌入式系统。

（7）控制心脏起搏器的计算装置需要和心脏器官构成一个大系统,因此,它是嵌入式系统。

（8）汽车发动机中控制燃油喷射的计算装置是嵌入式系统,因为它是大系统的一部分,且通过特定硬件监测、控制发动机运转。

上述这些定义从不同角度描述了嵌入式系统的特征,同时也着重强调了嵌入式系统与大系统有机融合的共性特征。根据这些定义,可以初步勾勒出一个典型嵌入式系统的基本形态,如图 1.10 所示。然而,如果从技术现状审视这一定义和上述实例,可以发现这些定义过多地侧重于控制领域,是比较狭义的。而且,除了对功能属性的要求外,嵌入式系统还对体积、重量、功耗、实时性、可靠性等非功能属性具有诸多约束,与具体应用密切相关。由此,业界从计算机系统的角度也给出了一个一般化的定义:**"嵌入式系统是以应用为中心、以计算机技术为基础,软硬件可裁剪,适应对功能、可靠性、成本、体积、功耗有严格要求的专用计算机系统。"**

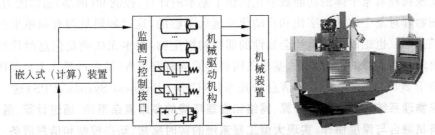

图 1.10　嵌入式系统及其应用示例

从系统的角度,一个大的嵌入式系统又可以是多个嵌入式子系统构成的有机体,分布式嵌入式系统便是这样的一个典型形态。如图 1.11 所示,在新型的汽车系统中,发动机、防碰撞、巡航、灯光、空调、门窗、防盗等各个基于嵌入式微控制单元的子系统通过车载总线互连,构成了一个分布式的实时控制网络系统,可以实现更为安全的行驶和更为舒适的乘坐体验。机载嵌入式系统是更为复杂的分布式嵌入式系统。例如,在空客公司的 A310、A340/600 和 A380 飞机的机载嵌入式系统中,分别采用了约 80 个、200 个和 300 个数字处理单元,组成了用于飞行控制、飞行管理、舵机控制、机舱环控、起落架控制等的一组嵌入式子系统,其软件总体规模也从 4MB、40MB 增长到 80MB 大小。这些子系统进一步通过机载网络互连,形成图 1.12 所示的复杂机载网络化嵌入式系统。

图 1.11　车载网络化嵌入式系统

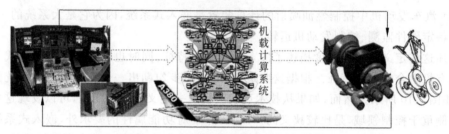

图 1.12　A380 机载网络化嵌入式系统

2. 高阶嵌入式系统：信息物理系统

传统的嵌入式系统多是侧重于控制的封闭系统，前所未有地赋予了物理对象"数字化生命"，为实现物理对象个体的功能数字化提供了基本的计算、控制和（内部）通信能力。然而，仅仅实现物理对象个体的数字化和自动化是远远不够的，这就如同只拥有简单生命但不能交流、没有智慧、也难以进化出社会属性的那些初级生物，根本无法满足信息时代日益呈现的复杂要求。在这样的大背景下，基于美国科学院的研究报告《站在风暴之上》，美国国家科学基金会于 2006 年正式提出了信息物理系统（Cyber-Physical System，CPS）这一重要概念，"**信息物理系统是一个综合计算、网络和物理环境的多维复杂系统，通过计算、通信、控制技术的有机融合与深度协作，实现大型工程系统的实时感知、动态控制和信息服务。**"信息物理系统的特殊意义在于将物理设备连成网络（包括互联网），使得物理设备具有计算、通信、精确控制、远程协调和自治等复杂功能，因此也被认为有望成为继计算机、互联网之后世界信息技术的第三次浪潮。2007 年，美国总统科学技术顾问委员会在题为《挑战下的领先——竞争世界中的信息技术研发》的报告中列出了八大关键信息技术，其中信息物理系统位列首位。

爱德华教授认为，**信息物理系统是计算进程与物理进程的集成**[11]。信息物理系统强调信息系统与时间、能量和空间等物理量的联系。这个强调很有意义，因为在运行于服务器或个人计算机的应用世界里其经常被忽略。对于信息物理系统，人们可能会期望模型中也包括物理环境的模型。从这个意义上，可以认为信息物理系统是由嵌入式系统（信息处理部分）和物理环境组成的，或者说信息物理系统就等于嵌入式系统加上物理学（CPS＝ES＋Physics），如图 1.13 所示[5]。

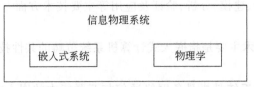

图 1.13　嵌入式系统与信息物理系统的关系

在美国国家科学基金会的提案中还提到了通信[12]："**新兴的信息物理系统将是协调、分布和连接的,而且必须是鲁棒的和响应性的**。"在德国国家工程院（Acatech）关于信息物理系统的报告中给出这样的了定义：**"（信息物理系统……）代表了控制环路中软件密集的网络化嵌入式系统,其提供网络化、分布式的服务。"**在欧盟的一份提案中,互联与协同也被明确地提及：**"信息物理系统是指下一代嵌入式 ICT（信息通信技术）系统,它们彼此互联并进行协作,包括通过物联网为大众和行业提供广泛的创新应用和服务。"**[13]更早之前,欧盟就已明确强调了嵌入式系统中通信的重要性,如图 1.14 所示[5]。由这些定义可知,学者们不仅将信息和物理世界的集成与信息物理系统这一名词关联起来,而且还涵盖了很强的通信属性。实际上,信息物理系统一词也并非总被一致地使用。有些学者强调与物理世界的集成,而有些学者则强调通信[5]。

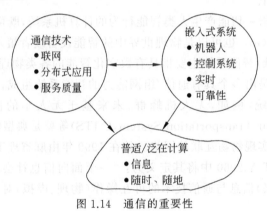

图 1.14　通信的重要性

1.2.3　相关术语辨析

鉴于嵌入式系统是一个融合了信息、物理、社会等知识属性的复合体,有必要对与之相关的常见概念和术语进行辨析。这有助于读者厘清各种技术发展的脉络以及它们之间的关联。

（1）**嵌入式计算（机）系统**是用于特定物理对象的专用计算装置,区别于用于信息处理的 PC 等通用计算机。

（2）**嵌入式应用（系统）**是集成了嵌入式计算装置的应用或大系统,如手机、汽车、航空航天器等。

（3）**嵌入式系统**实际上是嵌入式计算（机）系统和嵌入式应用（系统）的统称,经常被混用。在计算技术领域,其内涵侧重于前者;而在应用领域,则侧重于后者。在本书的知识体系中,如无特殊说明,嵌入式系统主要是指嵌入式计算机系统。

（4）**嵌入式计算技术**区别于通用计算,代表了支撑嵌入式系统的计算技术,其内涵包括嵌入式系统的结构设计、建模、分析、验证及应用等主要技术方面[14]。其常作为学科方向的名称。

（5）**嵌入式系统技术**主要是指嵌入式计算机系统范畴的共性技术，包括体系结构、软硬件方法、设计与验证等。

（6）**网络化嵌入式系统**是指具备网络通信与互联能力的嵌入式系统，以及基于网络互联构成的复杂嵌入式系统。

（7）**嵌入式分布系统**是基于总线/网络连接的多个嵌入式子系统，通过共享某些状态及协作达到整体的处理目标。它主要是相对于集中式处理的概念。

（8）**信息物理系统**是将计算、通信与物理世界中的监控/控制实体相结合的嵌入式系统[15]，是嵌入式系统发展的高级形态。它与物理世界、人类社会的深度融合特征必然蕴含着对智能化的高要求。

（9）**数字孪生**（digital twin）强调在虚拟空间建立物理规律约束下的物理设备及其过程的准确模型，进而集成多学科、多尺度的仿真，对物理设备及其全生命周期过程进行推理、分析、优化。这一概念最早由密歇根大学迈克尔•格里夫教授于 2002 年正式提出，其思想的出现可追溯到 20 世纪 90 年代初，现已演化出航空数字孪生、工厂数字孪生、交通数字孪生、生物数字孪生等新方向。

（10）**智能系统**泛指一切能产生人类智能行为的计算机系统，既可以是信息世界中的虚拟智能系统（如 Alpha Go），也可以是物理世界中的智能设备或者植入芯片的"生物机器人"等。在嵌入式系统领域，智能系统主要指具有数字化智能的各类物理对象。

（11）**群智能系统**是由多个具有通信/组网能力的智能系统组成，实现自主化行为、任务决策与协同的复杂系统，例如，无人机蜂群、未来基于无人车的协作式智能交通系统（Cooperative Intelligent Transportation System，C-ITS）等就是典型的群智能系统。

（12）**物联网**是指实现物物互联的网络。是在 1999 年由麻省理工学院的艾什顿教授提出的。ITU① 在 ITU-T Y.2060 中将其定义为："一个面向信息社会的全球化基础设施，其通过将基于（现有/新兴）信息与通信技术的可互操作（物理、虚拟）对象互联，提供先进的服务"。[16]

简言之，嵌入式系统技术实现了物理设备的数字化，赋予了物理设备"数字化生命"。作为其高阶形态，信息物理系统将使得物理设备在数字化基础上实现与运行环境的深度交互与融合，其也蕴含了对网络化与智能化能力的要求。数字孪生技术以准确建立运行于物理世界中的实物对象为首要前提，通过多维度实时感知、模型运行实现虚拟和物理对象的协调一致以及对物理对象生命周期的全反映，被普遍认为是研究、构建复杂信息物理系统乃至工业元宇宙等的重要技术手段之一。源于早期传感器网络的物联网多强调智能传感器、带有 RFID 标签的物件以及各类嵌入式系统通过感知、通信和组网等技术连接到一起或接入互联网，也是连接人、机、物的基础服务设施。

随着数字技术与人类生产生活各方面的不断融合，近年来诞生了一些具有划时代意义的科技理念。例如，由德国政府于 2011 年正式提出的工业 4.0（Industry 4.0），就是要基于信息物理系统、物联网、大数据分析等信息技术将生产中的供应、制造、销售等数据化和智慧

---

① ITU：International Telecommunications Union，国际电信联盟。

化,从而形成可满足个性化消费需求的、绿色高效的新一代智能制造生产方式。美国通用电气公司(GE)于 2012 年提出的**工业互联网**(Industrial Internet),旨在基于新一代信息通信技术与工业经济的深度融合构建新型的基础设施、应用模式和工业生态,通过对人、机、物、系统等的全面连接构建全新的制造和服务生态,为工业乃至产业的数字化、网络化、智能化发展提供实现途径。我国于 2015 年提出的**中国制造 2025** 战略计划与以上二者在本质上类似。另外,2015 年以来,我国还推出了**互联网**＋行动计划,其主要目标是促进互联网技术平台与金融、商务、制造等各个行业的创新融合,进而构建新的生产和社会生态,如互联网＋教育、互联网＋医疗、互联网＋交通、互联网＋工业、互联网＋金融等。

另外,随着嵌入式系统出现及其形态不断发展,计算机的内涵也得到了充分的拓展。如果将基于数字化处理芯片设计的装置均称为计算机,那么广义的计算机概念便包括现有的通用计算机以及各类嵌入式计算装置。在本书中,嵌入式系统的内涵主要侧重于嵌入式计算机系统。本书将从这一角度出发,根据时代特征重构嵌入式计算机系统的知识体系,并对嵌入式计算机的架构、原理以及设计方法与技术等进行系统论述。

1.3　嵌入式系统的组成与特点

1.3.1　组成结构

从计算系统本身,嵌入式系统是具备特定接口与功能的计算软硬件综合体,其典型组成结构如图 1.15 所示。早期的嵌入式系统硬件及功能均较为简单,嵌入式软件直接部署在嵌入式硬件之上,其组成结构如图 1.15 所示。由于不存在嵌入式操作系统,因此,这种嵌入式系统也被称为裸机系统,其不但要实现应用功能逻辑,还要实现如中断管理、接口驱动等系统软件的功能,设计较为复杂。随着软硬件技术的发展,尤其是嵌入式操作系统出现之后,嵌入式系统的组成结构日益复杂和丰富,呈现出基于嵌入式操作系统的嵌入式系统和裸机系统两种组成结构并存的局面。

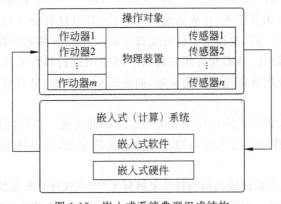

图 1.15　嵌入式系统典型组成结构

图 1.16 给出了基于嵌入式操作系统的典型三层嵌入式系统组成结构,包括嵌入式硬件、嵌入式操作系统与系统服务以及嵌入式应用软件。

嵌入式硬件是整个系统的载体,以嵌入式处理器为核心,以板级总线和电路连接存储部

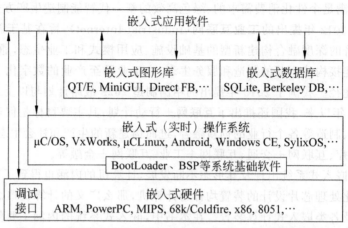

图 1.16　基于嵌入式操作系统的典型三层嵌入式系统组成结构

件、I/O 接口以及各类专用组件构成。嵌入式硬件具有突出的领域定制(或称裁剪)特色,以嵌入式应用的功能、性能、成本等综合优化为依据进行器件、接口等的选型与设计。同时,这也意味着一个特定的嵌入式硬件设计必然只能适用于某类应用或某个产品的特定阶段。近年来,嵌入式硬件接口与功能日益丰富,性能日益提升,这为更多元的嵌入式应用设计以及复杂嵌入式软件运行提供了良好支持。

以智能手机为例。其硬件组件包括嵌入式处理器、存储器、通信模块、LCD、语音 DAC 模块、振动电机及键盘等,主要支持语音/短消息通信、个人事务辅助等功能。现在,在智能移动电话的嵌入式硬件中,除了广泛采用高效能嵌入式多核处理器、大容量存储器件、3G/4G/5G 通信模块、高分辨率 LCD/OLED 屏幕等之外,还使用了越来越多的新型硬件组件,如 CCD 摄像头、多点触摸屏、WiFi 通信模块以及 GPS、重力、加速度、陀螺、磁场、指纹等传感器。这进一步支撑了可扩展的、复杂的应用功能发展,使智能手机日益成为具有网络交互、多媒体处理、游戏娱乐、智能家庭控制等功能的个性化服务终端。

作为系统级软件,嵌入式操作系统与传统操作系统一样向下管理嵌入式硬件资源,向上提供丰富的服务机制,如多任务、任务间通信等,同时具有良好的实时、可靠等性能,为复杂嵌入式应用软件的设计与开发提供了良好支撑。嵌入式操作系统多采用微内核与细粒度组件结合的可定制思想设计,从而允许用户面向不同应用进行操作系统功能的裁剪。在嵌入式系统中,软硬件资源配置都遵守够用原则,而非最大化原则,具有面向应用需求的量身定制特征。

与通用软件一样,嵌入式应用软件是应用层逻辑的实现。不同的是,嵌入式应用软件通常都要通过传感器和作动器等实现与物理环境的连续交互,其以环境决定的步长而非系统时钟执行相关操作。

当然,上述嵌入式系统组成结构与特性也解释了"嵌入式计算机系统是大系统中用于操作外部对象的组成部分"这一内涵。近年来,随着嵌入式系统技术的不断发展,还进一步衍生出基于嵌入式中间件、嵌入式虚拟机等的嵌入式系统组成结构,这些将在第 7 章进行详细阐述。

1.3.2　技术特点与发展趋势

嵌入式系统是赋予物理对象"数字化生命"的基石,是万物互联、万物智能诞生与发展的前提。军事、航空、航天、航海、数据通信、工业控制等可谓是"原驻民"式的传统应用领域,嵌入式系统的诞生和发展与这些领域的应用密不可分。随着嵌入式计算与网络通信、传感器及微机电、大数据、人工智能等技术的交叉融合发展,嵌入式系统技术也大幅推动了移动互联网、物联网、边缘计算、工业互联网以及机器人、智能交通、智能工厂、精细农业、智慧医疗、消费电子、3D打印等诸多新技术和新应用的快速发展。现在,传统应用领域不断革新、新兴应用领域持续涌现的数字化、网络化、智能化发展局面正在形成,嵌入式系统技术已渗透到人类生活、生产的方方面面,应用前景广阔。

1. 嵌入式系统的共性

虽然嵌入式应用的形态丰富多样、百花齐放,但其嵌入式计算机系统存在着共性。理解这些共性对于理解嵌入式系统的内涵以及从事嵌入式系统设计都是非常有益的。

1) 专用性强

嵌入式计算机系统是面向特定应用设计的,其硬件、接口与软件必然与具体应用的特征相符合,具有较强的专用性。例如,汽车、电视、手机、空调的嵌入式系统不能互相替代,各自面对不同的物理对象并提供不同的服务功能。但就具体领域而言,同类嵌入式设备在功能、接口等方面又在一定程度上具有共性,因此面向一类应用推出的嵌入式计算系统具有一定的通用性,典型的如单板计算机等模组。嵌入式操作系统等系统软件一般都更为通用,但也常常呈现领域特性。例如,μC/OS、VxWorks多用于实时控制类的嵌入式系统,Android、iOS主要用于手持终端,Kontiki、鸿蒙等则用于物联网设备,等等。嵌入式应用软件的功能专用性不言而喻,而且与具体的软硬件资源密切相关。

2) 资源定制化

"去除冗余、量身定做"是嵌入式系统设计的基本要求,这意味着嵌入式软硬件资源配置应该尽可能匹配嵌入式应用的需求。资源配置不足会导致嵌入式系统无法满足应用要求或限制应用功能与性能;而配置过高、过多则会超出嵌入式系统的功能、性能需要,不仅没有实际意义,还会造成资源浪费以及功耗、成本的增加。定制化的具体内涵,在硬件资源方面主要体现在依照应用需求的设计上,在系统软件资源方面主要体现在根据硬件配置、功能需求对服务组件的"量体裁衣"、扩展和优化上。

3) 非功能属性约束

除了实现诸如数据处理、通信、控制等应用功能以外,嵌入式系统通常还必须满足一些非功能属性约束,如体积、重量、功耗、实时性、可靠性及安全性等。当然,不同应用在非功能属性约束方面的要求不尽相同。以航天应用为例,由齐奥尔科夫斯基[①]火箭方程可知,飞船所需的发射燃料是飞船质量的e次幂倍。以第二宇宙速度(11.2km/s)发射飞船且排气速度不超过4.5km/s,所需发射燃料与飞船自重之比约为20:1。也就是说,要使1t飞船克服地球引力,需要至少20t以上的燃料。显然,要提高发射效能、降低成本,就必须尽量对飞船的质量、体积进行约束。另外,作为系统故障可能造成灾难及巨大损失的安全攸关系统(Safety-Critical System,SCS)对嵌入式计算系统的实时性、可靠性及安全性也有非常严格

---

① 康斯坦丁·齐奥尔科夫斯基(Константин Эдуардович Циолковский,1857—1935),苏联火箭专家和宇航先驱,设计了火箭推进器、多级启动器、空间站以及密封生态循环系统等,出版《利用反作用力设施探索宇宙空间》《宇宙航行》等500多部关于宇宙航行的著作。1895年,他在访问巴黎时,受新建的埃菲尔铁塔启发提出了天梯理论。

的约束,如航空、高铁等安全攸关的应用。

对于手机、数字电视、智能眼镜等电子设备,非功能属性则主要关注于良好的可用性及优秀的用户体验,对体积、重量、功耗等有一定限制,但并不一定需要对实时性、可靠性等做出严格约束。

4) 资源相对受限

如前所述,嵌入式系统设计中的资源配置通常采用够用原则。也就是说,系统的资源配置要适合应用需求并满足体积、重量、功耗、稳定性、成本等综合约束,但并非资源越多越好、性能越高越好。例如,在数控装备中,一般会选择主频在几十或几百兆赫的 ARM 处理器,而不是 GHz 级的 PowerPC 处理器,一般会配置几十兆字节的存储器而不是 GB、TB 级的存储器,一般会选择微型的嵌入式操作系统而不是功能齐备的通用操作系统。因此,虽然嵌入式系统技术在不断发展,软硬件的功能、性能在不断提升,但任何嵌入式系统的资源配置却总是体现了够用原则,资源仍然是相对受限的。

由于资源仍然受限,嵌入式系统通常并不具备支持目标嵌入式软件设计、开发的能力。因此,在嵌入式软件设计、开发中,通常会采用宿主机(指用于开发的 PC 或服务器)＋目标机(开发的嵌入式系统)的开发、调试模式以及交叉编译、远程调试等技术。本书的后续章节将对这些内容进行讨论。

5) 一体化硬件设计

由于应用的确定性,嵌入式系统的硬件组件、接口一般都不再要求更多的可扩展能力,因此大多数系统的硬件常常采用封闭式的一体化设计。所谓一体化设计,是指所有系统硬件组件(如处理器、存储器等)全部以焊接的方式集成在电路板上,或者采用特殊的加固接口进行连接。在这种设计模式中,系统只提供少量的接口进行组件扩展,如 USB、SDIO 等。一体化硬件设计的优点是在减小硬件体积的同时也可以提高可靠性。需要说明的是,随着高集成度器件(如 SoC)与功能模组(如核心板、COTS 模块等)的日益丰富,嵌入式系统硬件设计越来越呈现出大粒度的模块化构造特征。

6) 技术途径多样

由于嵌入式系统领域的硬件、软件资源极为多样,使得组合实现嵌入式系统的途径非常丰富。在具体系统设计中,设计者常常可以有多种体系结构、数十种乃至上百种嵌入式处理器与系统软件选项,进而可以采用不同的设计、开发模式,技术路线和实施策略非常灵活。当然,如何选择合适的体系结构与软硬件资源对于设计者必然是一个巨大挑战,这要求设计者有丰富的经验并能把握好够用原则。技术途径多样性也促进了嵌入式系统领域的开放性,有效地避免了类似于 WINTEL(Windows＋Intel)体系结构垄断通用计算机领域的局面出现。

7) 知识与技术密集

嵌入式系统是计算、感知、通信、控制等技术等与具体应用相结合的产物,这决定了该类系统必然是知识密集、技术密集、资金密集的。伴随着相关技术的进步,嵌入式系统技术与应用也必然具有不断创新、快速演化的发展特征。这既要求嵌入式系统设计人员具有较为综合的、持续更新的知识体系,同时也意味着嵌入式系统的研发必须由跨学科、专业互补的团队完成。

2. 发展趋势

伴随着技术的不断创新以及应用形态的日益多元,嵌入式系统技术的发展开始呈现出新的趋势。结合不同嵌入式系统的共性及技术发展的热点,本书对其主要趋势进行如下简要阐述。

1) "消失"却又无所不在的计算

正如马克·维瑟在20世纪90年代预测的那样,嵌入式计算机系统正在融入各种各样、大大小小的物理设备之中,在计算变得无所不在的同时,又在摩尔定律的作用下遁形于物理世界之中。无所不在的计算既是一种预测,在物联网、信息物理系统、智能系统、工业互联网等新技术、新业态高速发展的今天也是一个必然趋势。套用开篇所引用亚里士多德的论述,可以说:**"人类用嵌入式系统逐渐将无'生命'的东西变成有'数字化生命'的物件,其间的界限无法分辨。"**显然,这为嵌入式系统技术及其应用的创新发展提供了丰富的想象空间。

2) 与物理世界、人类社会深度融合

不断丰富的感知与作动能力以及日益提高的集成度,使得嵌入式系统可以深度嵌入越来越多的物理对象中,也促进了信息系统与物理世界的日益融合。在此基础上,基于网络互联的各类智能化嵌入式系统可以协同实现人、机、物、环境以及社会深度融合的计算,最终从提供自主计算向智能化服务发展。例如,麻省理工学院研究的分布式机器人花园就是一个典型的信息物理融合应用。多个自主移动机器人在感知花园温度、光照、土壤湿度与酸碱度等数据的基础上,根据不同植物当前生长阶段的特性,自主移动并完成不同植物的施肥和浇灌。经过十多年的"进化",波士顿动力公司的机器大狗(BigDog)已经具备了在复杂开放环境中的自主奔跑、翻跳、开门、协同等能力,实现了信息系统与物理世界的深度融合。在面向服务的协作式智能交通系统(SoC-ITS)中[17],智能车是智慧城市的移动服务载体,不同车辆在路网中的行驶效率与其所承载的服务类型(如救援车、公交车或私家车)以及社会规范密切相关,是典型的信息物理社会融合系统(Cyber-Physical-Social System,CPSS)。

3) 泛在多态连接及网络空间安全

近年来,WiFi、蓝牙、ZigBee、3G/4G/5G移动通信、V2X通信、新一代数据链等诸多形态的网络技术,以及面向传感网、物联网、工业互联网等设计的多种网络协议在嵌入式系统中得到了广泛应用,大幅推动了嵌入式应用的网络化发展,开启了万物互联的新时代。在网络技术的加持下,网络化嵌入式应用的创新层出不穷,小到手机、手表、耳机组成的蓝牙个人网络,大到智能家庭网络、工业互联网络乃至空天地海云作战网络等,都正在让人、机、物越来越容易地连接起来。在未来,基于多态网络的接入和通信必将变得无处不在,"竖井"式孤立系统的比例必将越来越小。高度数字化和网络接入带来的一个严峻挑战在于,越来越多的物理设备将会前所未有地暴露在网络中,一旦被黑客攻入,就可能在物理世界中造成严重的公共安全事件,而不仅仅是攻入纯信息系统时对数据资产的破坏。近年来,针对电网、炼油厂、无人机、网联智能车等信息物理设备的网络攻击事件频频发生,造成了巨大的危害和损失。因此,在推动万物互联发展的同时,必须为之研究和提供相应的网络安全保障机制。现在,网络空间安全也已成为我国网络强国战略的重要组成部分。

4) 混合、异构的弹性高效计算体系

在数据大爆炸、人工智能落地以及后摩尔时代开启的背景下,复杂数据与逻辑的快速处理需求对于传统的计算体系形成了巨大挑战,单一架构(无论单核、多核还是多处理器)已经无法满足针对各类复杂应用进行优化处理的迫切要求。出于提高计算效能并遵守嵌入式系统非功能属性约束的考虑，新型的混合计算体系就日益得到了学术界和工业界的广泛关注。例如，ARM 公司推出的 Big.LITTLE 架构[①]就是一种异构多核解决方案，允许系统根据计算需求动态地提供匹配的计算能力，进而可以配置 GPU 作为图形加速处理。Xilinx 公司于2019 年推出的自适应计算加速平台（ACAP）包含先进的可编程逻辑与传统多核的 SoC，可以加速不同工作负载的新引擎，将机器学习、视频与图像处理、数据分析、基因分析分别加速约 40 倍、10 倍、90 倍和 100 倍。华为昇腾处理器采用了包括达芬奇 AI 计算核的混合计算结构，大幅提升了智能计算的效能。在更宏观的系统级，业界也常常基于类似的思想将不同算力的处理器搭配使用，构造体系异构的高性能计算平台。

5）个体、群体智能能力将持续提升

计算机技术的出现，本质上就是由超越人类能力并实现计算自动化的需求所驱动的，其发展脉络中一开始便蕴含了数字化智能的基因。从系统角度看，数字化智能必须以嵌入式系统为基础，是融合了系统软硬件的综合能力。智能系统的构建就是要在支持智能的硬件上开发和部署智能化的软件系统。近年来，融合感知、通信、控制甚至智能计算能力的嵌入式硬件技术飞跃式发展，为系统智能的建立奠定了基础。同时，随着以深度学习为代表的人工智能第三次浪潮的到来，新一代人工智能技术在高算力、大数据等技术的加持下终于得到了大规模的落地应用。由此，软件作为嵌入式系统的灵魂也就开始迈向了更高级的智能阶段，从智能音箱、智能仪器到无人驾驶汽车的各类智能系统必将应运而生。可以预见，随着传感器、智能计算、数据挖掘等技术以及人工智能理论与方法的不断突破，该类系统的智能能力也必将日益增强。

6）软件架构、设计与开发范式演进

现代嵌入式系统对嵌入式软件的设计方法提出了新的要求。首先，作为与环境连续交互、以环境决定的步长进行操作的反应式系统，嵌入式软件具有复杂的状态关系和运行时特性，传统的软件设计方法难以对其进行准确刻画和验证。其次，伴随物理环境深度融合、智能能力不断提升的应用发展，嵌入式系统的体系以及功能和非功能属性约束变得日益复杂，必然导致嵌入式软件规模、复杂度及其开发、部署、维护难度的激增。

针对这些挑战，在软硬件协同设计的框架下，作为一种高级抽象开发方法的模型驱动软件设计（Model-Driven Software Design，MDSD）在近年来成为主流。该方法以软件模型的建立、验证、优化、测试及代码的自动生成为主要流程，在设计前期就可以刻画出软件的逻辑和运行时特性，并以模型验证的方式确保软件逻辑的正确性。如前所述，在空客 A310、A340/600 和 A380 的机载嵌入式系统中，软件总体规模已从最初的 4MB、40MB 增长到了80MB。由于在整个开发框架中逐渐引入了"模型驱动、正确构造"的方法学，空客机载软件的研制效率和质量大大提高。就每 100KB 代码中的错误数而言，A310 机载软件中有上百个，A320 机载软件中是几十个，而 A340 机载软件中在 10 个以内，这是因为其 70% 的代码是基于模型自动生成的[18]。法国爱斯特尔公司的 SCADE、IBM 公司的 Rational Rhapsody等都是典型的模型驱动嵌入式软件设计工具。

---

① Big.LITTLE 是 ARM 公司提出的一种处理器架构，将高性能的处理器（Big）与高效能处理器（LITTLE）搭配使用，在提高工作性能的同时大幅降低系统功耗。

与此同时,随着算力、通信等基础能力的大幅提升,云原生、容器、微服务、DevOps 等 IT 领域的先进软件架构、思想和设计方法也开始被移植到航空、航天、汽车等复杂嵌入式系统的设计中。由此可见,面向嵌入式软件及系统的新研发范式正在形成。

7) 多样化过程中的标准化

鉴于领域嵌入式系统实现途径的多样化,嵌入式系统的发展还呈现出标准化的迫切需要。标准化的目的在于为领域应用提供统一的顶层设计规范,解决异构嵌入式产品的兼容性与互操作问题。近年来,智能交通、数字家庭等领域已经广泛开展了标准化工作。例如,德国、法国面向汽车电子提出的 OSEK/VDX 标准定义了实时的操作系统(OSEK-OS)、通信子系统(OSEK-COM)和网络管理系统(OSEK-NM)3 个组件。又如,Intel、微软等公司发起的数字生活网络联盟(DLNA)①制定了数字家庭网络标准 DLNA2.0,致力于推动家庭不同网络设备之间的通信与互操作。在我国,工信部、国家标准化管理委员会等在近年来也推动了工业互联网标准体系、智能制造能力成熟度标准体系、智能网联汽车标准体系等的建设。

1.4　知 识 体 系

如上所述,嵌入式系统技术是万物智联的重要基石。作为连接信息世界与物理世界、赋予各类物理设备"数字化生命"的桥梁,嵌入式计算机系统是具有信息物理融合特征的技术密集型计算装置,其知识内涵丰富、高度综合,随着技术的演化不断发展,同时也蕴含着系统思维与系统能力培养的特质和优势[19,20]。

从计算的角度,嵌入式系统几乎涵盖了完整的计算技术体系,而且有更多的扩展。随着嵌入式系统朝着网络化、智能化等方向的发展以及新兴应用的出现,嵌入式系统技术的知识体系将更为丰富。当然,嵌入式系统的内涵并非现有计算技术的简单堆积和重复,其知识体系的构建必将体现出可定制、多样化及领域结合的嵌入式计算特征。图 1.17 给出了嵌入式系统的知识体系[21]。这也表明,要从事嵌入式系统的研究与设计工作,学习和掌握了嵌入式系统相关的基础知识是首要前提,除此之外,还要进一步掌握必要的专业技术和领域知识。

1. 本书知识体系定位及特色

嵌入式系统知识体系的组织模式有多种。经典的组织模式是:从计算机组成的角度构建知识体系,阐述嵌入式系统的体系、组成及技术原理与方法。本书内容的组织就是以这种模式为基本框架的。本书构建的多维融合知识体系如图 1.18 所示。

如前所述,多样化是嵌入式系统的重要特点,主要体现在应用形态多元以及实现应用的软硬件技术途径多样。如何能够在一部专业图书中系统、科学、清晰地阐述庞大的嵌入式系统技术体系,已经成为嵌入式系统课程教学与建设中的关键难题。如果期望从完整体系的角度进行全面阐述,那么就可能陷入泛泛而谈的境地,无法在有限的篇幅里保证知识的深度;反之,如果仅仅聚焦于某个具体对象(如特定嵌入式处理器或操作系统)的技术体系,必然会限制知识的广度,进入"以树木代替森林"的误区。为了解决"树木与森林"的矛盾,在本

---

① DLNA(Digital Living Network Alliance,数字生活网络联盟)是一个在家庭内进行设备间多媒体数据传输的协议规范。类似的规范还有面向家庭电视节目共享的 VIDIPATH。

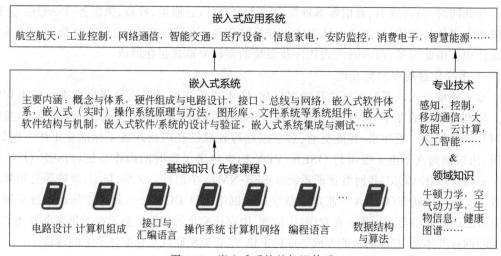

图 1.17　嵌入式系统的知识体系

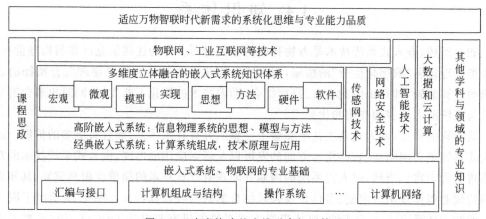

图 1.18　本书构建的多维融合知识体系

书的第 1 版中就采用了"知识阐述与人文引导、体系总领与重点剖析、模型归纳与实例呼应、原理分析与思想启发、软硬协同与系统综合、方法学习与思维训练"的指导思想，率先构建了一个体现了"从自架构、原理到设计，从宏观特性到微观原理，硬件与软件结合，理论与实践结合"等特点的多维融合知识体系。

2. 以设计过程贯穿全书的知识体系

以设计过程贯穿全书，构建嵌入式系统的知识体系，有助于有机地刻画出计算机、软件、网络以及物理进程之间相互关联的动态特性。爱德华教授认为，信息物理系统的核心问题是要在程序的顺序化执行与物理世界并发特性之间架起一座桥梁，以弥合二者之间的本质差异。如果说计算机科学是"程序认识论"，那么嵌入式系统科学就可以说是"并发特性认识论"，其知识体系的构建则应倾向于如何剖析物理世界的动态并发特性、程序的顺序性以及二者融合的并发特性，应重点关注如何对软件、网络及物理进程的关联动态特性进行建模和设计，其知识核心则应定位于可以结合计算与物理动态特性的模型和抽象[6]。

正是基于这样的认识，爱德华教授在其《嵌入式系统导论——CPS 方法》一书中构建了一个从建模、设计到分析的嵌入式系统知识体系，如图 1.19 所示。其中，建模部分聚焦于动态行为的特性模型,特别是时域中的连续动态性、基于状态机阐述的离散动态性、混合系统、并发组合语义与并发计算模型等;设计部分的内容看似与计算机工程的内容相同,但叙述的重点是模型、动态性和并发性,其目标是建立跨越传统抽象层的思考方式;分析部分则聚焦于属性的精确规格以及用于比较规格、分析规格和设计结果的技术。

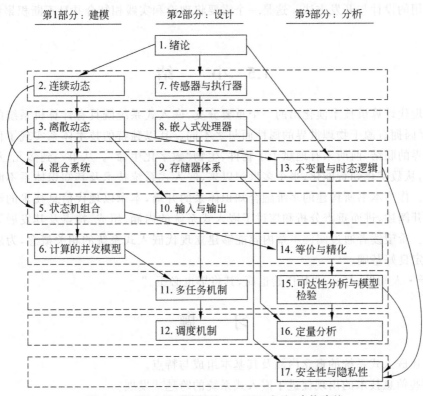

图 1.19 《嵌入式系统导论——CPS 方法》中构建的从建模、设计到分析的嵌入式系统知识体系[6]

图 1.20 是马韦德尔在《嵌入式系统设计——CPS 与物联网应用》一书中给出的嵌入式系统知识体系[5],该知识体系也是以嵌入式系统的设计过程为基本框架,在阐述嵌入式系统设计技术的同时,进一步拓展了模型化方法以及与信息物理系统、物联网相关的传感器、I/O、能耗与热、可信分析等内容。

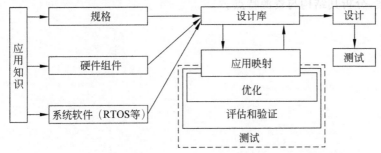

图 1.20 《嵌入式系统设计——CPS 与物联网应用》中构建的侧重 CPS 和物联网的嵌入式系统知识体系

总体上，本书将以嵌入式系统的组成和共性技术体系为主线安排内容，并在不同知识点中突出其嵌入式特征并引入主流技术，由此形成一个支撑嵌入式系统设计的知识体系。通过阅读本书以及系统学习，可以掌握嵌入式系统理论体系、共性特征、设计思想及主流开发方法等知识。在此基础上，可以有针对性地学习和掌握领域知识与行业技术，进而掌握领域嵌入式应用的设计与开发方法。这是一个需要将理论和实践相结合并且不断积累和总结的过程。

1.5 小　结

作为现代计算机技术演化出的一个重要分支，嵌入式系统既具有计算机系统的技术特性，同时又因拥有源于物理世界的属性而与之不同。其以独特的技术体系实现了信息系统与物理世界的联结，前所未有地赋予了物件、生物"数字化生命"。从单一到多元，从个体到网络互联，从数字化到智能化，半个多世纪以来，嵌入式系统技术及其知识体系不断演化并日益丰富。作为本书所构建的多维融合知识体系的开篇，本章以现代信息技术的诞生背景为起点展开阐述，进而重点分析和探讨了嵌入式系统的内涵、组成、特点及其发展等概念和技术内容。希望读者通过阅读本章内容能够建立现代嵌入式系统的相关概念，为后续内容的学习奠定良好基础。

《庄子·人间世》有云："其作始也简，其将毕也必钜。"

习　题

1. 简述嵌入式系统的概念内涵及其基本组成与特点。
2. 哪些信息技术的出现促进了嵌入式系统的跨越式发展？
3. 为什么说嵌入式系统是实现万物互联、万物智能的技术基石？
4. 如何理解嵌入式系统设计中"量体裁衣"的资源配置这一特征？
5. 辨析嵌入式系统与信息物理系统（CPS）、物联网（IoT）、智能系统的概念并阐述它们的关系。
6. 如何理解"消失而又无所不在的计算"这一说法？其与嵌入式系统有何关系？
7. 结合你在生活中接触到的嵌入式应用系统，如智能手表、智能音箱等，查阅资料并给出其设计方案，分析其结构与资源特点。

第 2 章　嵌入式硬件基础

从事有趣的、富有挑战性的设计，本身就是一种愉快的享受。

——王选[①]

In my opinion, there are only a handful of people whose works have truly transformed the world and the way we live in it—Henry Ford, Thomas Edison, the Wright Brothers and Jack Kilby[②]. If there was ever a seminal invention that transformed not only our industry but our world, it was Jack's invention of the first integrated circuit.

——Tom Engibous(TI 公司董事会主席)

嵌入式硬件是嵌入式系统的载体。了解、掌握嵌入式硬件的工作原理和设计方法，是优秀嵌入式系统软硬件开发人员的必备素质。为此，本章将从数字电路开始，循序渐进地介绍与嵌入式硬件设计相关的机制与方法。通过阅读本章内容，读者将进一步理解和掌握与嵌入式硬件相关的常用概念和方法、架构模型与子系统、典型硬件形式，并学习基于两个示例的硬件设计方法等，为后续内容的学习奠定基础。

2.1　器件和电路术语及基本元件

嵌入式系统硬件的设计主要涉及硬件电路的设计与实现，相关设计原理和方法以数字电路知识为主要基础。为了便于读者更好地理解本书中与硬件相关的知识点，本节对基本的器件和电路术语及基本元件进行简要介绍。

2.1.1　器件术语

1. 芯片

芯片(chip)基于半导体材料制成的具有特定逻辑和封装形式的集成电路器件。一般采用 Cadence、Synopsys 等 EDA[③] 工具进行芯片的逻辑设计和仿真验证。

2. 管壳

管壳(shell)是以绝缘材料制成的包装集成电路的壳体，常采用塑料、陶瓷等材料。

3. 引脚

引脚(lead, pin)是从集成电路内部电路引出的、与外部电路相连的接线，通常以管壳接

---

① 王选(1937—2006)，江苏无锡人，计算机文字信息处理专家，北京大学教授，中国科学院院士，中国工程院院士，曾主持华光和方正计算机激光汉字照排系统的研制，被誉为"汉字激光照排系统之父"，获首届毕昇印刷技术奖、国家最高科学技术奖等。

② 杰克·基尔比(Jack Kilby，1923—2005)，美国德州仪器(TI)公司工程师，于 1958 年发明集成电路，1993 年获美国国家技术奖，2000 年获诺贝尔物理学奖。

③ EDA：Electronic Design Automation，电子设计自动化。

点的形式存在。所有引脚构成芯片的外部接口，具有物理特性（机械特性）、电气特性、功能特性和规程特性（也称为时间特性、逻辑特性）。

4. 封装

封装（packaging）是指采用某种绝缘材料制成特定形状的壳体密封、包装集成电路，并将芯片的引线连接到管壳外部规整布放的引脚，以此提高芯片的机械性能、电气性能、散热性能和化学性能。图 2.1 为西北工业大学计算机学院研制的嵌入式处理器芯片及其封装与应用。封装形式繁多，以下给出几种典型的、常见的形式。

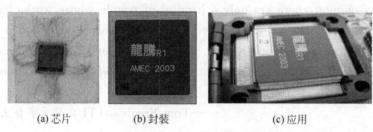

(a) 芯片   (b) 封装   (c) 应用

图 2.1　嵌入式处理器芯片及其封装与应用

1）双列直插式封装

双列直插式封装（Dual In-line Package, DIP）指采用双列直插形式封装的集成电路芯片，其外观如图 2.2 所示。双列直插式封装的特点在于：芯片面积与封装面积的比值较大，体积较大；引脚较宽，适合在印制电路板（Printed Circuit Board, PCB）上穿孔焊接，操作方便；引脚数较少，一般不超过 100 个；主要适用于中小规模的集成电路芯片。

图 2.2　双列直插式封装

2）塑料方形扁平式封装

塑料方形扁平式封装（Plastic Quad Flat Package, PQFP）采用塑料材料，并以正方形的管壳封装芯片，其外观如图 2.3 所示。其特点在于：芯片引脚间距离很小，引脚非常细，数量可在 100 个以上；必须采用表面安装设备（Surface Mounted Devices, SMD）技术附着在 PCB 表面，不能穿孔焊接；大规模或超大规模集成电路采用这种封装形式。当形状为长方形时，也称为塑料扁平式封装（Plastic Flat Package, PFP）。

图 2.3　塑料方形扁平式封装

3）薄形小外形封装

薄形小外形封装（Thin Small Outline Package, TSOP）的引脚形式类似于 PQFP，其厚

度约为1.0mm。其特点在于：电流大幅度变化时引起的输出电压扰动较小（即寄生参数较小），适合高频应用，操作方便，可靠性较高；采用表面安装设备技术直接附着在PCB表面；成品率高，成本较低。常见的内存存储器就采用了这种封装形式。

4）塑料引线芯片载体封装

塑料引线芯片载体（Plastic Leaded Chip Carrier，PLCC）封装采用塑料的正方形管壳封装集成电路芯片，管壳四周引出J形引脚，其外观如图2.4所示。PLCC封装的外形尺寸比DIP小，一般使用专门的机械安装卡座进行安装，而无须焊接，因此采用PLCC封装的芯片都允许机械式插拔。例如，计算机硬件中的BIOS启动固件等多采用这一封装形式。需要说明的是，这种机械卡装方式并不牢固，在嵌入式系统中很少应用。

图2.4　塑料引线芯片载体封装

5）插针网格阵列封装

插针网格阵列（Pin Grid Array，PGA）封装以方形管壳进行集成电路封装。封装后，在芯片一面引出一组按方阵排布的插针，以一定的间距排列，如图2.5所示。PGA可以适应引脚更多、信号频率更高的场合，因此常用于处理器等器件的封装。安装时，需要使用专用的机械式插座，如CPU的ZIF（Zero Insertion Force，零插拔力）插座。嵌入式系统中很少使用PGA封装的芯片。

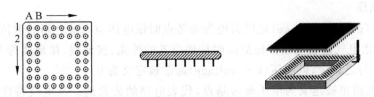

图2.5　插针网格阵列封装

6）球栅阵列封装

球栅阵列（Ball Grid Array，BGA）封装是一种高密度表面装配封装技术，壳体材料多为陶瓷，由于封装底部的引脚都呈球状并排列为一个类似于格子的图案而得名，如图2.6所示。根据使用的材料和封装的形式，BGA又进一步分为PBGA、CBGA、FCBGA、TBGA、CDPBGA共5种类型。BGA封装的主要特点为：需要采用可控塌陷芯片法焊接芯片，可以改善电热性能；具有良好的电气稳定特性，可避免IC频率超过100MHz时传统封装方式可能产生的串扰（CrossTalk）[①]现象以及传统封装方式在芯片引脚数大于208个时可能出现的信号干扰问题。通常，处理器、桥芯片等高密度、高性能、多引脚芯片采用BGA封装形式。

---

　①　串扰是指信号线之间的电磁干扰问题。当两个引脚或线路的间隔过小，电磁区产生重叠时，便互相产生了电磁干扰。

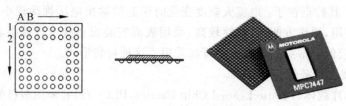

图 2.6 球栅阵列封装

5. 电路原理图

电路原理图（schematic diagram）简称原理图，是基于电子器件的逻辑符号与连接形式表示电路网络中元件间连接关系的文件。电路原理图和电路图都能表示电路中的器件组成以及连接关系，但电路原理图描述的属性和参数更丰富，表达能力更强。

6. 印制电路板

印制电路板简称电路板，是布有器件连接点以及铜线以连接元器件的纤维玻璃薄板。通常是在电路原理图的基础上进一步设定元件封装形式、元件布放位置，进行自动/手动布线，再经制板、蚀刻等加工而成的。

7. 数据手册

数据手册（datasheet）是器件制造商提供的关于产品信息的文档，说明器件的功能、结构、特性及具体的使用方式和参数等，是主要的电路设计参考文档之一。除了器件之外，嵌入式硬件模块、嵌入式操作系统、软件组件产品等也有其数据手册，说明产品的规格、功能和使用方法等。

2.1.2 电路术语

1. 接地电压

接地电压（ground voltage）是以大地为参考点时带电体与大地之间的电位差（大地电位为 0），通常是指电气设备发生接地故障时接地设备的外壳、接地线、接地体等与零电位点之间的电位差。与之对应，低电压（low voltage）通常被定义为 0。

GND 在电路里被定义为电压参考基点，代表电路的公共地。从电气特性的角度，可进一步将 GND 分为电源地（Power Ground，PG）和信号地（Signal Ground，SG）。

2. 集电极电压/高电压

在数字电路中，高电压一般是指 3V、5V 或 12V 电压。针对不同类型的器件、不同的功能，高电压有不同的表示形式，简要说明如下。

1) V_{CC}

V_{CC} 表示电路的供电电压。V_{CC} 是 TTL（Transistor-Transistor Logic，晶体管-晶体管逻辑）电路时代的产物。由于用于 TTL 元件输入输出的三极管驱动电路采用共集电极方式设计，因此 V_{CC} 就是共集电极上的电压，一般用于双极型器件的集电极电压，是正电源电压。对于 PNP 型三极管，V_{CC} 为负电源电压，有时也标作 $-V_{CC}$。

2) V_{DD}

V_{DD} 表示芯片的工作电压。一般而言，单极性器件的漏极电源电压为正，在 MOS 晶体管电路中指正电源。CMOS 电路中 V_{DD} 可接在 PMOS 管的源极。

对于既有 V_{DD} 引脚又有 V_{CC} 引脚的芯片，其自身带有电压转换功能。此时，V_{DD} 仅仅是给器件内部的数字逻辑电路或模拟逻辑电路供电,而 V_{CC} 是给包括外设和内部系统供电,所以 V_{CC} 的电压通常必须高于 V_{DD}。相应地还有 V_{DDH},其中 H(High)表示高压,即高压供电端。

3)V_{EE}

V_{EE} 是发射级电源电压,一般用于发射极耦合逻辑电路(Emitter Coupled Logic,ECL)的负电源电压。

4)V_{SS}

S 在单电源时指电压为 0 或接地,在 CMOS 电路中指负电源。

在 CMOS 型场效应元件中,V_{DD} 引脚对应元件的漏极,V_{SS} 引脚则对应元件的源极。注意,该元件中不存在 V_{CC}。

5)V_{PP}

V_{PP} 是元件的编程或擦除电压,P 代表可编程(programmable)。

简言之,V_{CC} 也表示模拟电源,V_{DD} 为数字电源,V_{SS} 为数字地,V_{EE} 为负电源。

需要进一步阐明的是,数字电路中电信号的典型电平有 TTL 电平、CMOS 电平以及 RS-232 电平。TTL 器件中(如 74LS 系列),+5V 等价于逻辑 1,0V 等价于逻辑 0,称为 TTL 电平。由于 TTL 电路是电流控制器件,TTL 电平的最小输入高电平和低电平具有约束,分别为:输入高电平不小于 2.0V,输入低电平不大于 1.2V;输出低电平要小于 0.8V,输出高电平要大于 2.4V;噪声容限[1]为 0.4V。CMOS 器件(如 74HC 系列、CD4000 系列等)采用 12V 电压电源。CMOS 电平约定:输入时,低于 3.6V 为低电平,高于 8.4V 为高电平;输出时,低于 1.2V 为低电平,高于 10.8V 为高电平;噪声容限为 2.4V。显然,CMOS 电平比 TTL 有更高的噪声容限,抗干扰性也就更好。RS-232 标准采用了负逻辑电平,即负电平 -3~-12V 为逻辑 1,正电平 +3~+12V 为逻辑 0。

在实际中,不同电平是可以进行转换的。例如,CMOS 电平可以直接驱动 TTL 电平,但 TTL 电平需结合上拉电阻后才能驱动 CMOS 电平;通过接入 MAX232N 等转换器件,可以实现 TTL 电平与 RS-232 电平的转换。除了 TTL、CMOS 接口电平之外,LVDS、HSTL、GTL/GTL+、SSTL 等新的电平标准也逐渐被广泛采用。例如,液晶屏驱动接口通常采用 LVDS 接口,数字 I/O 通常为 LVTTL 电平,DDR SDRAM 电平则多是 HSTL 电平等。

3. 信号

信号是时间-空间域中以特定载体(如光、电、声音等)和特定形式传输信息的能量单元。在信息系统中,信号是数据的载体,数据又是信息的载体,因此可以说**信号最终就是信息的物理表示**[2]。信号的传输速度通常表示为波特率(Baud),即码元的传输速率。

4. 信号浮动

任何时候,电路中的信号应该要么为高要么为低,使电路处于确定状态。如果引脚不受任何元件控制,其电压随时间不确定地变化,称为信号浮动。信号浮动与器件引脚的连接方式以及引脚上呈现的电磁耦合关系密切相关。当浮动信号连接到元件特定引脚(如芯片的

---

① 噪声容限(noise margin)是指在前一极输出为最坏的情况下,为保证后一极正常工作所允许的最大噪声幅度。噪声容限越大,说明容许的噪声越大,电路的抗干扰性越好。**高电平噪声容限=最小输出高电平电压-最小输入高电平电压;低电平噪声容限=最大输入低电平电压-最大输出低电平电压;噪声容限=min{高电平噪声容限,低电平噪声容限}**。

② 参见 IEEE Std 488.1 中的定义。

中断输入引脚)时,将可能导致系统的逻辑错误。

5. 总线竞争

两个元件同时驱动一个信号时,若驱动不一致,可能在两个元件之间形成零阻抗的回路,瞬时无穷大的电流则可导致元件逻辑电路被击穿(烧毁),甚至使系统瘫痪。在电路设计中,总线竞争主要是由于设计错误而造成的,要尽力消除。

6. 三态输出

引脚可以将输出信号驱动为高电压、低电压和浮动3种状态。其中,浮动状态即为第三种输出状态(也称三态、高阻抗态),既不像输出0状态那样允许电流灌入,也不像输出1状态那样向负载提供电流,而是处于一种特殊的"断路"状态。多个设备驱动同一信号时,三态设备非常有用,可以避免总线竞争问题。

7. 驱动过载

任何元件的输出功率都是有限的。当一个器件的输出不足以驱动多个元件或电路时,就会无法驱动后续元件或者使网络正常工作,称为过载现象。在电路设计中,设计者可通过数据手册了解元件所需的输入驱动电流和输出驱动电流,进而根据电路特性选择驱动器件或进行电路拓展设计,如采用74LS244,以消除可能出现的驱动过载问题。

8. 时序

时序(timing sequence)是硬件电路中产生多个信号或执行多个操作的时间顺序约束,是正确实现硬件逻辑功能的关键。芯片引脚的时序可通过其数据手册获取。另外,多任务软件中也存在时序的概念,一般表示多个任务间的先后逻辑约束。

2.1.3 基本元件

1. 晶体管

晶体管(transistor)是一种固体半导体器件,可以实现检波、整流、放大、开关、稳压、信号调制等多种功能。在1939年美国贝尔实验室发现的硅P-N结(P代表Positive,N代表Negative)以及普渡大学博士生西摩·本泽[1]在1942年发现锗单晶的优异整流性能的基础上,贝尔实验室威廉·肖克利[2]的研究小组于1947年12月研制出点接触型的锗晶体管。威廉·肖克利于1950年设计出双极型晶体管。贝尔实验室于1952年研发出金属氧化物半导体场效应晶体管(Metal-Oxide Semiconductor Field Effect Transistor,MOSFET),堪称晶体管发展的里程碑。1954年,硅晶体管诞生。

晶体管的问世是微电子革命的先声,也为集成电路的诞生吹响了号角。20世纪70年代至今,随着制程工艺(process)的发展,处理器集成电路的晶体管数量已由几千个增长到数十亿个,且大致符合摩尔[3]定律的预测。

---

① 西摩·本泽(Seymour Benzer,1921—2007),美国物理学家、分子生物学家和行为遗传学家,在分子和行为遗传学领域做出了突出贡献。

② 威廉·肖克利(William Shockley,1910—1989),贝尔实验室工程师,他和约翰·巴丁(1908—1991)、沃尔特·布拉顿(1902—1987)因发明晶体管于1956年共同获得诺贝尔物理学奖。1955年,他离开贝尔实验室,创建肖克利实验室股份有限公司。20世纪五六十年代,他在推动晶体管商业化的同时,造就了美国加利福尼亚州今天电子工业密布的硅谷地区。

③ 戈登·摩尔在1957年与"八叛逆"一起离开肖克利实验室并创建了仙童半导体公司,1968年与罗伯特·诺伊斯(1927—1990)创建了Intel公司。

2. 二极晶体管

二极晶体管简称二极管(diode)，是一个由 P 型半导体和 N 型半导体形成的 PN 结，它只允许电流沿单一方向流过，具有"正向导通、反向截止"特性以及良好的电流整流功能。

按照所用的半导体材料，二极管可分为锗二极管(锗管)和硅二极管(硅管)。按照功能，二极管可分为检波二极管、整流二极管、稳压二极管、开关二极管、隔离二极管、肖特基二极管、发光二极管、硅功率开关二极管、旋转二极管等。按照管芯结构，二极管又可分为点接触型二极管、面接触型二极管及平面型二极管。在实际中，按照功能分类是常用的分类方法。

3. 三极晶体管

三极晶体管简称三极管(triode)，也称双极型晶体管，是一种电流控制电流的双极型器件，输入电阻很小，常用于放大微弱电信号的信号幅值，同时也用作无触点的可变电流开关。按照材料，三极管可分为锗管和硅管两种，而每一种又可按 PN 结排列方式分为 NPN 和 PNP 两种结构。三极管的各极有不同的使用方式，分别是发射极接地(又称共射放大、CE 组态)、基极接地(又称共基放大、CB 组态)和集电极接地(又称共集放大、CC 组态、发射极随耦器)。**三极管的开关功能实现了流动电子到数字开关的转换，是物理实现数字逻辑的关键。**

4. 场效应晶体管

场效应晶体管(FET)简称场效应管，也称单极型晶体管，是利用控制输入回路的电场效应控制输出回路电流的单极型半导体器件，输入阻抗大，噪声小，功耗低，属于电压控制型半导体器件。从类型上，场效应管主要分为结场效应管(Junction FET，JFET)和金属-氧化物-半导体场效应管(MOSFET)。场效应管通过 V_{GS}(栅源电压)控制 I_D(漏极电流)。在只允许从信号源取得少量电流的情况下，应选用场效应管。有些场效应管的源极 S 和漏极 D 可以互换使用，栅极 G 的电压也可正可负，较三极管更为灵活。

5. 集电极开路

集电极开路(Open Collector，OC)也称开放收集器、OC 门，是三极管以集电极为输出的电路，也是集成电路中常见的 I/O 输出类型。集电极开路既可以驱动输出也可以处于浮动状态。例如，图 2.7(a)展示了 NPN 型三极管的集电极开路(用 OC 表示)电路逻辑。该集电极开路输出需要外接上拉电阻，否则不能输出有效的高电平。在此基础上，通过改变上拉电阻的端接电压 V_{CC}，就可以实现电平转换以及对电感元件的驱动。另外，电路中多个 OC 类型的输出引脚可以并联形成"线与"逻辑，只要其中的一个引脚为低电压，整个输出就变为低电压，且不会出现总线竞争问题。在图 2.7(b)中，两个集电极开路(用 OC1 和 OC2 表示)并联到微处理器的中断引脚，可以共同为微处理器提供中断信号。同理，还有 PNP 型的集电极开路。

6. 上拉电阻与下拉电阻

上拉电阻(pull-up resistor)是指连接在元件信号引脚和高电压之间的电阻，用于将引脚信号钳位(clamp)在高电平，或者用来在驱动能力不足时提供电流。反之，下拉电阻(pull-down resistor)是指连接在元件信号引脚与 GND 之间的电阻，用于将信号钳位在低电平，或者用于吸收电流。该类电阻的值通常为 $1\sim100\text{k}\Omega$。根据欧姆定律和焦耳定律，阻值越小，电流越大，上下拉能力越强、越灵敏，但功耗也越大。

图 2.8(a)为集电极开路芯片 7407 内部逻辑。当输入为 TTL 低电平时，7407 的输出为

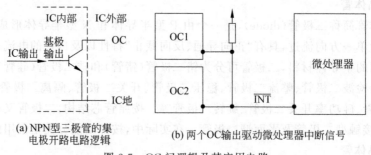

(a) NPN型三极管的集
电极开路电路逻辑

(b) 两个OC输出驱动微处理器中断信号

图 2.7　OC 门逻辑及其应用电路

低电平；而当输入为高电平时，7407 不传导电流，无有效输出。图 2.8(b)为 5V 输入的 7407 驱动 12V 场效应管的电路逻辑。其中，5kΩ 下拉电阻 R1 将 7407 的 TTL 输入电平拉到低稳态。根据 7407 的特点，其无法驱动工作电压为 12V 的 N 沟道场效应管。此时，可以在输出端连接一个接在 12V 电源上的上拉电阻 R2，在输入为高电平时 R2 两端电压相等，驱动场效应管和继电器。

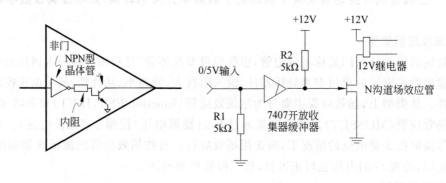

(a) 7407内部逻辑

(b) 7407驱动场效应管的电路逻辑

图 2.8　7407 驱动继电器应用电路逻辑

7. 漏极开路与推挽电路

漏极开路(Open Drain,OD)简称开漏，也称 OD 门。与集电极开路相似，将其中的三极管换为 N-MOS 场效应管并以其漏极作为输出，就形成了漏极开路电路。图 2.9(a)展示了开漏的基本电路结构。由于漏极浮空，因此场效应管只能在 I/O 向栅极供电时导通并"漏"电流(吸收电流)，输出低电平。所以，开漏电路也可以支持多个开漏输出引脚有上拉电阻限流的"线与"连接。若要在漏极提供电流输出驱动，就需要增加一个上拉电阻，并通过改变上拉电阻上的电压 V_{CC} 实现电压转换和驱动能力增强。

与开漏电路相对应的是推挽电路(push-pull)，它是很多处理器中 I/O 引脚的典型内部电路。推挽电路在输出端采用了两个互补的三极管或 MOSFET。图 2.9(b)为一个推挽电路示例，其顶部是一个 P-MOS 场效应管(称为顶部晶体管，top-transistor)，底部是一个 N-MOS 场效应管(称为底部晶体管，bottom-transistor)。当顶部晶体管导通、底部晶体管截止时，顶部晶体管导通接高电压，输出高电平，底部晶体管导通接地，输出低电平。显然，推挽电路既可以漏电流又可以集电流(也称灌电流)，且推挽电路的输出由集成电路 I/O 控制端的电平决定。这些特性都区别于 OC 电路和 OD 电路。需要强调的是，若将两个推挽输出引脚相连,当一端输出为高电平(灌电流)而另一端为低电平(漏电流)时,将在两个引脚之间产生瞬时的大电流,引发总线竞争问题并可能造成电路损坏。因此,一条总线上只能有一个推挽输出器件。换言之,多个推挽电路不能进行"线与"型的逻辑操作。二者的比较如表 2.1 所示。

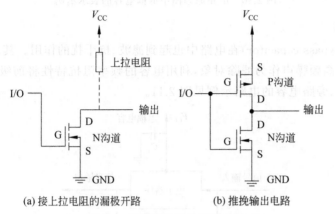

(a) 接上拉电阻的漏极开路　　　(b) 推挽输出电路

图 2.9　接上拉电阻的开漏电路

表 2.1　开漏输出与推挽输出的比较

比　较　项	开　漏　输　出	推　挽　输　出
高电平驱动能力	由外部上拉电阻提供	强
低电平驱动能力	强	强
电平跳变速度	由外部上拉电阻阻值决定,阻值越大,反应越快,功耗越大	快
"线与"功能	支持	不支持
电平转换	支持	不支持

8. 退耦电容

电路中的耦合是指电路网络中电流大小变化时,在其他电路网络中感应产生的寄生电流或供电电路中形成的反冲电流。退耦(也称为去耦)的目的就是消除电路之间的寄生耦合。

在电路特定位置接入电容可达到电路退耦的效果,该类电容就被称为退耦电容(decoupling capacitor)。在电子电路中,退耦电容主要布放在信号输出引脚,将输出信号的干扰作为滤除对象。另外,退耦电容还可以起到缓冲电荷的作用。电子器件在输出信号时需要输出大的电流,这会导致器件中电荷的瞬间释放,电压瞬时下降至正常工作电压之下。将退耦电容连接在靠近器件的电路供电端(V_{CC}),可以起到向电子器件放电并补充电荷的作用。

在电源退耦、自动增益控制等典型误差控制电路中,常采用大容量电解电容并联一个小容量电容的电路结构。其中,前者用于低频交变信号的退耦、滤波、平滑,后者用于消除电路网络中的中、高频寄生耦合。在电路原理图中,退耦电容通常都集中表示,表明退耦电容的数量,如图 2.10 所示。

退耦电容的布放规则:靠近相应引脚(电源或信号),电容的电源或信号走线与地线所包围的面积最小。

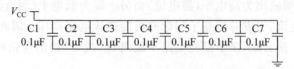

图 2.10　电路原理图中退耦电容的表示示例

9. 旁路电容

旁路电容(bypass capacitor)在电路中也起到滤波、抗干扰的作用。其主要工作原理是：将输入信号中的高频噪声作为滤除对象，利用电容的频率阻抗特性将前级携带的高频杂波滤除。退耦电容、旁路电容的电路示例见图 2.11。

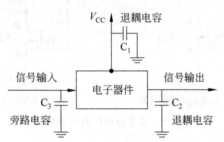

图 2.11　退耦电容、旁路电容的电路示例

10. 寄存器

寄存器(register)是一种基于触发器逻辑构造的高速存储单元，是集成电路中的重要组成部件。图 2.12 和图 2.13 为 D 触发器逻辑以及基于 D 触发器的 4 位数据缓冲寄存器和 4 位串行移位寄存器的构造。

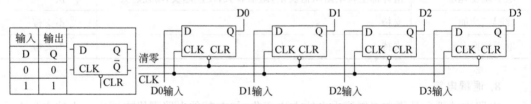

图 2.12　D 触发器逻辑以及 4 位数据缓冲寄存器的构造

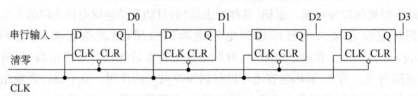

图 2.13　4 位串行移位寄存器的构造

处理器中的寄存器用于暂存计算过程中的指令、数据和地址。一组寄存器构成处理器的寄存器文件，包括通用寄存器以及用于控制的指令寄存器(IR)、程序计数器(PC)、用于算术和逻辑运算的累加器(ACC)等。

例如，部分 ARM[①] 处理器提供了 37 个 32 位寄存器，其中包括 31 个通用寄存器和 6 个

---

　①　ARM 是 Advanced RISC Machine 的缩写。ARM 公司于 1990 年在英国成立，主要从事 RISC 芯片知识产权(Intellectual Property，IP)核的设计。

状态寄存器,且在其 7 种工作模式①下都有各自对应的寄存器组。在任意时刻,可见的寄存器组包括 15 个通用寄存器 R0～R14、一个或两个状态寄存器(通用的当前程序状态寄存器 CPSR 和各模式专用的备份程序状态寄存器 SPSR)以及程序计数器。状态寄存器和控制寄存器中的每一位或几位表示一个特定信息,图 2.14 给出了 CPSR 中各位的定义。

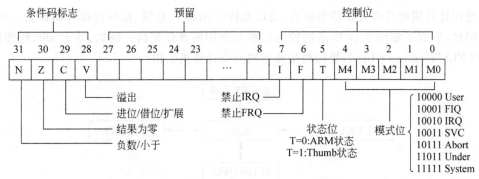

图 2.14　ARM 处理器的 CPSR 中各位的定义

注意:对于 I/O 接口的访问,本质上就是通过软件对接口的控制寄存器、数据寄存器组中状态位和信息位的设置与读取。在本书后续章节中将对其进一步展开讨论。

11. 计数器

计数器(counter)是集成电路中完成计数功能的逻辑部件,由一组具有信息存储功能的触发器构成。图 2.15 为基于 J-K 触发器构建的脉冲计数器。除此之外,可用于构建计数器的触发器、R-S 触发器、T 触发器、D 触发器等。当输入脉冲来源于外部事件时,该计数器是事件计数器;而当输入为系统时钟时,则它成为定时器。

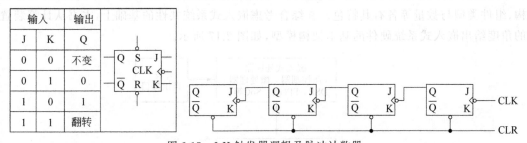

图 2.15　J-K 触发器逻辑及脉冲计数器

12. 总线

总线(bus)是计算系统中用于连接各种功能部件并传输信息的一组**公共通信线路**,具有特定的物理特性、功能特性、电气特性和规程特性,其核心是总线控制器。总线按照连接的部件可分为片内总线、系统总线和通信总线,按照所传递的信息则可分为数据总线、地址总线和控制总线等。总线的性能指标包括总线宽度(线路数量,如 1 位、8 位、16 位、32 位、64位)、总线带宽(单位可用 MB/s 表示)、时钟同步/异步、总线复用、信号线数、总线控制方式、负载能力、电源电压(如 3.3V、5V)、总线宽度能否扩展等。

---

① ARM 体系微处理器的 7 种经典工作模式为用户模式(User)、快速中断模式(FIQ)、中断模式(IRQ)、管理模式(SVC)、访问终止模式(Abort)、未定义指令终止模式(Undef)和系统模式(System)。

2.2 嵌入式系统硬件组成

2.2.1 硬件基本架构模型

通用计算机硬件以处理器为核心，通过北桥[①]、南桥[②]、总线、接口连接存储设备、I/O 设备等组件，形成了如图 2.16 所示的较为标准和通用的硬件架构。例如，基于 x86 处理器的 WINTEL(Windows＋Intel)架构便是典型的通用计算机架构。

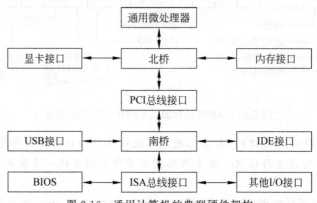

图 2.16　通用计算机的典型硬件架构

从广义上说，嵌入式计算设备也是一类计算机系统，具备与物理世界的交互能力。与通用计算机的硬件架构相似，嵌入式系统硬件同样是以处理器为核心，并在扩展存储、I/O 接口等基础上所形成的硬件系统。区别在于，嵌入式系统面向特定应用，不同系统的硬件结构、组件类型与数量等各有其特色。在综合考虑嵌入式系统共性的基础上，本书从计算装置的角度给出嵌入式系统硬件的基本架构模型，如图 2.17 所示。

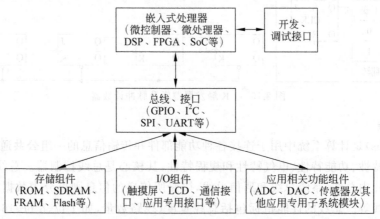

图 2.17　嵌入式系统硬件的基本架构模型

---

① 北桥全称为北桥芯片组(North Bridge Chipset)，也称主桥，与处理器相连，用于连接内存、显卡等高速设备。

② 南桥全称为南桥芯片组(South Bridge Chipset)，与高速的北桥芯片相连，负责 I/O 等低速设备的连接和通信。

由图 2.17 可知,嵌入式计算设备与通用计算机在硬件逻辑架构上具有一定的相似性,但也存在着显著差异。典型地,嵌入式处理器有非常丰富的类型和体系结构可供选择,同时通过多种片上/板上的各类总线与接口连接种类多样的功能组件,例如,通常采用多种类型的存储器以满足程序固化、快速访问、数据备份等不同的应用需求,采用各类串行/并行总线连接各类 I/O 组件,等等。这使得嵌入式计算设备的硬件又明显地有别于通用计算机,且具有与应用类型相对应的多样性。当然,要使硬件能够实现正常的加电运行,还需要围绕上述组件进行电路的扩展,如供电、复位、时钟等组件及其相应的外围电路。

图 2.18 给出了智能手机的嵌入式硬件逻辑架构及其组成示例。其中,嵌入式处理器是信息处理的核心,主流的有华为海思麒麟、高通骁龙、联发科等系列的处理器;Flash、ROM、FRAM、RAM 等不同类型的存储器共同构成了存储单元,用于存放系统软件、用户软件、配置数据及运行时的数据等;基带、射频组件及 WiFi 等组成了多路通信模块,实现手机联网和通信;而基于 NFC(Near Field Communication,近场通信)模块可以实现身份认证、信用卡、一卡通等功能。由图 2.18 可知,类型日益丰富的传感器组与作动器也是智能手机硬件构成的重要特征,配合智能算法可实现"感知→判定→决策→作动"的智能化环路。显然,当今智能手机可提供的功能已远不止于拨打电话和发送短信。

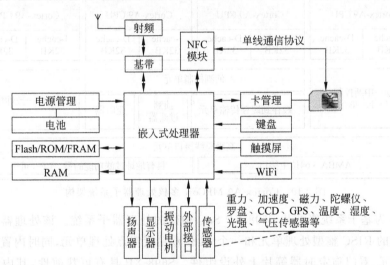

图 2.18　智能手机嵌入式硬件逻辑架构及其组成示例

2.2.2　处理器子系统

与通用计算机相同,处理器子系统也是嵌入式计算装置的核心,但其类型和架构更为丰富多样。通常,嵌入式处理器可分为微控制器(MCU)、微处理器(MPU)、数字信号处理器(DSP)、可编程逻辑器件(如 FPGA、CPLD 等)、片上系统(SoC)等不同形式以及 ARM、PowerPC、LoongArch、MIPS、RISC-V 等不同的体系结构,具体选择要取决于应用需求。例如,冰箱、车床等数控设备中常选用微控制器,音响、雷达等多以 DSP 作为核心处理单元,SoC 处理器多用于对体积、功耗等有较高要求的设备(如手表、手机),而高速通信接口、逻辑可演化系统则应采用以可编程数字电路方式实现逻辑功能的 FPGA 等。在组成上,处理器子系统可进一步采用单处理器或对称/异构多处理器等不同架构进行设计,以满足不同应用的性能需求。

1. 基于单处理器的子系统

单处理器子系统中仅有一个嵌入式处理器,它可以是 MCU、MPU、DSP 中的任何一种,也可以是单核或者多核架构。该类处理器子系统架构比较简单,其特性主要取决于具体所选用的嵌入式处理器。

ARM Cortex-A9 是一款高性能、低能耗的嵌入式 ARM 处理器,广泛应用于数字电视、游戏终端等嵌入式设备[22]。其采用推测型八级流水线设计,同时具有强大的浮点处理单元(FPU)、NEON(即 ARM Advanced SIMD)媒体处理引擎以及用于调试的程序跟踪单元(PTM I/F①)。图 2.19 所示的 Cortex-A9 MPCore 采用了带有一个 AXI② 主机接口且支持虚拟内存的可伸缩 Cortex-A9 多核处理器子系统架构。该处理器实现了 ARMv7-A 体系结构并可运行 32 位 ARM 指令、16/32 位 Thumb 指令③,还可在 Jazelle 状态下加速运行 8 位 Java 字节码。

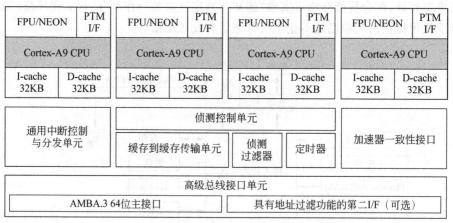

图 2.19 Cortex-A9 MPCore 多核处理器子系统架构

图 2.20 为基于系统级芯片 S698-XP SoC 构建的处理器子系统。该处理器集成了一个 SPARC V8 的 RISC 整型处理单元和一个 64 位双精度浮点处理单元,同时内置了在线硬件调试支持单元、看门狗定时器等片上外设组件。S698-XP 具有可裁剪性,其内部还可集成 1553B 总线、ARINC 429 总线、CAN 总线控制器等功能组件,并通过 AMBA 中的 AHB (Advanced High-performance Bus,高级高性能总线)和 APB(Advanced Peripheral Bus,高级外围总线)连接。

2. 基于多处理器的子系统

在信号、图像等具有高性能处理需求的应用中,通常采用多个通过共享内存和总线连接的处理器构建对称或非对称的多处理器子系统。该类子系统包括多个独立的处理器硬件单

---

① I/F 是 Interface 的缩写,表示接口。

② AXI(Advanced eXtensible Interface)是一种面向高性能、高带宽、低延迟的片内总线标准,是 ARM 公司高级微控制器总线体系(Advanced Microcontroller Bus Architecture,AMBA)3.0 协议的重要组成部分。

③ Thumb 指令是 ARM 指令压缩形式的子集,通常具有 16 位的代码密度,可减小代码软件码量。

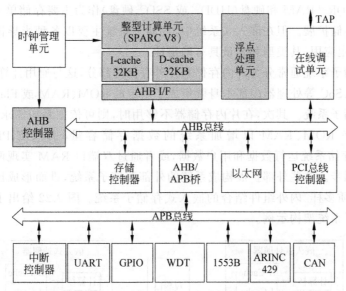

图 2.20　基于 S698-XP SoC 的处理器子系统架构

元,具有并行的高速计算能力,其架构如图 2.21 所示。为了实现多处理器的协同处理,在该子系统内部要为这些嵌入式处理器提供高速的通信通道以及共享访问外部资源的软硬件机制。

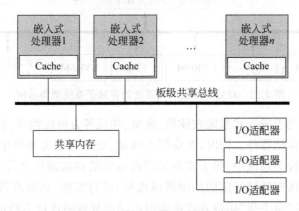

图 2.21　多处理器子系统架构

如果是对称式多处理器(Symmetric Multi-Processor,SMP)系统架构,图 2.21 中的嵌入式处理器 1～n 具有相同的类型和同等的功能。这些处理器平等地交替接收计算任务,并实现多个就绪任务的并行处理。如果是非对称式多处理器系统架构(Asymmetric Multi-Processor,AMP),处理器的类型或分工有所不同。例如,图 2.21 中的处理器 1 可以是一个 ARM Cortex-A9,而其他处理器可以是不同类型的微处理器、DSP 或 FPGA 等,或者 n 个处理器完全相同,但它们之间存在主从关系或任务的分工差异。

2.2.3　存储子系统

存储子系统是计算系统的必要组成部分。在通用计算机架构中,存储子系统以 ROM

（用于 BIOS）、DDR[①] RAM 和硬盘（HDD[②] 或 SSD[③] 硬盘）作为主要存储单元，以 USB 接口的存储器作为存储扩展。但在嵌入式系统中，存储子系统主要以各种半导体介质类型的器件为主，对于特定应用，其类型和容量具有确定性。

嵌入式存储子系统通常分为片内存储和片外存储两部分，这与通用计算系统有所不同。首先，微控制器、SoC 等处理器内部本身就集成了一定的 ROM、RAM 或 Flash 存储组件，这构成了片内存储子系统。其次，在片内存储器不够用时，则可依据系统需求进行外部扩展。例如，可以扩展 ROM、RAM 以增加系统的数据存储容量，引入 E²PROM、Flash 或 NVRAM 永久存储系统运行数据和用户数据，或者通过双端口 RAM 实现两个处理器之间的数据交换与同步。这些外部扩展构成系统的外部存储子系统，进而形成比通用计算机更为复杂、存储介质多样、内外组件结合的嵌入式存储子系统。图 2.22 给出了双处理器嵌入式系统的存储子系统架构示例。

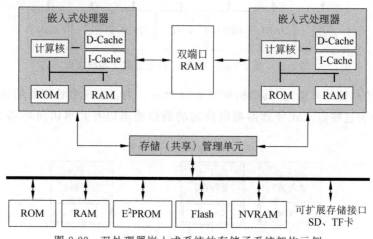

图 2.22 双处理器嵌入式系统的存储子系统架构示例

在具体设计中，鉴于嵌入式系统在体积、重量、功耗等方面的约束，其存储子系统通常采用高密度、低功耗的存储器件。同时，在应用于移动、震动等恶劣环境中的嵌入式系统以及飞机、航天器等安全攸关系统中，除了需要采用高品质的存储器件之外，存储器件还需要以一体化的方式（如焊接或通过特定的加固机械机构）进行安装，以提高其可靠性。一体化安装方式可以避免传统"金手指"插拔方式可能因震动而导致的连接不稳定和芯片引脚损坏等问题。如前所述，针对特定应用的嵌入式系统产品的存储需求具有确定性，因此采用提前设计、一体化集成方式是完全可行的。

2.2.4 时钟子系统

时钟子系统为计算系统的工作提供时钟控制脉冲信号，是处理器、存储器、总线以及 WDT、UART 等 I/O 正常、有序工作的节拍器。对于不同的嵌入式处理器及丰富多样的总

---

① DDR：Double Data Rate SDRAM，双倍速率同步动态随机存储器。
② HDD：Hard Disk Drive，硬盘驱动器，常指磁介质硬盘，采用 ATA、SATA 等接口。
③ SSD：Solid State Drive，即固态硬盘，简称固盘，是采用固态电子存储芯片阵列制成的硬盘，通常采用 SATA2/3 等高级串行接口。

线和外设而言,其所需要的时钟系统复杂度不同。一般,较为简单的微控制器仅需要一个时钟源就可支持硬件正常运行。以 MCS-51 为例,片内时钟电路有一个高增益反相放大器,其对外的输入端(XTAL1)和输出端(XTAL2)外接一个石英晶体,并分别连接 30pF±10pF 的微调电容 C_1 和 C_2,构成图 2.23(a)所示的时钟电路。系统上电时,微调电容启动振荡器,产生系统的节拍时钟信号,其周期称为**时钟周期**(或振荡周期)。进而,每 12 个时钟周期形成一个**机器周期**,执行一条指令的**指令周期**则通常为 1～4 个机器周期。另外,MCS-51 微控制器还可以采用图 2.23(b)所示的外部振荡源工作模式。该模式使用外部 TTL 时钟,其 XTAL2 用来连接外部 TTL 时钟信号,XTAL1 接地。

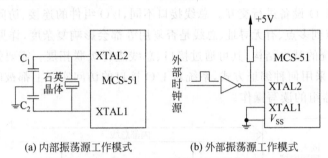

(a) 内部振荡源工作模式   (b) 外部振荡源工作模式

图 2.23　MCS-51 微控制器的时钟电路

对于复杂嵌入式处理器与硬件系统,可能还需要进一步采用倍频、分频、锁相环(Phase Locked Loop,PLL)振荡器等特殊电路以及多时钟源构建时钟子系统,同时要在系统初始化时通过设定寄存器产生不同的时钟频率。以图 2.24 所示的 ARM7 系统时钟电路为例,晶体振荡器、锁相环振荡器以及 VPB[①] 分频器组成了外围时钟电路,可提供高速的 CPU 时钟 CCLK 和外设时钟 PCLK。若晶振频率为 F_{osc},且设置锁相环配置寄存器 PLLCFG 中的倍频和分频系数,那么可获取锁相环振荡器的输出频率 F_{cco} 以及倍频后的 CPU 时钟频率 F_{cclk}、VPB 分频后的外设时钟频率 F_{pclk}。这些不同频率的时钟信号可以让 CPU 及外设组件在合理的速度下运行。又如,STM32 微控制器的时钟子系统共有 5 个时钟源,其中高速内部时钟 HSI、高速外部时钟 HSE 以及锁相环振荡器为高速时钟组件,低速内部时钟 LSI 和低速外部时钟 LSE 则为低速时钟组件。

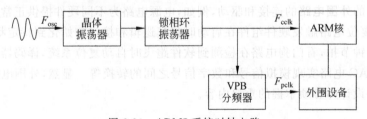

图 2.24　ARM7 系统时钟电路

嵌入式系统中的时钟子系统具有多样性。在具体的嵌入式系统设计中,要依据功能组件需求对时钟电路进行定制和扩展。

---

① VPB:VLSI Peripheral Bus,超大规模集成电路外设总线,为片上逻辑组件提供接口。

2.2.5 I/O 子系统

I/O 子系统是围绕嵌入式处理器扩展出的接口子系统,采用内部总线、板级总线和接口电路连接各类外部的 I/O 组件。由于嵌入式计算装置与开放环境中的物理对象结合,因此其 I/O 子系统中的组件也会比通用计算机中的更为丰富。

如前所述,嵌入式处理器有别于通用处理器的一个典型特征就是其片内可能集成更为丰富的 I/O 接口和组件。类似地,嵌入式系统的 I/O 子系统也是片内集成与片外扩展相结合的构成模式。从模型角度,I/O 设备通过其接口中的控制器连接在访问总线上,处理器通过总线控制器与 I/O 设备进行交互。总线接口不同,I/O 组件的连接、访问复杂度就可能不同。点到点还是点到多点、有无寻址、总线是否复用等都会影响复杂度,详见第 6 章。图 2.25 给出了 I/O 子系统的基本结构,其可通过接口、总线进行级联拓展。需要强调的是,不论是否采用寻址,或者采用何种编址方式,系统对 I/O 接口的访问实际上都被映射为接口/总线控制器对其寄存器组的读写操作。

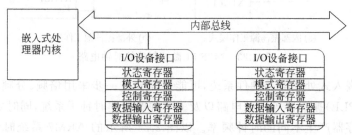

图 2.25 I/O 子系统的基本结构

随着传感器、微机电系统(MEMS)等技术的发展,I/O 子系统所连接的外围设备越来越丰富,这也推动了嵌入式系统信息与物理过程深度融合的发展。除了传统的外围设备,嵌入式系统所携带的传感器和作动器设备的类型、数量越来越多。这不论是在智能穿戴设备、智能手机,还是在工业机器人、网联智能车,或者更为复杂的蜂群多无人机等系统中,均有不同程度的体现。

另外,计算机硬件可以被看作一组器件或子系统构成的电路网络,其正常工作、协调运行还需要相应的**外围电路**的连接和驱动,例如,电源电路为不同硬件提供正常工作所需的电压电流,上电复位电路触发硬件组件在启动时将其逻辑和接口初始化到特定状态,时钟电路为系统提供时钟节拍,看门狗电路在检测到软件跑飞时自动复位系统,译码器电路实现编码转换,ADC/DAC 电路实现模拟信号和数字信号之间的转换等。显然,外围电路的原理及设计方法是硬件设计师必须掌握的重要内容。

2.3 嵌入式系统硬件典型形式

2.3.1 基于通用计算机扩展的嵌入式硬件

IEEE Std 1003.13—2003 给出的定义着重强调了嵌入式系统是计算装置与物理对象的有机结合,但并未要求一定要将计算装置完全埋入物理对象的内部,这与嵌入式系统的第一发展阶段相呼应。在实际中,基于通用计算机构建功能而非形式上嵌入的专用系统在嵌入式系统发展历程中很常见,如一些大型医疗设备、工业测量装备、安防监控系统等便采用了这种结构。结合 IEEE 给出的定义,该类系统可被归类为**嵌入通用计算机型**。其优点在于:可以有效降低硬件研发成本,缩短研制周期,同时充分利用通用计算机丰富的软硬件资源,提高研制效率和质量。

嵌入通用计算机型的系统典型采用**通用计算机+I/O扩展+特殊外围硬件**的架构,重点是对通用计算机硬件进行 I/O 接口与组件的扩展。对于没有体积和重量限制、运行环境较好(电磁干扰、湿度、温度、振动等影响小)、产品批量小的嵌入式系统,可采用这一架构设计其硬件系统。以计算机断层扫描设备(即 CT 机)为例,就可以基于通用计算机构建其硬件,重点是扩展接口并连接专用的控制台、扫描床驱动器、扫描架传感器、照相机、成像机等。

在这一模式的发展过程中,还进一步发展、形成了具有一定工业控制特征的通用计算机,即工业控制计算机(简称工控机)。工业控制计算机以通用计算机的架构为基础,提供多个 ISA① 总线、PCI② 总线及 USB、RS-232 接口,具有良好的扩展性和兼容性。同时,工业控制计算机硬件设计中采用了一系列电磁屏蔽、抗振加固、散热防潮等工艺和技术,有效提升了可靠性。当然,这一硬件架构也有着明显的缺点,其无法根据应用需求提供最佳的资源配置和性能,且体积、重量、功耗均较大。

2.3.2 基于领域标准模块集成的嵌入式硬件

虽然工业控制、通信、交通等不同应用的计算特征与要求存在很大差异,但特定领域的同类产品通常会在系统结构、功能、接口等方面具有诸多共性。为此,在工业界逐渐演化、形成了一系列具有领域通用特性的标准模块,并形成了一套快速集成搭建嵌入式系统硬件的设计方法。该类模块包括基于通用处理器或嵌入式处理器的单板计算机(Single-Board Computer,SBC)与各类 I/O 功能组件,通常具有便于集成的机械和电气特性。下面结合几种典型的单板计算机架构进行分析。

1. PC/104 型可扩展单板计算机

PC/104 是 IEEE 于 1992 年推出的 8 位/16 位工业计算机总线标准,用于快速连接基于 PC/104 总线的硬件模块。其 8 位总线共有 64 个引脚,16 位总线共有 104 个引脚,采用 ISA 总线的电气信号定义。1997 年推出的 32 位的 PC/104 plus 采用了 PCI 总线的电气信号定义,速度更快。PC/104 总线标准减少了元件数量和能量消耗,4mA 电流即可驱动模块正常工作且每个模块功耗为 $1\sim2\mathrm{W}$。在工业界,采用 PC/104 总线的硬件单元称为嵌入式 PC/104工业计算机或 PC/104 模块,其标准物理尺寸为 90mm×96mm,叠高不超过 15.24mm。PC/104 模块的优点非常明显,体积更小,模块间连接更为方便,功耗更低,非常符合嵌入式系统的设计要求并已成为工业控制领域的流行标准。按照功能,可将 PC/104 模块分为不同类型,如 PC/104 CPU 模块(图 2.26)、I/O 处理模块、通信模块、存储模块等。其中,CPU 模块又可以采用不同体系结构的处理器,如 x86、ARM 等。

在 PC/104 体系中,一个 PC/104 CPU 模块作为主控模块,而其他 PC/104 模块则作为从

---

① ISA:Industry Standard Architecture,工业标准体系结构,是 IBM 公司为 PC/AT 计算机制定的 8 位/16 位总线标准,用于工控计算机。

② PCI:Peripheral Component Interconnect,外设部件互联,是由 PCISIG(PCI Special Interest Group,PCI 专业组)在 ISA 总线基础上推出的 32 位/64 位高速并行总线。

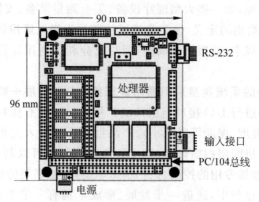

图 2.26　PC/104 CPU 模块结构

模块。这些模块可以通过 PC/104 总线插座连接，多个模块堆叠在一起，形成如图 2.27(a) 所示的堆叠式连接。这些模块还可以采用元件集成方式。在该方式中，设计者将不同的 PC/104 模块看作高集成度的电子元件（或宏元件、大元件）。设计者根据这些宏元件的物理接口和参数设计 PCB 作为母板，进而以焊接集成的方式将这些元件布放、集成在母板上，形成如图 2.27(b) 所示的宏元件母板连接。相比较而言，前一种方式更为方便，也更为常用，但其缺点是 PC/104 总线的插座并没有经过特殊的加固处理，连接的稳定性、可靠性不足，且其高度较大。后一种方式大大提高了硬件的可靠性，但增加了 PCB 设计的成本。对于个别系统的设计，设计者也可以结合两种方式，基于大元件母板连接方式集成基本组件，进而采用堆叠式连接方式扩展其他组件。

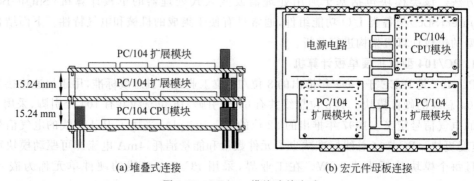

(a) 堆叠式连接　　　　　　　　　　　(b) 宏元件母板连接

图 2.27　PC/104 模块连接方式

2. VME/VPX 总线型可扩展单板计算机

航空、航天等领域的嵌入式系统对性能和可靠性具有严格要求。由于单处理机性能受限，该类复杂应用的嵌入式系统常采用基于高速总线或网络连接的多单板计算机、多 I/O 模块架构。面向该类领域，工业界已形成了多个系列的标准模块，按照接口类型可分为 VME(Versa Module Eurocard[①]，万用模块欧卡)/VPX、紧凑型 PCI(CPCI[②])、面向仪器系统的 PCI 扩展(PXI)等。需要说明的是，这些模块可基于 x86、PowerPC、FPGA 或 DSP 等不

---

① Eurocard：简称欧卡，是用于板卡间互连的欧洲标准卡机械结构标准，也是 IEEE 1101.10 标准。

② CPCI：Compact Peripheral Component Interconnect，紧凑型 PCI 总线，主要用于工业控制计算机系统。

同的处理器实现。

VME 总线是一种用于多处理机并且数据存储和外部 I/O 模块间紧密耦合连接的主从式工业开放标准总线,其内部包含了数据传输总线、数据传输仲裁总线、优先中断总线和通用总线,最大数据位 64 位、最大传输速率 500Mb/s,具有突出的并行、实时、高性能、高可靠性等特性。同时,其接口的机械结构有很好的抗震性和抗冲击性,可以保证系统在恶劣环境中仍然具有高的可靠性和稳定性。为了提供更大带宽、更好的散热能力以及更好的兼容性,VME 国际贸易协会(VME International Trade Association,VITA)又接连推出了 VXS(VITA41)、VPX(VITA46)、VPX-REDI(VITA48)、OpenVPX(VITA65)等新的模块标准。其中,VPX 是在 VME 总线基础上发展而来的交换式高速串行总线标准,它采用 RapidIO、PCI-Express、万兆以太网等新的串行总线替代了 VME 总线中的共享式并行总线,使得单一 VPX 模块的数据交换能力可达 8GB/s。VPX 标准采用了 MultiGig RT2 连接器结构,具有特性阻抗可控、连接紧密、插入损耗小以及误码率低等优点,尤其是在传输速率高达 6.25Gb/s 时串扰仍低于 3%。在 VPX 设备中,VPX 模块通过 VPX 总线背板进行互连,单个 VPX 处理机可以通过 PMC[①]、XMC[②] 接口进行模块扩展。在交换式架构下,多个处理机可以同时发送数据,而不必像 VME 模块那样等待获得总线,并行处理和通信能力都大为增强。VPX 总线背板和 VPX 处理机如图 2.28 所示。

(a) VPX 总线背板　　　　　　　　　　　　(b) VPX 处理机

图 2.28　VPX 总线背板及处理机

这些标准硬件组件的出现使快速搭建功能、性能满足要求的嵌入式硬件成为可能。然而,为了兼顾领域内的通用性,该类硬件模块通常集成了较多的资源,所以基于该类标准模块构建的嵌入式设备通常存在资源和性能过剩以及重量、体积、功耗、成本、集成度等问题。

2.3.3　面向具体产品的专用嵌入式硬件

上述两种硬件设计方式主要是进行硬件模块的集成和扩展,其问题是难以提供与应用需求高度匹配的资源和性能。因此,大量的嵌入式应用并不适合采用这两种硬件设计方式,而是需要专门设计硬件。例如,不同品牌或同一品牌下不同型号的应用(如手机)有着不同的产品定位和功能特色,就不能采用通用的模块搭建其硬件。因此,该类嵌入式系统的设计要从器件级电路的设计开始,器件或组件的选型也都是以功能与性能均满足产品设计要求

---

① PMC:PCI Mezzanine Card,PCI 夹层卡,其接口与 PCI 总线兼容。

② XMC:Switched Mezzanine Card,交换夹层卡,是具有高速串行光纤接口的 PMC。

为准,实现较高的性价比。对于市场化的商业产品,其软硬件设计成本将均摊于产品中,出货量越大,单件产品均摊的设计成本越低。而对于功能、性能要求严苛的嵌入式应用,如航空、航天、交通等领域的应用,也常常需要设计定制化的系统硬件。如第1章所述,要使得航行器获取第二宇宙速度,那么发射燃料与航行器自重之比需达到约20∶1。显然,该类嵌入式硬件必须是"量体裁衣"定制设计的,尽可能去除不需要的硬件接口与模块,并增加保障可靠性、安全性的设计。

从通用计算机扩展,到领域标准硬件集成,再到专用硬件设计,系统资源配置的合理性、专用性依次增强,硬件集成度依次提升,批量生产时的硬件成本则依次降低;相应地,新产品研制所需的周期、成本及其复杂度则依次增加。在现代嵌入式硬件的设计中,为了提高设计效率和质量,降低维护成本与难度,通常会组合使用这几种方式。例如,在美国联合作战飞机 F35 的研制中,其综合核心处理机 ICP 除了使用自主研制的背板和模块之外,还大量采用了通用的商用货架式产品①,从而使其成本比 F22 的 ICP 更低。工业控制、铁路运输等领域的嵌入式系统也大都可采用这种混合式硬件架构。

2.4　硬件设计基本方法

硬件电路设计与软件开发本质上类似,都是按照特定设计要求"搭积木"的过程,只是使用的原材料、方法和工具互不相同。在硬件设计中,原材料是指各类元器件,方法是用电气特性匹配的方式连接元器件,工具则是电子设计自动化软件(Electronic Design Automation, EDA)。例如,电路原理图的绘制软件有 Altium 公司的 Protel 与 Altium Designer、Mentor Graphics 公司的 Power Logic、Cadence Design System 公司的 OrCAD Capture 等。这些不同工具软件设计的电路原理图大多可以相互转换。同时,设计者可采用 Protel、Altium Designer、PADS、Allgero 等 PCB 设计工具设计、生成布线的电路底片和元件表等。本节将结合两个嵌入式硬件设计实例说明硬件设计基本流程与方法。

2.4.1　Protel EDA 软件

Protel 是 Altium 公司在 20 世纪 80 年代末推出的 EDA 软件[23],其主要功能有电路原理图绘制、模拟电路与数字电路混合信号仿真、多层印制电路板设计(包含印制电路板自动布线)、可编程逻辑器件设计、图表生成、电子表格生成、宏操作等,现已发展到 Altium Designer 22 等新的版本。其除了全面继承包括 Protel、DXP 等先前版本的功能和优点外,还做了许多改进,增加了许多高级功能。例如,其拓宽了板级设计的传统界限,全面集成了 FPGA 设计功能和 SOPC 设计实现功能,从而允许工程师将系统设计中的 FPGA 与 PCB 设计以及嵌入式子系统的设计集成在一起。

本节仅介绍基本的 Protel 功能。按照系统功能,该软件包括电路设计、电路仿真与 PLD 两大部分,共分为 6 个功能模块。

1. 电路设计部分
电路设计部分主要包括电路原理图设计、印制电路板设计和自动布线 3 个模块。

---

① 商用货架式产品(Commercial Off-The-Shelf,COTS)主要指可在市场购买到的成熟商品,包括设备和服务等。

1）电路原理图设计模块

电路原理图设计模块（Advanced Schematic）由电路图编辑器（SCH 编辑器）、电路图元件库编辑器（Schlib 编辑器）和各种文本编辑器组成。设计者可基于该模块进行以下操作：电路原理图的绘制、编辑和修改，电路图元件库的更新和修改，以及电路图和元件库各种报表的查看和编辑，等等。

图 2.29 是电路原理图设计界面。由图 2.29 可知，电路原理图主要刻画了其包含的功能元件及逻辑连接关系。

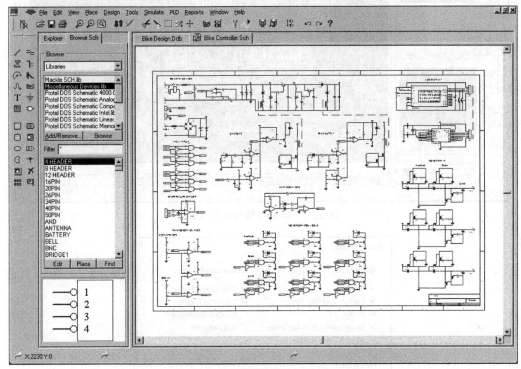

图 2.29　电路原理图设计界面

2）印制电路板设计模块

印制电路板设计模块（Advanced PCB）包括印制电路板编辑器（PCB 编辑器）、元件封装编辑器（PCBLib 编辑器）和电路板组件管理器。该模块的主要功能是：绘制、修改和编辑印制电路板，更新和修改元件封装，管理印制电路板组件。图 2.30 是印制电路板设计界面。由图 2.30 可知，其元件符号主要描述了元件的封装引脚外形及网络连接。

3）自动布线模块

自动布线模块（Advanced Route）包含一个基于外形的无栅格自动布线器，采用如图 2.31所示的参数设置在印制电路板上自动布线，以实现印制电路板设计过程的自动化。需要说明的是，机器布线的目标是保证全部线路连通，因此设计者在布线前需要设置间距限制、转角形式、层数、过孔类型、SMD 焊盘与导线比例、印制导线宽度限制等布线规则。但是由于此时并未考虑美观问题和走线对信号（尤其是高频信号）的影响，因此布线后还可能需要依据电路特性对线路进行手动调整。

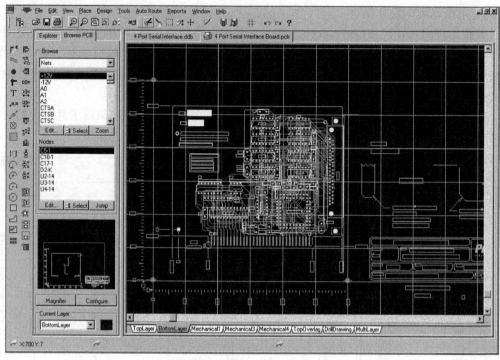

图 2.30　印制电路板设计界面

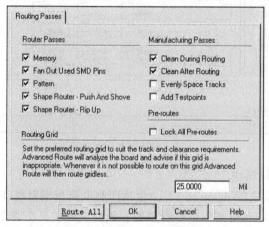

图 2.31　自动布线参数设置

2. 电路仿真与 PLD 部分

电路仿真与 PLD 部分主要包括电路仿真、可编程逻辑设计和信号完整性分析 3 个模块。

1) 电路仿真模块

电路仿真模块（Advanced SIM）包含一个数字/模拟信号仿真器，可提供连续的数字信号和模拟信号，以便对电路原理图进行信号仿真，从而验证其正确性和可行性。该模块提供了设置仿真和分析器的模型与参数、动态仿真电路信号及图形化显示、数据记录和波形分析等功能。图 2.32 给出了一个电路信号仿真与波形逻辑显示示例。

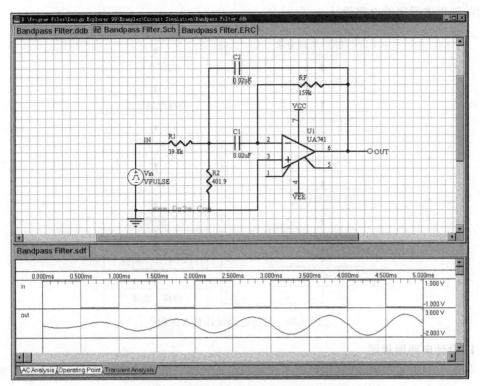

图 2.32 电路信号仿真与波形逻辑显示示例

2) 可编程逻辑设计模块

可编程逻辑设计模块(Advanced PLD)由一个有语法功能的文本编辑器和一个波形编辑器组成,其主要功能是对逻辑电路进行分析、综合以及观察信号的波形。利用 PLD 系统可以最大限度地精简逻辑部件,使数字电路设计达到最简化。

3) 信号完整性分析模块

信号完整性是指线路上信号的质量,主要包括信号幅度和信号时序。而在电路中,信号的完整性通常会因线路上的反射、串扰以及电源、地线的噪声而被破坏。

信号完整性分析模块(Integrity Analysis)提供了一个精确的信号完整性模拟器,可通过配置参数和约束分析印制电路板设计,检查电路设计参数、阻抗和信号谐波要求等。该模块可设定的规则有阻抗约束(Impedance Constraint)、下降沿延迟时间(Flight Time-Falling Edge)、上升沿延迟时间(Flight Time-Rising Edge)、下降沿过冲(Overshoot-Falling Edge)、上升沿过冲(Overshoot-Rising Edge)、信号低电平(Signal Base Value)、信号激励(Signal Stimulus)、信号高电平(Signal Top Value)、电源网络(Supply Nets)等,其他规则中还提供了短路约束(Short-Circuit Constraint)、未连接引脚约束(Un-Connected Pin Constraint)、未布线网络约束(Un-Routed Net Constraint)等。通过自动的信号完整性分析,设计者可以快速、方便地发现电路中潜在的设计问题。

2.4.2 电路设计基本流程

在依据应用功能、性能需求确定硬件总体设计方案和器件选型的基础上,可依据图 2.33

所示的流程进行硬件电路设计。

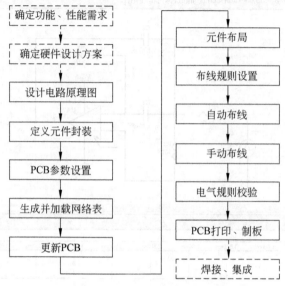

图 2.33 硬件电路设计基本流程

1. 设计电路原理图

与电子电路图不同,电路原理图不仅要包含元件集合和元件间的基本电路连接关系,也要包括元件本身的属性描述,尤其重要的是元件的标号、封装形式等。基于电路原理图绘制工具,可在元件库中找到相应元件的符号,进而设定参数,连接引脚,形成逻辑电路网络。当然,对于简单的硬件电路,设计者也可跳过电路原理图而直接进入 PCB 电路的设计。

2. 定义元件封装

封装是实现电路原理图元件符号和 PCB 元件符号关联的一个重要参数,决定了印刷电路板上元件的布放空间。在电路原理图设计完成后,需要对所有电子元件的封装进行正确设置。在设计过程中,当元件正确加入网络表后,软件会自动为大多数元件提供封装。而对于设计者自己设计的元件或者某些特殊元件,则必须由设计者定义或修改元件的封装参数。

3. PCB 参数设置

在创建 PCB 文件的过程中,软件会以向导的方式提示设计者设置印制电路板及过孔、导线等的物理参数,主要包括印制电路板的结构、尺寸以及板层数目、过孔类型、网格大小等。Protel 允许设计者基于系统提供的 PCB 模板进行设计,也可以自行手动设计。

4. 生成并加载网络表

网络表是描述电路元件及其参数、线路连接关系等信息的文件,是电路原理图和印制电路板设计的接口。软件可自动生成网络表并检查网络表是否存在错误。如果没有错误,即可将网络表加载到设计好的印制电路板中,随后将产生一个内部的网络表并形成飞线连接。

5. 元件布局

导入网络表后,设计者需要对自动布放在 PCB 上的元件进行重新布局。鉴于元件布局的合理性会影响布线的质量和电路的性能,因此需要设计者根据高低频、高低压以及隔离、散热等特性进行合理调整。在单层板中,若元件布局不合理,将无法完成布线操作;在多层板中,若元件布局不合理,将会产生过孔放置过多、走线复杂等问题。

6. 布线规则设置与自动布线

布线是将元件之间的逻辑连接转换为特定物理走线连接的过程。在布线之前,设计者需要根据元件及电路的特性设定相应的布线规则,以实现对布线过程的约束。具体地,Protel 提供了导线宽度约束(Width Constraint)、布线过孔样式(Routing Via Style)、安全距离约束(Clearance Constraint)、布线拐角(Routing Corners)、布线板层(Routing Layers)、布线优先级(Routing Priority)、布线拓扑(Routing Topology)等一系列规则,可以提高实际布线的质量。在设置好布线规则之后,就可采用 EDA 工具提供的强大自动布线功能进行自动布线。

7. 手动布线

如果自动布线完全成功,则不必手动布线。但由于元件布局、电磁兼容或板面设计等因素,自动布线可能无法解决布线问题或产生布线冲突,此时需要进行手动布线,对线路加以调整和优化。在元件很少且布线简单的情况下,也可以直接进行手动布线,这需要一定的操作熟练程度和实践经验。

8. 电气规则校验

最后一个设计步骤是使用 Protel 的校验功能验证设计的 PCB 的可行性,并对其电气性能进行检验和纠错。这是一个循环迭代的优化过程。当设计的电路的电气规则校验无误时,即可进入制板阶段。

9. PCB 打印、制板

将设计好的 PCB 打印在胶片上,形成制板底片,然后通过曝光、显影、蚀刻流程制成 PCB 电路底板,最后焊接元件等,形成硬件成品。

2.4.3 电磁兼容性问题

由电磁学基本原理可知,电能和磁能具有相互转换的能力,电磁场是电磁紧密耦合、互相转换的能量场。对于各种电子设备,其电子器件及设备等之间存在着电磁传导、电磁感应和电磁辐射关联,这对设备的运行有着潜在的影响。当设备间的电磁干扰超过器件或设备的抗干扰能力时,电子设备的功能和性能就会变得不稳定和不可靠。随着嵌入式系统集成度提升、时钟频率越来越高以及高低频等电路混合等设计越来越普遍,电路中的电磁共振、交叉干扰问题日益突出和严重。

电磁兼容(ElectroMagnetic Compatibility,EMC)的目标是在相同电磁环境(包括时间、空间和频谱)下,涉及电磁现象的相关设备都可以按要求正常运行,且不会对环境中的任何其他设备产生强烈的电磁干扰(ElectroMagnetic Interference,EMI)。显然,电磁兼容有两方面含义:一方面是指设备产生的电磁干扰不能超过一定程度,即电磁发射问题,这需要减少意外电磁能的产生并抑制这种能量向外部环境传播;另一方面是指设备对外界电磁干扰具有一定的抗干扰能力,即电磁敏感问题。这两方面可分别总结为伴随设备电压、电流变化而产生的电磁干扰以及设备在使用过程中不受周遭电磁环境影响的电磁耐受性(ElectroMagnetic Susceptibility,EMS)。由此,硬件电磁兼容设计的关键是找出硬件中的电磁干扰源,控制电磁发射,消除耦合途径,并提高设备的电磁耐受性,以提高电子设备抗干扰能力[24]。以下对构成电磁干扰的基本要素、典型电磁兼容问题与应对措施进行简要阐述。

1. 构成电磁干扰的基本要素

1）电磁干扰源

广义上，电磁干扰是任何可能引起装置、设备或系统性能降低或对有生命或无生命物质产生损害作用的电磁现象。在一般意义上，电磁干扰仅表示一种客观存在的物理现象，可能是电磁噪声、无用信号或传输介质自身的变化。而在实际工程中，电磁干扰常指电磁干扰引起的设备、传输通道或系统性能的下降。在物理世界中，任何形式的自然或电子装置，若其所发射的电磁能量会使得其他设备或系统产生电磁干扰，导致系统性能的降级或失效，即称其为电磁干扰源。除自然干扰源之外，嵌入式系统中的干扰源主要是电子器件、电路、板卡以及外围机电、通信模块等。

2）敏感设备

敏感设备是电气系统中被干扰对象的总称，具体指受到电磁干扰源所发出的电磁能量影响时，可能发生性能降级或失效的元件、电路板/模块、用电设备或者大型系统。一般来讲，所有的低压小信号设备都是电磁干扰的敏感设备，而许多敏感设备同时又是电磁干扰源。

3）耦合途径

电磁干扰的产生必然存在电磁能量传播的途径。根据传播方式，通常将电磁干扰的耦合途径归纳为传导耦合和辐射耦合两种，并细分为如图 2.34 所示的几种具体方式。

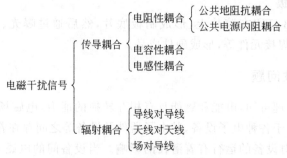

图 2.34　电磁干扰信号的耦合途径

注意：在电磁兼容领域，关于耦合途径的分类方法有很多种，也存在一定的争议。本书只结合其中一种典型的分类方法进行阐述。

传导耦合是指通过导线或电磁场将一个电网络上的干扰能量传递到另一个电网络。传导耦合的前提是必须在干扰源与敏感设备间存在完整的电路连接，如互连导线、电源线、信号线、公共阻抗、接地导体、电路器件、设备的导电构件等。传导耦合包括电阻性耦合、电容性耦合和电感性耦合。其中，电阻性耦合是通过导线将电磁干扰从电路的一部分传递到另一部分，是最常见的传导耦合方式。电容性耦合是因为在导线间可以形成一个寄生电容，通过场作用，该电容将一根导线上的能量耦合到另一根导线上。电感性耦合（也称磁耦合）是因为一根导线上的电流发生变化会引起周围磁场的变化，通过场作用，处在该变化磁场中的其他导线将感生电流。

辐射耦合是电磁干扰通过其周围的介质以电磁波的形式向外传播，干扰电磁能量按电磁场的规律向周围空间发射。辐射耦合的具体途径主要有天线、电缆、导线和机壳的发射对组合。通常可以将辐射耦合划分为 3 种：一是天线与天线的耦合，指天线 A 发射的电磁波被天线 B 无意接收,从而导致天线 A 对天线 B 产生功能性电磁干扰;二是场与线的耦合,指空间电磁场对存在于其中的导线产生感应耦合,在导线上形成分布电磁干扰源;三是线与线的感应耦合,指导线之间以及某些部件之间的高频感应耦合。

在实际的工程中,敏感设备所受到的电磁干扰可以来自传导耦合、辐射耦合以及这些途径的组合和反复耦合,这使得电磁干扰的抑制变得更为困难。

2. 典型电磁兼容问题与应对措施

如上所述,电磁干扰源是引起电磁兼容问题的源头,那么通过优化设计方法和技术控制电磁干扰源的产生及电磁发射机理就成为抑制、消除电磁干扰的关键。理论研究和实际工程经验表明,在产品的生命周期中越早考虑电磁兼容问题并对其进行技术处理,就越能有效、低成本地抑制电磁干扰,其关系如图 2.35 所示。

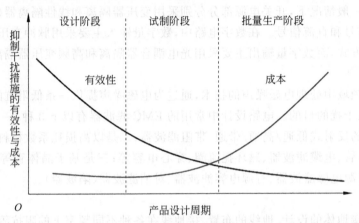

图 2.35　在产品设计周期的不同阶段解决电磁兼容问题对有效性和成本的影响

1) 常见电磁兼容问题

对于一个电子设备而言,其电磁兼容问题主要涉及系统内和系统外两类因素。外部干扰主要由射频干扰、静电放电等外界电磁干扰源引起。在数字电路内部,电子元件的封装形式与封装材料、PCB 的走线形式与质量以及 PCB 的布局是否合理等则构成影响电磁兼容性的三大因素,具体可细分为如下几方面:

(1) 封装措施的不当使用,如金属、塑料封装。

(2) 设计质量不佳,或存在电缆与接头的接地不良。

(3) 时钟与周期信号线的走线设定不当,如宽度、拐角方式等。

(4) 射频滤波电路的参数及其放置不合理。

(5) 高频元件的布局以及电容和电感的分布不当。

(6) 多层 PCB 的分层排列及其信号布线层的设置不当。

(7) 信号与机壳的接地方式设计不当。

(8) 缺少旁路与去耦组件,或其放置位置不合理。

2) 抑制电磁兼容问题的措施

在嵌入式系统硬件设计中,抑制电磁干扰的技术措施主要有屏蔽、隔离、接地、滤波、优化布局和布线、旁路和去耦、绝缘与分离、电路阻抗匹配控制、I/O 内部互连接设计等。下面简要介绍几种典型的抑制措施和方法。

（1）屏蔽。

由于屏蔽体对来自导线、电缆、元件、电路或系统等外部的干扰电磁波和内部电磁波均能起到吸收能量（涡流损耗）、反射能量（电磁波在屏蔽体上的界面反射）和抵消能量（电磁感应在屏蔽层上产生反向电磁场，可抵消部分干扰电磁波）的作用，所以屏蔽体具有削弱电磁干扰的功能。在电磁兼容问题中，屏蔽是防止辐射干扰的主要手段，主要运用不同导电材料制造成壳体并与大地连接，进而切断通过空间的静电耦合、感应耦合或交变电磁场耦合形成的电磁噪声传播途径。

（2）隔离。

隔离主要是运用继电器、隔离变压器或光电隔离器等器件切断电磁噪声以传导耦合形式存在的传播途径，其特点在于将两部分电路的地线系统分隔开来，以消除通过阻抗进行耦合的可能性。一般情况下，开关电源部分分别采用变压器隔离和线性隔离器（如线性光电耦合器）隔离交流信号和直流信号。在数字电路中，数字量输入主要采用脉冲变压器隔离和光电耦合器隔离的方式，而数字量输出主要采用光电耦合器隔离和高频变压器隔离的方式。

（3）滤波。

滤波是在频域中处理电磁噪声的技术，通过为电磁噪声提供一条低阻抗的通路，以达到消除、抑制电磁干扰的目的。电路设计中常用的 EMC 滤波器有以下 3 种：一是采用电感器和电容器组成的反射式低通/高通/带通/带阻滤波器；二是以高损耗系数材料制成的损耗滤波器，如铁氧体管、电缆滤波器、磁环扼流圈、穿心电容等；三是基于晶体管等有源器件的有源滤波器，如有源电感滤波器、有源电容滤波器、对消滤波器（陷波器）。

（4）接地。

电子设备接地体的设计、地线的布置、接地线在各种不同频率下的阻抗等不仅涉及产品或系统的电气安全，而且关系着电磁兼容及其测量技术。在实际工程应用中，接地技术包括两大类：一是安全用电、防雷击的安全接地；二是防止电路、电源、屏蔽、静电干扰的防止EMI 接地（信号接地）。常用的接地方法有用于低频的浮点接地和单点接地、用于高频电路的多点接地以及用于高低频共存电路的混合接地技术。

（5）优化布局和布线。

综合布线是影响电路电磁兼容性的重要设计方面，糟糕的综合元件布局与布线会降低PCB 的性能。为此，在 PCB 设计中需要依据一些原则对元件的布局以及自动产生的布线进行调整和优化。例如，元件布放规则包括：尽可能缩短高频元件间的连线；元件布局要便于信号流通并使信号尽可能保持一致的方向；元件应尽可能均匀、整齐、紧凑地布放；尽量使干扰源远离敏感电路；高频电路中尽可能使元件平行排列；元件与电路板边缘不小于 2mm 距离；等等。又如，常用的布线方面规则包括：印制导线尽可能短；优化导线宽度，一般不宜小于 0.2mm；减小布线的环路面积；不允许有交叉的线路；注意强弱电的布线隔离以及信号线与功率线的隔离；印制导线的公共地线应尽量排在印制电路板的边缘部分；等等。

（6）旁路和去耦。

旁路和去耦（退耦）可以防止电磁能量从一个电路传导到另一个电路。在设计实践中，旁路电容、去耦电容是克服由数字电路切换逻辑状态所引起的时间及物理耦合限制的有效手段。旁路电容用于将输入信号中的高频噪声滤除，而去耦电容则把输出信号中的干扰作为滤除对象。去耦电容可以为元件提供局部化的直流电压源以减少跨板的电流浪涌，同时，在高频时呈现出一个不断增大的低阻抗,使高频干扰可以从信号路径中有效地转移出来,且保证低频的射频能量相对不受影响。设计时需要注意电容值的计算以及不同材料的电容的特性。

2.4.4 低功耗问题

在数字电路中,功耗是指电路中输入功率和输出功率的差值,是指在器件和电路上的功率损耗。近年来,随着半导体器件中晶体管数量的增加及其工作频率的提升,器件及系统电路的功耗已成为制约系统续航能力和可用性的关键问题。这对于电池供电的移动设备尤为重要。在芯片级,集成电路芯片中存在大量可以产生静态、动态功耗的电容性负载。在截止区时,MOSFET 沟道中仍然有微量亚阈值电流[①]通过,形成静态功耗;而当电路状态改变时,芯片中的寄生电容会出现一个通过相连电阻充放电的耗费电能过程,形成动态功耗。在系统级,由于芯片类型、工作方式甚至软件设计等因素,可能产生额外的运行时电能消耗。传统意义上,低功耗设计主要是降低集成电路电功率的设计技术,近年来也广泛延伸到高效指令、代码融合以及嵌入式软件的低功耗设计等方面。本节将从硬件的器件和系统两个层次对主要的低功耗设计方法进行阐述。

1. 低功耗器件设计

器件是电路中消耗电能的基本单元。降低、优化电子器件的功耗,是设计低功耗系统的基础。在嵌入式处理器中,功耗在系统层面主要受片内组件运行状态的影响,在微电子层面则与晶体管结构、制程工艺等密切相关。例如,CMOS 型电子器件的功耗主要包括电路电容充放电引起的动态功耗、结反偏时漏电流引起的功耗和短路电流引起的功耗等,而且电压越高,工作频率越高,功耗就越大。对于该类器件,通过提高阈值电压并降低电源电压就可以减少亚阈值电流造成的静态功耗,而通过降低工作电压、降低频率的方式还可以减少动态功耗。但是,这些单纯降低功耗的方式会减缓电路的反应速度。为此,基于传统的半导体工艺,低功耗器件的设计中大都采用了折中或动态优化的设计方法。例如,2011 年以来新开发的 FinFET[②] 晶体管技术在高性能、低功耗方面取得了显著突破。数据测试表明,16nm FinFET+工艺相比 28nm HPM[③] 工艺,性能提升了 65%,功耗降低了 70%;相比 20nm SoC 工艺性能提升了 40%,功耗降低了 60%。面向 3/2nm 等更高级制程的 GAAFET (Gate All Around FET,全栅极场效应晶体管),由于栅极可从各个侧面接触沟道并实现进一步微缩,阈值电压和待机功耗均更低,相关性能指标更是大幅提升,但工艺也更为复杂。

1) 动态电源电压机制

研究已经证明了芯片功耗与工作电压的二次方成正比,那么控制工作电压便应该是减少芯片功耗的有效渠道。近年来,在一些低功耗芯片设计中已经采用了具有动态调节能力

---

① 亚阈值电流(subthreshold leakage)也称亚阈值漏电流,是 MOSFET 栅极电压低于晶体管线性导通所需的阈值电压且处于截止区(即亚阈值状态)时源极和漏极之间通过的微量漏电流。

② FinFET:Fin Field-Effect Transistor,鳍式场效应管,是一种新型立体结构的互补式金属氧化物半导体晶体管。FinFET 技术由加利福尼亚大学伯克利分校的华裔教授胡正明团队于 1999 年发明,之后他们又发明超薄的绝缘体上硅 UTB-SOI(或全耗尽型 SOI 晶体管,FDSOI)技术。这两项技术突破了微电子设计的瓶颈,也让摩尔定律得以延续,目前已经商用。胡正明教授因此获得美国 DARPA 的最杰出技术成就奖。

③ HPM:High Performance Mobile,移动高能低功耗工艺。

的多级电源电压机制。电压调度模块根据处理需求动态切换电路的工作模式，实现功耗管理。另外，在芯片设计中也可采用不同阈值电压的晶体管并划分不同的电压域，在降低芯片功耗的同时也尽量保持性能不降低。

2）门控电源

芯片的功耗与加电工作的晶体管数量成正比。在实际中，芯片在不同运行模式时，处于工作状态的晶体管数量并不相同。这意味着系统运行时并不需要一直都对全部的晶体管供电。那么，在低功耗芯片电路中增加控制电路休眠的门控电源逻辑，可以让某些电路或组件长时间断电，而在需要时再动态唤醒。这一方式可进一步扩展，形成芯片的休眠模式。

3）可变频率时钟

工作频率是影响功耗的又一个关键因素，器件工作频率越高，其功耗就越大。可变频率时钟是一种可用于降低功耗的新型时钟技术。较固定频率时钟而言，可变频率时钟允许系统根据性能需求动态调整工作频率，以尽可能降低系统功耗。

另外，也可采用低功耗逻辑、优化芯片的体系结构、外设自主操作功能、低功耗感应接口、低功耗状态机编码及低功耗的高速缓存（Cache）设计等方法及其组合以降低芯片的功耗。例如，在 Silicon Labs 公司的 EFM32 低功耗嵌入式微控制器设计中就采用了超低功耗运行、快速唤醒与响应、智能电源管理、低功耗接口等多种低功耗方法；MPC7447A、MPC7448 中采用了动态频率选择技术（Dynamic Frequency Selection，DFS）。

2. 低功耗系统设计

嵌入式系统硬件是逻辑上互连的一组电子器件，其功耗与器件、电路及其运行方式密切相关。在工程实际中，可以遵从如下系统级的低功耗设计基本原则：

（1）选择低功耗的电子元件和外围器件，在同等性能下应优先选用更低功耗的 CMOS 型元件或 FinFET 型元件。

（2）访问片内单元产生的功耗较访问片外组件时更少，应优先选用集成度高的电子元件并充分利用元件内部集成的功能单元，如 Flash、RAM 等。

（3）在嵌入式软件中通过寄存器操作关闭不需要的外设控制器。

（4）采用低功耗接口电路。

（5）干扰较小时，采用 DC-DC 电压转换电路。

（6）在保证系统稳定的前提下，采用电池低电压供电。

（7）在保证系统性能的前提下，可采用低频工作方式。

（8）采用具有动态电源管理模式的元件，如 ARM 处理器具有正常工作模式、空闲模式、休眠模式和关机模式，通过软件控制使系统在空闲时处于低功耗模式。

2.4.5 嵌入式硬件设计示例

本示例是一个家庭智能温控系统的硬件设计，其逻辑体系如图 2.36 所示。其功能是自主感应室内用户的身份，进而依据个人偏好及当前室温自动调整温控设备的制热/制冷参数。以下所述的子系统为前端控制子系统 FC，它采集多路温度、红外传感器、RFID 数据并将数据通过串口接口发送至室内网关计算机 HCC。当识别用户身份后,FC 向 HCC 发送感知数据;FC 接收到 HCC 发送的控制指令后,向温控设备发送控制参数。

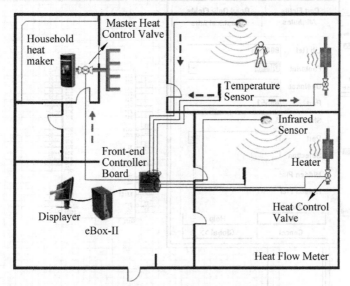

图 2.36　家庭智能温控系统硬件设计的逻辑体系

FC 子系统主要完成数据采集、串行通信和基本的 I/O 控制,无须进行复杂的算法处理,因此设计中选择了 89S51 微控制器作为核心处理部件。

1. 新建原理图文件

通过 Protel 软件的 File→New Document 命令进入原理图设计向导,选择 Schemetic Document 新建原理图文件,如图 2.37 所示。

图 2.37　新建原理图文件

2. 添加元件并连接电路

依照电路设计,选择或设计元件,并将元件从元件库中拖出,添加到原理图文件中。依照元件的数据手册及所设计的电路特性设定元件的封装等参数,并为其增加、连接外围电路的器件,操作界面如图 2.38 所示,元件清单如表 2.2 所示。进而,依照电路逻辑对元件的引脚进行连接,可设计、形成如图 2.39 所示的 FC 子系统电路原理图。

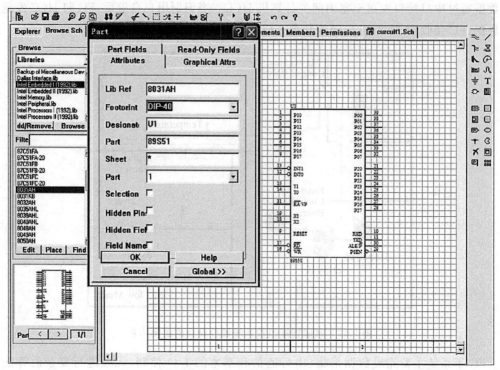

图 2.38　选择元件并设定元件参数

表 2.2　FC 子系统的元件清单

元　　件	封　　装	数量	元　　件	封　　装	数量
89S51 芯片	DIP-40	1	100μf	RB.2/.4	1
89S51 插座	DIP-40	1	104	RAD0.1	8
9PIN 8×5kΩ	SIP9	3	10μf	RB.2/.4	1
DB9 232 插座	DB9FLW	1	11.0592MHz 晶振	XTAL1	1
HEADER 12 插头	HDR1X12	1	1kΩ	AXIAL0.4	1
HEADER 12 插座	HDR1X12	1	1μf	RAD0.1	5
IRIN 3 线插座	HDR1X3	6	22pf	RAD0.1	2
IRIN 3 线插头	HDR1X3	6	200Ω	AXIAL0.4	24
JP1 电源插座	RAD-0.3	1	4kΩ	AXIAL0.4	1
JP1 电源插头	RAD-0.3	1	74HC244 芯片	DIP-20	5
LED 2V 10mA	DIODE0.4	25	74HC244 插座	DIP-20	5
MAX232N 芯片	DIP-16	1	SPEAKER 5V	RB.3/.6	1
MAX232N 插座	DIP-16	1	SW 单刀单掷开关	RAD-0.3	1
TEMIN 3 线插座	HDR1X3	6	TEMIN 3 线插头	HDR1X3	6

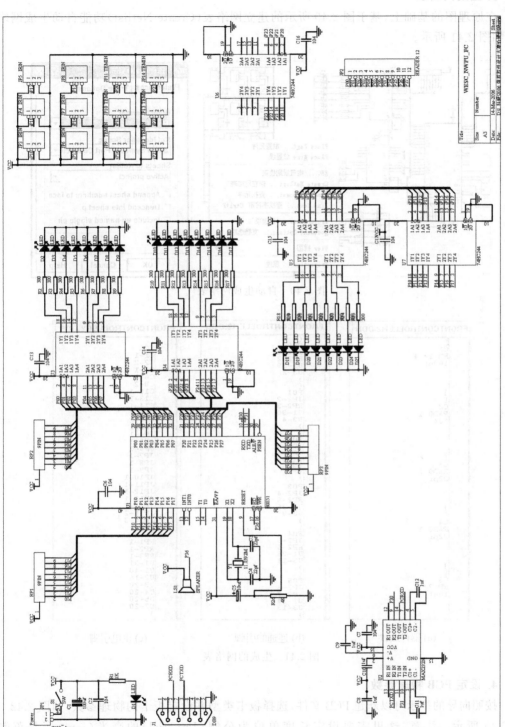

图 2.39 FC 子系统电路原理图

3. 生成网络表

在原理图的基础上，基于图 2.40 所示的建立网络表(Create Netlist)功能自动生成网络表，如图 2.41 所示。

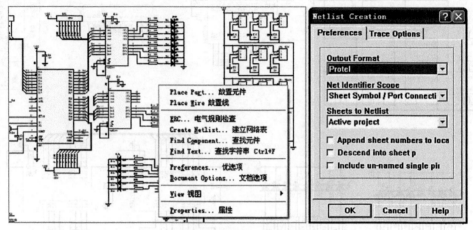

图 2.40   自动生成网络表

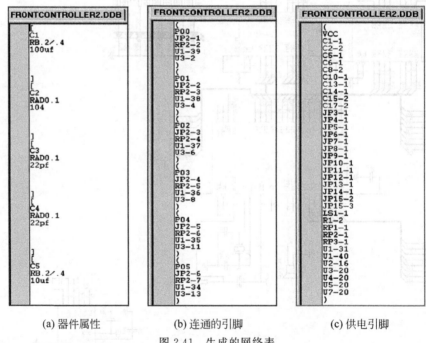

(a) 器件属性   (b) 连通的引脚   (c) 供电引脚

图 2.41   生成的网络表

4. 设定 PCB 物理参数

按照向导的指示可以新建 PCB 文件，选择板卡类型并设定板卡的物理参数，如图 2.42～图 2.45 所示。注意，这里需要设定长度单位为公制(Imperial)的毫米(mm)还是英制(Metric)的 mil[①]。

---

①   100mil＝2.54mm；1mm＝39.37mil。

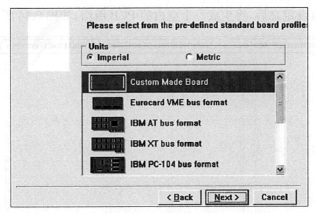

图 2.42　选择板卡类型

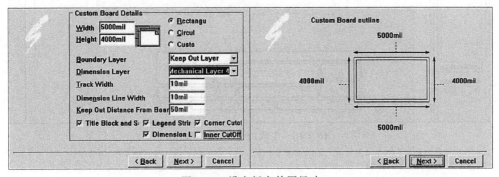

图 2.43　设定板卡外围尺寸

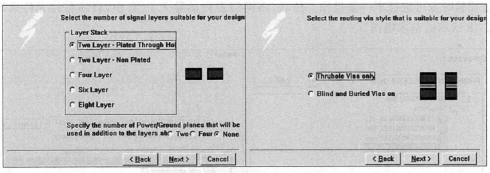

图 2.44　设定板卡层数及过孔类型

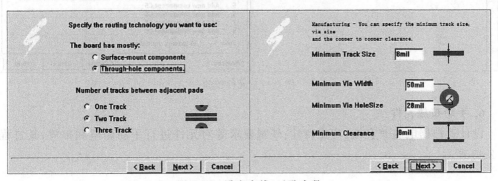

图 2.45　设定布线、过孔参数

完成 PCB 参数设定之后，将生成一个空白的 PCB 版图，如图 2.46 所示。

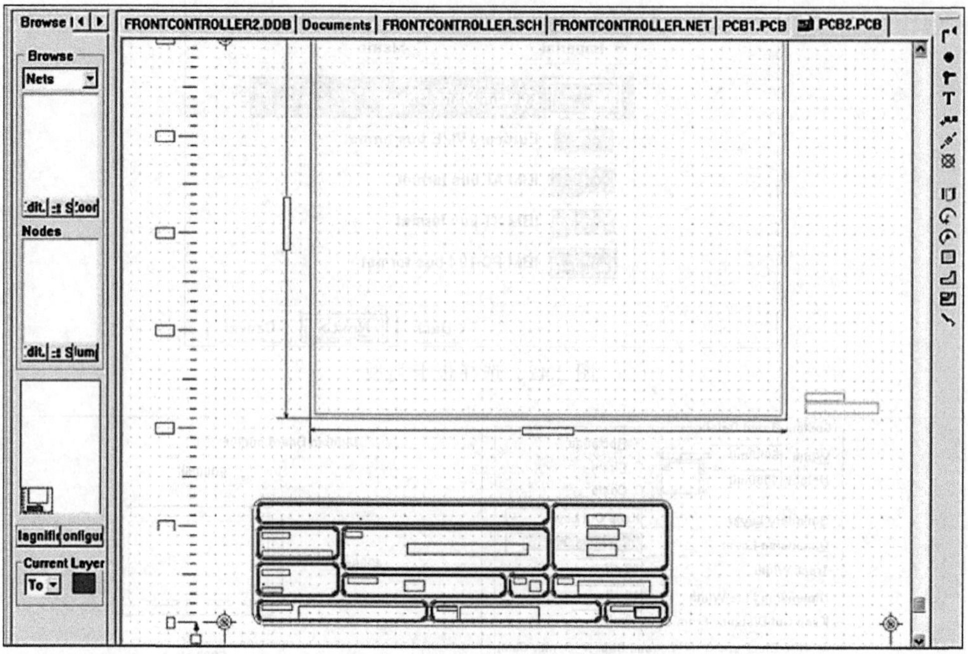

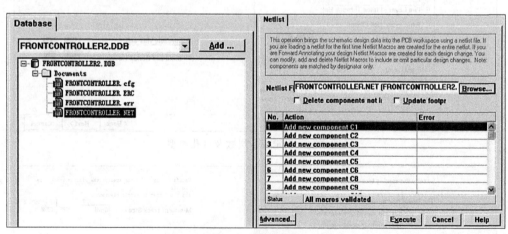

图 2.46　生成的 PCB 空白版图

5. 校验并导入网络表

装载网络表时设计者需要对其中的元件、连线等进行如图 2.47 所示的元件校验，全部通过校验时方可进行下一步操作。然后，将网络表自动导入 PCB 中，自动布放元件后形成图 2.48 所示的基本版图。

图 2.47　元件校验

6. 手动布放元件

设计者根据电磁兼容性、功能特性、外观要求等对元件进行手动调整和布放，其过程如图 2.49 所示。

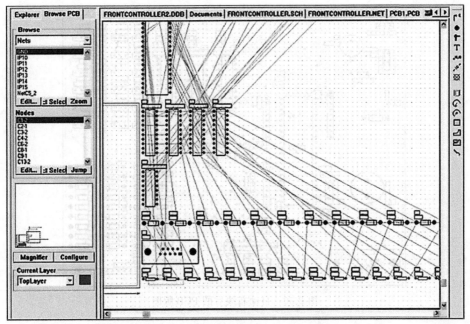

图 2.48　导入网络表后的 PCB 基本版图

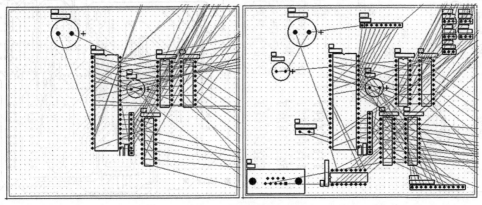

图 2.49　手动布放元件

7. 自动布线

由于该系统的硬件无特殊电磁兼容等特性,自动布线过程采用了标准的布线规则。自动布线后的 PCB 版图如图 2.50 所示。

8. 打印、制板

将 PCB 打印形成如图 2.51 所示的胶片之后,电路设计部分就基本结束了。接下来进入印制电路板的制板加工,这项工作一般是交由专业厂家完成的。

9. 焊接与集成

硬件加工的最后一步是将元件可靠地焊接、集成在印制电路板上,形成完整的硬件系统,如图 2.52 所示。在此基础上,采用万用表、示波器等仪器逐步对供电电路、时钟电路等外围接口进行调试,通过后再编写基本的软件代码对处理器功能进行验证。至此,该硬件电路的设计基本完成。

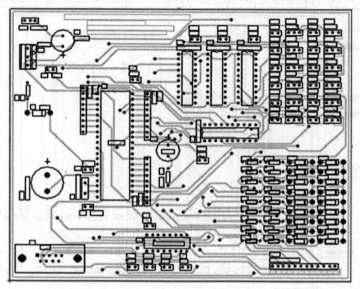

图 2.50　自动布线后的 PCB 版图

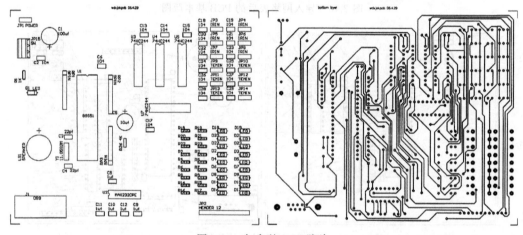

图 2.51　打印的 PCB 胶片

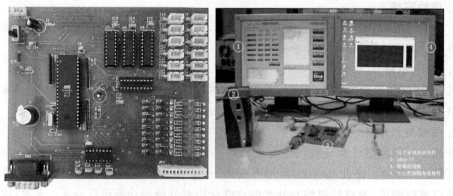

图 2.52　集成的 FC 硬件及家庭智能温控应用系统

2.5 小 结

本章在回顾相关电路知识的基础上,分析、总结了嵌入式系统的硬件组成以及典型的嵌入式系统硬件形式,结合一个设计示例阐述了嵌入式硬件的设计方法。通过本章的学习,可以建立对嵌入式硬件体系及其电路设计方法的总体认识,这对后续嵌入式系统体系以及相关内容的学习和实践将非常有益。

嵌入式系统硬件设计与软件设计一样都属于"搭积木"的过程,其本质是依照需求、运用工具搭建基于一组选定电子元件的电气网络。由 2.4.5 节的示例可知,学习和掌握基本的电路设计方法并不复杂。但是,设计高品质的嵌入式硬件却常常是具有挑战性的任务,这需要广博的知识以及丰富的设计经验作为支撑。因此,学习者要通过在实践中学习的方式,持续地积累经验,提高硬件设计能力。

习 题

1. 请分析 TTL 电平、CMOS 电平与 RS-232 电平的特点,并说明如何连接这些不同电平类型的器件。

2. 简述上拉电阻、下拉电阻的用途以及选择阻值大小的依据。

3. 简述漏极开路(OD)的基本原理,并说明如何能使其输出高电平。

4. 简述推挽电路的工作原理,并解释为何多个推挽电路不能进行"线与"连接。

5. 退耦电容的作用是什么,在电路中应如何布放?

6. 嵌入式系统有哪几种典型形式?

7. 简述嵌入式系统的硬件子系统组成及其功能。

8. 影响嵌入式系统功耗的因素有哪几种? 各有什么应对方法?

9. 实践作业:设计一个智能路灯控制器硬件,要求其能够根据感知的光强自动打开、关闭路灯,同时能够通过网络接口与远程控制中心进行通信。请给出电路原理图、元件表、PCB 等,并说明元器件的选型依据。

第3章 嵌入式处理器

It is possible to invent a single machine which can be used to compute any computable sequence. If this machine U is supplied with a tape on the beginning of which is written the S.D ["standard description" of an action table]of some computing machine M,then U will compute the same sequence as M.(1936)

A man provided with paper, pencil, and rubber, and subject to strict discipline,is in effect a universal Turing Machine.(1948)

—Alan Turing

在 IEEE 给出的定义中,计算机是包括一个或多个处理单元以及一组外围设备的功能可编程装置,通过内在程序可自动执行特定的算术和逻辑运算。那么从广义上讲,以数字处理单元为核心设计的通用计算机与形形色色的嵌入式计算装置就都可纳入计算机的范畴。随着嵌入式系统技术在越来越多的行业中的应用以及万物智联时代的开启,嵌入式处理器的发展日益呈现出架构多元、类型丰富、快速演化等特点与趋势。那么,总结并厘清不同类型嵌入式处理器的体系结构与功能特性,就成为学习和设计嵌入式系统的重要环节。

3.1 处理器模型与逻辑体系

3.1.1 处理器基本组成模型

1. 核心组件

中央处理单元(CPU)也称处理器,是所有数字计算装置的"大脑"。任何数字计算装置的计算体系及其软硬件设计都要围绕处理器展开。为了更好地学习和理解不同形式的嵌入式处理器并对比其与通用处理器(General Purpose Processor,GPP)的异同,这里首先回顾处理器的基本工作过程。图 3.1 给出了 CPU 指令执行过程抽象的运行逻辑。由图 3.1 中标识的步骤可知,系统上电后,处理器中的控制单元(Control Unit,CU)会根据程序计数器(Program Counter,PC)的值读取和解码指令,然后交由执行单元(Execute Unit,EU)进行算术和逻辑运算并进一步输出结果。

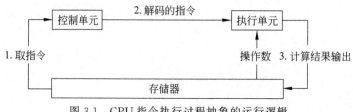

图 3.1　CPU 指令执行过程抽象的运行逻辑

由此,可以给出一个简化的 CPU 核心组件模型,如图 3.2 所示。在该模型中,控制单元由程序计数器（PC）、指令寄存器（Instruction Register，IR）和指令解码器（Instruction Decoder，ID）等组件构成，其通过高速缓存提高访问速度，同时采用堆栈来解决中断、函数调用返回时的现场恢复问题。执行单元由算术逻辑单元（Arithmetic Logic Unit，ALU）和数据寄存器（Data Register，DR）、功能寄存器（Function Register，FR）构成。一个控制单元和一个执行单元即可构成一个完整、独立的指令执行引擎，称之为**计算核**（core）。处理器中计算核的数量则是指执行单元的数量，且每个执行单元至少需要一个控制单元的支持。

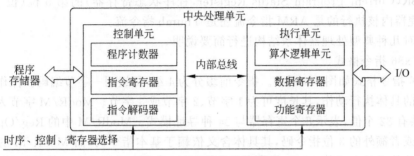

图 3.2 CPU 核心组件模型

一条指令的执行分为多个阶段，在每个阶段并不会占用执行单元的全部资源。那么，将空闲资源提前用于下一条指令的读取与执行，就可以大幅提升处理器的资源利用率、吞吐量和执行效率。因此，在多核处理器出现之前，部分处理器体系中就采用了增加控制单元和优化流水线的方式，以此实现虚拟的多核计算环境，称为**单核多任务计算模式**。例如，Intel 奔腾 4 等处理器中采用的超线程便是类似技术，可以使单核 CPU 的计算效能提升 20%～30%。而在多核处理器中，片内多个独立的计算核硬件同时运行，真正实现指令、任务级的并行，即**多核多任务计算模式**。

2. 指令、汇编语言与指令集

指令是可被处理器识别、译码和执行的编码，是连接程序与处理器的桥梁。在计算系统中，指令由表示运算方式的机器操作码（opcode）以及零个或多个地址码组成，而可执行程序则是一组机器码的顺序存储序列。总体上，指令可被分为使用和改变寄存器值的数据处理指令、给操作对象赋值的数据传送指令、用于分支和连接控制的控制流指令以及程序状态寄存器处理指令、异常产生指令等。为了增强指令的可读性以及便于基于指令的软件设计，进一步为指令设计了对应的编程符号，也就是**汇编语句**，进而形成了**汇编语言**。对于不同系列的处理器，其操作码、指令格式及汇编语句通常不同，但对于同一系列的处理器，其操作码、指令格式及汇编语言通常相同或相似。

一系列机器操作码以及由特定处理器执行的基本指令构成了**指令集体系结构**（Instruction Set Architecture，ISA）。任何处理器都拥有至少一套指令集，指令集在一定程度上也反映了处理器的逻辑体系。指令集是计算机体系结构中与程序设计相关的部分，与基本数据类型、寄存器、寻址模式、存储体系、中断、异常处理以及外部 I/O 操作等密切相关。根据指令集功能强弱、完备性及寻址方式，通常将指令集分为复杂指令集和精简指令集，相应的计算机称为复杂指令集计算机（Complex Instruction Set Computer，CISC）和精简指令集计算机（Reduced Instruction Set Computer，RISC）。与 CISC 相比，RISC 具有以下特点：指令长度与执行周期固定，指令类型较少，硬件更简洁，寄存器更多，寻址模式少，易于实现流水线以及编译器更复杂，典型的 RISC 有广泛应用于各类计算装置的开源指令集 RISC-V[①]。早期的 x86 处理器采用复杂指令集；而常见的嵌入式处理器体系中大都采用了精简指令集，如 ARM、MIPS、PowerPC、SPARC 等。另外，指令集与处理器中执行指令的微架构并非必须一一对应。即使同一系列的处理器，其微架构也会存在差异，但一般基于同一指令集或其不同子集进行设计。当然，同一微处理器也可以同时支持多套指令集。例如，ARM 处理器可采用 32 位 ARM 指令集、16 位 Thumb 指令集或者 16 位与 32 位指令并存的 Thumb-2 指令集等，CPSR（Current Program Status Register，程序状态寄存器）的第 5 位（位 T）决定了 ARM 处理器内核执行的是 ARM 指令流还是 Thumb 指令流。

下面对几种典型处理器体系结构进行简要说明。

1) 80x86 指令格式

80x86 指令格式如图 3.3 所示。指令前缀分为 4 组，每组用一字节编码。操作码表示该指令对应的具体执行动作，其长度可为 1 字节、2 字节或 3 字节。ModR/M 字节为寻址模式说明符，共有 32 个值，表示 8 个寄存器与 24 种寻址模式。ModR/M 中的 Reg/Opcode 表示寄存器号或者额外的 3 位指令码，其具体含义依赖于基本指令码，而 ModR/M 的位 5 表示第一操作数的寻址方式等。SIB 字节用于补充某些 ModR/M 字节表示的寻址模式，且仅在 ModR/M 有效时生效。

指令前缀	操作码	ModR/M（可选）	SIB（可选）	偏移	立即数
4字节	1/2/3字节	0~2:R/M 3~5:Reg/Opcode 6,7:Mod	0~2:Base 3~5:Index 6,7:Scale	0/1/2/4字节	0/1/2/4字节

图 3.3　80x86 指令格式

例如，80x86 处理器中将立即数写入寄存器的汇编指令格式为“MOV Reg,Imm”，从其主要指令表（Main Instructions）[25] 可以查到，该指令对应的操作码为 1011wrrr。由于汇编语句“MOV DX,1234H”中目标寄存器为 DX 且立即数为一个字长，因此，可从 80x86 指令与操作码表中查出“w=1,rrr=010”，从该条指令翻译得到的可执行机器码为 BA3412（对应二进制码 1011101000110100000010010）。其中，立即数 1234H 采用了大端模式[②]存储。同理，可从汇编代码翻译得出其他机器指令的机器码。

2) ARM 指令格式

ARM 架构中有两种主要的指令体系，即 32 位的 ARM 指令以及 16 位的 Thumb 指令。Thumb 指令体系是 ARM 指令体系的压缩形式的子集，它并不完整，但可以减少代码量。以 32 位的 ARM 指令为例，典型编码格式如图 3.4 所示。其基本格式为

<opcode>{<condition>}{S}<Rd>,<Rn>,{<shifter_operand>}

其中，opcode 为操作码，condition 为执行条件（如 EQ、NE、CS/HS 等），S 表示指令操

① 2010 年，加利福尼亚大学伯克利分校研究团队需要设计一款新的 CPU，但 ARM、MIPS、x86 等商用指令集架构均涉及知识产权或高昂成本，为此自行设计了这套全新的 RISC-V 指令集。其特点在于：免费开源，技术中立；采用简洁至上的设计哲学，架构简单，基础指令仅 47 条；易于移植，可实现模块化设计。

② 数据在存储器中有两种主要存放模式。若数据的高字节保存在存储器的低地址中，而数据的低字节保存在高地址中，称为大端（Big-Endian）模式或 MSB（Most Significant Byte）模式；若数据的低字节保存在存储器的低地址，而高字节保存在高地址，则称为小端（Little-Endian）模式或 LSB（Least Significant Byte）模式。

作是否影响当前程序状态寄存器(CPSR)的值,Rd 和 Rn 分别为目标寄存器和第一个操作数的寄存器,shifter_operand 为第二个操作数;同时,< >表示该项在指令中不可或缺,{ }表示指令的可选项。同样,查询 ARM 指令表可知汇编语句"MOV R1,♯0x64"和"MOVEQ R0,R1"的机器码分别为 E3A01064 和 01A00001。

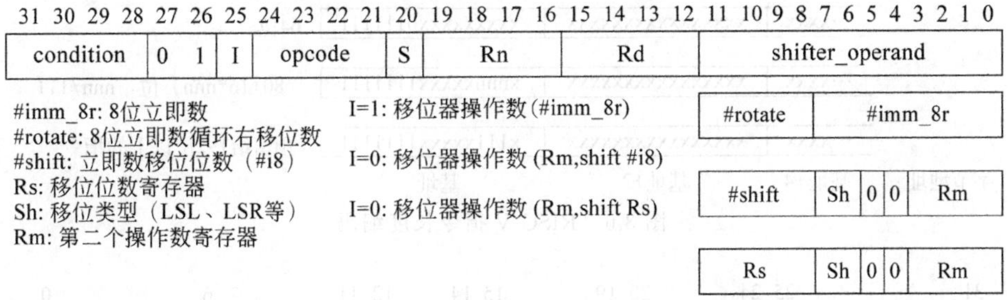

| condition | 0 | 1 | I | opcode | S | Rn | Rd | shifter_operand |

#imm_8r: 8位立即数
#rotate: 8位立即数循环右移位数
#shift: 立即数移位位数 (#i8)
Rs: 移位位数寄存器
Sh: 移位类型 (LSL、LSR等)
Rm: 第二个操作数寄存器

I=1: 移位器操作数 (#imm_8r)
I=0: 移位器操作数 (Rm,shift #i8)
I=0: 移位器操作数 (Rm,shift Rs)

#rotate	#imm_8r
#shift	Sh	0	0	Rm
Rs	Sh	0	0	Rm

图 3.4　典型的 32 位 ARM 指令的典型编码格式

3) MIPS32 指令格式

图 3.5 为 3 个基本的 32 位 MIPS 指令格式,R 为寄存器指令格式,I 为立即数指令格式,J 为跳转指令格式。其指令格式中,opcode 为操作码,所有 R 型指令的 opcode 值均为 0;rs、rt 分别为第一个、第二个源操作数所在的寄存器编号,rd 为目的操作数的寄存器编号;shamt 用于指定移位指令进行移位操作的位数,在非移位指令中设为 0。同样,根据MIPS32 指令表,可以翻译出汇编指令的机器码,如立即数加法指令"addi \$r1,\$r2,200"的机器码为 202200C8。

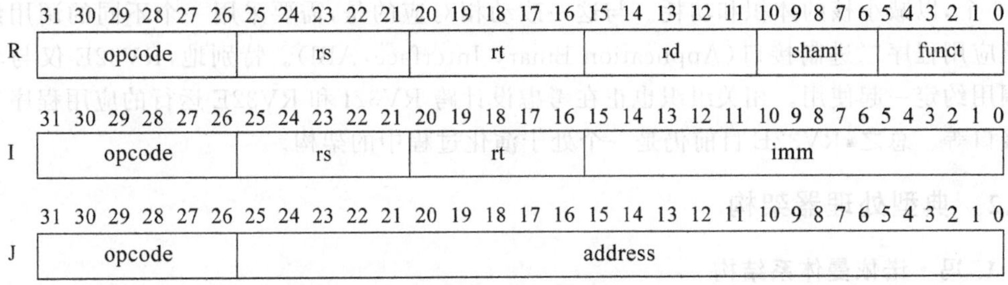

R	opcode	rs	rt	rd	shamt	funct
I	opcode	rs	rt	imm		
J	opcode	address				

图 3.5　3 个基本的 32 位 MIPS 指令格式

4) RISC-V 指令格式[26]

基本的 RISC-V 指令具有固定的 32 位长度,且必须进行 32 位边界对齐。但是,标准的RISC-V 编码机制设计扩展了变长的指令,每条指令长度为 16 位指令字的整数倍且必须在16 位边界处进行对齐,如图 3.6 所示。图 3.7 给出了 RV32I 指令集中的 4 种基本指令格式。RV32I 中的 32 是指 31 个通用寄存器的宽度为 32 位,I 表示整数操作。R 类型为寄存器-寄存器操作指令,I 类型为短立即数和访存 load 指令,S 类型为访存 store 指令,U 类型为长立即数操作指令。其中,rs、rd 分别代表源寄存器和目的寄存器,imm 表示立即数,funct 代表具体操作的类型,如加、减、比较等。类似地,RISC-V 规范还定义了 RV64I、RV128I 和用于嵌入式系统的 RV32E 等基础指令集以及 RV32/64G[①] 等扩展指令集。

----

① G 表示通用指令集,包括了 IMAFD 特性。其中,I 表示整数,M 表示整数乘法,A 表示原子内存操作,F 和 D 分别表示单精度和双精度浮点数。

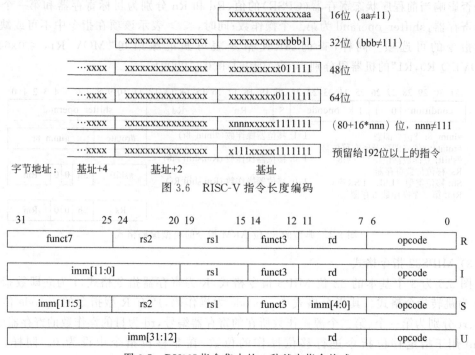

图 3.6　RISC-V 指令长度编码

图 3.7　RV32I 指令集中的 4 种基本指令格式

需要说明的是,RV32E 采用与 RV32I 相同的指令集编码,但整数寄存器的数量被减少为 16 个,以减小核的体积和功耗。与这一改动相对应的是,需要采用一个不同的调用约定以及应用程序二进制接口(Application Binary Interface,ABI)。特别地,RV32E 仅与软浮点调用约定一起使用。相关组织也正在考虑设计跨 RV32I 和 RV32E 运行的应用程序二进制接口等。总之,RV32E 目前仍是一个处于演化过程中的架构。

3.1.2　典型处理器架构

1. 冯·诺依曼体系结构

冯·诺依曼体系结构(von Neumann architecture)是一种将程序指令和数据存储在同一存储器,并使用同一套总线传输的计算机体系结构,用于实现通用图灵机,也被称为冯·诺依曼模型(von Neumann model)或普林斯顿体系结构(Princeton architecture)。在冯·诺依曼体系结构中,一条指令的执行过程包括取指令、指令译码、执行指令,强调了顺序执行指令的特点。由于程序指令和数据分别存储在同一存储器的不同物理位置,因此,程序指令和数据具有相同宽度,且取指令和取操作数要以分时复用的方式在同一套总线上进行。冯·诺依曼体系结构的处理器是设计冯·诺依曼体系结构计算机的基础。对于任一冯·诺依曼体系结构处理器而言,其主要包括如下组件:

（1）一个存储器,实现程序指令和数据的存储。

（2）一个控制器,控制程序的运行。

（3）一个运算器,用于完成算术和逻辑运算。

（4）输入和输出设备,用于进行人机交互和通信。

早期的微处理器大多采用冯·诺依曼体系结构设计,典型的如 Intel 公司的 x86 系列微处理器。在嵌入式处理器领域,TI 公司的 MSP430 处理器、MIPS 公司的 MIPS 处理器也都采用了冯·诺依曼体系结构。ARM7 处理器采用的 ARMv4T 结构就是冯·诺依曼体系结构[27],如图 3.8 所示,其核心逻辑包括 32 位的运算器(ALU、乘法器、移位器)、控制程序运行的控制器及一组寄存器,同时具有一套 32 位的地址总线和 32 位的数据总线。

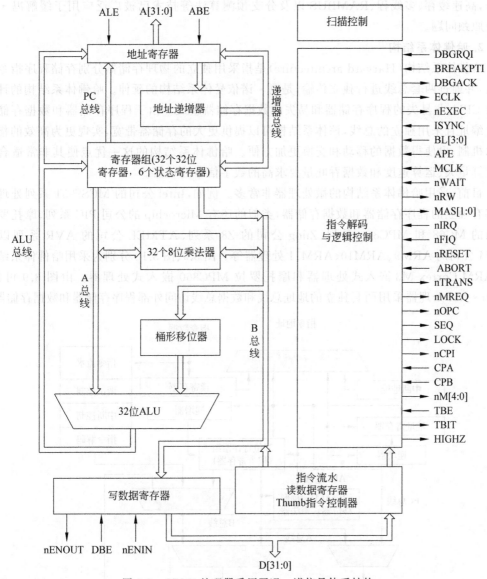

图 3.8　ARM7 处理器采用了冯·诺依曼体系结构

　　复用总线进行串行的指令、数据访问会导致冯·诺依曼瓶颈(von Neumann bottleneck),数据吞吐量将制约整个计算系统的性能,而且在处理器速度越快时问题越是严重。约翰·巴科斯[①]曾在图灵奖获奖感言《能否将编程从冯·诺依曼风格中解放出来?》

---

　　① 约翰·巴科斯(John Warner Backus,1924—2007),美国计算机科学家,FORTRAN 语言发明人之一,提出定义形式式语言语法的记号法 BNF,发明函数级编程概念及 FP 语言,1977 年获图灵奖。

（*Can Programming Be Liberated from the von Neumann Style?*）中曾提到："瓶颈不仅是数据传输的瓶颈，更重要的也是使我们的思考方法局限在'一次一字'模式的智力瓶颈，不能鼓励我们关于任务本身更广泛地思考。由此，编程工作主要是大量字符数据通过冯·诺依曼瓶颈的规划和细节描述，字符传输更关心的是如何找出数据而不是数据本身的特征。"近年来，高速缓存、多线程、RAMBUS 以及分支预测算法等技术已被广泛应用于缓解冯·诺依曼瓶颈问题。

2. 哈佛体系结构[①]

哈佛体系结构（Harvard architecture）是指采用独立的物理存储器分别存储程序指令与数据，并通过两套总线进行独立传输，是冯·诺依曼体系结构的延伸。哈佛体系结构的计算机由 CPU、非易失的程序存储器和易失的数据存储器组成。由于程序存储器和数据存储器独立编址且采用独立的总线，该体系结构可以提供更大的存储器带宽，实现更为高效的指令流水机制，也使得数据的移动和交换更加方便。哈佛体系结构的这一优点使其非常适合设计运算量大、运算速度和数据吞吐量要求高的数字信号处理器。

目前，采用哈佛体系结构的微处理器非常多。例如，Intel 公司的 MCS[②]-51 系列处理器内部有独立的程序存储器和数据存储器，类似的还有 Microchip 的公司 PIC 系列、摩托罗拉公司的 MC68 和 MPC860 系列、Zilog 公司的 Z8 系列、ATMEL 公司的 AVR 系列以及 ARM 公司的 ARM9、ARM10、ARM11 处理器等。图 3.9、图 3.10 分别为采用哈佛体系结构的 ARM Cortex-M3 嵌入式处理器和摩托罗拉 MPC860 嵌入式处理器。由图 3.9 可知，Cortex-M3 处理器采用两套独立的地址总线和数据总线访问外部程序存储器和数据存储器；

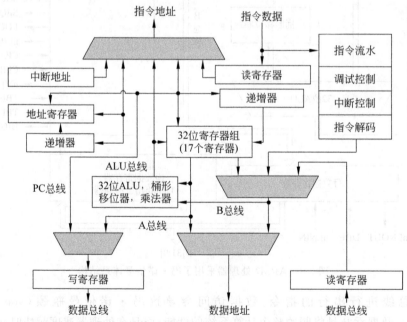

图 3.9　采用哈佛体系结构的 ARM Cortex-M3 嵌入式处理器

[①]　哈佛体系结构源于哈佛大学 1944 年研制的 Harvard Mark Ⅰ 机电型可编程计算设备。

[②]　MCS：Micro-Control System，微控制系统的缩写。

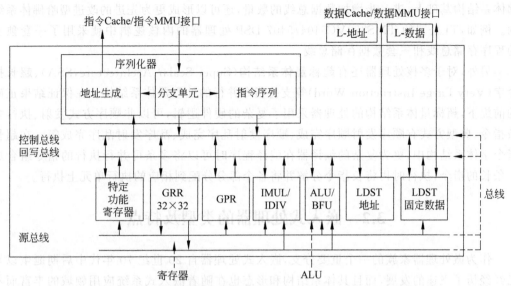

图 3.10 采用哈佛体系结构的摩托罗拉 MPC860 嵌入式处理器

MPC860 处理器中不但具有两套存储器和总线,还采用了独立的指令 Cache、指令 MMU[①]和数据 Cache、数据 MMU。

当然,哈佛体系结构也存在非常明显的缺点。哈佛体系结构较冯·诺依曼体系结构需要更多的地址线和数据线,这使得处理器的设计以及外设连接与扩展的难度都大为增加。因此,在复杂处理器的设计中,常常通过在处理器内部使用独立的数据 Cache 和指令 Cache 提高指令执行的效率,即,在处理器内部逻辑中使用哈佛体系结构,而外部仍然使用冯·诺依曼体系结构。

图 3.11 给出了一种改进的哈佛体系结构。它保持了哈佛体系结构的独立存储特点,为程序指令和数据采用两个独立的存储单元,同时采用了分时复用的地址总线和数据总线。显然,改进的哈佛体系结构在存储特性上与哈佛体系结构一致,实现了指令、数据的独立存储;而在总线特性上,它则与冯·诺依曼体系结构相似,降低了硬件逻辑复杂性以及对外围设备连接和处理的要求。在部分改进型哈佛体系结构处理器中,还在两个存储器之间增加了公共总线,允许数据存放在程序存储器中,提高了处理器访问数据的灵活性。在改进型哈

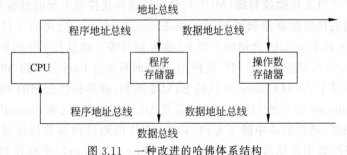

图 3.11 一种改进的哈佛体系结构

---

① MMU:Memory Management Unit,存储管理部件,CPU 中用于实现虚拟内存管理的组件,提供硬件机制的内存访问权限检查。

佛体系结构基础上,进一步增加数据总线的数量,还可以形成更为先进的改进型哈佛体系结构。例如,TI 公司的 TMS320VC5404/5407 DSP 处理器的内核逻辑中就采用了一套独立的程序存储总线和三套数据存储总线。

另外,对于多核处理器还有**超标量体系结构**(Super Scalar Architecture,SSA)、**超长指令字**(Very Large Instruction Word)等支持指令并行的处理器体系结构。在保证结果正确的前提下,超标量体系结构的处理器采用了复杂的硬件逻辑,可以非顺序方式发射、执行多条指令,典型方式有顺序发射顺序完成、顺序发射乱序完成、乱序发射乱序完成等。在超长指令字体系结构中,更为复杂的编译器在编译程序时可以将多条可并行执行的指令组合成一条长的指令,执行时再将长指令分解并将各个部分分配到相应的执行单元上执行。

3.2 嵌入式处理器的类型及特点

作为微处理器家族的一个重要分支,嵌入式处理器自 20 世纪 70 年代中后期诞生以来已经经历了飞速的发展,而且其体系结构和形态也在随着嵌入式系统应用领域的丰富而不断演化和细分。如前所述,集成电路技术是微处理器设计的基础,而微处理器的出现则是嵌入式系统发展的一个重要里程碑。

自 20 世纪 70 年代以 Intel 4004 和 4040 为代表的第一代微处理器出现以来,微处理器在体系结构的演化、工艺的发展(如 COMS、HCMOS)、集成度和处理速度的提升、低电压节能运行等方面取得了令人叹为观止的进步。例如,早期 Intel 4004 仅是具有 2200 多个晶体管、每秒执行 90 000 次指令操作的 4 位微处理器,而目前新型的微处理器则已经单片集成数十亿个晶体管,具有 32 位、64 位字宽,执行速度可达数千 MIPS[①]。目前,嵌入式处理器范畴呈现出性能各异、用途多样、成百上千种嵌入式处理器并存的局面。本节将对主要类型的嵌入式处理器及其特性进行归纳和分析。

3.2.1 嵌入式微控制器

单片微型计算机(Single Chip Microcomputer,SCM,简称**单片机**)是一种将 CPU、RAM、ROM 及 I/O 等主要功能部件集成于一块集成电路芯片上的处理器类型,其随着 Intel 公司 1971 年制造出的 4004 微处理器芯片而诞生,几十年来已演化出很多架构并在各个领域得到广泛应用。单片机又称**微控制器**(MCU),是为快速构建控制类型的设备提供的一种核心控制单元。早期的代表性微控制器有 National Semiconductor 公司的 4 位 COP 400、Intel 公司的 8 位 8048 和 Fairchild 公司的 8 位 F8 微控制器等。经过几十年的发展,现在各种类型的 8 位、16 位、32 位微控制器已被广泛使用,典型的有源自 Intel 公司的 MCS-51 系列、意法半导体(ST)公司基于 ARM Cortex-M 核的 STM32 系列、微芯科技公司的 PIC32、ATMEL 公司的 AVR、Imagination 公司的 MIPS M6200 以及 M6250、IBM 公司的 PowerPC 440GP 等。

从构成的角度,微控制器中除了 CPU 以外,在片内通过内部总线连接、集成了丰富的外设资源,如程序/数据存储器、定时器/计数器(Timer/Counter)、中断控制器以及串行/并行通信接口与 I/O 接口等,为快速设计系统提供如图 3.12 所示的处理单元。在实际中,面

---

① MIPS(Million Instructions Per Second,每秒百万条指令),是评价处理器速度的重要指标。

向不同领域、不同层次应用的微控制器,其内部集成的组件类型和数量存在差异。以 MCS-51 系列 8 位微控制器为例,其内部逻辑与图 3.12 基本一致,较为简单。而 PIC 等 32 位微控制器等还可能提供了 ADC(Aualog-to-Digital Conversion,模数转换)、PWM(Pwlse Width Modulation,脉冲宽度调制)模块,以及更为丰富的 I/O 接口。图 3.13 给出了 ATMEL 公司的 32 位微控制器 AT91SAM7L 的逻辑结构,其以 ARM7 TDMI 处理器为核心并集成了多种类型的逻辑组件与外设[28]。微控制器内部集成的资源越丰富,设计硬件时所需的电路扩展就越少,就越简洁高效。

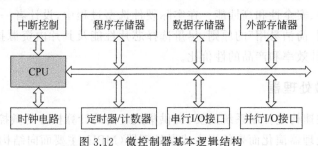

图 3.12　微控制器基本逻辑结构

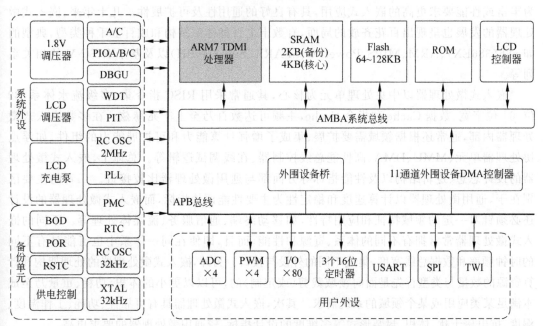

图 3.13　32 位微控制器 AT91SAM7L 的逻辑结构

在分类上,可根据存储及总线结构将微控制器分为冯·诺依曼体系结构和哈佛体系结构。微控制器根据用途又可分为通用型和专用型。通用型微控制器具有开放的开发资源,允许用户根据应用需要进行软硬件逻辑的扩展和定制;而专用型微控制器则更类似于一个专用芯片,如打印机控制器等。另外,片内程序存储器类型也是对微控制器进行分类的一个重要依据。在 MCS-51 系列微控制器中,就分为 8031(无 ROM 型)、8051(ROM 型)、8751(EPROM 型)、8951(E2PROM 型)以及 89S51(Flash 型,支持 ISP①)等。总体上,微控制器

---

① ISP: In-System Programmable,在线可编程,是一种在芯片正常工作时直接对其进行逻辑重写的技术。

具有一些共性特点，可概括为**计算核的指令数较少、位处理指令较丰富、组件集成度较高、提供多种 I/O 接口、低功耗、低成本、使用方便以及快速构建应用系统等**。同时，微控制器也存在供电电压较单一、计算性能通常不高、引脚数量较少等缺点。

在目前的嵌入式应用中，微控制器也是使用最为广泛的一类处理器，应用领域覆盖消费电子、信息家电、工业控制和汽车电子等。不同领域对微控制器的特性要求有所不同。例如，对于智能玩具等功能较为单一的消费电子产品而言，需要低功耗、低价格的微控制器；信息家电领域需要可靠性高的微控制器；而在工业控制、汽车电子等领域，主要要求微控制器具有良好的可靠性、安全性和高性能。在实际硬件选型过程中，设计者一般要坚持"成本优化、功能/性能够用、简洁易用"的原则，尽量选择芯片性能及其片内资源接近功能需求的微控制器，以提高设计效率和产品的性价比。

3.2.2 嵌入式微处理器

不同于面向快速构建控制系统需要、提供集成度高的计算核心的微控制器设计理念，由通用计算机的微处理器演化而来的嵌入式微处理器（MPU）主要面向结构更为复杂、功能更为丰富或性能要求更高的嵌入式应用，具有良好的通用性及可扩展性。几十年来，嵌入式微处理器的发展也呈现出百花齐放的局面，有数十上百种体系结构和成百上千种类型，典型的如 x86（386EX）、ARM、MIPS、PowerPC、SPARK、SuperH（SH）以及基于 RISC-V 的相关系列等。

嵌入式微处理器以中央处理单元为核心，其通常采用 RISC 指令集、多级流水体系、32 位/64 位字宽、数据 Cache 和指令 Cache，主频可达数百乃至上千兆赫兹。在多数嵌入式微处理器内部，通常还根据领域需要扩展、集成了增强计算能力和可扩展能力的组件，如浮点协处理器单元、MMU、DMA、高性能总线控制器、在线调试逻辑等。总体上，嵌入式微处理器的设计思想、逻辑结构以及性能指标等方面都与通用微处理器比较接近。二者的主要区别在于，通用微处理器以计算速度和稳定性为主要性能评价指标，而嵌入式微处理器的设计还必须针对一定的领域特征和应用特性，如移动终端、通信服务、流媒体处理等。不同的嵌入式微处理器常常拥有不同的体系、资源和性能，而且，即使在同一体系中也可能具有不同的时钟频率和数据总线宽度，集成不同的外设与接口。另外，嵌入式微处理器的处理架构和计算资源的数量与类型首先是面向领域裁剪（或定制）的，可以以更小的体积、功耗、重量乃至成本满足某类应用或某个领域的系统需求。其次，嵌入式微处理器具有可靠性、功耗、工作温度、湿度、抗电磁干扰、体积、封装形式等多维度的设计指标，较通用微处理器的要求更高。

除了不断提升芯片工作频率、优化处理逻辑、改造制程工艺之外，现代微处理器的体系结构也在不断演化。在单一芯片内集成多个计算核形成的多核并行计算体系已成为微处理器的主流设计架构。在多核嵌入式处理器中，多个同构或异构的计算核独立运行，各计算核可以具有独立的高速缓存，计算核之间通过共享的二级缓存、内存及总线进行数据交互和操作同步。这种多核的处理器体系结构有效抵消了加工工艺、工作频率以及芯片发热等方面的瓶颈和限制，较多处理器体系结构具有更高的集成度、更小的体积和功耗，也使得摩尔定律得以有效延续。总体上，嵌入式微处理器的特点可归纳为**指令丰富、位处理指令较少、处理速度快、可扩展性好、支持内存保护机制、寻址能力强、支持实时多任务、具有良好的中断处理能力、可靠性高、功耗较低、通用性强、适合中高端应用**等。

以 32 位 MIPS M 6250[29] 低功耗处理器为例。M6250 是一款中高端的嵌入式微处理器,其逻辑结构如图 3.14 所示。M6250 内部采用了 6 级流水结构,提供一个协处理器、支持 32 位 MIPS32 指令集和精简的 microMIPS 指令集、整合 SIMD 和 DSP 模块、支持 64KB 的一级指令/数据 Cache,具有可选的 SPRAM(ScratchPad RAM,高速暂存存储器)接口、可选的数据纠错组件 ECC(Error Correct Code),具有快速重编址缓冲器 TLB(快表)的 MMU 和 APB(Advanced Peripheral Bus,高级外围总线)、AXI3 高速可扩展总线接口等。M6250 的架构和资源配置表明嵌入式微处理器的逻辑和组件设计主要是围绕提升处理器计算性能并增强计算系统架构的可扩展性进行的,而且并未像微控制器一样集成其他面向 I/O 操作的硬件组件。

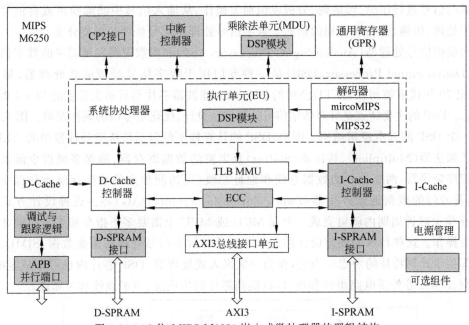

图 3.14　32 位 MIPS M6250 嵌入式微处理器的逻辑结构

又如,SiFive 公司基于 RISC-V 指令集设计的 U74-MC 复杂核包括一个 S7(基于 RV64IMACB 指令集)和 4 个 U74(基于 RV64GCB 指令集,且提供一个符合 IEEE 754—2008 标准的浮点处理单元)的 64 位 RISC-V 核,以及支撑这些计算核所需的核级本地中断管理器(Core Local Interruptor,CLINT)、平台级中断控制器(Platform-Level Interrupt Controller,PLIC)、物理内存保护(Physical Memory Protection,PMP)、基于 JTAG 的调试单元、64 位/128 位 AXI4 总线等。具体请参阅文献[30],这里不再赘述。

在实际设计中,嵌入式处理器的选型仍要以应用需求为主要依据,需要综合考虑功能、性能、功耗、尺寸、封装、成本及生命周期等诸多因素,在够用原则下择优选用。由于嵌入式微处理器的 I/O 集成度低,因此,硬件设计的重点是以嵌入式微处理器为核心进行外部 I/O 的扩展。嵌入式微处理器有两种主要应用形式:一种是以微处理器为中心,设计面向具体产品型号的嵌入式系统,如智能手机、机顶盒等;另一种则是面向工业控制、信号处理等某个行业或某一类应用,设计为集成了特定接口、软件可编程并具有一定领域通用性的单板计算机模块。如前所述,这种形式较传统的工业控制计算机而言具有体积小、重量轻、成本低、可靠性高等优点。

3.2.3 数字信号处理器

信号是一个特定形式的能量单元，是信息的物理表现，或者说载体。在物理世界中，任何随时间或空间变化的量都是潜在的信号，其或者表示一个物理系统的状态信息，或者是不同观察对象之间传达的消息，其形式可为声、光、电等。在电子与通信技术领域，信号被抽象表示为传递有关现象的行为或属性信息的函数，在电子设备间进行传输收发。按照因变量对时间的取值是否连续，信号一般被分为模拟信号和数字信号。数字信号通常是对模拟信号进行采样、量化和编码后获得的。信号处理是很多电子装置的重要功能，其通过对变换到数字域的信号进行压缩、编解码、分析或识别等操作，从输入信号中滤除噪声或将信号变换为易于处理、传输、分析和识别的形式。数字信号处理是信号处理的重要分支。

由模拟信号处理器（Analog Signal Processor，ASP）和离散逻辑发展而来的数字信号处理器（Digital Signal Processor，DSP）是一种专门用于数字信号处理的微处理器，最早以20世纪70年代末德州仪器（TI）公司的 Levinson 滤波器芯片和贝尔实验室的 Mac 4 型 DSP 为标志。DSP 的主要特点是针对数字信号处理特性设计、优化了专门的硬件逻辑。图 3.15 给出了一个 DSP 的基本逻辑结构。图中，DSP 的计算核不仅包括传统微处理器中的 ALU，还增加了乘法器（Multiplier）、移位器（Shifter）及丰富的数据寄存器、确保多级指令流水正确性的程序定序器、两套分开的数据总线和地址总线（可访问独立的数据存储器和程序存储器）以及专门的数据地址产生器（Data Address Generator，DAG）等。这种设计方式允许 DSP 在单个时钟周期内就可完成一个在 MCU 或 MPU 上需要多条指令和多个周期才可以完成的操作。这些特殊的硬件设计都充分体现了对数字信号处理的密集数据、SIMD、矩阵操作等数学计算特征的考虑。当然，作为一款嵌入式处理器，DSP 芯片内也可集成定时器/看门狗、DMA 等外围电路组件和接口，以提高芯片的集成度、可扩展性和可靠性。

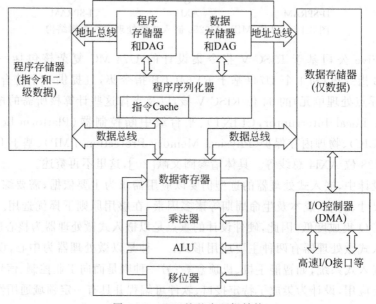

图 3.15　DSP 的基本逻辑结构

图 3.16 是 ADI 公司 ADSP-21532 DSP 的片内逻辑结构[31]。该芯片中集成了一个
300MHz 的高性能 MSA(Micro Signal Architecture,微信号体系)DSP 计算核,片上存储资
源包括 16KB 指令 SRAM/Cache、32KB 指令 SRAM、32KB 指令 ROM、32KB 数据 SRAM
以及 4KB 的 ScratchPad SRAM,一个 DMA 控制器和一个用于内存保护的 MMU。同时,
该 DSP 还集成了 3 个定时器/计数器、实时时钟(RTC)、看门狗定时器(WDT)、并行外设接
口(PPI)、支持红外(IrDA 标准)的异步收发接口(UART)、通用 I/O 接口(GPIO)以及片上
JTAG 测试与仿真接口等资源。在如图 3.16 所示的 MSA DSP 计算核逻辑中,有两个 16 位
的乘加器(Multiplier/Accumulator,MAC)、两个 40 位的 ALU、4 个 8 位的视频 ALU 以及
一个 40 位的桶型移位器,可以处理 8 位、16 位、32 位格式的数据。地址计算单元提供了两
套数据地址生成器(DAG),以实现并行的内存操作。一个多端口寄存器文件包括 4 组 32
位的索引(I)、修改(M)、长度(L)及基数(B)寄存器和 8 个附加的 32 位指针寄存器。控制单
元提供了定序器、对齐、解码及循环缓冲器。从这些资源配置和逻辑设计就可以看出 DSP
硬件在数字信号处理方面的特点与优势。

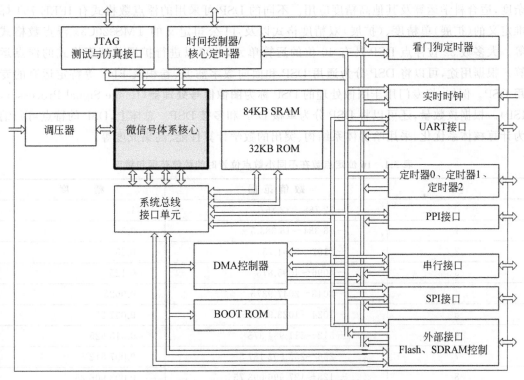

图 3.16　ADSP-21532 DSP 的片内逻辑结构

总体来说,DSP 芯片通常都采用诸多优化的软硬件设计方法和技术,以提高处理能力,
具体主要包括如下几方面。

(1) 计算核基于多级指令流水体系结构设计;采用多硬件乘法器单元,可在一个时钟周
期内并行完成多个乘加运算;提供硬件控制循环,降低循环操作的开销。

(2) 指令集中采用 SIMD、VLIW 以提升指令级的并行性;提供 MAC 操作指令以及与
模寻址相关的指令等;面向数据处理提供了饱和算子、定点算子及单周期操作指令。

（3）存储体系主要采用哈佛体系结构并支持多数据存储器，可以实现并行的多指令和多数据读取；可提供 DMA 接口，以实现快速存储器访问。

（4）在寻址机制上，计算核采用专门的数据地址产生器；支持常见的寻址模式，也提供了特定的优化寻址模式，如自动增量寻址、循环寻址以及用于快速傅里叶变换（Fast Fourier Transform，FFT）的位翻转寻址，具有非常好的直接数据访问能力。

就分类而言，根据 DSP 所支持的数据格式是定点型还是浮点型，可以将其分为定点 DSP 处理器和浮点 DSP 处理器，字长可以有 16 位、24 位和 32 位。DSP 所能支持的数据格式和字长决定了其处理的精度和动态范围，同时也决定了 DSP 的成本、功耗以及软件开发复杂度。常见的 DSP 主要为定点 DSP，如 TI 公司的 TMS320C1x/C2x、AD 公司的 ADSP21xx 系列等，这是因为信号处理一般不需要浮点型的精度。对于定点 DSP，编程时要仔细考虑信号幅值和中间结果，在避免溢出和尽可能减小舍入误差的前提下，使精度和动态范围最大化。表 3.1 给出了 16 位定点数在不同小数点位置（Q_n）时的数值范围和精度。浮点 DSP，如 TI TMS320C3x、Motorola MC96002，较定点 DSP 具有更高的处理精度和复杂度，适合科学运算及其他高精度应用。不同的 DSP 可采用的浮点数格式有 IEEE 754 标准定义的（扩展）单精度、（扩展）双精度格式以及 TI 公司定义的 TMS320C3x 浮点数格式等。大多数 32 位浮点 DSP 具有 40 位的运算单元，并可以进行扩展单精度格式的浮点运算。根据用途，可以将 DSP 分为**通用** DSP 和面向数字滤波、卷积及 FFT 等特定运算的**专用** DSP。例如，将专门用于图像处理的 DSP 称为**图像信号处理器**（Image Signal Processor，ISP）。根据核数量，还可以将 DSP 分为**单核** DSP 和**多核** DSP。总体上，DSP 的特点可归纳为计算核体系优化、采用哈佛体系结构、突出的数学计算性能、高集成度等。

表 3.1　16 位定点数在不同小数点位置时的数值范围和精度

Q_n	数 值 范 围	精　　度
0	$-32\,768 \sim 32\,767$	1
1	$-16\,384 \sim 16\,383.5$	0.5
2	$-8192 \sim 8191.75$	0.25
3	$-4096 \sim 4095.875$	0.125
4	$-2048 \sim 2047.9375$	0.0625
5	$-1024 \sim 1023.968\,75$	0.031\,25
6	$-512 \sim 511.984\,375$	0.015\,625
7	$-256 \sim 255.992\,187\,5$	0.007\,812\,5
8	$-128 \sim 127.996\,093\,75$	0.003\,906\,25
9	$-64 \sim 63.998\,046\,875$	0.001\,953\,125
10	$-32 \sim 31.999\,023\,437\,5$	0.000\,976\,562\,5
11	$-16 \sim 15.999\,511\,718\,75$	0.000\,488\,281\,25
12	$-8 \sim 7.999\,755\,859\,375$	0.000\,244\,140\,625
13	$-4 \sim 3.999\,877\,929\,687\,5$	0.000\,122\,070\,312\,5
14	$-2 \sim 1.999\,938\,964\,843\,75$	0.000\,061\,035\,156\,25
15	$-1 \sim 0.999\,969\,482\,421\,875$	0.000\,030\,517\,578\,125

3.2.4 可编程逻辑器件

顾名思义,可编程逻辑器件(Programmable Logic Device,PLD)是电路逻辑可被动态编程和改变的一类通用集成电路。典型的 PLD 包括可编程阵列逻辑(Programmable Array Logic,PAL)、可编程逻辑阵列(Programmable Logic Array,PLA)、通用阵列逻辑(Generic Array Logic,GAL)、复杂可编程逻辑器件(Complex Programming Logic Device,CPLD)以及现场可编程门阵列(Field Programmable Gate Array,FPGA)等。相较于 CPU、GPU 及各类 ASIC 专用器件,其在片内提供了面向应用需求进行逻辑电路编程的定制能力,是集成电路技术的一次重要飞跃,使得**硬件逻辑的快速研制**、**动态重构**、**智能演化**等成为可能。

1. PAL 与 PLA

PAL 是一个逻辑门的可编程阵列,门阵列采用 AND-OR(与-或)逻辑进行配置。在 PAL 中,通常具有一个可编程的 AND 阵列和一个固定的 OR 阵列,OR 阵列中的每一个或门从一组与门中获取输入。这意味着,所有与门的输出并不会对应到任何一个或门。与 PAL 不同,PLA 中既包括一个可编程的 AND 阵列,还提供一个可编程的 OR 阵列。其中,AND 阵列用于实现 SOP(Sum of Product,积之和)表达式的乘积项,OR 阵列则用于对乘积项求和。显然,PLA 比 PAL 更为复杂,其逻辑编程能力也更强大。PAL 和 PLA 技术为复杂可编程器件的发展奠定了重要基础。

图 3.17 给出了 4 路输入的 PAL 和 PLA 结构。其中,PAL 有 4 个与门和两个或门。以 BCD 码转格雷码逻辑设计为例,图 3.18 给出了一个 PAL 4 位译码器的逻辑结构。编程所得的译码器以式(3.1)所示的逻辑运算规则将 BCD 码(4 位,分别用 A、B、C、D 表示)转换到格雷码(4 位,分别用 W、X、Y、Z 表示)。

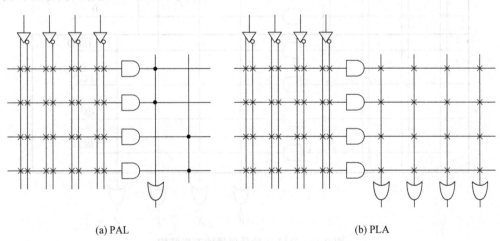

(a) PAL   (b) PLA

图 3.17 4 路输入的 PAL 和 PLA 结构

$$
\begin{cases}
W = A + BD + BC \\
X = B\bar{C} \\
Y = B + C \\
Z = \bar{A}\bar{B}\bar{C}D + BCD + A\bar{D} + \bar{B}C\bar{D}
\end{cases}
\tag{3.1}
$$

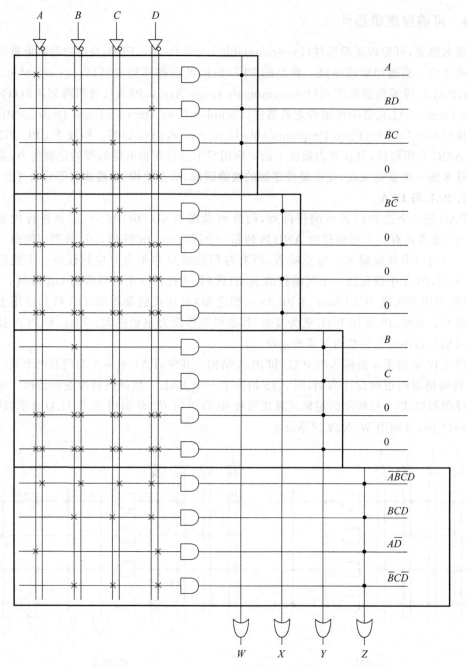

图 3.18　PAL 4 位译码器的逻辑结构

2. CPLD

CPLD 是采用 CMOS EPROM、EEPROM、Flash 和 SRAM 等编程技术设计的可编程逻辑器件，它是以 PLD 为宏单元的可编程器件，门电路数量更多，也更为复杂。在 CPLD 内部，多个类似于 PAL 和 PLA 的逻辑块宏单元通过可编程互连通道进行连接，并通过可配置的 I/O 控制块提供对外交互接口。一般而言，CPLD 器件的核心包括逻辑阵列块、可编程互连通道和 I/O 控制块 3 个主要部分。具有 4 个 PAL 块的 CPLD 的典型逻辑结构如图 3.19 所示。

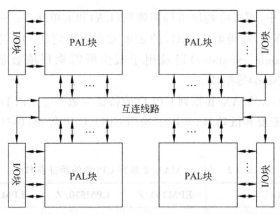

图 3.19　具有 4 个 PAL 块的 CPLD 的典型逻辑结构

以图 3.20 所示 Altera MAX 系列的 CPLD 为例,其逻辑包括了多个逻辑阵列块(Logic Array Block,LAB)、片内互连通道(可编程互连阵列,Programmable Interconnected Array,

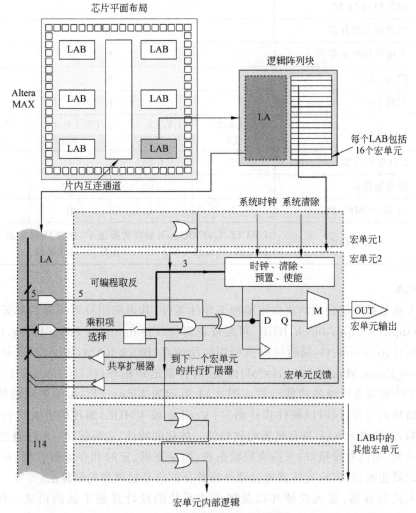

图 3.20　Altera MAX 系列 CPLD 的体系结构

PIA)以及 I/O 块。其中,逻辑阵列块由局部阵列(LA)和宏单元(marcocell)组成。LA 提供了大量可编程 AND 阵列,而类似于 PAL 的宏单元则由固定的 OR 阵列、用于生成额外逻辑项的逻辑扩展器(logic expander)以及用于减少所需乘积项数量的可编程取反逻辑(Programmable Inversion)等组成。

表 3.2 给出了 Altera MAX Ⅱ 系列 CPLD 的特征参数[32]。CPLD 的特点在于**逻辑非易失、启动速度快、较高密度和低功耗**,常用于通用 CPU、DSP 等难以完成的时序组合逻辑、大运算量的数学计算等。

表 3.2　Altera MAX Ⅱ 系列 CPLD 的特征参数

特 征 参 数		EPM240/Z	EPM570/Z	EPM1270	EPM2210
密度和速度	宏单元	192	440	980	1700
	引脚间延迟/ns	4.7,7.5	5.4,9.0	6.2	7.0
体系特征	用户 Flash/kb	8			
	边界扫描 JTAG	有			
	快速输入寄存器	有			
	上电可编程寄存器	有			
	JTAG ISP	有			
	实时 ISP	有			
I/O特征	I/O 多电压/V	1.5,1.8,2.5,3.3	1.5,1.8,2.5,3.3	1.5,1.8,2.5,3.3,5.0	1.5,1.8,2.5,3.3,5.0
	I/O 电源线数	2	2	4	4
	最大输出数	80	160	212	272
	32 位,66MHz PCI	无	无	有	有
其他特性		LVTTL/LVCMOS,可编程转换速率,施密特触发器,可编程上拉电阻,可编程 GND 引脚,开漏输出,总线保持			

3. FPGA

FPGA 也是被广泛使用的典型可编程半导体器件,其内部用户可编程的单元包括输入输出模块(Input/Output Block,IOB)、可配置逻辑块(Configurable Logic Block,CLB)和内部布线资源(Interconnect),同时可提供专用的块内存(Block RAM,BRAM)以及数字时钟管理(Digital Clock Management,DCM)模块、时钟延迟锁相环(Delay-Locked Loop,DLL)和 DSP、CPU 核等系统级的功能组件。图 3.21 所示为 Xilinx FPGA 的逻辑结构。FPGA 以集成电路形式存在,同时以硬件描述语言(Verilog 或 VHDL)编程的方式进行逻辑电路设计和布局,这使得 FPGA 具有显著的软硬件一体化的特性,主要包括:允许通过下载配置位流改变功能,定制外设接口;支持有限状态机、数字逻辑、定时和存储器控制;可实现与其他处理器的高速通信接口;支持高速且硬件级并行的信号处理和控制算法;等等。FPGA 的出现为嵌入式处理器、嵌入式硬件以及嵌入式系统的设计开创了新的模式。例如,基于FPGA 的复杂电路逻辑设计已经成为广泛采用的集成电路设计、验证手段。

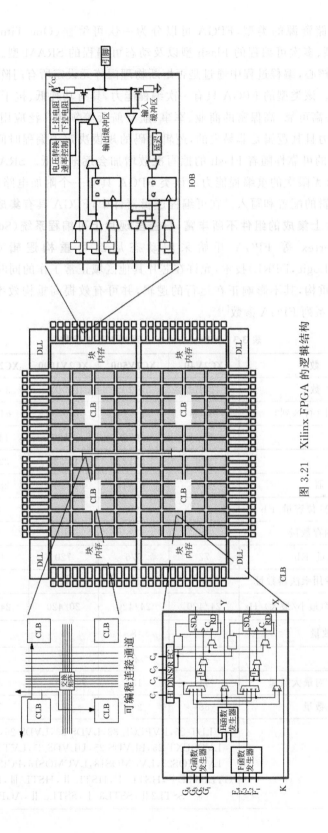

图 3.21 Xilinx FPGA 的逻辑结构

根据片内存储资源的类型，FPGA 可以分为一次可编程（One Time Programmable，OTP）的反熔丝型、多次可编程的 Flash 型以及动态可编程的 SRAM 型。**反熔丝型** FPGA 以反熔丝阵列为核心，编程过程中通过是否熔断物理门阵元设定所有门阵元的 0、1 状态，从而实现逻辑写入。该类型的 FPGA 只有一次编程能力，具有功耗低、抗干扰性强、抗辐射能力强等优点，已在高可靠、高保密的商业、军事、航空航天等领域广泛应用。**Flash 型** FPGA 具有多次编程能力且其逻辑是非易失的，逻辑代码的规模决定了编程时间，一般为数秒级。该类 FPGA 芯片的可靠性随着 Flash 的擦写次数增加会逐渐降低。SRAM 型 FPGA 是当前主流类型，具有无限次的重编程能力。该类 FPGA 具有一个附加电路组件，其可以在芯片上电时进行逻辑的配置和写入。在可编程逻辑器件中，FPGA 具有**集成度高**、**速度快**、**低功耗等优点**，且片上集成的组件不断丰富，日益呈现片上可编程系统（SoPC）的发展趋势。另外，Xilinx Vertex 等 FPGA 开始采用动态局部**可重构逻辑**（Dynamic Partial Reconfiguration Logic，DPRL）技术，允许在芯片其他区域正常工作的同时对片内的部分逻辑区域进行动态重构，其不影响正在运行的逻辑，并可有效提高重构效率。表 3.3 给出了 Xilinx Vertex-Ⅱ系列 FPGA 参数[33]。

表 3.3　Xilinx Vertex-Ⅱ系列 FPGA 参数

参　数		XC2V40	XC2V500	XC2V1000	XC2V3000	XC2V8000
门　数		4×10^4	5×10^5	1×10^6	3×10^6	8×10^6
CLB 资源	CLB 阵列（行×列）	8×8	32×24	40×32	64×56	112×104
	片数量	256	3072	5120	14 336	46 592
	逻辑单元	576	6912	11 520	32 256	104 832
	CLB 触发器	512	6144	10 240	28 672	93 184
内存资源	最大 RAM 位容量/Kb	8	96	160	448	1456
	18kb 块内存数量	4	32	40	96	168
	块内存总量/Kb	72	576	720	1728	3024
DSP	18×18 专用乘法器数量	4	32	40	96	168
时钟资源	DCM 频率(最小/最大)/Hz	24/420	24/420	20/420	24/420	24/420
	DCM 块数量	4	8	8	12	12
I/O 特性	数控阻抗	有	有	有	有	有
	差分 I/O 对最大数量	44	132	216	360	554
	最大 I/O 数量	88	264	432	720	1108
	I/O 标准	LDT-25，LVPECL-33，LVDS-33，LVDS-25，LVDSEXT-33，LVDSEXT-25，BLVDS-25，ULVDS-25，LVTTL，LVCMOS33，LVCMOS25，LVCMOS18，LVCMOS15，PCI33，PCI66，PCI-X，GTL，GTL＋，HSTL Ⅰ，HSTL Ⅱ，HSTL Ⅲ，HSTL Ⅳ SSTL2Ⅰ，SSTL2Ⅱ，SSTL3 Ⅰ，SSTL3 Ⅱ，AGP，AGP-2X				

续表

参　数		XC2V40	XC2V500	XC2V1000	XC2V3000	XC2V8000
速度	商业速度等级（由慢到快）	$-4,-5,-6$	$-4,-5,-6$	$-4,-5,-6$	$-4,-5,-6$	$-4,-5$
	工业速度等级（由慢到快）	$-4,-5$	$-4,-5$	$-4,-5$	$-4,-5$	$-4,-5$
平台 Flash PROM		ISP				
系统模拟计算引擎（ACE）		ISP				
配置内存/Mb		0.4	2.8	4.1	10.5	29.1
PowerPC 处理器块		无				
RocketIO 收发器块		无				

CPLD 与 FPGA 的特点比较如下：

（1）CPLD 的逻辑门数为几千个到几万个，FPGA 则在几万个到上百万个。

（2）CPLD 的可配置单元是粗粒度的，连接结构具有一定的限制性，灵活性差；FPGA 则是细粒度可配置的，基于小型查找表实现组合逻辑，互连结构复杂。

（3）基于乘积项的 CPLD 采用 EPROM 或 E^2 CMOS 工艺，基于查找表的 CPLD 采用 SRAM 工艺；FPGA 主要基于高速、低功耗的 HCMOS 工艺，可与 CMOS、TTL 电平兼容。

（4）CPLD 以类似于 PAL 的逻辑块为主；FPGA 还可能集成加法器、乘法器、存储器乃至处理器 IP 核等。

（5）CPLD 内固化的逻辑具有非易失性，启动速度快；除反熔丝型 FPGA 外，FPGA 上电时需要重新加载逻辑代码。在实际应用中，可采用 CPLD 作为 FPGA 的启动装载器，在系统加电时将存储器中的逻辑代码下载到 FPGA。

4. 可演化逻辑器件

20 世纪 50 年代，计算机之父冯·诺依曼就提出了研制具有自繁殖与自修复能力的机器的设想，但因当时的技术条件不成熟而未能实现。随着上述大规模可编程芯片以及演化计算（evolutionary computation，也称进化计算）、机器学习、深度学习智能化方法的出现，构建具有自学习、自适应、自组织、自修复的可演化计算装置成为可能。就演化计算本身而言，其集成了"仿生"与"拟物"进化的研究成果，是自然科学与人造技术的交叉融合。

演化计算方法（如遗传算法、遗传规划和进化策略等）的不断成熟和广泛应用同时推动了新型计算技术的发展。例如，基于 FPGA 等可重构器件可进一步实现具有硅基进化能力的可演化硬件（Evolvable Hardware，缩写为 EHW、EVHW 或 E-Hard）。可演化硬件的基本设计思想是：将电路的结构、参数等内容编码到演化计算的染色体结构中，仿照生物进化对染色体种群进行持续的选择、交叉、变异等演化操作，直至生成满足应用功能和性能要求的电路逻辑。图 3.22 是一个采用遗传算法的硬件演化过程，演化处理运行于独立的计算单元，根据适应度评估函数对当前硬件逻辑的适应度进行估算，进而进行迭代的演化运算，直至达到适应度要求。本质上，可演化硬件逻辑并不只针对处理器逻辑，而是适用于所有电路设计的方法。

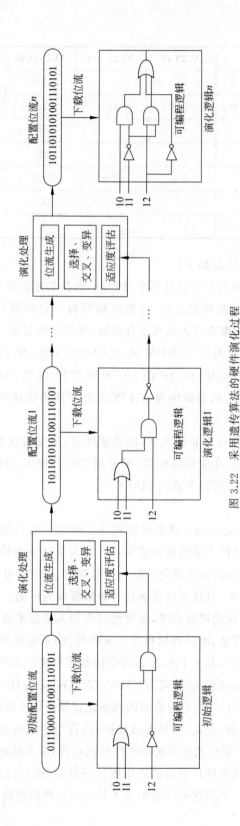

图 3.22 采用遗传算法的硬件演化过程

3.2.5　片上系统

1. SoC 体系与特点

体系结构、制程工艺的快速发展使得在单一芯片内可以集成更多的逻辑门,进而使得在片内集成更为丰富、复杂的功能组件成为可能。**片上系统**(System on Chip,SoC),顾名思义是指基于一个芯片就可以构建一个系统。也就是说,单个 SoC 芯片中提供了构建一个系统所需的处理器、存储器、数字及模拟 I/O 组件等丰富资源。由于资源集成度高,因此,基于 SoC 芯片的嵌入式硬件设计就变得非常简单,更为关注的是外围电路和接口的扩展。SoC 的集成特点与 MCU(单片机)非常类似,但后者主要面向控制型嵌入式应用。总体上,SoC 具有**集成度高、功能组件丰富、体积小、重量轻、低功耗、便于系统设计**等诸多优点,适用于体积小、复杂度日益增加的消费电子、移动终端等智能设备的设计。

一般而言,一块 SoC 芯片包括如下逻辑组件:

(1) 一个或多个处理器核心,可以是 MCU、MPU 或 DSP。

(2) 一种或多种嵌入式存储器,用于存储系统软件、用户程序及运行时数据。

(3) 一种或多种片上互连总线,连接片上逻辑资源。

(4) 一种或多种外部总线及接口,便于系统扩展。

(5) 内置的时钟电路及锁相环电路,提供稳定的多路时钟。

(6) 计算装置运行所需的外围电路,如电源电路、看门狗电路等。

(7) 面向特定应用功能的外设组件,如 Ethernet MAC、ADC、DAC、PWM、传感器等。

例如,图 3.23 给出了华为海思 Kirin 950 手机 SoC 芯片的片内逻辑结构。由图 3.23 可知,该 SoC 芯片的计算单元采用了 ARM 的 Big.LITTLE 大小核处理器结构,包括 4 个高性能 Cortex-A72 大核和 4 个 Cortex-A53 小核,同时还提供一个 DSP、一个 ARM Mail-T880 图形处理单元、一个 Cortex-M7 架构的 i5 感知协处理器以及两个图像信号处理器(ISP),是一个典型的异构混合计算单元。另外,该芯片内部还集成了存储器及存储管理子系统、信号编码模块、音频子系统、传感器集线器以及 USB、WiFi、NFC 等多种通信及 I/O 接口。显然,这一 SoC 芯片已经集成了构建手机应用所需的大部分计算相关资源,这样的片级高集

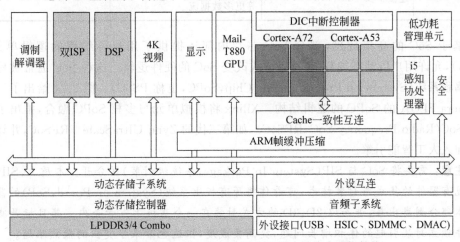

图 3.23　华为海思 Kirin 950 手机 SoC 芯片的片内逻辑结构

成度有助于减小硬件的体积、重量、功耗,降低设计复杂度。2020 年以来,新一代 SoC 的设计开始进一步采用**超大核/巨核＋大核＋小核**的 CPU 组合。例如,高通公司的 Snapdragon 888 中采用的 1 * Cortex-X1＋3 * Cortex-A78＋4 * Cortex-A55 ARMv8 CPU 簇、联发科公司的天玑 9000 中采用的 1 * Cortex-X2@3GHz＋3 * Cortex-A710@2.85GHz＋4 * Cortex-A510@1.8GHzARMv9 CPU 簇,可以提供更加高效、灵活的计算性能与效能。表 3.4 给出了 Kirin 9000、Snapdragon 888 和 A15 Bionic 这 3 款移动 SoC 芯片的片内资源对比。

表 3.4 3 款移动 SoC 芯片的片内资源对比

片 内 资 源	海思 Kirin 9000 2020 年	高通 Snapdragon 888 2020 年	苹果 A15 Bionic 2021 年
制程工艺	台积电 5nm(N5)	三星 5nm(5LPE)	台积电 2 代 5nm(N5P)
晶体管数量	153 亿	100 亿以上	150 亿
CPU	1 * Cortex-A77@3.13GHz 3 * Cortex-A77@2.54GHz 4 * Cortex-A55@2.04GHz ARMv8.2-A 架构	1 * Cortex-X1@2.84GHz 3 * Cortex-A78@2.42GHz 4 * Cortex-A55@1.8GHz ARMv8.4-A 架构	2 * Avalanche@3.223GHz 4 * Blizzard @1.82GHz ARMv8.5-A 架构
RAM	LPDDR5/4X	LPDDR5	LPDDR4X
GPU	ARM 24 核 Mali-G78	2 核 Adreno 660	5 核 Apple GPU
人工智能/DSP	2 大核＋1 微核的达芬奇 2.0 架构 NPU(神经网络单元)	Hexagon780 人工智能引擎	神经引擎
图像信号处理	Kirin ISP 6.0 与 NPU 融合	Qualcomm Spectra 580	Apple 新型 ISP
视频编解码	4K,HDR10 (HDR:高动态光照渲染)	8K,HDR10	4K,智能 HDR
调制解调器	巴龙 5G Sub-6G,4G LTE	X605G,4G LTE Cat. 24	5G,4G LTE Cat. 24
传感器 HUB	i7 协处理器(传感器 HUB＋ 连接＋安全)	高通第二代,单独人工智能 加速器,5G,WiFi、蓝牙、位置 等更多数据流	集成于神经引擎

基于 SoC 的高集成度,部分 SoC 芯片内部还提供了用户可编程的逻辑单元(如 FPGA),允许用户以动态加载 IP 核的方式改变 SoC 的硬件逻辑。这种 SoC 通常被称为**片上可编程系统**(System on Programmable Chip,SoPC,也称 PSoC)。图 3.24 给出了一个基于 Altera FPGA 的 SoPC 的逻辑结构。Xilinx 将模拟单元与多核 SoPC 融合,推出了系列射频 SoC(Radio Frequency SoC,RFSoC),如第三代的 Zynq UltraScale＋RFSoC,并计划进一步加入人工智能引擎。

注意:需要将 SoC 与 SIP(System In Package,系统级封装)区分开。本质上,SIP 是一种对现有器件的集成与封装技术,可看作将原有板上系统(System on Board,SoB)的器件的半导体部分剥离出来,进而以 2D、3D 的方式封装在一个基板上或管壳内。其目标是减小各个器件独立封装引起的体积增长问题,提高集成度,但这也带来了突出的散热难题。

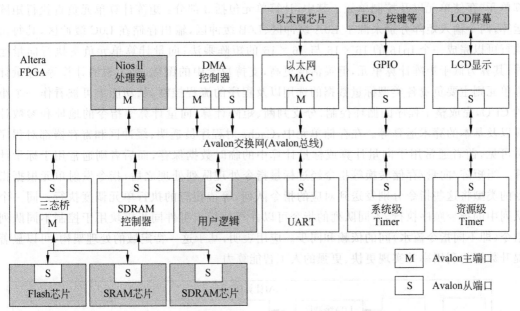

图 3.24　一个基于 Altera FPGA 的 SoPC 的逻辑结构

2. AI 计算核

2006 年,Hinton[①] 等人提出面向深度信念网络的快速学习算法,开启了人工智能的第三次浪潮。在大数据、大算力和深度学习算法的相互作用之下,人工智能技术进入了理论创新与产业应用交错发展的新阶段。深度学习的发展与快速落地,除了与算法模型、大数据技术的革新发展密切相关之外,更是受到众核并行处理(见 3.2.6 节)、新型处理器架构、云计算等模式下算力大幅提升的有力促进。

本质上,深度学习算法的核心是以向量(vector,一维有序数)、矩阵(matrix,二维有序数)以及张量(tensor,n 维的有序数,$n>2$) 等为数据对象的向量与矩阵、矩阵与矩阵乘法等基本操作以及卷积、池化等复杂操作。在传统的处理器架构下,向量、矩阵及张量数据的处理主要依靠软件算法,其复杂度取决于数据的维度。例如,对于 $A(n \times m)$ 和 $B(m \times n)$ 两个矩阵,$A \times B$ 的复杂度就为 $O(n^2 \times m)$。随着人工神经网络深度、数据维度的持续增加,该类计算的复杂度会变得越来越高,这必然对传统处理器架构以及软件计算模式形成严峻挑战。为此,借鉴 DSP、ISP 中采用专门硬件设计以更好地适应领域中常见应用与算法的思想,近年来演化出了面向人工智能领域的处理器体系架构[②],其可以大幅提高深度学习智能算法的计算性能。近年来,该类人工智能计算核已被广泛使用,如华为麒麟处理器中的达芬奇架构神经处理单元(NPU)、谷歌 Tensor 处理器中的张量处理单元(TPU)以及苹果处理器中的神经引擎(NE)等。

下面结合图 3.25 所示的华为达芬奇 AI 计算核架构进行简要分析。该架构中包含了计

---

① 杰弗里·辛顿(Geoffrey Hinton),谷歌公司副总裁兼工程研究员、多伦多大学教授,计算机科学家、心理学家,被称为"神经网络之父""深度学习鼻祖",重要贡献包括反向传播、玻尔兹曼机以及对卷积神经网络的修正;2018 年与 Yann LeCun、Yoshua Bengio 共同获得图灵奖。

② 面向某个特定领域计算特征设计的处理器架构被统称为特定域架构(Domain Specific Architecture,DSA)。

算单元、存储单元以及控制单元。其中,计算单元包括 3 部分:矩阵计算单元负责执行矩阵运算,两个输入矩阵分别来源于 L0A 缓冲区、L0B 缓冲区,输出存储在 L0C 缓冲区,其每次执行可以完成一个 fp16 的 16×16 与 16×16 的矩阵乘法;向量计算单元负责执行向量运算,其算力低于矩阵计算单元,但灵活度更高,支持数学中的倒数、平方根的计算等;标量计算单元则主要负责各类型标量数据的选用以及程序的流程控制,从功能上可被看作一个小的 CPU,完成整个程序的循环控制、分支判断、矩阵计算/向量计算等指令的地址和参数计算以及基本的算术运算等。在存储单元中,Cache 对程序员透明;缓冲区和寄存器都对程序员可见,前者通常用于向量计算或标量计算中的临时数据保存,而后者则通常用于标量计算。当矩阵/向量/存储转换等指令经过标量指令处理队列处理之后,指令发射单元根据指令的类型将这些指令分别发送到对应的指令队列,等待相应的执行单元调度执行。同一个队列中的指令顺序执行,不同队列的指令可以并行执行。事件同步模块用于控制不同队列指令(即不同指令流水)间的依赖和同步。应用表明,基于这一特定域的处理架构,可以显著提升数据的利用率并实现更快、更强的人工智能算力。

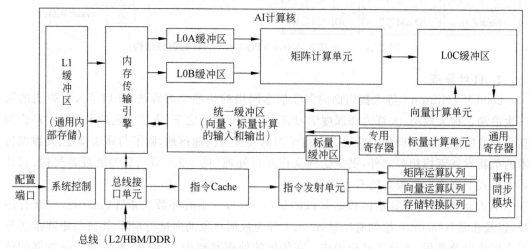

图 3.25　华为达芬奇 AI 计算核架构

3.2.6　多核、众核处理器

随着制程工艺等技术在近几十年来的快速进步,单位面积芯片中晶体管的规模及其工作频率持续提升,处理器的性能越来越强。然而,处理器中单个计算核的性能并不能被无限提升,特别是高的集成度和工作频率会带来高的功耗,因此,传统体系结构、存储器时延、散热问题等都已成为传统处理器设计的严重瓶颈。自 2002 年开始,单计算核性能的年提高率已经下降到了约 20%。M. Horowitz、K. Rupp 等计算机科学家统计、给出的处理器发展数据就直观说明了这些趋势和问题,如图 3.26 所示。

提高计算性能的另一个有效途径是并行化处理,这涉及并行化的计算硬件体系和可并行化的计算任务。根据图 3.27 所示的阿姆达尔[①]定律,计算系统的加速比与任务的并行度

---

① 吉恩·阿姆达尔(Gene Myron Amdahl,1922—2015),美国著名的半导体工程师和企业家,IBM 大型机之父,创办阿姆达尔公司并提出并行计算领域的重要定律——阿姆达尔定律。

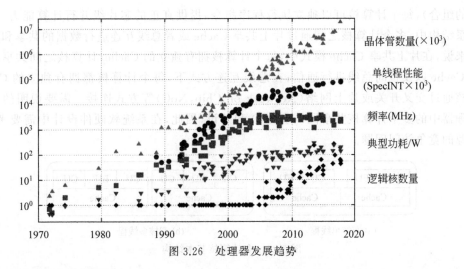

图 3.26　处理器发展趋势

以及处理器的数量成正比。如 2.2.2 节所述,一些计算装置中通过采用基于多个同构或异构处理器(如 MPU、DSP、FPGA 等)的处理器子系统提升处理性能,实际上就是阿姆达尔定律的具体体现。进入 21 世纪,在先进体系架构和微电子技术的共同加持下,多核处理器应运而生,其既发挥了多处理器高性能并行处理的优势,又避免了多处理器计算系统体积、重量、功耗偏大的劣势。2001 年,第一代拥有多个计算核的通用处理器——IBM POWER4 发布。2004 年,Intel 公司正式取消单核高性能处理器研究,并转向片级多处理器(Chip-level MultiProcessor,CMP)这种新型的计算体系结构。

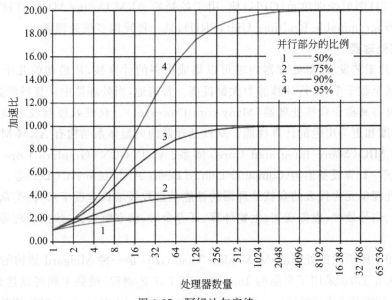

图 3.27　阿姆达尔定律

1. 多核处理器架构

多核处理器(Multi-core Processor,MP)采用全新的处理器架构,指的是单个处理器芯片中以图 3.28 所示的逻辑集成两个及以上的计算核(可以是 MCU、MPU、DSP 中的一个或多个的组合），每个计算核可以独立执行程序指令，提供真正的芯片级并行计算能力。在这种体系结构中，多个计算核之间通过片上共享 Cache 或者总线互连进行数据的共享和同步。具体来说，在片上共享 Cache 模式中，每个计算核拥有独立的 Cache，计算核之间共享二级、三级 Cache 以及核间总线进行通信；在总线互连方式下，每个计算核都拥有独立的 Cache，计算核通过交叉开关或片上网络（Network on Chip，NoC）等方式连接。需要说明的是，该类处理器中的多个计算核共享同一套 I/O 和外设，因此，在系统软硬件设计中需要考虑共享资源的竞争访问问题。

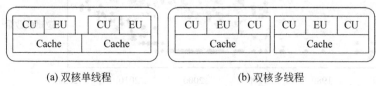

(a) 双核单线程　　　　　　　　　　(b) 双核多线程

图 3.28　多计算核基本结构

从体系结构上，根据处理器内部计算核体系结构是否相同以及计算核的功能角色是否对等，可将多核处理器分为**同构多核处理器**和**异构多核处理器**。同构多核处理器是一种对称多处理（Symmetric MultiProcessor，SMP）结构，而异构多核处理器是非对称多处理器结构，提供了具有不同逻辑和功能的计算核，由"主处理核＋协处理核"或"通用处理核＋专用处理核"等组成。例如，前面所述的 Cortex-A53、Cortex-A72 均为同构四核 ARM 嵌入式处理器。TI 公司的 TMS320C6678 为同构的八核 DSP 嵌入式处理器。而 TI 公司的 Sitara AM57x 系列高性能处理器以 ARM Cortex-A15 核作为主计算核，同时提供了 C66x DSP 核、SGX544 3D 图形处理单元（GPU）核、用于控制的 ARM Cortex-M4 计算核以及可编程实时单元（Programmable Realtime Unit，PRU），是一种异构多核处理器。

2. 众核处理器

随着芯片工艺发展，单处理器内部可以集成更多的计算核，从最初的几个增加到几十个、几百个甚至数千个，并行计算能力大幅提高。普遍地，当处理器中计算核的数量在 10 个以上时，便可将其称作众核处理器（Many-core Processor）。众核处理器较多核处理器具有更高的集成度和更为出色的计算性能。众核处理器的典型体系结构有 ARM Midgard、Intel Larrabee 和 MIC（Many Integrated Core）体系、AMD GCN（Graphics Core Next）以及 NVIDIA 的统一计算设备架构（Computer Unified Device Architecture，CUDA）等。如图 3.29 所示，以图形处理单元为代表的众核处理器的性能呈指数级增长。近年来，该类众核处理器已在图形图像、信号处理、虚拟现实、生物计算、证券金融、航空航天、大数据处理等领域得到了广泛应用。

例如，用于图形图像处理的 ARM Mali-T880 GPU 是一种 Midgard 架构的专用众核处理器[34]。Mali-T880 采用了全新的 16nm FinFET 工艺制程，最高主频可以达到 850MHz，三角形输出率方面达 1700Mtri/s，像素填充率方面可达 13.6Gpx/s。在总体性能上，Mali-T880 较 T760 GPU 的速度提升了 1.8 倍，功耗降低了 40%，这得益于架构的优化及工艺的升级。图 3.30 给出了 Mali-T880 的逻辑结构，由图可知，其内部集成了 16 个采用三管线设计的着色器核心（Shader Core，SC），每 4 个着色器核拥有 256～512KB 的二级 Cache，一个 MMU 以及高级分块单元。着色器核之间基于 AMBA ACE-Lite 总线的 ARM CoreLink

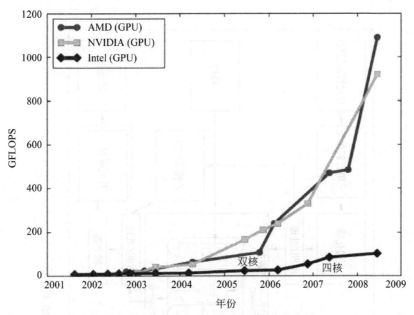

图 3.29　多核处理器、众核处理器性能比较

CCI(Cache Coherent Interconnect,高速缓存一致性互连)接口互连,进而通过一个核间任务管理(inter-core task management)组件进行计算任务的调度并协调多个着色器核之间的工作。与此同时,采用 AMBA ACE-Lite 接口可以实现 I/O 的一致性,以降低所需带宽,减少功耗,缩短 CPU 与 GPU 之间的延迟。

又如,Intel 公司的 MIC 众核处理器体系结构主要应用于面向大型服务器、工作站、数据中心的加速协处理器。图 3.31 给出了 Intel Xeon Phi 协处理器的逻辑结构。以 Xeon 7120A 为例,其集成了由双向环形总线连接的 61 个 64 位计算核,每个计算核拥有 4 个超线程,共支持 244 个线程,工作频率可达 1.238GHz,具有更强的向量计算能力;共提供 30.5MB 二级 Cache,各计算核具有独立的 TD(标记目录),可以跟踪所有 L2 Cache 的高速缓存线速度;支持最大内存容量为 16GB,最多 16 个内存通道。在总体性能上,该众核处理器的双精度浮点运算速度可达 1.2 TeraFLOPS,功率为 300W。

众核处理器体系结构主要可以分为两类:一类是注重图形并行处理的专用体系结构,如 ARM Mali GPU 和 AMD GCN;另一类则可面向通用高性能计算,如 Intel MIC。随着计算体系结构的不断演化,新型 GPU 体系结构的可编程流水线和并行处理能力日益强大,这使得 GPU 可以适用于更多类型的数据并行处理应用。这种可用于通用计算的 GPU 称为**通用图形处理器**(GPGPU[①] 或 GP²U)。

例如,NVIDIA CUDA 体系结构的众核处理器目前已推出 Telsa、Fermi、Kepler、Maxwell、Pascal、Volta、Turing、Ampere 共 8 代 GPU 核心。图 3.32 为该类 GPGPU 的早期体系结构,以流处理器(Stream Processor,SP)为基本计算单元,每个流处理器拥有 Cache 和寄存器,多个流处理器分组形成具有共享内存的流式多处理器(Stream Multiprocessor,

---

① GPGPU:General-Purpose computing on Graphics Processing Units 的缩写。

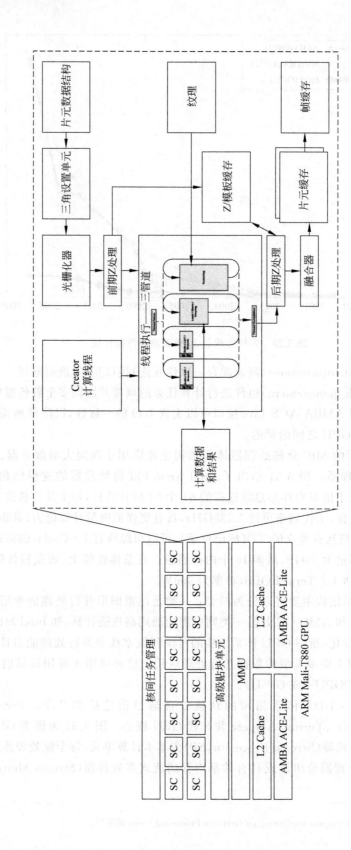

图 3.30　Mali-T880 GPU 及其着色器核的逻辑结构

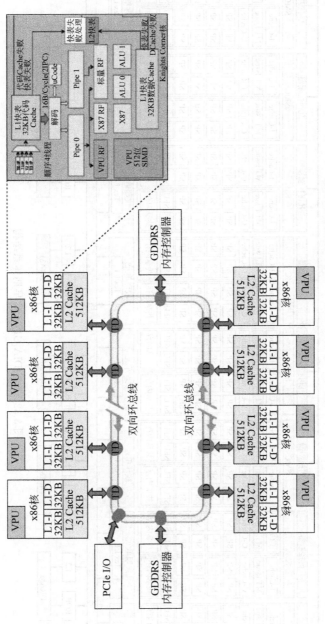

图 3.31　Intel Xeon Phi 协处理器的逻辑结构

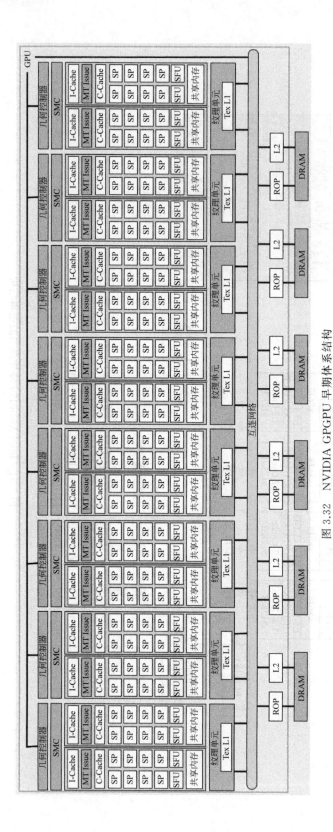

图 3.32　NVIDIA GPGPU 早期体系结构

SM),多个 SM 之间通过 DRAM 交换数据。需要说明的是,NVIDIA 各种 GPU 所采用的 SIMT(Single Instruction Multiple Threads,单指令多线程)基本编程模型是一致的,每一代相对于前一代基本上都会在 SM 数量、SM 内部各个处理单元的流水线结构等方面进行升级和改动。相应地,图 3.33 给出了 CUDA 的基本编程架构[35]。在 CUDA 体系中,每一个可被主 CPU 调度的部分被称作 Kernel(内核),是程序中可被并行执行的部分。一个 Kernel 在一个 Grid(网格)中运行,Grid 由一组 Block(块)组成,Block 由 Thread(线程)构成,Thread 是最小的并行执行单元。

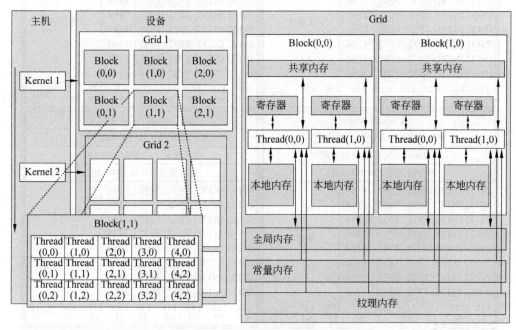

图 3.33　CUDA 的基本编程架构

在早期 Fermi 架构中,多个 Kernel 只能串行运行,呈现 SIMD(Single Instruction Multiple Data,单指令多数据流)特性。在 Kepler 架构中,采用了动态并行、Hyper-Q、Grid 管理单元等,允许真正并行执行多个 Kernel,表现出优秀的 MIMD(Multiple Instructions Multiple Data,多指令多数据流)或 MTMD(Multiple Threads Multiple Data,多线程多数据流)特性。在第 6 代 Volta GPU 架构中,SM 中首次集成了面向深度学习的 640 个张量核 (tensor core),以硬件方式大幅提升了人工智能算力。2020 年推出的第 8 代 Ampere GPU 采用 7nm 工艺,进一步实现了数据分析、人工智能训练和推理统一的弹性多实例 GPU 能力,性能提高了 20 倍。采用该架构的 A100 GPU 的 SM 内部逻辑结构如图 3.34 所示。 A100 GPU 作为通用加速器可广泛应用于数据分析、科学计算和云图形等。

在体系结构上,众核处理器与多核处理器相似,多个计算核通过共享 Cache、内存或片上网络方式互连。但本质上,众核处理器与多核处理器又存在如下区别:

(1) 多核处理器可用作系统的主处理单元;而众核处理器一般为系统的协处理单元,既可单独使用也可以集群方式使用。

(2) 多核处理器面向多个任务的并行运行,可以提高任务执行速度;众核处理器主要面向数据密集的并行处理。

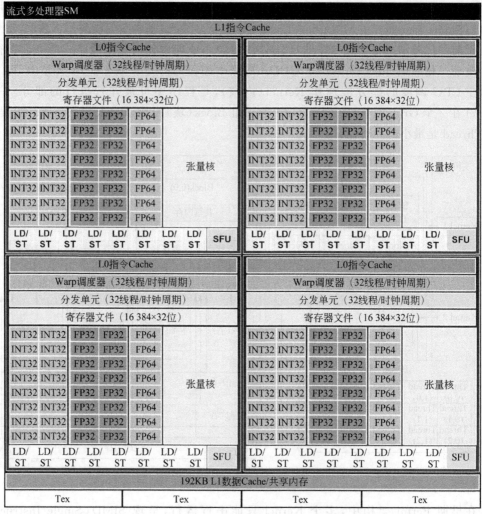

图 3.34　NVIDIA A100 GPU 的 SM 内部逻辑结构

（3）多核处理器一般是 MIMD 体系结构，不同计算核同时运行不同任务，共同访问一套总线和外设；面向数据处理的众核处理器的计算体系可分为 SIMD 和 MIMD/MTMD。

（4）多核处理器中的同步机制类似于传统操作系统中的任务分配与同步机制；在众核处理器中，可以采用伸缩性更好的任务、资源调度机制，同时提供硬件级的并行任务同步机制，与任务并行分区机制构成众核软件设计的两个重要方面。

3.3　典型嵌入式处理器体系

3.3.1　ARM 架构

在讨论 ARM[①] 处理器架构之前，先来了解一下 ARM Holdings 公司。ARM Holdings

[①] ARM 一词最初源于英国 Acorn Computers 公司于 1985 年研制的高级精简指令集处理器 ARM 1（Acorn RISC Machine），目前是指 Advanced RISC Machine。

公司是总部位于剑桥的 IP 核(知识产权核)设计公司,本身并不从事芯片的制造,而是专注于设计新型低功耗、低成本、高性能嵌入式处理器内核体系结构、指令集等芯片方案并提供 IP 核授权。经过授权的软硬件系统企业依据具体需求对 ARM 内核进行外围扩展,进而为市场提供具体型号的嵌入式处理器产品。目前,全球已有上千家软硬件设计企业加入 ARM 合作伙伴联盟(ARM Connected Community),如 Intel、Apple、Samsung、Qualcomm、Altera、ATMEL、NI、TI、IBM、微软、QNX 以及台积电、华为、中兴、中芯国际等。这种商业模式使得 ARM 公司能够专注于技术创新,这是其获得成功的一个关键因素。2020 年,ARM 架构的处理器累计出货约 250 亿颗。至 2020 年,ARM 架构的处理器累计出货超过 1900 多亿颗,其中 GPU 累计出货超过 80 亿颗。

1. ARM 架构演化

ARM 是一种指令长度为 16 位/32 位的典型精简指令集处理器架构,其具有 RISC 体系的基本特征,包括:一个大容量的、统一的寄存器文件;采用加载(Load)/存储(Store)模式,在寄存器而不是内存中进行数据处理;仅从寄存器及指令中读取地址,寻址简单;采用一种指令长度,简化指令的解码过程。

ARM 的早期架构有 26 位的 ARMv1 及 32 位的 ARMv2/v2a、ARMv3,相应的处理器核如 ARM1、ARM2/ARM250/ARM2a、ARM610,处理器频率为 8~33MHz,速度为 4~28MIPS。从采用 ARMv4T 架构的 ARM7 处理器开始,ARM 架构广泛采用多级流水线、指令与数据快取技术、MMU/MPU(内存保护单元)等设计,指令集架构和内核体系不断丰富,从 32 位发展到 64 位,从单核发展到多核再到 Big.LITTLE 和智能核心等。2011 年,ARMv8-A 架构中增加了称为 AArch64 的 64 位架构以及新的 A64 指令集[①]。2021 年,ARM 基于 ARMv8 进一步推出了面向人工智能、可信安全及专业计算新计算趋势的 ARMv9 体系架构。图 3.35 给出了 ARM 架构的演化历程及典型的处理器内核型号。

由图 3.35 可知,ARMv6 是 ARM 内核架构发展的一个重要分水岭。ARMv6-M 指令较少,是 ARMv7-M 的子集。ARMv8-A 以 ARMv7-A 为基础,具有良好的兼容性。ARMv9-A 兼容 ARMv8-A,新增的主要特性包括可伸缩向量扩展版本 2(SVE2)、面向可信计算的区域管理扩展(RME)、支持自动反馈式编译优化的分支记录缓冲器扩展(BRBE)、采用嵌入式跟踪扩展(ETE)与跟踪缓冲区扩展(TRBE)增强跟踪能力以及基于事务内存扩展(TME)的硬件事务内存支持等。同时,不同的 ARM 指令集架构版本[②]对应不同的内核子集架构,进而衍生出具有不同特性的 ARM 处理器系列。

表 3.5 给出了部分 ARM 处理器架构的参数与特性对比。表 3.5 中,ARM7TDMI 是采用 ARMv4T 内核的经典 ARM 微控制器。该 ARM 处理器采用冯·诺依曼结构,具有 32 位 ALU、31 个 32 位通用寄存器和 6 个状态寄存器、一个 32×8 位乘法器、32×32 位桶型移位寄存器以及指令译码和控制逻辑、指令流水线、数据/地址寄存器。ARM7TDMI 处理器同时支持 ARM 指令集和 Thumb 指令集,性能好,功耗低,成本低。而 ARM Cortex-M3 嵌入式处理器可被看作 ARM7TDMI 的升级替代产品,其逻辑结构如图 3.36 所示。

---

① 与 A32 指令一样,A64 中的指令长度为 32 位,但寄存器为 64 位。

② 也指对应的指令集体系结构,如 ARMv4T 表示了第 4 版指令集,且支持 Thumb 指令。

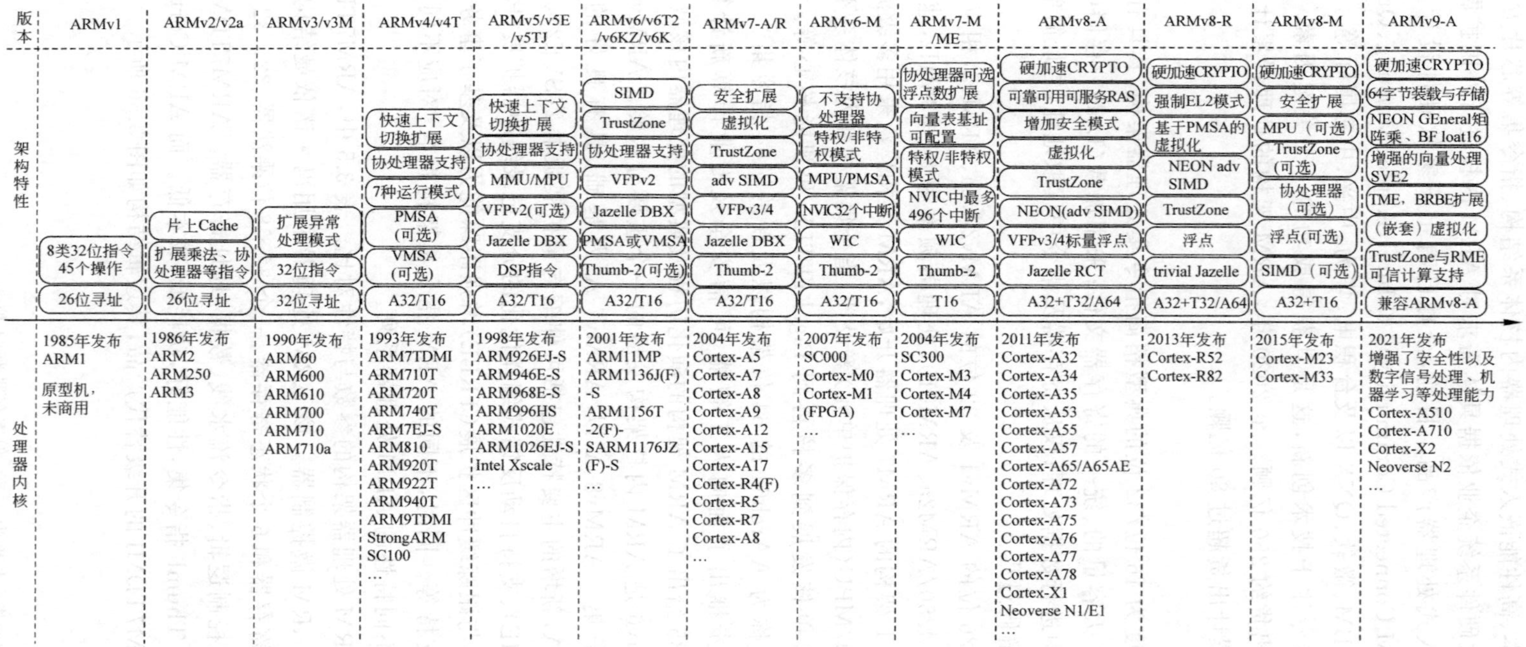

版本	ARMv1	ARMv2/v2a	ARMv3/v3M	ARMv4/v4T	ARMv5/v5E/v5TJ	ARMv6/v6T2/v6KZ/v6K	ARMv7-A/R	ARMv6-M	ARMv7-M/ME	ARMv8-A	ARMv8-R	ARMv8-M	ARMv9-A
架构特性	8类32位指令45个操作	片上Cache	扩展异常处理模式	快速上下文切换扩展	快速上下文切换扩展	SIMD	安全扩展	不支持协处理器	协处理器可选	硬加速CRYPTO	硬加速CRYPTO	硬加速CRYPTO	硬加速CRYPTO
		扩展乘法、协处理器等指令	32位指令	协处理器支持	协处理器支持	TrustZone	虚拟化	特权/非特权模式	向量表基址可配置	可靠可用可服务RAS	强制EL2模式	安全扩展	64字节数与存储
		26位寻址	32位寻址	7种运行模式	MMU/MPU	协处理器支持	TrustZone	MPU/PMSA	特权/非特权模式	增强安全模式	基于PMSA的虚拟化	MPU（可选）	NEON GEneral精度, BF loat16
				PMSA(可选)	VFPv2(可选)	VFPv2	adv SIMD	NVIC32个中断	NVIC中最多496个中断	虚拟化	NEON adv SIMD	TrustZone(可选)	增强的向量处理SVE2
				VMSA(可选)	Jazelle DBX	Jazelle DBX	VFPv3/4	WIC	WIC	TrustZone	TrustZone	协处理器(可选)	TME、BRBE扩展（嵌套）、虚拟化
				A32/T16	DSP指令	PMSA或VMSA	Jazelle DBX	Thumb-2	Thumb-2	NEON(adv SIMD)	trivial Jazelle	浮点(可选)	TrustZone与RME可信计算RME
					A32/T16	Thumb-2(可选)	Thumb-2	A32/T16	T16	VFPv-3/4标量浮点	A32+T32/A64	SIMD（可选）	兼容ARMv8-A
						A32/T16	A32/T16			Jazelle RCT		A32+T16	
										A32+T32/A64			
处理器内核	1985年发布	1986年发布	1990年发布	1993年发布	1998年发布	2001年发布	2004年发布	2007年发布	2004年发布	2011年发布	2013年发布	2015年发布	2021年发布
	ARM1	ARM2	ARM60	ARM7TDMI	ARM926EJ-S	ARM11MP	Cortex-A5	SC000	SC300	Cortex-A32	Cortex-R52	Cortex-M23	增强了安全性以及机器学习处理能力
	原型机、未商用	ARM250	ARM600	ARM710T	ARM946E-S	ARM1136J(F)-S	Cortex-A7	Cortex-M0	Cortex-M3	Cortex-A34	Cortex-R82	Cortex-M33	Cortex-A510
		ARM3	ARM610	ARM720T	ARM968E-S	ARM1156T-2(F)-S	Cortex-A8	Cortex-M1	Cortex-M4	Cortex-A35			Cortex-A710
			ARM700	ARM740T	ARM996HS	ARM1176JZ(F)-S	Cortex-A9	(FPGA)	Cortex-M7	Cortex-A53			Cortex-X2
			ARM710	ARM7EJ-S	ARM1020E		Cortex-A12	…		Cortex-A55			Neoverse N2
			ARM710a	ARM810	ARM1026EJ-S		Cortex-A15			Cortex-A57			
				ARM920T	Intel Xscale		Cortex-A17			Cortex-A65/A65AE			
				ARM922T			Cortex-R4(F)			Cortex-A72			
				ARM940T			Cortex-R5			Cortex-A73			
				ARM9TDMI			Cortex-R7			Cortex-A75			
				StrongARM			Cortex-A8			Cortex-A76			
				SC100						Cortex-A77			
				…						Cortex-A78			
										Cortex-X1			
										Neoverse N1/E1			

图 3.35　ARM 架构的演化历程及典型的处理器内核型号

注：PMSA(Protected Memory System Architecture)，保护内存系统架构；VMSA(Virtual Memory System Architecture)，虚拟内存系统架构；DBX(Direct Byte code eXecution)，直接字节码执行；RCT(Runtime Compilation Target)，运行时编译目标；VFP(Vector Floating Point)，向量浮点运算；NVIC(Nested Vectored Interrupt Controller)，嵌套向量中断控制器；WIC(Wakeup Interrupt Controller)，唤醒中断控制器；SVE(Scalable Vector Extension)，可伸缩向量扩展；TME(Transactional Memory Extension)，事务内存扩展；BRBE(Branch Record Buffer Extensions)，分支记录缓冲器扩展；RME(Realm Management Extension)，区域管理扩展。

表 3.5　部分 ARM 处理器架构的参数与特性对比

参数与特性	ARM7TDMI	ARM9	ARM10	ARM11	Cortex-M3	Cortex-R5	Cortex-A15	Cortex-A72
架构	ARMv4T 冯·诺依曼结构	ARMv4T,ARMv5TE 哈佛结构	ARMv5TE 哈佛结构	ARMv6 哈佛结构	ARMv7-M 哈佛结构	ARMv7-R 哈佛结构	ARMv7-A 哈佛结构	ARMv8-A 哈佛结构
ISA	T16/A32	T16/A32	T16/A32	T16/A32	T32	T16/T32	T32	A32/A64
流水线	3级	5级	6级 +分支预测	8/9级 +分支预测	3级 +分支预测	8级	24级 无序超标量指令流水	24级 无序超标量指令流水
处理器模式	7个模式				2个操作模式 2个权限模式	2个操作模式 3个权限模式	9个操作模式 3个权限模式	9个操作模式 3个权限模式
中断控制器	芯片厂商提供			1个VIC	NVIC 可选WIC	芯片厂商提供	GIC	GIC
IRQ	1个	1个	1个	IRQ	240个	VIC	SGI(软中断)	SGI(软中断)
FIQ	1个	1个	1个	FIQ	NMI	IRQ/FIQ NMI	PPI(私有外设中断) SPI(共享外设中断)	PPI(私有外设中断) SPI(共享外设中断)
中断延迟	24~42个时钟周期	24~53时钟周期	24~50个时钟周期	较低	低	低	一般	一般
保护现场	手工处理				自动压栈		手工处理	
耗时指令延迟中断	有,需等正在执行的LDM/STM结束	有,需等正在执行的LDM/STM结束	有,需等正在执行的LDM/STM结束	可配置为低延迟模式	低,LDM/STM可中断执行	低,等待的多字传输指令LDRD/LDM等可被取消	—	—

续表

参数与特性	ARM7TDMI	ARM9	ARM10	ARM11	Cortex-M3	Cortex-R5	Cortex-A15	Cortex-A72
存储器保护	无/MMU/MPU	无/MMU/MPU	MMU/MPU	可变的 MMU/MPU	MPU	MPU	可变的（L1+L2），MMU	核级支持
休眠	无	无	支持	支持	支持	支持	核级支持	核级支持
频率	最高 50MHz	最高 100MHz	260～400MHz	427～990MHz	最高 72MHz	最高 800MHz	1.0～2.5GHz	1.1～2.5GHz
功耗 (mW/MHz)	0.28	0.19 (+Cache)	0.5 (+Cache)	0.4 (+Cache)	0.19 (+Cache)	0.15 (+Cache)	最高 1.00 (+Cache)	28nm：0.5 16FF+：0.25
性能 (DMIPS/MHz)	0.95	1.1/1.5	1.35	0.7/1.2	1.25	1.67/2.02/2.45	每核 3.5～4.0	每核 4.7～5.0
应用	POS 机 工业控制 数字娱乐设备 数字蜂窝电话 硬盘驱动器 ……	手机/PDA 机顶盒 信息娱乐 导航仪 工业级产品 打印机 扫描仪 ……	无线设备 消费电子 成像设备 工业控制 通信 ……	消费电子 无线通信 数据存储 图像装置 嵌入式控制与 汽车娱乐 ……	微控制器 车载系统 工业控制 无线网络 传感器 …… 可替代 ARM 7TDMI	车载设备 大数据存储 工业控制 医疗电子 移动基带设备 ……	高端数字家庭 娱乐系统 移动计算 低功耗服务器 高端智能手机 无线基站 网络，汽车 ……	无线基站 大屏移动设备 服务器 高端智能手机 企业网络设备 数字电视 驾驶辅助 ……

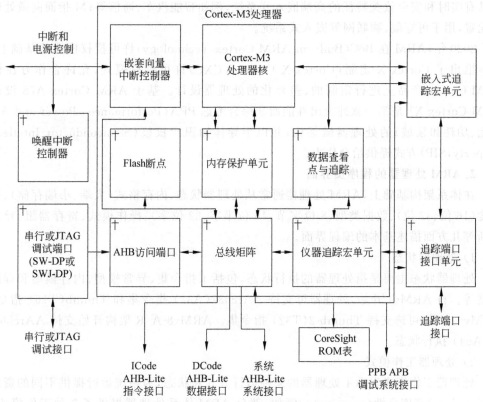

图 3.36 ARM Cortex-M3 嵌入式处理器的逻辑结构

由表 3.5 可知,ARM Cortex-M3 较 ARM7TDMI 具有如下优点:

(1) 采用哈佛结构,仅采用 T32(即 Thumb-2)指令集,性能更高。

(2) 集成嵌套向量中断控制器(NVIC),具有灵活而强大的中断处理功能,无须编写中断服务程序(Interrupt Service Routine,ISR)的堆栈操作代码。

(3) 完全确定的中断处理时间。

(4) 集成睡眠模式,极低功耗。

(5) 用 C 语言编写所有代码而无须使用汇编代码。

(6) 简化软件设计模型,并提高代码密度。

(7) 高度标准化使得 IP 核可以复用,进入市场速度更快。

为了方便地读懂 ARM 内核架构以及处理器特性,以下对两种命名规则进行简要说明。

(1) 经典命名格式:ARMxyzTDMIEJFS。

在早期的 ARMv4/v4T、ARMv5/v5E 内核体系中,采用了 ARMxyzTDMIEJFS 命名格式,其中各参数的具体含义为:x—处理器系列,y—支持 MMU,z—支持 Cache,T—支持 Thumb 指令集,D—支持调试,M—支持快速乘法器,I—支持 ICE,E—支持增强型 DSP 指令,J—支持 Jazelle,F—具有向量浮点单元,S—可与其他 IP 核合成的版本。

(2) 新启用命名格式:Cortex A/R/M。

自 ARMv6 内核以后,开始采用 Cortex-A/R/M 命名规范。其中,A 指面向应用的配置,用于设计高性能的开放应用平台,如智能手机、平板计算机;R 指面向嵌入式的配置,用于具有实时和安全攸关特征的高端嵌入式系统，例如智能汽车、通信等；M 指面向微处理器的配置，用于可穿戴、物联网等嵌入式系统。

2020 年，ARM 在 BoC(Built on ARM Cortex Technology)许可授权模式的基础上，进一步推出了 Cortex-X 定制（Cortex-X Custom，CXC）许可授权模式，允许合作方在标准 ARM Cortex 产品上进行定制的、差异化的处理器设计。基于 ARM Cortex-A78 设计的 ARM Cortex-X1 是第一款纯突出性能而非综合考虑 PPA(Performance ,Power and Area, 性能、功耗和领域)的处理器微架构，并以半导体知识产权核（Semiconductor Intellectual Property，SIP)方式提供给合作方。

2. ARM 处理器的程序员界面

在体系架构基础上，ARM 处理器通常从处理器状态、内存格式（大端、小端存储）、指令长度（16 位、32 位）、数据类型（8 位字节、16 位半字、32 位字）、操作模式、寄存器组、异常与中断等几方面描述基本的编程界面。

1）处理器状态

处理器状态主要是指处理器的执行状态，包括了指令集、异常模型、内存模型和程序员模型等。自 ARMv4 开始，处理器可支持 AArch32（A32）指令集和 Thumb（T16）指令集。ARMv6 之后，可选支持 Thumb-2（T32）指令集。ARMv8-A/R 架构开始支持 AArch64-64 位（A64）执行状态。

2）处理器工作模式

处理器工作模式表示了处理器的某种运行方式和状态，为系统运行提供不同的资源权限（privilege）和安全性（security）。例如，部分 ARM 体系处理器提供了 7 种工作模式，如表 3.6 所示。在实际系统中，用户可以通过软件指令主动进行工作模式的切换，也可在系统发生中断、异常时自动进入处理器相应的工作模式。ARM 处理器上电或复位后，首先进入管理模式，并在系统初始化的最后阶段切换至用户模式。

表 3.6　ARM 处理器基本工作模式

工 作 模 式	模式号 CPSR[4:0]	权限	特　　点	模 式 切 换	说　　明
用户模式（User）	10000	普通	对内存、协处理器等资源的访问受到限制	不能直接切换	用户程序运行模式
快速中断模式（FIQ）	10001	特权模式	访问系统任意资源	特权模式也称异常模式，系统异常状态时切换至该类模式	响应快速中断，用于快速数据传输和通道处理
普通中断模式（IRQ）	10010				响应并处理通用中断
管理模式（Supervisor）	10011				提供给操作系统使用的一种保护模式
中止模式（Abort）	10111				用于支持虚拟内存和存储器访问保护
未定义模式（Undefined）	11011				支持硬件协处理器的软件仿真
系统模式（System）	11111			可直接切换到其他模式	运行特权级的操作系统任务

ARMv7-A/R 体系实现了虚拟化,其特权模式与 ARMv5 完全不同。ARMv7-A/R 所支持的用户模式和特权模式可以支持多级执行权限,从最低的非特权权限 PL0 开始到最高的 PL2 级。应用级编程模型是 PL0 级的软件执行编程模型,其运行权限级别由系统软件决定。当一个操作系统支持 PL0 和 PL1 两个授权级别时,应用常常运行在非特权级别 PL0。这种方式允许操作系统以独占或共享的方式为应用分配系统资源,同时保护应用不受其他任务的影响,也保护操作系统不受故障任务的影响。

ARMv7 为不同模式定义了不同级别的执行权限,如安全状态(secure state)中支持 PL1 和 PL0 执行权限,而非安全状态(Non-secure state)中支持 PL2、PL1 和 PL0 执行权限。系统运行时,当前的处理器工作模式决定了执行权限的级别,即处理器权限(processor privilege)级别,同时,对每个内存的访问也有访问权限(access privilege)。由 ARMv7-A/R 体系描述可知[37],ARMv7-A/R 处理器具有 9 种工作模式,如表 3.7 所示。

表 3.7　ARMv7-A/R 处理器的工作模式

工作模式	模式号 CPSR[4:0]	权限	实现	安全状态	说　　明
用户模式 (User)	10000	PL0	有	安全和非安全状态	用户程序执行,有限制地访问系统资源。通过产生异常切换到其他模式
快速中断模式 (FIQ)	10001	PL1	有	安全和非安全状态	响应快速中断,用于快速数据传输和通道处理
普通中断模式 (IRQ)	10010	PL1	有	安全和非安全状态	响应并处理通用中断
管理模式 (Supervisor)	10011	PL1	有	安全和非安全状态	当有管理调用(Supervisor Call)异常产生时,切换到该模式。处理器复位后进入该模式
监控模式 (Monitor)	10110	PL1	有安全扩展时	仅安全状态	提供了在安全和非安全状态间切换的方法。安全监控调用(Secure Monitor Call)时进入该模式
中止模式 (Abort)	10111	PL1	有	安全和非安全状态	数据中止异常、预取中止异常产生时进入该模式
超级管理模式 (Hypervisor)	11010	PL2	有虚拟化扩展时	仅非安全状态	当 Hyp 调用异常、Hyp 陷阱异常产生时进入该模式
未定义模式 (Undefined)	11011	PL1	有	安全和非安全状态	支持硬件协处理器的软件仿真
系统模式 (System)	11111	PL1	有	安全和非安全状态	与用户模式拥有相同的寄存器组,不允许任何异常进入

(1) PL0 级。非特权级别。在用户模式下,是应用软件的权限级别。在该级别时,软件不能访问处理器体系结构中的部分特性,尤其是不能改变配置。PL0 级运行的软件只能以非特权模式访问内存。

(2) PL1 级。除用户模式和超级管理模式之外的全部模式。通常,操作系统运行在 PL1 级。在 PL1 级运行的软件可以访问处理器的所有特性和资源,并修改这些特性的配置参数(除 PL2 级的虚拟化扩展以外)。PL1 级的软件可以以特权模式访问内存,也可以以非特权模式访问内存。

（3）PL2 级。运行在超级管理模式的软件为 PL2 级,能够执行 PL1 级的全部操作以及其他附加功能。超级管理模式常常被管理程序使用,可以控制并实现 PL1 级客户端操作系统的切换。

需要说明的是,超级管理模式只是作为虚拟化的一部分实现的,且仅用于非安全状态。这意味着,不包括虚拟化扩展的实现中一般只有 PL0 和 PL1 两级权限。即使在安全状态下执行,也仅有 PL0 和 PL1 两级权限。基于 PL,ARMv8 中引入了 4 个异常级别（Exception Level,EL）,其特权大小依次为 EL0＜EL1＜EL2＜EL3。图 3.37 给出了 ARMv7 和 ARMv8 中安全模式与权限级别的对应关系。

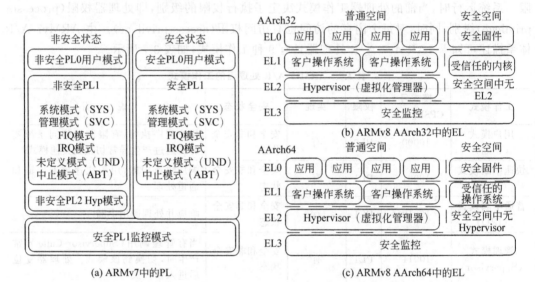

图 3.37　ARMv7 与 ARMv8 中的安全模式与权限级别的对应关系。

不同的是,ARMv7-M 体系处理器的运行模式包括了支持程序运行和系统管理的线程模式（Thread）以及用于异常处理的句柄模式（Handler）,如表 3.8[38] 所示。这两种模式又可以分别采用特权的（privileged）和非特权的（unprivileged）两种权限。一般情况下,句柄模式通常是特权模式的;而线程模式既可以是特权的,也可以是非特权的。另外,在该体系中还采用了两个独立分组的栈指针:一个是公共的主栈指针（Main Stack Pointer）,另一个是为进程/线程预留的进程栈指针（Process Stack Pointer）。

3）寄存器

寄存器是对处理器进行操作以及软件编程界面中的重要组件。在 ARM 32 位处理器中,共有 37 个寄存器,包括 31 个通用 32 位寄存器和 6 个状态寄存器。R0～R12 为 13 个通用寄存器,R13～R15 为 3 个专用寄存器。在任何时刻,通用寄存器中都有 16 个寄存器是可用的,而其他寄存器被用来提升异常处理的速度。其具体功能和特性描述如下。

（1）R0～R7 是未分组寄存器,所有处理器模式共享访问。

（2）R8～R12 是分组寄存器。为了快速响应中断,FIQ 模式下采用独立的分组,而其他 6 种处理器模式共享一组。

（3）R13 为堆栈指针（SP）寄存器,备份待使用的寄存器数据。用户模式与系统模式共用 R13,其他模式独立使用 R13。

表 3.8　ARMv7-M 处理器基本工作模式

模　式	权　限	栈　指　针	典 型 应 用 模 式	说　　明
句柄模式 （Handler）	特权	主栈指针	异常处理	异常处理模式。从 复位进入，也可以 从异常返回进入
	非特权	任意	保留	
	任意	进程栈指针	保留	
线程模式 （Thread）	特权	主栈指针	在只支持特权访问的系统中，采用公共栈执 行特权的进程/线程	运行用户程序的普 通模式和管理模 式；上电时进入该 模式
		进程栈指针	在只支持特权访问的系统中，采用为进程/线 程预留的栈以特权模式运行进程/线程，或者 当有特权、非特权的进程/线程同时运行时	
	非特权	主栈指针	在支持特权和非特权访问的系统中，以公共 栈运行一个非特权的进程/线程	
		进程栈指针	在支持特权和非特权访问的系统中，采用为 进程/线程预留的栈运行一个非特权的进程/ 线程	

（4）R14 为链接寄存器（LR）。用 BL 或 BLX 指令调用函数时，在 R14 中存放 BL 下一条指令地址；异常发生时，将异常的返回地址放入 R14 中。用户模式与系统模式共用 R14，其他模式独立使用 R14。

（5）R15 为程序计数器（PC），存放正在取值的指令。7 种处理器模式共用 R15。

（6）保留所有处理器状态的当前程序状态寄存器（Current Program Status Register，CPSR），模式位 M 表示处理器工作模式，格式定义如图 3.38 所示（不同 ARM 体系架构对 CPSR 的定义有所区别）；除了用户模式之外，其他 6 种模式有独立的保存程序状态寄存器（Saved Program Status Register，SPSR）。

31	30	29	28	27		24				8	7	6	5	4			0
N	Z	C	V	Q		J		预留			I	F	T		M		
标志域					状态域			扩展域			控制域						

标志域	
N	ALU结果为负
Z	ALU结果为零
C	进位引起的ALU操作
V	溢出
Q	ALU操作饱和
J	Java字节码执行

模式位M[4:0]	
0b10000	用户
0b11111	系统
0b10001	FIQ
0b10010	IRQ
0b10011	SVC(特权模式)
0b10111	中止
0b11011	未定义

控制位	
I	1: 禁用IRQ
F	1: 禁用FIQ
T	1: Thumb, 0: ARM

图 3.38　CPSR 寄存器格式定义

在之前各种不同的 ARM 架构中，各模式寄存器的数量和功能基本相同。但随着体系结构变化，寄存器的总数量、类型和功能等会有所变化。例如，在 ARMv7-A/R 体系结构中，寄存器的实现、分组和数量进一步依赖于安全扩展和虚拟化扩展的实现，如图 3.39 所示。在超级管理模式中，ELR_hyp 寄存器用于虚拟化扩展。在该模式中，并不存在 LR 寄存器的分组备份，在通过异常进入超级管理模式时，异常返回地址将被存放在寄存器 ELR_hyp 中。

	User	System	Hyp	Supervisor	Abort	Undefined	Monitor	IRQ	FIQ
R0	R0_usr								
R1	R1_usr								
R2	R2_usr								
R3	R3_usr								
R4	R4_usr								
R5	R5_usr								
R6	R6_usr								
R7	R7_usr								
R8	R8_usr								R8_fiq
R9	R9_usr								R9_fiq
R10	R10_usr								R10_fiq
R11	R11_usr								R11_fiq
R12	R12_usr								R12_fiq
SP	SP_usr		SP_hyp	SP_svc	SP_abt	SP_und	SP_mon	SP_irq	SP_fiq
LR	LR_usr			LR_svc	LR_abt	LR_und	LR_mon	LR_irq	LR_fiq
PC	PC								
APSR	CPSR								
			SPSR_hyp	SPSR_svc	SPSR_abt	SPSR_und	SPSR_mon	SPSR_irq	SPSR_fiq
			ELR_hyp						

应用级视图 ｜ 系统级视图

图 3.39 ARMv7-A/R 的寄存器组

在 ARMv7-M 中，通用寄存器 R0～R12 以及 LR、PC 与之前体系结构的定义相同。区别在于，该体系结构有两个堆栈指针寄存器 SP_main 和 SP_process（是 R13 的分组模式）。专用的 32 位程序状态寄存器（xPSR）分为 3 个子状态寄存器：应用程序专用状态寄存器（APSR）、中断程序状态寄存器（IPSR）和执行程序状态寄存器（EPSR），如图 3.40 所示。该体系结构有 3 个用于管理异常和中断优先级的 32 位掩码寄存器（MR），包括一个有效位的异常掩码寄存器（PRIMASK）、8 个有效位的基本优先级掩码寄存器（BASEPRI）和一个有效位的故障掩码寄存器（FAULTMASK）。另外，该体系结构中还提供了一个 32 位的控制寄存器（CONTROL），用于设定当前堆栈和线程模式的权限级别。具体地，CONTROL 仅有两个有效位，CONTROL[0]表示线程模式的权限（0：特权访问；1：非特权访问），CONTROL[1]定义了堆栈的使用方式。

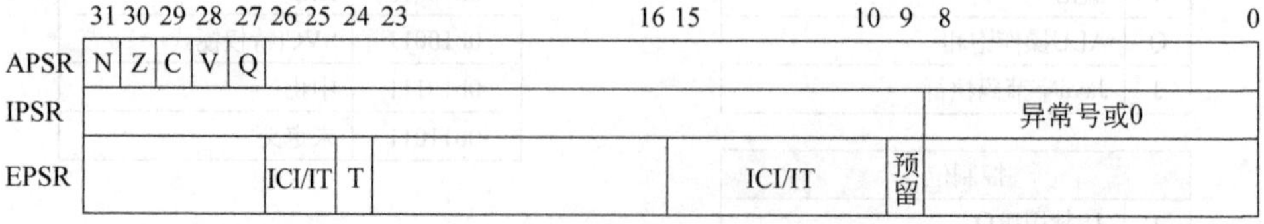

	31 30 29 28 27 26 25 24 23	16 15	10 9 8	0
APSR	N Z C V Q			
IPSR			异常号或0	
EPSR	ICI/IT T	ICI/IT	预留	

图 3.40 ARMv7-M 的 xPSR 寄存器格式定义

在 ARMv8-A 64、ARMv9 架构中，寄存器的宽度也发生了变化，可以支持 64 位的通用寄存器、SP 和 PC。显然，不同的 ARM 处理器体系结构具有相似的寄存器组，但又存在差异。关于这些寄存器的具体定义和使用方式，请参考相应的 ARM 体系结构说明文档。

4）异常模式

异常模式（exception）是指正常运行的用户程序因某些事件被暂时中止时进入的特定处理模式。在 ARM 处理器中，除用户模式和系统模式之外的模式都是异常模式，且有对应的 CPU 工作模式。异常发生后，ARM 处理器首先将 CPSR 的值复制到异常处理模式的 SPSR 中，保存执行状态。然后，不论之前是在 ARM 状态还是 Thumb 状态，均设置 CPSR 的 M 段进入相应的 ARM 工作模式。异常处理完成后，返回异常发生前的模式继续执行。ARM 有以下优先级由高到低的 7 种异常：

（1）复位异常（Reset）。处理器上电或 Reset 按钮按下时产生，一般在处理器的管理模式下处理。

（2）数据中止访问异常。访问的数据地址不存在或非法，进入中止模式。

（3）FIQ 快速中断异常。快速中断产生，进入 FIQ 模式。

（4）IRQ 普通中断异常。表示中断事件产生，进入 IRQ 模式。

（5）预取指令异常。表示处理器流水线获取的指令地址非法，进入中止模式。

（6）软件中断指令（SWI）异常。用户应用程序调用时资源不能访问或权限冲突，进入管理模式。

（7）未定义指令异常。表示处理器流水线不能识别、译码指令，进入未定义。

随着 ARM 体系结构的不断演化，针对不同功能和复杂程度的体系结构，异常机制也在不断变化。例如，在 ARMv7-A/R 中提供了更为丰富的异常处理机制，共支持包括复位、中断、内存系统中止、未定义指令、管理调用（SVC）、安全监控调用（AMC）、超级模式调用（HVC）以及浮点运算异常、Jazelle 异常、调试事件、Thumb 执行环境（ThumbEE）提供的检查等在内的 11 种异常情形。而在 ARMv7-M 中，则支持复位、不可屏蔽中断（NMI）、硬故障（HardFault）、内存管理（MemManage）、总线故障（BusFault）、使用错误（UsageFault）、调试监控（Debug Monitor）、SVC 以及中断 9 种异常。

5）指令集

在 ARM 体系的演化过程中，ARM 指令集也在不断改进以满足应用日益增长的新要求，同时又保留了必要的向后兼容性。经典的 ARM 指令集有 32 位的 ARM 指令集（A32）、64 位的 ARM 指令集（A64）、16 位的 Thumb 指令集（T16）以及 16 位/32 位混合的 Thumb-32 指令集（T32）。

（1）32 位 ARM 指令集（A32）。

ARM 指令集中的指令可被分为六大类：分支指令、数据处理指令、状态寄存器转换指令、加载和存储指令、协处理器指令和异常产生指令（如软中断指令、软件断电指令）。几乎所有的 ARM 指令都有 4 位的条件域，共 16 个条件值。其中，一个值用于指定指令无条件执行；14 个值用于指定指令的执行条件，包括判定是否相等、无符号和有符号算子的大于判定、每个条件码被单独测试等；而第 16 个值用于可选指令的编码。图 3.41 给出了 32 位 ARM 指令集的编码格式，不同类型指令的编码格式不同。

（2）A64 指令集（A64）。

A64 是一种支持 AArch64 执行状态的全新 32 位固定长度指令集，其主要特性有：基于 5 位寄存器描述符的简洁解码表，指令语义与 AArch32 大致相同，31 个随时可供访问的通用 64 位寄存器、无模式通用寄存器组、非通用的 PC 和 SP 以及可用于大多数指令的专用

31 30 29 28 27 26 25 24 23 22 21 20 19 18 17 16 15 14 13 12 11 10 9 8 7 6 5 4 3 2 1 0

数据处理立即数移位指令	cond[1] | 0 0 0 | opcode | S | Rn | Rd | 移位位数 | shift | 0 | Rm
其他控制类指令	cond[1] | 0 0 0 | 1 0 x x 0 | x x x x x x x x x x x x x x x x x | 0 | x x x x
数据处理立即数移位指令	cond[1] | 0 0 0 | opcode | S | Rn | Rd | Rs | 0 | shift | 1 | Rm
其他控制类指令	cond[1] | 0 0 0 | 1 0 x x 0 | x x x x x x x x x x x x x x x x | 0 | 1 | x x x x
乘法附加加载/存储指令	cond[1] | 0 0 0 | x x x x x x x x x x x x x x x x x | 1 | x x | 1 | x x x x
数据处理立即数指令	cond[1] | 0 0 1 | opcode | S | Rn | Rd | rotate | 立即数
未定义指令	cond[1] | 0 0 1 | 1 0 x 0 0 | x x x x x x x x x x x x x x x x x x x x
移动立即数到状态寄存器指令	cond[1] | 0 0 1 | 1 0 R 1 0 | Mask | SBO | rotate | 立即数
装载/存储立即数偏移量指令	cond[1] | 0 1 0 | P U B W L | Rn | Rd | 立即数
装载/存储寄存器偏移量指令	cond[1] | 0 1 1 | P U B W L | Rn | Rd | 移位位数 | shift | 0 | Rm
媒体指令	cond[1] | 0 1 1 | x x x x x x x x x x x x x x x x x x x x x | 1 | x x x x
体系结构未定义指令	cond[1] | 0 1 1 | 1 1 1 1 1 | x x x x x x x x x x x x | 1 1 1 1 | x x x x
批量装载/存储指令	cond[1] | 1 0 0 | P U B W L | Rn | 寄存器列表
分支及分支并链接指令	cond[1] | 1 0 1 | L | 24位偏移量
协处理器装载/存储及双寄存器传输指令	cond[3] | 1 1 0 | P U N W L | Rn | CRd | cp_num | 8位偏移量
协处理器数据处理指令	cond[3] | 1 1 1 0 | opcode1 | CRn | CRd | cp_num | opcode2 | 0 | CRm
协处理器寄存器传输指令	cond[3] | 1 1 1 0 | opcode1 | L | CRn | Rd | cp_num | opcode2 | 1 | CRm
软中断指令	cond[1] | 1 1 1 1 | 软中断号
无条件指令	1 1 1 1 | x x x x x x x x x x x x x x x x x x x x x x x x x x x x

图 3.41 32 位 ARM 指令集的编码格式

零寄存器(2R)。在 ARMv8-A 中,针对 64 位操作对 A32 和 T32 指令集进行了一些增补,可以保持其与 A64 指令集的兼容。总体而言,A64 与 A32 指令集的主要差异体现在：支持 64 位操作数的新指令,大多数指令可具有 32 位或 64 位参数;地址假定为 64 位,P64 和 LLP64 是主要目标数据模型;条件指令远少于 AArch32;无任意长度的加载/存储多重指令,增加了用于处理寄存器对的 LD/ST 'P'操作。

A64 提供了 3 项主要增强功能：更多的 128 位寄存器,32×128 位寄存器,可视为 64 位寄存器;高级 SIMD 支持 DP 浮点执行;高级 SIMD 支持完全 IEEE 754—2008 执行、舍入模式、非规范化数字、NaN 处理等。其中,A64 高级 SIMD 和标量浮点支持在语义上与 A32 类似,共享浮点/向量寄存器文件(V0~V31)。同时,A64 还扩展了一些针对 IEEE 754—2008 的浮点指令,如 MaxNum/MinNum 指令以及浮点数到整数的转换指令 RoundTiesAway 等。

（3）16 位 Thumb 指令集(T16)。

16 位 Thumb 指令集是基于 32 位 ARM 指令集进行重新编码的子集,指令长度固定为 16 位。引入 Thumb 指令集的目标是提升使用 16 位或更窄的内存总线的 ARM 处理器的性能,并提供较 ARM 指令集更为优化的代码密度。Thumb 指令集的编码格式如图 3.42、

图 3.43 所示。

指令	15	14	13	12	11	10	9	8	7	6	5	4	3	2	1	0
立即数移位指令	0	0	0	opcode[1]		立即数					Rm			Rd		
寄存器加/减指令	0	0	0	1	1	0	opc	Rm			Rn			Rd		
立即数加/减指令	0	0	0	1	1	1	opc	立即数			Rn			Rd		
比较/移动立即数指令	0	0	1	opcode		Rd/Rn			立即数							
寄存器数据处理指令	0	1	0	0	0	0	opcode				Rm/Rs			Rd/Rn		
特定数据处理指令	0	1	0	0	0	1	opcode[1]		H1	H2	Rm			Rd/Rn		
分支/交换指令设置	0	1	0	0	0	1	1	1	L	H2	Rm			SBZ		
从文字池装载数据指令	0	1	0	0	1	Rd			PC相关的偏移量							
装载/存储寄存器偏移量指令	0	1	0	1	opcode			Rm			Rn			Rd		
存储字/字节长度立即数偏移量指令	0	1	1	B	L	偏移量					Rn			Rd		
存储半字长立即数偏移量指令	1	0	0	0	L	偏移量					Rn			Rd		
由栈装载/存储到栈指令	1	0	0	1	L	Rd			SP相关的偏移量							
与PC或SP相加指令	1	0	1	0	SP	Rd			立即数							
其他指令	1	0	1	1	x	x	x	x	x	x	x	x	x	x	x	x
批量装载/存储指令	1	1	0	0	L	Rn			寄存器列表							
未定义指令	1	1	0	1	1	1	1	0	x	x	x	x	x	x	x	x
软中断指令	1	1	0	1	1	1	1	1	立即数							
无条件分支指令	1	1	1	0	0	偏移量										
带链接和状态切换的跳转指令（BLX）后缀	1	1	1	0	1	偏移量										0
未定义指令	1	1	1	0	1	x	x	x	x	x	x	x	x	x	x	1
BL/BLX指令前缀	1	1	1	1	0	偏移量										
带链接的跳转指令（BL）后缀	1	1	1	1	1	偏移量										

图 3.42　16 位 Thumb 指令集中的基本指令的编码格式

Thumb 指令集并没有改变 ARM 体系的编程模型,只是在功能和性能上受到了一定限制。例如,指令很少为有条件的;不支持乘法和累加指令;条件跳转限制在 256B 偏移范围,无条件跳转限制在 4KB 偏移范围,而 ARM 指令可达 32MB 偏移范围;在 32 位数据、32 位地址上执行 Thumb 数据处理指令时,需要由多条数据访问指令和指令预取操作完成。同时,当执行 Thumb 指令时,R0～R7 寄存器可用,而对 R8～R15 的访问有一定限制,部分 Thumb 指令可以访问 PC、LR、SP 寄存器。从性能上看,Thumb 指令集代码量仅为 ARM 指令集代码量的 65%,当处理器与 16 位存储器系统连接时前者的性能相当于后者的

	15	14	13	12	11	10	9	8	7	6	5	4	3	2	1	0
调整栈指针指令	1	0	1	1	0	0	0	0	opc	立即数						
有符号数/零扩展指令	1	0	1	1	0	0	1	0	opc		Rm			Rd		
压入/弹出寄存器列表指令	1	0	1	1	L	1	0	R	寄存器列表							
未知指令	1	0	1	1	0	1	1	0	0	1	0	0	x	x	x	x
设置字节顺序指令	1	0	1	1	0	1	1	0	0	1	0	1	E	SBZ		
改变处理器状态指令	1	0	1	1	0	1	1	0	0	1	1	imod	0	A	I	F
未知指令	1	0	1	1	0	1	1	0	0	1	1	0	1	x	x	x
未知指令	1	0	1	1	0	1	1	0	0	1	1	1	1	x	x	x
字节翻转指令	1	0	1	1	1	0	1	0	opc		Rn			Rd		
软件断点指令	1	0	1	1	1	1	1	0	立即数							

图 3.43　16 位 Thumb 指令集中的多功能处理指令的编码格式

160%。但 Thumb 指令集代码的执行效率也可能降低，这取决于系统的体系结构及要进行的具体操作。Thumb 指令集与 ARM 指令集相比，主要特点如下：

① Thumb 指令集代码所需的存储空间一般较 ARM 32 指令集代码少 30%～40%。

② Thumb 指令集代码中使用的指令数通常比 ARM 32 指令集代码多 30%～40%。

③ 若使用 32 位的存储器，ARM 32 指令集代码比 Thumb 指令集代码快 40%。

④ 若使用 16 位的存储器，Thumb 指令集代码比 ARM 32 指令集代码快 40%～50%。

⑤ 与 ARM 32 指令集代码相比较，使用 Thumb 指令集代码，存储器的功耗会降低约 30%。

在 ARM 命名体系中，T 表示可以支持 32 位 ARM 指令集和 16 位 Thumb 指令集，对应了 SPSR 的 bit[5]。该位为 0 时取 32 位 ARM 指令执行，为 1 时取 16 位 Thumb 指令执行。相应的汇编操作为：执行 ARM BX 指令进入 Thumb 指令执行模式，执行 Rm 返回到 ARM 指令执行模式。若在 Thumb 指令执行模式中产生异常，则在异常句柄被执行前转至 ARM 指令执行模式。

（4）32 位 Thumb-2 指令集（T32）。

为了进一步优化 ARM 处理器性能，在新的 ARM 内核中提供了 16 位指令和 32 位指令混合的 Thumb-2 指令集。该指令集可以同时发挥 ARM 指令集功能强大和 Thumb 指令集高效的优点，可以在增强灵活性的同时有效地维护代码密度。与 Thumb 指令集相比，Thumb-2 指令集的处理性能可提高约 25%，同时较 32 位 ARM 指令集的代码量减小约 26%，其特点如下：

① 避免了 Thumb 指令集和 ARM 的状态切换。对于早期处理器而言，这种切换会降低性能。

② 专门面向 C 语言设计，提供 If/Then 结构（预测接下来的 4 条语句的条件执行）、硬件除法以及本地位域操作。

③ 允许用户在 C 语言代码层面维护和修改应用程序，C 语言代码部分易于重用；支持

调用汇编语言代码。

　　需要强调的是,ARM 指令集中还提供了一组伪指令,如 ADR、ADRL、LDR、ALIGN、DCx、EQUx、OPT 等。这些指令并不是处理器实际可执行的指令。引入这些指令的目的是为了增强代码的易读性,使编程更为简单,编译时需要将其转换为真正可执行的指令。

3.3.2　MIPS 架构

　　MIPS(Microprocessor without Interlocked Piped Stages,无内部互锁流水级的微处理器)是一种简单的流水型、高度可扩展 32 位/64 位 RISC 架构,最早由美国斯坦福大学科研团队研制。与 ARM 公司的经营策略相似,原来的 MIPS 计算机系统公司①以及后来陆续收购 MIPS 业务的 Imagination 科技公司、Wave Computing 公司等企业都主要从事微处理器体系结构的设计以及 IP 核的授权,自身不从事 MIPS 芯片制造。2018 年 12 月 18 日,MIPS 指令集正式开源。

1. MIPS 架构及特性

　　不同于设计复杂的硬件架构,MIPS 架构采用基于软件的方式避免流水线中的数据相关问题,把复杂的问题交给编译器处理,为此 MIPS 的设计保持了纯粹、简洁的 RISC 风格。MIPS 架构具有典型的学院派特点和理想化设计特征,在技术路线和方法上具有一定的先进性,如多核、多线程、64 位处理等。在如图 3.44 所示的 MIPS 体系结构发展和版本演化过程中[39],MIPS 从 MIPS Ⅰ、MIPS Ⅱ、MIPS Ⅲ、MIPS Ⅳ、MIPS Ⅴ演化到 MIPS32、MIPS64 和 microMIPS32、microMIPS64,体系结构不断优化,新的特性不断增加。例如,在 MIPS Ⅲ 中,增加了 64 位整数和地址;在 MIPS Ⅳ 和 MIPS Ⅴ 中,增加了改进的浮点操作和一套提升代码效率和数据移动效率的新指令;MIPS32 和 MIPS64 主要面向高性能、成本敏感的应用,在体系结构定义中引入了权限环境以支持操作系统和其他内核软件。最初的 MIPS 实现主要面向工作站和服务器等通用计算机。鉴于其高性能、低功耗、高集成度和硅面积紧凑等优点,MIPS 架构的处理器也在数字电视、机顶盒、蓝光播放器及游戏设备、网络基础设施等嵌入式系统中得到普遍应用。

　　总体上,MIPS 架构的主要技术特点如下:

　　(1) 高性能、行业标准的体系结构。

　　(2) 固定长度、统一编码的指令集,所有指令集都向后兼容。

　　(3) 采用加载/存储数据模型,其所有操作都在寄存器上进行。

　　(4) 开放式架构,允许用户在开发的内核中自定义新指令。

　　(5) 具有 32 位和 64 位两种架构的指令集。

　　(6) 计算核内包含大量寄存器、指令数和字符。

　　(7) 具有并行流水、超级流水以及多通道超标量流水等多种流水线结构,流水线延迟间隙可视。

　　(8) 集成度高,芯片面积更小,功耗高于 ARM。

　　(9) 采用多发射核技术,可用处理器中的闲置处理资源虚拟另一个计算核,提高处理资源的利用率。

---

　　① MIPS 公司成立于 1984 年,2012 年被 Imagination 科技公司收购。

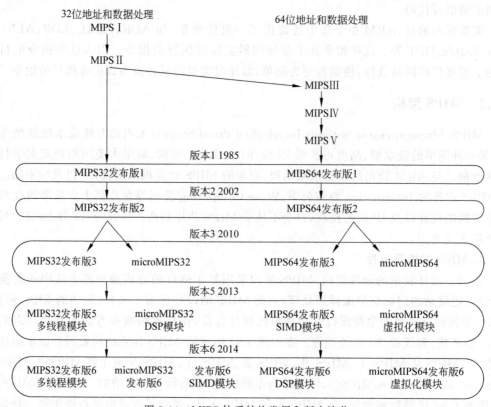

图 3.44　MIPS 体系结构发展和版本演化

从组成上看，MIPS 体系结构的描述包含了 MIPS 指令集架构、有权限的资源体系（Privileged Resource Architecture，PRA）、MIPS 模块和应用特定的扩展（Application-Specific Extension，ASE）、MIPS 用户定义指令（User Defined Instruction，UDI）4 个主要方面。

1）MIPS 指令集架构

MIPS32 和 MIPS64 指令集架构在 MIPS 总体框架内，分别定义了用于处理 32 位数据和 64 位数据的兼容指令。该指令集包括了程序员操作处理器的全部指令——有权限的和无权限的。同时，指令集为无权限程序在任何 MIPS32 和 MIPS64 处理器上运行提供了目标代码的兼容性保证，且所有的 MIPS64 指令与 MIPS32 指令后向兼容。在大多数情形下，有权限的程序同样也是目标代码兼容的。通过使用条件编译或汇编语言宏，就可以在 MIPS32 和 MIPS64 处理器上运行有权限的程序。图 3.45 为基于 MIPS 指令集的 5 级流水处理器微架构，其可以支持四通道超标量流水体系结构。

2）MIPS 有权限的资源体系

MIPS32 和 MIPS64 有权限的资源体系为指令集操作定义了一组环境和能力特性。虚拟内存等部分组件的功能对无权限的程序也是可见的，但其他大多数的组件仅对有权限的程序和操作系统可见。该资源体系还提供了管理处理器资源的必要机制，如虚拟内存、Cache、异常以及用户上下文等。

3）MIPS 模块和应用特定的扩展

MIPS32 和 MIPS64 支持模块和应用特定的扩展（ASE）两种可选组件，如图 3.46 所示。

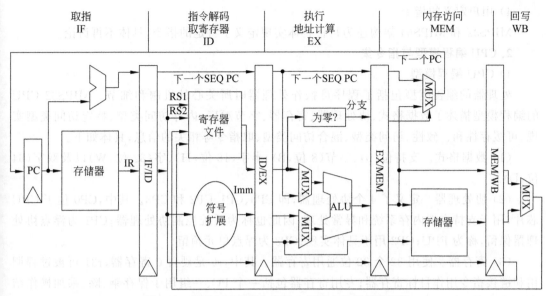

图 3.45　基于 MIPS 指令集的 5 级流水处理器微架构

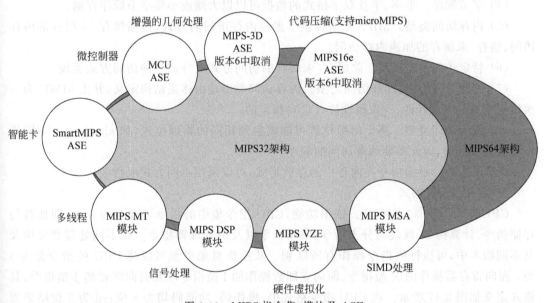

图 3.46　MIPS 指令集、模块及 ASE

作为基本体系结构的可选扩展,根据特定产品要求选择相应的模块/ASE,例如 16 位压缩指令集构成的 MIPS16e ASE、MIPS 数字媒体扩展 MDMX ASE、增强几何处理性能的 MIPS-3D ASE、用于提升智能卡或智能目标系统性能并降低内存消耗的 Smart MIPS ASE、增强信号处理能力的 MIPS DSP 模块、体系结构的多线程实现 MIPS MT 模块、增强内存映射的 I/O 寄存器处理和低中断延迟的 MIPS MCU ASE、提供操作系统虚拟化硬件加速的 MIPS VM 以及通过使用 128 位宽向量寄存器组进行向量操作高性能并行处理的 MIPS SIMD 架构模块等。为了满足一个或一类特定应用的需要,一个模块/ASE 可以与合适的指令集架构、资源体系一起使用。

4）用户定义的指令

MIPS32 和 MIPS64 架构还为每种具体实现定义了特定的指令，具体不再讨论。

2. CPU 编程模型与指令集

1）CPU 编程模型

处理器的编程模型包括了程序员操作处理器时所关心的机制和细节。MIPS32 CPU 的编程模型描述了数据格式、协处理器、寄存器、字节顺序、内存访问类型、特定访问类型实现、可缓存性和一致性、访问类型、混合访问类型、取指令等相关的信息，具体如下。

（1）数据格式。支持位（b）、字节（8 位，B）、半字（16 位，H）、字（32 位，W）以及双字（64 位，D）。

（2）协处理器。定义了 4 个协处理器，即 CP0、CP1、CP2 和 CP3。其中，CP0 位于 CPU 芯片，用于支持虚拟内存系统和异常处理，因此也称为系统控制协处理器；CP1 为浮点协处理器保留，称为 FPU；CP2 用于具体实现；CP3 为浮点单元预留。

（3）寄存器。使用 32 个 32 位通用寄存器。其中，r0 是硬置 0 寄存器，r31 可被过程调用和链接指令用作目标寄存器；专用寄存器包括一个 PC、一组用于保存乘、除、乘加操作结果的寄存器 HI 和 LO。

（4）字节顺序。半字、字及双字格式的数据可以以大端或小端字节顺序存储。

（5）内存访问类型。MIPS 系统提供了多种内存访问的方式，包括缓存/未缓存的内存访问、缓存/未缓存的加速内存访问。

（6）特定访问类型实现。除缓存/未缓存的访问方式之外的一种访问方式实现。

（7）可缓存性、一致性和访问类型。内存访问类型是由体系结构定义，并由 MMU 为一次访问生成的可缓存性、一致属性位（CCA）指定的。

（8）混合访问类型。多个虚拟位置可能映射到相同的物理位置（如 aliasing）。不同操作可能导致冲突，因此需要约束访问的顺序。

（9）取指令。根据指令在内存中的存放形式，可以采用不同方式取指令。

2）指令集及其格式

CPU 指令具有 32 位字长。依据功能，CPU 指令集中的指令可被分为 5 组，即加载与存储指令、计算指令、跳转与分支指令、杂项指令以及协处理器指令。在不同处理器架构及其不同版本中，可执行的指令操作有所区别。从操作对象类型可以将 CPU 的指令分为 3 类：面向寄存器操作的 R 型指令、面向立即数操作的 I 型指令以及面向跳转的 J 型指令，其格式定义如图 3.47 所示。在 CPU 指令格式中，操作码、功能码均为 6 位；rd 为 5 位结果寄存器，rs 为 5 位源操作数寄存器，rt 为 5 位源操作数/结果寄存器，sa 为 5 位移位值；左移索引是指向左移动 2 位的 26 位索引，用于提供跳转目标地址的低 28 位。

总体上，该类 MIPS 指令的主要特点体现在指令长度固定、简化了存储器取指令和取操作数指令、寻址模式简单、指令功能简单且数量少、指令执行过程简单、仅 Load 和 Store 指令可以访问存储器等方面。当然，这些指令特点对编译器的设计也随之提出了更高的要求。

3. FPU 编程模型与指令集

1）编程模型

在 MIPS 体系中，FPU（浮点单元）由符合 IEEE 754 浮点操作标准的协处理器 CP1 实现，同时提供了 IEEE 754 标准没有定义的一组附加操作。FPU 编程模型要求必须使能浮

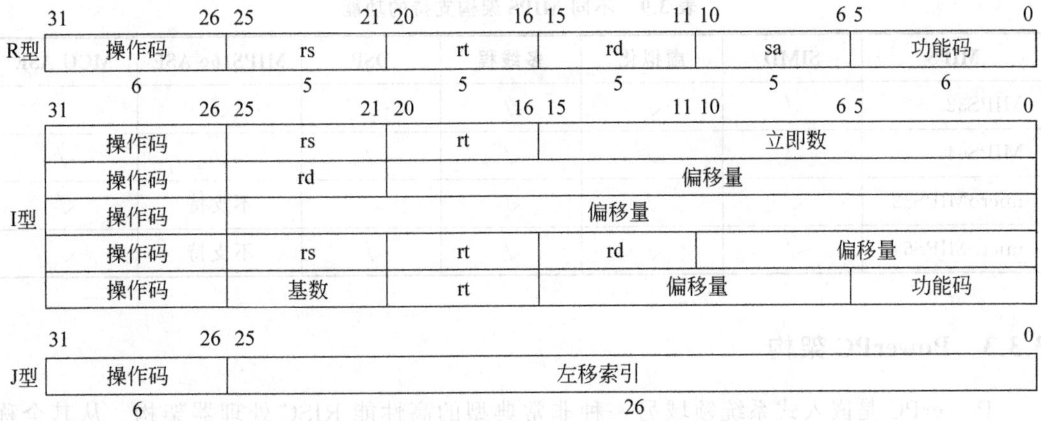

31		26 25		21 20		16 15		11 10		6 5		0
R型	操作码		rs		rt		rd		sa		功能码	
	6		5		5		5		5		6	

31		26 25		21 20		16 15		11 10		6 5		0
	操作码		rs		rt		立即数					
	操作码		rd		偏移量							
I型	操作码		偏移量									
	操作码		rs		rt		rd		偏移量			
	操作码		基数		rt		偏移量				功能码	

31		26 25		0
J型	操作码		左移索引	
	6		26	

图 3.47　MIPS32 指令格式定义

点协处理器才能执行浮点指令,否则会引发协处理器不可用的异常。在版本 6 中,FPU 的编程模型包括以下几方面。

(1) FPU 数据类型。符合 IEEE 标准的单精度、双精度浮点数类型,包括 32 位单精度(S)、64 位双精度(D)以及 CPU 体系中提供的符号数定点类型。

(2) FPU 通常寄存器。一个 32 位 FPU 包括了 32 个 32 位的 FPU 通用寄存器(FPR),而一个 64 位 FPU 包括 32 个 64 位 FPR。

(3) FPU 控制寄存器。32 位,包括浮点实现寄存器(FIR)、浮点控制/状态寄存器(FCSR)、浮点异常寄存器(FEXR)、浮点使能寄存器(FENR)和浮点条件码寄存器(FCCR)。

(4) FPU 异常。支持的异常条件有无效操作异常、被零除异常、下溢出异常、溢出异常和不精确异常。

2) 指令集及其格式

依据功能将 FPU 的指令分为不同类型,包括数据传输指令、运算指令、转换指令、格式化操作-值移动指令、FPU 条件分支指令以及杂项指令。这些指令在格式上又可以分为 I 型和 R 型。

需要说明的是,MIPS64 的编程模型和界面与 MIPS32 的基本一致。在实际工作中,可以进一步通过阅读相应的 MIPS 体系技术文档[39]-[42]了解这些差异及所涉及的细节。

4. MIPS 架构的能力

MIPS32 和 MIPS64 的指令集架构可以实现无缝兼容,在兼容支持那些老旧软件版本的同时,允许用户过渡到新的软件版本。microMIPS 是一种由 16 位和 32 位指令编写的代码压缩指令集架构,可以提供与 MIPS32 类似的性能,而代码数量最多可以减少约 35%。在 MIPS 基础架构中,包含了 SIMD、虚拟化、多线程和 DSP 等架构模块。需要强调的是,管理程序是实现虚拟化的核心,目前 MIPS 架构的虚拟化管理程序有基于内核的 KVM/MIPS以及 Sysgo AG 公司的 Pike 嵌入式操作系统①。不同 MIPS 架构支持的功能如表 3.9 所示。

---

① 德国 Sysgo AG 公司研制的一款符合 Arinc 653 和 MILS 安全性规范的嵌入式实时操作系统,具有非常高的安全性和可靠性。

表 3.9　不同 MIPS 架构支持的功能

MIPS	SIMD	虚拟化	多线程	DSP	MIPS16e ASE	MCU ASE
MIPS32	√	√	√	√	√	√
MIPS64	√	√	√	√	√	√
microMIPS32	√	√	√	√	不支持	√
microMIPS64	√	√	√	√	不支持	√

3.3.3　PowerPC 架构

PowerPC 是嵌入式系统领域另一种非常典型的高性能 RISC 处理器架构。从其全称 Performance Optimization With Enhanced RISC-Performance Computing（增强 RISC 性能优化-性能计算，简称 PPC）便可看出，该体系结构致力于提供一种高性能的处理器方案。源于 IBM 801 处理器的 POWER 体系结构、PowerPC 架构、Star 系列以及 IBM 的大型机处理器，在当时共同构成了 IBM 的 4 个处理器系列。PowerPC 本身源于 POWER 体系结构，是一种 32 位或 64 位的 RISC 多发射体系，1993 年由苹果公司、IBM 公司以及早期的 Motorola 公司联盟（简称 AIM）共同设计、推出。与 IBM 801 类似，PowerPC 从一开始设计就是要在从靠电池驱动的手持设备到超级计算机和大型机的各式计算机上运行，最初商用于 Power Macintosh 6100 桌面计算机系统。2000 年，Motorola 公司和 IBM 公司的 PowerPC 芯片都开始遵循 Book E 规范，提供一些增强特性，使得 PowerPC 在嵌入式领域的应用得到强化。在处理器微架构上，PowerPC 采用了多级流水线以及单周期多指令发射机制等，这使得 PowerPC 处理器具有优秀的计算性能和高度整合性，不仅成功应用于诸如苹果计算机、服务器等通用计算系统，也在军工、网络、电信、交通、图像处理、电子游戏等高端嵌入式设备领域广泛应用，并在全球通信市场上处于无可争议的领袖地位。

面向嵌入式应用的典型 PowerPC 嵌入式处理器有：Freescale 公司[①] 的 MPC PowerQUICC、MPC5xx、MPC8xx 系列，AMCC 公司的 32 位双核处理器 PowerPC 4xx 系列和 PowerPC Titan，微软公司的 Xenon 以及片上集成了 PowerPC 405 核的 Xilinx Virtex-Ⅱ Pro 及 Virtex-4 FPGA 等。2006 年，IBM 公司和 Freescale 公司开放了 PowerPC 架构授权。

1. PowerPC 架构规范

体系结构定义了处理器所提供功能和公共属性的规范，描述了逻辑结构和指令工作机制，但并未限定在硬件中的具体实现。PowerPC 的基本体系结构分为 3 个级别，对应于 3 个 Book[43-45]。这种分级的体系结构较好地实现了各层资源之间的无关性，同时保持了不同 PowerPC 实现方式之间代码的兼容性。

（1）Book Ⅰ。用户指令集体系结构（User Instruction Set Architecture，UISA），面向用户程序定义了大多数程序可用的非特权指令和寄存器组。

（2）Book Ⅱ。虚拟环境体系结构（Virtual Environment Architecture，VEA），描述了一些附加的用户级功能，如高速缓存管理、原子操作、用户级定时器等，并定义了相应的指令和

---

① 2015 年 3 月，Freescale 公司被 NXP Semiconductors 公司收购。

寄存器组。

（3）BookⅢ。操作环境体系结构（Operation Environment Architecture，OEA），主要定义了操作系统级的操作以及硬件支持的系统服务和功能，包括分支处理器、定点处理器、中断与异常、时间功能组件、上下文切换、可选组件等对应的指令和寄存器组。

另外，在 PowerPC 体系结构发展中还陆续开发、形成了不同的扩展。这些扩展对 PowerPC 体系结构而言尤为重要，其主要特点如下[46]：

（1）AltiVec 扩展。是指最初在 MPC7400 处理器中引入的 AltiVec SIMD 指令集。AltiVec 不属于 PowerPC 体系结构的定义，但可以为 PowerPC 扩展一个辅助处理单元（Auxiliary Processing Unit，APU），同时为 UISA 扩展了一个 128 位的向量指令集。

（2）Book E。是 IBM 公司和 Motorola 公司针对嵌入式系统特性推出的体系结构，也是 PowerPC 体系结构家族两个典型分支①之一。Book E 是一个 64 位的 PowerPC 增强架构规范，重点扩展了指令集并定义了能够跨多个 APU 的可重用操作码，提供了可替代 Book Ⅱ 和 Book Ⅲ 内存管理机制的 MMU 模型。基于 Book E，可以设计、开发 32 位的 PowerPC 处理器硬件和软件，且 32 位的应用软件可以在 32 位和 64 位的 Book E 处理器上实现运行。这对于无须地址扩展、64 位整型数据处理及成本控制的嵌入式应用而言非常重要。

（3）EIS。是 Freescale 定义的 Book E 实现标准，主要针对不同 PowerPC 的具体实现以及体系结构扩展演化中的一致性管理问题。EIS 保证了所有 Freescale Book E 设备的一致性并在 Book E 和具体实现之间提供了一个公共层，进而也确保了编程模型的统一性。

（4）Book VLE。是对指令集的可变长编码扩展，在原有 4 字节指令中增加了 2 字节。

图 3.48 中描述了 Power 体系结构中的各个分支、扩展及其相互关系。需要强调的是，图 3.48 中原有面向桌面领域的架构现在也被广泛应用于嵌入式领域。对应这些体系结构，现在已经形成了 e200、e300、e500、e600 等不同的 PowerPC 内核版本以及多个 PowerPC 处理器系列。表 3.10 简要对比了不同 Freescale PowerPC 处理器内核的计算特性、应用范围。

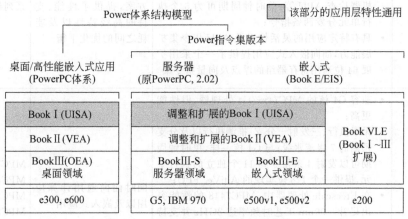

图 3.48 Power 体系结构版本及其关系

---

① PowerPC AS 体系结构主要应用于服务器产品。

表 3.10　不同 Freescale PowerPC 处理器内核的对比

处理器内核	特　征	目标领域	处　理　器
e200 （MPC5xx）	• 单发射、顺序的 7 级流水线； • 支持 UISA、信号处理引擎（SPE），嵌入向量/标量（SPFP），调试中断辅助处理单元（APU）； • Book E/EIS 规范的 MMU，32 条 TLB 支持 4～256KB 的页大小，8 位 PID0 支持 255 个进程 ID； • 64 位 AMBA AHB 总线接口； • 平台可选择性地包含定义的组件，如多主系统总线、Cache 及其大小和 MMU 接口、Nexus 2 或 3 类调试、中断控制器和外设接口等； • 高度可配置和可定制，低中断延迟，低功耗	面向需要复杂实时控制和低中断延迟，且要求低功耗、上市时间敏感的实时嵌入式应用。车载、机载等恶劣环境下，所支持的温度范围为 −40～+125℃。	MPC5554 高性能 MCU
e300 （MPC603/G2）	• PowerQUICC II 中 PowerPC 603e 核的增强； • 具有双发射、无序执行、推测执行、分支预测与折叠优化等特征的 4 级流水线； • 集成了奇偶校验以及提升性能机制的两个一级 Cache，包括 32KB 的 D-Cache 和 I-Cache； • 130nm 工艺时，频率范围为 266～667MHz； • 与基于 603e 的产品全软件兼容	中低性能范围的应用	PowerQUICC II、PowerQUICC II Pro 系列通信处理器，如 MPC8349E 等
e500	• 高性能、低功耗的嵌入式核，频率可达 1GHz； • 双发射、无序执行、推测执行以及分支预测的 7 级流水线； • 提供 SPE、单精度向量及标量浮点 APU、双精度标量浮点 APU（e500v2）、Cache 锁定、机器检查 APU 等；单时钟周期可为 5 个执行单元分发两条指令； • 具有特定应用的灵活性以及 APU 指令集扩展能力，面向嵌入式应用提供了一个采用扩展 64 位通用寄存器组的浮点及向量指令集	面向需要高度可配置内核的嵌入式产品。非常灵活的 SoC 平台方案，提供了性能、支持的高级特性以及能耗之间的优化平衡	PowerQUICC III 系列处理器
e600 74xx/G4	• 兼容 G4 核的 MPC74xx/G4 处理器，但性能更高； • 无序执行、三发射＋分支、推测执行以及分支预测的 7 级流水线；与 G4 核一样，单时钟周期可以发射 4 条指令到 11 个独立的执行单元，提供一个 128 位实现的 AltiVec FPU； • 在 Freescale 处理器中，MPC7448 的性能突出提升。90nm 工艺时频率达 2GHz 并支持片上多处理（CMP）； • 将二级 Cache 扩大至 1MB，并采用更高速的总线，保持低的功耗（1.4GHz 运行时功耗为 10W）。该处理器与其他 MPC74xx 处理器的引脚及软件完全兼容	同时面向通用计算应用以及嵌入式应用	MPC7448、MPC8610、MPC8641、MPC8641D（双核）

PowerPC 架构的主要特点可总结为**可实现单核/多核架构;采用多发射、分支预测的超标量流水线结构,并行度高;丰富、独立的整型寄存器组和浮点寄存器组,支持 32 位、64 位计算和访问;采用统一定长的精简指令格式,最多可支持 4 个操作数;高效的分支处理;内存访问基于内存与 GPR/FPR 间的加载和存储指令完成;为 GPR 和 FPR 之间的数据传输提供专门指令;突出的浮点性能,提供支持 IEEE 754 标准浮点数的运算指令;良好的伸缩性,可根据特定需求进行架构扩充;应用范围广。**

2. Book E PowerPC 体系结构及编程界面

1) 数据类型

在 Book E PowerPC 体系结构中,整型操作数可以是 8 位(字节)、16 位(半字)、32 位(字)及 64 位(双字)长数据,浮点操作数支持单精度浮点数和双精度浮点数。

2) 寄存器组

在 Book E 中,面向管理模式也定义了图 3.49 所示的一组寄存器,对应了标准体系 Book Ⅱ VEA、Book Ⅲ OEA 中的寄存器资源。同时,定义了与 UISA 完全一致的用户模

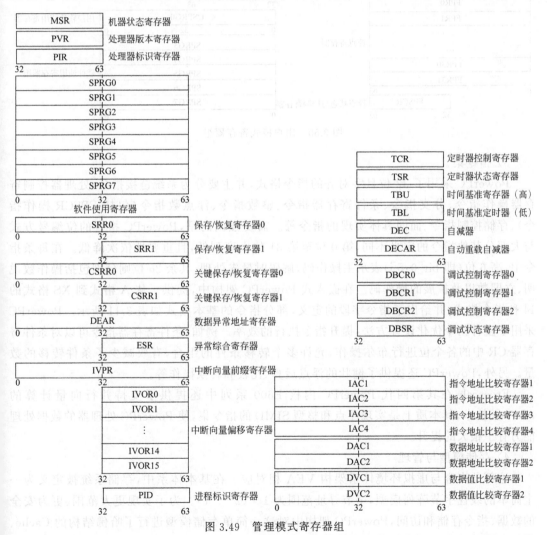

图 3.49 管理模式寄存器组

式寄存器组,主要包括 32 个 64 位通用寄存器(GPR)、32 个 64 位浮点寄存器(FPR)以及 32 位条件寄存器(CR)、64 位链接寄存器(LR)、64 位整数异常寄存器(XER)、64 位计数寄存器(CTR)、32 位浮点状态与控制寄存器(FPSCR),如图 3.50 所示。同时,这些寄存器对应了不同类型和级别的操作指令。

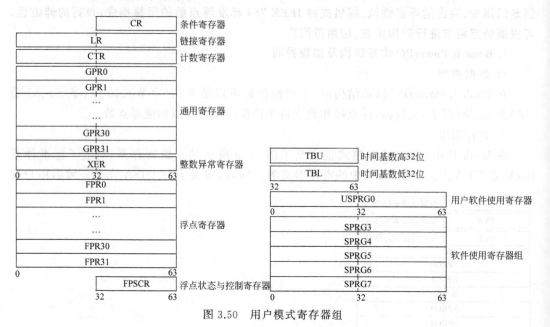

图 3.50   用户模式寄存器组

3) 指令集

PowerPC 采用了 32 位且字对齐的指令格式,并主要分为系统链接指令、处理器控制寄存器操作指令、分支指令、条件寄存器指令、整数指令、浮点数指令(包括 FPSCR 操作指令)、存储控制指令、面向具体实现的指令等。需要强调的是,PowerPC 指令的位编号方式与大部分其他指令的定义不同,第 0 位至第 31 位由高到低,且重要性依次降低。在每条指令中,高 6 位(即 bit[0:5])表示主操作码,解码时最先处理,其余 26 位则分别包括操作数说明、立即数以及扩展的操作码。在嵌入式 PowerPC 架构中,提供了从 A 格式到 XS 格式的 14 种指令格式,并给出了指令字段的定义,部分指令的基本格式如表 3.11 所示。PowerPC 采用了多种指令优化设计方法,提升指令执行的效率。例如,条件寄存器指令可以对条件寄存器 CR 中的各个位进行布尔操作,允许多个转移条件的组合,有效减少了条件转移的数量。另外,PowerPC 还提供了健壮的浮点运算、比较和转换操作等。

Freescale 在其第四代 PowerPC 内核 E600 系列中还提供了支持并行向量计算的 AltiVec 技术,其本质上是实现浮点和整型 SIMD 的指令集,使 PowerPC 处理器的数据处理能力有了很大的提升。

4) 存储模型与管理

这部分内容与虚拟环境体系架构 VEA 相对应。在基本体系中,存储系统被定义为一个简单的线性字节阵列模型,字节寻址范围为 $1\sim(2^{64}-1)$。为了实现更大范围、更为安全的数据、指令存储和访问,PowerPC 架构中对这一简单存储模型进行了哈佛结构的 Cache、虚拟存储以及多处理器间共享存储等扩展,并允许对这一扩展存储模型进行显式控制。基于虚拟存储模型,允许应用在一个大于实际(或有效)地址空间的虚拟地址空间中运行。在操作系统允许的情况下,每个程序具有访问 2^{64} 字节有效地址空间的能力。与该存储模型相适应,Book E 还定义了一组存储控制操作指令和可选组件操作指令。

表 3.11 部分 PowerPC 指令的基本格式

格式	0～5	6～10	11～15	16～20	21～25	26～29	30	31	说　明
D-form	操作码	目标/源	源/目标	立即数					至多两个寄存器作为源操作数,一个源立即数,至多两个寄存器作为目的操作数
X-form	操作码	目标/源	源/目标	源	扩展操作码				至多两个寄存器作为源操作数,至多两个目的操作数
A-form	操作码	目标/源	源/目标	源	源	扩展操作码		Rc	至多 3 个寄存器作为源操作数,以及一个目的操作数
BD-form	操作码	BO	BI	BD			AA	LK	条件转移指令格式。BO 为条件的类型,BI 指定具体 CR 位作为条件,BD 为转移地址,AA 指定绝对转移/相对转移,LK 指定下一个顺序指令的地址是否作为子例程调用的返回地址保存在链接寄存器中
I-form	操作码	LI					AA	LK	无条件转移指令格式。LI 为转移地址,也支持 AA 和 LK 位

需要说明的是,操作数字长、操作数对齐以及是否跨界、跨 Cache 块边界、跨虚拟页边界、跨段边界等与操作数位置相关的情形,对存储器访问性能具有非常重要的影响。通过操作数对齐可以保证最佳性能,这要求程序员在软件设计中尽量进行优化。

5) 中断与异常

异常触发中断后,处理器保存旧的上下文,并在修改机器状态寄存器(Machine State Register,MSR)后跳转至预先决定的中断处理句柄地址执行。在 Book E 中,异常由内部/外部设备、指令、内部时钟组件、调试事件以及错误条件等触发,分为指令触发异常和异步事件触发异常。该体系结构允许多个异常同时出现,每一个都可以引起一个中断。但对每一类中断,每次只能提交一个。为此,该体系结构定义了中断顺序且为特定持续中断(persistent interrupt)提供了掩码机制,允许禁止所有异步中断和部分同步中断。当一个中断类型被禁止且一个事件引起了一个产生中断的异常,那么这个异常将被保存在特定寄存器的状态位中,并不会立即产生中断。如果该异常标志位不被清除,当该类中断被使能时就可产生一个中断。

在所有中断中,**机器检查中断**是一个由硬件或数据存储子系统失效以及访问非法地址引起的特殊中断。除该中断之外,所有其他中断被有序地归纳到上下文同步的非关键和关键两类中断，每一类只能有一个中断被同时提交。因为寄存器 SRR0/SRR1 和 CSRR0/CSRR1 对于非关键中断和关键中断都是可复用的，因此当一个无序中断被响应时，可能会造成程序状态的丢失。另外，根据同步/异步特征以及关键/非关键属性，可以将机器检查中断之外的中断分为（指令无关事件引起的）异步中断、（指令执行引起的）同步精确中断和非精确中断、关键中断和非关键中断 5 类。Book E 中定义了 16 种中断和 16 个中断向量偏移寄存器，**中断向量保存了与各种中断对应的第一条指令地址**。**中断响应的优先级依次为：数据/指令存储、对齐、程序执行、浮点单元/协处理器不可用、系统调用、数据/指令 TLB 错误等同步中断，机器检查中断，调试中断，关键输入中断，看门狗定时器中断，外部中断，周期定时器中断以及减法器中断。**

另外，PowerPC 体系结构中允许 Load 和 Store 指令的部分执行、中断和重新执行。如果要保证这两个操作的完整性，软件设计中必须将存储表示为监督模式，并使用不是多个操作数或操作数为字符串对齐的 Load 和 Store 指令。

6）计数/定时器

处理器为系统提供了时间基（Time Base，TB）、自减器（DEC）、固定间隔定时器（Fixed Interval Timer，FIT）以及看门狗定时器（WatchDog Timer，WDT）等时间功能组件，这些组件之间的关系如图 3.51 所示。其中，TB 组件是一个以时钟频率驱动的计数器，而自减器用来产生时间中断的递减型计数器，其驱动频率与 TB 相同且当减到 0 时产生中断。FIT 对应了 TB 中的某一位，用于触发软件中的周期性任务。WDT 也对应了 TB 中的特定位，由 0 变为 1 时触发一个关键型异常。对于程序员而言，可以分别通过定时器控制寄存器（Timer Control Register，TCR）和定时器状态寄存器（Timer State Register，TSR）控制和访问定时器状态。另外，TCR 中有一个看门狗复位控制（WRC）字段，通过设置该字段可以实现处理器的软件复位。

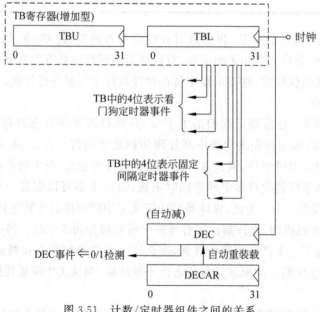

图 3.51　计数/定时器组件之间的关系

7）调试组件

嵌入式 PowerPC 架构提供了一套允许硬件和软件调试的组件，如指令和数据断点以及程序单步跟踪等。调试组件主要对应一套调试控制寄存器，包括调试控制寄存器组 DBCR0～DBCR2，指令地址比较寄存器 IAC1～IAC4，数据地址比较寄存器 DAC1 和 DAC2，数据值比较寄存器 DVC1 和 DVC2，以及使能和记录不同调试事件的调试状态寄存器 DBSR。在该架构中，共定义了 8 种调试异常事件，包括指令地址比较、数据地址比较、陷阱、分支触发、指令完成、中断触发、返回以及无条件调试事件等。相应地，中断机制中提供了对调试中断的支持，并允许软件通过设置 DBCR0 的复位字段进行处理器软件复位，以及在调试环境下控制定时器。

3. Freescale MPC7450 处理器

嵌入式 PowerPC 处理器采用 PowerPC 核，并根据需要在处理器内集成了多种外设和接口。Freescale 的 MPC7450 是早期基于 PowerPC E600 内核和 AltiVec 技术实现的超标量 32 位处理器[47]，与 PowerPC 630e、750、7400 以及 7410 兼容。该处理器包含一个支持多执行单元及 AltiVec 指令的超标量高性能计算核、32KB 的独立一级 I-Cache 和 D-Cache、256KB 的二级 Cache 以及一个三级 Cache 控制器，可以支持 32 位有效地址、8 位/16 位/32 位整数以及 32 位/64 位浮点数，支持可达 4PB[①] 的虚拟内存和最大 64GB 的物理内存。

图 3.52 详细地呈现了 MPC7450 处理器的逻辑结构。由图 3.52 可知，MPC7450 的组件构成以及架构具有如下特点：

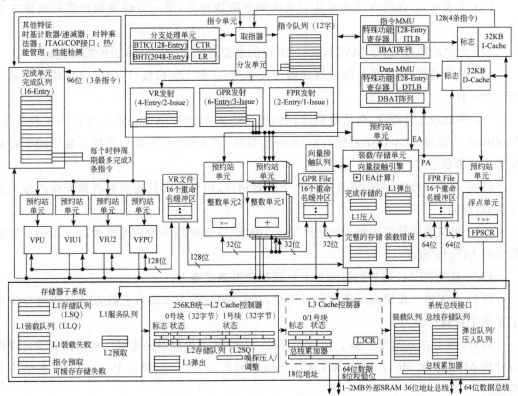

图 3.52　MPC7450 处理器的逻辑结构

---

① PB：拍字节，1PB=2^{50}B。

（1）一个 7 级流水的高性能超标量内核，可以同时从 I-Cache 取 4 条指令，分发 3 条指令到发射队列，存放 12 条指令到指令队列，最多可以有 16 条指令同时处在某个执行阶段。

（2）共有 11 个独立执行单元和 3 个寄存器文件。

① 一个五级的 64 位浮点处理单元（FPU）。

② 一个分支处理单元（Branch Processing Unit，BPU）。

③ 一个三级的装载/存储单元（Load/Store Unit，LSU）。

④ 共享 32 个通用寄存器的 4 个快速整数单元（Integer Unit，IU）。其中，IU1a、IU1b 和 IU1 用于执行除乘法、触发和访问寄存器之外的整数指令，IU2 用于执行其他指令。

⑤ 4 个支持 AltiVec 的并行向量单元，包括二级流水的向量变换单元（Vector Permutate Unit，VPU）、快速向量整数单元（VIU1）、四级流水的慢速向量整数单元（VIU2）和向量浮点单元（Vector Floating Point Unit，VFPU）。

（3）3 个发射队列，包括浮点发射队列（Floating Issue Queue，FIQ）、向量发射队列（Vector Issue Queue，VIQ）和通用发射队列（General Issue Quene，GIQ）。

（4）一组重命名的缓冲区。

（5）一个解码/分发单元。

（6）完成单元，在指令完成时从完成队列解除该指令，单一时钟周期最多可解除 3 条指令。

（7）独立的数据、指令 MMU，具有 52 位的虚拟地址、32 位或 36 位的物理地址。

（8）高效的数据流，虽然向量寄存器 VR 和 LSU 是 128 位接口，但三级总线接口最多可达 256 位。

（9）多处理支持特征，包括数据缓存的硬件增强 MESI。MESI 表示缓存的 4 种状态：Modified（已修改）、Exclusive（独占）、Shared（共享）和 Invalid（失效），多核系统中的缓存都处于这 4 种状态之一。

（10）缓存一致性协议，以及面向原子内存访问、信号量和其他多处理器操作的预约指令加载/存储。

（11）提供能耗管理机制，如小憩（Nap）、睡眠、深度睡眠 3 种节能模式以及用于控制取指令的 I-Cache 限流。

（12）基于 JTAG 边界扫描的片上可测试和可调试能力。

（13）为了进一步提高可靠性和可用性，在系统总线、三级缓存总线以及三级缓存阵列上采用了奇偶校验。

另外，图 3.53 还给出了基于 E600 内核的 MPC8610 处理器的逻辑结构。读者也可以自行分析 MPC5xxx MCU、PowerQUICC 等处理器产品，进一步理解 PowerPC 体系结构及特性。

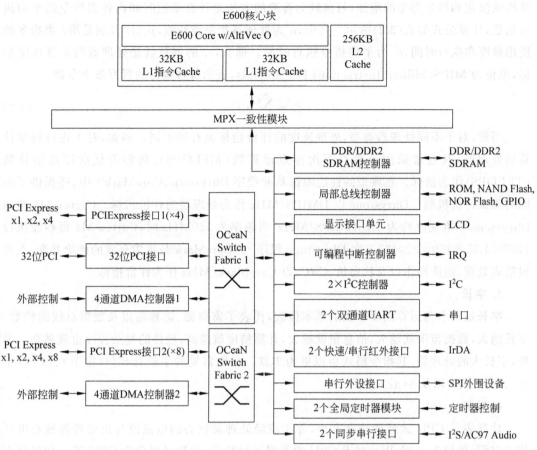

图 3.53 基于 E600 内核的 MPC8610 处理器的逻辑结构

3.4 性能评价指标

1. 频率

主频也就是**时钟频率**,常见单位有 MHz、GHz,是表示 CPU 运算速度的一个指标。主频是系统内部总线的工作频率(外频)和倍频系数的乘积,其中外频主要描述了 CPU 与外围设备间的数据传输频率。显然,当外频或倍频系数得到提高时,处理器的主频都会提升。需要说明的是,同体系处理器的主频越高,其运算速度越快;但在不同体系的处理器之间,情况并非都是如此。

2. 处理速度

处理速度指单位时间内所能执行的操作的数量,是评价处理器的重要指标之一。在设计 RISC 处理器时,尽量减少每条指令的周期数(Cycle Per Instruction,CPI)并提高处理器的主频以提高处理器的运算速度。前者涉及指令集及处理器的微架构,后者与处理器的加工工艺密切相关。

在早期的处理器中,主要用每秒执行的简单加法指令数表示速度。但随着 CPU 体系结构的演化和指令类型的增加，目前较为普遍的方法是计算单位时间内各类指令的平均执行条数，计算公式如式(3.2)所示。其中，n 为处理器指令类型数，p_i、t_i 分别是第 i 类指令的使用频度和执行时间，t_a 为平均指令执行时间。那么，t_a 的倒数就是处理器的运算速度指标，单位为 MIPS(Million Instructions Per Second)，表示每秒执行的百万条指令数。

$$t_a = \sum_{i=1}^{n} p_i t_i \tag{3.2}$$

当然，对于不同处理器类型，处理速度的评价指标也有所不同。例如，对于进行科学计算的处理器，其通常采用每秒百万次浮点运算数（MFLOPS）、每秒万亿次浮点运算数（TFLOPS）作为指标。在典型的性能测试基准程序 Dhrystone、CoreMark[①] 中，还提供了不同的测试评价机制。Dhrystone 以 DMIPS/MHz 作为处理器的评价指标。Cortex-M4 核的 Dhrystone 基准速度约为 1.25DMIPS/MHz，当频率为 150MHz 时，Cortex-M4 每秒能执行 $1757 \times 1.25 \times 150 = 329437.5$ 次 Dhrystone 程序[②]。CoreMark 是更为有效的评价基准，主要包括表处理、矩阵操作以及状态机、CRC，以 CoreMark/MHz 作为评价指标。

3. 字长

字长是指参与运算的操作数的基本位数，代表了寄存器、运算器以及数据总线的位数。字长越大，数据范围就越大，信息量就越大，计算精度就越高，硬件的复杂程度也就越高。另外，字长大的处理器，其指令格式可以更为丰富。目前常见的字长有 8 位（字节）、16 位（半字）、32 位（字）以及 64 位（双字）。

4. 功耗

功耗表示 CPU 运行的功率大小，等于流经处理器核心的电流值与该处理器核心电压值的乘积，单位为 mW、W。对于 CPU 的不同运行状态，功耗又可分为 CPU 进入待机状态时的待机功耗（mW）、CPU 工作时的动态功耗（mW/MHz）。

热设计功耗（散热设计功率）是 CPU 电流热效应以及 CPU 工作时产生的热量，是反映芯片达到最大功率负荷时热量释放的指标，同时也表示散热解决方案能够应对的最大热量限度。

5. 温度范围

工作温度范围标示了处理器可以稳定工作的最低和最高温度值。通常情况下，工作温度范围分为民用、工业用、军用、航天等几个级别，如民用为 0～70℃，工业用为 −40～85℃，军用和航天领域为 −55～125℃。

6. 无故障工作时间

无故障工作时间是器件、系统在失效或故障前可正常工作时间长度。典型地，**平均无故障时间**（Mean Time To Failure，MTTF）表示产品寿命与故障次数的比值，MTTF 值越大，产品的可靠性就越高；**平均故障间隔时间**（Mean Time Between Failure，MTBF，也称**平均连续无故障时间**）是产品在操作使用或测试期间的相邻两次故障之间能正常运行的平均连续

---

① CoreMark 由嵌入式微处理器测基准协会 EEMBC 于 2009 年发布。

② 以 NEC 的 VAX 11/780 计算机作为参考基准，该机每秒能执行 1757 次的 Dhrystone 程序。

时间,用于故障可修复的产品。如果故障不可修复,则用 MTTF 评价。

3.5 小 结

嵌入式处理器是嵌入式计算装置的大脑,是硬件系统的核心,其架构、性能、产品演化长期呈现多元、异质的发展趋势。随着人工智能时代的到来,面向大数据和智能算法等算力需求的新型计算架构开始涌现,嵌入式处理器的发展也随之迈入了新的发展阶段。

在归纳、阐述处理器组成模型及体系结构的基础上,本章重点分析和比较了不同类型嵌入式处理器的架构、原理与特点,并以 ARM、MIPS、PowerPC、RISC-V 等典型指令集以及处理器体系为例进行了深入分析和讨论。如本章所述,嵌入式处理器的体系结构与技术类型非常丰富,这使得嵌入式硬件的设计常常有多种可供选用的技术方案。在硬件系统的设计过程中,设计者可以依据系统需求以及处理器的功能、性能、功耗、成本等因素选择所需的处理器型号。

习 题

1. 简述处理器中计算核的核心构成部件及功能。
2. 冯·诺依曼体系结构有何瓶颈?如何用哈佛体系结构的机制进行性能优化?
3. 请比较用于并行处理的超标量体系结构与超长指令字体系结构。
4. 微控制器(MCU)也称单片机,请简述其基本逻辑组成及特点。
5. 请分别对比 MCU 与 SoC、SoC 与 SIP 的相似与不同之处。
6. 为什么数字信号处理器(DSP)能够大幅提升数字信号处理能力?
7. 简述基于 FPGA 进行 IP 核设计的基本过程。
8. 比较 ARM 体系中 A32、A64、T16、T32 指令集的特点,并说明为什么 T16 代码并不总比 A32 代码优化。
9. 简述 RISC-V 指令集的特点与优势。
10. 对比 ARM、MIPS 及 PowerPC 体系结构的特点。
11. 简述"超大核+大核+小核"多核处理器架构的优势与特点,为何该架构可以同时大幅提升 CPU 的性能与能耗比?
12. 简述智能手机 SoC 中多核 CPU、GPU、AI 协处理器、ISP(图像信号处理器)的功能。
13. 标量、向量、矩阵、张量数据各有什么特点?请分析华为达芬奇架构的神经处理单元(NPU)为何能够实现人工智能算法的高性能、低功耗处理。

第 4 章 嵌入式存储技术

I am going to put life into scientific dream, then the dream into reality.

—Marie Curie[①]

It's ridiculous to live 100 years and only be able to remember 30 million bytes. You know, less than a compact disc. The human condition is really becoming more obsolete every minute.

—Marvin Lee Minsky[②]

存储器是计算机中保存各类动态、静态数据的记忆单元,是现代计算机系统中不可或缺的组成部分。通用计算机的存储体系由内而外包括了 CPU 内部的寄存器与 Cache、内存、硬盘等存储组件。对于在体积、重量、功耗、可靠性以及成本等方面有特定要求的各类嵌入式系统而言,其存储子系统的设计具有定制和多元的特征与要求。本章将在归纳、总结存储器基本模型的基础上,重点对嵌入式系统中相关存储器的类型、工作机制与设计方法等进行分析和阐述。

4.1 基本存储体系与模型

4.1.1 嵌入式系统存储体系

存储系统是计算装置中用于存放数据和程序的记忆性子系统,用于满足计算装置不同类型数据的临时/永久存储需要。从系统功能和性能角度看,所有计算装置存储子系统的设计都要遵守尽量快的访问速度、大存储容量、高可靠性以及低成本等原则。基于不同类型数据存储、访问的要求差异以及数据访问在时间、空间和顺序上的局部性原理,计算系统的存储子系统主要采用了分级的存储体系。例如,通用计算机采用了 Cache、主存储器(RAM、内存)、外部存储器组成的三级存储体系。在多级体系中,CPU 依次通过寄存器和 Cache 获取指令与数据,Cache 和主存储器之间交换数据和指令,仅当数据和程序被调入主存储器之后处理器才能进行处理。可以说,采用多级存储体系的计算系统主要是围绕主存储器组织和运行的。嵌入式系统的应用特性、技术形态以及实现方式常常具有特殊要求,其存储体系必然也会有别于通用计算机存储体系,且在实现上更为多元和丰富。

在分析典型嵌入式系统组成的基础上,可根据嵌入式处理器集成的片上资源建立图 4.1 所示的嵌入式系统存储体系。通过学习第 3 章内容可知,MCU、SoC 以及 DSP 等嵌入式处理器具有较高的集成度,其芯片内除了集成处理器的寄存器组、Cache(可选)之外,一般还

---

① Marie Curie(Maria Sklodowska-Curie, 1867—1934),玛丽·居里或居里夫人,巴黎第六大学教授,波兰裔法国籍物理学家、化学家,首位获得诺贝尔奖的女性,两次获得诺贝尔奖的第一人及唯一的女性。

② Marvin Lee Minsky(1927—2016),认知学科学家、人工智能研究奠基人,麻省理工学院人工智能实验室创始人之一,因在人工智能领域的突出贡献,于 1969 年获图灵奖。

会集成一定规模的随机访问存储器和非易失①数据存储器。基于该类具有片上存储体系的处理器设计嵌入式系统时,仅当片上存储资源不够用时才进行硬件组件的扩展,形成以CPU 为核心的、片内和片外存储资源相融合的存储体系。MPU、GPU 仅在处理器核中提供了通用寄存器组、指令/数据缓冲区(可选)和至少一级的 Cache,不提供随机访问主存储器和非易失数据/程序存储器。显然,采用该类处理器设计嵌入式系统时,需要基于系统总线对存储系统进行扩展,其存储体系与通用计算机相似。另外,FPGA、SoPC 等可编程器件通常会提供专用的 RAM 逻辑(如 Xilinx FPGA 中的块 RAM 和分布式 RAM)。这种结构允许设计人员通过配置存储器 IP 核的方式实现片上的单(双)端口 RAM、单(双)端口ROM②、FIFO 缓冲区等存储器组件和控制接口。如果 FPGA、SoPC 的片上资源受限,则必须对其外部存储资源进行扩展。鉴于存储器性能依赖于逻辑设计和工艺,所以 FPGA、SoPC 中的存储器 IP 核通常以硬 IP 核的方式存在。

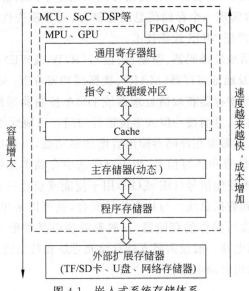

图 4.1　嵌入式系统存储体系

　　为此,在设计嵌入式存储体系时,要根据应用数据的大小及其类型对存储空间进行合理规划和分配。另外,除了考虑基本的数据/程序存储和运行时支持外,嵌入式系统设计通常还要考虑系统软件的装载与引导问题,具体内容见第 7 章。

4.1.2　存储器结构模型

　　嵌入式存储体系中存储器的类型多种多样,存储器可能以独立器件的形式存在,也可能是处理器芯片中的一部分。但不论是何种类型或存在形式,存储器大都采用“半导体存储体＋外围接口电路”的基本结构。存储体负责存储数据,而外围接口电路用于对存储体特定位置的访问。不同存储器之间的区别主要在于存储体的设计机制、容量以及接口电路提供的访问能力。图 4.2 给出了一个单译码可读写存储器的基本结构。

---

　① 非易失指掉电后存储器中的数据不会丢失。
　② 该类 ROM 组件实际是 IP 核在 RAM 块上的实现,系统逻辑初始化时需要配置初值且仅有只读接口。

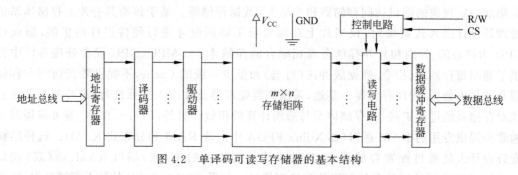

图 4.2 单译码可读写存储器的基本结构

存储体是由存储元构成的阵列，是一个**存储矩阵**。**存储元（存储位）** 是位于行地址线（X）和列地址线（Y）交叉点的半导体元件，并利用半导体电路的开关状态或电容充放电存储一个二进制信息位。例如，随机访问存储器可以采用基于六管静态位单元的双稳态触发器或 MOS 管的栅极电容实现一个存储信息的存储元，而非易失性存储元则可采用浮栅雪崩注入式 MOS 管、双层浮栅 MOS 管等技术。

存储器外围电路包括地址译码器、驱动器、读写（R/W 或 $\overline{\text{WE}}$）控制电路、片选信号（CS 或 $\overline{\text{CS}}$）、输出驱动电路以及地址寄存器（MAR）、数据缓冲寄存器（MDR）等组件或其中的一部分。地址译码器从地址寄存器获取微处理器或 DMA 控制器等组件输出的访问地址，并译码为存储体的行、列地址，进而按一位或多位进行访问。当地址译码器的输出信号连接到存储元的一行或一列时，还需要在译码器输出后增加驱动器，以解决可能的驱动过载问题。读写控制电路提供片选信号和读写信号，用于对所选中存储单元的读写并放大数据信号。输出驱动电路提供的输出使能信号（OE 或 $\overline{\text{OE}}$）用于使能或禁止三态电路，以控制是否将从存储体读出的数据输出到数据总线。与片选信号配合，就可以采用多存储器芯片扩展存储系统的容量。对于允许读写操作的存储器，一般都需要以某种形式提供上述组件的功能。在只读型存储器中，外围电路一般仅需要支持存储元寻址和数据输出的组件，通常包括地址译码器、驱动器和数据输出驱动电路。

4.1.3 存储器基本操作流程

读和写是存储器的两个基本操作，而每一次存储器操作实质上就是在外围电路中有序地触发一组信号。也就是说，存储器操作具有严格的时序要求，不同操作类型以及不同系列存储器的操作时序定义可能有所差异，那么，在软硬件设计时就需要认真阅读器件的数据手册。下面以较为复杂的随机读写存储器读写操作过程为例进行时序分析。

1. 读操作

处理器对存储器的访问都遵守**先使地址有效、再进行数据访问**的基本逻辑次序。在完整的读操作中，处理器首先在 n 位地址总线 $A_0 \sim A_{n-1}$ 上写入待访问地址（地址有效），其控制逻辑产生片选信号 $\overline{\text{CS}}$（或 CE）并选中特定存储器芯片，使能允许数据输出信号 $\overline{\text{OE}}$。存储器被使能之后，对地址进行译码，并将特定存储器单元的数据输出到 k 位数据总线 $D_0 \sim D_{k-1}$ 上。在数据输出完成时，必须取消使能信号、片选信号和本次的地址数据。在如图 4.3 所示的读操作基本过程中，A 时刻有效地址出现在地址线上，在片选信号使能时间 t_{cx} 内数据有效，在不超过 t_{co} 的时间内总线上的输出数据保持稳定。所以，一般将地址有效到数据

输出稳定的时间 t_A 记为读出时间。数据读出之后,还需要对存储器内部电路进行恢复操作,为下一次读取做好准备,所需时间称为读恢复时间,记为 t_{OTD}。实际上,t_{OTD} 也表示片选信号无效后输出数据还能维持的时间,而 t_{OHA} 是地址改变后数据可以维持的时间。通常情况下,两次读取操作之间的最小时间间隔就是一个读取周期 t_{RC},它等于读取时间 t_A 与读恢复时间 t_{OTD} 之和。

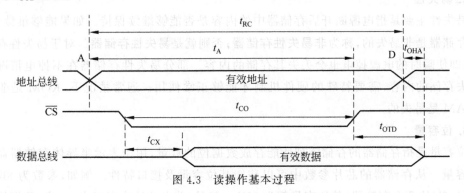

图 4.3 读操作基本过程

2. 写操作

在写操作过程中,CPU 首先输出存储器地址和数据,地址有效后,通过片选信号选中特定存储器芯片并使能写操作信号;在一定延迟后,数据被写入存储器。与读操作相似,完成写操作之后必须进行存储器电路的复位才能进行下一次写操作。图 4.4 为写操作的基本过程。其中,CPU 必须在地址有效 t_{AW} 时间后才可以使能写信号,t_{DTW} 时间后数据输出转为三态。在存储器端,要求数据有效后至少需要维持 t_{DW} 时间,以保证正确的写入操作。从芯片选中到写入完成的时间记为 t_W。写信号失效后,存储器需要 t_{WR} 时间完成存储器电路的复位,此时输入数据还将保持 t_{DH} 时间。两次写操作之间的最小时间间隔就是**写周期** t_{WC},是 t_{AW}、t_W 与 t_{WR} 三者之和。

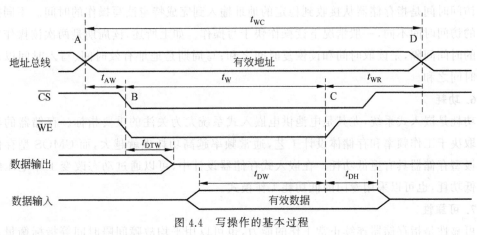

图 4.4 写操作的基本过程

4.1.4 存储器指标

1. 只读性

在正常工作过程中,如果存储器中的数据只能读出,完全不能改写或不能在工作时直接改写,那么存储器就是只读的,称为**只读存储器**(Read Only Memory,ROM)。如果在正常工作过程中可以对其进行随机读写,那么就是随机存储器(Random Access Memory,RAM)。例如,半导体类型的存储器可以实现随机访问;而磁盘、光盘等存储器无法实现随机访问,需要进行物理寻道等。

2. 易失性

易失性主要是指电源断开后存储器中的内容是否能够继续保持。如果能够继续保持,那么存储器是非易失的,称为**非易失性存储器**;否则就是**易失性存储器**。对于易失性存储器而言,即使瞬时的电源掉电也会丢失其存储的内容。部分易失性存储器在不掉电情况下也会丢失存储的内容,需要特殊的硬件机制才能够正常使用。通常情况下,ROM 是非易失的,RAM 是易失的。

3. 位容量

位容量是指存储器的存储阵列所能存放数据位的数量,用于表示半导体存储器器件的存储容量。从存储器的芯片参数中可以获知其位容量及接口特性。例如,参数为 8K×1b 和 1K×8b 的两个存储器,其位容量都为 8Kb。但是,前者地址线宽度为 13 位,数据线宽度为 1 位;后者地址线宽度为 10 位,数据线宽度为 8 位。

另外,也可以采用字节作为存储容量的单位。此时,存储器的字节容量可以通过字数乘以字长计算。

4. 访问速度

访问速度是衡量存储器读写性能的主要指标,常见单位有 MB/s、GB/s。该指标与存储元的工艺、外围接口电路设计密切相关。在目前的工艺中,采用双极型晶体管电路的存储器速度快,但功耗较大且价格偏高;CMOS 型存储元电路的功耗非常低,但速度较慢。

5. 访问时间

访问时间是指存储器从接收到稳定的地址输入到完成特定读写操作的时间。不同操作类型的访问时间不同,一般情况下读操作快于写操作。如上所述,读周期是两次读操作之间最小的时间间隔,是读取时间和读恢复时间之和;写周期是地址有效时间、写入时间以及写恢复时间之和。

6. 功耗

功耗是嵌入式系统,尤其是电池供电嵌入式系统尤为关注的重要指标。存储器的功耗主要取决于工作频率和存储体设计工艺,通常频率越高功耗也就越大,而 CMOS 型存储器较双极型存储器具有更低功耗。在嵌入式存储器设计中,可以通过动态改变工作电压的模式降低功耗,也可以采用专门的低功耗工作模式。

7. 可靠性

可靠性是指存储器连续正常工作的能力,也可以用平均故障间隔时间等指标衡量。存储器的可靠性主要取决于存储半导体的可靠性和外围电路的可靠性。外围电路的可靠性与内部控制电路、外部引脚、连接形式等密切相关。目前半导体存储器芯片的平均故障间隔时间(MTBF)为 $5 \times 10^6 \sim 1 \times 10^8$ h。为了提高存储单元的可靠性,一般要尽量减少存储器引脚并采用模块化存储结构以及一体化集成的设计方式。

4.2 存储器分类及特性

现代计算机系统具有非常丰富的存储器类型。在嵌入式计算系统中,设计者主要关注的是基于半导体技术的存储器。根据半导体存储器的工艺,可以将存储器分为双极型(bipolar)存储器和 MOS 型存储器。双极型存储器基于 TTL 晶体管逻辑电路设计,工作速度可达到 CPU 速度的量级,但其集成度低,功耗大,且价格高,一般用于高速缓存等容量小、速度要求高的存储器件。MOS 型存储器以 MOSFET 为存储单元,运行速度较前者慢,但集成度高,功耗低,价格便宜,一般用于大容量、速度要求较低的存储器件设计,如系统内存等。除考虑影响性能的工艺之外,访问方式是嵌入式系统存储器的另一重要分类指标。按照工作时允许的访问方式,将嵌入式存储器分为只读存储器(ROM)、随机存储器(RAM)、非随机存储器以及混合存储器几个大类,如图 4.5 所示。

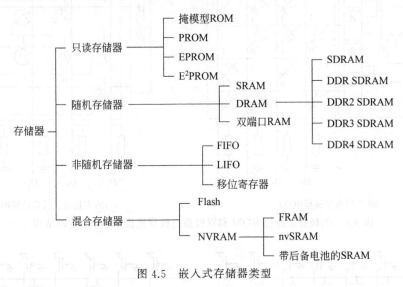

图 4.5 嵌入式存储器类型

4.2.1 只读存储器

只读存储器是指在工作过程中只能读、不能写的存储器件,掉电后信息不会丢失。在早期的计算机系统设计中,ROM 是重要的系统组件,用于存放引导程序、基本输入输出系统(Basic Input/Output System,BIOS)软件等固定不变的程序和数据。根据访问特性,ROM 主要被分为掩模 ROM、一次可编程的 PROM、可重复编程的 EPROM 和 E2PROM 等不同类型。而根据制程工艺,每一类 ROM 又可以再进行细分。鉴于新型存储器技术的出现和发展,现代嵌入式系统设计对 ROM 的使用需求开始减少,本节仅对其原理和特性进行简要介绍。

1. 掩模 ROM

在嵌入式系统中,诸如微处理器的微码、系统引导代码以及其他固件程序等都是固定的数据,保存在专门的存储器中且不允许用户进行修改。在大批量生产的情况下,为了节省成本通常会采用掩模 ROM(Mask ROM,MROM)存储技术。所谓掩模,是指在集成电路光刻过程中,通过设计的掩模模具将芯片上特定区域屏蔽的技术。掩模 ROM 是由集成电路制造商采用掩模技术生产的、存储特定数据和逻辑的只读存储器器件。常见的掩模 ROM 有二极管型掩模 ROM、双极型三极管掩模 ROM 以及 MOS 管型掩模 ROM 等。

例如,图 4.6(a)是一个 4×4 位的二极管型掩模 ROM。在存储体中,有二极管电路连接的位为 1,其他为 0。两位地址输入线通过译码电路选通 4 行,每次输出 4 位数据。双极型三极管掩模 ROM 与二极管型掩模 ROM 类似,采用有无三极管表示 1 或者 0,如图 4.6(b)所示。图 4.7(a)是 MOS 型掩模 ROM 空片时的逻辑结构,可表示全 1。加工后,部分位的 MOS 管被屏蔽以表示 0,形成如图 4.7(b)所示的固定逻辑。

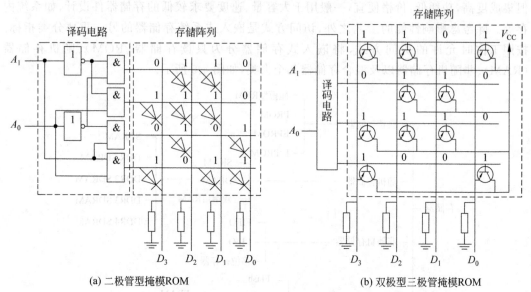

(a) 二极管型掩模ROM (b) 双极型三极管掩模ROM

图 4.6　二极管型掩模 ROM 和双极型三极管掩模 ROM 的逻辑结构

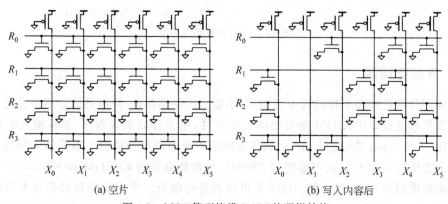

(a) 空片 (b) 写入内容后

图 4.7　MOS 管型掩模 ROM 的逻辑结构

鉴于集成度高、成本低等优点,掩模 ROM 在专用逻辑芯片 ASIC 及原始数据存储中得到了广泛应用。例如,80C51 等早期的 MCU 中也都集成了几个 KB 的掩模 ROM,用于存放程序,且程序由芯片生产厂家直接写入。系统加电运行时,CPU 直接从掩模 ROM 中读取程序指令加载执行。又如,也可以基于掩模 ROM 设计一个译码器,用寻址、访问的方式实现编码转换。

2. PROM

PROM 是 Programmable ROM（可编程 ROM）的缩写，是一种一次性可编程（One Time Programmable，OTP）存储器。这种存储器初始内容全部为 0 或 1。在编程时，通过物理方式修改存储元的电路，实现 1 或 0 的写入。编程后，存储元电路无法再恢复，即数据不能再擦除，因此是一次性可编程的。PROM 产品有熔丝型和肖特基[①]二极管型[②]两种典型结构。熔丝型 PROM 包括双极性熔丝型和单极性熔丝型两种，是通过大电流熔断存储元熔丝的方式进行编程的，如图 4.8(a)所示。图 4.8(b)是肖基特二极管型 PROM 的存储元，通常情况下两个二极管反向串联形成一个 0 值存储位，写入 1 时通过反向直流大电流永久击穿截止的二极管。显然这两种方式都将造成半导体电路的永久改变，不可恢复。

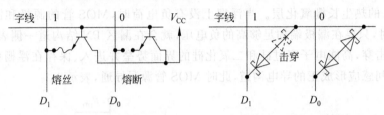

(a) 双极型熔丝型PROM的存储元　　　(b) 肖特基二极管型PROM的存储元

图 4.8　PROM 存储元类型

与掩模 ROM 技术相比，PROM 允许用户进行一次编程，可以增强逻辑开发和部署的灵活性和效率。

3. EPROM

EPROM 是采用浮栅管单元（Floating Gate Transistor）技术、具有可重复擦写能力的存储器件，E 表示可擦除。从结构上，EPROM 的存储单元主要分为叠栅雪崩注入 MOS（Stacked gate avalanche Injection MOS，SIMOS）和浮栅雪崩注入 MOS（Floating gate Avalanche Injection MOS，FAMOS）两种类型。这两种结构的电路有所不同，但都是以紫外线照射的方式进行擦除的。

在 SIMOS 管电路中，有两个重叠的多晶硅栅极，最上面是连接到字线的控制栅，下层是与外界绝缘的浮置栅（也称浮栅），如图 4.9 所示。控制栅用于控制和选择存储元，浮栅用于长期保存注入的负电荷。对于 NMOS 而言，当浮栅中没有注入电子时，SIMOS 管的开启电压较低，表示 1 状态；而当浮栅中注入了电子后，SIMOS 管的开启电压增高，表示 0 状态。那么，如何做到把电子注入一个与外界绝缘的浮栅中呢？简单地说，当在源漏极之间加足够高的电压（如 25V）时，只要沟道长度足够小（如小于 $4\mu m$），就可以使热电子的能量超过二氧化硅与硅的界面势垒，借助控制栅上的正电压将电子拉到浮栅上去。而擦除信息时，使控制栅、源极、漏极和衬底都接近于低电位，并采用紫外线照射多晶硅栅 15～30min，使得浮栅中的电子成为热电子从源极和漏极释放。这涉及非常有趣的热电子、能量势垒及隧道（隧穿）效应等微观物理现象，读者如有兴趣可进一步查阅相关文献。

---

① 华特·肖特基（Walter H. Schottky，1886—1976），德国物理学家，发现热电子发射的散粒效应，发明了四极管、五极管。

② 肖特基二极管是肖特基势垒二极管的简称，是一种正向导通电压低、允许高速切换的二极管，具有反向恢复时间极小（ps 级）、反向偏置低、反向漏电流偏大、易热击穿等特性。

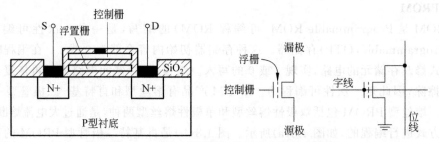

图 4.9　SIMOS 管结构、符号和存储元电路

图 4.10 所示的 FAMOS 管电路只采用一个被二氧化硅包围的多晶硅浮栅，浮栅下层是
800～1000A 的热生长栅氧化层。当浮栅上没有负电荷时，MOS 管的源极和漏极截止，表
示 0。编程时，只要在漏极端加足够高的负电压，就会在漏区 PN 结沟道一侧表面的耗尽层
中发生雪崩击穿，高能电子穿过硅和二氧化硅的界面势垒并进入、保存在浮栅中，进而在源
极和漏极之间感应形成正的导电沟道，此时 MOS 管源漏导通，表示 1。

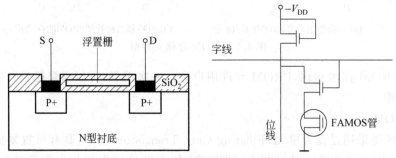

图 4.10　FAMOS 管结构和存储元电路

EPROM 器件的一个重要外部特征是芯片壳体上都开有一个透明的石英窗口，透过该
窗口可以擦除芯片中存储的全部数据。当然，为防止 EPROM 中的数据因光线照射而意外
丢失，编程后都会用贴纸遮住该窗口。EPROM 的可重复擦写特性彻底解决了 ROM 及
MCU 等其他半导体器件的可重复使用问题，大大减少了系统开发、调试过程中的器件浪费
和成本。由于擦除操作需要专门的紫外线设备且每次擦除都需要数十分钟，编程需要特定
的编程器，且 EPROM 型器件的操作比较烦琐，近年来已逐渐被新型的存储技术所替代。

4. E²PROM

电可擦除可编程 ROM（Electrically-Erasable Programmable ROM，E²PROM，EEPROM）
是在 EPROM 基础上发展而来的，是一种可按字节进行电擦除的存储器件，主要用于存放
固件代码或配置数据。E²PROM 也采用浮栅管单元技术，以隧道 MOS 管（FLOTOX）作为
存储元基本电路，擦除速度在毫秒级。FLOTOX 管结构和 E²PROM 存储元如图 4.11 所
示，在浮栅 T1 之上增加浮栅 T2。当漏极接地、T2 接高电压时，在 T1 和漏极之间便会产生
隧道效应，负电荷注入 T1，实现数据位的写入；反之，当漏极接高电压、T2 接地时，浮栅放
电。需要强调的是，对 E²PROM 的按字节擦除操作本质上就是按字节写入初始数据，每个
存储元可重复擦写上万次。

E²PROM 是典型的双电压工作器件，正常读取时控制栅和字线上分别加上 +3V 和
+5V 电压，写入时字线与控制栅上是 +20V 电压。读取时，如果浮栅中无电子，控制栅的

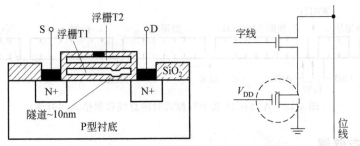

图 4.11　FLOTOX 管结构和 E²PROM 存储元

＋3V 电压使其导通,读出 0;如果浮栅中有电子,导通电压升高,不导通,读出 1。目前大多数 E²PROM 芯片内部提供了升压电路,因此可以以单电源供电方式进行数据读取以及擦除、编程操作。对于无升压电路的 E²PROM 芯片,则需要专用的编程器才能进行擦除和写入操作。

AT24C16 是 ATMEL 公司的 8 引脚 E²PROM 器件[52],其特性主要有:存储容量为 2048×8b,分为 1428 个 16B 的页;内部有数据字地址计数器;提供半双工的两线(串行数据线 SDA 和串行时钟输入线 SCL)应答式通信接口;支持按全页写和部分页写模式,最大写周期为 5ms;支持中等电压和标准电压操作模式,2.7V 时访问频率为 100kHz,5V 时为 400kHz;允许一百万次重复写,数据可有效保持约 100 年。任何读写操作以 SCL 信号作为数据位的同步传输信号,地址和数据在数据线上依次串行传输。该芯片的总线时序如图 4.12 所示。其中,STA、STO、DAT 分别表示启动、停止和数据,SU、HD 分别表示设置和保持,R、F 是上升沿与下降沿,t_{BUF} 是新的传输启动之前总线必须空闲的时间,t_{HIGH} 和 t_{LOW} 分别是时钟脉冲在高电平、低电平时的宽度,t_{DH} 和 t_{WR} 分别是数据输出保持和写周期时间。由数据手册可知,不同供电电压时,以上时间的最大值和最小值范围基本相同。当然,图 4.12 仅给出了基本的数据传输时序,要完成不同的读写操作,还需要进一步了解相应的数据传输协议,并通过软件代码控制(Software Code Control,SCL)控制同步时钟的跳变和频率。

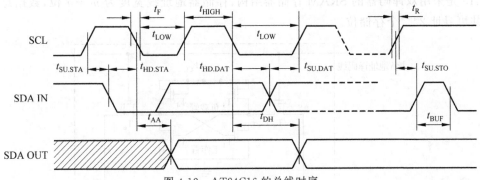

图 4.12　AT24C16 的总线时序

AT24C16 的读操作分为当前地址读、随机读以及顺序读 3 种模式,而写操作可以有按字节写和按页写两种模式。顺序读与按页写模式都是利用了存储器内部数据字地址计数器的递增功能。图 4.13 给出了 AT24C16 按页写模式时的总线数据格式和时序。注意,执行擦除操作之后,要间隔至少 5ms 才能执行下一次访问操作,否则会造成数据访问出错。

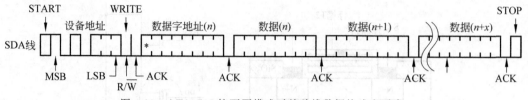

图 4.13　AT24C16 按页写模式时的总线数据格式和时序

4.2.2　随机存储器

随机存储器（RAM）是指工作时可随时从任何一个指定地址读取数据或向任何一个指定地址写入数据的存储器件。其特点在于访问速度快，但掉电后所存储的数据全部丢失，一般用于存放系统运行时所需的程序和所产生的临时数据。根据存储器电路的性质，RAM 通常被分为静态随机存储器（Static RAM，SRAM）和动态随机存储器（Dynamic RAM，DRAM）两类。

1. SRAM

1）SRAM 的基本存储结构

SRAM 存储元通常基于双极型晶体管或 MOS 晶体管的静态 RS 逻辑触发器构造。在双极型 SRAM 中，通常采用发射极耦合逻辑电路（ECL）来设计存储单元。由于 ECL 是一种非饱和电路，电路工作时晶体管不进入饱和状态，其存储时间非常短，接近于零。因此，双极型 SRAM 常用作计算机的 Cache 等高速存储器件。在嵌入式系统中，设计者常使用采用双稳态电路存储信息的 MOS 型 SRAM，其形式有六晶体管 CMOS 存储元、4 个 NMOS 晶体管与两个负载 PMOS 晶体管组成的六晶体管存储元、4 个 NMOS 晶体管与两个负载电阻构成的存储元、薄膜晶体管（Thin Film Transistor，TFT）存储元等。以六晶体管 CMOS 静态存储元为例，其基于两个 MOS 反相器 T_1 和 T_2 交叉耦合形成图 4.14 所示的触发器电路。该电路具有两种稳定的记忆状态，T_1 截止、T_2 导通时为 1 状态，反之为 0 状态。进而，图 4.15 是采用双译码器的 SRAM 存储器结构，存储器地址线宽度为 $m+n$ 位，数据总线 1 位，共可寻址 2^{m+n} 个存储位。

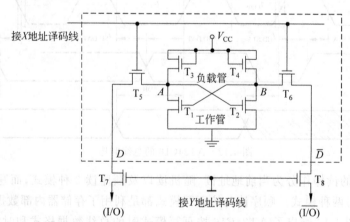

图 4.14　六晶体管 CMOS 静态存储元电路

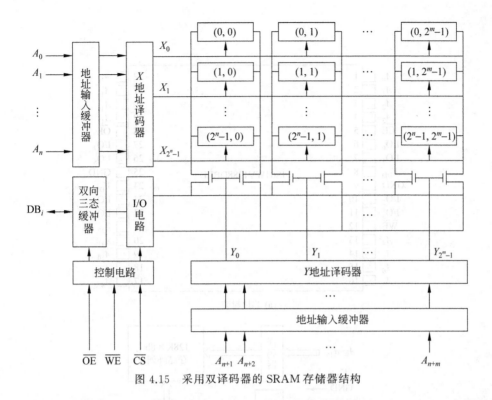

图 4.15 采用双译码器的 SRAM 存储器结构

当读写某个存储元时,必须使相应的 X、Y 地址线均为高电平,让 $T_5 \sim T_8$ 全部导通。如果是写入 1,则在 I/O 端输入高电平,在 $\overline{\text{I/O}}$ 端输入低电平,此时 $A=1$、$B=0$,电路进入稳定的 1 状态。只要系统连续供电,那么,X、Y 信号失效后该存储元电路的 T_1 和 T_2 也会继续保持状态不变。读某个存储元时,相应的 X、Y 地址线为高电平,此时 T_1、T_2 端的信号被发送到 I/O 和 $\overline{\text{I/O}}$ 端,进而经驱动放大后连接差动放大器,以电流的方向表示 0 和 1。相关操作的具体读写过程与图 4.3、图 4.4 相似,读者可自行分析。

2) 实例分析

这里以 ISSI 公司[①]的 IS64WV1288DBLL SRAM 芯片为例进行说明[48]。该 SRAM 芯片是一款非常高速、低功耗的 128K×8b CMOS 型静态存储器,采用 2.4～3.6V 单电压供电,典型工作功耗为 135mW,待机功耗为 12μW,存储温度为 -65～150℃,工作温度分为不同级别。芯片具有 32 引脚的 TSOP、sTSOP、SOJ 以及 48 引脚的 miniBGA 等不同封装形式,片选引脚和输出使能引脚允许进行存储器扩展。图 4.16 给出了 TSOP 封装的 IS64WV1288DBLL 芯片及其结构逻辑。

当初始 $\overline{\text{OE}}$ 为高电平时,IS64WV1288DBLL 的读操作时序如图 4.17 所示。在这一过程中,写使能信号 $\overline{\text{WE}}$ 一直保持高电平。在信号转换时间不超过 3ns、稳态电压变化范围为 ±500mV 时,测得该存储器读操作中各信号的切换特性如表 4.1 所示。图 4.18 给出了该存储器的写操作时序。为了保证对存储器的正确访问,软件代码对各信号的控制必须满足类似于表 4.1 所示的最小切换时间要求。

---

① ISSI:Integrated Silicon Solution Inc.,专门面向嵌入式系统领域的集成电路设计、开发企业。

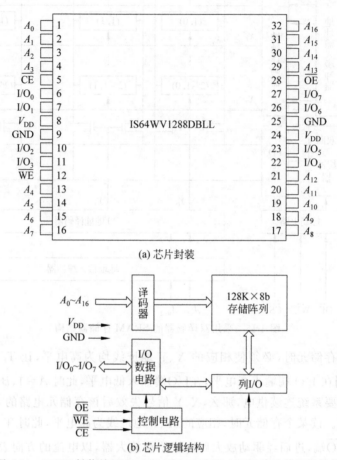

(a) 芯片封装

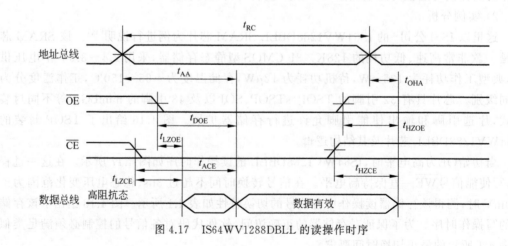

(b) 芯片逻辑结构

图 4.16　TSOP 封装的 IS64WV1288DBLL SRAM 芯片及其逻辑结构

图 4.17　IS64WV1288DBLL 的读操作时序

表 4.1　IS64WV1288DBLL 的读操作中各信号的切换特性　　　　　　单位：ns

符　号	参数	8ns 时钟周期		10ns 时钟周期		12ns 时钟周期	
		最小	最大	最小	最大	最小	最大
t_{RC}	读周期时间	8	—	10	—	12	—
t_{AA}	地址访问时间	—	8	—	10		12
t_{OHA}	输出保持时间	2	—	2	—	2	—
t_{ACE}	$\overline{CE}$访问时间		8		10		12
t_{DOE}	$\overline{OE}$访问时间	—	4		5	—	6
t_{LZOE}	$\overline{OE}$到 Low-Z[1] 输出	0	4	0	5	0	6
t_{HZOE}	$\overline{OE}$到 High-Z[2] 输出	3	—	3		3	—
t_{LZCE}	$\overline{CE}$到 Low-Z 输出	0	4	0	5	0	6
t_{HZCE}	$\overline{CE}$到 High-Z 输出	—	8		10		12

注：1. Low-Z：低阻态；2. High-Z：高阻态。

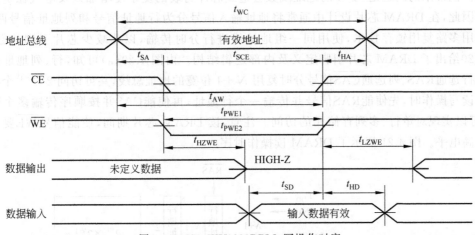

图 4.18　IS64WV1288DBLL 写操作时序

2. DRAM

1) DRAM 基本存储结构

动态 RAM 中的存储元以电容中的电荷存储状态表示 0 和 1 状态。微观上，动态 RAM 的存储元可以有单管、三管、四管等形式。单管存储元由一个连接在一起的电容和晶体管构成，晶体管连接到一根行选择线和用于读写的位控制线，图 4.19(a)是这一存储元的基本结构。位读写控制线可以再连接到由列选择线控制的 MOS 管，形成如图 4.19(b)所示的存储电路，以实现对存储矩阵的二维寻址。写操作时，两个 MOS 管被选中，数据从 I/O 引脚输入。如果写入的是 1，I/O 引脚为高电平，经选通的 T_2、T_1 管对电容充电；而写 0 时，I/O 引脚为低电平，电容放电。当读出的数据为 1 时，读出再生放大器会增强信号的电量。由于电容中的电荷会发生泄漏，因此即使是连续供电，DRAM 中的信息也会因电荷泄漏而丢失。为此，使用 DRAM 时必须对其数据进行毫秒级的周期性刷新，也就是将 DRAM 中的每一

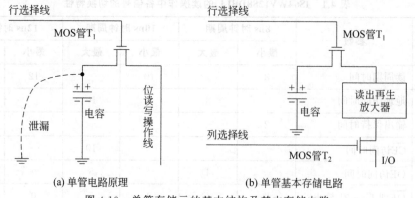

(a) 单管电路原理　　　　　　　　(b) 单管基本存储电路

图 4.19　单管存储元的基本结构及基本存储电路

位数据读出并重新写入。

　　DRAM 芯片都是基于位结构设计的，每个存储元是一个数据位，一个芯片上包括若干位，如 4K×1b、8K×1b、16K×1b、256K×1b、1M×1b 等。由于 DRAM 中每个存储元都采用了较 SRAM 存储元更简单的电路结构，因此 DRAM 芯片集成度更高，容量也更大，成本更低。但带来的问题是，更多的地址线数会造成芯片封装的复杂度增加以及电气稳定性下降。因此，在 DRAM 芯片设计中通常将地址输入信号分为行地址信号和列地址信号两组，并采用多路复用锁存技术，使用同一组地址线进行分时传输，以此减少芯片引脚的数量。图 4.20 给出了 DRAM 芯片引脚定义及内部逻辑结构。由图 4.20（a）可知，行、列地址信号通过行选通 $\overline{\text{RAS}}$、列选通 $\overline{\text{CAS}}$ 信号分时复用 $N+1$ 位宽的地址总线，共可访问 $2^{2(N+1)}$ 个存储元。读写操作时，先使能 $\overline{\text{RAS}}$ 信号并传输一个行地址，再使能 $\overline{\text{CAS}}$ 并按顺序传输多个列地址，可以实现对单行、多列存储元的访问。注意，读 DRAM 芯片期间，使能信号 $\overline{\text{WE}}$ 要一直保持高电平。图 4.21 展示了 DRAM 读操作时序。

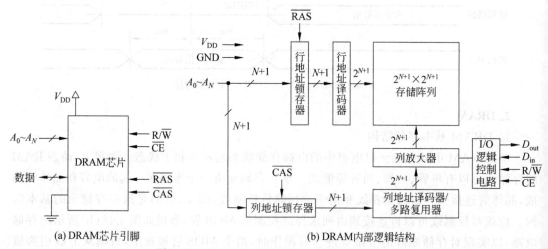

(a) DRAM芯片引脚　　　　　　　　(b) DRAM内部逻辑结构

图 4.20　DRAM 芯片引脚定义及内部逻辑结构

　　如前所述，DRAM 存储元电容存在漏电现象，电容上的高电位状态通常只能保持几毫秒。为了使 DRAM 能够有效地存储信息，就必须定期为已充电的电容补充电量，即进行 DRAM 的刷新操作。为此，需要在处理器和 DRAM 之间增加一个 DRAM **控制器**芯片，如

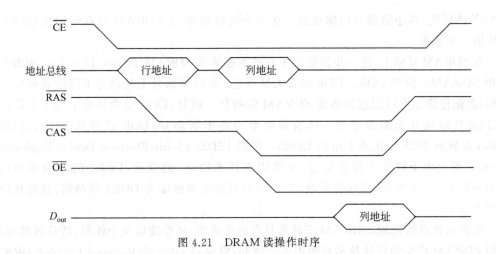

图 4.21　DRAM 读操作时序

ARM 的 CoreLink DMC-400/500/520 等,并由用户根据 DRAM 芯片的特性设置刷新周期参数(如 2ms)。在嵌入式系统设计中,部分嵌入式处理器内部集成了一个或多个 DRAM 控制器并提供不同的刷新机制,如 ARM Cortex-M3 LPC1787 处理器、基于 ARM926EJ 内核的 Z228 SoC 处理器、S3C2410X、Jupiter 以太网处理器以及早期的 ElanSC310 MCU 等,这可以简化硬件逻辑的设计。

2) DRAM 扩展与访问优化

DRAM 刷新机制所导致的另一个问题是访问延迟。在进行 DRAM 刷新期间,DRAM 控制器会向 CPU 发出 DRAM 忙的信号,CPU 的读写请求将被延迟,这降低了 DRAM 的访问效率以及系统的总体性能。为了解决这一问题,进一步提高访问速度以及效率,在 DRAM 的发展过程中也就不断发展、衍生出了不同的技术解决方案。

(1) 快速页模式 DRAM。

根据数据访问的局部性原理,同一行多列数据通常会被同时访问。因此,在触发了行地址后,CPU 可以连续输出多个列地址以访问不同的位。若待访问的 n 位数据在同一行,那么快捷页模式(Fast Page Mode,FPM)DRAM 的地址输出可以由传统 DRAM 的 $2n$ 次减少到 $n+1$ 次。这一技术主要应用于 20 世纪 90 年代的 DRAM 设计中。

(2) 扩展数据输出 DRAM。

继 FPM DRAM 之后,出现了扩展数据输出(Extended Page Output,EDO)DRAM 技术。在传统 DRAM 和 FPM DRAM 访问中,只有等待、列地址输出稳定一段时间后才能访问相应的位,是一个完全串行的访问方式。实际上,无须等待此次访问完成,只要达到规定的地址有效时间就可以输出下一个地址。EDO DRAM 就是利用这一特点进一步缩短了下一位的地址输出准备时间,提高了访问效率。

(3) 同步 DRAM(SDRAM)。

上述两种方式通过优化地址的输出数量和出现时机提升 DRAM 的访问性能,与 CPU 是一种异步访问的关系,本质上并未避免 CPU 访问请求与 DRAM 刷新控制之间可能的冲突。随着 CPU 频率越来越高,上述 DRAM 的数据传输速率更加成为系统性能的瓶颈。为了解决这一问题,同步 DRAM(Synchronous DRAM,SDRAM)中采取了与 CPU 外频同步的 DRAM 频率,使存储器知道在哪个时钟周期使能数据请求,以此消除访问冲突引起的

CPU 等待周期，减小数据的传输延迟。在一个时钟周期内，SDRAM 只在时钟信号的上升沿传输一次数据。

在 SDRAM 基础上，进一步发展出了双倍数据速率 SDRAM（Double Data Rate SDRAM，DDR SDRAM），简称 DDR。DDR 的最大特点是：在时钟信号上升沿与下降沿各传输一次数据，数据传输速度可以达到传统 SDRAM 的两倍。而且，DDR 仅额外地采用了下降沿信号，因此其能耗并无明显增加。随着颗粒架构的不断创新，DDR 已经从 DDR2、DDR3、DDR4 发展到 2021 年正式上市的 DDR5。根据 JEDEC（Joint Electron Device Engineering Council，联合电子设备工程委员会，又称固态技术协会）的规范，DDR5 的传输速率达到 6400MT/s[①]，位宽为 64 位时带宽为 51.2GB/s，其速度和密度为 DDR4 的两倍，且能耗降低了约 30%。

在嵌入式系统领域，SDRAM 产品常具有高集成度、高性能以及小体积、低功耗的要求，不同 SDRAM 产品的设计技术有所不同。例如，低延迟 DRAM（Reduced Latency DRAM，RLDRAM）用于 FPGA 以及网络处理器等嵌入式系统；移动 DDR（mDDR，也称 Low Power DDR，LPDDR）是面向智能手机、平板计算机等嵌入式系统的 SDRAM 产品。其中，LPDDR4 存储器芯片采用 20nm 工艺，运行电压由 LPDDR2 和 LPDDR3 的 1.2V 降为 1.1V，时钟频率达到 1.6GHz，每通道的位容量为 2～16Gb，最高速度为 4266Mb/s，DRAM 阵列电压为 1.8V，内核电压为 1.1V，I/O 电压为 1.1V/0.6V（可调）。2015 年推出了 LPDDR5 移动存储器，每通道的位容量为 2～32Gb，速度可达 6400Mb/s，内核电压为 1.05V/0.9V（可调），I/O 电压为 0.5V/0.3V（可调），可显著降低功耗。

根据 JEDEC 的分类，与 LPDDR 并列的还有标准 DDR 和图形 DDR（Graphic DDR，GDDR），前者用于 PC、服务器、云计算、数据中心或消费类应用等，后者则主要用于诸如显卡/3D 图形卡、游戏控制及高性能计算应用。目前，DRAM 芯片的产品专利和制程专利主要集中在韩国三星和海力士（SK Hynix）、美国美光（Micron）等几家大型半导体企业。2014 年，三星电子集团率先量产了 20nm 工艺的 DRAM 产品，2021 年三星电子集团正式量产 14nm EUV 工艺的 DDR5 DRAM。

3）实例分析

以美光 MT46H16M32LG 存储芯片为例[49]。该芯片属于 LPDDR SDRAM 类型、存储容量为 512Mb，芯片存储体包括了 4 个 128Mb 的存储阵列组（bank），每个存储阵列的位宽 32 位，有 16K 行地址 A[13:0] 和 256 个列地址 A[7:0]。该芯片的逻辑结构如图 4.22 所示。部分引脚定义如下：

（1）CKE 引脚为时钟使能信号，高电平表示启动内部时钟信号。

（2）CK 和 $\overline{CK}$ 是输入的差分系统时钟。

（3）14 位宽的地址总线 A[13:0]，为激活命令提供 14 位的行地址，为读写命令提供 8 位的列地址以及自动预充电位（A10）。在预充电操作期间，A10 为低电平表示给一个存储阵列预充电，为高电平表示给所有存储阵列充电。

（4）32 位数据输入输出总线 DQ[31:0]。

---

① MT/s：百万次传输/秒（Million Transfers per second），或百万次/秒（Million Times per second）。DDR4 的速率为 3200MT/s，下一代存储器 DDR6 为 12 800MT/s。

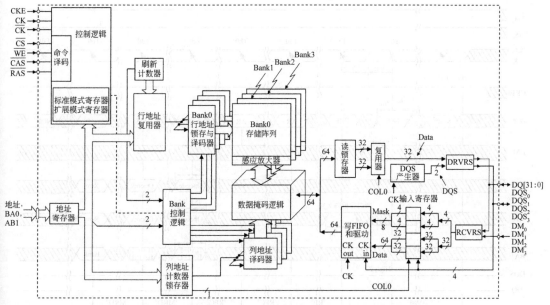

图 4.22 MT46H16M32LG LPDDR SDRAM 的逻辑结构

（5）DQS 是用于数据采集的同步信号，读操作时作为输出并与数据的边沿对齐，写操作时作为输入并与数据的中心对齐，每一个芯片都有一条双向的 DQS 信号线，DQS_m 控制 $DQ(8m)\sim DQ(8m+7)$，$0\leqslant m\leqslant 3$。

（6）4 个输入数据掩模信号 DM[3:0]，在 DQS 信号的上升沿、下降沿对 DM 信号采样。如果在写操作时 DM 信号为高电平，输入数据会被屏蔽。

（7）BA0 和 BA1，组合起来选中 Bank0～Bank3 中某个要进行激活、读、写或预充电操作的存储阵列。

（8）V_{DD} 和 V_{SS} 是芯片电源和地，V_{DDQ} 和 V_{SSQ} 是 DQ 的电源和地。

芯片加电后，首先执行初始化操作，如图 4.23 所示，以使其达到稳定的初始工作状态。几个重要的初始化步骤包括：电源及 CKE 稳定后，执行空操作 $200\mu s$ 以达到输入稳定状态；执行 PRECHARGE 命令，对所有的存储阵列组进行预充电；执行（逐行）自动刷新命令 AR，芯片内部组件就绪；最后，通过加载模式寄存器命令 LMR 配置模式寄存器参数。

在该芯片的突发式读操作中，突发访问长度 BL 可被编程设置为 2、4、8 或 16 个单元，实现对同一行中相邻的 BL 个存储单元进行连续访问。在基本的**读操作过程中**，先发出存储阵列组 ACTIVE 命令并锁存相应的存储阵列组地址和 14 位行地址。经过 RAS 到 CAS 的延迟时间 t_{RCD}，再发出 READ 命令字和 8 位列地址。在 CAS 延迟后，数据出现在数据总线。在读操作的最后，进行 PRECHARGE 操作，关闭已激活的存储阵列，且该操作后间隔 t_{RP} 时间才能进行存储器的读写操作。**写操作过程**与之类似，在 t_{RCD} 之后发出 WRITE 命令和列地址，将待写入的数据依次发送到 DQ。当最后一个数据写入并延迟 t_{WR} 时间后，进行 PRECHARGE 操作，并在等待 t_{RP} 时间后进行下一次操作。写操作可以支持突发和非突发模式。图 4.24 给出了几种典型操作的信号时序特性。

3. 双端口 RAM

从形式上，将采用两套独立访问接口的 RAM 存储器称为双端口 RAM（Dual-Port

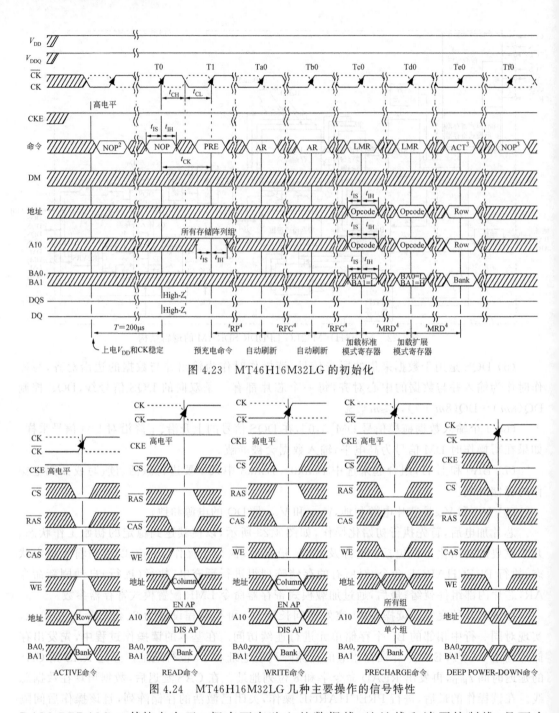

图 4.23　MT46H16M32LG 的初始化

图 4.24　MT46H16M32LG 几种主要操作的信号特性

RAM,DPRAM)。其特点在于：拥有两套独立的数据线、地址线和读写控制线,是两个 CPU 系统之间快速传输块数据的有效方式,广泛应用于采用主从处理器的无线系统、音视频处理及控制系统等。不同 DPRAM 在存储容量、操作模式、存储架构、最大访问时间、封装类型、电源电压等方面存在差异,容量可以由几十千比特(Kb)到几十兆比特(Mb)等,额定电压一般为 1.8V、3.2V、5V 或 5.5V。在半导体领域,IDT、CYPRESS 等企业提供了丰富的 DPRAM 产品,设计人员可根据容量、访问速度、电压、体积、封装形式以及价格等指标进行选择。

按照双端口操作特性,DPRAM 可以分为**伪双端口** RAM 和**双端口** RAM。伪双端口 RAM 的一个端口为只读端口,另一个为只写端口。按照存储体类型,主要可以分为 SRAM 型、DRAM 型和 SDRAM 型。其中双端口 SRAM 是 DPRAM 的主要形式,存储元一般采用八晶体管存储元电路。按照时钟特性,DPRAM 又可以分为同步 DPRAM 和异步 DPRAM。异步 DPRAM,如 CY7C006A-15AXC,没有时钟控制信号,以异步方式响应地址和控制引脚的改变,这会限制输入引脚时序及其功能,同时还限制了 DPRAM 的工作速度[50]。所谓同步,是指仅在时钟的上(下)跳沿时对 RAM 进行读写操作,例如 IDT70V3319、CYD02S36V/36VA 等同步 DPRAM 就使用了外部时钟来实现有序的读写操作。外部时钟所使用的时序规范可以减少 DPRAM 访问次数和周期数,进而提供更高的系统工作频率和带宽。

异步 DPRAM 由一个存储阵列、两套数据访问接口以及一套访问仲裁与控制逻辑组成,如图 4.25 所示。除基本的 RAM 访问操作之外,基于 DPRAM 的设计必须采用可靠的多 CPU 访问机制,需要掌握 DPRAM 芯片的访问仲裁原理及相应的控制机制。通常情况下,DPRAM 提供表示当前状态的 BUSY 引脚,方便 CPU 在访问之前判断存储器是否可用。当两个 CPU 同时访问存储器时,仲裁逻辑会选择出一个 CPU 进行授权,并通过置 BUSY 引脚将忙状态通知给另一个 CPU。同时,DPRAM 通常也提供硬件信号量仲裁机制,控制软件访问,获取硬件信号量 SEM,可以实现对存储单元的互斥访问。为了进一步支持多 CPU 间的消息通信,部分 DPRAM 的控制电路还支持双 CPU 间的信令交换逻辑(也称邮箱)。该逻辑为两个 CPU 分别提供了一套信令单元地址和中断机制。当左 CPU 写特定的信令地址时,信令交换逻辑向右侧 CPU 发送中断,通知其开始数据访问操作。为了正确使用 DPRAM,嵌入式软件中必须设计相应的逻辑和判断机制。注意,在不同的 DPRAM 产品中,这些机制的设计和引脚表示并不完全相同。

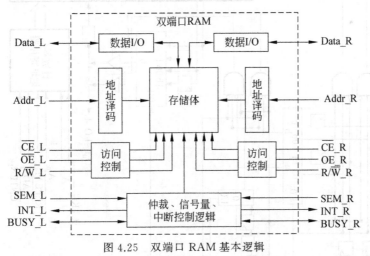

图 4.25 双端口 RAM 基本逻辑

图 4.26 所示为 IDT70V3319/99S 同步 DPRAM 的逻辑结构[51]。其逻辑除了实现上述功能之外,还提供了特殊的外部同步时钟信号 CLK、高/低片选信号 CE 和 $\overline{CE}$、流水线/直通模式控制信号 $\overline{FT}$/PIPE、计数器使能信号 $\overline{CNTEN}$、循环计数器使能信号 $\overline{REPEAT}$、高字节 $(I/O_9 \sim I/O_{17})$ 使能信号 $\overline{UB}$、低字节 $(I/O_0 \sim I/O_8)$ 使能信号 $\overline{LB}$ 等。在直通模式下,立即从数

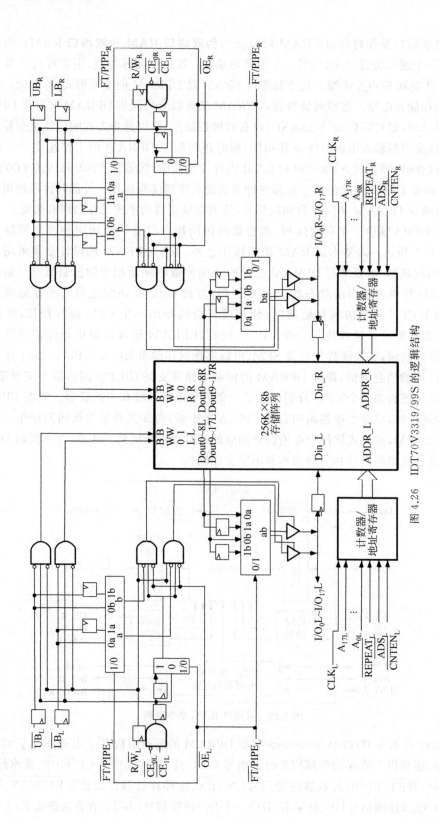

图 4.26　IDT70V3319/99S 的逻辑结构

据线上读取从存储阵列输出的数据;而在流水线模式下,从数据线上读取输出数据前将该数据存储在寄存器内,可以提供短周期时间和快速的时钟至数据的有效时间(t_{CD}),适合高带宽应用。需要说明的是,这两种模式并不影响存储器的写操作。

同步突发 DPRAM 只加载连续地址序列的第一个,并通过递增逻辑中的地址计数器完成后续访问。对于同步 DPRAM 而言,如果两个端口同时对一个地址进行写操作或读操作,则都不能保证数据的完整性。此时,要求左端口和右端口的写操作和读操作之间至少需要 t_{CO} 的时钟相位偏移(一般为纳秒级,参考器件的数据手册)。如果两端操作时间间隔小于 t_{CO},则需要使用外部逻辑进行仲裁。

以 IDT70V3319/99S DPRAM 的双端口读写操作为例。左端口写入数据,右端口以流水线模式读取数据时的时序如图 4.27 所示。其中,t_{SW}、t_{HW} 分别为 R/W 信号的设置和保持时间,t_{SA}、t_{HA} 分别为地址设置和保持时间,t_{SD}、t_{HD} 分别为输入数据设置与保持时间。当 t_{CO} 小于规定的最小值时,左端写入到右端有效读出的时间为 $t_{CO}+2\times t_{CYC2}+t_{CD2}$,否则为 $t_{CO}+t_{CYC2}+t_{CD2}$。其中,t_{CYC2} 是流水线模式下的时钟周期,t_{CD2} 是流水线模式下的数据有效时刻。下一时钟的上跳沿之后,右端口数据继续保持 t_{DC} 时间。另外,该 DPRAM 还定义了不同模式下的单端口读、双端口读、读-写-读、地址递增的读写等操作方式,并允许多个芯片进行存储器数据位宽和存储深度的扩展。

4.2.3 混合存储器

通过采用特殊的材料及结构,使得存储器可以同时具备 RAM 的随机快速读写特性和 ROM 的数据非易失特性,这样的存储器就被称为混合存储器,它已成为嵌入式系统设计中广泛采用的存储组件类型之一。本节将对典型的混合存储器体系、机制等进行重点分析和阐述。

1. Flash

Flash,即闪存[①],是一种在工作时可进行随机访问的、非易失的高速存储器,主要用作系统/用户软件存储器、配置数据存储器以及固态大容量存储器等。本质上,Flash 与 E^2PROM 相似,同样采用了浮栅管单元技术,且基于隧道效应的编程与擦除机制。与 E^2PROM 不同的是,Flash 采用如图 4.28 所示的浮栅隧道 MOS 管,该晶体管的隧道层在源区且更薄,允许在控制栅和源极之间加 +12V 电压时就使隧道导通。同时,Flash 芯片内集成了高压产生电路(电荷泵),因此可以在单电压供电输入的基础上,面向不同操作特性提供不同的工作电压。

在 Flash 中,用存储元的源极和漏极是否导通表示 0 和 1。在不同操作过程中,存储元各引脚的电气参数有所区别。当浮栅中被注入电荷时,在源极和漏极之间形成正的导电沟道,此时不论控制极是否加偏置电压都导通,值为 0。当浮栅中无电荷时,除非在控制极加偏置电压,否则晶体管截止,值为 1。也就是说,每个存储元的初始状态为 1。将源极接地,将漏极接到位线,就可以根据晶体管导通后的电流大小读取该位数据。由于读取数据过程

---

① 1980 年,日本东芝公司的 Fujio Masuoka 博士申请了一个名为"simultaneously erasable E^2PROM"的专利,但东芝公司的论资排辈传统令这项划时代的发明石沉大海,4 年后才被正式公开。由于这种存储器的擦写过程类似于相机的闪光灯,因此称为 Flash。

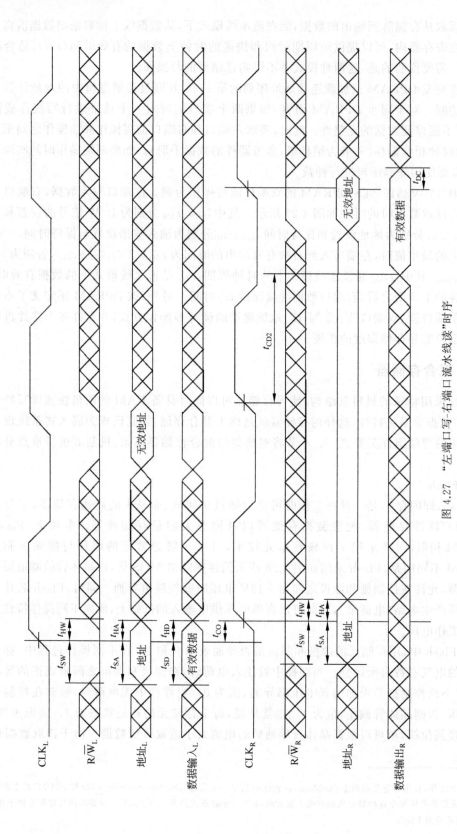

图 4.27 "左端口写-右端口流水线读"时序

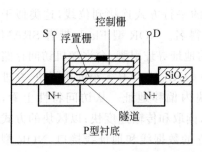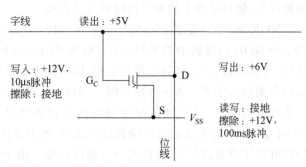

图 4.28　Flash 浮栅隧道 MOS 管结构及存储元示例

中给控制栅施加的电压较小或不施加电压,不会改变浮栅中原有的电荷量,因此读操作并不会改变存储元中的原有数据。

在写入 0 时,同时向栅极和漏极加上高电压,源极和漏极之间的电子就会在电场的作用下注入浮栅。擦除存储元是将存储元置 1,是通过在漏极与控制栅间加＋12V 电压,进而借由量子隧穿效应抽离浮栅中电荷的过程(与 E²PROM 的擦除操作正好相反)。由于在编程(即写入)Flash 时只会对值非 0 的存储元进行电荷注入操作,即只能写入 0 而不能写入 1,因此在对 Flash 的特定存储元写入数据前必须先进行擦除,通过释放浮栅中的电荷将其置 1。由此可知,对 Flash 写入、擦除的主要操作就是利用热电子或隧穿效应向浮栅中注入电荷或将电荷抽空。随着操作次数的增加,隧道二氧化硅层中陷落的电子数量会不断增加,消除这些电子的擦除周期就会越来越久,会导致 Flash 的速度逐渐降低。随着隧道氧化层中陷落、积聚的电子越来越多,阻隔浮栅中的电子最终无法被抽空,此时该存储元完全失效。这也就是 Flash 使用次数越多会变得越慢,直至最终失效的根本原因。因此,Flash 文件系统的底层会采用磨损均衡技术(具体见 9.2 节),其核心思想是对各个存储元的擦写次数尽量均匀,要避免对其中的一些存储元反复擦写的情形出现。对于损坏的存储元,可进一步进行坏块管理(Bad Block Management,BBM)。

根据每个存储元能够表示的位数,可以将 Flash 分为单阶存储元型(Single-Level Cell,SLC)和多阶存储元型(Multi-Level Cell,MLC)。在单阶存储元 Flash 中,每一个存储元仅存储一位信息,速度快,功耗低,使用寿命长。而在多阶存储元 Flash 中,每个存储元可以用不同的电压表示两个或者更多的信息位,如三阶存储元(Triple-Level Cell,TLC)、四阶存储元(Quad-Level Cell,QLC)等。这些不同类型的 Flash 存储元具有不同的使用寿命。例如,SLC 型 Flash 可重复擦除数十万次,而 MLC 型 Flash 只能重复擦除一万次左右,且阶数越高寿命越短。另外,依据内部存储元的组织结构和接口特性,可以将 Flash 分为 NOR 型和NAND 型[①]。

1) NOR 型 Flash

NOR 型 Flash 于 20 世纪 80 年代末问世,是 Intel 公司设计的一个主要的 Flash 规格标准。NOR 型 Flash 采用了源极给浮栅充电的热电子注入方式,写入数据 0 时,给控制栅加高电压,源极不接电压,将热电子注入浮栅存储;擦除(写入 1)时,源极接高电压,而漏极、控

① 1986 年,Fujio Masuoka 博士又发明了 NAND Flash,并于 1987 年由东芝公司正式推出。1988 年,Intel 公司正式推出商用的 NOR Flash。

制栅浮空,使得浮栅中的电子以隧道方式释放。

NOR 型 Flash 的内部存储单元采用如图 4.29 所示的平行方式连接到位线,这类似于 CMOS NOR 门逻辑中的平行连接,NOR 型 Flash 因此得名。NOR 型 Flash 带有 SRAM 接口,与系统接口完全匹配,使用方便,同时提供了足够的地址寻址引脚,允许随机访问存储器内部的每一字节。为了方便访问,一般将 Flash 划分为 64KB、128KB 大小的逻辑块,并进一步划分为扇区,读写操作时要同时指定逻辑块号和块内偏移地址。从访问特性上看,NOR 型 Flash 有独立的地址线和数据线,按照字节读取,读取和传输速度快;以区块的方式擦除并以字节方式写入,擦除和写入速度较慢。由于独立的数据线和地址线接口,NOR 型 Flash 的集成度较低,容量较小且价格较贵,一般用于小容量数据存储。

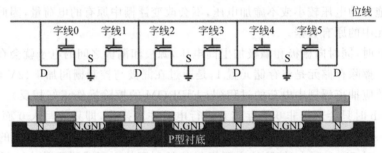

图 4.29　NOR 型 Flash 存储元的平行连接方式

根据访问接口特性,NOR 型 Flash 产品又被分为串行和并行两种。串行 NOR 型 Flash 的缺点是数据分批传输会需要更大的访问时间,但引脚少,封装体积小;并行 NOR 型 Flash 具有与之相反的特点。美光公司进一步推出了融合串行、并行优点的 XTRM(即 eXTReMe,终极的意思)NOR 型 Flash 的解决方案,其访问速度可达到 3.2Gb/s。现在,NOR 型 Flash 已经大范围替代了传统 ROM 器件的使用,提供了多模式寻址、可配置哑周期、片内执行技术(eXecute In Place,XIP)、用户锁以及写保护等非常丰富的存储特性。在嵌入式系统中,通常将启动代码、系统恢复数据等无须改动的内容存放在 NOR 型 Flash 中,并可直接执行存储器中的代码。

2) NAND 型 Flash

NAND 型 Flash 是使用复杂 I/O 接口串行存取数据的存储器件,共用一套总线作为地址总线和数据总线。从物理特性上看,NAND Flash 也是通过隧道效应从硅基层给浮栅注入电荷,或者以隧道效应从浮栅抽空电荷。在写入操作中,给控制栅加偏置电压,并将源极、漏极和衬底全部接地,即可将电荷注入浮栅;而在擦除时,则需要给衬底施加高电压,将源极、漏极浮空,控制栅接地,从而将浮栅中的电子释放出来。这两方面都与 NOR 型 Flash 有所不同。同时,NAND 型 Flash 中的存储元采用了图 4.30 所示的串行连接方式。当通过字线、位线选择、读取某位数据时,被选中晶体管的控制栅不加偏置电压,而其他 7 个晶体管都加偏置电压导通。此时,若该晶体管的浮栅中注入了电荷,就会与接地选择晶体管导通并使位线为低电平,读出 0;反之,该晶体管不导通,位线输出为高电平,读出 1。

在存储结构上,NAND 型 Flash 内部采用非线性宏单元模式,全部存储单元被划分为若干个块(类似于硬盘的簇,一般为 8KB),这也是擦除操作的基本单位。进而,每个块又分为若干个大小为 512B 的页,每页的存储容量与硬盘每个扇区的容量相同。也就是说,每页

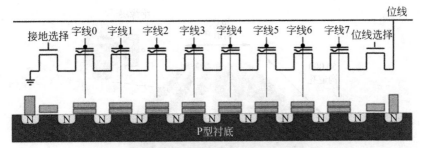

图 4.30　NAND 型 Flash 存储元的串行连接方式

都有 512 条位线,每条位线连接一个如图 4.30 所示的存储元。此时,要修改 NAND 型 Flash 芯片中的一字节,就必须重写整个数据块。当 Flash 存储器的容量不同时,其块的数量以及组成块的页的数量都将不同。例如,三星公司的 K9F5608UOA 是 256MB 大小的 NAND 型 Flash,共有 16K 个块,块大小为 16KB,每页 512B 且预留 16B 的错误校验码存放空间[也称带外(Out-of-Band,OOB)空间]。相应地,地址信息包括列地址、块地址以及相应的页面地址。这些地址通过 8 位总线分组传输,需要多个时钟周期。当 Flash 容量增大时,地址信息增加,此时就需要占用更多的寻址周期,寻址时间也就越长。这导致 NAND 型 Flash 的地址传输开销大,因此并不适合频繁、小数据量访问的应用。

相比较而言,NAND 型 Flash 存储器具有更高的存储密度、更快的写入速度、更低的价格以及更好的擦写耐用性等优点,非常适用于大量数据的存储。但由于 NAND 型 Flash 的接口和操作都相对复杂,位交换操作频繁,因此通常还要采用错误检测码/错误纠正码(Error Detection Code/Error Correction Code,EDC/ECC)算法保护关键性数据。

现在,半导体存储器的工艺已经进入 10+nm 时代,但是不能简单地认为存储器的容量将会越来越大。实际上,晶体管变小将直接导致存储单元的稳定性、可靠性明显降低,因此单纯依靠新的半导体工艺并不能有效提升存储器的容量和性能。2013 年,三星公司基于电荷撷取闪存(Charge Trap Flash,CTF)技术设计、推出了 3D 架构的垂直闪存——V-NAND Flash。不同于基于多晶硅的浮栅 MOSFET 技术,CTF 采用了氮化硅薄膜绝缘体层存储撷取的电荷,允许一个存储元存储多位数据。在结构上,绝缘体层环绕着沟道,控制栅极又环绕着绝缘体层,每个存储元用一个沟道孔存储一位或多位数据。在该结构中,隧道层更薄,为 50~70Å[1],将增加撷取层与沟道的结合速度,从而也可以提升编程速度,降低擦除电压并由此减小对隧道氧化层的损伤。这种 3D 结构设计使得存储元体积变小,同时增加了每个存储元存储电荷的物理区域,在增加芯片存储容量的同时也提升了可靠性。图 4.31 给出了 V-NAND Flash 及 CTF 存储元的结构,单层可以有 25 亿个存储元沟道孔。在存储器架构上,每个 V-NAND Flash 颗粒的容量达到数十 Gb 或上百 Gb,通过 3D 堆叠技术可以实现数十层乃至上百层的叠加和封装,存储容量也可达数百 Gb 到 Tb 以上。2020 年,海力士公司进一步推出了采用 CTF 和全新 PUC 技术的 176 层 4D NAND Flash,将原本的外围电路堆叠到颗粒单元下方,进一步减少了单位面积,颗粒容量达到 512Gb。

---

　①　Å(Ångström,埃)是一种不属于国际标准的长度单位,一般用于原子半径、可见光波长、生物结构的度量,1Å= 10^{-10}m=0.1nm。安德斯·约纳斯·埃格斯特朗(Anders Jonas Ångström,1814—1874),瑞典物理学家,瑞典皇家科学院、英国皇家学院、法兰西科学院院士,光谱学奠基人之一。

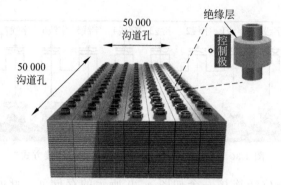

图 4.31　V-NAND Flash 及 CTF 存储元的结构

2005 年以来，三星、东芝、美光、海力士、Intel 以及国内的长江存储等公司已经成为 NAND 型 Flash 的主要生产企业。虽然，诸如相变存储器（PRAM）、磁变阻存储器（MRAM）、电阻存储器（RRAM）、有机存储器（ORAM）、纳米通道存储器（NRAM）等混合存储技术不断兴起，但由于成本、技术成熟度、容量等因素的制约，NAND 型 Flash 仍是嵌入式系统领域的主流产品，并在航空航天、移动设备、消费电子、高性能存储、移动存储等嵌入式系统及通用系统领域等得到了广泛应用。

3）实例分析 1：NOR Flash 芯片

以美光 N25Q512A 串行 NOR 型 Flash 存储芯片为例[53]，其逻辑结构和接口如图 4.32 所示。该芯片由两个 256MB 的颗粒堆叠形成，具有 64 个 OTP 字节。存储体划分为 1024

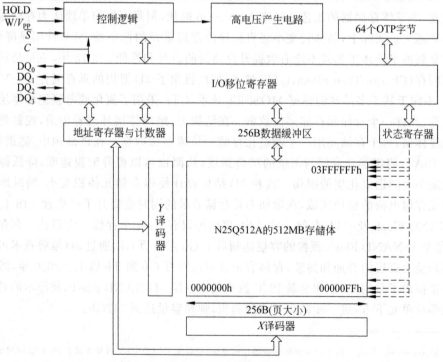

图 4.32　N25Q512A 的逻辑结构与接口

个 64KB 扇区、16 384 个 4KB 子扇区,地址范围如表 4.2 所示。该芯片支持单传输速率模式
(时钟频率可达 108MHz)和双传输速率模式(时钟频率可达 54MHz),提供按颗粒擦除、按
子扇区擦除和按扇区擦除 3 种模式,支持芯片模式配置以及 XIP。

表 4.2 扇区、子扇区地址范围

扇区号	子扇区号	地 址 范 围	
		起始地址	结束地址
	16383	03FF F000h	03FF FFFFh
1023	⋮	⋮	⋮
	16368	03FF 0000h	03FF 0FFFh
⋮	⋮	⋮	⋮
	8191	01FF F000h	01FF FFFFh
511	⋮	⋮	⋮
	8176	01FF 0000h	01FF 0FFFh
⋮	⋮	⋮	⋮
	4095	00FF F000h	00FF FFFFh
255	⋮	⋮	⋮
	4080	00FF 0000h	00FF 0FFFh
⋮	⋮	⋮	⋮
	2047	007F F000h	007F FFFFh
127	⋮	⋮	⋮
	2032	007F 0000h	007F 0FFFh
⋮	⋮	⋮	⋮
	1023	003F F000h	003F FFFFh
63	⋮	⋮	⋮
	1008	003F 0000h	003F 0FFFh
⋮	⋮	⋮	⋮
	15	0000 F000h	0000 FFFFh
0	⋮	⋮	⋮
	0	0000 0000h	0000 0FFFh

该芯片对外提供兼容 SPI[①] 的串行总线接口和扩展 SPI、双 I/O、四路 I/O 共 3 种传输
协议,所有命令和数据基于这些协议以 1 位串行、2 位串行和 4 位串行的方式传输,采用不
同数据宽度的协议时传输周期不同。在外部特性上,存储器有 8 引脚的 MLP8 封装、16 引

---

① SPI:Serial Peripheral Interface,串行外设接口,该接口的具体描述见 6.1.2 节。

脚的 PSOP 封装以及 24 引脚的 TBGA 封装 3 种形式,但都仅有 8 个引脚有效。其中,C 为时钟引脚,为串行接口、命令、地址及数据输入提供时钟滴答;$\overline{S}^{①}$ 为片选引脚,$\overline{W}$ 为可用于写保护的输入控制引脚,$\overline{\mathrm{HOLD}}$ 是不取消片选信号时暂停串行通信的控制引脚;DQ0~DQ3 首先作为基本的 I/O 引脚,其中 DQ2 与 V_{pp}、$\overline{W}$ 复用,DQ3 与 $\overline{\mathrm{HOLD}}$ 复用,具体功能取决于工作模式和操作命令。在该芯片中提供了易失性/非易失性寄存器、读写寄存器、状态寄存器等资源,允许执行复位操作、ID 操作、读操作、写使能、寄存器操作、编程、擦除操作、OTP 字节操作、4 字节地址模式操作以及 4 位模式操作等 62 条 8 位指令。

图 4.33 是 N25Q512A 在不同传输协议模式下读寄存器操作时序。在扩展 SPI 模式下,前 8 个时钟周期在 DQ0 上传输一个命令,之后的 8 个时钟周期中 8 位寄存器数据被依次输出到 DQ1。随着传输线路的翻倍,命令和数据的传输周期数减半。

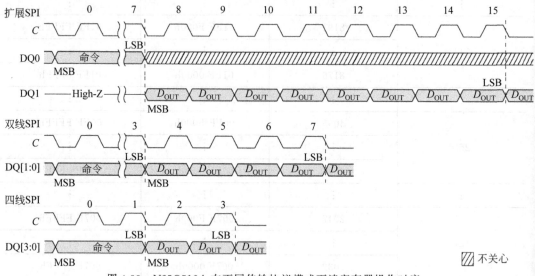

图 4.33　N25Q512A 在不同传输协议模式下读寄存器操作时序

图 4.34 是 N25Q512A 在扩展 SPI 模式下读存储器的操作时序。在 DQ0 上传输命令字之后,紧接着传输地址寄存器中的 3 字节或 4 字节地址,之后读取 8 位有效数据。相应地,图 4.35 给出了 N25Q512A 的扇区、子扇区擦除操作时序。编程模式时序与读模式较为类似,此处不再讨论。XIP 模式可以通过易失性配置寄存器 NVCR 或非易失性寄存器启动或停止。图 4.36 中 Xb 是 XIP 确认位,在 XIP 模式时必须置 0,如果置 1 则返回读模式。

并行接口的 NOR 型 Flash 具有更多的引脚,可以提供更为丰富的功能。以美光的 M29W256GH NOR 型 Flash 为例[54],该芯片采用 2.7~3.6V 的编程/擦除/读操作电压、1.65~3.6V 的 I/O 缓冲区电压和 12V 的快速编程电压,存储体包含了 256 个 128KB(或 64K 字)的块,页大小为 16B(或 8 字)等。在外部特性上,该芯片有 56 引脚 TSOP 封装和 64 引脚 BGA/TBGA 封装等不同器件形式。该芯片的引脚定义与 SRAM 相似,包括片选、

---

　　① $\overline{S}$ 表示该引脚低电平有效,各厂家产品的符号表示方式有所不同。

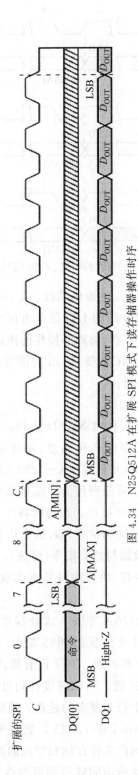

图 4.34　N25Q512A 在扩展 SPI 模式下读存储器操作时序

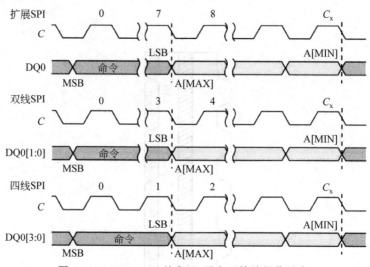

图 4.35　N25Q512A 的扇区、子扇区擦除操作时序

输出使能、写使能、就绪/忙信号、24/25 位地址总线、16/15 位数据总线等，另外还提供了复位、写保护、字节或字数据模式以及专门的 I/O 供电电压引脚。该芯片允许用户通过读取状态寄存器中不同的位获取存储器编程、擦除等操作的执行状态，通过设置锁存器的不同位设置不同的存储器保护模式。并行 NOR 型 Flash 的读写操作等时序与 SRAM 比较接近，在实际应用中可参考具体的数据手册。

4) 实例分析 2：NAND Flash 芯片

K9GAG08B0M 是三星公司的并行接口 NAND 型 Flash 存储芯片，其逻辑结构如图 4.37 所示[55]。在该芯片中，每个存储元存储 2 位信息，单片位容量为（2G＋64M）×8b，每个 512KB＋16KB 的块划分为 128 个页，并具有（4K＋128）×8b 数据寄存器。该芯片的典型特性包括：2.5～2.9V 供电电压，以块、页分别作为擦除单元和编程单元；提供了 19 种操作指令，命令、地址、数据复用一套 8 位 I/O 接口。在访问特性上，该芯片的复位、擦除及不同模式的编程、读取操作都以命令方式启动和结束，即，依次从 I/O 接口输入起始命令字、2 字节页地址（可选）、3 字节块地址以及数据与结束指令（可选），这与 DRAM 的访问有些许类似。

图 4.38 给出了对 Flash 进行编程、块擦除以及页读取操作的基本流程，在软件设计中要严格遵守控制信号的时序。

在实际应用中，S3C2440、S3C2410A 等嵌入式处理器中集成了 NAND 型 Flash 控制器，提供灵活的访问、控制、配置以及位反转纠错能力，这使开发人员可以方便地进行 NAND 型 Flash 存储子系统的设计和扩展。对于没有提供 NAND 型 Flash 控制器的处理器，也可以通过 I/O 引脚进行电路扩展。从软件设计角度，开发人员可以通过底层端口直接操作 NAND 型 Flash，但这是一个较为复杂的过程。通常情况下，存储芯片提供商一般会提供 Flash 转换层（Flash Translation Layer，FTL）、底层通用驱动程序等，为嵌入式软件人员提供封装后的操作接口。另外，面向文件存储和管理的需要，一般可以在 Flash 上部署文件系统，这将大大提高 Flash 存储器的访问效率和可靠性。关于 Flash 文件系统的特性及使用方法等内容，将在第 9 章进行阐述。

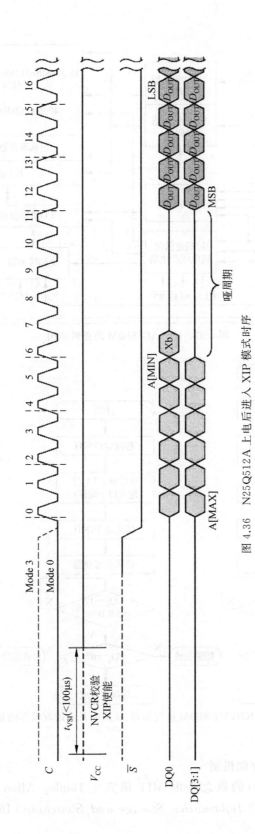

图 4.36　N25Q512A 上电后进入 XIP 模式时序

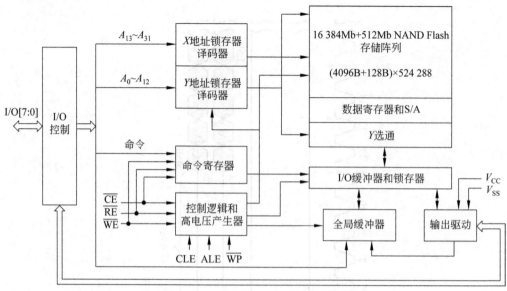

图 4.37　K9GAG08B0M 的逻辑结构

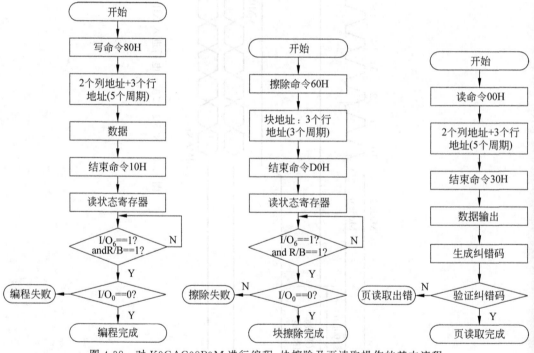

图 4.38　对 K9GAG08B0M 进行编程、块擦除及页读取操作的基本流程

2. 铁电存储器

1）基于铁电效应的存储机制

铁电存储器（FRAM）的概念是由 MIT 研究生 Dudley Allen Buck 在其硕士论文
Ferroelectrics for Digital Information Storage and Switching（1952）中率先提出的。

1993 年,美国 Ramtron 公司[1]实现了该技术的开发和推广。铁电存储器是一种既有 RAM 的随机访问特性又非易失的存储器件,是一种典型的 NVRAM(Non-Volatile RAM)。铁电存储器的核心技术是铁电晶体材料——锆钛酸铅(PZT),主要利用了铁电晶体材料的铁电特性和**铁电效应**。该材料的铁电特性在于:电场与存储电荷之间并非线性关系,偏振极化特性与电磁作用无关,不受外界条件影响。而铁电效应则是指:在铁电晶体上施加一定电场时,晶体中心原子在电场的作用下运动并达到一种位置上的稳定状态,这个位置就用来表示 0 和 1。电场消失后,中心原子会一直保持在原来的位置,并在常温、没有电场的情况下保持这一状态达 100 年以上。铁电存储器的存储元工艺与标准的 CMOS 工艺兼容,与 DRAM 存储元的主要区别在于采用了铁电材料取代栅极的电容,铁电薄膜位于两电极之间并被置放在 CMOS 基层之上。图 4.39 是铁电存储器的存储元结构。早期每个存储元采用两个晶体管+两个电容的 2T2C 结构,每个存储元包括数据位和各自的参考位。2001 年,Ramtron 公司设计了更为先进的 1T1C 结构,所有数据位使用相同的参考位,这允许芯片集成更多的存储元。

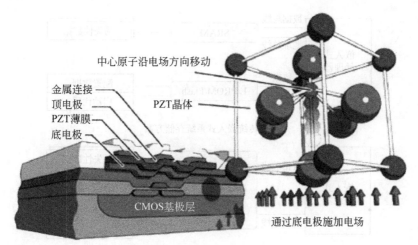

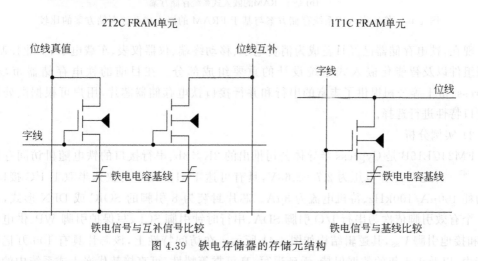

图 4.39　铁电存储器的存储元结构

---

[1] Ramtron 公司于 2012 年被 Cypress 半导体公司收购。

　　铁电存储器的数据读取过程比较特殊。在读过程中，首先在存储元的底电极上施加电场。如果晶体中的原子就在施加电场后的目标位置，那么原子不会移动；否则中心原子将获取势能，穿越晶体中间的高能阶，到达另一个位置，此时充电波形上会产生一个尖峰。显然，通过将充电波形与参考位的充电波形相比较，根据有无尖峰即可判断存储元中的原子位置状态，也就是数据位的值。在这个操作过程中，存储元的数据状态可能会发生改变，因此完成读操作（约 70ns）后需要对存储元进行状态恢复，这一耗时约 60ns 的过程称为预充。因此，一个读周期大约需要 130ns。写操作与 DRAM 的操作过程相似，此处不再讨论。

　　如上所述，铁电存储器的设计主要是利用了铁元素的磁性和原子运动过程，具有随机访问、非易失、访问速度接近 RAM、读写功耗极低、擦写次数可达百万次以上等优点。受铁电晶体特性的影响，铁电存储器的存储密度尚无法与 SRAM 和 DRAM 相比，且依然存在最大访问次数受限制的缺点。但综合而言，铁电存储器的出现已经推动了嵌入式系统存储子系统架构的演化。如图 4.40 所示，采用铁电存储器可以替代传统嵌入式系统中较为复杂的存储子系统，实现不同类型数据的一体化存储。

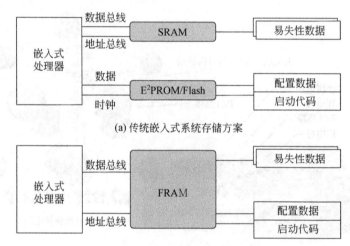

(a) 传统嵌入式系统存储方案

(b) 基于FRAM的嵌入式系统存储方案

图 4.40　传统嵌入式系统存储方案与基于 FRAM 的嵌入式系统存储方案的比较

　　现在，铁电存储器已经日益成为消费电子、移动终端、仪器仪表、车载电子、工业控制、物联网组件以及智能化嵌入式系统设计的重要组成部分。在目前的铁电存储器市场中，Cypress、富士等公司提供了丰富的串行和并行接口铁电存储器芯片，用户可根据微处理器的接口特性进行选择。

　　2）实例分析

　　FM24CL16B 是 Cypress 半导体公司推出的 $2K\times 8b$、串行接口的铁电随机访问存储器芯片[56]。该芯片工作电压为 2.7～3.65V，具有可达 1MHz 频率的快速半双工 I^2C 接口，工作功耗 $100\mu A/100kHz$、待机电流 $3\mu A$。芯片封装为 8 引脚的 SOIC 或 DFN 形式，其中的 5 个有效引脚依次为串行 I/O 引脚 SDA、串行时钟引脚 SCL、写保护引脚 WP、供电引脚 V_{DD} 和接地引脚 V_{SS}，其逻辑结构如图 4.41 所示。在访问特性上，该芯片具有 100 万亿次读写能力，以及 151 年的数据保持、无延迟写、高可靠等特性，可直接替代嵌入式系统中的串行 E^2PROM、Flash 芯片。

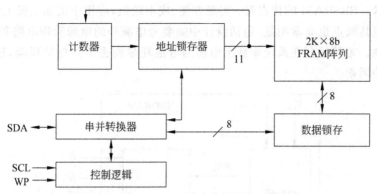

图 4.41　FM24CL16B 铁电存储器的逻辑结构

在嵌入式系统硬件设计中,FM24CL16B 作为 I^2C 总线的从设备与主设备 MCU 通过 SDA、SCL 连接,并在两线上分别外接一个上拉电阻以增强驱动能力。系统运行时,MCU 和存储器芯片之间基于 I^2C 总线协议进行主从、应答式的串行通信。在 FM24CL16B 允许的写操作中,主控制器首先必须发送一个将 LSB 置 0(表示写)的从设备地址,进而发送一个字的地址。之后,主控制器可以写入单字节或连续的多字节,当 FM24CL16B 成功完成写操作后会发送一个应答消息(ACK)。对 FM24CL16B 的读操作可以是读当前地址、顺序读和随机读。在前两种读操作中,在从设备地址之后无须再发送存储元地址,默认从当前存储元地址开始读取数据;在随机读操作中,主控制器需要在从设备地址后继续发送存储元地址。本质上,I^2C 主从式通信过程就是依据 SCL 时钟跳沿向 SDA 串行输出数据位序列或进行数据位的采样,这也是通信软件设计的主要内容。

FM22LD16 是 Cypress 公司采用并行接口的 48 引脚铁电存储器芯片,工作电压为 2.7~3.6V,典型的工作电流为 8mA,待机电流为 $90\mu A$,位容量为 4Mb,地址线和数据总线分别为 18 位和 16 位。该芯片具有与 SRAM 兼容的标准接口,通过在 $\overline{CE}$ 或 $\overline{WE}$ 引脚上接 10kΩ 的上拉电阻就可以方便地替换 SRAM,其读写特性与 SRAM 也大致相似。需要强调的是,通过把 $\overline{CE}$ 引脚置为高电平可以实现对该芯片的预充电操作,置高电平的时长必须大于该芯片的最小预充电时间。在该芯片内部,存储体被划分为 8 个 32K×16b 的块,每个块共 8192 行,每行包括 4 列,允许以页模式对存储器进行快速访问。同时,每一个块都是一个独立的软件写保护块,允许用户通过地址、指令的序列动态配置。

铁电存储器具有非易失的物理特性,而不需要后备电池供电,其整体可靠性、湿度适应性、抗振动能力等也比较好。在同等容量时,铁电存储器可以作为 SRAM 的替代品。与铁电存储器特性类似的还有相变存储器(Phase Change Memory,PCM)、忆阻存储器(ReRAM)、磁阻存储器(Magnetoresistive RAM,MRAM)等混合存储器,读者可自行学习相关原理。

3. BBSRAM 与 nvSRAM

在早期技术发展过程中,NVRAM 主要是指有后备电池(Backup Battery)供电的 SRAM(BBSRAM),它既保持了 RAM 的随机、快速访问特性,同时通过后备电池解决了系统掉电后的 SRAM 供电问题。从本质上讲,图 4.42 所示的 BBSRAM 只能算是一种电路级扩展和优化形成的 NVRAM,而并未真正涉及诸如铁电存储器、磁随机存储器中所采取的新型存储技术。BBSRAM 的优点是：实现方便、成本较低，应用于诸如主板上的 BIOS 配置信息存储。但其缺点也非常明显，包括设计中需要考虑额外的电源管理电路和固件，需要更换失效的电池。尤其是存在系统重新上电前因电池耗尽而丢失数据的风险，这引入了削弱系统可靠性的因素。

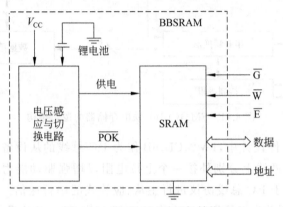

图 4.42　BBSRAM 的逻辑结构

与 BBSRAM 不同，nvSRAM 是一种同时采用了 SRAM 和非易失性存储元 E^2PROM 的复合式新型 NVRAM，一个非易失性 E^2PROM 存储元对应一个 SRAM 存储元。与浮栅存储不同，这里的 E^2PROM 通常采用基于氮化硅的存储技术 SONOS[①]，即，采用厚度更薄的氮化硅层代替之前的多晶硅浮栅层。该 E^2PROM 的擦写次数约为 50 万次，系统掉电后数据可保持 20 年左右。在 SRAM 模式下，该存储器就是一个普通的静态 RAM，用户可以进行无限次的读写；而在非易失模式下，数据从 SRAM 存储到 E^2PROM 中或者从 E^2PROM 恢复到 SRAM 中。如图 4.43 所示，nvSRAM 的逻辑结构中并不需要电池供电。当 nvSRAM 进入掉电周期时，一个内部或外部的电容将提供电流，将 SRAM 中的数据同步存储到 E^2PROM 中，以实现数据备份。由于 nvSRAM 多模式使用、访问速度快、可靠性高、低功耗等优点，其现已替代 BBSRAM 成为重要的 NVRAM 产品。

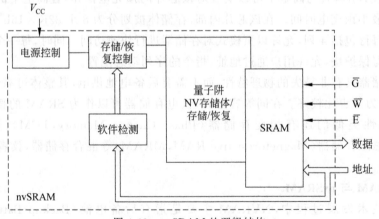

图 4.43　nvSRAM 的逻辑结构

---

①　SONOS：Silicon-Oxide-Nitride-Oxide-Silicon，硅氧氮化物氧化物硅。

CY14B104M 是 Cypress 公司的 256K×16b nvSRAM 产品, +3V 供电, 访问时间为 25ns、45ns, 提供看门狗定时器和可编程中断的时钟机制, 并通过自带实时时钟 (Real Time Clock, RTC) 保证数据的完整性, 其逻辑结构如图 4.44 所示。在原理上, 该芯片基于一个小电容可以保证掉电时将 SRAM 中的数据自动备份到量子阱 (quantumtrap) 型非易失性存储元, 并在系统上电或发出软件指令时将数据恢复到 SRAM 中。SRAM 具有无限次读、写、恢复操作能力。量子阱存储体可擦写 100 万次并保持数据 20 年以上, 当量子阱存储体失效后, nvSRAM 退化为基本的 SRAM。

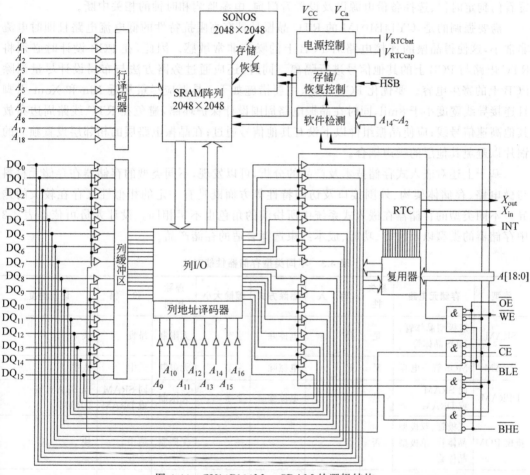

图 4.44 CY14B104M nvSRAM 的逻辑结构

在接口特性上, 通过 $\overline{\text{BHE}}$、$\overline{\text{BLE}}$ 引脚分别控制高字节 DQ[15:8] 和低字节 DQ[7:0] 输入有效; 用 $\overline{\text{HSB}}$ 引脚表示正在存储 (高电平) 或存储完成 (低电平); X_{in} 接 32.768kHz 振荡器和 69pF 的起振电容, X_{out} 引脚接振荡器及 12pF 的起振电容并在启动时驱动振荡器; INT 是用于看门狗定时器、时钟和电源监测的可编程中断输出引脚; $V_{\text{RTC cap}}$ 和 $V_{\text{RTC bat}}$ 分别是采用电容和采用后备电池的 RTC 后备供电引脚, V_{CAP} 是自动存储电容 (61~180μF, 典型值为 68μF) 的供电引脚。CY14B104M 支持 3 种数据备份存储模式: 一是由 $\overline{\text{HSB}}$ 引脚激活的硬件存储; 二是由特定地址序列发起的软件存储; 三是基于 V_{CAP} 引脚电容供电的自动存储。如果 V_{CAP} 引脚未接电容, 则需要通过连续读一组特定地址 (0x4E38、0xB1C7、0x83E0、0x7C1F、

0x703F、0x8B45）的软件方式禁止自动存储模式，最后一个地址相当于命令字。类似地，将最后一个地址改为 0x4B46，该读操作序列可以使能自动存储模式。这是一种基于地址序列和读操作的命令传输方式，在其他系统设计中可以参考。为了减少不必要的备份存储，仅当最近的存储或恢复周期后进行了写入操作时，该芯片才会启动自动存储和硬件存储。同样，存储操作和恢复操作也是通过连续读取一组特定地址实现的。该芯片内的 RTC 寄存器包括了时钟、定时、看门狗、中断和控制功能，位于 SRAM 的最后 16 个地址位置，即 0x3FFF0～0x3FFF，允许用户以设置寄存器位的方式停止/启动振荡器、读取/设置时钟、校准时钟、配置看门狗定时器、选择备份电源以及设置看门狗、电源监测和时钟的相关中断。

需要强调的是，CY14B104M 的 RTC 晶振是具有高阻抗特性的低电流电路且即时电流非常小，这使得晶振的连接电路对 PCB 上的噪声非常敏感。因此，在 PCB 设计时必须将 RTC 电路与 PCB 上的其他信号进行隔离。同时，还应通过旁路方法与布局设计尽量消除 PCB 上的寄生电容。要优化 PCB 布局，主要措施如下：晶振应尽量靠近 Xin 和 Xout 引脚且连接导线宽度小于 8mil，同时在晶振电路周围设计保护环路，避免在 RTC 线路周边布放其他高速信号线；应使晶振组件以下没有其他信号通过；在晶振电路层的相邻层设置独立的铜片以避免其他层的噪声耦合。

基于上述对嵌入式存储技术及产品的分析，可以发现，不同类型的存储器在存储元材料与微电路、存储体架构、外围接口及访问特性等方面既具有一定的相似性又存在较大的差异。不同类型的存储器在嵌入式系统中所扮演的角色也不尽相同。设计人员可依据表 4.3 中存储器的类型以及性能、功耗、成本约束选择合适的存储产品。

表 4.3　不同类型存储器性能对比

类型	存储元电路	易失性	写入	擦除方式	擦除大小	擦除周期	价格	访问速度
SRAM	双极型晶体管、MOS 晶体管	是	是	电擦除	字节	无限制	昂贵	快
DRAM	MOS 管＋电容	是	是	电擦除	字节	无限制	适中	适中
DPRAM	同 SRAM 或 DRAM	是	是	电擦除	字节	无限制	同 SRAM 或 DRAM	同 SRAM 或 DRAM
掩模 ROM	二极管、双极型晶体管、单极型晶体管	否	否	—	—	无限制	适中	快
PROM	熔丝型单极/双极管、肖特基二极管	否	用编程器可写一次	—	—	无限制	适中	快
EPROM	SIMOS、FAMOS	否	用编程器重复写入	紫外线	整个芯片	有限制	适中	快
E^2PROM	FLOTOX	否	是	电擦除	字节	有限制	昂贵	读取快，写入较慢
NOR 型 Flash	新型隧道氧化层 MOS 管	否	是	电擦除	扇区、子扇区	有限制	较贵	读取快，写入较慢

续表

类型	存储元电路	易失性	写入	擦除方式	擦除大小	擦除周期	价格	访问速度
NAND 型 Flash	新型隧道氧化层 MOS 管、CTF	否	是	电擦除较 NOR 型快	扇区或块	有限制	适中	读取较 NOR 型 Flash 慢,写入较 NOR 型 Flash 快很多
FRAM	PZT 型 CMOS 晶体管	否	是	电擦除	字节	无限制	适中	快
BBSRAM	SRAM 存储元	是	是	电擦除	字节	无限制	适中	快
nvSRAM	SRAM 存储元＋SONOS	否	是	电擦除	字节	无限制	昂贵	快

4.3 存储器测试与验证

存储器是一种损耗性器件。存储元微电路的功能会因反复的电荷注入/释放等原因而逐渐退化,久而久之造成存储体的存储功能不可靠甚至失效。而存储器接口电路还可能存在引脚的虚焊与浮接、线路的断路和短接等问题。这些问题都会导致存储器的功能异常,进而影响整个计算系统。因此,在每一次系统运行时检测和验证存储器的状态就显得非常必要。存储器的验证包括数据总线测试、地址总线测试、存储器件测试及综合测试。针对不同的访问特性,存储器器件的测试方法有所不同,以下进行分类讨论和分析。

4.3.1 可读写存储器的测试

1. 数据总线测试

数据总线是从存储器读取或写入数据的通道,其线路问题主要是可能出现的断路和短路。数据总线测试的目的是检测每一条线路是否正常。数据总线测试常用的方法是:将数据写入存储单元某个位置,进而从该位置读出并判断是否与写入数据一致。如果数据一致,则认为数据总线正常。以 8 位数据总线为例,通过将数据 0x00~0xFF 依次进行写入、读出和比较操作,就可以判断 8 位数据总线的正确性。验证 n 位数据总线的算法复杂度为 $O(2^n)$。

本质上,数据总线的正确性就是每一根线路都可以独立传输 0、1 两个数据状态,且不受其他线路的影响。因此,对于数据总线的测试,只要能够成功检测出每条线路的状态就是可行的。走 1 测试法便是这样一种简单而有效的测试方法。其原理是,通过 n 位数据总线依次比较写入/读出的二进制数 $2^m (m=0,1,2,\cdots,n-1)$,用 n 次操作依次完成 n 条线路的测试。这是一种类似于捎带验证思想的方法,即验证当前数据线路 1 状态的同时,捎带验证了上一条线路的 0 状态是否正常。此时,n 位数据总线的验证开销从 $O(2^n)$ 降低为 $O(n)$。

以 8 位数据总线为例,首先向存储器特定位置写入二进制数 00000001,如果从该位置读出的值也是 00000001,那么说明第一条线路的 1 状态正常,其他线路的 0 状态正常;然后,向特定位置写入 00000010,如果读出的也是 00000010,那么说明第二条线路的 1 状态正常,其他线路的 0 状态正常。显然,第一条线路完全正常。此后依次以二进制数 00000100、00001000、00010000、00100000、01000000、10000000 为测试数据进行操作,即可完成数据总线的验证。同时,如果第一次写入、读出的都是 00000001,说明第一条线路不影响其他数据线路,即没有短路现象。如果第二次写入 00000010 时读出了 00000011,那么说明该线路可能存在故障,可通过改变数据存储位置进一步判别是存储元问题还是线路问题。

2. 地址总线测试

不同于数据总线,对地址总线不仅要测试每条线路是否正常,还要测试通过地址总线是否能够正确、唯一地定位到每一个存储位置。因此,走 1 测试法并不适合地址总线的测试。对于 n 位总线,需要在地址总线上依次输入地址 $0 \sim 2^n - 1$,共进行 2^n 次测试。类似于数据测试,向指定地址写入数据,然后读取该数据并与之前输入的数据比较,判断两者是否相同。进而与其他的 $2^n - 1$ 个存储位置比较,判断是否写入了相同数据,这是一个非常耗时的检测过程。在实际中,为了提高大容量存储器的测试效率,可以采用分块测试的方式,即地址总线的高位部分保持不变,只测试地址总线的低位部分。

3. 存储器件测试

存储器件测试是指对存储体中的每一个存储元进行有效性测试。对于可随机访问存储器,将一个数据及其反码分两次写入同一个存储位置,分别读出数据并判断与写入数据(反码)是否相同,即可判断对该特定位置的访问是否正常。例如,按字节测试时,第一次如果比较 0xAA,第二次则比较 0x55。两次验证都成功时,说明该存储单元功能正常。器件测试只能判断存储元是否正常,并不能发现数据是否有错误。存储元失效时,其存储的数据也应被视为失效。

在嵌入式系统设计中,一般将上述 3 种测试进行综合,形成上电时的存储器测试过程。通过设计一组不同的测试数据及其反码,执行所有存储元的测试即可实现对存储器的验证。另外,不同安全级别的嵌入式系统对测试的要求有所不同。例如,空间站、飞机、火车等安全攸关系统要求在系统启动时要尽可能完整地验证存储器的可靠性。

4.3.2 只读存储器测试

由于只读存储器在工作电压下不能进行写入操作,上述测试方法并不适合只读存储器的测试。通常情况下,只读存储器的验证主要采用基于数据校验算法的综合测试方法。

1. 校验和方法

所谓校验和,就是将一组定长数据(如字节)以无符号数的方式相加,求和结果舍去进位,只保留定长的低位数据,这个定长的低位数据就是校验和。基于校验和验证存储器的主要思想是:编程前计算数据的校验和,并将数据及校验和编程到只读存储器中;系统启动时从存储器读出数据以及校验和,用同样的方法计算数据的校验和并与读出的校验和进行比较,如果相同则数据正确,否则数据错误。这种方式比较简单,在嵌入式系统设计中经常采用。但需要注意的是,这种方法存在非常严重的缺陷,即,当所有数据及其校验和全部被意外写为 0,那么读出数据的校验和为 0,此时根本无法检测出已经存在的数据错误。改进的方法是,在对存储器编程时,存储数据的校验和的反码。这种方法可以消除上述潜在问题。

2. CRC 校验方法

循环冗余码(Cyclic Redundancy Code,CRC)校验是一种通过添加冗余验证码进行存储、通信数据正确性验证的重要方法。例如,美国采用的 CRC-16 及欧洲国家采用的 CRC-CCITT 码分别采用式(4.1)、式(4.2)所示的生成多项式校验 8 位的字符串。CRC 的基本操作原理是：将信息码与生成码进行模 2 除法运算，计算出的数据 CRC 校验结果（或其反码）存放在特定存储区域。运行时，将存放的数据用同样方法计算出校验码，并与存放的校验码比较是否一致，如一致则表示数据正确。这种检测方法的可靠性可达 99% 以上，但开销较大。

$$CRC\text{-}16 = X^{16} + X^{15} + X^2 + 1 \tag{4.1}$$

$$CRC\text{-}CCITT = X^{16} + X^{12} + X^5 + 1 \tag{4.2}$$

例如，有生成多项式 $G(X) = X^4 + X + 1$，二进制信息码为 10111001，那么，可以通过如下步骤计算 4 位的校验码。

(1) 将信息码向左移动 n 位，$G(X)$ 中 n 为 4，形成扩展的信息码 101110010000。

(2) 采用模 2 除法。除法操作中被除数和除数对应位进行不借位减法，即异或操作，相同时为 0，不同时为 1。用 101110010000 除以生成码 10011，得到校验码 1001，计算过程如下：

```
                10100111
        10011√101110010000
                10011
                10000
                10011
                 11100
                 10011
                  11110
                  10011
                   11010
                   10011
                    1001
```

(3) 将 1001 存放在特定位置。

验证时，读取信息码并用 $G(X)$ 动态生成校验码，通过与存放的校验码比较即可判断存储器中的数据是否正确。在通信系统中，可以将生成的 n 位校验码附在扩展信息码的低 n 位，传输到接收端后，如果接收端能用同样的生成多项式 $G(X)$ 和模 2 除法将接收到的数据除尽，则表明所接收的数据正确。

3. 纠错码方法

校验和方法与 CRC 校验方法都可用于数据错误的检测，但并不具备纠错能力。在部分存储器中，为了进一步提升关键数据的保护能力，通常还会提供一定的数据纠错机制。

在常见的纠错码中，**海明码**（Hamming code）是一次只能纠正一位错误的冗余编码，将一个编码改变成另一个编码时所需改变的位数称为**海明距离**（码距）。假设码距为 n，那么海明码可以检测出 $n-1$ 位数据错误，最多只能纠正小于 $2^{-1}n$ 位的错误。例如，码距为 8 时，最多只能检测出 7 位错误，纠正 3 位错误。要查出 8 位错误码距至少应该为 9 位；而要纠正 8 位错误，则码距至少为 17 位。如果数据位为 k 位（$D_k D_{k-1} \cdots D_1$），有 r 个监督关系式，那么增加 r 位冗余位（$P_r P_{r-1} \cdots P_1$）可构成 $n = k + r$ 位的新编码。倘若要用 r 个冗余位区分数据正常和 n 个不同位置中一个错误位的 $n+1$ 种情形，那么，k 和 r 就需要满足 $(k+r) + 1 \leqslant 2^r$ 这一约束条件。例如，$k=4$ 且 $r=3$ 时，定义了如表 4.4 所示的监督关系并生成式（4.3）所示的监督关系式。收到数据编码后，可以根据低 3 位的值判断其是否正确。

如果出错，则根据低 3 位的值确定出错的位，进而将出错位的二进制值进行翻转就可以实现纠错。

表 4.4 $k=4$、$r=3$ 时的监督关系定义

$S_1 S_2 S_3$	000	001	010	011	100	101	110	111
错误位	正确	D_1	D_2	D_3	D_4	P_1	P_2	P_3

$$\begin{cases} S_1 = D_4 + P_1 + P_2 + P_3 \\ S_2 = D_2 + D_3 + P_2 + P_3 \\ S_3 = D_1 + D_3 + P_1 + P_3 \end{cases} \tag{4.3}$$

不同数据存储器中所采用的检错和纠错机制有所不同。如前所述，在 NAND 型 Flash 存储器中，针对频繁的位交换操作可能引起的位翻转错误，采用了错误检测（EDC）算法检测数据错误并通过错误纠正（ECC）算法保护关键性数据。

4.4 小 结

嵌入式系统的特点决定了其存储子系统会呈现出不同的特性。在分析嵌入式系统存储体系及典型存储器模型、原理、机制及评价指标的基础上，本章重点对嵌入式系统中的各种存储器技术进行了分类讨论，结合实例阐述了不同类型存储器的存储机制、操作过程及 I/O 特性。通过学习本章内容，读者可以体会到嵌入式系统存储技术与通用计算机存储技术的联系与区别，进而也可以为进行嵌入式系统软硬件的设计与研制奠定良好基础。

习 题

1. 简述存储器访问的局部性特征。

2. 什么是分级存储？简述分级存储体系中由内而外的存储特点。

3. 简述嵌入式系统中的片内存储体系以及片内片外结合的存储体系。

4. 嵌入式系统常采用半导体类型的存储器，简述该类存储器的基本结构及各部分功能。

5. CPU 访问 DRAM 时可能会产生延迟，原因是什么？解决方法有哪些？

6. 简述 LPDDR SDRAM 的特点并分析为什么该类存储器适合移动嵌入式系统。

7. CPU_L 上的任务 t_m 与 CPU_R 上的任务 t_n 基于双端口 RAM 进行数据通信，请给出两个任务互斥访问双端口 RAM 相同位置的两种方法。假定 t_m 执行完之后要通过双端口 RAM 触发 t_n 的同步执行，请给出两种实现方法。

8. 分析 E^2PROM 与 Flash 访问过程与性能的异同，并从微电路和结构角度阐述原因。

9. 为什么 Flash 单元的擦写次数是有限的？如何提高 Flash 存储器的使用寿命？（可参阅 9.2 节内容。）

10. 分析 NOR 型 Flash 与 NAND 型 Flash 的架构和访问特性，说明为什么 NOR 型 Flash 适合存放代码，而 NAND 型 Flash 适合存放大块数据。

11. 为什么对 Flash 存储器单元进行写操作之前必须先对其进行擦除操作？请简述原理并举例说明。

12. 简述铁电存储器的基本存储机制，并分析铁电存储器对嵌入式系统存储体系的影响。

13. 简述 BBSRAM 的工作机制及其优缺点。

14. 量子阱存储体失效后，nvSRAM 呈现什么特性？是否可以继续使用？

15. 测试 ROM 数据的方法有哪些？简述其方法原理。

16. 在 CRC 校验中定义的生成多项式为 $G(X) = X^6 + X^5 + X + 1$，信息码为 10110010，请计算校验码。

第 5 章　最小系统与外围电路设计

I have no special talent. I am only passionately curious.

—Albert Einstein

People always fear change. People feared electricity when it was invented, didn't they? People feared coal, they feared gas-powered engines. There will always be ignorance, and ignorance leads to fear. But with time, people will come to accept their silicon masters.

—Bill Gates

从电路设计的角度,电子计算装置的硬件可被看作以处理器和存储器为核心组件,由电子线路连接各类电子元器件形成的电路网络。不同系统的硬件具有不同的网络构成和复杂度。其中以最小系统的构成最为简单,但也最为核心。本章将从最小系统着手,结合数字电路知识阐述与之相关的电源电路、复位电路以及时钟电路的工作原理与典型设计方法,最后讨论电路抖动与消抖。

5.1　理解最小系统

本章的最小系统指**最小计算系统**。顾名思义,最小系统是指一个系统仅具有最少、最基本的(或者说必要的)一组硬件资源,其能够使系统在上电后正常启动并进入正确的计算状态。那么,构建最小系统到底需要哪些资源呢? 这可以从计算机体系的角度进行分析和归纳。计算装置首先要拥有一个读取、执行程序指令的中央处理单元,这是计算装置的核心。同时,还应该提供用于静态存储程序与数据以及动态存储运行时代码与数据的一组存储器。注意,在嵌入式系统中,存储器可能集成在嵌入式处理器之中。除此以外,还应该有各类能够让这些核心组件正确启动、复位、运行的外部电路,包括电源电路、复位电路、时钟电路等。由此就可以总结出最小系统的基本硬件构成。

以图 2.39 所给出的电路原理图为例,图 5.1 给出了基于 AT89S51 微控制器最小系统的基本电路。需要说明的是,有必要在最小系统中设计一个调试辅助电路,如图 5.1 中的扬声器(通常采用发光二极管)。通过让扬声器或发光二极管按照设计的方式发声或点亮闪烁,即可判定程序是否能够在该硬件上正确运行。如果是,则说明该最小系统工作正常,进而说明其电路设计正确。

最小系统不仅是一种设计形式,实际上也蕴含了一种以构建最核心单元为起点,循序渐进地开展软硬件设计、开发、维护的思想和方法。例如,可以构建最小程序,完成基本的硬件初始化并点亮一个 LED;编写、定制或移植最小的板级支持包(Board Support Package,BSP)或操作系统内核,然后逐步加入新的参数和功能;调试最小功能,逐步排查并排除故障。当然,这种循序渐进的思想和方法也适用于对一切复杂事物的认识与学习,例如对电路设计方法、嵌入式系统技术的学习。从这个角度说,最小系统所蕴含的思想方法是极其有

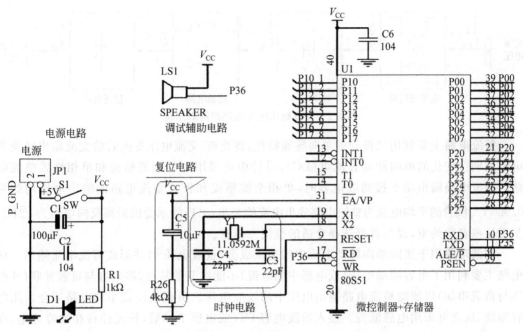

图 5.1 基于 AT89S51 微控制器的最小系统示例

益的。

当然,从功能角度看,通常认为最小系统本身是"无(应)用(功能)"的,因为其并未集成特定应用所需的各类功能组件和 I/O 接口,但这恰好也说明最小系统具有良好的通用性。为此,基于各类处理器的最小系统已被制成一系列得到广泛应用的商业化模块——**核心板**(core board)。与图 5.1 所示的最小系统电路不同,核心板通过基板向外引出了丰富的 I/O 引脚,允许以模块或大元件的方式(类似于图 2.27)与 I/O 扩展板进行集成设计,以快速构建满足应用需要的硬件系统。

5.2 电 源 电 路

5.2.1 电源电路设计方法

1. 基本原理

电源供电电路(简称电源电路)是嵌入式系统硬件的基本组成,为系统提供一种或多种负载能力的电压输出,其稳定性对整个系统硬件的安全、可靠运行具有重要影响。

通常情况下,嵌入式系统的供电模块大都采用稳定性较高的**直流稳压电源电路**。一个完整的直流稳压电源是**电源变压器**、**整流电路**、**滤波电路以及稳压电路** 4 部分的总成,其逻辑结构如图 5.2 所示。

对于交流电(AC)输入,基于电磁感应原理的**电源变压器**将初级线圈上输入的交流电压 U_1 变换为次级线圈上的交流电压 U_2,初级线圈、次级线圈的圈数分别为 n_1 和 n_2 时,$U_2 = (n_2/n_1) \times U_1$。一般情况下,$U_1$ 为 50Hz、220V 的交流电。在直流-直流的电源中不需要使用该类组件。

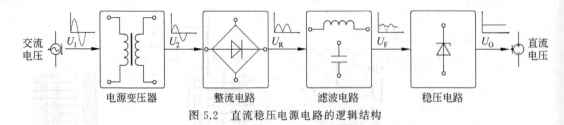

图 5.2 直流稳压电源电路的逻辑结构

整流电路主要利用二极管的单向导通特性，将交流-交流电压变换后的交流输出转换为电流周期性变化的单向脉动直流电（DC），设计中可采用单相全波整流和单相桥式整流电路。整流电路输出端不接滤波电容时，单相全波整流和桥式整流电路的输出电压均约为 $0.9U_2$，二极管的平均电流为整流电路输出电流的一半，二极管承受的最高反向电压为 $\sqrt{2}U_2$。基于这些参数约束，设计者可选择合适的整流二极管。

滤波电路用于滤除单向脉动电流中的交流成分（纹波电压①）并形成直流电流输出。该电路主要利用了电容两端电压（或电感中的电流）不能突变的特性，将电容与负载并联（或电感与负载串联）以滤除整流电路输出电压中的纹波电压。负载电流较小的电路适合采用电容滤波，反之可采用电感滤波。接入滤波电容 C_F（或电感 L_F）后，该元件将在波峰充电、在波谷放电以补偿电压。当 $C_F \geqslant (3\sim5)T/2R$ 时，T 为交流电周期（如 $50\mathrm{Hz}$，$20\mathrm{ms}$），R 为负载电阻，电路输出电压 U_F 约为 $1.2U_2$。一般应以 $1.2U_2$ 作为输出电压值，进而反向推算变压器的匝比。

稳压电路用于消除电网/电池等输入端电压的波动并抵消负载变化对电源的影响，为系统提供稳定的直流电压。在实际设计中，稳压电路的设计既可以采用基于二极管、三极管等分立元件的线性稳压电路、开关稳压电路，也可以采用 78xx、79xx 等三端集成稳压管。

2. 220V 交流－12V 直流电源电路示例

例如，图 5.3 是一个基于 7812 集成稳压管[57]设计的**交流 220V 转直流 12V 的电源电路**，最大输出电流为 1A。稳压管标号中的 78 表示稳压管输出正电压（79 表示输出负电压）、12 表示输出电压为＋12V，由此，可以选择 7805、7912 等型号的稳压管分别建立＋5V、－12V 等电源电路。整流桥由 4 个整流二极管 1N4001[58]桥接而成，将感应的交流电转换为直流电。电容 C_1 和 C_2 组成滤波电路，其中极性电容 C_1 用于过滤整流输出中的低频纹波电压，无极性电容 C_2 用于滤除输出中的高频纹波信号；稳压管输出端的极性电容 C_3 用于储能，使得输出更加稳定。

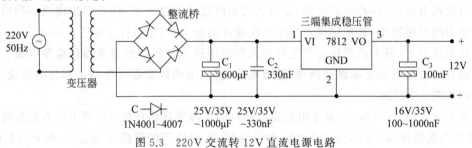

图 5.3 220V 交流转 12V 直流电源电路

---

① 纹波电压是指直流电压中因对整流后电压的滤波不彻底或因负载波动所引入的交流成分。

在图 5.3 中,电容 C_2、C_3 和 7812 构成了将直流高电压转至 12V 直流电压的基本直流稳压电路。其中,7812 稳压管的输入电压范围为 14.5～27V,正常输出电压范围为 11.4～12.6V,输出电流范围为 5mA～1A,峰值电流和峰值功率分别可达 2.2A 和 15W。在已获得直流电压输出时,降压稳压电路大都可以采用类似的设计方式。在实际设计中,用户还可以在该基本稳压电路的基础上,基于(可调)电阻、电容、二极管、三极管、比较器等器件对电路进行扩展,构造出不同电气特性的稳压电路,如恒流型、输出可调型、高电流电压型、高输出电流短路保护型、负电压输出型、正负电压输出型以及开关型稳压电源电路等。稳压管的数据手册中会详细描述这些电路组件的具体结构和使用参数,设计时可根据需要进行查阅。

3. 直流升压-降压 SEPIC[①] 电源电路示例

首先需要说明的是,单端初级电感变换器 SEPIC 是一种允许输出电压大于、等于或小于输入电压的 DC-DC 电路,通过电路开关的占空比控制输出电压。基本的 SEPIC 电路一般是采用一个开关三极管(或 MOS 管)和两个位于不同回路的电感构成的,其结构如图 5.4 所示。其中,当开关三极管 S 导通时,U_i、L_1、S 回路和 S、C_1、L_2 回路同时导通,两个电感 L_1 和 L_2 同时储能,U_i 和 L_1 的能量通过 C_1 转移到 L_2;当开关三极管 S 截止时,U_i、L_1、D_1 和负载(C_2、R_o)形成回路,同时 L_2、D_1 和负载形成回路,此时电源与 L_1 为负载供电,并向 C_1 充电。类似于升压电路,该电路的输入电流平滑,而输出电流则不连续(称为斩波)。那么,以不同频率控制开关三极管 S 的导通、截止状态并选择特定参数的元件,就可以通过控制电路中的电流大小实现输出电压的升降调节。图 5.4 所示电路的优点是实现简单,但其不足也非常明显,电路本身并不能实现开关三极管 S 的自动控制,也不能保证电路的稳定性和安全性。

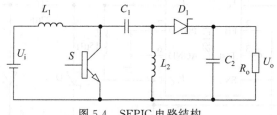

图 5.4 SEPIC 电路结构

以基于 CS5171[59] 稳压管构造的 2.7～28V 输入、5V 输出的 SEPIC 转换电路为例。CS517x 系列集成电路可以看作对上述 SEPIC 电路中开关等部分的扩展。该芯片内部采用了由电源开关电流产生脉冲宽度调制(PWM)斜坡信号的电流模式控制机制,以固定频率振荡器的脉冲输出打开器件内部的电源开关 S,并由 PWM 比较器将其关闭。

CS5171 是频率为 280kHz 的 8 引脚高效能电压转换调节器,输入电压为 2.7～30V,最大输出电流为 1.5A,可以实现升压、降压、反相、正负对称双电源输出等多种功能。芯片的主要引脚包括电源引脚 V_{cc}(−0.3～35V)、循环补偿引脚 V_c(−0.3～6V)、电压反馈输入引脚 FB(−0.3～10V)、关闭/同步引脚 SS(−0.3～30V)、开关输入引脚 V_{sw}(−0.3～40V)、电源地 PGND 和模拟地 AGND。其中,V_c 是误差放大器的输出,连接一个 RC 补偿网络,主

---

① SEPIC：Single Ended Primary Inductor Converter,单端初级电感变换器。

要用于循环补偿、电流限制以及软启动①；FB 连接到芯片内部正误差放大器的反相输入，与 1.276V 的参考电压进行比较，当该引脚的电压低于 0.4V 时，芯片的转换频率降低为正常频率的 20%；SS 引脚可以将芯片置为低电流模式，或者用于和基准时钟的两倍频同步；V_{sw} 是高电流开关引脚，其内部连接到电源开关三极管的集电极。图 5.5、图 5.6 分别为采用 CS5171 设计的 2.7～28V 输入/5V 输出的 SEPIC 转换电路和 5V 输入/干12V 输出的 SEPIC 转换电路。

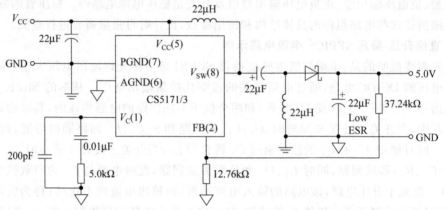

图 5.5　采用 CS5171 的升降压直流电源电路

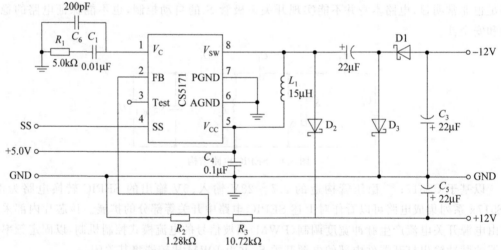

图 5.6　采用 CS5171 的 5V 转干12V 电源电路

由数据手册可知，基于 CS517x 系列芯片还可以构造出升压、降压、反相、逆变等不同的电压转换电路，使得嵌入式硬件的设计得以简化。除此之外，面向电池供电子系统的 TI TPS6103x 系列升压转换器可以将 1.8～5.5V 范围的输入电压转换为最大 5.5V 的输出电压。较 CS517x 而言，该器件的优势是具有非常高的能量转换效率，将 1.8V 输入升压至 5V 输出时可以提供 1A 的输出电流。

---

① 软启动：通过外部扩展的 RC 电路，可以防止上电启动过程中在 V_C 引脚上的高电流冲击，从而也抑制电感电流以防止其上升过快。

需要强调的是,在多个独立电源的电路中,数字电源需先于模拟电源供电。同时,电源电路只是构成嵌入式系统供电电路的一部分,在实际设计中可能需要进行扩展。在诸如电池供电的嵌入式系统设计中,电源电路中通常需要以电源控制数字芯片为核心。电源控制芯片在线检测电池电压,为不同组件提供不同的电压输出,并通过充电控制芯片控制电池的充电过程。在系统运行及电池充电过程中,充电控制芯片保护电池以防止过度放电、过压、过充及过温,保护电池寿命及系统安全。

5.2.2 延伸:电源管理与低功耗设计

电子系统的功耗与其工作时的电压、频率以及处于运行状态的组件数量密切相关。电压越高、频率越高或激活运行的组件数量越多,功耗可能就会越大。反过来讲,要有效降低器件和系统的功耗,从这三方面着手应是行之有效的。

从系统的层面进行的功耗管理实际上是基于低功耗处理器的内部机制实现的,或者说,是对处理器低功耗模式的动态管理。在低功耗处理器内部,处理器核、I/O 接口、时钟电路等数字逻辑以及 ADC/DAC、传感器、锁相环等模拟组件被划归到不同的电源域,并由(智能)电源控制和管理逻辑单元进行管理。在不同的电压区间,处理器内部组件的工作性能、运行频率、激活状态都会有所不同。总体上,电压越高,频率越高,性能越高,功耗越大。下面以 STM32L1 系列的微控制器为例进行说明。

STM32L1 是意法半导体公司推出的超低功耗、基于 ARM Cortex-M3 核的高性能 32 位 MCU[60]。该系列 MCU 采用意法半导体公司专有的超低泄漏制程,具有创新型自主动态电压调节功能和 5 种低功耗模式,在保证性能的同时扩展了超低功耗的运行机制。与主要应用于可穿戴设备的 STM32L0 以及 STM8L 一样,STM32L1 提供了动态电压调节、超低功耗时钟振荡器、LCD 接口、比较器、DAC 及硬件加密功能。STM32L1 处理器的内部供电电路如图 5.7 所示。

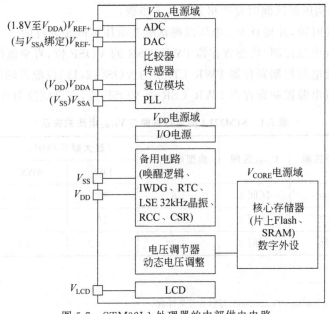

图 5.7 STM32L1 处理器的内部供电电路

在该电路中，各个引脚及电压域（或电压区）具有如下特性：

(1) 当 BOR(Brown-Out Reset，欠压复位)有效时，V_{DD} 的电压区间为 1.8～3.6V(上电时)或 1.65～3.6V(掉电时)；当 BOR 无效时，电压区间为 1.65～3.6V。

(2) V_{DDA} 是向 ADC、DAC、上电复位(Power-On Reset，POR)和掉电复位(Power-Down Reset，PDR)模块、RC 振荡器和锁相环供电的外部模拟电源供电电路，V_{DDA} 的电压区间与 V_{DD} 相同；当连接 ADC 组件时，V_{DDA} 的电压为 1.8V；独立的 ADC 和 DAC 供电电源 V_{DDA} 和电源地 V_{SSA} 可以被单独滤波，并屏蔽 PCB 噪声，以保证转换精度。

(3) V_{REF+} 是输入参考电压，在部分封装中 V_{REF+} 和 V_{REF-} 是独立引脚，部分封装中则分别连接到 V_{SSA} 和 V_{DDA}。V_{REF+} 不同时，ADC 时钟 ADCCLK 的频率不同，例如，当 $V_{DDA} = V_{REF+} \geqslant 2.4V$ 时，ADC 全速运行，ADCCLK 为 16MHz，转换速率为 1MSPS[①]，而当 $V_{DDA} = V_{REF+} \geqslant 1.8V$ 或 $V_{DDA} \neq V_{REF+} \geqslant 2.4V$ 时，ADC 中速运行，ADCCLK 为 8MHz，转换速率为 500KSPS[②]。对于 DAC 而言，$1.8V \leqslant V_{REF+} < V_{DDA}$。

(4) V_{LCD} 是 LCD 控制器的供电电压，电压区间为 2.5～3.6V。需要说明的是，LCD 控制器可以通过 V_{LCD} 引脚进行外部供电，也可以通过片内的升压转换器电路供电。

(5) V_{CORE} 由内部线性电压调压器产生，用于向数字外设、片内 SRAM 和 Flash 存储器供电，其电压区间为 1.2～1.8V，电压区间由软件控制。

(6) 线性调压器不向待机电路供电。根据全速运行、低功耗、休眠、低功耗休眠、停机以及待机等应用模式，可将线性调压器设置为主模式(MR)、低功耗模式(LPR)和掉电模式。

表 5.1、表 5.2 分别给出了 STM32L1 的运行性能与 V_{CORE} 的关系以及不同电压区间的应用限制。显然，从区间 1 到区间 3，随着 V_{CORE} 的电压值依次降低，CPU 的频率和性能也逐渐降低。STM32L1 处理器支持动态的调电压管理操作，根据应用环境的变化提升或降低 V_{CORE} 的电压值以提升性能或降低功耗。当 V_{CORE} 在区间 1 且 V_{DD} 跌落至 2.0V 以下时，应用程序必须重新配置电源系统，当修改 V_{CORE} 区间时也需要重新配置电源系统。按照参考手册定义，配置动态调压器区间时要严格遵守以下步骤：

(1) 禁止系统时钟，并检查 V_{DD} 电压以确认哪些电压区间是允许的。

(2) 轮询检查电源控制/状态寄存器 PWR_CSR 的 VOSF 位，直至该位为 0。

(3) 通过设置电源控制寄存器 PWR_CR 中的 VOS[12:11]位配置调压区间。

(4) 轮询检查电源控制寄存器 PWR_CSR 的 VOSF 位，直至该位为 0。

表 5.1　STM32L1 的运行性能与 V_{CORE} 电压的关系

CPU 性能	电源性能	V_{CORE} 区间	典型电压/V	最大频率/MHz		V_{DD} 区间/V
				1WS	0WS	
高	高	区间 1	1.8	32	16	1.71～3.6
中	中	区间 2	1.5	16	8	1.65～3.6
低	低	区间 3	1.2	4.2	2.1	

---

①　MSPS：Million Samples Per Second，每秒百万采样数。

②　KSPS：Kilo Samples Per Second，每秒千次采样数。

表 5.2　STM32L1 不同电压区间的应用限制

V_{DD}	ADC	USB	V_{CORE} 区间	最大 CPU 频率(f_{CPUmax})
1.65～1.8V	不能工作	不能工作	区间 2/区间 3	16MHz(1WS) 8MHz(0WS)
1.8～2.0V	转换速度 500KSPS	不能工作	区间 2/区间 3	16MHz(1WS) 8MHz(0WS)
2.0～2.4V	转换速度 500KSPS	正常	区间 1/区间 2/区间 3	32MHz(1WS) 16MHz(0WS)
2.4～3.6V	转换速度 1MSPS	正常	区间 1/区间 2/区间 3	32MHz(1WS) 16MHz(0WS)

(5) 启动系统时钟。

表 5.3 是 STM32L1 的 5 种低功耗模式对供电电源、时钟速率、外设资源以及唤醒方式的不同要求,在所有低功耗模式下都可以禁止 APB 外设和 DMA 时钟。在表 5.3 中,对于从上至下的 5 种模式,芯片的性能和功耗都逐渐降低。

下面具体说明各低功耗模式的特点。

(1) 低功耗运行模式(LP Run mode)。仅当 V_{CORE} 在区间 2 时可以进入该模式,系统时钟频率不超过 f_MSI 区间 1,限制启用的外设数量。所有 I/O 引脚保持运行模式时的状态。

(2) 休眠模式(Sleep mode)。Cortex-M3 核停止,外设继续运行。该模式提供了最小的唤醒时间。在 Sleep-now 子模式下,处理器清除所有中断保留位并进入休眠模式;而采用 Sleep-on-exit 子模式时,等待最低优先级的中断退出后再进入休眠模式。所有 I/O 引脚保持运行模式时的状态。

(3) 低功耗休眠模式(LP Sleep mode)。Cortex-M3 核停止,时钟频率受限,运行的外设数量受限,调压器进入低功耗模式,RAM 掉电,Flash 关闭。所有 I/O 引脚保持运行模式时的状态。

(4) 停机模式(Stop mode)。基于结合外设门控时钟的 Cortex-M3 深度睡眠模式,V_{CORE} 电压区的所有时钟停止,PLL、MSI、HSI、HSE RC 振荡器关闭,调压器在低功耗模式运行;内部 Flash 进入低功耗模式(会引入唤醒延迟),内部 SRAM 和寄存器内容保持;进入该模式前关闭 V_{REFINT}、BOR、PVD 及温度传感器,可进一步降低功耗。所有 I/O 引脚保持运行模式时的状态。

(5) 待机模式(Standby mode)。基于 Cortex-M3 核的深度睡眠模式,V_{CORE} 电压区电源关闭,除 RTC 寄存器、RTC 备份寄存器和待机电路之外的 SRAM 和寄存器内容全部丢失。需要注意的是,该模式下除复位端、RTC_AF1 引脚(PC13)、使能的 WKUP 引脚 1(PA0)和 WKUP 引脚 3(PE6)等之外的其他 I/O 引脚均为高阻抗状态。该模式下的功耗最低。

另外,在全速运行模式下,也可以通过降低 SYSCLK、HCLK、PCLK1、PCLK2 等系统时钟的频率以及关闭当前不用的 APBx 和 AHBx 外设降低系统功耗。

表 5.4 是 STM32L1 的 PWR_CR 和 PWR_CSR 的寄存器映射及初始值。其中,32 位 PWR_CR 寄存器的低 15 位中定义了低功耗运行模式位(LPRUN)、调压区间选择位(VOS[1:0])、快速唤醒位(FWU)、超低功耗模式位(ULP)、禁止备份写保护位(DBP)、可编程电

表 5.3 STM32L1 的低功耗运行模式

模　式	进入条件	唤醒方式与延迟	V_{CORE} 与时钟的影响	V_{DD} 与时钟的影响	调压器
低功耗运行模式	LPSDSR,LPRUN 以及时钟设置	调压器被设置为主模式（1.8V），无唤醒延迟	无	无	低功耗模式
休眠模式（立即休眠或中断退出后休眠）	WFI 指令①	任意中断 无唤醒延迟	CPU 时钟关闭 不影响其他时钟	无	ON
	WFE 指令②	唤醒事件 无唤醒延迟			
低功耗休眠模式（立即休眠或中断退出后休眠）	LPSDSR+WFI	任意中断 有唤醒延迟：调压器改变时间＋Flash 唤醒时间	CPU 时钟关闭 Flash 时钟关闭 不影响其他时钟	无	低功耗模式
	LPSDSR+WFI	唤醒事件 有唤醒延迟：调压器改变时间＋Flash 唤醒时间			
停机模式	PDDS,LPSDSR+SLEEPDEEP+WFI 或 WFE	任意外部中断 EXTI 有唤醒延迟：MSI RC 唤醒时间＋调压器改变时间＋Flash 唤醒时间，约 7.9μs	所有 V_{CORE} 电压区时钟关闭	PLL,HSI,HSE,MSI 振荡器影响	ON 正常模式或低功耗模式（取决于 PWR_CR）
待机模式	PDDS+SLEEPDEEP+WFI 或 WFE	WKUP 引脚上升沿，RTC 唤醒事件，RTC 警报，RTC 唤醒事件，RTC 篡改事件，RTC 时间戳事件，NRST 引脚的外部复位，IWDG 复位 有唤醒延迟：V_{REFINT} 开时，约 57.2μs；V_{REFINT} 关时，约 2.4ms		PLL,HSI,HSE,MSI 振荡器关闭	OFF

注：① WFI(Wait For Interrupt)是 ARM 处理器提供的等待中断指令。
② WFE(Wait For Event)是 ARM 处理器提供的等待事件指令。

压检测器(Programmable Voltage Dectector,PVD)参考值选择位(PLS[2:0])、PVD 使能位(PVDE)、清待机标志位(CSBF)、清唤醒标志位(CWUF)、掉电深度睡眠模式位(PDDS)以及低功耗深度睡眠/睡眠/低功耗运行位(LPSDSR)。在 32 位的 PWR_CSR 寄存器中,低 11 位定义了由软件设置和清除的唤醒引脚使能位(EWUP1~EWUP3)、硬件设置的调压器低功耗标志位(REGLPF)、调压选择标志位(VOSF)、内部参考电压(V_{REFIN})就绪标志位(VREFINTRDYF)、PVD 输出位(PVDO)、待机标志位(SBF)以及唤醒标志位(WUF)。表 5.5 是 STM32L15x 低功耗模式的典型功耗对比。

表 5.4　STM32L1 的 PWR_CR 和 PWR_CSR 的寄存器映射及初始值

偏移地址	寄存器	31	...	15	14	13	12	11	10	9	8	7	6	5	4	3	2	1	0
0x000	PWR_CR		保留		LPRUN	保留	VOS[1:0]		FWU	ULP	DBP		PLS[2:0]		PVDE	CSBF	CWUF	PDDS	LPSDSR
	初始值				0		1	0	0	0	0	0	0	0	0	0	0	0	0
0x004	PWR_CSR		保留							EWUP3	EWUP2	EWUP1	保留		REGLPF	VOSF	VREFINTRDYF	PVDO	SBF	WUF
	初始值									0	0	0			0	0	1	0	0	0

表 5.5　STM32L15x 低功耗模式的典型功耗对比

模　式	条　件	STM32L15x 典型值
运行模式	代码在 Flash 中运行,内核供电选择区间 3,开外设时钟	$230\mu A/MHz$
	代码在 RAM 中运行,内核供电选择区间 3,开外设时钟	$186\mu A/MHz$
低功耗运行模式	代码在 RAM 中运行,使用内部 RC(32kHz 的 MSI),开外设时钟	$10.4\mu A$
休眠模式	代码在 Flash 中运行,主时钟频率为 16MHz,关所有外设时钟	$650\mu A$
	代码在 Flash 中运行,主时钟频率为 16MHz,开所有外设时钟	$2.5mA$
低功耗睡眠模式	代码在 Flash 中运行,主时钟频率为 32kHz,内部电源变换器工作在低功耗模式下,运行一个 32kHz 的定时器	$6.1\mu A$
停止模式	内部电源变换器工作在低功耗模式下,关闭低速/高速内部振荡器和高速外部振荡器,不使能独立看门狗	$0.43\mu A$ w/o RTC $1.3\mu A$ w/ RTC
待机模式	使用低速内部振荡器,不使能独立看门狗,关闭 RTC	$0.27\mu A$
	使能 RTC	$1.0\mu A$

5.3　复位电路

复位电路是连接在器件复位引脚上并产生有效复位信号的特定功能电路,是一种重要的外围电路且具有诸多形式。在计算装置中,复位是指将系统内部的逻辑、接口等资源设置到一个初始的已知状态。例如,表 5.6 给出了 8051 MCU 复位后各寄存器以及各个 I/O 端口应在的初始状态。

通常情况下，处理器内部提供了一个硬件复位逻辑，对外是一个标记为 RST（或 $\overline{\text{RST}}$，低电平复位）的复位引脚。当在复位引脚上触发一个有效的复位信号时（RST 上的高电平，或 $\overline{\text{RST}}$ 上的低电平），复位逻辑就被触发，并开始在处理器内部进行复位操作，在此期间处理器不会执行指令，也不会响应外部事件。复位完成后，处理器将读取程序计数器（PC）的初值所指向的指令并开始执行。表 5.6 说明 8051 MCU 复位后执行的第一条指令存放在 0 地址。

表 5.6　8051 MCU 复位后内部寄存器的初始状态

内部寄存器	初始状态	内部寄存器	初始状态
PC	0000H	TCON	00H
ACC	00H	TMOD	00H
B	00H	TH0	00H
PSW	00H	TL0	00H
SP	07H	TH1	00H
DPTR	0000H	TL1	00H
P0～P3	FFH	SCON	00H
IP	×××00000B	SBUF	不定
IE	0××00000B	PCON	0×××××××B

5.3.1　上电复位

1. 上电复位基本原理

上电复位（POR 或 PORESET）电路是集成电路芯片的重要组成部分。当电源电压达到可以正常工作的阈值电压时，集成电路内部的状态机便开始初始化器件，使整个芯片在上电后的一段时间内进入已知状态，且在完成初始化之前忽略除复位引脚（如有）之外的任何外部信号。

MCU 的 POR 电路可以简化为图 5.8 所示的窗口比较器电路，其中 V_{T1} 是 V_1 端的比较阈值电压，V_{T2} 是 V_2 端的输入阈值电压[61]。由图 5.8 所示的电路工作特性可知，当 V_1 端电压高于 V_{T1} 且 V_2 端电压低于 V_{T2} 时就会产生复位信号。V_{T2} 的值越高，对模拟模块的复位越好，器件的掉电复位功能越灵敏。但是，V_{T2} 的值过高也越容易导致电压略微降低时的意外复位，即对电压波动的抗干扰性变差。为了防止电路在电压非常短暂、小幅下降时产生复位并导致系统故障，部分 POR 电路还会集成一个掉电检测电路（Brown-Out Dectector，BOD）。BOD 为 POR 模块所定义的阈值电压增加了 300mV 的迟滞，如图 5.9 所示。由此，如果只是 V_2 电压降低到 V_{T2} 以下时 POR 并不产生复位脉冲，除非电源电压也降低到阈值 V_{BOD} 之下。另外，断开电源，也就是禁止低压差线性稳压器 LDO 之后，储能电容仍会保留一定的残留电压。这个电压应尽可能地小，以保证电源电压能降至 V_{T1} 以下，否则 POR 将无法正确复位。实际中的 POR 电路比此处所述的电路模型更为复杂，读者可以沿着这个线索继续探索和研究更为深入的细节。

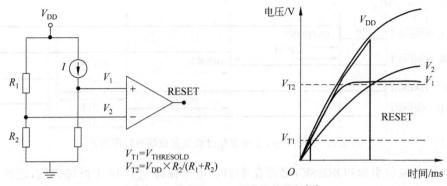

图 5.8　简化的 PoR 电路及其特性[61]

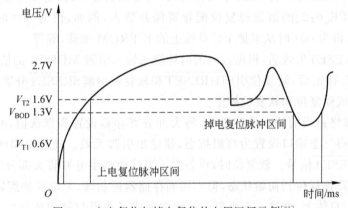

图 5.9　上电复位与掉电复位的电压区间示例[61]

外部电路触发复位信号之后,芯片内部的复位逻辑将对资源进行配置和初始化。以较为复杂的 MPC82xx PowerQUICC Ⅱ 系列处理器为例[62],该处理器提供了外部上电复位引脚 PORESET、硬复位引脚 HRESET、软复位引脚 SRESET、JTAG 调试复位引脚 TRST 和复位配置引脚 RSTCONF,如图 5.10 所示。其中,HRESET、SRESET、TRST 复位可由内部事件触发。

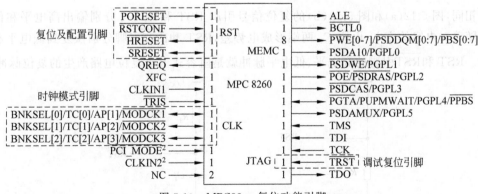

图 5.10　MPC82xx 复位功能引脚

图 5.11 是 MPC82xx 上电复位过程及复位信号时序关系,具体过程可描述如下:

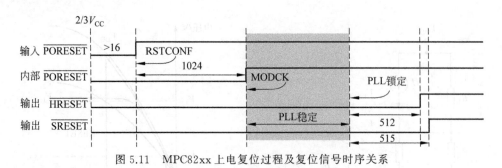

图 5.11　MPC82xx 上电复位过程及复位信号时序关系

（1）上电复位引脚$\overline{\text{PORESET}}$必须在 $2/3V_{\text{CC}}$ 电压保持至少 16 个时钟周期，进而启动上电复位。

（2）内部$\overline{\text{PORESET}}$保持 1024 个时钟周期，初始化设备，根据复位配置输入信号 CFG_RESET_SOURCE[0:2] 的值选择复位配置资源并装入，例如，值为 000 时从本地总线的 E^2PROM 加载，值为 001 时从本地 I^2C 总线上的 E^2PROM 加载，等等。

（3）当$\overline{\text{PORESET}}$失效后，根据读取的时钟模式输入引脚 MODCK 的值配置时钟模式。

（4）在 PLL 锁定后，硬复位引脚$\overline{\text{HRESET}}$和软复位引脚$\overline{\text{SRESET}}$分别保持 512 和 515 个时钟周期，完成硬复位和软复位操作。

硬复位操作终止当前的内外部事务，将大部分寄存器设置为默认值，并将双向 I/O 设置为输入状态，将三态端口设置为高阻抗态，使输出引脚无效。硬复位期间，$\overline{\text{SRESET}}$有效且不再检测$\overline{\text{HRESET}}$信号。软复位时，设备终止当前内部事务并将大部分寄存器设置为默认值，同时使计算核复位到初始状态，但不影响存储器控制器、系统保护逻辑以及 I/O 信号的功能和方向。总体上，在这一上电复位过程中完成了逻辑与锁相环复位、系统配置采样、时钟模块复位、硬复位引脚驱动、软复位引脚驱动、计算核复位、内存控制器、系统保护逻辑、中断控制器以及并行 I/O 端口等其他的内部逻辑复位等操作，随后处理器进入就绪状态。

2. 阻容式上电复位电路

阻容式上电复位电路是最基本的外部上电复位电路，由一个电阻和一个电容串联而成，主要利用电容两端电压的指数变化特性为芯片的复位引脚提供复位信号。图 5.12 给出了两种产生不同复位电平信号的阻容式上电复位电路。V_{CC}端加电瞬间，电容 C_1 导通，两端电压相同，图 5.12(a) 和图 5.12(b) 的复位信号引脚 RST 和$\overline{\text{RST}}$可分别输出高电平和低电平。随着对电容的充电，电容 C_1 两端形成电势差，RST 和$\overline{\text{RST}}$引脚分别恢复到低电平和高电平。RST 和$\overline{\text{RST}}$引脚的高电平、低电平脉冲就是阻容式上电复位电路产生的复位脉冲。

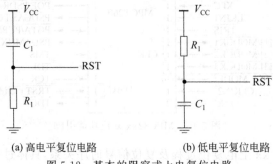

(a) 高电平复位电路　　　　　　　(b) 低电平复位电路

图 5.12　基本的阻容式上电复位电路

复位脉冲宽度与电源电压、复位电平门限电压、电容、电阻的值密切相关,约为 $0.7R_1C_1 \sim$ R_1C_1(单位为毫秒)。不同半导体器件对复位脉冲的宽度要求不同,一般要求复位电平的持续时间不短于几个机器周期。以 8051 MCU 为例,该控制器要求复位信号长度至少为两个机器周期[①],即 24 个时钟周期以上,那么在 RST(或 $\overline{\text{RST}}$)端出现复位信号后的第二个机器周期,片内复位电路检测复位信号并进行内部复位,直至该信号恢复。同时,考虑到上电时存在因滤波电容等引起的电压建立延迟时间,以及电压上升到逻辑高电平后振荡器从偏置、起振、锁定到稳定的时钟建立延迟时间,整个复位脉冲的宽度必须大于这些时间的总和。在设计复位电路时,一般采用"大电阻、小电容"的原则,并根据上述时间约束计算 R_1 和 C_1 的值。仍然以 8051 MCU 为例,假设采用 6MHz 振荡器且电源建立时间不超过 10ms,振荡器建立时间不超过 30ms,那么复位脉冲宽度应不小于 $t_{\text{RST}} = (10\text{ms} + 30\text{ms} + 2 \times 2\mu\text{s})$,此时理论上要求的 R_1C_1 值不小于 $t_{\text{RST}}/0.7 = 57.15\text{ms}$。实际中,考虑 RC 电路较大的误差以及电路其他部分引入的延迟,复位脉冲通常要大于该理论值,典型值如 $R_1 = 8.2\text{k}\Omega$、$C_1 = 10\mu\text{F}$。

RC 复位电路的优点是实现非常简单,但其缺点也是显而易见的。除了上述误差因素之外,在电源瞬时跌落和恢复过程中,电容充放电的指数特性导致电容在尚未完成放电时便又开始充电,从而无法产生宽度合格的复位脉冲,这在图 5.12(b) 所示的电路中尤为严重。为此,实际使用时还需要对以上电路进行改进。

第一种改进方法是,在图 5.12(b) 所示电路的电阻两端接入一个二极管 B_1(如整流二极管 1N414B)。通过该二极管可以实现 V_{CC} 掉电时为电容 C_1 提供快速的放电通道,而上电时则反向截止,见图 5.13 中 B_1 电路。第二种方法是在复位信号输出端接入奇数个反相器,形成如图 5.13 所示的改进型阻容式复位电路。该电路中,a、b、d 各点的输出信号波形如图 5.14 所示。由图 5.14 可知,电源跌落的时间越小,电容 C_1 的放电时间越短,因此 a 点的电压跌落幅度越小,那么经过三级反相器整形后的复位脉冲宽度越小。显然,当电源瞬时跌落的时长为 3ms 或更小时,该电路无法输出宽度有效的复位脉冲。

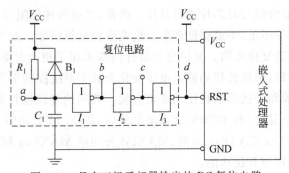

图 5.13　具有三级反相器输出的 RC 复位电路

同时,为了提高复位电路的抗干扰能力,也可在阻容式复位电路的输出端接一个具有抗

---

① 在 8051 MCU 中,每两个**时钟周期**(振荡周期、节拍)定义为一个**状态周期**,每个**机器周期**包括 6 个状态周期,而每个**指令周期**表示执行一条指令所需的时间,由若干机器周期组成。

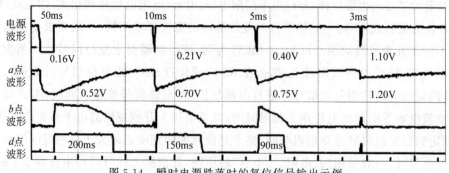

图 5.14　瞬时电源跌落时的复位信号输出示例

干扰能力的施密特[①]器件 S_1（如基于施密特触发器[②]的六反相器 74LS14）。利用施密特器件的迟滞特性，可以在一定程度上消除微小输入电压变化可能引起的输出电压改变。施密特反相器的输入输出特性如图 5.15(a) 所示，扩展形成的复位电路如图 5.15(b) 所示。

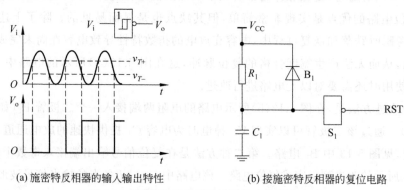

(a) 施密特反相器的输入输出特性　　　　(b) 接施密特反相器的复位电路

图 5.15　施密特反相器及改进的上电复位电路

3. 基于复位监控器件的复位电路

当系统电源 V_{DD} 瞬时跌落时，即使这个跌落时间很短，也可能造成芯片内部数据的丢失，因此仍需要产生复位信号对芯片进行复位。然而，之前所述的阻容式上电复位电路存在可靠性和抗干扰性差等不足，不能保证产生合格宽度的复位信号。这种情况下，可以使用专用的复位监控器件构造复位电路。复位监控器件内部采用了更为复杂的电源电压监测、比较及复位信号管理逻辑，根据监控的输入电压变化为数字系统提供更为稳定、有效和精确的复位信号，可以排除瞬间干扰影响且使用非常方便。典型的复位监控器件，如 Microchip 公司的 TCM809(低电平复位)和 TCM810(高电平复位)芯片、TI 公司的 TL77xxA 系列芯片、Catalyst 公司的 CAT70x/CAT8xx 系列、MAXIM 公司的 MAX7xx 和 MAX8xx 系列等，都可以提供多种电源监控与复位功能。

---

　　①　奥托·赫伯特·施密特(Otto Herbert Schmitt，1913—1998)，美国生物物理学家、发明家，创造了仿生学一词。在其研究生学习期间，根据鱿鱼神经中神经脉冲传播的研究进一步发明了施密特触发器。他还发明了阴极耦合器、差分放大器、斩波稳态放大器等。

　　②　施密特触发器(Schmitt trigger)也称施密特非门，是一个包含了正反馈的、具有迟滞现象的比较器电路。其特点在于：仅当输入电压发生足够的变化时输出才会改变，即，当输入电压高于正向阈值电压输出为高、输入电压低于负向阈值电压输出为低，而在此区间则输出不变，具有抗干扰作用。

　　以 TCM810[63] 3 引脚微控制器复位监控芯片为例。该器件可以精确地检测 2.5V、3.0V、3.3V 以及 5.0V 的 V_{DD} 电压,3.3V 时的典型工作电流为 $9\mu A$,以推挽方式输出复位信号,最小复位周期可达 140ms,适用于通用计算机及电池供电装备、关键 MCU 的电源监测以及车载系统等。在复位电压跌落至门限以下的 $65\mu s$ 内(SC-70 封装时),该芯片激活复位信号输出,并在 V_{DD} 上升至复位门限以上继续保持最少 140ms,可以满足复位要求。由图 5.16 所示的复位电路可知,TCM810 的使用非常简单。当有瞬时电源电压跌落时,不论跌落时间长短,该芯片都将产生如图 5.17 所示的、宽度固定的复位信号。

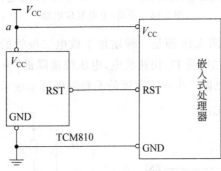

图 5.16　基于 TCM810 的复位电路

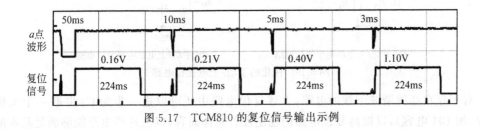

图 5.17　TCM810 的复位信号输出示例

5.3.2　手动复位

　　手动复位是上电复位的扩展,是由操作人员通过开关按钮触发处理器的复位信号,进而使电子装置内部进行复位的操作。采用手动复位的优点是,开发/操作人员可以在设备的开发、调试或运行过程中进行人为干预,提高开发及系统管理的效率。

　　手动复位电路一般都是上电复位电路的扩展,通过开关按钮将 V_{CC} 连接到芯片的复位引脚 RST(或 $\overline{RST}$)。图 5.18(a) 所示为手动/上电高电平复位电路。当闭合开关 S_m 时,RST 端输出高电平,C_1 放电;开关打开时,C_1 充电,进而在 RST 端维持一段时间的高电平信号,类似于上电复位过程。该电路的复位特性优于用 S_m 将 V_{CC} 和 RST 短接,这是因为电容 C_1 能够对按键上的抖动进行滤波。图 5.18(b) 所示的手动/上电低电平复位电路中,按下开关 S_m 时电容 C_1 放电且 $\overline{RST}$ 端为低电平,松开 S_m,电容 C_1 充电一段时间后 $\overline{RST}$ 为高电平。操作时,只要开关闭合的时间足够长就能够产生宽度合格的复位脉冲。

　　图 5.18 所示电路可以满足基本的手动/上电复位需求。但由于 RC 电路的放电速度受到电阻、电容大小的影响,在电源瞬时掉电情形下电容充电过程短,有可能无法输出有效宽度的复位脉冲。为此,还需要对上述手动复位电路进行优化。一种简单的方法就是为电容

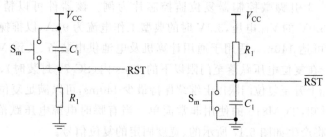

(a) 手动/上电高电平复位电路　　　　(b) 手动/上电低电平复位电路

图 5.18　手动/上电复位电路

C_1 增加快速的放电电路。图 5.19 便是一种增加了放电二极管的手动复位电路。当 V_{CC} 跌落时，电容 C_1 通过导通的二极管 D_1 快速放电，电压快速降低，为生成复位信号的充电过程做好准备。该电路可以在电源产生一定宽度的毛刺时保证系统可靠复位。

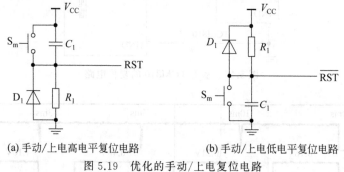

(a) 手动/上电高电平复位电路　　　　(b) 手动/上电低电平复位电路

图 5.19　优化的手动/上电复位电路

　　对于存在高频谐波干扰的电路，上述复位电路中还可以进一步为 C_1 并联一个无极性电容（如 104 电容），以提高复位电路的稳定性。总体而言，以上这些电路能够满足基本的手动复位要求。然而，为了有效地消除电源毛刺影响，并在电源电压缓慢下降（如电池电量不足）时实现可靠复位，还需要设计更为复杂的手动复位电路。例如，采用延时电容、小功率三极管（如 9012/9013）、稳压二极管可以搭建具有电压监控或稳定门槛电压功能的复位电路。图 5.20 是带有比较电路的复位电路，主要利用了硅三极管基极与发射极在 0.7V 电压时导通的特性（锗管为 0.3V）。在图 5.20(a) 中，当 $V_{CC}(R_3/(R_2+R_3))$ 的电压值小于 0.7V 时，NPN 型三极管 Q_1(9013) 截止，此时 RST 端为高电平，产生高电平复位信号；当该电压值升至 0.7V 时，Q_1 导通，电容 C_1 充电一段时间后，RST 端跳至低电平。图 5.20(b) 中，PNP 型三极管 Q_1(9012) 作为电子开关。上电后，当发射极-基极正向偏置电压达到 0.7V 时，Q_1 导通，$\overline{\text{RST}}$ 输出低电平并在 C_1 充电一段时间后输出高电平，产生复位信号。当开关闭合后，Q_1 基极-射极的压差为 0，Q_1 截止，此时电容 C_1 放电，$\overline{\text{RST}}$ 端电压降低。在开关断开后，Q_1 再次导通，C_1 充电一段时间后输出高电平，完成低电平复位信号的输出。

　　关于手动复位，这里有两个问题必须进一步澄清。第一，并非所有嵌入式系统都需要独立的手动复位电路，例如手机、智能手表等嵌入式设备就不需要该电路。因此，在嵌入式系统硬件设计时，不一定要提供手动复位电路。第二，嵌入式系统 RESET 按钮的功能不一定是仅对电路进行复位，也有可能是将系统配置恢复到初始（或出厂）状态，也就是将非易失存储器（如 ROM、E^2PROM 等）中备份的原始配置数据复制到配置存储器 NVRAM 中。这种

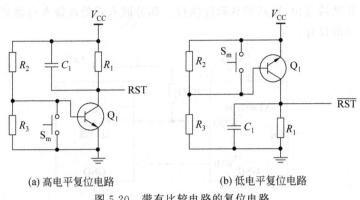

(a) 高电平复位电路　　　　　　　(b) 低电平复位电路

图 5.20　带有比较电路的复位电路

"一键恢复"的复位功能在家用路由器、网络监控摄像头等嵌入式系统中经常见到,其主要作用是方便用户对设备的使用和维护。

5.3.3　看门狗复位

除了上电时将系统复位至可以工作的初始状态以外,对系统运行状态进行监控也是某些复位电路的一个重要功能。当监控到程序异常、操作错误或系统跑飞时,复位电路重新初始化硬件并加载软件重新执行。注意,"跑飞"一词是对软件进入未知运行状态的一种形象描述,表示软件的 PC 寄存器中填入了错误的值。在嵌入式领域,这种具有系统逻辑监控功能和故障时自动复位能力的电路统称为**看门狗复位电路**。近年来,看门狗复位电路已经在大到航空航天装备、小到仪器仪表的诸多嵌入式自动化系统中广泛应用,在一定程度上增强了系统的自恢复能力和可靠性。

看门狗电路是可以监控嵌入式系统运行状态,并在故障时向 RST($\overline{\text{RST}}$)端输出复位信号的专用电路。就其内部硬件结构而言,该类电路一般以基于时钟输入的计数器作为核心,记为 WDT,同时具有计数器清零引脚 WDI 以及计数溢出判断逻辑和复位信号输出引脚 WDO/$\overline{\text{WDO}}$。图 5.21 所示为 STWD100 看门狗芯片的内部逻辑[64]。

图 5.21　STWD100 看门狗芯片的内部逻辑结构

看门狗电路的应用涉及硬件和软件两方面。硬件设计比较简单,主要是将 WDI 与嵌入式处理器的 I/O 引脚连接,WDO/$\overline{\text{WDO}}$与处理器的 RST($\overline{\text{RST}}$)引脚连接,如图 5.22 所示。在软件设计中,要在嵌入式软件中增加具有(周期性)循环执行能力的"喂狗"操作代码,该代码主要负责向 WDI 引脚发送脉冲信号,将看门狗的计数器清零。正常运行时,"喂狗"代码(周期性)执行,并总能在看门狗溢出之前将其计数器清零(这取决于软件设计)。软件跑飞或逻辑死锁时,"喂狗"代码不再执行,看门狗在一段时间后溢出并在 WDO/$\overline{\text{WDO}}$引脚产生信号,从而使得处理器复位,重新加载软件执行。部分嵌入式处理器本身就集成了看门狗电路,只需考虑软件的设计。

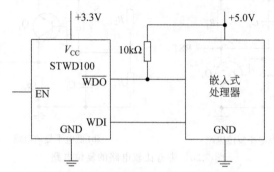

图 5.22　基于 STWD100 的看门狗电路

MAX813L[65]是一款功能丰富的微处理器电源监控集成器件,不但可以在上电、掉电和节电模式下输出高电平有效的复位信号,还提供了一个 1.6s 计时溢出的看门狗组件(计时溢出输出引脚$\overline{\text{WDO}}$和计时器清零引脚 WDI)、一个用于电源失效告警、低电量检测的 1.25V 门限电压检测器(可以在检测引脚 PFI 电压下降到门限电压以下时触发$\overline{\text{PFO}}$低电平输出信号)以及一个低电平有效的手动复位输入引脚$\overline{\text{MR}}$。在正常工作模式下,当供电电压跌至 4.65V 以下时,器件就会在 RESET 引脚产生一个复位信号。采用该器件,设计者就可以方便地设计出如图 5.23 所示的综合复位电路。其中,MAX667 是一个 5V 的可编程低压差稳压器。

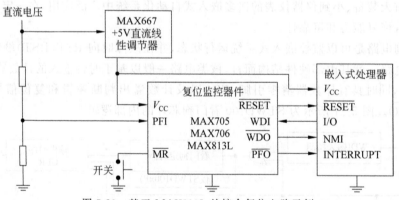

图 5.23　基于 MAX813L 的综合复位电路示例

5.3.4　软件复位

除了采用上述硬件电路进行复位之外,嵌入式系统设计中还广泛采用软件方式对系统进行复位管理,这也是增强软件自身故障恢复能力的有效方法。根据对系统资源复位的深度不同,可以将软件复位分为**软件重新执行**和**系统级复位**两种方式。第一种方式是在 PC 寄存器中重新填入软件的入口向量地址,而不对硬件模块和其他寄存器、I/O 接口进行初始化,硬件内部的复位逻辑不产生复位信号。通常将这种软件复位方式称为**软复位**。第二种方式是通过软件指令触发芯片的复位脉冲,进而在系统级初始化硬件并重新加载、运行嵌入式软件,显然这种方式的本质就是通过软件触发一次完整的硬件复位。

1. 软件重新运行

软件重新运行是适用于解决嵌入式软件代码跑飞问题的一个恢复性手段。软件跑飞的原因是受到某种干扰或执行错误影响，PC寄存器中装入非法的指令地址，进而使系统进入未知的运行状态。在电路本身稳定的情况下，将嵌入式软件随时拉回到有效代码范围可以保证嵌入式系统尽快地返回正常运行状态，是一种轻量、高效的系统恢复方法。

如第3章和第4章内容所述，代码指令按顺序存储于程序存储器中，处理器根据PC寄存器中的指令地址读取指令并执行。那么，为了解决程序跑飞问题，就必须在PC寄存器填入非法指令地址时能够将PC的值恢复为程序入口地址。这意味着软件设计人员需要在程序存储器中一切可能的非法地址中都填入用于恢复软件执行的指令。例如，8051 MCU中的程序入口地址为0000H，那么就可以通过在程序存储器的空闲地址写入长跳转汇编指令"LJMP 0000H"实现跑飞软件的恢复。需要强调的是，软件重新执行并不影响系统资源（如中断、I/O接口）的运行状态，定时器、中断等一直持续运行。这些未恢复的状态可能会对软件的重新执行产生影响。因此，软件逻辑设计时需要考虑对相关资源的管理，如中断的开关、定时器的清零等。

2. 软件触发的系统级复位

大多嵌入式处理器都在其特殊功能寄存器中提供了一个复位控制位，允许以软件指令置位的方式触发芯片内部的复位信号，从而进行不同程度的硬件复位。下面结合一个具体的处理器实例分析和说明这一机制及其使用方法。

ARM Cortex-M3系列MCU设置了地址为0xE000ED0C的应用程序中断与复位控制寄存器SCB_AIRCR，如图5.24所示[66]。其中，[31:16]位是寄存器钥匙，读出值为0xFA05，写入寄存器时该值应该为0x5FA，否则忽略写操作；ENDIANESS位指定字节顺序；[14:11]位以及[7:3]位为保留位；[10:8]位是PRIGROUP[2:0]，定义了中断优先级的分组；VECTCLRACTIVE是保留的调试位，未定义前只允许写入0；AIRCR中的SYSRESETREQ（AIRCR[2]）是系统复位请求，当该位置1时会把系统复位发生器的请求线置为有效，从而触发芯片的系统级复位；VECTRESET（AIRCR[0]）是为调试保留的位，未定义前只能写入0，部分处理器中给出了功能定义，将该位置1将会复位除调试元件之外的处理器内核与系统元件。

31												16
VECTKEYSTAT[15:0](read)/VECTKEY[15:0](write)											
rw	rw	...	rw	rw	rw	rw	rw	...	rw	rw	rw	rw

15	14	11	10	9	8	7	3	2	1	0
ENDIA NESS	预留		PRIGROUP			预留		SYS RESET REQ	VECT CLR ACTIVE	VECT RESET
r			rw	rw	rw			w	w	w

图5.24 SCB_AIRCR结构与位定义

在Cortex-M3的系统文件core_cm3.h中，为用户提供了一个如下所示的系统复位函数NVIC_SystemReset()：

```
/* core_cm3.h 提供的系统复位函数 */
static __INLINE void NVIC_SystemReset(void) {
    /* 设置 AIRCR 中 SYSRESETREQ 的值,且保持优先级分组不变 */
    SCB->AIRCR= ((0x5FA << SCB_AIRCR_VECTKEY_Pos)|(SCB->AIRCR & SCB_
                AIRCR_PRIGROUP_Msk) | SCB_AIRCR_SYSRESETREQ_Msk);
    __DSB();        /* 保证完成内存访问 */
    while(1) ;      /* 等待直至复位 */
}
```

当软件指令将 SYSRESETREQ 置为 1 之后,内部逻辑仅将复位请求发送至复位发生器,此时并不会立即复位整个系统。在这个延迟周期中,处理器的其他功能仍在正常运行,并可以响应中断请求。如果用户希望在此期间屏蔽任何外部事件的响应,那么就需要在调用该复位函数之前关闭全部中断。

在 core_cm3.h 文件中,同样提供了关中断函数 set_FAULTMASK(uint32_t faultMask)供用户使用,代码如下:

```
/* core_cm3.h 提供的关中断函数 */
static __INLINE void __set_FAULTMASK(uint32_t faultMask) {
    register uint32_t __regFaultMask   __asm("faultmask");
    __regFaultMask = (faultMask & 1);
}
```

在此基础上,可以方便地实现软件复位函数 SReset(),代码如下:
```
/* 用户软件调用 */
void SReset(void) {
    __set_FAULTMASK(1);        //关闭全部中断
    NVIC_SystemReset();        //软件复位
}
```

熟悉处理器寄存器操作的用户也可以在软件中直接编写操作复位寄存器的汇编代码,例如:

```
LDR R0, =0XE000ED0C;
LDR R1, =0X05FA0004;
STR R1, [R0];
Loop: B Loop;
```

以实现上述功能。

注意:_asm 关键字是 C/C++ 语言中的关键字,用于在 C/C++ 程序中内联一个汇编代码块。该关键字后可跟一条汇编指令或者由一组空格间隔且由{}括起来的汇编指令。inline 关键字用于声明内联函数。在调用内联函数的地方,编译器会将调用该函数的语句直接替换为其函数体汇编代码。

如前所述,MPC82xx PowerPC 处理器的复位机制更为复杂[62]。除通过硬件进行上电复位和硬复位之外,基于软件可以触发的复位有硬复位 $\overline{\text{HRESET}}$、软复位 $\overline{\text{SRESET}}$、软件看门狗复位、检查停止复位、总线监测复位、JTAG 调试复位等。由表 5.7 可知各个复位动作操作的对象有所不同,复位的深度也不同。上电复位的操作范围最大,将全部资源进行初始化;而 JTAG 复位和(外部)软复位范围最小。该处理器提供了两个与复位操作相关的寄存器,即复位状态寄存器 RSR 和复位模式寄存器 RMR。RSR 的[0:25]位为保留位,[26:31]位分别定义为 JTAG 复位状态位 JTRS、检查停止复位状态位 CSRS、软件看门狗复位状态位 SWRS、总线监测复位状态位 BMRS、外部软复位状态位 ESRS 和外部硬复位状态位 EHRS。当检测到相应的请求、外部事件或者计算核进入特定状态时,相应的复位状态位被置位并一直保持,直至用户软件将其清除。在 RMR 寄存器中,RMR[31]被定义为检查停止复位使能位 CSRE。将 CSRE 置位后,只要内核因异常条件进入了检查停止模式,无论何时该芯片都将执行一个硬复位操作序列。

表 5.7 MPC82xx 复位源与复位动作

复位源	复位动作						
	复位逻辑与PLL状态复位	系统配置采样	时钟模块复位	HRESET驱动	其他内部逻辑复位	SRESET驱动	内核复位
上电复位	✓	✓	✓	✓	✓	✓	✓
外部硬复位	×	✓	✓	✓	✓	✓	✓
软件看门狗复位							
总监测复位							
检查停止复位							
JTAG复位	×	×	×	×	✓	✓	✓
外部软复位							

在 $\overline{\text{HRESET}}$ 被触发时,硬复位操作将重新配置除时钟模式之外的大多数可配置属性。PowerQUICC Ⅱ 中的 32 位硬复位配置字定义了复位配置序列(详细说明请参见文献[62]),可以支持最多 8 个独立配置 PowerQUICC Ⅱ 处理器构成的主从式多处理器嵌入式系统。在上电复位时,若 $\overline{\text{RSTCONF}}$ 为低电平,那么该 PowerQUICC Ⅱ 处理器就是主配置处理器;否则为从配置处理器。主配置处理器选择配置源并读取配置数据,然后对自己以及其他从处理器进行初始配置。图 5.25 是支持不同硬复位的配置电路,图 5.25(a)所示的配置从处理器采用默认配置初始化组件,而图 5.25(b)所示的配置主处理器在硬复位时从 Boot EPROM 中装入配置数据。在图 5.25(b)电路的基础上,可以进一步通过地址总线、数据总线并联接入多个配置从处理器,组成多处理器系统。

需要说明的是,虽然部分芯片并未提供软件复位寄存器,但软件复位仍然是有可能实现的。这涉及对芯片资源和处理器内核机制的灵活应用。如果芯片连接了看门狗电路,那么可以在需要软件复位时让软件进入某种不能复位看门狗的锁死状态,进而等待看门狗溢出后产生硬件复位信号。如果芯片既不提供软件复位的寄存器也不提供看门狗机制,那么就需要灵活地使用处理器的内核机制。例如,在部分处理器内核机制中,在遇到非法的地址访问或指令执行时,可以产生异常并进入复位状态。在嵌入式软件设计中,就可以在需要复位时通过调用、执行非法指令或访问非法地址的方式触发处理器的复位。

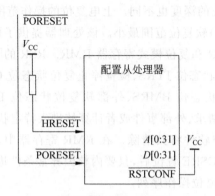

(a) 采用默认配置的硬复位

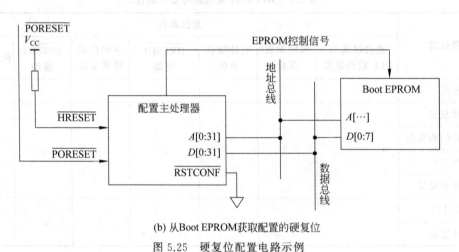

(b) 从 Boot EPROM 获取配置的硬复位

图 5.25　硬复位配置电路示例

5.4　时钟电路

时钟节拍也是处理器、存储器等电子器件正常工作的必备条件。时钟电路是计算装置中用于产生并发出原始嘀嗒节拍信号的、必不可少的信号源电路，常常被视为计算装置的心脏。随着嵌入式系统功能、接口以及工作模式（如正常运行、低功耗等）的不断丰富，系统内部时钟日益呈现出多类型、多频率等特征以及同相、同步等更为复杂的要求。因此，了解和掌握基本的时钟电路设计原理与方法，对于嵌入式系统设计及其运行过程的管理也就非常重要。

5.4.1　信号源：振荡电路原理

1. 正弦波振荡电路

正弦波振荡电路（也称正弦波发生电路、正弦波振荡器）是在放大电路的基础上加上正反馈所形成的正弦波输出电路，是各类波形发生器和信号源的核心。振荡电路的设计充分利用了由放大电路 $\dot{A}$ 和反馈网络 $\dot{F}$ 所形成的电路自激振荡机制，如图 5.26 所示，即输入端 $\dot{X}_i$ 无外接信号源时输出端 $\dot{X}_o$ 仍有一定频率和幅度的输出信号。要使该振荡电路产生自激振荡,需要满足式(5.1)所示的基本条件,也就是相位平衡、振幅平衡以及起振条件。其中,相位平衡是首先需要满足的条件,如果相位平衡不满足,就无法产生振荡。由于一个正弦波振荡电路只能在一个频率下满足相位平衡,因此振荡电路具有良好的选频特性。

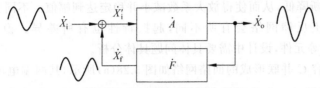

图 5.26 正反馈正弦波振荡电路

在电源接通瞬间,电冲击、电干扰、晶体管的热噪声以及人体干扰等均会产生噪声信号,这些信号由一组不同频率的正弦波构成。在电干扰→放大→选频→正反馈→放大→选频→正反馈→…的过程中,频率未被选中的信号不断被抑制,而选中信号不断加强。再结合晶体管的线性区放大特性,选中信号不会被无限放大,输出和反馈的振幅会很快稳定下来,振荡过程由此建立。在这一基本电路基础上,增大输出幅值的**放大电路**、确定电路频率的**选频网络**、约束相位平衡的**反馈网络**以及稳定输出信号幅值的**稳幅电路**就可组合形成正弦波振荡电路,其中选频网络通常与反馈网络合二为一。需要说明的是,如果同属于一个频率范围的正弦波信号都满足自激振荡条件,那么在不使用选频网络时就可以输出非正弦波信号。

$$\begin{cases} |\dot{A}\dot{F}| = 1, & \text{振幅平衡条件} \\ \varphi_A + \varphi_F = 2n\pi, & n = 0,1,2,\cdots,\text{相位平衡条件} \\ |\dot{A}\dot{F}| > 1, & \text{起振振幅条件} \end{cases} \tag{5.1}$$

据选频网络的组成,可以将正弦波振荡器分为 RC 正弦波振荡电路、LC 正弦波振荡电路、RL 正弦波振荡电路以及石英晶体正弦波振荡电路等。不同振荡电路具有不同的特性。例如,RC 振荡电路面向低频应用,振荡频率小于 1MHz;LC 振荡电路产生 1MHz 以上的高频信号源;RL 振荡电路提供大功率的信号源;石英晶体振荡电路可产生频率由几十 kHz 到几百 MHz 的信号,由石英晶体的晶片特性决定。

2. RC、LC 正弦波振荡电路

顾名思义,RC 正弦波振荡电路就是利用电阻、电容特性构建的振荡电路。常见的 RC 正弦波振荡电路有文氏电桥式、移相式、双 T 型,这 3 种电路各有特点。文氏电桥式 RC 正弦波振荡电路的特点是支持振荡频率的连续改变,便于加负反馈稳幅,振荡波形稳定、不失真;移相式 RC 正弦波振荡电路结构简单,但选频作用较差,振幅不稳定,频率调节不便;双 T 型 RC 正弦波振荡电路选频特性好,但调频困难,适合产生单一频率的振荡。鉴于良好的振荡特性,文氏电桥式 RC 正弦波振荡电路在日常设计中最为常用。

图 5.27 所示是一个基本的文氏电桥式 RC 正弦波振荡电路,运放元件 A 与稳幅热敏电阻 R_f、R_1 组成放大电路,左侧两个电阻 R 和电容 C 组成了 RC 串并联正反馈网络。该电路可以输出频率

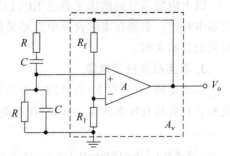

图 5.27 文氏电桥式 RC 正弦波振荡电路

为 $f_。=(2\pi RC)^{-1}$ 的正弦波。当放大电路电压增益系数 $A_v=(1+R_f R_1^{-1})$ 的值为 m 时，反馈系数 F_v 为 m^{-1}。当频率为 $(2\pi RC)^{-1}$ 且 $R_f \geqslant mR_1$ 时，电路可以起振。在振荡过程中，随着输出幅值的增加，流过 R_f 的电流会不断增大，进而使得 R_f 的温度不断升高，而温度升高时 R_f 的阻值会不断降低，从而使得放大系数减小并稳定达到幅值。不同文氏电桥式 RC 正弦波振荡电路的正反馈网络会有所不同，起振特性也有所差异。稳压电路还可采用 MOSFET、二极管等元件，设计中需要具体问题具体分析。

由电感 L、电容 C 并联形成的回路网络如图 5.28(a)所示，其两端电压是输入电压频率的函数。该并联回路的一个重要特点是具有谐振选频特性，谐振频率为 $(\sqrt{LC})^{-1}$，用于评价回路损耗大小的品质因子 Q 为 $(R^{-1}\sqrt{LC^{-1}})$，其中 R 是该电路的等效损耗电阻。由此，基于 LC 并联网络作为选频网络的振荡电路称为 LC **正弦波振荡电路**。常见的 LC 正弦波振荡电路有电容/电感三点式 LC 正弦波振荡电路、变压器反馈式 LC 正弦波振荡电路等。图 5.28(b)是电容三点式 LC 正弦波振荡电路(也称考毕兹[①]振荡器)的原理图，其特点是有源器件的反馈来自一个与电感串联的、由两个电容构成的分压器。在图 5.28 中，电感 L 和电容 C_1、C_2 组成的谐振回路与晶体管的 3 个电极相连，构成了三点式的 LC 并联电路，振荡电路的选频频率为 $2\pi\sqrt{LC_1 C_2(C_1+C_2)^{-1}}$。由三点式 LC 并联电路的特点可知，反馈电压从电容 C_2 端输出，因此 LC 并联电路的 1、2 端具有相同相位，满足振荡条件。总体而言，该振荡电路的优点有：频率高，可达 100MHz；对高次谐波阻抗小；可以滤除高次谐波并输出更好的波形。其缺点是调整振荡频率时需要同时调节 C_1、C_2 两个电容。因此，电容三点式 LC 正弦波振荡电路通常用于频率固定的系统中，且应用非常广泛。

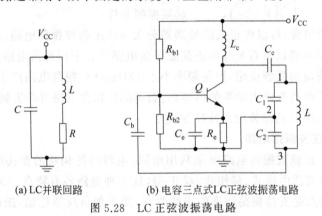

    (a) LC并联回路   (b) 电容三点式LC正弦波振荡电路

图 5.28   LC 正弦波振荡电路

以上内容部分地阐述了典型 RC、LC 正弦波振荡电路的原理，以便读者理解该类电路的基本特性。如果在实际设计中需要采用该类正弦波振荡电路，可进一步查阅电工电子学相关的技术文献。

3. 石英晶体振荡电路

石英是由 SiO_2 以 32 点群的六方晶系所构成的单结晶结构。在 5 种石英变体中，α 石英和 β 石英具有压电效应。即，当在石英晶体表面施加压力时，晶体会产生电场效应，而在

[①] 艾德温·考毕兹(Edwin H. Colpitts，1872—1949)，美国电气工程师，通信技术先驱之一，1918 年发明了一种 LC 振荡器，后以考毕兹命名。

外加电场时,晶体内部会产生应力形变,进而产生机械振动现象。当在晶片两极加上交变电压时,晶片就会产生机械变形振荡,而机械振荡又会产生交流电场。而当外加交变电压频率与晶体的固有频率相等时,会产生压电谐振现象,此时晶体的振幅最大。

基于上述压电效应特性,以特定方式和尺寸切割出石英晶片并在其两端加上电极和外壳封装,就可以制造出各种频率的谐振元件,称为**石英晶体谐振器**[①](也称**无源晶振**、**晶振**,常记为 Xtal),其符号如图 5.29(a)所示。该谐振器主要用于稳定频率和选择频率。由图 5.29(b)可知,石英晶体等效于一个 LC 电路,其中 L、C、R 分别为晶片工作时模拟晶体惯性的等效电感、模拟弹性的电容与振动损耗,C_0 是值约十几 pF 的晶片静态电容。图 5.29(c)给出了石英晶体的电抗特性,f_s 为串联谐振频率,值为 $(2\pi\sqrt{LC})^{-1}$;f_p 是并联谐振频率,其值为 $f_s\sqrt{1+C/C_0}$。由于 C 的值远小于 C_0,因此 f_s 和 f_p 的值就非常接近。由图 5.29(c)可知,石英晶体谐振器仅在 f_s 和 f_p 之间很窄的频率范围内呈感性,所以在该区域工作时谐振器就会呈现非常强的稳频特征。由此,可以通过为石英晶体串联一个电容 C_s 调整振荡频率 f_s',$f_s'=f_s\times\sqrt{1+C/(C_0+C_s)}$,且使得 f_s' 的值位于 f_s 和 f_p 之间。石英晶体谐振器具有很高的品质因子 Q,频率稳定度一般可达 $10^{-6}\sim10^{-8}$,具有很高的回路标准性。

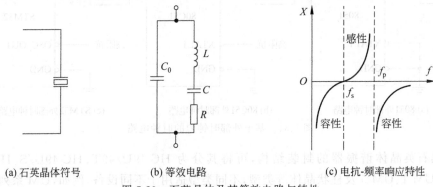

(a) 石英晶体符号   (b) 等效电路   (c) 电抗-频率响应特性

图 5.29 石英晶体及其等效电路与特性

常见的石英晶体谐振器是具有两个引脚的无极性器件。在使用时,需要为谐振器连接特定激励电平的外部电路,并接入一定的负载电容(约 30pF)以快速地起振和稳定频率。使用时,将谐振器 Xtal 两个引脚分别连接至处理器的 OSC1 和 OSC2 引脚,并外接 C_1、C_2 两个起振负载电容,基本电路如图 5.30(a)所示。实质上,图 5.30(a)的连接最终构成了类似图 5.30(b)所示的时钟电路,虚线框之外的部分便是嵌入式处理器内部的振荡控制电路。另外,多数嵌入式处理器也同时提供了外部时钟源接入机制,允许通过 XTAL 输入引脚,如 8051 的 XTAL2 引脚、80C51 的 XTAL1 引脚、ARM 处理器的 XIN 引脚等,输入 TTL/CMOS 电平的时钟信号。图 5.31(a)是 8051 MCU 使用外部时钟时的 XTAL 引脚连接方式,图 5.31(b)和图 5.31(c)分别是 80C51 和 STM32 ARM 处理器外部时钟引脚的连接方式。对于 STM32 系列处理器而言,如果采用内部 RC 振荡器而不是外部晶振,OSC_IN 和 OSC_OUT 引脚还有不同的连接方式。对于 100 或 144 引脚产品,将 OSC_IN 接地,将 OSC_OUT 浮空;而对于引脚数小于 100 的芯片,则将 OSC_IN 和 OSC_OUT 分别通过

---

① 石英晶体谐振器:Quartz Crystal Resonator。

10kΩ 的电阻接地,或将其分别映射为 PD0 和 PD1。

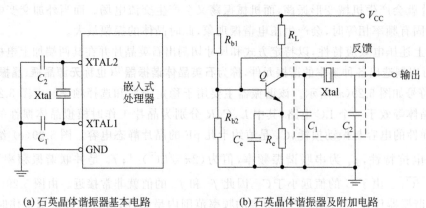

(a) 石英晶体谐振器基本电路   (b) 石英晶体谐振器及附加电路

图 5.30　基于石英晶体谐振器的时钟电路原理

(a) 8051外部时钟电路   (b) 80C51外部时钟电路   (c) STM32外部时钟电路

图 5.31　基于外部时钟源的时钟电路

　　根据石英晶体谐振器的封装结构,可将其分为 HC-49U/49T、HC-49U/S、HC-49U/S-SMD、UM-1、UM-5 及柱状晶体等类型,不同类型适用于不同设备,例如,UM 系列产品主要适用于移动通信产品,HC-49U/S-SMD 适用于各类超薄型电子设备,等等。设计人员可根据系统的结构特点和精度要求等进行选择。

　　采用石英晶体谐振器作为选频网络,经扩展放大电路、整形电路等可进一步设计、形成完整的反馈振荡器,称为**石英晶体振荡器**[①]。石英晶体振荡器一般具有 4 个引脚,包括一个电源引脚、一个接地引脚、一个振荡信号输出引脚以及一个空引脚或控制引脚。较石英晶体谐振器而言,石英晶体振荡器内部增加了振荡控制电路,且因内部集成了有源电子元件而被称为**有源晶振**。石英晶体振荡器在接通电源后就可直接输出频率稳定度和精确度都非常高的振荡信号,使用方式非常简单。根据其工作特性,可以将石英晶体振荡器分为普通型(SPXO)、温度补偿型(TCXO)、恒温型(OCXO)以及电压控制型(VCXO)等。

　　以爱普生 TCO-708X 系列的 TCO-708X1A 石英晶体振荡器为例,其采用 SMD 封装,电源电压 3.3V,输出负载最大为 15pF,输出频率范围为 1.500～160.000MHz,输出信号的电压范围为最大 V_{CC} 电压的 10% 至最小 V_{CC} 电压的 90%,起振时间最大为 10ms。$\overline{ST}$ 引脚是振荡器控制引脚,高电平时 OUT 引脚按照特定的频率输出信号,低电平时振荡器停止振

---

　　① 石英晶体振荡器:Crystal Oscillator,常记为 OSC 或 XO。

荡,输出端为高阻抗,具体连接电路请参阅器件手册。

需要强调的是,不论是采用有源还是无源的振荡电路,振荡频率的选取一定要综合考虑计算系统中不同部件的特性和要求。如果晶振型号选择不合理,系统中的某些组件可能就无法正常工作。下面结合一个实例进行说明。

例如,在基于 8051 MCU 设计嵌入式控制系统时,串行接口要基于定时器 T1 的方式 2 产生 9600Baud 的波特率,设电源控制寄存器 PCON 中的波特率位 SMOD＝0,那么分别采用 f_{osc}＝12MHz、f_{osc}＝11.0592MHz 时 T1 的初始计数值应为多少?

分析:波特率[①]是单位时间内信号波形的变换次数,通常也称为信号码元的传输速率,单位 Baud 本身就表示波特/秒,简写为 Bd。波特率 S 与比特率 I(数据传输速率,单位为 b/s)具有如式(5.2)所示的换算关系:

$$I = S \log_2 N \tag{5.2}$$

其中,N 为每个码元所能表示数值的数量,这与信号的编码方式密切相关。在数字计算装置中,信号常采用非归零全宽编码(NRZ),要么高电平,要么低电平,那么每个信号能表示的数值共两个,此时比特率与波特率相等。而当一个码元可以表示 8 个值时,意味着每个码元可表示 3 位二进制数据,此时 I 是 S 的 3 倍。特殊地,在具有自同步特性的曼彻斯特编码、差分曼彻斯特编码中,每两个码元才能表示一位的信息,因此此时比特率 I 是波特率 S 的 50%。对于异步通信系统,收发两端采用相同的波特率是实现正确通信的必要条件之一。

在 8051 MCU 中,定时器 T1 工作于方式 0 时,溢出所需周期数为 $8192-X$,X 为 T1 的初值;工作于方式 1 时,溢出所需周期数为 $65536-X$;方式 2 是自动重装入 8 位定时器/计数器,装入初值为 X,溢出所需周期数为 $256-X$,每次溢出产生一个中断信号,方式 2 可以重新装入初值,因此作为波特率发生器最为合适。定时器 T1 工作于方式 2 时,波特率(Bd)计算公式如式(5.3)所示。进而,定时器 T1 的初值 X 可由式(5.4)计算。

$$S = \frac{2^{SMOD} \times f_{osc}}{32 \times 12 \times (256 - X)} \tag{5.3}$$

$$X = 256 - \frac{2^{SMOD} \times f_{osc}}{32 \times 12 \times S} \tag{5.4}$$

当 f_{osc}＝12MHz 时,可求得 X＝252.745。但由于寄存器中只能存放整数值,因此 X 的值只能为 252 或 253。此时,将 X 代入式(5.3)可知,12MHz 时可产生的波特率为 7812.5Bd 或 10416.67Bd。当 f_{osc}＝11.0592MHz 时,可求得 X＝253。将该值代入式(5.3)可知,当晶振频率为 11.0592MHz 时,可产生 9600Bd 的波特率。显然,如果串口要使用 9600Bd 的波特率,使用 11.0592MHz 的晶振才能满足这一要求。这也说明,实际系统中所选晶振的频率并非越高越好,选择适合的才最为重要。

5.4.2　多时钟管理

1. 多时钟电路

在计算装置中,除处理器需要高速时钟之外,不同类型的总线、接口、外部组件以及功耗

---

①　波特率是码元传输的速率,以法国工程师让·莫里斯·埃米尔·波特(Jean Maurice Émile Baudot,1845—1903)的名字命名。波特是电报码的发明人,数字通信技术的先驱之一。

管理等也都需要相应的时钟信号才能正常工作。而且,随着系统日益复杂和智能化程度不断提高,嵌入式系统内的时钟源、时钟类型、时钟频率也越来越多样化,其功能也从基本的工作时钟向复位控制、电源管理、低功耗模式控制等方面不断延伸。以 STM32 系列的 ARM 处理器为例,该类处理器本身可以支持 5 个时钟源,包括 8MHz 的高速内部 RC 时钟(HSI)、可接外部 4～16MHz 谐振器或时钟源的高速外部时钟(HSE)、40kHz 的低速内部时钟(LSI)、接 32.768kHz 石英晶体谐振器的低速外部时钟(LSE)以及锁相环倍频输出单元(PLL)。其中,PLL 的输入源可以为 HSI/2、HSE 或 HSE/2,可编程的倍频系数范围为 2～16,最大输出频率为 72MHz。

虽然单个系统内部的时钟类型、频率丰富多样,但在设计中并不需要为每个时钟输入提供单独的时钟电路,这主要是为了保证所有时钟同相,以尽量避免产生干扰。在多时钟系统中,**锁相环**(PLL)和分频器(FreqDiv)这两个元件是非常关键的。其中,**锁相环**本质上就是一个反馈控制电路,由频率基准、相位检波器(Phase Detecter,PD)、低通滤波器(Low-Pass Filter,LPF)、压控振荡器(Voltage-Controlled Oscillator,VCO)和分频反馈回路(Divider,DIV)组成,其逻辑结构如图 5.32 所示。通过比较外部信号相位和内部的压控振荡器,锁相环实现内外时钟的相位同步,并利用倍频、分频等频率合成技术生成、输出多频率、高稳定性的振荡信号,常用的锁相环器件有 CD4046 CMOS 锁相环集成电路、NE567 等。如前所述,在 ARM 处理器系统中也将锁相环称为倍频器,并允许通过编程设置倍频系数输出更高频率的时钟信号。与之相反,**分频器**是一种将输入信号以纯分数倍(如 1/2、3/4 等)输出的模拟电路,降低输出的时钟信号的频率。图 5.33 是对输入时钟 Clock 进行 2 分频、3 分频之后的振荡信号输出波形。锁相环频率合成器可以利用分频器产生多个与基准参考频率具有相同精度和稳定度的频率信号。

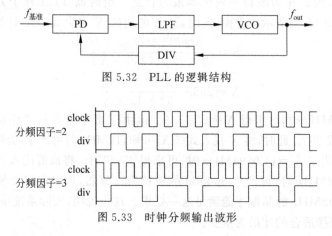

图 5.32 PLL 的逻辑结构

图 5.33 时钟分频输出波形

2. 处理器内部的时钟树

在基本时钟的基础上,通过扩展锁相环、分频器等电路就可以将几个输入时钟转换为多种类型和用途的时钟。处理器中的这一套时钟系统通常被称为处理器的时钟树。在处理器参考手册中,通常可以查询到相应的时钟树架构。例如,图 5.34 所示是意法半导体超低功耗 ARM Cortex-M3 系列嵌入式处理器 STM32L100xx、STM32L151xx、STM32L152xx、STM32L162xx 的时钟树逻辑结构[60]。

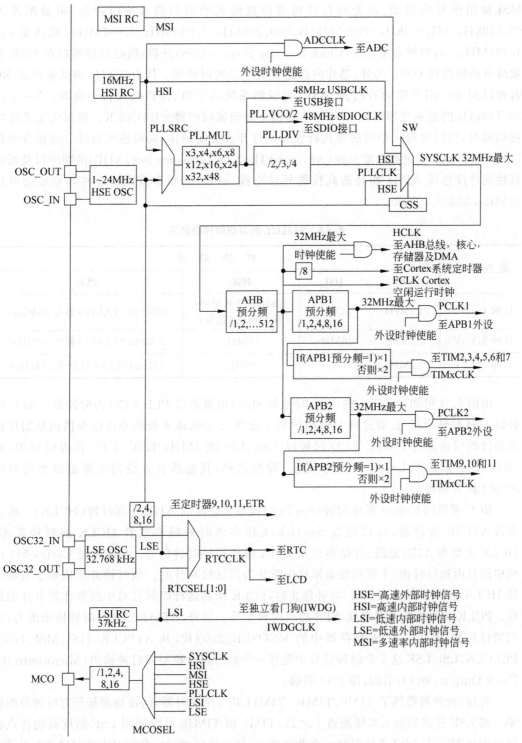

图 5.34 STM32L 的时钟树逻辑结构

在图 5.34 所示的复位与时钟控制逻辑（Reset and Clock Control，RCC）中，系统时钟 SYSCLK 可以由 HSI、HSE、PLL 以及多速率内部时钟（MSI）等不同的时钟源驱动。其中，

MSI 被用作复位启动、从低功耗待机或停机模式唤醒后的系统时钟源，可被配置为 65.536kHz、131.072kHz、262.144kHz、524.288kHz、1.048MHz、2.097MHz（默认值）或 4.194MHz。若时钟安全系统（Clock Security Ststem，CSS）开启，则处理器可以在 HSE 失效时自动切换到 HSI。另外，芯片内部还有两个二级时钟源：其中 37kHz 的低速内部 RC 时钟（LSI RC）用于驱动看门狗、RTC，可以使系统从停机、待机模式自动唤醒；另一个是 32.768kHz 的低速外部时钟（LSE），主要用于驱动实时时钟[①] RTCCLK。根据优化系统功耗的需要，可以对每一个时钟源进行独立的打开或关闭操作，同时也可通过一组预分频器（Prescaler）配置先进高性能总线（Advanced High Performance Bus，AHB）的频率以及低速高性能外设总线 APB1 和高速高性能外设总线 APB2 的频率范围。这些频率最大可达 32MHz，如表 5.8 所示。

表 5.8　STM32L 的系统时钟源频率

电压区间	时钟频率			
	MSI	HSI	HSE	PLL
区间 1(1.8V)	4.2MHz	16MHz	32MHz(外部时钟) 或 24MHz(晶振)	32MHz(PLLVCO 最大 96MHz)
区间 2(1.5V)	4.2MHz	16MHz	16MHz	16MHz(PLLVCO 最大 48MHz)
区间 3(1.2V)	4.2MHz	—	8MHz	4MHz(PLLVCO 最大 24MHz)

由图 5.34 可知，48MHz 的 USB 时钟和 SDIO 时钟都以 PLL VCO 为时钟源。ADC 时钟以 HSI 时钟为驱动，通过对 HSI 时钟的 1 分频、2 分频或 4 分频等可以提供满足器件操作条件的时钟频率。RTC/LCD 时钟以 LSE、LSI 或 1MHz HSE_RTC 作为时钟源，而 IWDG 时钟常常以 LSI 时钟作为驱动。除此之外，其他所有外设的时钟都以系统时钟 SYSCLK 为基础。

RCC 逻辑向 Cortex 系统时钟（SysTick）提供 8 分频的 AHB 外部时钟（HCLK）。通过配置 STCSR 寄存器，可以设置 SysTick 工作在该时钟频率或者 HCLK 的时钟频率。HCLK 主要为 AHB 总线、存储器以及 DMA 组件提供时钟信号。FCLK 是 Cortex-M3 内核中的自由运行时钟，主要功能是采样中断并为调试模块计时。该时钟并不依赖于系统时钟 HCLK，所以在处理器休眠、时钟停止时，FCLK 依然运行以保证对中断和休眠事件的跟踪。PCLK 为高性能外设总线 APB 提供时钟信号。另外，STM32L 具有时钟输出能力，可以通过配置 RCC_CFGR 寄存器中的 MCOSEL[2:0] 位，从 SYSCLK、HSI、MSI、HSE、PLLCLK、LSI、LSE 这 7 个时钟信号中选择一个输出到微控制器时钟输出（Microcontroller Clock Output，MCO）引脚，即 PA8 引脚。

此外，处理器提供了 TIM9、TIM10、TIM11 共 3 个定时器，间接地测量所有时钟源的频率。将 LSE 连接到输入采样通道 1 之后，TIM9 和 TIM10 可以利用 LSE 精度高的特点精确地测试 HSI 和 MSI 系统时钟。在此基础上，用户可以通过校准位对内部时钟进行补偿。

---

① 实时时钟（Real-Time Clock，RTC）是计算装置中跟踪当前时间的时钟系统。支持 RTC 的嵌入式处理器可被用于计时器、闹钟、手表、电子记事器等诸多的电子设备。

3. 多时钟配置管理

在多时钟的嵌入式处理器内部，一般都提供了可由软件操作的、用于配置时钟的一组寄存器。下面仍结合 STM32L 处理器进行说明。

(1) 时钟控制寄存器 RCC_CR。提供了 RTC/LCD 预分频因子 RTCPRE[1:0]、CSS 使能位 CSSON、锁相环就绪标志 PLLRDY、锁相环使能位 PLLON、HSE 旁路位 HSEBYP、HSE 时钟就绪位 HSERDY、HSE 时钟使能位 HSEON、MSI 时钟就绪位 MSIRDY、MSI 时钟使能位 MSION、HSI 时钟就绪标志 HSIRDY 和 HSI 使能位 HSION。

(2) 内部时钟资源校准寄存器 RCC_ICSCR。提供了以下控制位：MSI 时钟频率调整寄存器 MSITRIM[7:0]，在不同温度和电压时调整 MSI 频率；MSI 时钟校正参数 MSICAL[7:0]，启动时根据出厂校准值自动初始化；MSI 时钟范围 MSIRANGE[2:0]，指定从 0～65.536kHz 到 0～4.194MHz 的 7 个频率范围；HSITRIM[4:0] 和 HSICAL[7:0]，分别存放 HSI 时钟的调整值和出厂值。

(3) 时钟配置寄存器 RCC_CFGR。定义了以下控制位：处理器时钟预分频因子寄存器 MCOPRE[2:0]，值 000、001、010、011、100 分别为 1、2、4、8、16 分频；MCOSEL[2:0]，用于从 7 个时钟中选择一个作为输出；PLL 输出分频寄存器 PLLDIV[1:0]，控制 PLLVCO 输出的分频系数，01、10、11 分别为 2、3、4 分频；PLL 倍频因子寄存器 PLLMUL[3:0]，表示从 PLL 时钟产生 PLLVCO 的倍数；PLLSRC，用于指定 PLL 输入时钟源；APB 高速预分频因子(APB2) 寄存器 PPRE2[2:0]，用于控制 PCLK2 的频率；APB 低速预分频因子(APB1) 寄存器 PPRE1[2:0]，用于控制 PCLK1 的频率；HPRE[3:0]，为 AHB 预分频因子寄存器；系统时钟配置源切换寄存器 SW[1:0]，00、01、10、11 分别指定 MSI、HSI、HSE、PLL 作为系统时钟，切换后由硬件将该状态写入 SWS[1:0]系统时钟源状态寄存器。

(4) 时钟中断寄存器 RCC_CIR。主要包括 LSIRDYF、LSERDYF、HSIRDYF、HSERDYF、PLLRDYF、MSIRDYF、LSECSSF、CSSF 共 8 个时钟就绪中断标志位，还包括相应的 8 个中断使能位以及 8 个就绪中断清除标志位。

(5) AHB 外设复位寄存器 RCC_AHBRSTR。设置相应的位可以复位可变静态存储控制器 FSMC、AES 加密模块、DMA1/DMA2 控制器、闪存存储器接口 FLITF、CRC 组件以及 I/O 端口 G/F/H/E/D/C/B/A 等。

(6) APB1 外设复位寄存器 RCC_APB1RSTR。可通过某一位复位比较器 COMP、DAC 接口、电源接口、USB 接口、I²C1/2 总线、USART2/3 接口、UART4/5 接口、SPI2/3 总线、窗口看门狗 WWDGRST、LCD、TIM2～TIM7 等组件。

(7) APB2 外设复位寄存器 RCC_APB2RSTR。可以通过相应的位复位 USART1、SPI1、SDIO、ADC1 等接口以及 TIM9、TIM10、TIM11 定时器和系统配置控制器 SYSCFGRST。

(8) AHB 外设时钟使能寄存器 RCC_AHBENR。定义了 RCC_AHBRSTR 中相应组件的时钟使能位，还定义了 APB1 外设时钟使能寄存器 RCC_APB1ENR、APB2 外设时钟使能寄存器 RCC_APB2ENR。在低功耗模式下，同样也定义了对应的 3 个寄存器，分别为 RCC_AHBLPENR、RCC_APB1LPENR 和 RCC_APB2LPENR。

(9) 控制/状态寄存器 RCC_CSR。定义了由硬件自动设置的低功耗复位标志 LPWRRSTF、窗口看门狗复位标志 WWDGRSTF、独立看门狗复位标志 IWDGRSTF、软件复位标志 SFTRSTF、上电复位标志 PORRSTF、引脚复位标志 PINRSTF、选项字节①加载标志 OBLRSTF 共 7 个复位及状态标志,还定义了软件控制的消除复位标志位 RMVF、RTC 软件复位位 RTCRST、RTC 时钟使能位 RTCEN、RTC/LCD 时钟源选择寄存器 RTCSEL[1:0]、LSE 的失效检测位 LSECSSD、LSE 上的 CSS 使能位 LSECSSON、外部低速时钟旁路位 LESBYP、外部低速时钟就绪位 LSERDY、外部低速时钟使能位 LESON、内部低速时钟就绪位 LSIRDY 及内部低速时钟使能位 LSION 共 12 个软件控制位和状态位。

在系统启动过程中,要依照特定的次序对上述时钟组件进行设置,基本流程及系统提供的 API 如下:

(1) 将 RCC 重新设置为默认值。

RCC_Init(void);

(2) 打开外部高速时钟晶振 HSE。

RCC_HSEConfig(RCC_HSE_ON);

(3) 等待外部高速时钟晶振工作。

While(ERROR==RCC_WaitForHSEStartUp());

(4) 设置 AHB 时钟。

RCC_HCLKConfig(时钟参数);   //如 RCC_SYSCLK_Div1

(5) 设置高速 APB 时钟。

RCC_PCLK2Config(时钟参数);   //如 RCC_HCLK_Div1

(6) 设置低速 APB 时钟。

RCC_PCLK1Config(时钟参数);   //如 RCC_HCLK_Div2

(7) 设置 PLL。

RCC_PLLConfig(时钟源,倍频系数);   //如 RCC_PLLSource_HSE_Div1 和 RCC_PLLMul_9

(8) 打开 PLL。

RCC_PLLCmd(ENABLE);

(9) 等待 PLL 工作。

while(RESET==RCC_GetFlagStatus(RCC_FLAG_PLLRDY));

(10) 设置系统时钟。

RCC_SYSCLKConfig(时钟源);   //如 RCC_SYSCLKSource_HIS/HSE/PLLCLK

(11) 判断 PLL 是否为系统时钟。

while(RCC_GetSYSCLKSource()!=0x08);

(12) 打开要使用的外设时钟。

RCC_APB2PeriphClockCmd();
RCC_APB1PeriphClockCmd();

_____

① STM32L 处理器内将 Flash 分为主存储块和信息块,选项字节是信息块的一部分,主要用于存储 Flash 芯片的配置信息,如读保护、写保护等。详细信息请参阅特定处理器的使用手册。

5.4.3　延伸：时钟管理与低功耗设计

如 5.2.2 节所述,动态电压调节、动态时钟频率以及控制启用的外设数量等是优化系统性能、降低功耗的重要方式。对于动态时钟系统,在保证性能的前提下尽可能地降低各时钟的频率,或通过门控时钟关闭外设时钟,都将产生良好的节能效果。这对于电池供电、移动设备等功耗约束严格的系统而言非常重要。图 5.35 是 STM32L1 处理器的不同电压区间与工作频率的关系。其中,WS 是等待周期(WaitState),0WS～nWS 表示 $n+1$ 个等待周期。最大系统时钟频率和 Flash 等待周期取决于所选电压范围 V_{DD}。由图 5.35 可知,当所选电压在区间 3 时,即 V_{CORE} 为低电压 1.2V、V_{DD} 为 1.65～3.6V,此时处理器频率最大为 4.2MHz,最小为 2MHz。

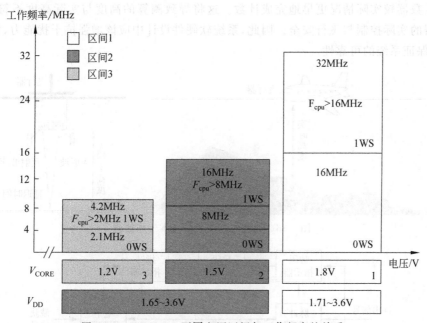

图 5.35　STM32L1 不同电压区间与工作频率的关系

如前所述,STM32L1 系列处理器时钟配置寄存器 RCC_CFGR 中定义了一组预分频器寄存器,配置寄存器可以降低 SYSCLK、HCLK、PCLK1、PCLK2 等系统时钟的速率,也可以在进入休眠模式之前降低外设的速度。同时,STM32L1 处理器中提供了用于控制外设门控时钟的 3 个使能寄存器 RCC_AHBENR、RCC_APB1ENR 和 RCC_APB2ENR。在运行模式下,软件在任何时候都可以对这些寄存器进行操作以停止特定外设和存储器的时钟。在休眠模式下,可通过设置 RCC_AHBLPENR、RCC_APB1LPENR 和 RCC_APB2LPENR 寄存器中相应的位自动禁止外设时钟。

5.5　电路抖动与消抖

5.5.1　抖动现象与危害

电子设备中开关的通断操作可能会因电路接触不良而产生无效信号,或者由于电磁干扰会在信号线上耦合出本不应该出现的毛刺信号，这类现象常被称为抖动。抖动信号的特征包括随机出现、测定形状不规则且信号能量极小，其幅值和宽度都远小于正常信号。然而，这些额外产生的极小的假信号却会使系统出现错误的响应或行为，对于电子设备而言是非常有害的。

这里以无线电高度表（radio altimeter）为例说明抖动对电子设备的危害。无线电高度表是飞机、巡航导弹等飞行器的重要组件，可以在线测算飞行器与地面的垂直距离，进而用于实时调整飞行器姿态以匹配地形，其基本工作原理如图5.36所示。图5.37给出了脉冲式无线电高度表的逻辑结构。该类高度表的测距机制与脉冲雷达相似，都是发射和接收特定标识的脉冲序列，进而基于电信号传播速度、统计的传输时间计算飞行器到目标的距离。在高度表的工作过程中，如果外部电磁干扰在脉冲计数引脚产生干扰毛刺信号，那么就可能导致脉冲计数器较实际情况更早地完成计数。这将导致测算的高度与实际高度不符，进而影响飞行器的实际控制与飞行安全。因此，系统软硬件设计中应该增强抗干扰能力，消除这类抖动，以保证系统的可靠性。

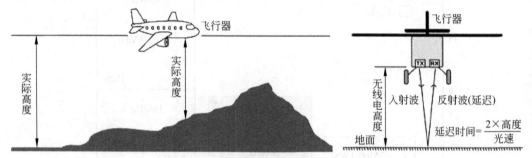

图 5.36　无线电高度表的基本工作原理

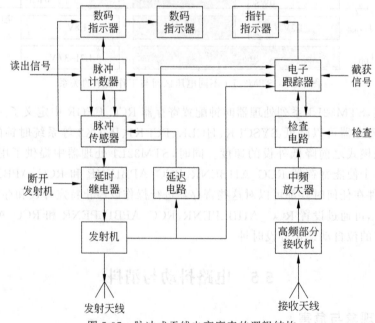

图 5.37　脉冲式无线电高度表的逻辑结构

5.5.2 硬件消抖

1. RC 消抖电路

利用电容的滤波特性构建具有消除抖动(消抖)能力的 RC 电路是一种常见的硬件消抖方式。例如,5.3.2 节的手动复位电路就是通过在开关两端并联一个 RC 电路进行抖动消除的。图 5.38(a)给出了基本的 RC 消抖电路。在该电路中,C_1 电容就扮演了对输出信号进行消抖的重要角色。上电后,C_1 经充电拉升至高电平。当开关闭合时,电阻 R_2 的一端接地,C_1 放电一段时间后,输出为低电平。如前所述,这个时间长短取决于 C_1 和 R_2 的大小,即电路的 RC 常数。如果没有这个 RC 电路,S_m 开关通断瞬间产生的抖动信号将会直接出现在输出端,并可能产生如图 5.38(b)所示的输出信号。在增加 RC 消抖电路后,这些前沿抖动、后沿抖动都将得到 RC 电路的补偿和抵消。RC 消抖电路的优点是实现简单且消抖效果较好。该电路的缺点是:如果 RC 常数过大,那么用时过长的电容放电过程将对输出信号的改变产生延迟,使得输出变得迟钝甚至使宽度小的输入失效,这对要求快速响应的系统而言是不适用的。

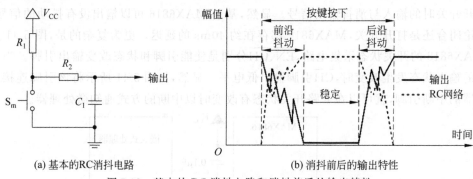

(a) 基本的 RC 消抖电路　　　　(b) 消抖前后的输出特性

图 5.38　基本的 RC 消抖电路和消抖前后的输出特性

为了进一步将电平输出转换为真正的 0、1 信号,还需要在输出端串联逻辑门电路,这个设计类似于图 5.13 中的电路。为了进一步提高电容的充电速度,降低开关响应的延迟,可以进一步为 R2 并联一个二极管。也可以像图 5.15 电路一样,在输出端扩展一个施密特触发器,形成一个稳定度更高但存在滞后现象的消抖电路。

2. 基于 RS 双稳态触发器的电路消抖

RS 双稳态触发器是具有一位二进制数据记忆能力的逻辑电路,有 0、1 两个稳定的状态,在外部信号触发时可以从一个状态翻转到另一个状态。在采用双掷型开关的电路中,采用双稳态触发器可以获得没有抖动的稳定输出,且不存在时间延迟。图 5.39 是基于 RS 双稳态触发器的开关电路。当开关闭合到 a 点时,R 端为高电平 1,此时顶部或非门的输出 $\overline{OUT}$ 为 0,而底部或非门的两个输入均为 0,因此其输出为 1;如果开关不闭合到 b 点,那么 OUT 端的输出状态将保持。显然,底部或非门将在第一次接触时输出 1,即使在

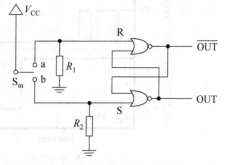

图 5.39　基于 RS 双稳态触发器的开关电路

S_m 闭合到 a 点的过程中产生了抖动,底部或非门通过向顶部或非门输入 1 也能够确保其输出为 0。

3. 专用消抖器件

除了基于器件搭建具有消抖功能的电路之外,硬件设计中还可以采用专门的消抖开关集成电路。该类器件内部带有开关消抖以及闭锁电路的按键通断控制器,可接收机械开关产生的嘈杂输入,并经过一个延迟时间后产生干净的数字锁存输出。

MAX6816/6817/6818 系列 CMOS 芯片[67] 就是具有单通道(4 引脚)、双通道(6 引脚)和八通道(20 引脚)输出,且具有 ±15kV ESD 保护的开关消抖器件。在开关通、断期间,只有对开关输入消抖后的下降沿触发时该芯片的输出状态才会改变,而在输入的上升沿输出保持不变,因此该芯片内部不会产生接触抖动。该芯片的基本特性包括:2.7～5.5V 的单电源工作电压,供电电流 $6\mu A$;内置保护电路,输入引脚耐压范围 ±25V、±15kV ESD 保护;MAX6818 提供直接数据总线接口,三态输出模式允许直接连接微处理器接口等。在电路设计中,设计者可以在电路中直接使用该类芯片,而无须进行过多的电路扩展。

图 5.40(a)是基于 MAX6816 的消抖复位电路,图 5.40(b)和图 5.40(c)分别是闭合开关和打开开关时的输入与消抖输出信号。显然,基于 MAX6816 可以输出没有抖动的信号,但是无论闭合还是打开开关,MAX6816 都存在约 40ms 的延迟。更为复杂的是,图 5.41 是基于 MAX6818 的开关状态采集电路,$\overline{EN}$、$\overline{CH}$ 分别是使能引脚和状态改变输出引脚。当 8 路开关的输入状态发生改变时,$\overline{CH}$ 引脚输出低电平。显然,如图 5.41 所示将该引脚连接到微处理器的中断引脚,就可以在 8 路开关状态有改变时以中断的方式通知微处理器。

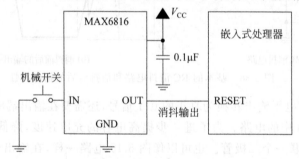

(a) MAX6816消抖复位电路

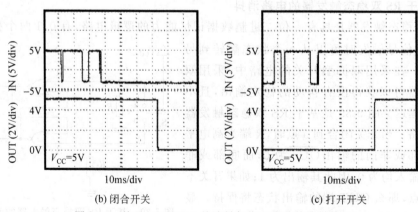

(b) 闭合开关 (c) 打开开关

图 5.40 基于 MAX6816 的消抖复位电路及其消抖特性

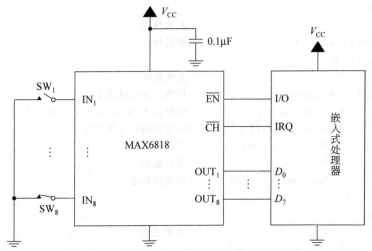

图 5.41 基于 MAX6818 的开关状态采集电路

5.5.3 软件消抖

硬件消抖是解决信号抖动的根本方式,但是这种方式存在以下缺点:第一是增加了硬件设计的复杂度和成本,第二是当硬件中噪声不可避免时,优化硬件可能无法解决问题,同时硬件的加工、调试会使整个项目周期显著延长。参考数字信号处理中的滤波原理,软件消抖也应该是一种可行的方式。所谓软件消抖,就是在软件中的信号采集部分加入消抖逻辑,提升信号识别的准确性。在嵌入式系统设计中,软件消抖是增强系统稳定性和可靠性的一个重要方式。

1. 基于采样统计思想的软件消抖

统计消抖可被看作一种朴素的软件滤波方法,其主要思想是:当采集到有效输入信号时,软件并不立即将该输入判定为外部事件,而是在延迟 Δt 时间后再次采样。如果第二次仍然采集到有效的输入信号,就可以认为外部事件发生,如图 5.42 所示。

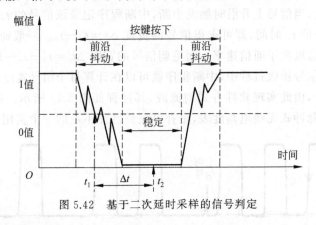

图 5.42 基于二次延时采样的信号判定

这一软件消抖机制利用了抖动信号随机出现且宽度远小于正常信号宽度的特性。也就是说,在两次较大间隔的采样时机正好出现两次抖动的概率将非常低。因此,这一方法经常用于软件中的按键消抖处理,其伪代码如下:

```
void main() {
    ...                              //其他处理
    Bool KeyDown = FALSE;            //按键标志
    while (1) {
        ...                          //其他处理
        if(GetKeyDown()) {           //检测是否按键按下
            Delay(Delta_t);          //按键按下,延迟 Delta_t(单位为 ms)
            if(GetKeyDown()) {       //再次检测是否按键按下
                KeyDown = TRUE;      //置按键标志
                ...                  //事件处理
                KeyDown = FALSE;     //清按键标志
            }
        }
        ...                          //其他处理
    }
    ...                              //其他处理
}
```

如果系统处于噪声极高的环境中,那么连续采集到两次噪声的概率将大大增加,依靠两次采集进行输入有效性判断的可靠度就会下降。此时,需要对上述方法进行扩展。例如,可以进行 n 个 Δt 周期的输入信号连续采集,当采集到有效输入信号次数 n_v 与无效信号次数 n_i 的比值 n_v/n_i 大于设定的阈值时,才能认为输入有效。这一方法可以大大提高信号读入的准确性。但其缺点是判定信号需要 $n \times \Delta t$ 的时间,效率降低;另外,$n \times \Delta t$ 不能大于输入信号的时间长度。

2. 噪声识别消抖

如前所述,耦合噪声信号的一个特点就是宽度比较小。当噪声信号的宽度远小于有效信号时,如果能够识别噪声信号,就有可能将其从有效信号中剔除。要实现信号宽度的判定,一般需要用到微处理器中断接口的上升沿(上跳沿)、下降沿(下跳沿)触发机制。通常情况下,处理器的外部中断接口具有信号跳沿的触发能力,可以通过配置中断接口模式寄存器实现。在此基础上,当信号上升沿时触发中断,中断程序记录该信号的 t_r 时间,下降沿触发中断时记录该信号的 t_d 时间,即可求得信号的宽度 $\Delta t = t_d - t_r$。一般而言,有效信号的宽度可达数百微秒(这取决于通信速率),而毛刺信号的宽度 $\Delta t' = t_d' - t_r'$ 一般仅为几微秒或十几微秒。因此,在信号接收过程中,中断程序就可以在计算每个信号宽度的基础上检出并丢弃可能的毛刺信号,由此实现软件方式的滤波,其过程如图 5.43 所示。这一机制经常用于脉冲计数系统,如脉冲式无线电高度表,是补偿硬件性能不足的一个实用方法。

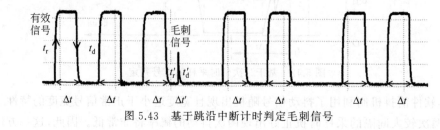

图 5.43　基于跳沿中断计时判定毛刺信号

5.6 小　结

外围电路构成了嵌入式系统硬件中核心计算、存储、接口组件和各子系统正常工作的辅助条件,不可或缺。只有正确地设计外围电路,这些组件和子系统才可能正常运行和工作。本章内容围绕最小系统的设计展开,结合一组示例重点分析、讨论了电源电路、复位电路、时钟电路以及消抖电路等的基本原理和设计方法。读者在此基础上以循序渐进的方式进行学习和实践,就能够理解和掌握这些电路的原理和设计机制。

当然,最小系统的硬件仅可以实现一个具有独立工作能力的计算系统,但并不具备嵌入式应用所需的接口和功能。如果要设计最终可用的嵌入式系统硬件,设计者还需在最小系统硬件的基础上进行一系列扩展。

习　题

1. 什么是最小系统?其蕴含了什么样的思想方法?最小系统有何价值?

2. 什么是处理器复位?简述复位的基本原理和过程。

3. 比较上电复位、手动复位、软件复位的异同。

4. 分析图 5.12 中 V_{CC} 端上电启动、V_{CC} 端掉电恢复两种情形时的复位信号变化,并画出信号变化示意图。

5. 简述看门狗电路的功能及其工作原理。

6. 什么是功耗?简述影响器件功耗的几个主要因素。

7. 降低处理器功耗的主要方法有哪些?简述各种方法的原理和特点。

8. 分析 STM32L0 嵌入式处理器的低功耗模式原理、特点以及进入与唤醒方式。

9. 为什么要采用锁相环、分频器等构建多时钟系统,而不直接采用多种时钟源?

10. 简述无源晶振、有源晶振的特点及其实际使用方法。

11. 分析开关电路抖动产生的原因以及图 5.44 所示电路中的消抖过程。说明电阻 R_2 在这个电路中的作用。

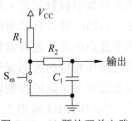

图 5.44　11 题的开关电路

12. 在图 5.44 的基础上,设计一个基于施密特触发器的开关消抖电路,并阐述其消抖原理及响应特性。

13. 设计或选择一个微控制器的核心板,进行如下设计:

(1) 选 3 个 I/O 引脚,分别连接一个开关 K1 和两个发光二极管 LED1、LED2;选一个外部中断引脚,连接一个开关 K2。

(2) 编写程序,每隔 50ms 检测一次开关 K1。如果连续有 10 次检测到开关闭合,将 LED1 的显示状态翻转。

(3) 编写外部事件中断程序,开关 K2 闭合、断开时响应中断并分别开始计时和结束计时。当判定开关闭合时长大于或等于 500ms 时,将计时清零并将 LED2 的显示状态翻转。

第 6 章　接口、总线与网络扩展

Things that think...don't make sense unless they link.

—Nicholas Negroponte[①]

Wireless connections made easy.

—Bluetooth SIG

如 MIT 教授 Nicholas Negroponte 所言："具有思考能力的对象,只有具有外部连接时才有意义。"这句话对计算装置而言也是非常适用的。这意味着具备思考能力的最小系统只有连接必要的外部组件才能成为真正可用的计算系统,或者说,计算系统只有互连才能提供更为强大的计算能力。嵌入式系统具有信息物理融合、应用丰富多样的特点,因此,在几十年的发展过程中也演化、形成了一系列形形色色的 I/O 接口。本章将梳理、筛选一组经典/常用的 I/O 接口、总线、网络等进行讨论,重点是分析、阐述其技术原理、特性和使用方法。

6.1　通用 I/O 与串行总线

6.1.1　GPIO

GPIO (General Purpose Input/Output),即通用 I/O,顾名思义,就是有别于功能单一的、专用 I/O 的一类接口。注意,这里说的通用并不等于"万用"。所谓通用,是指该类接口通常具有多于一种的 I/O 接口功能,并允许开发者按需要进行配置。处理器采用通用类型的 I/O 接口具有两方面的显著优势:一方面,这可以避免因提供各种各样的 I/O 接口而造成处理器引脚数量的大幅增加,从而增加处理器的设计难度;另一方面,更为重要的是,广泛采用 GPIO 可以有效增强处理器的通用性和使用的灵活性。当然,接口通用能力的实现依赖于复杂的芯片逻辑设计,每个 GPIO 内部都有一套可通过寄存器配置的复杂接口逻辑。通过操作相应的控制寄存器,GPIO 可以被配置为数字量或模拟量类型,同时也可配置为不同类型开关电路的控制输出接口或者数据总线接口等。

学习 GPIO 的重点是要了解和掌握各个 I/O 端口的特性及其寄存器组。就输入输出特性而言,GPIO 的引脚有浮空、上拉输入、下拉输入、模拟输入以及开漏输出、可配置的上拉/下拉推挽输出等模式可供选择。同时,该类接口至少会提供 GPIO 控制寄存器和 GPIO 数据寄存器,控制寄存器用于控制数据寄存器中的各位为输入、输出或其他功能类型。对于功能更为强大的嵌入式处理器,一般还会提供置位/复位寄存器、上拉/下拉电阻配置寄存器以及锁存寄存器等,使电路设计更为灵活和方便。

---

① 尼古拉斯·尼葛洛庞帝(Nicholas Negroponte,1943—),美国计算机科学家,麻省理工学院媒体实验室的创办人兼执行总监。他以"由原子的世界蜕变至位元世界"(原文:Move bits,not atoms.)为信念,并在其所著的《数字化生存》一书中预测"互动世界、娱乐世界、信息世界终将合而为一"。

以 STM32L1 系列的 STM32L162ZD 嵌入式处理器为例进行分析,其 GPIO 总线逻辑结构如图 6.1 所示。该处理器共有 144 个引脚,在 AHB 系统总线上提供了 115 个 GPIO 引脚。其中 GPIOH 对应的 PH 接口共 3 位,GPIOA～GPIOG 对应的 7 个接口 PA～PG 都为 16 位。每个 GPIO 引脚都可以通过软件配置为特定模式,如推挽输出或开漏输出、使用上拉或下拉的输入、不使用上拉和下拉的输入以及外设复用功能等。大多数 GPIO 引脚共享实现数字、模拟功能的复用(详细定义见数据手册的 Alternate function input/output 表[68]),并允许通过配置复用功能寄存器 AFIO 进行功能的设定。这些 GPIO 的基本特征如下:

(1) 每次最多允许控制 16 个 I/O。

(2) 允许推挽或开漏+上/下拉电阻的输出。

(3) 可以从数据输入输出寄存器(GPIOx_ODR)或外设(复用功能输入输出)对数据进行输入输出。

(4) 为每个 I/O 设定不同的速度。

(5) 支持浮空、上拉/下拉、模拟等输入状态。

(6) 按位写输出寄存器(GPIOx_IDR)的置位和复位寄存器(GPIOx_BSRR)。

(7) I/O 类型的寄存器锁定机制(GPIOx_LCKR)。

(8) 两个时钟周期的快速开关。

(9) 高度灵活的引脚复用,允许将 I/O 引脚配置为 GPIO 或其他外设功能模式。复位后,复用功能未被激活,调试引脚 PA13、PB4 为上拉状态,PA14 为下拉状态,其他所有 I/O 端口被默认配置为输入浮动状态。

需要说明的是,不同的 GPIO 可能对应不同的电源域,因此在使用 GPIO 时就要考虑不同处理器模式下各电源域的供电情况。以待机模式为例,该模式中除了 3 个唤醒引脚之外的其他 GPIO 引脚都不工作。

下面对 STM32L162ZD 处理器 AHB 总线上的 GPIO 寄存器类型及其功能分别进行分析和说明。

(1) 4 个 32 位的配置寄存器。

端口模式配置寄存器 GPIOx_MODER(x=A,B,…,H)用于设定各个端口的工作模式。这 8 个寄存器中的每两位定义了一个端口的模式,具体是分别对应于设定输入、通用输出、复用功能以及模拟模式的 00、01、10、11 这 4 组值。其中,GPIOA_MODER、GPIOB_MODER 寄存器的初值分别为 0xA8000000 和 0x00000280,GPIOC_MODER～GPIOH_MODER 寄存器的初值均为 0。

端口输出类型寄存器 GPIOx_OTYPER 的低 16 位用于配置 16 位端口的输出类型,0 为推挽输出,1 为开漏输出。

端口输出速度寄存器 GPIOx_OSPEEDR 的每两位定义一个端口输出速度,00、01、10、11 这 4 组值分别代表非常低速、低速、中速和高速。端口 PB 的寄存器 GPIOB_OSPEEDR 的初值为 0x000000C0。

端口上拉/下拉寄存器 GPIOx_PUPDR 的每两位定义一个端口的上拉/下拉模式,00、01、10、11 分别表示无上拉/下拉、上拉、下拉和保留位。GPIOA_PUPDR、GPIOB_PUPDR 的初值分别为 0x64000000 和 0x00000100,表示 PA15、PA13、PB4 为上拉,PA14 为下拉,其

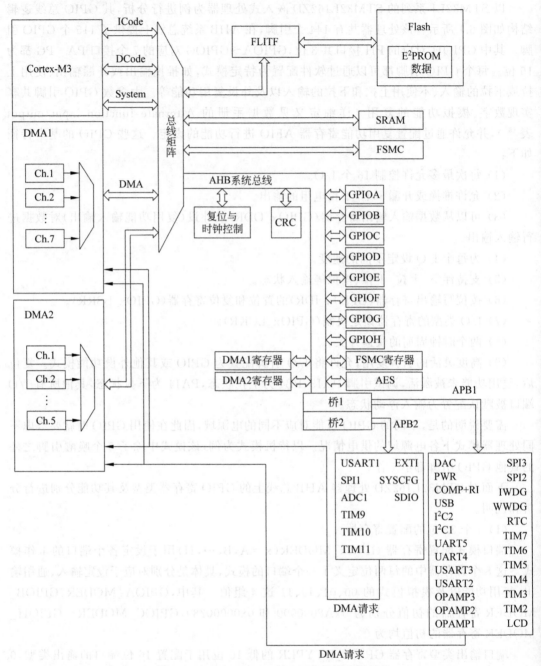

图 6.1　STM32L162ZD 的 GPIO 总线逻辑结构

他引脚不启用上拉/下拉电阻。

（2）两个 32 位的数据寄存器。

端口输入数据寄存器 GPIOx_IDR 的低 16 位对应 16 个引脚，只读且仅能按字读取。

端口输出数据寄存器 GPIOx_ODR 的低 16 位对应 16 个引脚，可由软件读写。

（3）一个 32 位的置位/复位寄存器 GPIOx_BSRR。

置位/复位寄存器 GPIOx_BSRR 的低 16 位为端口位的置位子寄存器，只能按照字、半字、字节模式写,读操作返回 0。

(4) 一个 32 位的配置锁定寄存器 GPIOx_LCKR。

当如下加锁操作序列成功执行后,配置锁定寄存器的 GPIOx_LCKR[16](LCKK)位被置为 1,端口锁定功能被激活。

```
WR LCKR[16]='1' + LCKR[15:0]
WR LCKR[16]='0' + LCKR[15:0]
WR LCKR[16]='1' + LCKR[15:0]
RD LCKR
RD LCKR[16]='1'
```

在执行该序列的过程中,不能改变各引脚的锁定状态。当一个端口被锁定后,其状态将不能再被修改,直至复位。

(5) 两个 32 位的复用功能选择寄存器。

复用功能低寄存器 GPIOx_AFRL 分为 8 个 4 位一组的子寄存器,0000～1111 值分别对应 AF0～AF15 功能。

复用功能高寄存器 GPIOx_AFRH 的划分与 GPIOx_AFRL 相似。

(6) 一个 16 位复位寄存器 GPIOx_BRR。

16 位复位寄存器 GPIOx_BRR 的 16 位对应端口的 16 个引脚,将某位置 1 时将对应的引脚复位,置 0 时无动作。

图 6.2 给出了 STM32L162ZD 处理器单个 GPIO 引脚的内部结构。结合如图 6.2 所示的结构,可以进一步说明该处理器的不同 GPIO 配置模式。

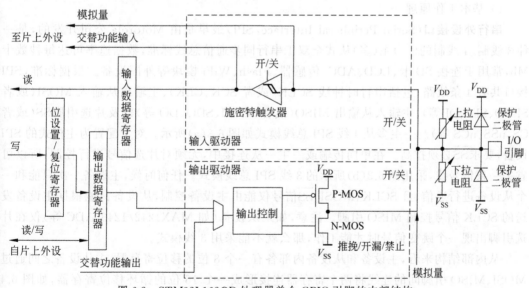

图 6.2　STM32L162QD 处理器单个 GPIO 引脚的内部结构

(1) 输入端口模式。在该模式下,需要禁止输出缓冲区,激活施密特触发器的输入,根据上拉电阻/下拉电阻寄存器 GPIOx_PUPDR 的配置激活上拉电阻或下拉电阻。在每个 AHB 时钟周期,该引脚上出现的数据将被采样到输入数据寄存器,而对输入数据寄存器的访问操作将返回一个 I/O 状态。

(2) 输出端口模式。该模式需要使能输出缓冲区,激活施密特触发器,并根据 GPIOx_

PUPDR 决定是否激活弱的上拉/下拉电阻。在每个 AHB 时钟周期,该引脚的数据将被采样到输入数据寄存器,读输入数据寄存器的操作将返回引脚的状态,而读输出数据寄存器将获得最近写入的值。在开漏输出模式下,P-MOS 管不工作,此时数据输出寄存器中的 0 使 N-MOS 管导通,而 1 则使该引脚为高阻抗态;在推挽输出模式下,两个 MOS 管都工作,0 使 N-MOS 管导通漏电流,1 使 P-MOS 管导通灌电流。

(3) 复用功能端口模式。在该模式下,输出缓冲区可配置为开漏或推挽方式,并由来自外设的信号驱动,进而激活施密特触发器,并根据 GPIOx_PUPDR 决定是否激活弱的上拉/下拉电阻。同样,在每个 AHB 时钟周期,该引脚的数据将被采样到输入数据寄存器,读输入数据寄存器时返回引脚状态。

(4) 模拟端口模式。将禁止输出缓冲区,禁止施密特触发器输入且强制输出 0,并禁止上拉和下拉电阻,就可进入模拟端口模式,此时读输入数据寄存器的操作返回 0。在该模式下,模拟量从该端口的模拟量通道直接输入至芯片内部的 ADC 器件。

在实际设计中,如果处理器提供的 GPIO 数量不够用,设计者还可以采用 MAX7319～MAX7329 等 8 端口/16 端口 GPIO 集成电路器件以及驱动器等对系统电路的 GPIO 进行扩展。另外,不同处理器的 GPIO 实现和特性存在差异,同一处理器的 GPIO 特性也可能不同,应用时要加以甄别。

6.1.2 SPI

1. SPI 规范与机制

1) 基本工作原理

串行外设接口(Serial Peripheral Interface,SPI)最早是由 Motorola 公司开发的,是一种 3 线制/4 线制的(一)主(多)从式全双工串行同步通信总线标准,数据速率可达每秒数十 Mb,常用于连接 SD 卡、LCD、ADC、传感器、Flash、WiFi 模块等外围设备。根据标准,SPI 接口共有 4 条线路,包括串行时钟线 SCLK(或者 SCK、CLK)、主输出从输入 MOSI(或者 SIMO、SDI、DI 等)、主输入从输出 MISO(或者 SOMI、SDO、DO 等)以及片选引脚 $\overline{SS}$(或者 $\overline{CS}$、nSS、nCS 等)。一主多从 4 线 SPI 总线模式如图 6.3(a)所示。对于配置为主模式的 SPI 设备,要求 $\overline{SS}$ 必须拉高。在单向传输或一主一从连接中,无须对片选信号进行控制,所以可省去一条信号线,采用图 6.3(b)所示的 3 线 SPI 总线模式。任何时候,主设备一次只能和一个从设备进行通信,且 SCLK、MOSI、$\overline{SS}$ 信号仅能由主设备控制,从设备只能根据主设备发送的 SCLK 信号控制 MISO 引脚。注意,如果从设备(如 MAX1242/1243 ADC 等)仅在片选引脚出现一个跳变信号时才能工作,那么就不能采用 3 线模式。

从内部结构来看,主设备和从设备内部各有一个 8 位的移位寄存器,主从设备之间通过 MOSI、MISO 引脚间的连线将两个寄存器连接形成一个 16 位的循环移位寄存器,如图 6.4 所示。随着时钟信号的变化,这个 16 位寄存器中的数据依次向左移出到输出引脚,同时将从输入引脚采集的数据移入移位寄存器。在一主多从的 SPI 总线模式中,设计者可以采用循环移位寄存器的思想进一步构建一个共享片选信号 $\overline{SS}$、多个从设备级联的菊花链式 SPI 通信系统。也就是采用"主设备的 MOSI→从设备 1 的 MISO→从设备 2 的 MOSI→…→从设备 n 的 MISO→从设备 n 的 MOSI→主设备的 MISO"的逻辑结构,从而形成一个 $(n+1) \times 8$ 位的循环移位寄存器,以实现这 $n+1$ 个设备之间的循环数据传输。在 SPI 通信过程中,每个

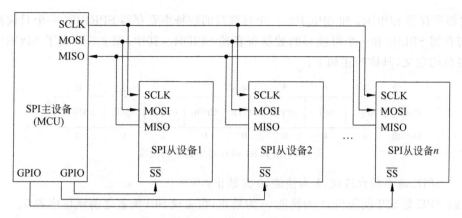

(a) 一主多从4线SPI总线模式

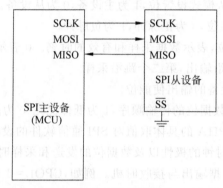

(b) 一主一从3线SPI总线模式

图 6.3 SPI 总线模式

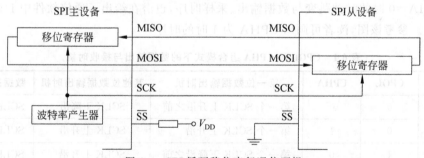

图 6.4 SPI 循环移位串行通信逻辑

SCLK 时钟周期传送一位数据,且高位数据先传送。主设备负责生成和管理 SCLK 时钟。在每个 SPI 时钟周期,主、从设备在每个时钟周期的上(下)跳沿发送数据,并在时钟信号的下(上)跳沿采集(接收)数据,实现基于时钟的按位同步传输。在传输过程中,主设备如果暂停时钟,那么 SPI 数据传输也会暂停,此后可以继续这一过程,而不影响数据传输的正确性。因此,基于 GPIO 端口模拟 SPI 主设备接口时,SPI 的同步时钟信号不一定必须是连续的,时钟周期也不一定必须是等长的。

2) SPI 寄存器与模式配置

Motorola 在基本 SPI 规范[69]中定义了映射到存储模块的一组 8 位寄存器,包括两个

SPI 控制寄存器 SPICR1 和 SPICR2、一个可读写的波特率寄存器 SPRIBR、一个只读的 SPI 状态寄存器 SPISR 和一个可读写的数据寄存器 SPIDR。其中，图 6.5 给出了 SPCR1 寄存器中各位的定义，具体描述如下：

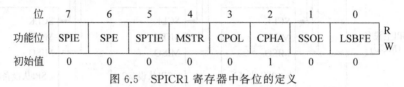

图 6.5　SPICR1 寄存器中各位的定义

（1）SPIE 是中断允许位，1 为使能，0 为禁止。

（2）SPE 是 SPI 使能位，1 为使能，0 为禁止，在完成 SPI 配置之前该位应置 0。

（3）SPTIE 是 SPI 传输中断允许位，1 表示允许 SPTE 中断，0 表示禁止。

（4）MSTR 为 SPI 主从模式设置位，1 为主设备，0 为从设备。

（5）CPOL 是时钟极性位，0 为正脉冲，1 为负脉冲。

（6）CPHA 为时钟相位，表示数据采样和有效的时刻。0 表示第一个跳沿采样，第二个跳沿输出；1 表示第一个跳沿输出，第二个跳沿采样。

（7）SSOE 是选择从设备的输出使能位。

（8）LSBFE 用以指定数据位的传输顺序，1 为低位优先，0 为高位优先。

寄存器位 CPOL 和 CPHA 的具体取值对 SPI 通信软件的设计有着重要影响。这两个位取值的组合决定了串行时钟的极性以及数据位的发送和采样时机。表 6.1 给出了 CPOL 和 CPHA 组合模式下的数据输出与接收时机。例如，CPOL＝1 时，时钟 SCLK 为负极性，第一个跳沿为下降沿，若设置 CPHA＝0，表示在时钟的第一个跳沿（是一个下降沿）采样数据，因此，第一个数据位必须在第一个 SCLK 下降沿之前被输出到总线上。图 6.6 形象地给出了 CPHA＝0 时的时钟跳变与数据输出、采样时序，也潜在给出了通信软件中 I/O 引脚的控制逻辑。参考该图，读者可画出 CPHA 为 1 时的时序。

表 6.1　CPOL 和 CPHA 组合模式下的数据输出与接收时机

模式	CPOL	CPHA	第一位数据输出时机	其他位数据输出时机	数据采样时机
模式 0	0	0	第一个 SCLK 上升沿之前	SCLK 下降沿	SCLK 上升沿
模式 1	0	1	第一个 SCLK 上升沿	SCLK 上升沿	SCLK 下降沿
模式 2	1	0	第一个 SCLK 下降沿之前	SCLK 上升沿	SCLK 下降沿
模式 3	1	1	第一个 SCLK 下降沿	SCLK 下降沿	SCLK 上升沿

图 6.7 为寄存器 SPICR2 的结构，其中各位的具体描述如下：

（1）MODFEN 是模式失效（MODF）允许位。所谓模式失效，是指 $\overline{SS}$ 与设备模式不一致，例如主模式时该引脚被设置为低。1 表示在启用 MODF 特征，0 为不使用。

（2）BIDIROE 是双工操作模式下的输出使能位。当双工操作模式启用（SPC0 置位）时，1 表示使能输出缓冲区，0 为禁止。

（3）SPISWAI 为等待模式时的停止位，1 表示在等待模式中停止 SPI 时钟，0 表示在等待模式中正常产生 SPI 时钟。

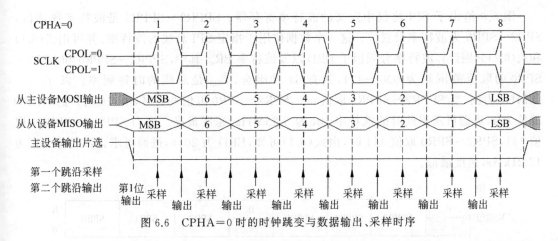

图 6.6 CPHA＝0 时的时钟跳变与数据输出、采样时序

（4）SPC0 是串行引脚控制位，用于控制 SPI 通信模式，0 是正常模式，1 是双向传输模式。主模式下 1 表示只采用 MOSI 引脚，记为 MOMI；从模式下 1 表示只采用 MISO 引脚，记为 SISO。

图 6.7 SPICR2 寄存器中各位的定义

SPI 模块的等待模式取决于与之相连的处理器状态。当处理器进入等待状态时，SPI 模块进入电源保护模式；而当处理器进入停止状态时，SPI 模块的时钟被禁止，此时如果主设备正在交换数据，数据传输将被暂时冻结。双向模式则是指在一根信号线上进行分时的双向数据传输，也可以称该信号线处于半双工通信模式。表 6.2 给出了正常模式和双向模式接口机制的对比。注意，SPICR1 和 SPICR2 寄存器中 MSTR 位的改变以及主模式下 CPOL、CPHA、SSOE、LSBFE、MODFEN、BIDIROE、SPC0 中任意位的改变都将取消当前的 SPI 数据传输并使 SPI 模块进入空闲状态。

表 6.2 正常模式与双向模式接口机制的对比

SPE＝1 时	MSTR＝1（主模式）	MSTR＝0（从模式）
SPC0＝0（正常模式）	SPI 串行输出→MOSI；串行输入←MISO	SPI 串行输出←MOSI；串行输入→MISO
SPC0＝1（双向模式）	SPI 串行输出→三态门→MOMI；串行输入←	SPI 串行输出→三态门；串行输入→SISO

图 6.8 给出了 SPI 协议中定义的波特率寄存器。SPPR2～SPPR0 是波特率预选位，SPR2～SPR0 为波特率设置位。这 6 个数据位用于指定 SPI 总线的波特率，并可用式(6.1)和式(6.2)分别计算波特率分频因子 DRD 以及波特率 BR。其中，SPPR2～SPPR0 和 SPR2～SPR0 的取值范围均为 000～111，共有 64 种组合，f_{BUS} 是总线的时钟频率。以 $f_{BUS} =$ 25MHz 为例，当 SPPR2～SPPR0 取值 000，SPR2～SPR0 取值 000 时，由式(6.1)可知，BRD 的值为 4，进而可求得此时的波特率 BR 为 6.25MHz，速度最高。而当 SPPR2～SPPR0 取值 111，SPR2～SPR0 取值 111 时，由式(6.1)可知，BRD 为 2048，进而可求得波特率 BR 为 12.21kHz，速度最低。

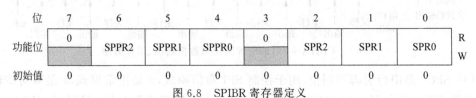

图 6.8　SPIBR 寄存器定义

$$BRD = (SPPR + 1) \times 2^{SPR+1} \tag{6.1}$$

$$BR = \frac{f_{BUS}}{BRD} \tag{6.2}$$

SPI 状态寄存器 SPISR 中各位的定义如图 6.9 所示。SPIF 位是收到数据中断标志位，当有新的字节数据写入 SPI 数据寄存器之后，该位被置 1；而当执行 SPISR 寄存器读操作以及 SPI 数据寄存器读操作之后将该位清零。SPTEF 是发送数据为空的中断标志位，1 表示发送数据寄存器为空，0 表示非空，只有当读出 SPTEF 为 1 时，才能将发送的数据写入数据寄存器。MODF 是模式失效标志位，当设备被配置为主模式但其 $\overline{SS}$ 跳变为低电平时模式失效，如果使能了 MODFEN，则将 MODF 置 1。

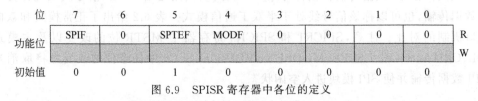

图 6.9　SPISR 寄存器中各位的定义

SPI 数据寄存器 SPIDR 是 SPI 数据的输入输出寄存器，其各位的定义如图 6.10 所示。如上所述，SPTEF 的值表示了什么时候数据寄存器可接收新的数据。在写 SPIDR 寄存器时，一个数据字节将被写入发送缓冲队列并进行传输。在 SPIF 置位后至下一次传输之前的任意时间，模块可以从数据寄存器读取数据。如果在接收数据之后未对 SPIF 进行恢复，那么后续传输的数据将会被丢弃。

位	7	6	5	4	3	2	1	0	
功能位	MSB	第7位	第6位	第5位	第4位	第3位	第2位	LSB	R
									W
初始值	0	0	0	0	0	0	0	0	

图 6.10　SPIDR 寄存器中各位的定义

3) 初始配置及通信过程

系统复位后,需要对 SPI 设备进行初始化,并通过控制寄存器设定 SPI 为主模式还是从模式。在主模式下应先将 SPE 置 0,即禁止 SPI 功能,此后根据系统需要依次完成串行时钟波特率设置、CPOL 和 CPHA 选择、LSBFIRST 位设置、通信模式设定等,最后才将 SPE 置 1,启动 SPI 功能。不同的是,从模式中不需要设置波特率。

如果采用的是标准 SPI 控制器,那么这些控制器通常都提供了相应的驱动和 API,如 SPIRead(Addr, * Value)、SPIWrite(Addr, Value)等。采用这些 API,设计者就可以方便地设计上层的配置和通信软件,而无须关注上述 SPI 协议的具体细节。如果处理器本身不提供 SPI 接口,设计者也可以采用处理器的 3 个或 4 个 GPIO 引脚模拟 SPI 主设备,主要是根据从设备的 SPI 接口特性对相应 GPIO 引脚进行配置。注意,在这种模拟接口中,不能实现对 SPI 接口的复杂控制。例如,当 GPIO 用于片选信号线$\overline{SS}$时,应该启用 GPIO 内部的上拉电阻或外接一个上拉电阻,同理,也需要根据从设备的 CPOL 特性对用于 SCLK 的 GPIO 引脚进行配置。为了实现正常通信,需要根据从设备的 CPHA 相位特性调整软件中时钟跳变代码与数据输出代码、采样代码的顺序与关系。基于 3 个 GPIO 引脚的 SPI 通信过程如图 6.11 所示。

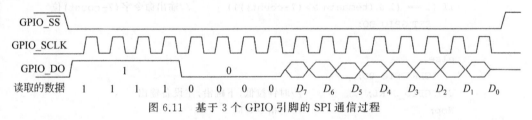

图 6.11 基于 3 个 GPIO 引脚的 SPI 通信过程

例如,主设备要通过 GPIO 模拟的 SPI 接口向 SPI 从设备发送一个携带 8 位数据的命令字 0xF0,CPOL＝0,CPHA＝0,高位先发。那么,就可以通过如下代码实现这一控制过程:

```
#define GPIO_nSS     GPIOm
#define GPIO_SCKL    GPIO(m+1)
#define GPIO_DO      GPIO(m+2)
#define GPIO_DI      GPIO(m+3)

unsigned char b_CMD;
unsigned char b_DATA;

int GPIO_SPI_Send(unsigned char Data);

void main(void) {
    ...                              //其他操作
    b_CMD = 0xF0;
    b_DATA 赋值;
    CLR GPIO_nSS;                    //片选信号拉低
    GPIO_SPI_Send(b_CMD);           //发送命令字
    GPIO_SPI_Send(b_DATA);          //发送命令参数
    ...
```

```
    SET GPIO_nSS;                              //与特定从设备 SPI 通信结束后,可拉高其片选信号
    ...                                        //其他操作
}

/ * GPIO_SPI 发送函数 * /
int GPIO_SPI_Send(unsigned char Data) {
    unsigned char temdata;
    int count = 0;
    temdata= Data;
    if (1 == (1 & (temdata >>(7-count)))) {        //输出命令字高位
        SET GPIO_DO;
    }
    else
        CLR GPIO_DO;
    SET GPIO_SCKL;                             //第一个时钟拉高,上跳沿,通知从设备采样
    while (count < 8) {
        count++;
        if (1 == (1 & (temdata >>(7-count)))) {    //输出命令字(7-count)位
            SET GPIO_DO;
        }
        else
            CLR GPIO_DO;
        CLR GPIO_SCKL;            //时钟拉低,下跳沿,主设备输出
        Nop;                     //空指令延时
        SET GPIO_SCKL;           //时钟拉低,下跳沿,通知从设备采样
    }
    CLR GPIO_SCKL;               //时钟拉低
}
```

在基本的字节通信基础上,设计者可以根据应用需要自定义更为复杂的数据帧和通信协议。例如,以上给出了向从设备下发"命令字节＋数据字节"数据的 SPI 通信示例,可用于对 LCD 设备等设备的单向控制。参照这一方法,还可以设计出应答式、交互式等可靠性更高的复杂通信机制,以连接 Flash、E²PROM、WiFi、蓝牙等 I/O 组件。

2. SPI 协议扩展

SPI 规范定义了基本的 SPI 控制/状态寄存器和外部 I/O 接口特性,在保证外部 I/O 接口特性一致的情况下,也允许对内部机制进行修改和扩展。这在不同类型的 MCU 和 SPI 模块中得到了充分体现。

图 6.12 是 SMT32L1 系列微处理器中对控制逻辑和通信逻辑进行了扩展的 SPI 接口。在该接口中,新增加的 SPI 特性有:16 位寄存器;支持更为灵活的主(从)模式配置;支持多主设备模式;支持 8 位、16 位的数据长度;提供 SPI 总线状态标志;支持可靠通信的硬件 CRC 单元以及接收数据的自动 CRC 校验;支持基于 DMA 的 1 字节发送、接收缓冲区等。与此同时,其内部寄存器的定义也有所区别,一方面采用了与基本 SPI 规范不同的命名方式,另一方面还定义了新的寄存器位,说明如下。

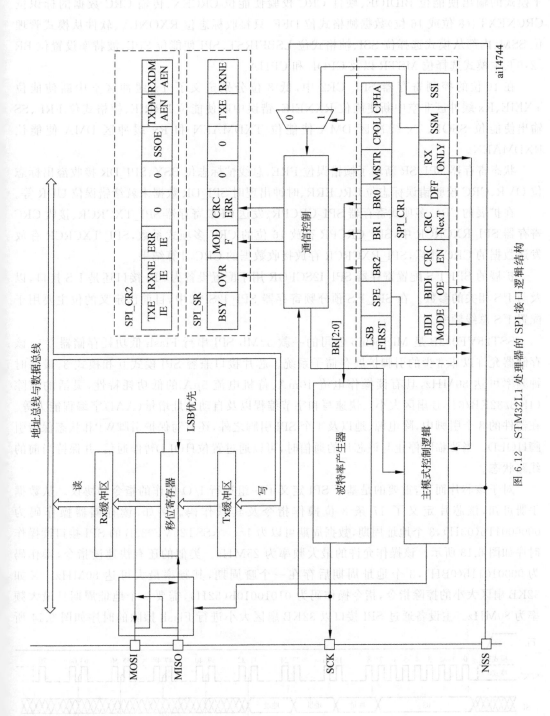

图 6.12 STM32L1 处理器的 SPI 接口逻辑结构

ail4744

16 位的控制寄存器 SPI_CR1 由高至低包括半双工数据模式使能位 BIDIMODE、半双工模式的输出使能位 BIDIOE、硬件 CRC 校验使能位 CRCEN、传输 CRC 数据的标识位 CRCNEXT、(8 位或 16 位)数据帧格式位 DFF、只接收标志位 RXONLY、软件从模式管理位 SSM、内部从模式选择位 SSI、帧格式位 LSBFIRST、SPI 使能位 SPE、波特率设置位 BR[2:0]、主模式选择位 MSTR 以及 CPOL 和 CPHA。

在 16 位的控制寄存器 SPI_CR2 中，低 8 位分别定义了 Tx 缓冲区空中断使能位 TXEIE、Rx 缓冲区非空中断使能位 RXNEIE、错误中断使能位 ERRIE、帧格式位 FRF、SS 输出使能位 SSOE、Tx 缓冲区 DMA 使能位 TXDMAEN 和 Rx 缓冲区 DMA 使能位 RXDMAEN。

状态寄存器 SPI_SR 新增了帧错误位 FRE、总线忙标志位 BSY、SPI_DR 接收溢出标志位 OVR、CRC 校验错误标志位 CRCERR、时钟出现时 SPI_DR 数据未就绪错误位 UDR 等。

在扩展的 CRC 多项式寄存器 SPI_CRCPR、发送 CRC 寄存器 SPI_TXCRCR、接收 CRC 寄存器 SPI_RXCRCR 中，SPI_CRCPR 存放 16 位的 CRC 多项式系数，SPI_TXCRCR 存放发送数据的 CRC 计算，SPI_RXCRCR 存放接收数据的 CRC 计算结果。

扩展的 SPI_I^{2}S 配置寄存器 SPI_I2SCFGR 用于配置设备为 SPI 接口还是 I^{2}S 接口，以及与 I^{2}S 相关的参数。在 SPI_I^{2}S 预分频寄存器 SPI_I2SPR 中，目前已定义的位主要用于配置 I^{2}S 总线频率。

SST25VF032B 是 Microchip 公司的一款 32Mb SPI 串行 Flash 低功耗存储器[70]。该存储器允许以非常少的引脚扩展存储子系统。芯片接口兼容 SPI 模式 0 和模式 3，最高时钟频率可达 80MHz，具有读操作电流 10mA、待机电流 5μA 的低功耗特性，灵活的擦除(4KB/32KB/64KB 扇区大小)、快速写和字节编程以及自动地址增量(AAI)字编程能力等。在器件的 8 个引脚中，除电源、地以及 4 个 SPI 引脚之外，还有写保护引脚 $\overline{\text{WP}}$ 和状态保持引脚 $\overline{\text{HOLD}}$。当要临时停止与该芯片的通信时，可以通过置位 $\overline{\text{HOLD}}$ 暂停通信，并保持当前的线路状态。

对于该芯片而言，重要的是基于 SPI 定义了一组进行 I/O 操作的指令和协议。从数据手册可知，该芯片定义了 17 条 8 位操作指令及其操作码。例如，读存储器操作码为 00000011b(03H)，3 个地址周期，数据周期可以为 1～∞，SST25VF032B 的 SPI 接口读操作时序如图 6.13 所示。该操作允许的最大频率为 25MHz。类似的还有快速读指令，操作码为 00001011b(0BH)，3 个地址周期后存在一个哑周期，其频率最大可达 80MHz。又如 32KB 扇区大小的擦除指令，指令操作码为 01010010b(52H)，需要 3 个地址周期且最大频率为 80MHz。主设备通过 SPI 接口以 32KB 扇区大小进行 Flash 擦除的时序如图 6.14 所

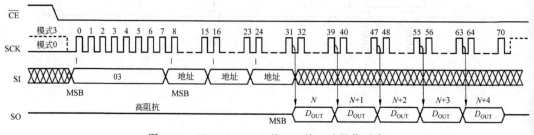

图 6.13　SST25VF032B 的 SPI 接口读操作时序

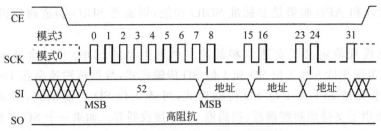

图 6.14 SST25VF032B 的 32KB 擦除操作时序

示。地址递增编程指令的操作码为 10101101b(ADH),需要 3 个地址周期传输开始地址,最大频率为 80MHz。该指令具有地址值自动增加的能力,开始操作后能够持续地读取后续地址的数据,较逐字节执行读操作的指令而言简化了交互过程,更为高效。另外,该芯片还支持对寄存器的读写操作。例如,通过执行读状态寄存器指令(操作码为 05H),可以从 SPI 接口获取该 Flash 芯片中 8 位状态寄存器的值等。

基于这些预先定义的操作流程以及前面给出的 SPI 通信代码,设计者就可以方便地设计出 Flash 的读写与控制软件。类似地,读者也可以学习 SPI 型 LCD、WiFi 等模块的使用方法。

6.1.3 SDIO

安全数字卡(Secure Digitalcard,简称 SD 卡)是由 SD 卡协会(SD Association,SDA)针对移动设备所发布的非易失存储卡格式标准。SD 卡外形参数小,是适合于小体积、小厚度电子设备的理想存储组件。从 SD 标准可知,其包括了标准容量(SD Standard Capacity,SDSC)、高容量(SD High Capacity,SDHC)、扩展容量(SD extended Capacity,SDXC)以及将存储和 I/O 功能相结合的 SDIO(SD Input/Output)共 4 个系列。

SDIO 卡对 SD 规范进行了 I/O 功能的总线扩展,形成了 SDIO 设备,并与 SD 卡的机械和电气特性完全一致。SDIO 卡和嵌入式的 SDIO 设备都是基于 SD 总线和命令的可卸载产品,前者可热插拔,后者通常集成在 PCB 上。SDIO 主设备中通常实现了 SDIO 的全部功能,可以支持对 PDA、手机乃至笔记本计算机所需的存储和 I/O 设备扩展。SDIO 插槽可以连接和扩展如图 6.15 所示的设备模块。

IEEE 802.11b　　蓝牙　　　GPS　　数字电视调谐器　　摄像头　　录音模块　　扫码器　　指纹识别器

图 6.15 SDIO 插槽可以连接和扩展的设备模块[71]

SDIO 总线规范[72]包括物理层规范和 SDIO 规范,在此基础上形成了多种面向标准设备的应用规范。对于摄像头、蓝牙卡、GPS 接收器,SDIO 相应地定义了标准的寄存器接口、通用的操作方法以及标准的卡信息结构(Card Information Structure,CIS)扩展(具体请参阅 SD 规范的 Part E2~Part E6)。标准的寄存器接口允许操作系统开发商提供通用的驱动程序、应用软件和 API；如果是非标准 SDIO 功能，则需要 SDIO 制造商提供相应的驱动程序。

　　SDIO 总线规范定义了全速卡和低速卡两种类型的 SDIO 卡。全速卡可以在 0～25MHz 时钟范围支持 SPI、1 位 SD 和 4 位 SD 传输模式，数据传输速率在 100Mb/s 以上。低速卡仅要求支持 SPI 和 1 位 SD 传输模式，可选 4 位 SD 传输模式，时钟范围为 0～400kHz，主要用于支持调制解调器、扫码器、GPS 接收器等。如果一个 SD 卡是增加了存储器的 SDIO 卡（称为 Combo 卡），那么必须采用全速卡和 4 位 SD 传输模式。SDIO 总线可以传输 1～2048B 范围内任意大小的数据块，可以适应不同 I/O 设备的要求，而 SD 存储器则传输固定大小的块。图 6.16 给出了 SD 卡及 SDIO 卡设备的外部形态。表 6.3 是不同传输模式时的 SDIO 引脚定义。在引脚 DAT[3] 上，SD 存储器和 I/O 卡采用一个上拉电阻（也称为卡识别电阻）检测卡的插入。

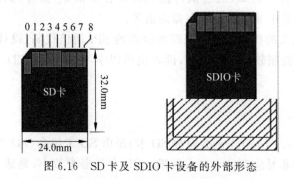

图 6.16　SD 卡及 SDIO 卡设备的外部形态

表 6.3　不同传输模式时的 SDIO 引脚定义

引脚	4 位 SD 传输模式		1 位 SD 传输模式		SPI 传输模式	
1	CD/DAT[3]	数据线 3	N/C	—	CS	片选
2	CMD	命令线	CMD	命令线	DI	数据输入
3	VSS1	地	VSS1	地	VSS1	地
4	VDD	供电	VDD	供电	VDD	供电
5	CLK	时钟	CLK	时钟	SCLK	时钟
6	VSS2	地	VSS2	地	VSS2	地
7	DAT[0]	数据线 0	DATA	数据线	DO	数据输出
8	DAT[1]	数据线 1 或中断	IRQ	中断	IRQ	中断
9	DAT[2]	数据线 2 或读等待	RW	读等待	N/C	—

　　SDIO 接口内部提供了 128 字节的卡通用控制寄存器 CCCR、基本功能寄存器 FBR 和卡信息结构（CIS）。其中，CCCR 允许主设备快速地检查和控制每一个卡或功能设备的使能和中断状态。作为 CCCR 的补充，FBR 允许主设备快速地判定 I/O 设备的能力、使能电源并启动软件加载，还为 SD 模式、SPI 模式分别提供了一组系统命令和用户命令，命令长度为48 位。

　　例如，用于数据传输的 IO_RW_EXTENDED 命令（CMD53）允许在一条命令里读写多个 I/O 寄存器，其格式如图 6.17 所示。在该命令中，S 为起始位；D 为方向位，为 1 表示从主设备到从设备传输；二进制码 110101 是命令标识；R/W 标志说明 I/O 操作的方向，0 表示主设备读，1 表示主设备写；功能号指定了特定的功能设备；块模式是可选的，如果设置为 1 则表示是块操作而不是字节操作；操作码为 0 表示对固定地址的读写，1 表示对递增地址的读写；17 位的寄存器地址段给出了起始 I/O 寄存器地址；在字节模式下，字节数/块数字段可以表示 1～512 字节；在块模式下，则该字段可以指定传输一个到无限个数据块(块数＝0 时表示无限个)；最后是 7 位的 CRC 校验位和 1 位结束位。与每条命令相对应，有一个 48 位的响应帧，以返回数据或操作结果。在此基础上，根据每个具体操作的流程和通信协议，可以实现图 6.18 所示的(一)主(多)从式 4 位通信机制。图 6.19 是 SDIO 卡的总线状态机，也是实现 SDIO 总线控制器的逻辑依据。

S	D	命令标识 110101	R/W 标志	功能号	块模式	操作码	寄存器地址	字节数/ 块数	CRC	E
1	1	6	1	3	1	1	17	9	7	1

图 6.17 CMD53 命令格式

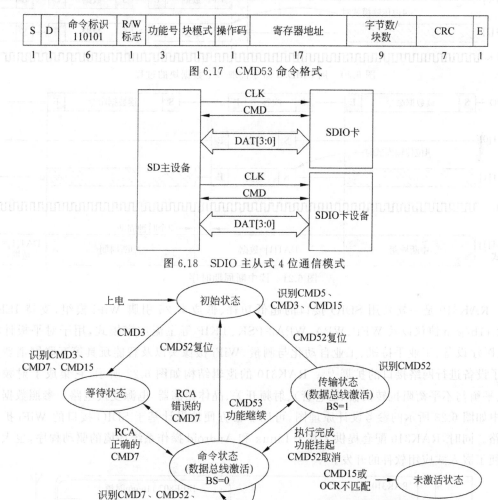

图 6.18 SDIO 主从式 4 位通信模式

图 6.19 SDIO 卡的总线状态机

图 6.20 是用 CMD53 命令读取多个数据块的过程。当主设备发送读多个块的 CMD53 命令之后，从设备开始准备，就绪后发送应答帧。在应答帧停止发送后，间隔两个时钟周期开始传输数据。如果采用 1 位传输模式，则数据出现在 DAT[0]数据线上；如果采用 4 位传

输模式,则数据在 DAT[0]~ DAT[3] 数据总线上传输。从设备向主设备发送中断请求的读中断周期时序如图 6.21 所示。如前所述,4 位传输模式时 DAT[1] 引脚分时复用为中断引脚,当设备接收到外部数据时向主设备发送中断信号。同时约定,主设备完成命令发送前以及从设备完成数据传输并间隔两个时钟周期后,从设备才可以通过 DAT[1] 引脚发送中断请求。显然,在该过程中即使 SDIO 从设备希望发送中断请求,也必须等待合适的时机,因此加大了中断请求的延迟。

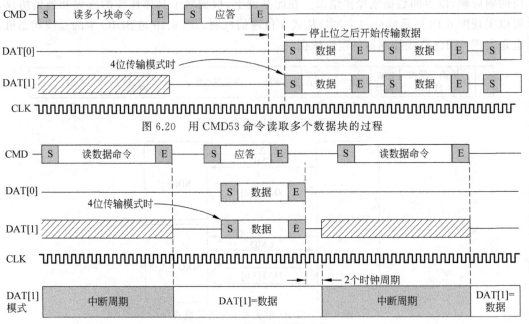

图 6.20　用 CMD53 命令读取多个数据块的过程

图 6.21　读中断周期时序

RAK310 是一款采用 SDIO 接口的超低功耗、低成本 26 引脚 WiFi 模组,支持 IEEE 802.11b/g/n 协议以及 WEP、WPA/WPA2-PSK、TKIP 等主流加密模式,用于对平板计算机、医疗设备、工业手持机、工业自动化与测量、WiFi 摄像头以及智能玩具等互联网消费类电子设备进行网络接口的扩展[73]。RAK310 的逻辑结构如图 6.22 所示,它集成了射频基站、平衡与不平衡阻抗转换器(巴仑管)、射频开关、晶体振荡器、电源变换电路。参照数据手册中如图 6.23 所示的参考设计原理图,可以非常方便地设计基于 SDIO 接口的 WiFi 扩展电路。同时,RAK310 配套提供了基于 Linux 和 Android 操作系统环境的驱动程序,也大大方便了嵌入式应用软件的开发。

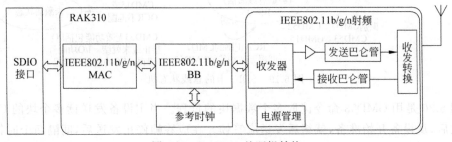

图 6.22　RAK310 的逻辑结构

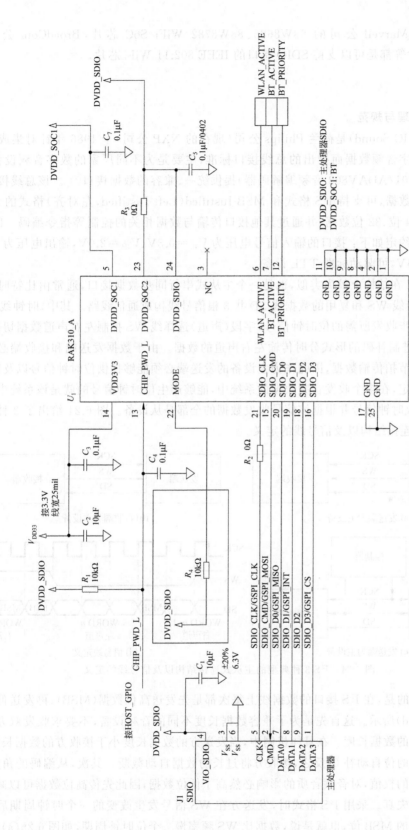

图 6.23 RAK310 的 SDIO 接口模式参考设计原理图[73]

类似地，Marvell 公司的 88W8686、88W8782 WiFi SoC 芯片，BroadCom 公司的 BCM4312 芯片等都是可以支持 SDIO 接口的 IEEE 802.11 WiFi 芯片。

6.1.4   I²S

1. 基本原理与规范

I²S(Inter-IC Sound)是荷兰 Philips 公司（现在的 NXP 公司）于 1986 年针对集成电路 (IC)间传输数字音频数据而推出的总线接口标准，主要是为不同厂家的数字音频设备、组件（如 ADAV801/ADAV803 音频编解码器）提供统一、兼容的数据接口[74]。该总线接口仅用于传输音频数据，可支持 I²S 格式和 MSB-Justified(Left-Justified，左对齐)格式的 8 位、16 位、20 位、24 位、32 位数据，并通过其他接口传输与数据相关的控制等指令编码。I²S 的基本电气特征约定如下：接口的输入信号电压为 $V_{IL}=0.8V$、$V_{IH}=2.0V$，输出电压为 $V_L<0.4V$、$V_H>2.4V$，可驱动标准 TTL 设备。

I²S 与 SPI 在结构上较为类似，也是一个主从式串行同步数据接口，通常由比特时钟线 SCK、字段选择线 WS 和复用的数据线 SD 共 3 根信号线构成通信线路。其中，时钟线 SCK 用于产生位同步收发所需的位时钟信号，字段（声道）选择线 WS 控制左右声道数据切换，数据线 SD 以二进制补码的形式分时传输左右声道的数据。由于数据发送端和接收端必须采用相同的时钟节拍传输数据，因此作为主设备的发送端必须能够提供位时钟信号以及数据。规范进一步约定，在多个收发音频数据的系统中，能够产生位时钟信号的就是该系统中的主设备，所有接收时钟信号并根据该信号收发数据的全部是从设备。图 6.24 给出了 3 种典型的 I²S 主从式连接结构以及信号线的定义。

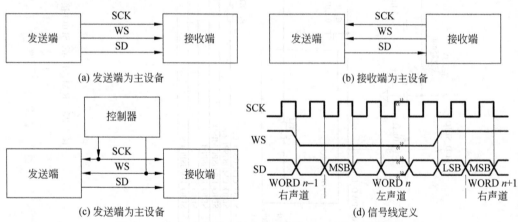

图 6.24   I²S 3 种典型的主从式连接结构以及信号线的定义

需要说明的是，在 I²S 接口的数据线上每次都是先发送高位数据（MSB），再发送低位数据，如图 6.24(d)所示。这首先是为了兼容数据长度不同的音频设备，不要求收发双方提前了解对方使用的数据长度。在具体机制中，当发送方的数据长度小于接收方的数据长度时，接收方对缺少的位自动补 0；反之，接收方将过长的数据自动截断。其次，从编码的角度，高位数据具有大的权值，对音频音质的影响必然高于低位数据，因此先传高位数据可以减少截断数据引起的失真。采用 I²S 格式时，发送方在 WS 信号发生改变的一个时钟周期后开始发送下一个字的 MSB 位，也就是说，数据比 WS 频率慢一个位时钟周期，如图 6.25(a)所示；

若采用 MSB-Justified 格式,则在 WS 信号发生改变的时候发送 MSB 位,如图 6.25(b)所示。发送端发送的串行数据由时钟信号的下降沿或上升沿同步,但接收端必须在时钟信号的上升沿锁存数据。

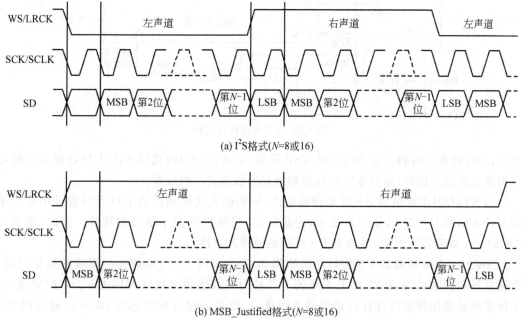

(a) I²S格式(N=8或16)

(b) MSB_Justified格式(N=8或16)

图 6.25　I²S 格式与 MSB-Justified 格式的数据传输

在 I²S 总线上,任何能够提供时钟的设备都可以称为主设备。从设备的内部时钟由外部时钟输入驱动,这就意味着在外部时钟和内部时钟之间以及在内部时钟和数据与 WS 信号之间会出现一定的延迟。为了实现正确的数据通信,从设备必须匹配主设备的数据速率。为此,在信号传输与采样方面,I²S 规范详细地约定了发送端的时钟周期 T、时钟信号最大时钟上升沿宽度 t_{RC}、每个时钟周期内的时钟信号高低电平时长 t_{HC} 和 t_{LC}、数据保持时间 t_{htr}、延迟时间 t_{dtr}、从设备配置时间 t_{sr}、每个时钟周期内的时钟信号高低电平时长 t_{HC} 和 t_{LC}、数据保持时间 t_{htr},具体请参见文献[74] 中的时序定义表。

2. 接口逻辑与工作原理

为了满足上述时序约束下的串行数据传输,I²S 发送接口采用了如图 6.26 所示的并串转换和时序控制逻辑。其中,两个 D-Q 触发器可以控制 MSB 位数据在 WS 延迟一个时钟周期后出现。每次 WS 跳变之后,下一个时钟周期都将产生一个 WSP 脉冲,该信号触发移位寄存器装载左声道数据或右声道数据。进而,随着第 $n(n \geqslant 2)$ 个 SCK 信号下降沿的到来,移位寄存器中从高到低的第 $n-1$ 位数据输出到 SD。由于 LSB 接地,故每次移位操作都将输入 0,这就构成了左右声道数据切换以及基本的并串转换和数据发送过程。同理,这里用如图 6.27 所示的 I²S 接收接口逻辑分析串行数据接收及其串并转换过程。

在图 6.27 所示的接口中,采用一组将 D 引脚并联在 SD 总线的 D-Q 触发器作为串行数据缓冲寄存器,并通过计数器对其进行控制。WS 发生跳变时,计数器清零。随着时钟信号到来,计数器值不断加 1,并通过 1-n 译码器选中其值对应的引脚 EN_x。译码器在 EN_x 引脚输出高电平,使能第 x 个 D-Q 触发器,并使其锁存 SD 上的数据。下一次 WS 发生跳变

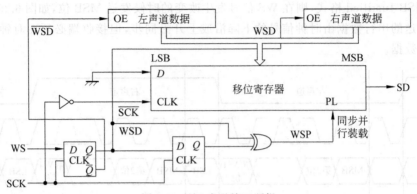

图 6.26　I²S 发送接口逻辑

之后，当时钟到来时将产生 WSD 和 WSP 信号，驱动左(右)声道缓冲区从 D-Q 触发器的 Q 引脚读取数据并锁存，然后复位计数器和所有的数据锁存触发器。

　　与 STM32L1 等新型 ARM 处理器相比，早期嵌入式处理器的 I/O 接口设计中很少采用多种 I/O 接口的复用和配置技术，比较简单，当然也更便于学习和理解。因此，本节以 S3C2440A 处理器为对象，分析其 I²S 接口的原理和特性。

　　S3C2440A 处理器的 I²S 接口逻辑结构如图 6.28 所示[75]，左侧连接系统的地址总线、数据总线和控制总线，并以 APB 总线的 PCLK 时钟或倍频锁相环 MPLLin 为主时钟输入。主体逻辑包括控制接口、FIFO 访问的总线接口、寄存器组合和状态机 BRFC。通过两个 5 位的分频器可以设定主时钟和外部时钟的频率。其中，IPSRA 指定 I²S 总线主时钟发生器的预分频因子，IPSRB 指定外部 CODEC 时钟发生器的预分频因子，取值范围都为 1～32。另外，还有两个用于发送、接收数据的 64 字节 TxFIFO 和 RxFIFO，其位宽为 16 位，深度为 32。该处理器还提供了由主时钟产生串行位时钟的组件 SCLKG，产生 SCLK 和 LRCK 信号的通道生成器与状态机 CHNC 以及一个 16 位的移位寄存器 SFTR。

　　寄存器组包括有 9 个有效位的 I²S 控制寄存器 IISCON，既能用于读取当前 I²S 接口的部分状态，又能对 I²S 接口的功能进行控制。具体地，由高到低为只读的左右通道标志位、TxFIFO 就绪标志位、RxFIFO 就绪标志位以及 DMA 发送服务请求使能位、DMA 接收服务请求使能位、传输通道空闲命令(即暂停传输)、接收通道空闲命令(暂停接收)、I²S 分频器使能位以及 I²S 使能位。包括 10 个有效位的 I²S **模式寄存器** IISMOD 允许通过软件进行主时钟源、主从模式、收发模式、LRCK 极性、数据格式、最大时钟频率以及串行位时钟频率选择。10 个有效位的 I²S 分频寄存器 IISPSR 包括两个 5 位的分频控制器 IPSRA 和 IPSRB。其中，16 位的 I²S FIFO 控制寄存器 IISFCON 可设定 FIFO 的访问模式为正常模式或 DMA 模式，禁止或使能 FIFO 收发功能，该寄存器还包括两个 6 位的 FIFO 数据计数字段。16 位的 I²S FIFO 寄存器 IISFIFO 用于存放 I²S 接口发送、接收的数据。

　　需要说明的是，在 I²S 总线中要注意主时钟 MCLK 的频率、串行位时钟 SCLK 的频率以及采样频率的选择。采样频率表示周期性采样的采样器在单位时间内采集样本的次数，常记为 f_s。由通信理论中的**采样定理**(也称奈奎斯特①定理)可知：在进行模拟/数字信号

————————————

　　①　哈里·奈奎斯特(Harry Nyquist，1889—1976)：瑞典裔美国物理学家，通信理论的奠基者之一。

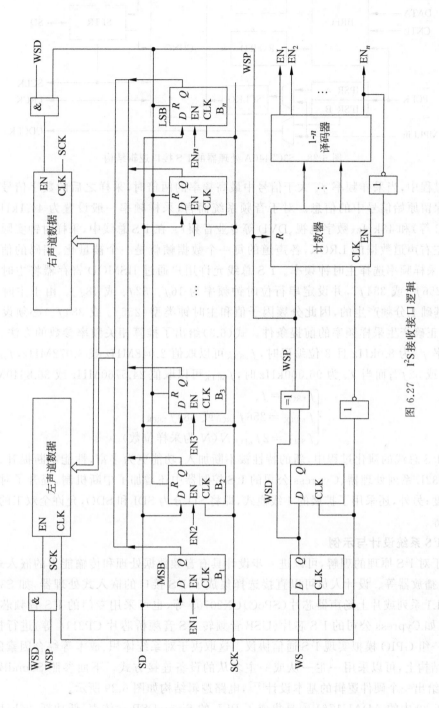

图 6.27 I²S 接收接口逻辑

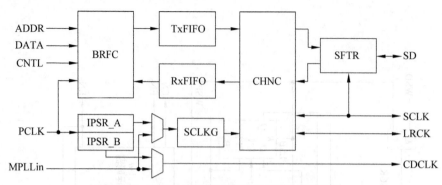

图 6.28　S3C2440A 处理器的 I^2S 接口逻辑结构

的转换过程中,当采样频率 f_s 大于信号中最高频率的两倍时,采样之后的数字信号就可以完整地保留原始信号中的信息。对于音频系统而言,采样频率一般设置为 44.1kHz(音频 CD、MP3 等)和 48kHz(数字电视、DVD 等专业音频)。在 I^2S 总线中,采样时钟实际就是用于切换左右声道数据的 LRCK,各声道的每一个数据帧就是一个被量化、编码的信号。进而,通过采样频率选择主时钟频率。I^2S 总线允许用户通过 IISMOD 寄存器将主时钟频率配置为 $256f_s$ 或 $384f_s$,并设定串行位时钟频率为 $16f_s$、$32f_s$ 或 $48f_s$。由于主时钟是在 PCLK 基础上分频产生的,因此分频因子值和主时钟类型($256f_s$ 或 $384f_s$)必须设置得合理,这是正确产生采样频率的前提条件。式(6.3)给出了推算相关频率参数的方法。例如,采样频率 f_s 为 8.0kHz 且 8 位编码时,f_{MCLK} 可以取值 2.048MHz 或 3.072MHz,f_{SCLK} 可以为 $16f_s$ 或 $32f_s$;而当 f_s 为 96.000kHz 时,f_{MCLK} 可以取值 24.5760MHz 或 36.8640MHz。

$$\begin{cases} f_{LRCK} = f_s \\ f_{MCLK} = 256f_{LRCK} \text{ 或 } 384f_{LRCK} \\ f_{SCLK} = 2f_{LRCK}N(N \text{ 为采样位数}) \end{cases} \quad (6.3)$$

在 I^2S 总线的演化过程中,新的特性被不断加入,功能更为丰富,性能不断提升。例如,在 STM32L 系列处理器、Cypress 公司的 I^2S 控制器中还增加了中断机制,提升了对数据的响应速度;另外,还采用了扩展的 4 线模式,即将 SD 分为 SDI 和 SDO,允许全双工的串行数据通信等。

3. I^2S 系统设计与示例

基于对 I^2S 原理的理解,可以进一步设计具有音频数据处理和传输能力的嵌入式系统,如 MP3 播放器等。设计人员可以直接选择集成了 I^2S 接口的嵌入式处理器,如 S3C2440、STM32L1 系列或片上扬声器芯片(SPoC)CX20705 等,也可采用专门的 I^2S 音频芯片或桥接组件(如 Cypress 公司的 I^2S 芯片、USB 音频转 I^2S 音频桥芯片 CP2114 等)进行扩展,或者采用一组 GPIO 模拟实现 I^2S 通信协议。这取决于对系统体积、成本等综合因素的考虑。在内部结构上,可以采用一主一从或一主多从的设备连接方式。下面参照 SoundBar 原型系统[76]给出一个硬件逻辑的基本设计[77],电路逻辑结构如图 6.29 所示。

图 6.29 中的 ADAU1761[77]是集成了 PLL 的 SigmaDSP 立体声、低功耗、96kHz、24 位音频编解码器,具有两个 ADC,可接收两个音频通道的模拟音频数据,并利用集成式 SigmaDSP 内核对其进行数字化处理。作为 SoundBar 系统音频输入和处理的核心模块,ADAU1761 通过 I^2S 串行接口可发送多达 8 个通道的数字音频数据至输出放大器,并允许

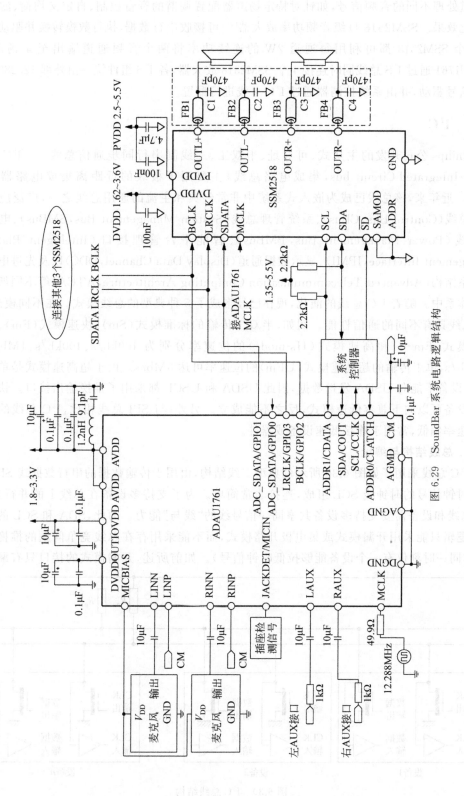

图 6.29 SoundBar 系统电路逻辑结构

每通道处理不同的音频信号,如针对特定扬声器配置调谐的音量控制、自定义均衡、滤波和空间化效果。SSM2518 D级音频功率放大器[78]可接收串行数据,执行数模转换并驱动扬声器,每个 SSM2518 都可利用每通道 2W 的连续功率将两个音频通道输出至 4 扬声器。ADAU1761 通过 I^{2}S 总线同时连接 4 个 SSM2518 放大器,各 I^{2}S 组件统一由外部 12.288MHz 时钟信号驱动,并由系统控制器通过 I^{2}C 总线进行配置。

6.1.5 I^{2}C

Philips 公司开发的主从式、可寻址、半双工、二线制串行同步通信总线——I^{2}C 总线 (Inter-Integrated Circuit bus,集成电路总线)主要用于板级的近距离集成电路器件连接[79]。近年来,该总线已成为嵌入式系统中非常经典和主流的通用总线之一,广泛应用于控制总线(Control Bus,CBus)、系统管理总线(System Management Bus,SMBus)、电源管理总线(Power Management Bus,PMBus)、智能平台管理接口(Intelligent Platform Management Interface,IPMI)、显示数据通道(Display Data Channel,DDC)以及先进电信计算体系结构(Advanced Telecommunication Computing Architecture,ATCA)等不同架构的硬件体系中。随着 I^{2}C 总线的演化,现在已经形成了 5 种典型的总线模式。在不同模式下,I^{2}C 总线具有不同的通信性能。例如,半双工传输的标准模式(Sm)、快速模式(Fm)、增强快速模式(Fm＋)和高速模式(Hs-mode)的位速率分别为 100kb/s、400kb/s、1Mb/s 和 3.4Mb/s,单工传输的超高速模式(UFm)的位速率可达 5Mb/s。由于超高速模式是单工通信,从设备不能向 USDA 发送数据,因此 USDA 和 USCL 都采用了推挽输出接口。快速模式的设备可以向下兼容低速模式,反之不能成立。另外,与 SPI 总线相比,I^{2}C 总线的数据传输速率偏低,常用于连接低速设备或器件。

1. 总线结构与编址

I^{2}C 总线采用了如图 6.30 所示的典型二线结构,由用于传输数据的串行数据线 SDA 和传输时钟信号的时钟线 SCL 组成,连接非常简单。为了支持多设备在总线上的并行连接,I^{2}C 总线和设备需要支持多设备共享同一信号线的"线与"能力。为此,SDA 和 SCL 的接口内部逻辑只能采用开漏模式或集电极开路模式,而不能采用存在总线竞争问题的推挽模式(除非同一时刻仅有一个设备能够拉低时钟信号)。如前所述,开漏模式的接口只有漏电流

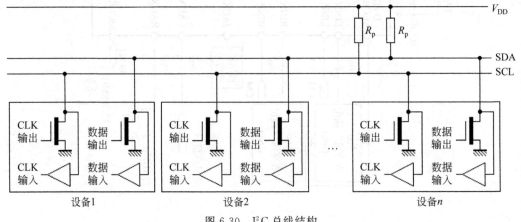

图 6.30 I^{2}C 总线结构

能力,而不具备输出高电平的灌电流驱动能力。因此,在基于 I^2C 总线设计系统时,需要分别为 SDA、SCL 信号线接一个上拉电阻 R_p,这也意味着总线空闲时 SDA 和 SCL 均为高电平。上拉电阻的典型阻值大小有 $1.8k\Omega$、$4.7k\Omega$、$10k\Omega$ 等,阻值越大,电流越小,功耗越小,但速率也越低。在设计中,可根据总线驱动能力和外设特性对阻值进行选择。I^2C 总线的这种结构也使其具有大的电压范围,允许连接 CMOS、NMOS、双极型等采用不同供电电压的设备。在 I^2C 总线上,可采用"线与"方式连接的 I^2C 设备数量受到总线电容最大为 400pF 这一因素的限制。

与前面所述的 SPI 和 I^2S 不同,I^2C 是一个具有寻址能力的总线标准。也就是说,每一个设备都应该有一个独立的 I^2C 地址,不需要额外的片选引脚。由总线规范[79]可知,I^2C 总线支持 7 位和 10 位两种编址方式。在 7 位编址方式中,寻址字节的高 7 位为地址位,可表示 127 个地址;最低位(LSB)是读写标志位,表示要对目标设备进行的操作。在这些地址中,0000xxx 和 1111xxx 是两组保留地址,可以进行一些特殊的总线操作。例如,00000000 是通用调用地址,可以携带一个功能码,如软件复位码(0x06);00000001 是启动字,表示总线启动且无须应答,适用于通过 GPIO 模拟 I^2C 总线的微控制器;0000001x 表示携带的是 CBUS 地址;00001xxx 是高速主设备码;11111xx1 用于获取设备 ID。10 位编址方式采用两字节寻址,第一字节的高 5 位为 11110,其后的两位和第二字节的 8 个数据位组成 10 位地址,第一字节的 LSB 仍然是读写标志位。现在,7 位寻址方式的应用更为广泛。基于上述寻址机制,I^2C 总线真正实现了对多主设备模式的支持。主设备是指挂在 I^2C 总线上,能够发起传输、产生 SCL 时钟信号并结束传输的任一 I^2C 设备;而从设备则是指可被主设备寻址的设备;主设备和从设备都可以是发送器或接收器,且在任何时刻总线上最多只能有一个发送器,这也进一步说明了 I^2C 总线的半双工通信特征。

显然,I^2C 总线对多设备互连的支持更为灵活。但实际中需要注意的是,在两个或更多主设备同时申请、初始化总线时应尽力避免冲突以及对总线状态的破坏。I^2C 规范定义了逐位的冲突检测和仲裁机制以解决这一问题,具体描述如下:

(1) 通过 SCL 上的"线与"功能,可以实现多个主设备时钟的同步。

(2) 在每一个位周期,当 SCL 为高电平时,每个主设备就检查当前 SDA 上的电平与自己发送的数据是否一致,如果一致,则继续使用总线并检测。

(3) 当一个主设备检测到第一个不一致数据时,即发送的是高电平,但检测到 SDA 是低电平,该主设备便获知冲突发生且自己失去了总线的使用权,关闭输出驱动器,而其他主设备继续传输并检测。

图 6.31 给出了 I^2C 总线仲裁过程示例。显然,如果两个主设备使用同样的时钟并传输相同的数据,将永远不会产生冲突。在仲裁过程中,I^2C 总线上的信息不会丢失。如果一个具有从设备功能的主设备在寻址阶段失去了总线使用权,那么就意味着另一个主设备可能正在寻址该设备。

2. 数据格式与通信协议

I^2C 总线可以连接 CMOS、NMOS、双极型 MOS 等不同类型的设备,其逻辑 0 和 1 不是固定的电平范围,而是取决于相应的 V_{DD} 电平。I^2C 规范约定,输入参考低电平 V_{IL} 和高电平 V_{IH} 分别为 $0.3V_{DD}$ 和 $0.7V_{DD}$,进而限定了 DA 的数据有效区间,要求在时钟高电平区间 SDA 上的数据必须稳定,换言之,只有 SCL 为低电平时才能改变 SDA 上的数据;SCL 为高

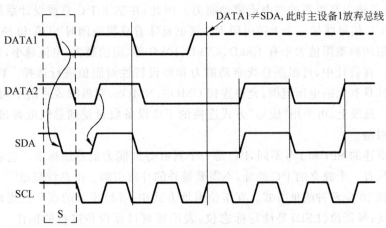

图 6.31 I²C 总线仲裁过程示例

电平时,即使 SDA 电平状态发生了改变,也不能识别为有效传输的数据位。利用这一状态,I²C 规范定义了总线的启动(START)和停止(STOP)条件。SCL 为高电平时,若 SDA 从高电平跳转至低电平,则表示总线启动条件(S)及重启动条件(Sr);而若 SDA 从低电平跳转至高电平,则表示总线停止条件(P)。总线的启动和停止一般由主设备发起,在启动条件后处于忙状态,在停止条件后隔一段时间再次转入空闲状态。

总线启动后,以字节大小的 SDA 数据单元进行传输,而且接收器每收到一字节后都将发送一个应答位(记为 ACK,或 A)。此时,主设备不仅要生成数据传输的 8 个时钟周期,还需要为应答信号生成第 9 个时钟周期。在第 9 个时钟周期,发送方释放 SDA 信号线,接收方如果正确接收数据就将 SDA 拉低。反之,若在该周期内 SDA 为高电平,则意味着没有应答(记为 NACK,或 $\overline{A}$),这对应了总线上的 5 种情形,即不存在可访问的接收器、接收器不处于就绪状态、接收器获取了错误数据、接收器无法接收数据和主设备接收器结束了从设备发送器的传输。例如,从设备因为执行诸如中断服务程序等其他功能而不能接收或发送另一个完整的字节数据时,该设备就不在就绪的收发状态。此时,从设备可以通过把 SCL 拉至低电平,驱动主设备进入等待状态,直至从设备恢复收发状态后再释放 SCL 信号线,以恢复与主设备间的数据传输。当主设备接收不到应答信号时,它可以发出结束条件或者重启动条件以恢复总线。需要强调的是,应答式通信机制以握手的方式大大提高了通信过程的可靠性,在可靠通信系统设计中被广泛采用。图 6.32 给出了 I²C 总线中的启动/停止条件、MSB 优先的 8 位数据传输格式及中断服务过程。

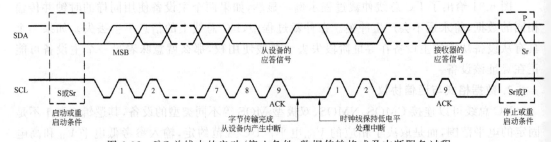

图 6.32 I²C 总线中的启动/停止条件、数据传输格式及中断服务过程

图 6.33 是典型的主从应答式读写操作过程。由图 6.33 可知,主设备在启动总线后,先

发送从设备地址及读写操作信号,从设备发送应答信号 A。然后,根据设定的读或写操作信号,主设备由从设备读出 n 字节并发送 n 个应答,或向从设备写入 n 字节且从设备发送 n 个应答。在完成读写操作或者出现总线收发异常时,主设备发送重启动信号,重新设定从设备地址和读写信号,继续如上所述的应答式数据通信过程。另外,当 SCL 被某些未知因素或事件限定在低电平之后,需要触发硬件复位信号。此时,如果 I^2C 设备没有硬件复位输入,那么就需要关闭总线电源进行上电复位。

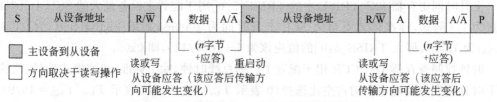

图 6.33 典型的主从式应答读写操作过程

在上述规范和原理基础上,I^2C 总线在各种嵌入式处理器中有着不同的实现和扩展,提供了灵活和可靠的通信机制。例如,ATMEL 公司在其 AVR 系列 MCU 等集成电路中也提供了一种二线制串行通信接口,命名为 TWI(Two-Wire serial Interface)。本质上,除了 10 位寻址、通用广播等特性之外,TWI 协议的大部分与 I^2C 总线是相兼容的。ATMEL 公司之所以将其命名为 TWI,则主要是为了避免与 I^2C 的商标冲突。

I^2C 总线的简单、高速、可靠优势,使其在嵌入式系统领域得到广泛应用。不仅大多数嵌入式处理器,尤其是 MCU,都集成了 I^2C 总线接口,而且基于 I^2C 总线的外围设备类型日益丰富,如 TCN75 等串行传感器、24C512 等串行 E^2PROM、WF121 等 WiFi 模块、LCD1602 LCD 模块等。这些具有串行接口的集成电路组件使得嵌入式系统的设计、集成与扩展更为方便。

在 STM32L 系列处理器中,提供了 9 个 32 位的总线访问寄存器,允许设计人员灵活使用 I^2C 总线,定义了总线错误(BERR)、应答失败(AF)、仲裁丢失(ARLO)、从模式下的 Overrun[1] 和 Underrun[2] 错误(OVR),支持 DMA 机制且兼容 SMBus,支持基于 CRC-8 的错误检查(PEC)机制,可响应 14 种事件/错误请求的中断机制,提供调试模式等。以下给出 STM32 I^2C 接口寄存器功能的分析和讨论。

两个控制寄存器 I^2C_CR1 和 I^2C_CR2 主要用于对总线软件复位、工作模式、应答、启停位、中断、DMA 等功能的使能和配置。需要特别注意的是,I^2C 接口作为连接在 APB1 总线上的外设,其时钟需要以 APB 时钟频率 f_{PCLK1} 作为输入。标准模式下 f_{PCLK1} 最小为 2MHz;快速模式下 f_{PCLK1} 最小为 4MHz,最大不超过 32MHz。在 I2C_CR2 中,FREQ[5:0] 寄存器用于设定时钟频率,有效范围为 0b000001(2MHz)~0b100000(32MHz)。

两个设备地址寄存器 I2C_OAR1 和 I2C_OAR2 用于设定从设备的 7 位/10 位地址模式、接口地址以及双地址模式。

---

① Overrun:I^2C 设备接收数据寄存器中的数据在下一个数据到来之前未被读取,导致该数据在读取之前就被覆盖,数据丢失。

② Underrun:I^2C 设备在发送下一个数据的时钟信号到来之前未更新发送数据寄存器中的数据,导致该数据被重复发送。

数据寄存器 I2C_DR 定义了 8 位数据寄存器 DR[7:0]。在发送模式下，当有数据写入 DR 时设备自动启动数据传输，而且只要向该寄存器写入数据就能实现流传输；在接收模式下，接收到的数据将被写入 DR，且只要保证 DR 中的数据能在下一数据到来前被读取，就能实现连续的数据流传输。

两个状态寄存器 I2C_SR1 和 I2C_SR2 用于表示当前总线的状态，如总线空闲/繁忙、传输错误、发送完成、收到数据等，通信软件需要实时监测该寄存器的状态以执行后续操作。

上升时间寄存器 I2C_TRISE 中的 TRISE[5:0]用于配置主设备最大的 SCL 上升时间，增量为 1。例如，标准模式下最大 SCL 上升时间为 1000ns，如果 FREQ[5:0]为 0x08 且 T_{PCLK1} 为 125ns，那么 TRISE[5:0]的值应该为 $1+1000/125$，即 0x09。

时钟控制寄存器 I2C_CCR 用于配置 I^2C 的总线时钟，除了标准/快速模式选择、快速模式下时钟周期中高低电平的占空比选择（0 表示 $T_{low}/T_{high}=2$，1 表示 $T_{low}/T_{high}=16/9$）之外，重点是对时钟分频系数寄存器 CCR[11:0]的配置，以控制 SCL 的频率。将时钟周期 T_{SCL} 分为 T_{high} 和 T_{low}，那么在标准模式下可由式(6.4)计算 T_{high} 和 T_{low}，在快速模式下，则根据式(6.5)、式(6.6)分别计算占空比为 2 和 16/9 时的 T_{high} 和 T_{low}。同理，在选定 T_{PCLK1} 和占空比之后，可以根据要得到的总线频率 $1/(T_{high}+T_{low})$ 计算 CCR。

$$T_{low}=T_{high}=CCR\times T_{PLCK1} \quad （标准模式） \tag{6.4}$$

$$T_{low}=2\times T_{high}=2\times CCR\times T_{PLCK1} \quad （占空比为）2 \tag{6.5}$$

$$\begin{cases} T_{low}=16\times CCR\times T_{PLCK1} \\ T_{high}=9\times CCR\times T_{PLCK1} \end{cases} \quad （占空比为 16/9） \tag{6.6}$$

例如，FREQ 寄存器的值为 0x08 时 $f_{PLCK1}=8MHz$，$T_{PLCK1}=125ns$。若要产生 100kHz 的 SCL 时钟频率（$T_{SCL}=10\mu s$）时，T_{high} 和 T_{low} 分别为 $5\mu s$，那么由式(6.4)就可计算出 CCR$=5000ns/125ns=40$，因此，CCR 寄存器应配置为 0x28。在具体设计中，可采用该方法进行参数的计算。

6.1.6 UART 与 USART

1. UART

1) 基本原理

通用异步收发器（Universal Asynchronous Receiver/Transmitter，UART）[1]是用于进行串并数据转换、异步逐位传输的数据链路层全双工通信接口标准，采用 TTL 电平。所谓通用，主要是指数据格式和数据速率都可根据不同的应用特征进行配置，且允许对电气信号、接口形式进行定制。异步是指数据收发双方不采用公共的时钟同步信号，而全双工则表示 UART 设备具有独立的接收引脚 Rx 和发送引脚 Tx，可同时进行数据的收发操作。因此，该接口可以支持多种连接方式。例如，在采用 UART 连接 I/O 设备、数据终端设备（Data Terminal Equipment，DTE）进行单工通信时可采用 1 线连接方式，而在 DTE 之间进行全双工通信时，最少可采用 2 线交叉连接方式，即发送 Tx 接接收方 Rx、发送方 Rx 接接收方 Tx，如图 6.34（a）所示。但当 DTE 连接调制解调器等数据通信设备（Data Communication

---

① Motorola 公司将其定义为串行通信接口（Serial Communication Interface，SCI），也称 UART 控制器；另外，UART 常被称为异步通信组件（Asynchronous Communication Element，ACE）。

Equipment,DCE)时,则需要连接其他信号线,包括用于流控的请求发送(RTS)信号线、清除发送(CTS)信号线及其他握手信号线等,如图 6.34(b)所示。

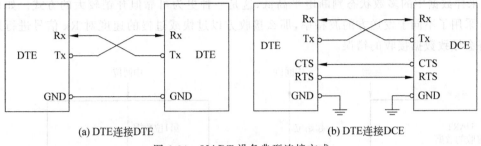

(a) DTE连接DTE　　　　　　　　　　　　(b) DTE连接DCE

图 6.34　UART 设备典型连接方式

由于不存在 SPI、I²C 等同步总线中的公共时钟线,因此收发双方必须在数据传输开始之前统一相应的通信参数,主要包括启停标志、数据格式和传输速度。UART 规范定义的数据帧格式如图 6.35(a)所示,具有一个起始位、一个(或 1.5 个、2 个)停止位、$n+1$ 个数据位($4 \leq n \leq 7$)和一个可选的奇偶校验位 P。在数据帧中,起始位与数据位、奇偶校验位的宽度相同,且全部采用全宽编码(即不归零编码,NRZ)。由此,UART 的数据速率与其波特率完全相等。在不同系统中,可以根据不同要求设定数据位长度,如 7 位、8 位的 ASCII 码以及 9 位的多站通信数据等。在多站/多机通信系统中,8 个数据位之后的奇偶校验位被用于区分所传输的是地址还是数据,1 表示从机地址,0 表示数据。图 6.35(b)给出了传输 8 位数据、1 个奇校验位和 1 个停止位的数据帧格式,如果是多机通信,则表示该帧数据是从机地址。需要说明的是,UART 中约定了低位优先传输,而且在 UART 通信系统设计中,接收方必须采用与发送方一致的数据帧格式。

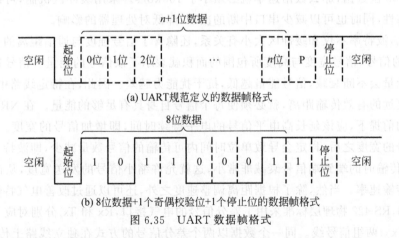

(a) UART规范定义的数据帧格式

(b) 8位数据+1个奇偶校验位+1个停止位的数据帧格式

图 6.35　UART 数据帧格式

在约定数据格式的基础上,接收方还需要设置与发送方一致的波特率,即匹配的传输速率。这可以从数据采样、传输过程进行分析。在 UART 中,约定接收方在每个数据位的中间位置进行采样,以保证数据采样的正确性。按照 5.5 节所述的方法,接收方还可以进一步采用多次连续采样的方式消除可能的电磁干扰信号。显然,为了达到上述信号采样的目的,就必须提供比数据速率更快的采样时钟。信号采样以 UART 时钟为基准频率,通常是波特率的 8 倍、16 倍等。在图 6.36 中,UART 波特率发生器的输出频率为波特率的 16 倍,当起始位下跳沿到来时,接收方同步内部时钟,并在第 9 个时钟信号的上跳沿对 Rx 上的信号进行采样,高电平为 1,低电平为 0。也可以在第 8、9、10 个时钟信号的上跳沿进行采样,根据 3 个采样数据中的多数状态判断电平高低,这是一种更为可靠但开销较大的方式。如果接收方采用了不同于发送方的波特率,那么接收方以过快或过慢的速度对 Rx 信号进行采样都将会导致数据接收的错误。

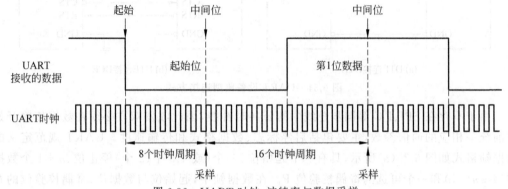

图 6.36　UART 时钟、波特率与数据采样

另外,UART 数据的正确传输还依赖于 UART 设备中接收缓冲区 FIFO 的大小。如果 UART 设备接收缓冲区为 1 字节,且最大串口接收中断响应时间不大于 1ms,那么,采用 10 位数据格式时波特率值就不能大于 9600B,否则会导致缓冲区中的数据在被读取之前就被后续字节所覆盖的错误(Overrun)。由于 UART 采用全宽编码,因此数据速率就等于波特率。在同样的数据格式和中断响应时间下,当 UART 设备接收缓冲区为 16 字节时,1ms 最多接收 160 位数据,那么数据速率就必须小于 160kb/s。采用缓冲区机制,可以提高数据传输的可靠性,同时也可以减少串口中断的次数,降低对处理器的影响。

实际上,波特率不仅和缓冲区大小有关系,还隐含了信号强度与通信距离的关系。对于 NRZ 编码的信号,信号宽度与高度所包围的面积就表示了该信号的能量。信号在介质中传输时自身能量会不断衰减,信号能量越低,抗干扰能力越差。因此,在特定线路中,为了使得信号具有更远的有效传输距离,就必须使每个信号自身具有足够的能量。在 NRZ 信号电压幅值确定的前提下,应该延长高电平信号的电平持续时间,即增加信号的宽度。很显然,加大每个信号的宽度之后,肯定会导致单位时间内可传输的信号数量减少,即波特率降低。同理,近距离传输时的端到端信号衰减非常小,这就允许缩小信号的发送宽度,从而有助于提高数据的传输速率。当然,除了根据距离调整速度之外,还可以通过改善电气特性提升传输速率。例如,RS-422 物理层标准采用了差分信号的电气接口,Rx 和 Tx 分别对应 Rx+、Rx- 和 Tx+、Tx- 两组信号线。同一个数据以两个差分信号的方式在独立线路上传输,通过差分补偿的形式抵消干扰,可以大大增加通信的距离、速度和可靠性。

2) UART 结构及示例

不同的 UART 器件有不同的内部结构、串行接口数量及特征。但在基本结构上,一个 UART 接口内部至少应该包括波特率发生器、输入移位寄存器与缓冲寄存器、输出移位寄存器与缓冲寄存器、控制寄存器、状态寄存器以及相应的控制逻辑等。这里以 TI 公司的 TL16C2550-Q1 UART 为例进行分析和说明。

TL16C2550-Q1 是 TI 公司面向车载应用、采用 16 字节 FIFO 的 UART 芯片[80]。该芯片有 48 个引脚,提供两路独立的 UART 接口,主要面向车载应用,也可用于销售终端、游戏终端、便携设备和工业自动化等。其特性如下:

(1) 可编程的自动 RTS 和自动 CTS 模式。在自动 CTS 模式下由 CTS 信号控制发送器,而自动 RTS 模式下由接收 FIFO 的内容和数量控制 RTS。

(2) 可工作于不同供电模式,且最大波特率不同。工作电压为 5V 时,最高时钟频率为 24MHz,最高波特率为 1.5MBd;工作电压为 3.3V 时,最高时钟频率为 20MHz,最高波特率为 1.25MBd;工作电压为 2.5V 时,最高时钟频率为 16MHz,最高波特率为 1MBd;工作电压为 1.8V 时,最高时钟频率为 10MHz,最高波特率为 625KBd。

(3) 采用保持和移位寄存器,消除了 CPU 和串行数据之间的精确同步需要。

(4) 可编程波特率发生器,允许对输入参考时钟进行 $1 \sim 2^{16} - 1$ 分频,并产生内部的 16 倍时钟。

(5) 定制数据帧中的标准异步通信位,如起始位、停止位、奇偶校验位等。完全可编程的串口特性,如 5~8 位数据位以及奇校验/偶校验/无校验位的生成与检测、1 位/1.5 位/2 位停止位的生成等。

(6) 独立接收时钟输入。

(7) 对发送、接收、线路状态以及数据中断的独立控制。

(8) 数据总线、控制总线的三态输出 TTL 驱动能力。

(9) 调制解调器控制功能,提供了 CTS、RTS、DSR、DTR、RI 和 DCD 等引脚。

(10) 具有优先级的中断控制。

(11) 无效起始位检测。

(12) 检测线路断开、数据、总线错误,并进行状态报告等。

图 6.37 是该芯片的内部逻辑结构和相关引脚。由图 6.37 可知,该芯片包括 A、B 两个 UART 单元,每一个功能单元(称为 ACE)则由如前所述的组件构成。以 ACE A 为例,它允许 CPU 通过 A2~A0 引脚选择某个寄存器,除串行收发引脚、调制解调器控制引脚外,还提供了 CPU 中断信号引脚 INT、用于 DMA 的 $\overline{\text{RXRDYA}}$、$\overline{\text{TXRDYA}}$ 引脚。当 Rx FIFO 中有数据且无错误时,$\overline{\text{RXRDYA}}$ 置低电平,触发 DMA 控制器的读取操作;否则该引脚置高电平。当 TxFIFO 未满时,$\overline{\text{TXRDYA}}$ 置低电平,通知 DMA 控制器可写入数据;否则该引脚置高电平,暂停 DMA 控制器的数据输出。由图 6.37 可知,UART 寄存器组共由 12 个 8 位的寄存器组成。

可编程的波特率发生器 PBG 以最大 16MHz 的时钟频率为输入,并可采用 $1 \sim 2^{16} - 1$ 的分频因子控制波特率时钟的输出。如前所述,波特率发生器输出的频率是波特率的 16 倍,因此,在给定输入时钟频率和要得到的波特率之后,可以采用式(6.7)计算分频因子。例如,输入时钟频率为 1.8432MHz 时,要得到 50Bd 的波特率,分频因子应设置为 2304;若输入时钟频率为 3.072MHz,要得到同样的波特率,就必须将分频因子设置为 3840。

$$分频因子 = \frac{输入时钟频率}{16 \times 波特率} \tag{6.7}$$

线路控制寄存器 LCR 是系统编程人员必定使用的寄存器之一,其包括设置数据位长度、停止位长度以及与奇偶校验位使能、奇校验或偶校验等相对应的标志位。线路状态寄存器

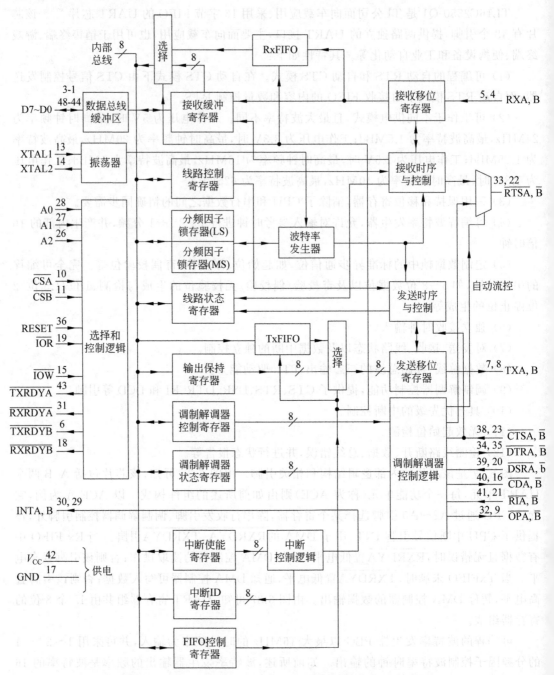

图 6.37 TL16C2550-Q1 UART 的内部逻辑结构和相关引脚

LSR 则向 CPU 提供数据传输状态的信息,如数据就绪、数据溢出错误、校验错误、帧错误等。接收缓冲寄存器 RBR 是只允许读的 16 字节 FIFO,与只允许写的 16 字节发送保持寄存器 THR 位于同一地址,分别用于存放来自接收移位寄存器和要写入数据总线的数据。中断使能寄存器 IER 可以使能/禁止该 UART 芯片支持的 5 种中断之一,中断标识寄存器 IIR 用于设置不同中断的优先级。FIFO 控制寄存器 FCR 只允许写,与只读的中断标识寄

250

存器 IIR 在同一地址。FCR 用于使能或者清除所有 FIFO,设置接收 FIFO 中断在接收多少字节时被触发,以及 DMA 信号的类型。该 UART 芯片支持接收、发送 FIFO 的中断模式操作,当 FIFO 状态满足某种条件时向 CPU 发送中断。该 UART 芯片也支持线路状态寄存器 LSR,以轮询的方式操作接收、发送 FIFO。

图 6.38 是 TL16C2550-Q1 的基本电路与配置。在该电路中,嵌入式软件通过地址总线和数据总线读写特定寄存器,即可实现对 UART 接口的操作以及数据的收发。本质上,基于 I/O 接口进行数据交互的过程就是对其寄存器组进行读写操作的过程。在高级软件设计中,由于驱动软件、系统软件已经对 I/O 的寄存器操作进行了非常好的封装,上层软件设计人员只需掌握高级 API 的使用方法就能方便地使用这些 I/O 资源,而不用关心其具体细节。但硬件驱动程序和系统软件的设计人员则应该深入理解并熟练掌握这些寄存器的功能和使用方法。

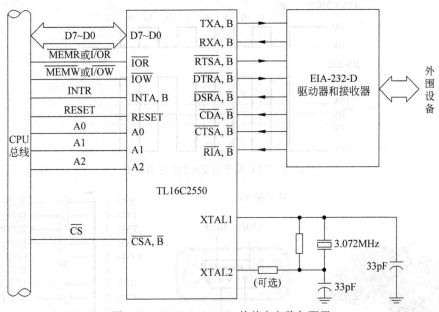

图 6.38　TL16C2550-Q1 的基本电路与配置

2. UART 与 RS-232、RS-422、RS-485

UART 规范主要定义了 TTL 电平的可配置通信数据格式以及通信速率、异步采样机制。在此基础上,根据不同类型和距离的外设连接需求,还可以对物理层进行定制和扩展,典型的标准有 RS-232、RS-422、RS-485 等。

1) RS-232

RS-232 是由美国电子工业联盟(Electronic Industries Alliance,EIA)发布的单端传输的串行数据通信接口标准,RS 是 Recommend Standard(推荐标准)的英文缩写。目前,RS-232 的最新版本是 EIA 旗下电信工业协会(Telecommunication Industry Association,TIA)于 2002 年发布的 TIA-232-F。RS-232 接口在嵌入式系统领域的应用非常广泛,如开发过程中的启动代码下载、系统调试以及应用系统中的数据通信等,因此学习者应熟练掌握其基本原理和使用方法。

RS-232 重点定义了信号的电气特性,其采用了如图 6.39 所示的 RS-232 逻辑电平,即,负电平−3～−12V表示逻辑1,正电平3～12V表示逻辑0,靠近零的电平无效。在机械特性方面,RS-232并未做出任何定义。在实际中,常见的RS-232物理接口有9针的DB9(图6.40)以及25针的DB25和8针的RJ-45等,其中DB9及RJ-45目前最为常用。当然,RS-232的物理接口并不仅限于这些形式,在实际应用中任何能够实现正常连线的方式和接口形式都是允许的。图6.40给出了DB9接口中各引脚的功能。DTE通过RS-232接口与DCE设备进行远程数据传输时,相应的引脚功能要满足特定的时序关系,也就是接口的规程特性。例如,一次数据发送过程的信号设置时序应该为"DTE就绪→DCE就绪→请求发送→允许发送→发送→清除请求发送→清除允许发送→清除DTE就绪→清除DCE就绪"。通过RS-232近距离连接两个DTE时,只需将两个接口的2、3引脚交叉连接即可,可以形象地记为2-3-2,和图6.34(a)一样,这种方式也称为零调制解调器连接。

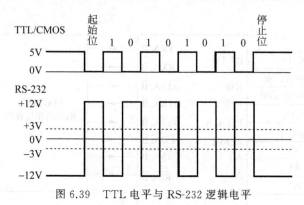

图6.39　TTL电平与RS-232逻辑电平

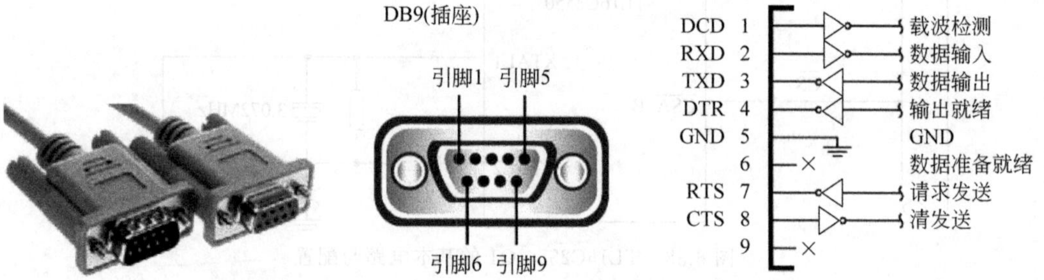

图6.40　DB9接口及其引脚的功能

由于RS-232的负电平电气特性,如果要将一个RS-232接口(如PC上的COM1、COM2口)与MCU等设备的UART接口相连,就必须采用外部逻辑器件进行电平的逻辑转换。例如,采用如图6.41所示的MAX232[81]集成电路就可以实现TTL/CMOS电平与RS-232电平的转换。RS-232在链路层采用与UART兼容的数据帧机制,设计通信软件时需要注意提前约定好统一的数据帧格式和波特率。

2) RS-422

RS-232的优点在于可以简单地实现与外部设备的串行双工通信,但其缺点也非常明显。由于RS-232采用单端通信模式,接口信号电平高,线路抗干扰能力差,只适合近距离、较低速率的数据通信。为了解决这一问题,EIA在RS-232的基础上进一步定义了RS-422、RS-485等新的电气特性标准。其中,RS-422是EIA推出的平衡电压数字接口电路的电气特性标准。类似于RS-232,RS-422串行通信兼容UART的数据帧标准,主要定义了差分

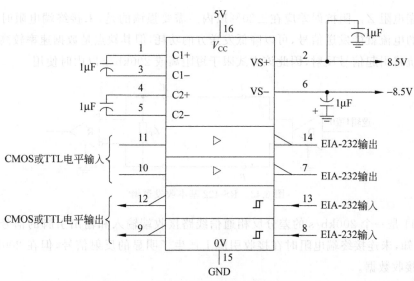

图 6.41 基于 MAX232 的电平转换电路

信号电气特性并支持一主多从的多站通信模式。RS-422 定义了信号电平、(独立的)信号地以及差分传输方式(也称平衡传输方式)。在该方式中,首先采用了差分信号机制。即,有着共同共模电平和等幅值差模电平的一对信号在两条相邻信号线中并行传输。当有电磁噪声出现时,该噪声会同时作用在这两条信号线上,并在接收端经"相减"消除。图 6.42 给出了差分信号传输的基本原理。

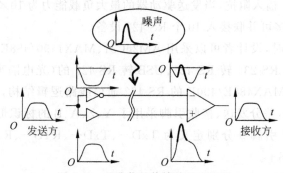

图 6.42 差分信号传输的基本原理

RS-422 的每个数据通道 RxD 和 TxD 分别由 RxD+(或 RDA、A)、RxD−(或 RDB、B)和 TxD+(或 TDY、Y、A)、TxD−(或 TDZ、Z、B)两组引脚共 4 条信号线组成。发送方的 TxD+、TxD−引脚对应连接接收方的 RxD+、RxD−引脚,分别传输信号的正逻辑和负逻辑。从图 6.43 所示的 RS-422 基本收发逻辑可知[82],发送方 D 的输出以差分信号形式在 A、B 两条线路上传输,接收方 R 从相应的引脚 A′和 B′对电压采样。区别于 RS-232 收发端通过公共参考地确定信号逻辑的高低,在 RS-422 中通过差分线路的电压差表示逻辑高低,因此采用 TTL 电平即可传输,也不需要公共参考地。若接收方的接收引脚电压差为正,表示一个逻辑;若为负,则表示另一个逻辑。以 MAX488E 为例,$U_{A'B'}$ 小于−200mV 时,输出引脚 RO 为低电平;$U_{A'B'}$ 大于 200mV 时,RO 为高电平。在设计中,可以采用双绞线作为 RS-422 设备间的互连介质,线路长度在 300m 以上时应在线路远端连接一个匹配线路特征

阻抗的终端电阻 Z_T，阻抗误差应在±20％以内。需要强调的是，未接终端电阻时发送器仅需要较小的电流就能发送信号，可以降低发送方的功耗，但其缺点是数据速率较高时不匹配的导线阻抗将引起信号反射，因此该方式限于短距离或 200kb/s 以内时使用。

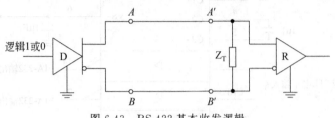

图 6.43　RS-422 基本收发逻辑

图 6.44 是一个 200kb/s 的差分反相通信线路接收端输入和输出引脚的信号特征。由图 6.44 可知，未连接终端电阻时在接收引脚上产生了明显的反射信号，但在 200kb/s 时仍可以正确接收数据。

差分信号传输方式大大增强了通信通道的抗干扰能力和数据传输的可靠性，最大数据速率可达 10Mb/s，理论最大通信距离为 1200m。通信速度和线缆长度是一对互相制约的因素，线缆越长则速度越慢，速度越快则要求线缆越短。一个经验数据是，数据速率（b/s）与线缆长度（m）的乘积不超过 10^8 时通信具有高的可靠性。同时，由于 RS-422 的接收器采用高输入阻抗且发送驱动器较 RS-232 的驱动能力更强，因此允许在相同的传输线上连接多个接收节点，实现一点对多点的全双工通信。对 RS-422 通信网络规模的唯一限制参数是 RS-422 接收器的 4kΩ 输入阻抗，当发送驱动器的最大负载能力为 $10 \times 4k\Omega + 100\Omega$（终端电阻）时，通信总线上最多可并联接入 10 个 RS-422 设备。

在实际设计硬件时，设计者可以采用 AM26C31、MAX1490/488E/490E 等专门的 RS-422 器件，也可以采用 RS-232 转 RS-422、USB 转 RS-422 的（光电隔离）转换接口组件等。例如，图 6.45 是基于 MAX488E/490E 的 RS-422 通信线路逻辑结构，其中 DI 是驱动器输入、RO 是接收器输出，差分发送、接收引脚采用了 Y、Z、A、B 的标识形式。采用 DB9 作为物理接口时，引脚 1～引脚 9 分别定义为 TxD－、TxD＋、RTS－、RTS＋、GND、RxD－、RxD＋、CTS－ 和 CTS＋。

3）RS-485

RS-485 是用于平衡数字多点系统的发送器和接收器电气特性标准。与 RS-422 非常相似，RS-485 定义了物理层的电气信号特性，与 RS-422 的逻辑表示形式基本一致。由于 RS-485 的电气信号特性涵盖了 RS-422，因此 RS-485 设备可用于大多数 RS-422 系统中。

与 RS-422 的不同点在于，RS-485 的信号电压范围更小，线路两端都要接与介质特征阻抗匹配的终端电阻，驱动器能力更强，可以驱动至少 32 个接收器。另外，RS-485 接口采用两根差分信号线，以 AA、BB 的方式连接两个 RS-485 设备，如图 6.46 所示，因此在某一时刻仅允许一个设备发送，是半双工通信方式。基于 RS-485 的接口特性，可以设计如图 6.47 所示的总线网络，还可以构建菊花链连接、主干网络固定连接及点到点连接等方式。典型的 RS-485 输入阻抗为 12kΩ，驱动器可连接 32 个终端设备，部分驱动器（如 MAX487E）可以连接 128 个接收器。

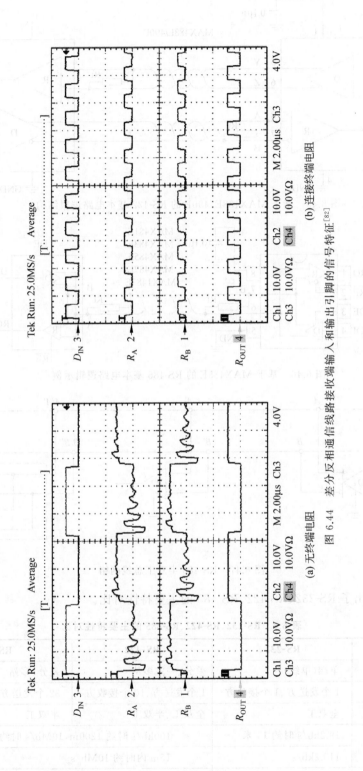

图 6.44 差分反相通信线路接收端输入和输出引脚的信号特征[82]

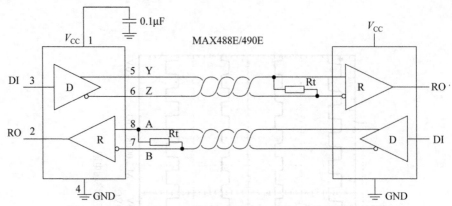

图 6.45　基于 MAX488E/490E 的 RS-422 基本电路逻辑结构[83]

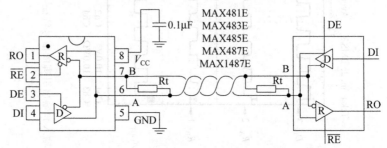

图 6.46　基于 MAX485E 的 RS-485 基本电路逻辑示例[83]

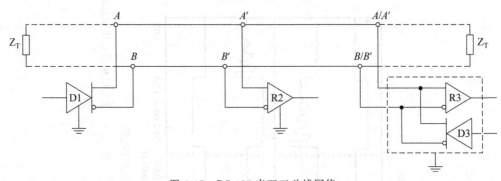

图 6.47　RS-485 半双工总线网络

表 6.4 给出了 RS-232、RS-422、RS-485 的主要特性对比。

表 6.4　RS-232、RS-422、RS-485 的主要特性对比

对比项	RS-232	RS-422	RS-485
操作方式	单端（单线）	差分、一主多从	差分、多站
最大设备数量	1 个发送方、1 个接收方	1 个发送方、10 个接收方	32 个发送方、32 个接收方
通信模式	全双工	全双工、半双工	半双工
最大距离	19.2kb/s 时约 15 米	100kb/s 时约 1200m，10Mb/s 时约 1.2m	
最大速率	115.2kb/s	15m 内时约 10Mb/s	
总线电气特性	不均衡	均衡	

续表

对比项	RS-232	RS-422	RS-485
逻辑 1	$-3\sim-12V$	$2\sim6V(B{>}A)$	$1.5\sim5V(B{>}A)$
逻辑 0	$3\sim12V$	$2\sim6V(A{>}B)$	$1.5\sim5V(A{>}B)$
最小输入电平	$+/-3V$	差分 0.2V	差分 0.2V
输出电流	500mA	150mA	250mA

3. USART

通用同步/异步收发器(Universal Synchronous/Asynchronous Receiver/Transmitter, USART)在 UART 的基础上增加了同步机制,是一种可被设置为同步和异步通信模式的全双工串行通信接口。USART 支持同步的单向通信和半双工单线通信。最初,USART 的同步通信能力主要用于支持同步通信协议,如用于同步音频调制解调的 IBM 公司的同步收发协议(Synchronous Transmit/Receive,STR)、二进制同步通信协议(Binary Synchronous Communication,BSC)、同步数据链路控制协议(Synchronous Data Link Control,SDLC)以及 ISO 标准的高级数据链路控制协议(High-level Data Link Control,HDLC)等,现在还可支持本地互联网络协议(Local Interconnect Network,LIN)、智能卡协议与红外数据协议(Infrared Data Association,IrDA)等。

在同步模式下,发送器时钟引脚 SCLK 输出与 SPI 主模式相似的数据传输时钟,相位和极性可通过寄存器设置。发送起始位和停止位时,不需要产生时钟信号。当用 USART连接同步类型的设备(如 SPI 从节点)时,仅需将 USART 设备的 Rx、Tx、SCLK 引脚分别与从设备的 MISO、MOSI、SCK 引脚连接即可。图 6.48 给出了 8 位数据在不同时钟相位和极性时的同步传输时序。由图可知,该时序和过程与 SPI 的非常相似。

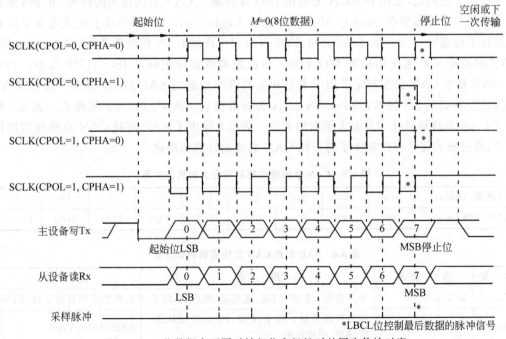

图 6.48　8 位数据在不同时钟相位和极性时的同步传输时序

总体上，USART 工作在同步模式时，其与 UART 的主要区别可总结为以下几方面。

（1）位流同步机制不同。UART 在其内部产生数据时钟，通过起始位和结束位同步数据流，UART 设备之间并不存在外部同步时钟，因此在数据传输之前必须为接收方设定正确的波特率。而 USART 被设置为同步模式时，发送方将通过独立的时钟线发送同步时钟信号，接收方无须提前确定波特率。采用外部同步时钟时，USART 的数据传输速率更高，可达 4Mb/s。

（2）可支持的协议数量不同。UART 比较简单，只能在其基本格式上提供很少的选项，如停止位的位数、奇校验或偶校验等。而 USART 则更为复杂，不但兼容 UART，还可以传输多种不同协议的数据，如 IrDA、LIN、智能卡、Modbus 等。

（3）支持的外设能力有所不同。在嵌入式处理器（如 STM32 系列）中，通常会同时提供 USART 和 UART 接口。一般情况下，USART 用于嵌入式系统正常运行、高功耗时的串行数据通信；而当系统进入休眠等低功耗模式时，则采用基于 UART 的低速通信接口。

6.2 典型工业总线、背板总线及网络

6.2.1 CAN 总线

控制器局域网（Controller Area Network，CAN）的问世与车载控制系统的日益复杂存在密切联系。随着车载控制/信息系统功能的日益丰富以及对安全性、舒适性、便捷性、可靠性等的要求越来越高，车载装置、控制器、传感器等组件的数量不断增加，此时，传统点对点网状连接方式的传感器冗余、线束体积大、数据共享能力差、协同控制效率低、可靠性差等诸多弊端就不断暴露出来。

针对上述问题，德国 BOSCH 公司在 1983 年开始了 CAN 总线技术的研究，并于 3 年后在美国汽车工程师学会（Society of Automotive Engineers，SAE）的会议上正式发布了该总线的技术规范[84]，1987 年，Intel 公司、Philips 公司生产的 CAN 控制器芯片面世。1993 年，CAN 的近距离高速应用标准 ISO 11898 和长距离低速应用标准 ISO 11519 发布。1994年，SAE 基于 CAN 标准制定了用于卡车和公共汽车控制的 SAE J1939 标准。现在，CAN总线已经发展至 2.0 版本，其中 CAN 2.0A 为标准格式，CAN 2.0B 为扩展格式。表 6.5 列举了 CAN 总线通信速率与最大距离的关系。表 6.6 给出了 SAE 车载 CAN 总线通信协议分类，通过该表读者可以初步了解不同 CAN 总线的特性和用途。

表 6.5　CAN 总线通信速率与最大距离的关系

位速率/(kb/s)	1000	500	250	125	100	50	20	10	5
最大距离/m	40	130	270	530	620	1300	3300	6700	10 000

表 6.6　SAE 车载 CAN 总线通信协议分类

分　类	通 信 速 率	用　　　　途	协　　议
Class A	最高 10kb/s	车身系统：车窗、门锁、遥控锁、座椅、车灯等	汽车生产商自有协议、LIN
Class B	10~125kb/s	状态信息系统：电子仪表、GPS、行驶状态、传感器、故障诊断	SAE J1850、VAN

续表

分 类	通信速度	用 途	协 议
Class C	125kb/s~1Mb/s	实时控制系统：发动机、变速器、ABS、ESB、刹车等	Safe-by-Wire（线控安全总线协议）
Class D	最低 5Mb/s	多媒体应用系统：视频、倒车影像、娱乐系统等	D2B 光纤接口、MOST、IEEE 1394

鉴于 CAN 总线优秀的实时性、可靠性等特点，近年来 CAN 总线应用已从最初的车载系统延伸到航空航天、工业自动化、医疗设备等诸多领域。

1. CAN 总线协议体系

CAN 总线是一种用于多主控制的单线制或差分双线制串行数据通信协议。对应于 ISO 标准，CAN 协议体系主要包括 CAN 的物理层和数据链路层，并可以对通信数据的帧进行位填充、数据块编码、循环冗余校验、优先级判别等处理。

1）物理层

物理层传输无格式的二进制位流。在 CAN 标准中，物理层定义了信号的实际发送方式、位时序、位的编码方式及同步的步骤。位数据统一采用 NRZ 编码方式，会在连续出现 5 个相同的发送位之后自动发送一个补码数据。同时，位传输过程采用同步段（Synchronous Segment，SS）实现位的同步及再同步功能。在 ISO 11898、ISO 11519-2 等规范中，明确了 BOSCH 公司最初并未定义的信号电平、通信速度、采样点、驱动器和总线的电气特性、连接器的形态等。另外，CAN 总线可采用单线制、双线制等连接方式和双绞线、同轴电缆、光纤等介质。

2）数据链路层

CAN 的数据链路层分为介质访问控制子层（Media Access Control，MAC）和逻辑链路控制子层（Logic Link Control，LLC）。

在介质访问控制子层，采用 CSMA/CD 和冲突仲裁相结合的机制实现多站的竞争式通信管理。在总线空闲时，任何站点均可发送数据。如果有两个或更多的站点同时发送数据，则根据数据的优先级进行仲裁，优先级高的站点继续发送，优先级低的站点退出发送。同时，该层还提供了错误检测、错误通知、故障抑制、数据应答等总线可靠性监测与管理功能。

逻辑链路控制子层主要负责点对点单播或点对多点多播、广播及消息的过滤，同时在接收端未就绪时通过特定的过载通知消息进行流控，且在数据帧错误后执行数据重发送等恢复功能。

3）应用层

在 CAN 物理层和数据链路层基础上，还进一步衍生出一系列 CAN 的应用层协议，典型的如用于卡车、客车的 SAE J1939-11，用于汽车动力、传动系统的 SAE J2284，用于车身系统的 SAE J24111（单线），面向船舶装备的 NMEA-2000，用于工业设备的 SDS、DeviceNet 和 CANOpen 等。

2. 总线机制

1）总线结构与信号

从结构上看，CAN 总线包括控制器内部的 CAN 收发器、防止信号反射的终端电阻 R_L 以及单端或差分的双向数据线，如图 6.49 所示。

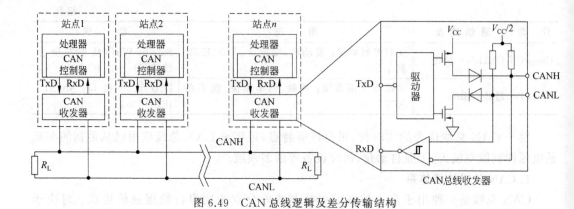

图 6.49　CAN 总线逻辑及差分传输结构

其中,控制器依据 CAN 数据链路层协议进行数据收发及控制,端电阻 R_L 的值为 85～130Ω,通常为 120Ω。收发器由发送驱动器和接收器构成,并联在总线上,因此同一时刻只能进行接收或者发送操作。发送驱动器采用 OC 或 OD 逻辑与总线相连,通过电子开关场晶体管的通断控制信号的输出,从而实现数据与电信号的转换与放大等功能。当所有节点的发送驱动器电子开关都断开时,CAN 总线未被激活,为逻辑 1 状态(称为隐性电平、隐性状态);而当至少有一个节点的电子开关导通时,总线就被激活,为逻辑 0 状态(称为显性电平、显性状态)。为了进一步提高 CAN 总线的可靠性和传输速率,总线中还可以采用 CANH 和 CANL 两条差分线路传输数据,并用两条线路的电位差表示逻辑电平的高低状态。

在隐性状态时,CANH 和 CANL 分别为预先设定的电压值。例如,车载 CAN 驱动总线中都为 2.5V,而车载 CAN 舒适总线中 CANH 为 0V,CANL 为 5V,$V_{CANH}-V_{CANL}$ 为 0V 或 -5V,表示 0。在显性状态时,CANH 上的电压升高一个预定值。例如,驱动总线中为 1V,舒适总线中为 3.6V,而 CANL 上的电压值会降低一个同样的值,此时 $V_{CANH}-V_{CANL}$ 为 2V 或 2.2V,表示 1。某一时刻,总线电平要么处于显性电平,要么为隐性电平。车载 CAN 驱动总线电平如图 6.50 所示。如果输出传输信号中引入了噪声电压 V_N,那么接收器收到的电压将分别为 $V_{CANH}-V_N$ 和 $V_{CANL}-V_N$,二者相减后两线的压差仍为 $V_{CANH}-V_{CANL}$。由此可以看出,差分传输能有效提高信号的抗干扰能力。

2) 位时序与同步

实现了逻辑数据的电信号表示之后,接下来需要考虑的就是如何在收发双方之间实现正确的信号传输。和 UART 一样,CAN 总线只提供了数据线,这意味着收发双方需要采用各自独立的时钟信号发送和采样接收信号。一个信号从发送、传输到接收之间具有一定的时间延迟,而且随着总线距离的增大,延迟也会增大。另外,通信站点自身的振荡器漂移、噪声干扰等也都可能使信号的传输产生相位的偏移,进而影响数据的采样。为了保证采用独立时钟的收发双方能够同步地完成数据位的传输,CAN 协议中首先引入了位时序的概念,进而提供了硬同步和重同步机制。

CAN 总线约定,仅当站点检测到总线由隐性电平跳变到显性电平时才会进行位同步。首先,将一个数据位划分为包括同步段(SYNC_SEG,SS)、补偿物理延迟的传播时间段(PROP_SEG,PTS)和补偿电平跳沿相位错误的相位缓冲段 1(PHASE_SEG1,PBS1)、相位

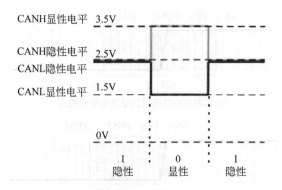

(a) 显性电平与隐性电平定义

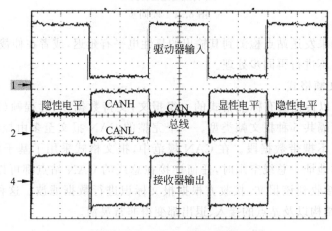

(b) 显性电平与隐性电平的示波器输出[85]

图 6.50　车载 CAN 驱动总线电平

缓冲段 2(PHASE_SEG2,PBS2) 在内的位时序,每个段由一个或多个时间片 T_q 构成。进而,通过调整各段的 T_q 数实现检测到起始帧时的**硬同步**。具体而言,SS 宽度为一个 T_q,用于实现同步发送和接收时序的调整,当总线电平跳变出现在该段时相位偏差最小。PTS 可以动态设置为 1~8 个 T_q,用于对冲、消除总线上产生的延迟。PBS1 和 PBS2 的宽度分别为 1~8 个 T_q 和 2~8 个 T_q,在 PBS1 结束和 PBS2 开始时进行信号采样,可以吸收累积误差,将信号跳变边沿恢复到 SS 段。如图 6.51 所示,若总线空闲时检测到显性电平到隐性电平的跳变,则将该时刻设置为 SS。

在数据传输过程中,同样也可以根据电平的变化时刻进行同步调整,这称为再同步。再同步主要是为了补偿振荡器漂移和传输延迟等导致的数据位相位偏移问题。针对再同步,CAN 总线的位时序中定义了 1~4 个 T_q 大小的再同步补偿宽度 SJW。当隐性电平到显性电平的跳变出现在 PTS 和 PBS1 之间时,在 PBS1 之后插入 SJW 个 T_q 以延迟下一个位时序的出现,调整同步质量。而当该电平跳变出现在 PBS2 中时,则将 PBS2 的宽度减小 SJW 个 T_q,使下一个位时序提前出现。

需要强调的是,一个位中只能进行一次同步调整,硬同步发生在总线空闲状态下隐性电平到显性电平的跳变时刻,而传输中出现显性电平到隐性电平跳变时发生时钟的再同步。

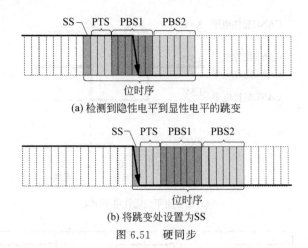

(a) 检测到隐性电平到显性电平的跳变

(b) 将跳变处设置为SS

图 6.51　硬同步

总线非空闲时，如果发送站点检测到其输出的显性电平有延迟，或者在仲裁完成之前有多个单元同时发送，则不进行再同步处理。

3）CAN 报文帧格式

CAN 总线可以传输具有标准格式的一组报文，支持数据帧、远程帧（或遥控帧）、错误帧、过载帧和帧间隔共 5 种报文帧类型。一个完整的 CAN 报文至多由控制信息段和数据段组成，部分帧可不携带数据段。在 CAN 规范中，报文格式采用了基于优先级的报文标识，而不是目的站地址。总线空闲时，任何连接在总线的 CAN 站点都可以开始发送报文，所有站点都可以接收到该报文，接收方根据报文标识进行数据滤波。这种方式使得 CAN 总线网络的系统结构以及站点的接入、退出都变得非常灵活。

（1）数据帧。

数据帧是发送方向接收方传送数据的报文，由 7 个段组成，其标准帧和扩展帧格式如图 6.52 所示。在标准帧格式中，一个 1 位的帧开始段（SOF）采用一个显性位表示帧的起始位置。仲裁段表示帧的优先级，包括从高至低发送的 11 位帧标识（ID）以及一个显性表示的远程发送请求位（RTR），当要从接收方获取数据时 RTR 必须为显性电平。在控制段中，包括 1 位的标识符扩展位（IDE），该位为显性电平时表示无 ID 扩展；4 位数据长度控制位

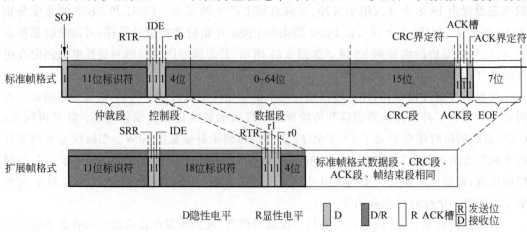

图 6.52　两种 CAN 数据帧格式

(DLC),用于指明数据段中的字节数,在 0~8 字节以内且采用 MSB 传输方式;r0 为 1 位保留位。15 位的 CRC 校验值和 1 位 CRC 界定符组成 CRC 段,用于在接收方进行数据正确性的判断。CRC 的计算范围包括帧开始段、仲裁段、控制段、数据段等内容。ACK 段用于对所接收数据的应答,包括 1 位 ACK 槽和 1 位 ACK 界定符。在发送时这两位都为隐性电平,正确接收数据的接收方将其置为显性电平。帧结束段由 7 个隐性位组成,表示该帧数据到此结束。进而,还可进一步引入 7 位的帧间隔时间(Inter-Frame Space,IFS),指明控制器将收到的数据转移至缓冲区所需的时间。

扩展帧格式与标准帧格式的主要差异是多了 18 位的扩展标识符,构成了 29 位的 ID。同时,标准帧格式中的 RTR 位被重新定义为一个隐性电平的替代远程请求位 SRR,且 IDE 位为隐性位,并与 DLC 等构成扩展帧的仲裁段。除此之外,扩展帧的其他段与标准帧的一致。

需要说明的是,保留位必须全部以显性电平发送。在数据帧的发送过程中,物理层将采用位填充机制对位流进行编码,接收方则采用相反的机制进行位流解码。

(2) 远程帧。

远程帧是接收站点向发送站点请求数据时所用的帧,除了没有数据段,该帧的其他段结构与数据帧完全相同。在具体定义中,RTR 位必须为隐性电平以表示远程数据请求,这有助于将不含数据段的数据帧和远程帧清楚地区分开来。远程帧的 DLC 位表示所请求数据的长度。

(3) 错误帧。

当发送或接收消息时,如果发现了位错误、位填充错误、CRC 错误、帧格式错误、应答错误等,检测到错误的 CAN 站点向总线广播错误帧。在结构上,该帧包括 6 个显性电平的主动错误标志位、6 个隐性电平的被动错误标志位和隐性电平的 8 位错误界定符。

(4) 过载帧。

在接收方还没有准备好接收新一帧数据时,其需要延迟接收下一个数据帧或远程帧,此时接收方就会发送一个过载帧。过载帧包括 6 位的过载标志和 8 位的过载界定符,其中过载标志与主动错误标志定义相同。

(5) 帧间隔。

帧间隔是用于分离数据帧、远程帧与先行帧的特殊数据。通过在数据帧、远程帧之间插入帧间隔将当前帧与先行帧(如数据帧、远程帧、错误帧、过载帧)进行分隔,使总线保持或恢复为可靠状态。间隔帧由 3 个隐性电平的间隔位和 8 个隐性电平的延迟发送位组成,处于被动错误状态的站点可以在发送消息后的帧间隔中包含延迟发送位。在间隔期,所有站点均不允许传送数据帧或远程帧,此后只要总线空闲,任意等待发送报文的站点都可以访问总线。

(6) 优先级仲裁。

CAN 总线空闲时,任意站点都可以随时发起总线访问,最先开始发送消息的站点获得发送权。但存在的问题是,如果多个站点同时发起对总线的访问,就会造成总线冲突。那么,应该采用什么机制避免冲突或解决这些冲突呢? 或者,是否可以采用类似于以太网的 CSMA/CD 或者类似于 I²C 的逐位仲裁机制? CAN 总线协议中约定,如果多个站点同时开始发送消息,那么就从各站点发送的仲裁段第 1 位开始进行逐位仲裁,优先级高的站点获得发送权。也就是说,对于同时发送消息的站点,各站点同时监听总线上的数据状态,判断其和自身当前发送的数据状态是否一致。若一致,该站点继续发送;否则该站点结束仲裁,退出发送。

如图6.53所示,在第一个ACK位之后,当站点B、C同时发起数据发送时,仲裁开始。随后,由于B站点检测到数据不一致,退出发送,而C站点继续发送。这可归纳为:ID值越小的帧,其优先级越高。ID相同的数据帧和远程帧竞争总线时,RTR为显性电平的数据帧具有继续发送的优先权。标准格式以及具有相同ID的远程帧或者扩展数据格式的数据帧竞争总线时,RTR为显性电平的标准格式帧优先。在仲裁过程中,总线上的数据并不会受到影响,这和I^2C总线的仲裁一样。

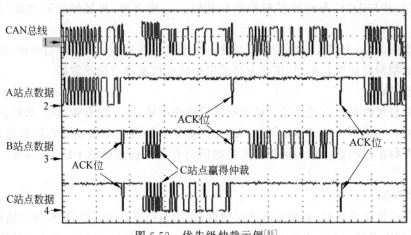

图6.53 优先级仲裁示例[85]

4）滤波器

CAN总线上,所有站点都可以接收到出现在总线上的数据。然后,滤波器根据帧ID以及滤波规则判断是接收还是丢弃数据。为了实现点对点通信,也可以进一步对帧的ID段进行格式化,使其划分为目标站点ID、源站点ID、数据序号等信息段。目标站点ID既可以是站点ID,也可以是广播ID或多播ID,这与具体的应用协议密切相关。例如,CANOpen协议中规定11位ID中的低7位是站点ID,而高4位则作为功能码。对于接收到数据的站点,其将根据目标ID进行数据过滤。为了进一步接收多个不同目的ID的报文,可以将滤波寄存器设置为全通模式,即接收所有帧,再通过软件进行报文过滤。

3. 接口设计与配置方法

如前所述,一个完整的CAN总线接口应该由CAN协议控制器和CAN收发器构成。在嵌入式硬件方面,主要有两种设计CAN总线接口的方法。一方面,现在越来越多的嵌入式微控制器将CAN控制器集成在芯片内部,如STM32F103x8、STM32F103xB、P8Xc951等,可以基于该类处理器芯片,扩展、连接TJA1050、PCA82C250等CAN收发器。另一方面,Philips、Microchip、NXP等半导体厂商推出了SJA1000、MCP2515、P8xC592/P8xCE598等诸多独立的CAN控制器可供选择。

以Philips的SJA1000独立CAN控制器为例[86]进行说明,该芯片内部逻辑结构及外部接口如图6.54所示。该芯片具有28个引脚,其引脚、电气特性均与更早的PCA82C200 CAN控制器兼容,是一种替代性产品。在总线特性上,SJA1000支持CAN标准模式和

CAN 2.0B 的 11 位、29 位标识符,提供了扩展的 64 字节 FIFO 接收缓冲区,时钟频率为 24MHz,位速率最大为 1Mb/s,且可编程配置输出驱动。同时,该芯片还可以支持扩展的 PeliCAN 模式。PeliCAN 模式不仅兼容基本的 CAN 2.0B,还提供了多个增强的功能,如错误计数器、可编程的出错警告界限、最近错误码寄存器、总线错误中断、具有详细位位置的仲裁丢失中断、单次发送、仅监听模式、热插拔、接收滤波器扩展以及自身消息接收等。这些增强功能使得 SJA1000 可以应用于更多、更复杂的领域。

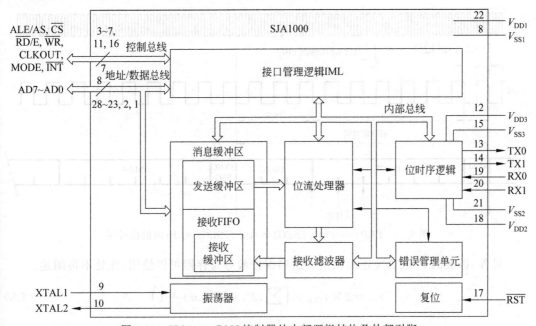

图 6.54 SJA1000 CAN 控制器的内部逻辑结构及外部引脚

SJA1000 提供了一组 8 位的基本功能寄存器,允许通过寄存器对 CAN 总线的工作模式和状态进行管理。控制寄存器 CR 中定义了复位位以及接收中断使能位 RIE、发送中断使能位 TIE、错误中断使能位 EIE 和过载中断使能位 QIE,用于改变 CAN 控制器的动作。命令寄存器 CMR 用于初始化一个传输层的动作,包括传输请求 TR、取消传输 AT、释放接收缓冲区 RRB、清除数据过载 CDO、进入休眠模式 GTS 等功能位。状态寄存器 SR 中的位表示了 SJA1000 的当前状态,如接收缓冲区状态 RBS、数据过载状态 DOS、发送缓冲区状态 RBS、传输完成状态 TCS、接收状态 RS、发送状态 TS、错误状态 ES 以及总线的开关状态 BS。中断寄存器 IR 用于确认中断源的标识,包括接收中断 RI、发送中断 TI、错误中断 EI、数据过载中断 DOI 以及唤醒中断 WUI。当该寄存器的某一位或几位被置位,SJA1000 的 $\overline{\text{INT}}$ 引脚将被置为低电平。接收码寄存器 ACR 与接收屏蔽寄存器 AMR 组成了 CAN 的滤波器。ACR 与 AMR 中所有值为 0 的位相对应的位属于与过滤相关的位,其他为无关位。例如,将 ACR、AMR 分别设置为 01010011、00011100 时,任何带有 010×××11××× 标识符的 CAN 消息都将被该站点接收。当完成消息接收时,接收状态位 RS、接收中断使能位 RIE、接收中断位 RI 都将被置位。总线时序寄存器 0 包括 6 位的波特率分频因子 BRP.0~BRP.5 和 2 位的再同步补偿宽度 SJW,可根据式(6.8)、式(6.9)计算 CAN 系统时钟 t_{scl} 和再同步补偿宽度 t_{SJW}。总线时序寄存器 1 中定义了位时序周期的宽度、采样点位置以及每个采样点的采样次数。其中，SAM 位表示采样次数，1 表示采样 3 次，0 表示采样 1 次；时间段 TSEG1 和 TSEG2 分别指定每个位时序周期中的时钟周期数以及采样点的位置（见图 6.55），可由式（6.10）计算。输出控制寄存器 OCR 允许用户通过软件设置不同输出驱动的配置，如两相输出[①]、正常输出、测试输出、时钟输出等不同输出模式以及引脚的浮动、上拉、下拉、推挽模式。时钟分频寄存器 CDR 用于控制时钟的开和关，接收中断时的 TX1 输出，并通过 3 位二进制位控制 8 个不同的 CLKOUT 频率（f_{XTAL}/n），$n = 1, 2, 4, \cdots, 14$。

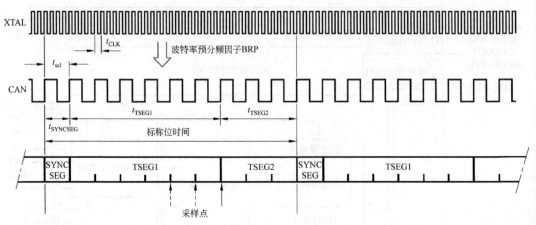

图 6.55　BRP＝000001、TSEG1＝0101、TSEG2＝010 时的位时序

另外，扩展的 PeliCAN 还提供了一组错误校验等寄存器可供使用，此处不再阐述。

$$t_{scl} = 2 \times t_{CLK} \times \left(\sum_{n=0}^{5} (2^n \times BRP.n) + 1 \right) \tag{6.8}$$

其中，$t_{CLK} = \dfrac{1}{f_{XTAL}}$。

$$t_{SJW} = t_{scl} \times \left(\sum_{n=0}^{1} (2^n \times SJW.n) + 1 \right) \tag{6.9}$$

$$\begin{cases} t_{SYNCSEG} \\ t_{TSEG1} = t_{scl} \times \left(\sum_{n=0}^{3} (2^n \times TSEG1.n) + 1 \right) \\ t_{TSEG2} = t_{scl} \times \left(\sum_{n=0}^{2} (2^n \times TSEG1.n) + 1 \right) \end{cases} \tag{6.10}$$

　　PCA82C250 是 NXP 公司推出的一款可支持差分传输的 CAN 收发器[87]，是 CAN 协议控制器与物理总线介质之间的接口器件。该器件符合 ISO 11898 标准，支持最大 1MBd 的波特率，内部机制设计可减少射频干扰并对电磁干扰具有良好的免疫能力，可连接至少 110 个节点。

　　结合 SJA1000 CAN 控制器和 PCA82C250 CAN 收发器，可以设计如图 6.56 所示的 CAN 接口电路。SJA1000 芯片通过地址、数据总线与微控制器相连，内部振荡器产生的时钟信号由 CLKOUT 引脚输出到微控制器的 XTAL1 引脚，另一端将 SJA1000 的 Tx0、Rx0

---

　　① 　两相输出时，显性电平的信号在 Tx0 和 Tx1 交替发送。

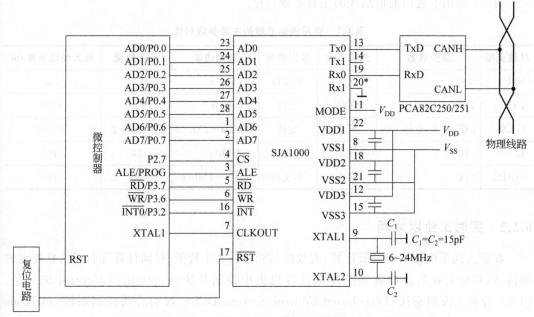

图 6.56 基于 SJA1000 和 PCA82C250 的典型 CAN 接口电路

分别与 PCA82C250 的 TxD、RxD 引脚相连,构成了基本的 CAN 接口电路。

为了避免 SJA1000 与 PCA82C250 之间的电流干扰,可以在收发引脚之间接入 6N137、TLP113 之类的光耦合器件,形成如图 6.57 所示的带电流隔离的 CAN 接口电路。由于引脚之间不再直接传输电流信号,而是基于光电转换和耦合实现信号传输,CAN 接口的稳定性和可靠性进一步得到提升。

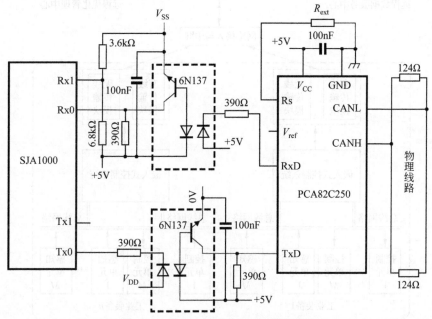

图 6.57 带电流隔离的 CAN 接口电路

表 6.7 给出了通用通信总线的主要参数对比。

表 6.7 通用通信总线的主要参数对比

总线类型	最少线数	通信类型	多主支持	数据速率	节点数量	最大线缆长度/m
SPI	3线	同步	不支持	>1Mb/s	<10	<3
I²C	2线	同步	支持	<4Mb/s	<10	<3
CAN	1线/2线/差分2线	异步	支持	20kb/s~1Mb/s	128或更多	10 000
LIN	1线	异步	不支持	<20kb/s	16	40
UART	2线	异步	不支持	3kb/s~4Mb/s	2	15

6.2.2 实时工业以太网

在嵌入式系统技术以及云计算、大数据、物联网、人工智能、移动计算等新兴信息技术的加持下，新型工业装备的发展已经从计算机集中控制系统（Centralized Control System，CCS）、分布式控制系统（Distributed Control System，DCS）、现场总线控制系统（Fieldbus Control System，FCS）到图 6.58 所示的网络化控制系统（Networked Control System，NCS）及柔性生产、智能生产新阶段。物联、智能的工业装备以及定制型柔性生产已成为数字化、自动化之后的重要发展方向。

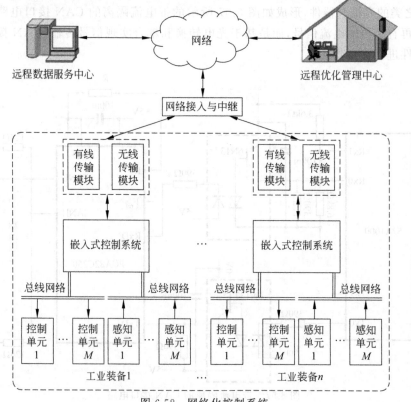

图 6.58 网络化控制系统

以太网技术具有优秀的体系和性能。在发展各种专用现场总线技术的同时,以太网技术也开始被移植、应用到工业装备控制和生产线管理中,形成了工业以太网体系。所谓工业以太网,是指以标准以太网协议和体系为基础,根据工业要求(尤其是时间敏感性和可靠性要求)对网络协议的功能和性能进行定制和优化,在硬件接口等材质的选用和强度方面进行有针对性的设计,能够满足强干扰工业环境下高可靠、实时通信要求的通信网络。因此,工业以太网也属于时间敏感网络(Time-Sensitive Networking,TSN)的范畴。近年来,工业以太网已经引起了诸多研究机构、技术企业的关注,诞生了多种不同的工业以太网协议。本节将简要介绍其中几种典型的工业以太网协议,并对其特性进行比较。

1. EPA 协议

面向装备自动化的以太网(Ethernet for Plant Automation,EPA)是在我国 863 计划支持下,由浙江大学、中国科学院沈阳自动化研究所等单位联合研究、制定并拥有完全自主知识产权的开放式实时以太网通信标准。所谓开放,是指 EPA 可以兼容 IEEE 802.3、IEEE 802.1p/q、IEEE 802.1d、IEEE 802.11、IEEE 802.15 以及 UDP(TCP)/IP 等协议,并采用 UDP 传输 EPA 协议报文,以减少协议处理时间并提高报文传输的实时性。基于 EPA 的研究,我国成功推出了 GB/T 20171—2006 国家标准——《用于工业测量与控制系统的 EPA 系统结构与通信标准》[88]。该国家标准包括 EPA 现场总线协议(IEC 61158/type14)、分布式冗余协议 DRP(IEC 62439-6)、功能安全通信协议 EPASafety(IEC 61784-3-14)、实时以太网应用技术协议(IEC 61784-2/CPF14)和线缆与安装标准(IEC 61784-5-14)。该国家标准已被国际电工委员会(IEC)列入现场总线国际标准 IEC 61158 中,全面进入现场总线国际标准化体系。

EPA 具有双向、串行、多节点通信特征。在标准以太网基础上,EPA 扩展了分布式精确时钟同步、确定性通信、强实时通信、可靠性管理等功能与策略,可以满足工业现场设备实时自动化的数据通信要求。由如图 6.59 所示的 EPA 协议体系可知,EPA 与 ISO/OSI 模型类似,其包括物理层、数据链路层、网络层、传输层及应用层并在各层进行了扩展和优化。例如,基于 IEEE 1588 精确时钟同步协议,设计了新的时钟同步技术,将各节点间时钟同步精度控制在 1μs 以内,适用于时间同步要求高的应用场合。在数据链路层与网络层之间添加

图 6.59 EPA 协议体系

通信调度管理实体(EPA-CSME),利用优先级调度和分时调度相结合的方式控制 EPA 数据报文发送,解决了普通以太网中的数据碰撞、报文传输延迟等不确定问题。通过将以太网信道划分为同步实时通道、非同步实时通道和非实时通道的方式,实现高优先级数据的实时传输。在可靠性方面,EPA 定义了分布式冗余协议(Distributed Redundancy Protocol, DRP),可以实现主动故障探测、数据并行传输与无扰动切换。EPA 应用层扩展了系统管理对象、用户访问对象及应用套接字映射对象等模块,提供了设备管理、应用服务、数据映射的应用功能,同时在应用层之上添加了用户层,实现了 EPA 应用进程和非实时进程的数据通信服务[89]。

EPA 网络通信延迟可以达到毫秒级以下,最快响应时间甚至能达到微秒级。现在,基于 EPA 的网络化控制系统已经在新型工业装置上成功应用,也广泛应用于过程自动化、工厂自动化、汽车电子等领域。

2. PROFINET

PROFINET 是由 PROFIBUS 国际组织(PROFIBUS International,PI)推出的一个开放性实时以太网自动化通信标准,适用于实时通信、分布式现场设备及分布式自动化、运动控制、IT 标准和信息安全、故障安全和过程自动化等不同类型的应用。PROFINET 标准是基于 IEEE 1588 和 IEEE 802.1d 提出的,并对以太网进行了实时扩展,其协议体系如图 6.60 所示。为了增强实时通信能力,PROFINET 为实时约束的数据包提供了 3 种不同的通信机制,即 TCP/IP 标准信道、实时(RT)信道和同步实时(IRT)信道,既可以传输实时数据,又可以同时兼容传输 TCP/IP 标准数据包。其中,TCP/IP 标准信道主要用于非实时数据的传输,其响应时间不确定,约为 100ms;RT 信道采用了软实时通信方案,旁路了 TCP/IP 层,直接通过 MAC 地址进行数据包寻址,将响应时间降低到 5~10ms;IRT 信道则实现了硬实时机制,由快速以太网数据链路层的事件触发协议和内嵌的同步实时交换芯片共同保证数据传输的实时性,其响应时间小于 1ms,抖动误差小于 $1\mu s$,可以满足运动控制系统的高性能指令传输要求。

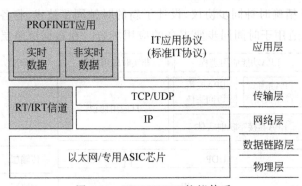

图 6.60 PROFINET 协议体系

3. EtherCAT

EtherCAT 是由德国 Beckhoff 公司开发、由 EtherCAT 技术协会(EtherCAT Technology Group,ETG)支持的开放式实时以太网通信协议。该协议使用标准的以太网物理层和常规的以太网接口卡,是一个可用于现场级应用的超高速通信 I/O 网络。

EtherCAT 采用如图 6.61 所示的网络架构以及类似于 InterBUS 的集束帧等实时通信

技术。在通信过程中,EtherCAT 主站发送的帧数据依次通过所有从站,各个从站在特定位置获取数据、填写应答,最后返回到主站。在这种机制中,一个数据帧就像载有数据的一列火车,不同的从站点从指定的车厢获取数据并将想要写入的数据放到该车厢,访问过程具有很好的稳定性。另外,EtherCAT 采用了基于现场总线内存管理单元(Fieldbus Memory Management Unit,FMMU)技术的专用 ASIC 芯片,可以在特定环状拓扑网络中采用标准以太网帧发送数据。EtherCAT 内部实现了优先级机制,可以保证实时数据的优先传输,提高该类数据的传输速率,并降低通信循环周期。和 EPA 一样,EtherCAT 采用了 IEEE 1588 时间同步机制,使得 EtherCAT 网络可以在 $30\mu s$ 内处理 1000 个 I/O 的刷新,在 $300\mu s$ 内传送 1468 字节的协议数据,且保证控制器的同步时间偏差小于 $1\mu s$。采用集束帧技术同样可以保证每个站点快速响应,但是所有站点共享同一个数据帧决定了 EtherCAT 本质上适用于连接和控制电机、传感器、摄像头、控制手柄等 I/O 单元,而不适用于大批量数据的传输。

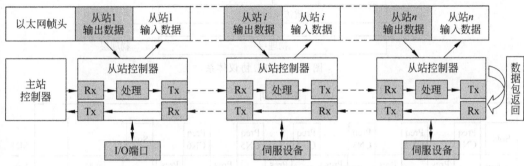

图 6.61 EtherCAT 网络架构与数据帧

4. EPL

EPL(Ethernet POWERLINK)是 B&R 公司于 2001 年设计、开发的一个开源实时以太网通信协议,用于提供工业控制和数据采集领域具有实时性和确定性的数据传输。

EPL 技术融合了以太网和 CANOpen 两项技术,其协议结构如图 6.62 所示。EPL 物理层和介质访问控制子层使用标准的以太网技术;在逻辑链路层引入了时间槽通信网络管理机制(Slot Communication Network Management,SCNM)作为实时通信控制机制,可以避免网络上的数据冲突并减少数据通信的延迟;在应用层采用了 CANOpen 协议标准中的 SDO 和 PDO 对象字典结构。由于 EPL 中保留了 TCP/IP 和 UDP/IP,因此 EPL 网络也同时兼容 IEEE 802.3 以太网标准。这使得 EPL 既拥有以太网的高速和开放性接口,允许网络以任意方式进行拓扑,也可以支持 CANOpen 的良好特性。EPL 以请求-应答机制作为主要的网络通信模式,同时采用定时主动上报机制、多路复用机制、直接交叉通信机制及 OpenSAFETY 等技术提高 EPL 网络通信的确定性和安全性。在通信网络中,主站(即主节点,Main Node,MN)作为管理节点对网络的循环周期进行监控,保证各从站(即从节点或子节点,Child Node,CN)正确使用时隙,以避免访问冲突。由图 6.63 可知,数据循环周期包括网络设备同步阶段、周期性同步数据交换阶段、异步数据传输阶段和空闲阶段。EPL 网络的传输速率可以达到 100Mb/s,实时数据最小传输周期为 $200\mu s$,网络站点之间可实现精确同步且抖动小于 $1\mu s$。

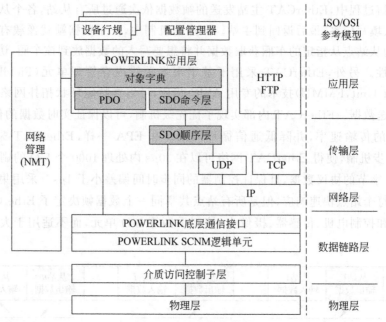

图 6.62　EPL 协议体系

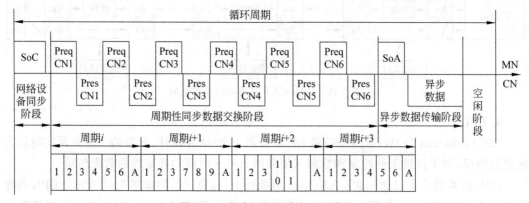

图 6.63　多路复用的请求上报模式

EPL 是具有高实时性、确定性、安全性、网络连接的灵活性和可扩展性等优点的实时以太网协议，可广泛应用于数据采集、工业控制、机器人、高速测试系统等各种自动化应用。另外，基于时隙的应答式通信模式从根本上避免了总线上的冲突，决定了 EPL 可采用无线通信方式实现。例如，可以基于 CC2530 等射频芯片对 EPL 节点进行无线扩展，以构建无线模式的工业控制网络[90]。

5. EIP

EIP(Ethernet/IP)协议是一个在 TCP/IP 网络基础上的应用层协议，由 ODVA(Open DeviceNet Vendors Association，开放式设备网络供货商协会)等组织开发。其中，IP 是 Industrial Protocol(工业协议)的缩写，而不是 ISO/OSI 参考模型中的 Internet Protocol(互联网协议)，指明了该协议的应用属性。

EIP 标准的协议体系如图 6.64 所示。其在传输层以下兼容标准以太网和 TCP/IP 技术,具有与以太网良好的兼容性。在传输层及应用层采用了面向工业设备的应用层协议——控制和信息协议(Control and Communication Protocol,CIP)。该协议面向连接,可传输多种报文且采用了生产者/消费者(producer/consumer)模型。现在,CIP 协议已被DeviceNet、ControlNet 和 EIP 所采用。并且,EIP 规范采用了显式报文/隐式报文、周期性轮询、时间或事件触发、多播或点对点连接等不同通信机制,可以保证应用层进行实时数据交换和实时应用的执行。在设备层,EIP 使用 ODVA 支持的 DeviceNet、ControlNet 现场总线机制,利用总线在设备层的抗干扰特性增强网络的可靠性。理论上,EIP 网络的软实时响应时间约为 10ms。2003 年,ODVA 将 IEEE 1588 精确时间同步协议引入 EIP 的协议体系中,使节点间的同步精度达到微秒级。

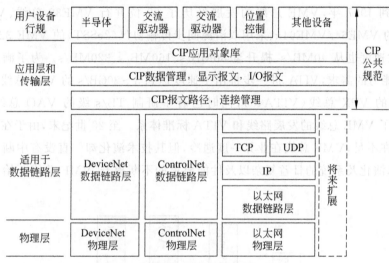

图 6.64 EIP 协议体系

另外,在工业网络领域还有 ModBus、网络基金会现场总线高速以太网(Foundation Fieldbus High Speed Ethernet,FF HSE)、ControlNet 等现场总线及网络标准。表 6.8 是对以上 5 种典型工业以太网特性的对比。

表 6.8 5 种典型工业以太网特性的对比

对比项	EPA	EIP	PROFINET	EtherCAT	POWERLINK
是否开源	否	否	否	否	是
硬件要求	标准网卡	标准网卡	特定芯片	FMMU 芯片	标准网卡
实现成本	低	昂贵(软件堆栈)	昂贵	较低	低
通信结构	主从结构	客户端/服务器	主从结构	主从结构	主从结构
拓扑结构	星形、树状	星形	全部	环形	全部
实时通信机制	分时发送优先级机制	UDP 实时 I/O 报文	等时传输	等时传输内部优先级	分时发送
实时性	高	低	较低	高	高
同步精度	约 $10\mu s$	$<1ms$	$<1\mu s$	$<1\mu s$	$<1\mu s$

6.2.3　VPX 总线

1. VPX 总线的发展历程

VPX 是 VME 国际贸易协会（VME International Trade Association，VITA）在 2007 年基于 VME 总线提出的新一代高速串行总线，广泛应用于航空航天等复杂安全攸关控制系统中。VME 的全称是 Versa Module Eurocard，诞生于 1981 年，是基于 Motorola 公司为 Motorola 68000 CPU 设计的 Versa 总线电气标准、欧洲 Eurocard（欧卡）机械接口标准以及德国标准化协会的 DIN 41612 连接器标准的开放式架构的通用型计算机总线，用于在紧耦合的硬件架构中连接数据处理、I/O、数据存储等模块。

从诞生到 1997 年，VME 总线的发展经历了 32 位并行 VME32 总线、VME IEEE-1014、64 位的 VME64/VME64x、采用双沿源同步传输协议（2eSST）的 VME 320 等不同标准版本，最大速度也从 40MB/s，提升至 80MB/s、160MB/s、320MB/s。为了满足更大带宽和更强制冷能力的需求，VITA 进一步推出了速度达到 3～30GB/s 的 VXS 总线（VITA41）、3～100GB/s 的 VPX 总线（VITA46），同时已着手研制 TB/s 级的 VAO 总线，图 6.65、图 6.66 给出了 VME 总线的发展路线和 VITA 标准体系。至 20 世纪末，由于在带宽和可靠性方面还存在不足，VME 总线在业界一度遇冷，但其技术演化却一直没有中断。近十余年来，随着技术演化及系统的日益复杂以及性能要求的不断提升，VME 总线开始焕发出新的生机。

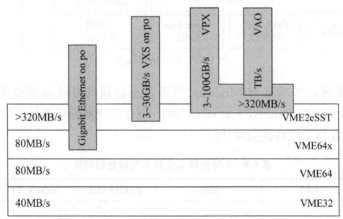

图 6.65　VME 总线的发展路线[91]

2. VPX 标准体系

不同于 VME 的并行标准，VPX 是革新性的高速串行总线，其基本规范、机械机构和总线信号在 VITA46 系列规范中定义。由表 6.9 给出的 VITA46 系列规范可以看出，VPX 总线不但可以兼容以前的 VME64x、PCI 并行通信协议，还提供了高速以太网、RapidIO 等新的接口和特性。进而，与模块加固与制冷增强规范 REDI（VITA48）进行整合，可构建满足严苛环境和大带宽数据通信的 VPX-REDI 应用平台。

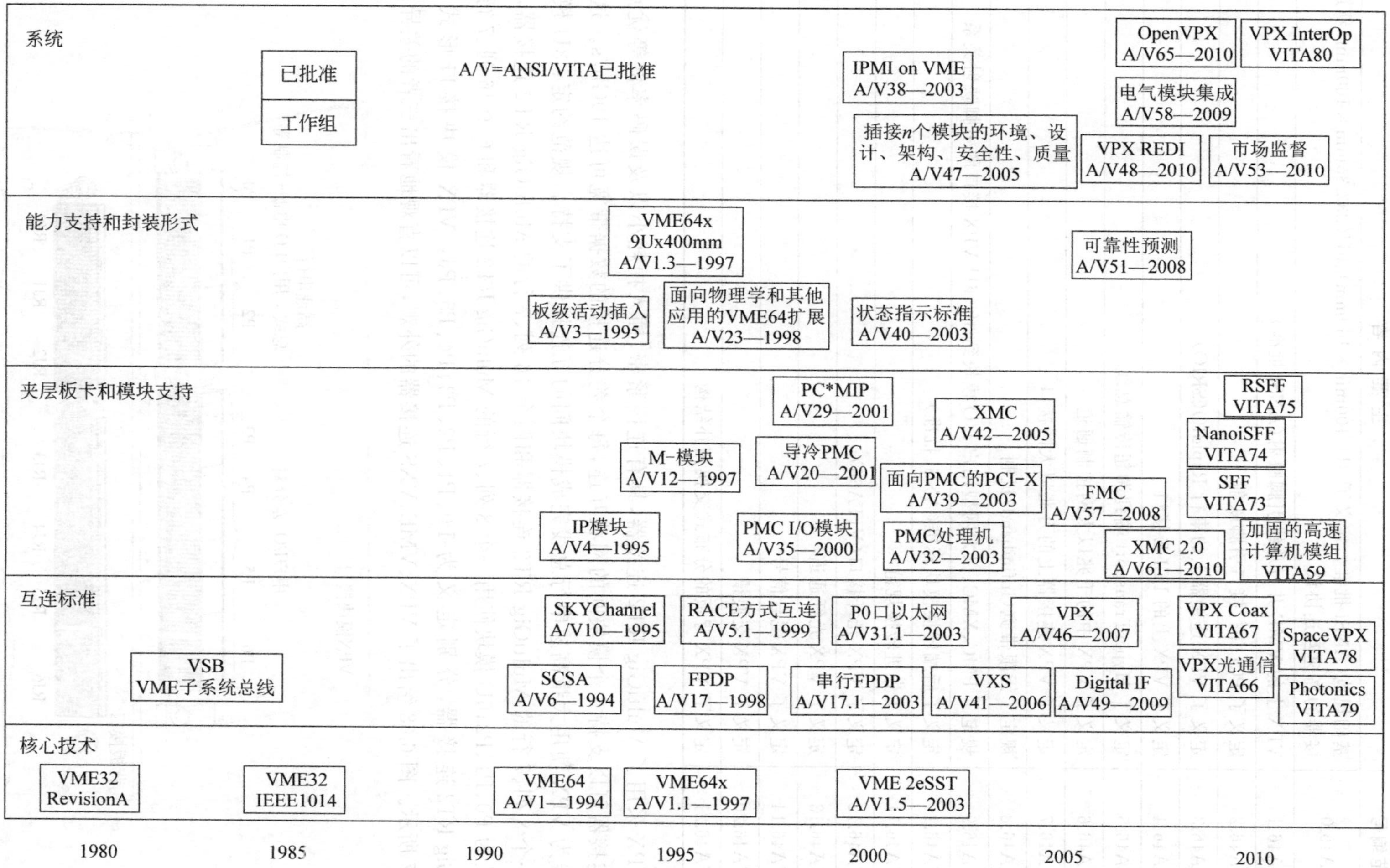

系统

A/I=ANSI/VITA已批准

已批准
工作组

能力支持和封装形式

夹层板卡和模块支持

互连标准

核心技术

| | 1980 | 1985 | 1990 | 1995 | 2000 | 2005 | 2010 |

系统

OpenVPX A/V65—2010
VPX InterOp VITA80
电气模块集成 A/V58—2009
市场监督 A/V53—2010
VPX REDI A/V48—2010
IPMI on VME A/V38—2003
插接n个模块的环境、设计、架构、安全性、质量 A/V47—2005

能力支持和封装形式

可靠性预测 A/V51—2008
VME64x 9Ux400mm A/V1.3—1997
面向物理学和其他应用的VME64扩展 A/V23—1998
状态指示标准 A/V40—2003
板级活动插入 A/V3—1995

夹层板卡和模块支持

RSFF VITA75
NanoiSFF VITA74
SFF VITA73
加固的高速计算机模组 VITA59
XMC 2.0 A/V61—2010
FMC A/V57—2008
XMC A/V42—2005
面向PMC的PCI-X A/V39—2003
PMC处理机 A/V32—2003
PC*MIP A/V29—2001
导冷PMC A/V20—2001
PMC I/O模块 A/V35—2000
M-模块 A/V12—1997
IP模块 A/V4—1995

互连标准

VPX Coax VITA67
VPX光通信 VITA66
Digital IF A/V49—2009
VPX A/V46—2007
VXS A/V41—2006
P0口以太网 A/V31.1—2003
串行FPDP A/V17.1—2003
RACE方式互连 A/V5.1—1999
FPDP A/V17—1998
SKYChannel A/V10—1995
SCSA A/V6—1994
VSB VME子系统总线

核心技术

SpaceVPX VITA78
Photonics VITA79
VME 2eSST A/V1.5—2003
VME64x A/V1.1—1997
VME64 A/V1—1994
VME32 IEEE1014
VME32 RevisionA

图 6.66 VITA 标准体系 [91]

表 6.9　VITA46 系列规范[92]

规范编号	主　要　内　容
VITA46.0	基础规范(ANSI 批准),定义了 3U(100mm×160mm)、6U(233.35mm×160mm)新连接器的高速互连协议
VITA46.1	VPX 上的 VME 并行总线引脚映射(ANSI 批准)
VITA46.2	定义了 PCI 并行接口引脚映射
VITA46.3	定义了 VPX 连接器上的串行 RapidIO(SRIO)
VITA46.4	定义了 VPX 上的 PCI-E 接口
VITA46.5	定义了 HyperTransport 端到端超传输总线
VITA46.6	定义了 VPX 中的千兆以太网控制通道
VITA46.7	定义了 VPX 连接器上的万兆以太网接口
VITA46.8	规定了无限带宽(Infiniband)机制
VITA46.9	规定了 PMC、XMC、以太网型用户 I/O 模块到 3U、6U VPX 接口的引脚映射关系
VITA46.10	定义了后端转换模块标准(ANSI 批准)
VITA46.11	定义了先进转换规范
VITA46.12	定义了 VPX 光纤接口(VITA66)
VITA46.13	定义了 VPX 光纤通道
VITA46.14	定义了 VPX 混合信号
VITA46.20	定义了 VPX 交换槽
VITA46.21	定义了 VPX 背板的分布式交换拓扑结构

　　VPX 采用了 MultiGig RT2 连接器,具有连接紧密、插入损耗小以及误码率低等优点,单个连接器可以支持 5 个模块间的网状互连,每个差分连接的数据带宽可达 10Gb/s。这种连接器为 VPX 使用大量高速串行总线完成模块间的互连提供了支持。规范约定:3U 模块采用一个 8 列、7 行的 MultiGig RT2 连接器和两个 16 列、7 行的 MultiGig RT2 连接器,分别定义为 P0、P1、P2;6U 模块使用一个 8 列、7 行的 MultiGig RT2 连接器和 6 个 16 列、7 行的 MultiGig RT2 连接器,分别定义为 P0、P1、P2、P3、P4、P5、P6。VPX 模块接口形式如图 6.67 所示。图 6.68 给出了 VPX、VME、VXS 连接器的外观,可以直观地看出三者的差异。

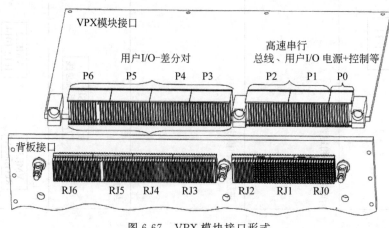

图 6.67　VPX 模块接口形式

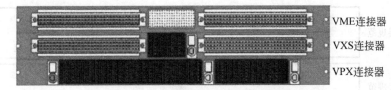

图 6.68　VME、VXS、VPX 连接器比较

在 VPX 连接器中,8 列、7 行的 P0 连接器共 56 个引脚,是包括电源、地、地址寻址、系统管理、系统复位、参考时钟、非易失性存储器写保护以及 JTAG 信号的公用连接器。P1～P6 是传输信号的连接器。其中,P1 是具有 112 个引脚的差分信号连接器,有 40 个地、32 对差分信号和 8 路单端信号。而且,RapidIO 的链路可方便地映射到 P1 连接器上,形成串行 RapidIO 传输协议互联的底板结构。P2～P6 既可以设置为差分连接,也可以设置为单端连接。当作为差分连接时,端口引脚分配和 P1 相同;而作为单端连接时,则分为 32 个地和 80 路单端信号。另外,规范约定,在差分模式时 P3～P5 中的一排留作单端信号,P5 和 P6 可用作光缆或同轴电缆等非兼容形式的连接。

如上所述,VPX 的 P2～P6 连接器允许用户根据需求自定义其引脚电气特性,灵活性好,但也导致了不同 VPX 背板、模块间的兼容性不够。为了解决这个问题,2010 年,美国国防部组织 20 多家公司在板卡级 VPX 基础上进一步联合推出了面向航空航天、军事国防的系统级高性能、高可靠 OpenVPX 规范(VITA65)。OpenVPX 定义了一组规范说明(profile),涉及插槽、背板、模块、机架等,可以实现不同 VPX 产品的兼容和集成。

3. 主要接口

1) RapidIO

RapidIO 是一种高性能、引脚数少的包交换互连技术和开放式标准体系,由 Motorola 等公司推动制定,由 RapidIO 行业协会发布。RapidIO 最初的设计目标是:定义一套轻量级协议,减小软件影响并聚焦于内嵌通信,可以保证数据包的顺序分发,允许在硬件中以节省能耗和空间的方式实现。同时,基于诸如以太网的工业电气规范标准,RapidIO 可以用于芯片到芯片、板卡到板卡的互连,因此被看作面向性能攸关计算的统一交换体系(the unified fabric for Performance Critical Computing)。鉴于 RapidIO 的低延迟、包顺序分发、消息传输、容错机制、流控、系统功耗低以及大规模可扩展等优点,它被广泛应用于构建大数据中心、高性能计算系统以及航空航天、军事国防、通信基础设施、工业自动化等领域的高性能嵌入式计算设备。

RapidIO 协议体系分为 3 层,如图 6.69 所示。

物理层定义了电气特性、面向可靠包交换的链路级协议,以及物理编码 PCS/物理介质接入 PMA 等。RapidIO 的电气特性基于以太网标准和光互连标准,如 XAUI、OFI CEI、10GBASE-KR,采用差分信号传输时的码元速率可达 1.25GBd、5.0GBd 甚至 10.3215GBd。物理编码采用 8b/10b、64b/67b 时的速率可达 6.25GBd。这种编码形式可以有效地均衡位流中 0、1 的数量,消除线路中的直流分量。同时,串行 RapidIO(SRIO)中并没有专门的时钟信号线,采用这种编码可以使位流中有足够的跳变,便于接收方根据接收到的信号跳变恢复出时钟并调整时钟,以对串行信号进行采样。在并行 RapidIO 中,收发双方则需要采用时钟线控制收发过程的时序,不存在上述问题。

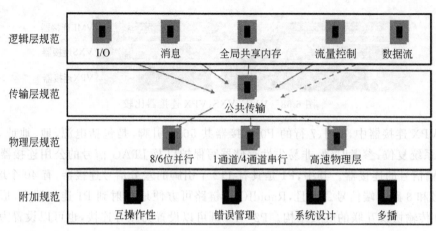

图 6.69　RapidIO 的 3 层协议体系

传输层定义了路由、多播以及编程模型。在 RapidIO 协议中，每个终端都有自己的设备标识符（ID），每个数据包中包括目的 ID 和源 ID。RapidIO 交换机利用数据包中的目标 ID 以及路由表可以快速地选择数据的输出端口。RapidIO 的传输层协议支持任意形式的网络拓扑结构，从简单的树状结构到复杂的多维环网等，可以适应不同的系统架构要求。另外，该协议允许设备支持硬件的虚拟功能，可以在同一台设备上设定多个虚拟 ID，并在不同虚电路上设置不同的 QoS（Quality of Service，服务质量）。

逻辑层由不同的规范组成，定义了 I/O、消息全局共享内存（CC-NUMA）、流量控制、数据流等。具体地，I/O 规范定义了读、写、应答写及原子事务等操作的数据包格式；消息规范定义了传送 16 位事件码的门铃机制和可分为多个数据包的消息机制；CC-NUMA 在 RapidIO 网络上定义了用于操作与 Cache 相关的全局共享内存系统所需的数据包格式和协议；流量控制规范为简单的 XON/XOFF 流控操作设定了数据包格式和协议，交换机和终端设备都可以发送流控数据包；数据流规范使得 RapidIO 可以支持消息规范之外的不同包格式消息和语义，同时还提供了流控数据包格式和语义的扩展，用于管理客户/服务器系统的性能。

由此，基本的 RapidIO 通信过程可以描述为：主控方发起请求并发送请求包，交换设备转发至目标设备，目标设备根据请求完成操作，然后通过交换设备发送应答。在这个通信过程中，每一个 RapidIO 单元都可以收发数据包、数据包中的控制符号以及一个空闲序列 3 种信息。

2）PMC

PCI 夹层卡（PCI Mezzanine Card，PMC，也称 PCI 中介承载卡）是一个通用夹层卡（Common Mezzanine Card，CMC）形式的开放式板卡规范（IEEE P1386），定义了总线和板卡的规格尺寸、连接头以及电气特性。在物理参数方面，PMC 采用了通用夹层卡的机械规格，即 3in×6in 的外部尺寸，可以直接扣接在 3U、6U 的 VME 板卡。P1386.1 将 PCI 总线信号映射到 P1386 规范板卡上。图 6.70 是 PMC 的板卡规格及 PCI-32 型接口。

PCI 作为外设组件互连的高速局部总线，提供了与 ISA、EISA、VME 等总线的局部连接机制，便于实现 I/O 扩展，也避免了处理器更替导致的主板重新设计等问题。PMC 规范

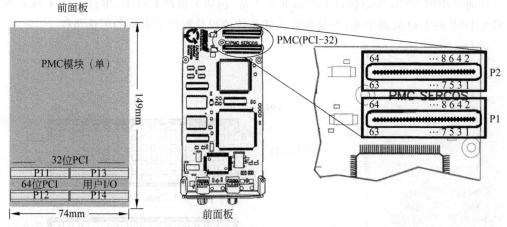

图 6.70　PMC 板卡规格及 PCI-32 型接口

将 PCI 引脚映射到 CMC 规范的接口上，具体引脚功能定义不再赘述。需要说明的是，如果板卡采用 32 位的 PCI 总线标准，需要采用两个 64 针的连接头 P1 和 P2；如果采用 64 位 PCI 总线标准，则需要采用 P1、P2 和 P3 共 3 个 64 针连接头，连接头 P4 用于将 I/O 信号连接到背板传输模块。注意，在不同系统中，这 4 个端口的编号可能有所不同。

　　PMC 继承了 CMC 的诸多优点，例如，可以通过扩展外设将主控板灵活地应用到不同系统中，允许在有限空间中集成更多的组件，允许通过增加或扩展板卡功能延长产品的寿命，等等。同时，作为标准的高性能局部总线，PMC 还有一些新的特性：良好的稳定性，仅在连接处理器与存储器时需要进行改动；用户可以将任何符合该标准的模块和主板集成在一起；32 位时带宽为 132MB/s，64 位时带宽为 265MB/s。在设计中，可供选择的 PMC 板卡类型非常丰富，如图形卡、以太网卡、串行接口卡、DSP/FPGA 卡、计数器/定时器卡、AD/DA 卡等。

　　3) XMC

　　XMC(Switched Mezzanine Card，交换夹层卡）基本规范 ANSI/VITA42.0[93] 定义了一个支持高速、交换式互连协议的开放标准。该基本规范的目标是：设计一个面向高速交换式互连的、与现有 PMC 规范兼容的开放标准化技术体系，可与标准的 VME、CompactPCI(CPCI)、先进 TCA 和 PCI-E 母板等进行便捷的系统扩展与集成。在子规范中，ANSI/VITA42.1 为并行 RapidIO 接口规范；ANSI/VITA42.2 为串行 RapidIO 接口规范；ANSI/VITA42.3 为 PCI-E 接口规范，它提供了 PCI-E 支持并增加了支持千兆串行接口和复用 I/O 标准的新连接器。

　　XMC 具有独立的 PMC 连接器和 XMC 连接器。XMC 连接器包括两个 114 引脚的主连接器和次连接器，如图 6.71 所示。主连接器在中介板和母板间传输辅助信号、电压信号、差分数据信号等，常用的标识为 P15，次连接器主要用于传输差分数据信号和用户 I/O 信号。由于 XMC 高速连接器已经提供了足够的电源、地和辅助信号，无须从标准 PMC 连接器引入任何信号，因此不需要对已有 PMC 连接器进行任何修改就可以继续支持 PCI-32、PCI-64 协议。主、次连接器的引脚定义以及信号说明请查阅具体的技术手册。

目前可用的 XMC 形态接口卡产品非常丰富,包括了模拟 I/O 卡、串行 I/O 卡或者基于 FPGA、DSP 的 I/O 处理卡等,为复杂嵌入式系统的设计提供了丰富的可选组件。

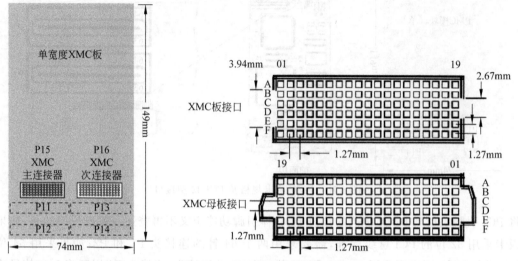

图 6.71　XMC 板卡规格及接口

除 PMC、XMC 之外,FMC(FPGA Mezzanine Card,FPGA 夹层卡)规范定义了 I/O 承载板模块与 FPGA 或者其他具有可重构 I/O 设备的接口。2005 年,一百多家企业面向下一代的电信级(Carrier-Grade)通信设备需求,合作推出了符合 PCI 工业计算机制造商组织 (PCI Industrial Computer Manufacturers Group, PICMG)规范的先进夹层卡(Advanced Mezzanine Card,简写为 AdvancedMC 或 AMC)标准,与 PMC、FMC 等夹层卡标准之间不存在冲突。由于 AMC 具有支持热插拔等更先进的特性,近年来,诸多 PMC、XMC 产品也开始向 AMC 形式发展。

注意,在将不同厂家的硬件板卡集成在一个 VPX 背板上时,一定要理清背板和不同板卡的信号定义,否则系统可能无法工作。在实际应用中,大多数 VPX 处理机已开始采用兼容性较好的 OpenVPX 标准,这在一定程度上解决了兼容性问题。图 6.72 给出了基于 VPX 总线的多处理机高性能计算系统架构。

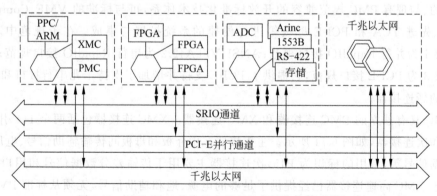

图 6.72　基于 VPX 总线的多处理机高性能计算系统架构

6.3 无线接口与网络

6.3.1 ZigBee

1. ZigBee 协议体系

ZigBee 是由 Honeywell 等二百多家公司组成的 ZigBee 联盟(ZigBee Alliance)面向高度灵活无线应用发布的一种低速、短距离无线网络协议。该协议具有低成本、低功耗、灵活的网络架构、大量网络节点(可达 65 000 个)、低数据速率等特点,在工业控制与监测、环境监测、健康监测、娱乐与电子玩具、定位及跟踪、紧急事件及灾难响应、军事国防等领域广泛应用。典型的 ZigBee 应用规范包括智能能源(Smart Energy,SE)、家庭自动化(Home Automation,HA)、商业楼宇自动化(Commercial Building Automation,CBA)、电信应用(Telecommunication Application,TA)、健康监测(PHHC)等。

ZigBee 协议的介质访问控制子层与物理层符合低速率无线个人区域网(WPAN)IEEE 802.15.4 标准,其特性如表 6.10 所示。在此基础上,该协议制定了新的网络层、应用层、ZigBee 设备对象(ZigBee Device Object,ZDO)以及用户定义的应用配置,其体系结构如图 6.73 所示。其中,ZDO 是最为关键的一个组件,用于支持与多任务相关的设备定义功能、管理加入网络的请求、设备发现与安全等功能。

表 6.10 ZigBee 物理层、介质访问控制子层特性

频率	频率范围	数据速率	通道数量	调制方法	地区
2.4GHz	2405～2480MHz	250kb/s	11～26(16 通道)	正交相位位移键控	全球
915MHz	902～928MHz	40kb/s	1～10(10 通道)	二进制相移键控	美国、澳大利亚
868MHz	868.3MHz	20kb/s	0(1 通道)	二进制相移键控	欧洲

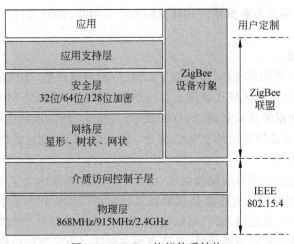

图 6.73 ZigBee 协议体系结构

在 ZigBee 规范中,ZigBee 设备分为协调器、路由器和终端节点,进而在网状拓扑基础上,在网络层增加了对星形拓扑和树状拓扑网络的支持,如图 6.74 所示。

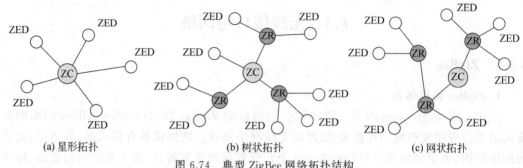

(a) 星形拓扑　　　　　　(b) 树状拓扑　　　　　　(c) 网状拓扑

图 6.74　典型 ZigBee 网络拓扑结构

1）协调器

ZigBee 协调器(ZigBee Coordinator,ZC)可以选择频段和 PAN ID,也可以启动和控制网络。ZC 中存储安全密钥,是网络的认证中心,授权路由器和终端设备加入网络,并为节点分配地址,进而生成路由表并对网络中的数据进行路由。作为核心节点,ZC 必须持续供电,而不能进入休眠模式,因此可以为休眠的终端节点保留数据,待其被唤醒后再来读取。

需要说明的是,不论哪种拓扑结构的 ZigBee 网络,都要有一个 ZC。

2）路由器

ZigBee 路由器(ZigBee Router,ZR)主要用于路由发现、消息传输、接入其他节点,实现对网络区域的扩展,并将终端节点发送的数据通过网络发送到 ZC。在进行数据收发之前,ZR 必须首先加入一个 ZigBee 网络,然后允许其他路由和终端节点加入,并对网络中的数据进行路由转发。和 ZC 一样,ZR 必须持续供电,不能进入休眠模式。ZR 也可以为休眠的终端节点保留数据,至其被唤醒后获取,但由于它采用立即转发机制,因而较 ZC 需要更少的内存。

3）终端节点

ZigBee 终端节点(ZigBee End Device,ZED)是具有感知、计算能力的网络末端节点。ZED 工作前必须先加入一个 ZigBee 网络,然后通过其所加入网络的 ZC 或 ZR(也称为父节点)收发数据。ZED 不具备数据路由和转发能力。空闲时,ZED 可以进入休眠模式,以节省电池电量。

2. ZigBee 数据帧

ZigBee 物理层负责信道选择、信道能量监测、空闲信道评估、无线信道收发数据以及链路质量检测,其物理层数据帧格式如图 6.75(a)所示。MAC 层提供 MAC 数据服务和 MAC 管理服务,MAC 层数据帧格式如图 6.75(b)所示。ZigBee 网络以网络层数据作为 MAC 层数据载荷,同时本身又是物理层的 PSDU 部分。设备的 MAC 地址长度可达 64 位且具有唯一性,也称扩展地址。

网络层数据帧包括 2 字节的帧控制域,由 2 字节的目标地址、2 字节的源地址、1 字节的路由半径、1 字节的序列号构成路由信息域以及长度可变的应用层数据单元。帧控制域说明了帧类型、协议版本、发现路由、广播标记、安全、源路由以及目的和源地址标识。节点的网络地址长度为 16 位,常称为短地址,是节点加入网络时由父节点随机分配的地址。ZC 的网络地址通常为 0x0000。节点地址则是由协调器分配的 16 位短地址或者 IEEE 扩展的 64 位唯一标识(EUI-64)。在 64 位地址中,24 位为组织唯一标识(Organization Unique ID OUI),40 位为生产商分配的地址。在最上层,应用层数据单元由 1 字节的帧控制域、0 或 1

(a) 物理层数据帧格式

(b) MAC层数据帧格式

图 6.75 ZigBee 数据帧

字节的目标端点、0 或 1 字节的事务标识、0 或 2 字节的配置文件标识、0 或 1 字节的源端点以及长度可变的数据载荷组成。帧校验采用 16 位的 ITU-T CRC-16 校验。数据发送过程中依次封装数据,而接收则是逆向的解封装过程,这和 ISO/OSI 参考模型中的数据处理过程本质上相同。

ZigBee 的应用层由应用支持(Application Support,APS)子层、ZigBee 设备对象、ZigBee 应用框架(Application Frame,AF)、ZigBee 设备模板和制造商定义的应用对象等组成。除了上述节点的网络地址和 MAC 地址,ZigBee 协议栈以端点号作为应用层的入口。端点号是为实现一个设备描述而定义的一个入口集合,每个 ZigBee 设备可以最多支持 240 个端点,也就是说,可以定义 240 个应用对象。其中,端点号 0 保留给 ZDO 接口,241~245 为预留端点,255 为广播端点。

需要强调的是,IEEE 802.15.4 共定义了 4 种 MAC 层数据帧类型,即信标帧、数据帧、应答帧和 MAC 命令帧,下面对这几种基本帧的用途进行简单介绍。

1) 信标帧

信标帧(beacon frame)是 IEEE 802.15.4 中非常重要的网络机制,协调器通过发布信标帧宣告网络的存在并同步、管理个域网。在基础网络中,接入点必须负责发送信标帧,信标帧所及范围即为基本服务区域。信标主要用于使各个从设备与主协调器同步、识别 PAN 个域网以及对超帧结构进行描述。

IEEE 802.15.4 允许选择性地使用超帧数据,其中由协调器定义超帧格式。使能超帧时,协调器发出的信标限定超帧结构。如图 6.76 所示,一个超帧分为活跃段和不活跃段。活跃段分为 16 个均匀的时隙,第一个时隙传输信标。进而,可将活跃段分为竞争访问时段(Competition Access Period,CAP)和无竞争时段(Competition-Free Period,CFP)。若任何节点要在两个信标间的竞争访问时段进行通信,就必须使用时隙和 CSMA/CA 机制与其他设备竞争,且所有传输都必须在下一个信标到来之前完成。对一些通信延迟小或要求固定数据带宽的应用,可进一步将活跃段中的部分时隙设定为无竞争时段,称之为保证时隙

（Guaranteed Time Slot，GTS）。同一个超帧中的多个 GTS 就构成一个无竞争时段，其经常位于超帧的末尾和 CAP 之后。一个协调器在一个超帧中最多能分配 7 个这样的 GTS，每个 GTS 至少为一个时隙。获取 GTS 的节点可以在相应时段非竞争地进行数据通信。同样，GTS 时段的数据也必须在下一个信标到来前传输完成。在不活跃段中，协调器可以进入省电模式，这也是 ZigBee 网络功耗低的一个主要原因。

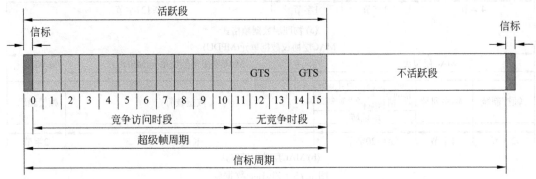

图 6.76　ZigBee 超帧

2）数据帧

数据本身是在应用层生成的，随后经网络层向下作为 MAC 层的数据以 MAC 层服务数据单元（MSDU）格式进行封装，形成 MAC 层协议数据单元（MPDU），继而向下作为物理层载荷进行封装。与信标帧不同的是，数据帧（data frame）中没有超帧、GTS 和等待地址，其他定义和信标帧相似。

3）应答帧

应答帧也称确认帧，用于保证通信的可靠性，不携带数据。当一个节点正确接收一帧数据之后就会向发送设备发送一个确认帧，确认帧的序列号应与被确认帧的序列号相同。MAC 层应答帧由 MAC 层帧头（MHR）和帧尾（MFR）组成。其中，MHR 包括 MAC 帧控制域和帧序列号，MFR 是 16 位的帧校验序列（Frame Check Sequence，FCS）。

4）命令帧

在 ZigBee 网络中，为了对节点进行控制并与网络中其他节点进行通信，MAC 层可根据应用层的控制命令生成相应的命令帧。命令帧的 MSDU 由 1 字节的命令标识和若干命令数据组成。命令标识定义了命令的类型，如建立连接请求、解除连接通知、信标请求、GTS 请求、PAN ID 冲突或数据请求等，取值为 0x01～0x09。同其他帧的处理一样，命令帧将 MHR、MSDU、MFR 封装在一起形成 MPDU。

3. ZigBee 主要机制

1）设备发现

在 ZigBee 网络中，节点通过发送广播消息或带有特定单播地址的查询消息发现另一设备，这一过程称为设备发现。设备发现分为两种类型：第一种是根据 IEEE 地址的发现；第二种是短地址已知的单播发现和短地址未知的广播发现。接收到查询单播或广播发现信息的节点，依据 ZigBee 的节点类型做出不同方式的响应。具体地，ZED 根据发现请求的类型发送自己的 IEEE 地址或短地址，ZR 发送所有与自己相连的设备的 IEEE 地址或短地址，而 ZC 则会发送自己的 IEEE 地址或短地址或者与自己连接的设备的 IEEE 地址或短地址。

2）服务发现

在 ZigBee 网络中，一个设备发现另一终端设备提供服务的过程称为服务发现，是 ZigBee 协议栈中设备实现服务接口的关键。一个设备可以通过向某一给定设备的所有端点号发送服务查询实现服务发现，也可以通过服务特性匹配实现服务发现。同时，通过对特定端点的描述符的查询请求和对某种要求的广播查询请求，还可以让应用程序获得可用的服务。

3）设备绑定

设备绑定是两个或多个应用设备之间进行信息流控制的机制，在 ZigBee 协议栈中被称为源绑定。所有需要绑定的设备都必须执行设备绑定机制，应用支持子层从设备的绑定表中确定目的地址，然后将数据继续向目的应用或者目的组发送。设备绑定机制允许应用程序在不知道目的地址的情况下发送数据包。

4）安全管理

安全管理用于确认是否使用安全功能，如果使用安全功能，则必须完成建立密钥、传输密钥和认证工作。这为 ZigBee 应用提供了非常好的安全保障。当有设备要加入 ZigBee 网络时，ZR 可以进一步与远程信任中心进行通信、密钥交换和认证，并决定该设备是否可以合法接入。

5）组网与路由

协议栈的网络层实现了节点接入或离开网络、接收或抛弃其他节点、路由选择及数据转发等功能，但并没有明确的路由协议。基于 ZigBee 的无线网络具有自组织（Ad hoc）网络的典型特性，即拓扑结构随着节点状态变化会产生频繁的动态变化，TCP/IP 网络中的 RIP、OSPF 等路由协议根本不能适用。针对该类自组织网络特性，需要进一步采用自组织按需距离向量路由协议（Ad hoc On-demand Distance Vector，AODV）、簇-树状（Cluster-Tree）网络路由协议进行网络中路径的发现与选择、路径的保持与维护以及路径有效期的管理。

针对 ZigBee 节点的设计，下面以 TI 公司的 CC2530Fxx 系列 SoC 为例进行说明。CC2530 是工作在 2.4GHz 频段的低功耗 ZigBee SoC 芯片[94]，其内置了一个支持指令预取的高性能、低功耗 8051 微控制器核和一个 AES 安全协处理器，提供 IEEE 802.15.4 2.4GHz 射频收发器、MAC 定时器、通用定时器、看门狗定时器、具有采样能力的 32kHz 低频睡眠定时器以及硬件层的 CSMA/CA、精确的数字链路质量检测和完整的射频收发单元等组件。

CC2530 的 40 个引脚中除了模拟/数字电源、复位、时钟、正/负 RF 信号、偏置电阻引脚（RBIAS）之外，还包括 21 个 GPIO 引脚，可以实现与上一级单元的串行或并行数据通信。图 6.77 是 CC2530 的基本电路。由图 6.77 可知，基于 CC2530 设计 ZigBee 系统时需要的电路扩展很少，实现简单。在软件方面，TI 公司针对 CC2530 提供了专门的开发包和工具，如 ZigBee 开发包、SmartRF 软件、RemoTI 远程控制系统开发包、数据包分析仪等，进一步简化了基于 CC2530 的嵌入式系统软硬件设计。由于 CC2530 内部集成了 TI 公司的 ZigBee 协议栈 Z-Stack、RemoTI 协议栈，因此它可以提供鲁棒的、完整的 ZigBee 系统解决方案和 ZigBee RF4CE 远程控制方案。

CC2530 的不足之处在于，其输出功率最大仅为 4.5dBm[①]，在办公环境下的有效通信距

---

① dBm：分贝毫瓦，用于表示绝对功率，可由 $10 \lg X$ 计算（X 的单位为 mW）。$-\infty\text{dBm}=0\text{W}$，$-30\text{dBm}=1\mu\text{W}$，$-10\text{dBm}=100\mu\text{W}$，$0\text{dBm}=1\text{mW}$，$4\text{dBm}=2.5\text{mW}$，$15\text{dBm}=32\text{mW}$，$23\text{dBm}=200\text{mW}$，$80\text{dBm}=100\text{kW}$。

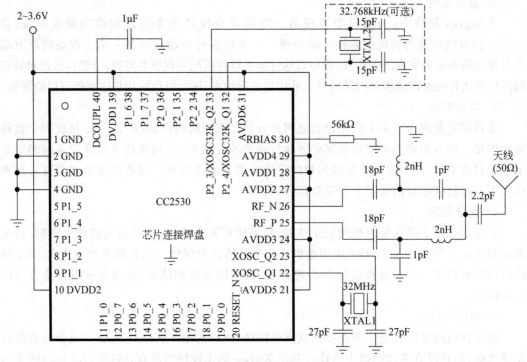

图 6.77　CC2530 的基本电路

离仅为 20m 左右,这对具有较大距离的楼宇控制系统、工业系统、医疗电子系统而言是远远不够的。此时,还需要采用射频放大装置扩展无线通信距离。

CC2592 是 TI 公司的 2.4GHz 无线通信范围扩展芯片[95],可与 2.4GHz 的低功耗射频装置无缝连接,它体积小,接口简单,且输出功率高达 22dBm,可将 CC2530 系统的有效通信距离扩展 3～4 倍。图 6.78 给出了采用 CC2592 射频前端的 CC2530 射频电路扩展原理。当然,实际射频通信系统的设计是比较复杂的,要真正实现通信范围扩展,一定要在 PCB、天线的设计方面进行综合考虑。

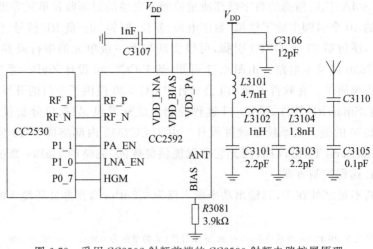

图 6.78　采用 CC2592 射频前端的 CC2530 射频电路扩展原理

在 ZigBee 技术的不断发展、成熟过程中，相关的设计资源日益丰富。例如，ZBOSS v1.0 是 ZigBee 联盟授权的第一个开源 ZigBee 协议栈，在此基础上开发的 ZBOSS v2.0 可以支持多个硬件平台，如 8051、ARM Cortex-M3、Cortex-M4 等。NXP 的 JenOS 操作系统是面向 NXP JN516x 设备无线网络应用的嵌入式实时操作系统，主要支持 NXP ZigBee PRO 协议栈并用于开发基于 ZigBee 的无线网络应用。

6.3.2 蓝牙

蓝牙[①](Bluetooth)是一种连接微微网[②](piconet)的短距离无线通信技术标准，2002 年被正式批准为 IEEE 802.15.1 标准。蓝牙技术源于 1994 年爱立信公司的 MC-Link 项目，最初用于尝试替代有线介质的 RS-232 通信线路。现在，蓝牙技术已成为蓝牙技术联盟(Bluetooth SIG)及数千家企业参加、推广的通信标准。在经历了一个缓慢的发展阶段之后，蓝牙技术在可穿戴计算、万物互联时代又焕发出新的生命力。

1. 蓝牙协议体系与特点

蓝牙规范的核心是蓝牙协议体系，其详细定义了各个功能层，以确保蓝牙设备间的互操作性[96]，如图 6.79 所示。在蓝牙协议体系中，核心协议包括射频协议、基带协议、链路管理协议、逻辑链路控制与适配协议、服务发现协议 5 部分，在这 5 个协议之上还有扩展的补充协议，如射频通信协议、无线应用协议、对象交换协议、电话控制规范协议、点到点协议等。

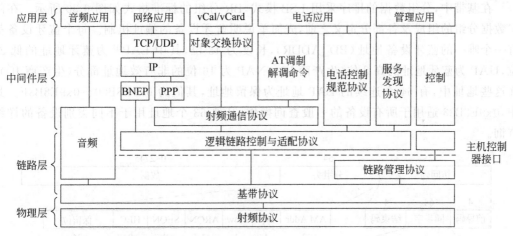

BNEP—蓝牙网络封装协议，PPP—点到点协议

图 6.79 蓝牙协议体系

1) 核心协议

(1) 射频协议。

射频协议规定了空中接口及所使用的跳频、调制机制以及传输功率。蓝牙协议使用 2.4GHz ISM 频段，射频链路采用了高斯频移键控调制(Gaussian Frequency-Shift Keying,

---

① "蓝牙"这一命名源自 10 世纪统一了丹麦和瑞典的丹麦国王哈拉尔德，这位国王因喜吃蓝莓而染蓝了牙齿，因此也称哈拉尔德蓝牙王。

② 微微网是基于蓝牙协议连接一组无线用户设备的自组织网络，允许一个主设备连接最多 7 个从设备，这些设备同步于一个公共时钟及跳频序列。

GFSK）、跳频扩频技术（Frequency-Hopping Spread Spectrum，FHSS）以及时分双工（Time Division Duplexing，TDD）技术。在不同蓝牙协议版本中，射频频谱的划分存在差异，如基本速率/增强数据速率（Basic Rate/Enhanced Data Rate，BR/EDR）型协议包括分布在 2402～2483.5MHz 的 79 个 1MHz 通信信道，蓝牙 4.0（也称蓝牙低能耗、蓝牙智能）中则采用 40 个 2MHz 的信道，其中 37、38、39 为广播信道。在通信过程中，通信双方基于跳频图案（也称跳频序列）以 3200 跳/秒的速率建立连接，此后以 1600 跳/秒的频率调整通信信道，提高了通信的稳定性和安全性。

跳频速率为 1600 跳/秒，意味着在每个频率上的时间为 $625\mu s$，称为一个时隙。当时钟频率为 3.2kHz 时，每个时钟周期为 $312.5\mu s$，两个时钟周期构成一个时隙。

（2）基带协议。

基带协议用于在微微网内多个蓝牙设备之间建立射频连接链路，规定了位和分组一级的低级操作，如寻址、前向纠错（Forward Error Correction，FEC）、加密、CRC 计算、自动重传请求（Automatic Repeat Request，ARQ）等，同时同步微微网内蓝牙设备的跳频频点与本地时钟。基带协议提供了两种不同的物理链路：一种是用于话音传输的同步定向连接（Synchronous Connection Oriented，SCO）链路，另一种是用于数据传输的异步无连接（Asynchronous Connectionless，ACL）链路。由图 6.79 可知，话音分组只需经过基带即可进行传输。

在基带中，分组数据的排序采用 LSB 模式，BR 分组的标准格式如图 6.80 所示。在阐述数据分组的组成及各部分定义之前，先简单说明蓝牙设备的编址机制。每个蓝牙设备都有一个唯一的蓝牙设备地址（BD_ADDR），长度为 48 位，其中 LAP[1] 为蓝牙地址的低 24 位，UAP 为蓝牙地址的高 8 位（生产商 ID），NAP 为 16 位的非有效地址部分（生产商 ID）。在这些地址中，有 64 个连续的 LAP 地址为保留地址，其值为 0x9E8B00～0x9E8B3F。其中，0x9E8B33 适用于所有设备的一般查询操作，其他 63 个地址用于不同类别设备的详细查询。

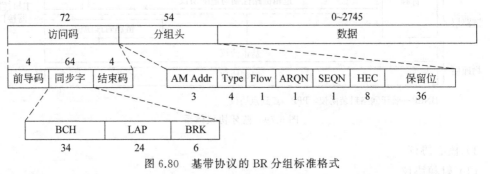

图 6.80　基带协议的 BR 分组标准格式

每个 BR 分组都是由 72 位的访问码（也称识别码、接入码）开始的，发送特定编码序列，也用于通知接收设备有数据到达。蓝牙协议共定义了 3 种访问码：信道识别码（CAC），标识物理信道上传输的分组，可从主设备 BD_ADDR 的 LAP 获取；设备识别码（DAC），在页、

---

① LAP 是 Low Address Part 的缩写。其后的 UAP、NAP 分别是 Upper Address Part、None significant Address Part 的缩写。

页扫描、页响应状态下使用,从被寻呼的设备的 BD_ADDR 获取;查询识别码(IAC),在查询状态下使用,在预留的 64 个 LAP 地址中有一个用于一般查询(GIAC),其他 63 个用于详细查询(DIAC)。在同步字中,还包括 34 位的 BCH 码[①]和用于生成 BRK 码[②]的 6 位信息。由于同步字良好的自相关性,可以提升通信中的时序同步处理和偏移补偿能力。只要访问码后有分组头,则同步字后就一定会有 4 位固定格式的结束码,构成 72 位的访问码。

分组头主要包含分组的属性信息。每一个活跃的蓝牙从设备都将被主设备分配一个 3 位的活跃成员地址 AM_ADDR。注意,主设备不需要 AM_ADDR,000 是保留的广播地址。当一个从设备挂起或断开网络时,其将失去当前的 AM_ADDR。4 位的 Type 可以表示 16 个不同的分组类型,具体的 Type 值表示当前分组属于哪一类型,而分组类型与物理链路类型是 SCO 链路还是 ACL 链路相关。同时,Type 也说明了当前分组占用多少个时隙。典型地,DM1、DM3 和 DH5 分别表示了占用 1 个、3 个时隙且采用 2/3 FEC 以及占用 5 个时隙且不采用纠错码的 3 个 ACL 数据分组;HV1 使用 1/3 FEC 且两个时隙发送一个单时隙 SCO 分组,HV2 采用 2/3 FEC 且 4 个时隙发送一个单时隙 SCO 分组,HV3 不使用纠错码且 6 个时隙发送一个单时隙 SCO 分组。Flow 位被用于额外 ACL 分组的流量控制。ARQN 位用于指定对数据 CRC 校验是否应答。SEQN 位提供了分组顺序编号机制,HEC 用于分组头错误检查。其余的 36 位作为保留位,用于协议的灵活扩展。

EDR 分组的格式与上述 BR 分组相似。除了将数据部分扩展为 EDR 数据之外,EDR 分组还新增加了保护周期(GUARD)、同步序列及结束码。存取码和头部采用 BR 分组定义,而同步序列、负载和尾部则使用 EDR 模式,保护周期允许两种模块之间的传输。

(3) 链路管理协议。

链路管理协议(Link Management Protocol,LMP)用于控制和协商两个设备之间的蓝牙连接操作,涉及指定逻辑链路和传输的建立与释放、授权、SCO 和 ACL 链路的连接与释放、流量控制、链路监测、电源管理任务等方面。在两个通过 ACL 控制逻辑链路(ACL-C)相连的设备上,链路管理器(Link Manager,LM)基于 LMP 实现通信,并对 ACL 控制逻辑链路上传输的 LMP 消息进行解释和执行。图 6.81 是两种 LMP 协议数据单元(Protocol Data Unit,PDU)的格式,其中 TID 为事务 ID 位,0 表示主设备发起,1 表示从设备发起。所谓事务(transaction),是指为了达到特定目的的消息交换的连通集,LMP 以事务为对象进行操作,且同一事务中的所有 PDU 拥有相同的 TID。每个 PDU 被分配一个 7 位或 15 位的操作码以标识 PDU 的类型,如 LMP_accepted、LMP_accepted_ext、LMP_clkoffset_req、LMP_ encryption_key_size_ mask_req 等,这些基本的操作码共有 7 位,当其值为 124~127 时,还需要再附加 8 位的扩展操作码。

另外,蓝牙设备中定义了一系列的设备特性,当传输消息时需要确认双方是否都能够支持这些特性。

(4) 逻辑链路控制与适配协议。

逻辑链路控制与适配协议(Logical Link Control and Adaptation Protocol,L2CAP)是

---

① BCH 码:取自 Bose、Ray-Chaudhuri 与 Hocquenghem 的首字母,是用于校正多个随机错误模式的多级、循环、错误校正、变长数字编码,是纠错码中研究得较多的编码方法。

② BRK 码全称为 Barker 码,也称 Barker 序列,是 N 个 +1 和 −1 值的序列,具有非常好的自相关性,常用于直接顺序扩频和脉冲压缩雷达系统中。

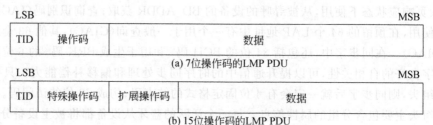

(a) 7位操作码的LMP PDU

(b) 15位操作码的LMP PDU

图 6.81　两种 LMP 协议数据单元的格式

位于基带之上的上层协议，提供面向连接或无连接的数据及信号传输服务，定义了不同链路类型的包格式。该协议向上可以支持射频通信协议、服务发现协议、电话控制协议等高层协议以及通道的复用和大数据包的拆包与组装、通道的流控、传输 QoS 信息、错误控制、组的创建与管理等功能。从体系结构层面可以将 L2CAP 看作与 LMP 并行工作，两个协议的主要不同是 L2CAP 为上层提供服务。L2CAP 的功能逻辑如图 6.82 所示。

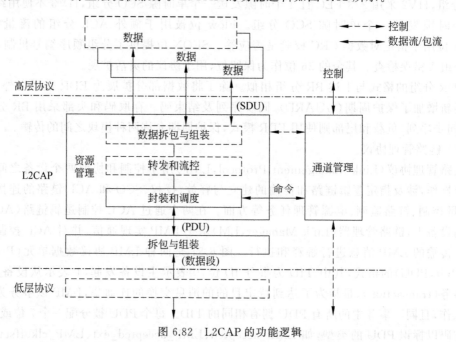

图 6.82　L2CAP 的功能逻辑

　　图 6.83 为 L2CAP 与其他协议的数据流关系。由图 6.83 可知，音频数据采用 SCO 通道，而其他类型的数据则采用 ACL 通道。在通信过程中，L2CAP 通过基于连接通道的基本信息帧（B-Frame）、监控帧（S-Frame）、信息帧（I-Frame）和非连接数据通道的组帧（G-Frame）传输数据，采用基于信号通道的控制帧（C-Frame）传输连接请求、配置请求、断开连接请求、信息请求及其应答等命令。

　　（5）服务发现协议。

　　服务发现协议（Service Discovery Protocol，SDP）用于发现蓝牙设备提供的或可用的服务，可以查询设备信息、服务以及服务特征，以使得两个或多个蓝牙设备之间可以建立连接。蓝牙设备的 SDP 客户通过 SDP 发现动态环境中蓝牙设备 SDP 服务器中的服务。在蓝牙网络中，所谓服务，是指可以提供信息、执行操作或对其他实体进行资源控制的对象，可以以软

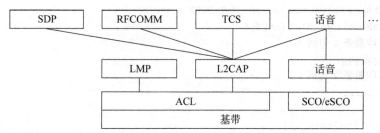

图 6.83　L2CAP 与其他协议的数据流关系

件、硬件或软硬件结合的方式实现。在 SDP 服务器中,一个服务的服务类型列表、ID、协议描述符列表、图标连接、服务名、服务描述等所有的属性信息组成一条完整的服务记录,一条服务记录对应一个唯一的 32 位服务记录句柄。当一个设备与服务器建立 L2CAP 连接后,从服务器获取的服务记录句柄将一直保持有效,直至该记录从服务器中被移除。

进而,上述服务属性被映射为 128 位的通用唯一标识符(Universally Unique ID, UUID)。在此基础上,服务查询事务(SST)就可以通过 UUID 和服务搜索模式(SSP)检索特定服务的服务记录及其信息。下面的代码是客户端查询公用打印服务的 SDP_ServiceSearchRequest 请求示例。其中,PrinterServiceClassID 是 ServiceSearchPattern 的唯一元素,且事务 ID 为 tttt,服务器通过 SDP_ServiceSearchResponse 向客户端返回两个打印服务 qqqqqqqq 和 rrrrrrrr。

```
/* SDP 客户端发送给 SDP 服务器 */
SDP_ServiceSearchRequest[15]{
   PDUID[1]{ 0x02 }
   TransactionID[2]{ 0xtttt }
   ParameterLength[2]{ 0x000A }
   ServiceSearchPattern[7]{
      DataElementSequence[7]{
         0b00110 0b101 0x05
         UUID[5]{
            /* PrinterServiceClassID */
            0b00011 0b010 0xpppppppp
         }
      }
   }
   MaximumServiceRecordCount[2]{
      0x0003
   }
   ContinuationState[1]{
      /*无后续状态 */
      0x00
   }
}   /* SDP 服务器发送给 SDP 客户端 */
SDP_ServiceSearchResponse[18]{
   PDUID[1]{ 0x03 }
   TransactionID[2]{ 0xtttt }
   ParameterLength[2]{ 0x000D }
   TotalServiceRecordCount[2]{ 0x0002 }
```

```
CurrentServiceRecordCount[2]{ 0x0002 }
ServiceRecordHandleList[8]{
   /*打印服务1句柄*/
   0xqqqqqqqq
   /*打印服务2句柄*/
   0xrrrrrrrr
}
ContinuationState[1]{
   /*无后续状态*/
   0x00
}
}
```

2）扩展协议

（1）射频通信协议。

在 L2CAP 之上，基于欧洲电信标准协会（Europe Telecommunications Standard Institute，ETSI）TS 07.10 标准的串行线路模拟协议，可以支持早期的 RS-232 等串行应用。射频通信协议（RFCOMM）模拟 9 针的 RS-232 串口，提供了 RS-232 控制信号（如 TD、RD、CTS、RTS 等）以及零调制解调器模拟、两个或多个蓝牙设备间的多个串口等服务机制。RFCOMM 采用了复用机制，一个物理通道可以支持蓝牙设备间的 60 个点到点连接。

（2）无线应用协议。

蓝牙对无线应用协议（Wireless Application Protocol，WAP）的支持，就是为了利用蓝牙协议的动态、自组织等优势实现 WAP 环境下的增值服务访问，如电子公文包、智能售卖机。在 WAP 客户和服务器之间，蓝牙可以为实现 WAP 数据通信提供物理介质和链路控制，进而支撑 WAP 网络的无线数据报协议（Wireless Datagram Protocol，WDP）、无线事务协议（Wireless Transaction Protocol，WTP）、无线传输层安全协议（Wireless Transport Layer Security Protocol，WTLS）、无线会话层协议（Wireless Session Protocol，WSP）等。通过这些协议，WAP 客户端可以通过 WAP 代理/网关访问互联网上的 WAP 服务器。通常情况下，WAP 服务器就是 HTTP 服务器。

（3）对象交换协议。

参照红外对象交换协议（Infrared Object Exchange protocol，IrOBEX）的思想，蓝牙协议也提供了传输层之上的会话层对象交换协议（OBEX）。该协议为应用提供了和 IrDA 协议体系相同的特性，使应用可以如同在 IrDA 协议栈上一样地工作在蓝牙协议栈上。进而，该协议可以在一定程度上替代 IrDA 协议，并使得这两个不同的技术体系趋向统一。由于大多数使用 OBEX 和蓝牙技术的应用规范都需要面向连接的 OBEX 提供应用功能，且无连接的 OBEX 会大大增加互操作性问题，因此蓝牙协议仅将 OBEX 映射到面向连接的协议中。

从规范可知，OBEX 以面向连接的 RFCOMM 或 TCP 作为传输层协议，向上可以支持数据同步、文件传输、对象交换等应用。相应的应用层规范有：蓝牙 IrDA 互操作规范、蓝牙通用对象交换配置规范、蓝牙同步配置规范、蓝牙文件传输配置规范以及蓝牙对象推送配置规范等。

（4）电话控制规范协议。

基于 ITU-T 推荐标准 Q.931 的电话控制规范（Telephony Control Specification，TCS）

协议定义了通过蓝牙链路发送电话呼叫的相关机制,包括在蓝牙设备间建立语音和数据呼叫的一组控制信号,以及面向手持蓝牙 TCS 设备的移动性管理过程。TCS 提供了呼叫控制、用户组管理以及无连接 TCS(CL)功能。具体地,呼叫控制在蓝牙设备之间传输建立/释放语音和数据呼叫的信号,用户组管理可以方便地处理蓝牙设备组的相关业务,TCS(CL)允许交换与当前呼叫无关的信号信息。由此,TCS 可以支持两个蓝牙设备建立点到点的信号通道以及语音或数据通道,也可以支持多个蓝牙设备实现点到多点的信号通道、点到点的信号通道以及语音或数据通道等。

3) 应用规范

在蓝牙协议基础上,面向不同的(领域)应用模型定义提供了相应的解决方案,称为应用规范。应用规范的内容垂直穿透蓝牙协议栈的整个体系,可以保证不同厂商所推出的同类蓝牙设备具有良好的互操作性。常见的应用规范包括无绳电话规范(Cordless Telephony Profile)、对讲设备规范(Intercom Profile)、串口规范(Serial Port Profile)、蓝牙耳机规范(Headset Profile)、拨号网络规范(Dial-up Networking Profile)、传真规范(Fax Profile)、音视频远程控制规范(Audio Video Remote Control)、免提规范(Hands Free)等。在设计蓝牙系统时,应尽可能地遵守相应的应用规范,以保证设计的系统对其他同类产品的兼容性以及在市场中的生命力。

在蓝牙技术的不断发展中,新的特性不断加入,性能日益优化,应用领域也越来越广泛。表 6.11 列出了 5 个主要的蓝牙协议版本,这些版本还有一系列子版本。例如,v2.1+EDR(增强数据速率)的速率提升至 3Mb/s;v3.0+HS(高速)引入了交替介质访问控制与物理层扩展(AMP),即 IEEE 802.11 的 MAC 层和物理层,最高速度可达 24Mb/s。在基本速率(BR)和增强数据(EDR)(BR/EDR/AMP 被称为传统蓝牙)两个标准上,v4.0 增加了低功耗蓝牙(BLE,常用 Bluetooth SMART 指代),其功耗可比传统蓝牙降低 90%,且可以实现双模工作方式(常用 Bluetooth SMART READY 指代)。传统蓝牙常用于语音、音乐等较大数据量的传输,而低功耗蓝牙多用于遥控、开关等数据量小的应用。

从蓝牙协议 v4.0 开始集成了 Mesh 标准,用于实现大规模监控设备间的多对多通信,现在蓝牙 Mesh 网络已广泛应用于智能楼宇、智能家居、智能工厂等物联网环境。蓝牙协议 v5.0 性能继续得到提升,有效传输距离是 v4.2+B LE 的 4 倍,传输速度是 v4.2+BLE 的 2 倍,支持室内定位导航功能,允许无须配对接收信标的数据,并针对物联网进行了增强。2021 年发布的 v5.3 中,移除了 v3.0 为了提高速度而引入的 AMP,并在通信、安全、功耗等方面进行了多项增强[97]。v5.x 和 v4.x 只在单模工作方式时才能向后兼容 BR、EDR 版本。不同版本、配置的蓝牙设备互连关系如图 6.84 所示。

表 6.11 蓝牙协议主要版本及特性

特 性	v1.1/v1.2	v2.0/v2.1+EDR	v3.0+HS	v4.0/v4.1/ v4.2+BLE	v5.0/v5.1/ v5.2/v5.3
发布年度	2002/2003	2004/2007	2009	2010/2013/2014	2016/2019/ 2020/2021
理论速率/(Mb/s)	最高 1	最高 2.1	24	24	48

续表

特　　性	v1.1/v1.2	v2.0/v2.1＋EDR	v3.0＋HS	v4.0/v4.1/ v4.2＋BLE	v5.0/v5.1/ v5.2/v5.3
向后兼容	—	兼容	兼容	双模时兼容,单模时只支持 BLE	双模时兼容,单模时只支持 BLE
配对连接	快速连接	简单安全配对	简单安全配对	简单安全配对	简单安全配对
IEEE 802.11 适配层	无	无	引入 AMP	支持 AMP	v5.0～v5.2 支持,v5.3 移除了 AMP
传输距离/m	10	10	10	50	300
关键特征	v1.0 未实用;适应性跳频、强制硬件地址	增强数据速率,同时传输语音和文件的双工模式	增强电源控制,单向广播无连接数据技术	Mesh 标准;首个蓝牙综合协议规范;低功耗,更快响应,AES 加密	室内定位导航功能;面向物联网的通信,安全,功耗增强

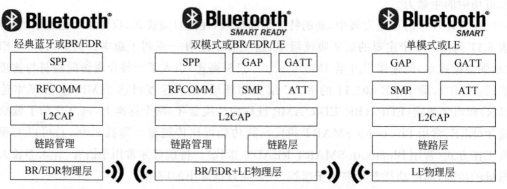

图 6.84　不同版本、配置的蓝牙设备互连关系

2. 网络机制

蓝牙技术采用了数据包分组交换和电路交换机制,并采用主从式网络架构。发起连接时,一个设备可能是从设备,但当连接建立后又可能成为提供服务的主设备。在蓝牙协议 v4.1 中,实现了双模式的支持,即允许蓝牙协议 v4.1 设备既可作为主设备向外围设备发起连接,又可作为外围设备连接到其他主设备。

从通信角度,主设备、从设备分别在间隔的时隙上传输数据。图 6.85 给出了蓝牙设备的基本时隙通信过程,其中,主设备(用 M 表示)使用偶数时隙,从设备(用 S 表示)使用奇数时隙。在此基础上,通过校验、纠错、应答等机制可以实现数据的可靠传输,而通过加密授权密钥、加密私钥等机制可以实现数据的安全传输。从组网角度,可以基于蓝牙协议构建点到点网络、微微网以及散射网(scatternet)。微微网是蓝牙网络中的基本单元,当一个微微网中的设备又是另一个微微网中的主设备或从设备时,这些微微网就组成了一个散射网。散射网机制允许更多设备共享相同的区域,可以更有效地利用带宽。

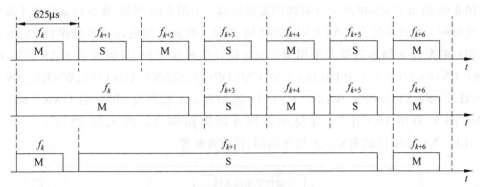

图 6.85　蓝牙设备的基本时隙通信过程

在这些网络中,一个从设备将处于活跃(Active)、呼吸(Sniff)、保持(Hold)和等待(Park)等某一状态中。在活跃状态下,从设备通过监听、传输及获取数据的方式活跃地加入一个微微网,主设备周期性地向从设备发送数据以保持同步。在呼吸状态时,主设备为从设备分配一组时隙,从设备在分配的时隙上监听所需的消息,随后可以以节能模式运行。保持状态是指设备运行在节能模式下且仅可以交换 SCO 数据包,当其不活跃时可以加入另一个微微网。等待状态是一个低功耗状态,设备的活动非常少,这主要用于从设备不必加入微微网,但仍保持为微微网成员的情形。在等待状态时,设备的活跃成员地址 AM_ADDR 修改为 PM_ADDR,此时其所在的微微网就可以存在多于 7 个从设备。

3. 蓝牙接口设计

在硬件设计中,设计者可采用专门的蓝牙模块对电路进行扩展。蓝牙模块位于蓝牙协议的物理层和数据链路层,集成了蓝牙控制器、基带控制和链路管理软件,是蓝牙设备的必要组成部分。蓝牙控制器内部有一个采用 UART、USB、RS-232 或 SDIO 接口的主机控制器及相应固件,可以实现与主机 HCI 的物理和逻辑连接。在主处理器 I/O 引脚够用的情况下,这一方式可以简单地完成对现有系统硬件的蓝牙接口扩展。在此基础上,设计人员只需要对主机的 HCI 进行驱动,并加载、激活蓝牙协议栈,就可以构建支持蓝牙应用的基本平台。这是蓝牙系统设计的基本方法。

随着芯片技术的发展,更为简单易用的蓝牙模块已经出现。这些模块内部集成了完整的蓝牙协议栈,允许和任何 MCU 通过 USB、UART 等接口相连接,而且只需要通过这些接口发送操作命令就能够实现蓝牙通信。这些模块的出现使得蓝牙系统的设计更加趋于简单。

例如,Microchip 公司的 RN4020 是一个低功耗蓝牙模块[98],其内部集成了完整的 4.1 版本低功耗蓝牙协议栈,提供了基于 UART 的 ASCII 码命令接口 API,面向串行数据应用提供了 Microchip 低功耗数据配置支持。在物理参数方面,该模块的尺寸仅为 11.5mm× 19.5mm×2.5mm,有 40 个通道,RX 灵敏度在误码率为 0.1% 时功率约为 -92.5dBm,TX 功率为 $-19.0\sim+7.5$dBm。MAC、基带及高层协议的特点有:128 位 AES 加密、L2CAP、GAP、GATT 和集成的公共配置,通过命令 API 创建客户服务,角色可编程,等等。该蓝牙模块可广泛应用于健康/医疗设备、传感器标签、远程控制、可穿戴设备等。

图 6.86 给出了 RN4020 蓝牙模块的逻辑结构。由图 6.86 可知,模块内部集成了高性能的集成射频天线以及具有 GATT/GAP 的 BLE v4.1 蓝牙协议栈,64KB 的串行 Flash 可以存放用户的配置和脚本数据。采用 RN4020 设计蓝牙接口时,只需要将 UART TX(5)、UART RX(6)、CTS(14)、RTS(18)、CMD/MLDP(8)、WAKE_HW(15)、WAKE_SW(7)、CONNECT STATUS(10)、MLDP_EV(11) 和 WS(12) 引脚与 MCU 的 UART RX、TX、RTS、CTS 和通用 I/O 连接,并简单扩展外围电路即可。图 6.87 给出了一个基于 PIC18LF25K50 MCU 的 RN4020 蓝牙电路,供读者参考。

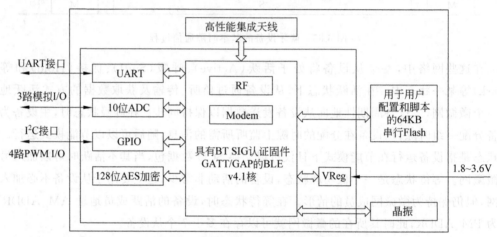

图 6.86　RN4020 蓝牙模块的逻辑结构

所谓 ASCII 码命令,是指以 ASCII 码形式向 RN4020 的 UART 接口发送指令和参数,再由 RN4020 对其进行解释执行。为了便于理解,下面给出一组 ASCII 码命令示例:

```
SN,MyDevice              //设置设备名称为 MyDevice
SB,4                     //设置波特率为 115 200
SM,1,000f4240            //启动定时器 1,周期 1s
ST,0064,0002,0064        //设置初始的连接参数,125ms 间隔,2s 延迟,1s 超时
@O,1,03E8                //将 AIO1 的输出电压设置为 1000mV
E,0,00035B0358E6         //连接地址为 00035B0358E6 的设备
```

另外,对于小型、微型的嵌入式系统,还可以采用集成蓝牙模块的 SoC 芯片进行一体化设计,如 TI 公司的低功耗蓝牙 SoC 器件 CC2540、CC2541。

CC2541 是能耗优化的 SoC 低功耗蓝牙芯片[99]。CC2541 将性能突出的 RF 收发器、8051 MCU、片内可编程 8KB RAM 等与外围组件集成在一起,形成了一体化的解决方案,适合有超低功耗要求的应用。该芯片在活跃模式下的 Rx 引脚电流为 17.9mA、Tx 引脚电流为 18.2mA。在模式 1 时 $4\mu s$ 可唤醒,工作电流为 $70\mu A$;在模式 2 时采用睡眠时钟激活,工作电流为 $1\mu A$;在模式 3 时由外部中断激活,工作电流为 $0.5\mu A$。显然,这些低功耗机制可以使纽扣电池供电的嵌入式系统在几年内都保持有效。图 6.88 是一个基于 CC2541 的蓝牙节点电路,供读者参考。

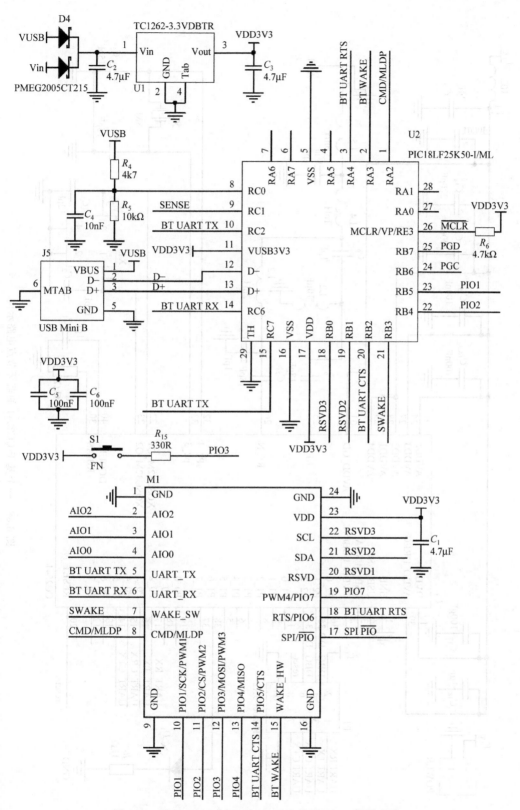

图 6.87 基于 PIC18LF25K50 MCU 的 RN4020 蓝牙电路

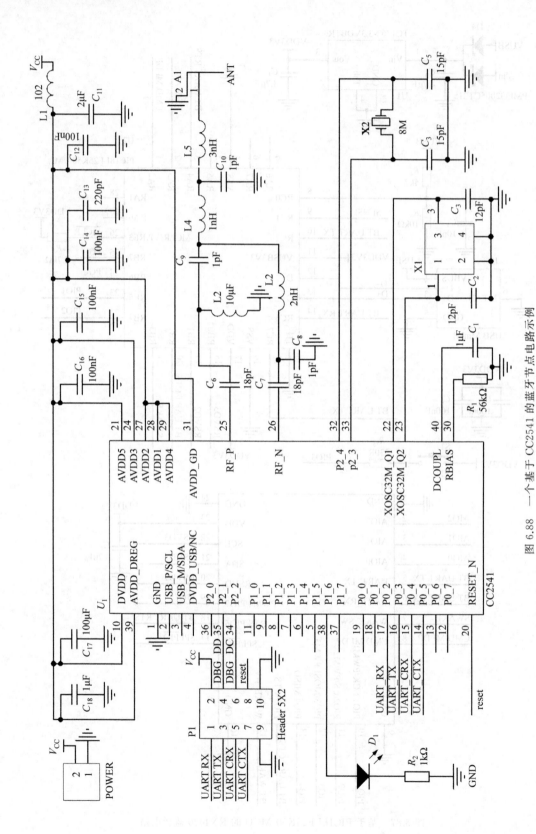

图 6.88　一个基于 CC2541 的蓝牙节点电路示例

6.3.3　WiFi

1. WiFi技术及其演化

WiFi是基于 IEEE 802.11 无线局域网标准实现的无线局域网技术,使用 2.4GHz、5GHz ISM 射频频段。注意,WiFi 本身仅是一个名字,是 WiFi 联盟的商标,而并非任何词的缩写。1997 年,IEEE 802.11 的第一个版本发布,工作频段为 2.4GHz,最高速率为 2Mb/s,在此基础上诞生的 WiFi 至今已历经 6 代,其特点简要总结如下。

(1) 第 1 代。1999 年,IEEE 802.11b,工作频段为 2.4GHz,峰值速率为 11Mb/s。

(2) 第 2 代。1999 年,IEEE 802.11a,将正交频分复用(Orthogonal Frequency Division Multiplex,OFDM)应用到 5GHz 工作频段,峰值速率为 54Mb/s,兼容性差,未广泛使用。

(3) 第 3 代。2003 年,IEEE_802.11g,将正交频分复用(OFDM)应用到 2.4GHz 工作频段,峰值速率为 54Mb/s,向后兼容 IEEE 802.11b。

(4) 第 4 代:WiFi 4。2009 年,IEEE 802.11n,信道宽度 20MHz、40MHz,工作频段为 2.4GHz 和 5GHz,为 IEEE 802.11 引入 MIMO 技术,允许创建最多 4 条空间流,最大副载波调制 64-QAM,峰值速率 600Mb/s。

(5) 第 5 代:WiFi 5。2013 年,IEEE 802.11ac,信道宽度 20MHz、40MHz、80MHz、80+80MHz、160MHz,工作频段为 5GHz,最多 8 条空间流,最大副载波调制 256-QAM,峰值速率 6.9Gb/s。

(6) 第 6 代:WiFi 6。2019 年,IEEE 802.11ax,信道宽度 20MHz、40MHz、80MHz、80+80MHz、160MHz,工作频段为 2.4GHz 和 5GHz,采用多用户-多输入多输出(MU-MIMO)和正交频分多址(Orthogonal Frequency Division Multiple Access,OFDMA)技术,最高 8 条空间流,最大副载波调制 1024-QAM,峰值速率为 9.6Gb/s,允许数十个并发用户。

2020 年,WiFi 联盟公布了扩展支持 6GHz 的 WiFi 6E 标准。从 5GHz 跳到 6GHz,WiFi 6E 可以提供 14 个额外的 80MHz 通道和 7 个额外的 160MHz 通道,通道数量翻了两番,干扰减少,峰值速率为 10.8Gb/s,允许 2000 个并发用户。

需要说明的是,IEEE 802.11 标准针对无线网络定义了 ISO/OSI 7 层结构中的介质访问控制子层和物理层。在 IEEE 802 系列标准中,除了 WiFi 联盟的无线局域网标准 (IEEE 802.11x),还有 ZigBee、蓝牙、WiMedia 等面向短距离连接的无线个域网标准(IEEE 802.15),以及 WiMAX 这一面向长距离的无线城域网标准(IEEE 802.16)等。表 6.12 对 3 种性能相近的 IEEE 802 无线网络标准进行了对比。另,与 5G 蜂窝数字移动通信技术相比,WiFi 6 无线接入技术主要用于无线局域网的接入,其峰值速率接近 5G 的量级,组网简单、成本低,但其 20ms 的平均延迟远高于 5G 的~5ms 延迟,且漫游建立连接较慢。

表 6.12　3 种性能相近的 IEEE 802 无线网络标准对比

对　比　项	IEEE 801.11b(WiFi)	IEEE 802.15.3(蓝牙)	IEEE 802.15.4(ZigBee)
电池持续时间	几小时	几天	几年
复杂程度	很复杂	复杂	较简单
最大节点数	32	7(从节点)	65 540

对 比 项	IEEE 801.11b（WiFi）	IEEE 802.15.3（蓝牙）	IEEE 802.15.4（ZigBee）
最大延迟	3s	10s	30ms
覆盖范围/m	100	10、100	70～300
漫游	支持	不支持	支持
基本数据速率	11Mb/s	1Mb/s	250kb/s
有效吞吐量	5～7Mb/s	700kb/s	100kb/s
安全机制	验证服务设备（SSID）	64位、128位加密	128位AES
应用领域	高速LAN、计算系统网络接入	无线I/O设备连接、局部数据传输、自组织的PAN	设备控制、监测

2. WiFi接口设计

与蓝牙接口的设计方法类似，WiFi接口的设计也可以采用芯片级、模块级的设计方式。在芯片级，设计人员可以直接选择一款WiFi芯片（如TI CC3100/3200）设计硬件电路。这种方式允许设计人员根据功能、功耗、体积等要求灵活地设计和布放硬件，适合硬件设计人员经验丰富、产品设计要求高的情形。为了降低WiFi接口设计的难度，设计人员也可以选择成熟的WiFi模块，如Microchip公司的RN1810、Espressif公司的ESP-WROOM-02等。这些模块集成了WiFi芯片和天线电路，提供通用的I/O接口，适合快速的WiFi系统开发。

面向物联网应用，TI公司采用片上WiFi网络技术（WiFi Internet-on-a-Chip），提供了经过WiFi认证的CC3100、CC3200等嵌入式WiFi网络处理器[100]。这些芯片包括具有完整网络协议栈的WiFi网络处理器和电源管理子系统，具有2.1～3.6V的宽电压范围，提供256位AES加密机制，可支持安全WiFi和TLS、SSL互联网连接。当处于1 DSSS方式时，芯片的发射功率为18.0dBm；当处于54 OFDM方式时为14.5dBm。接收灵敏度为−97.5dBm（1 DSSS）、−74.0dBm（54 OFDM），且UDP、TCP的最大吞吐量分别可达16Mb/s和13Mb/s。同时，CC3100具有突出的低功耗性能，32.768kHz RTC的休眠模式下工作电流为4μA，低功耗深度睡眠时电流为115μA，54 OFDM发送时电流为223mA、接收时电流为53mA。

CC3100芯片提供了SPI和UART接口，允许基于SPI连接串行Flash以扩展系统的存储容量，同时允许通过UART或SPI接口与任何8位、16位、32位MCU或ASIC芯片连接，以非常简单的方式实现WiFi接口的扩展。图6.89给出了4种典型的WiFi接口扩展方式。

需要说明的是，CC3100芯片的ROM中集成了WiFi驱动以及多种互联网协议，可支持IEEE 802.11b/g/n类型的射频、基带和MAC接口协议，以及工业标准的TCP/IP协议栈与Socket API。在用户代码中，只需要调用simplelink.h中的sl_Socket()、sl_Bind()、sl_Listen()、sl_Accept()、sl_Recv()和sl_Send()等API就能实现网络功能。如果读者熟悉Socket编程，应该可以看出这些接口的定义与BSD Socket等编程接口非常相似，因此，软件的设计也比较简单。

鉴于完整的WiFi功能与良好的性能，CC3100可广泛应用于云连接、家庭自动化、家用电器、访问控制、安全系统、智能能源、互联网网关、工业控制、无线语音以及IP网络传感器节点等系统的设计。类似的WiFi网络处理器还有博通公司的BCM47xx系列等。另外，在

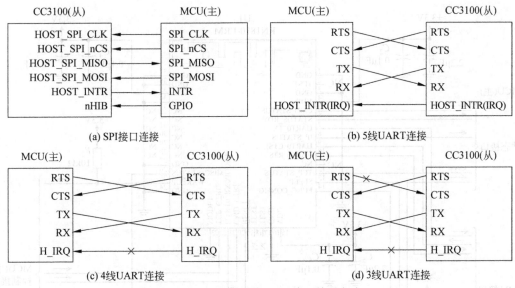

图 6.89 4 种典型的 WiFi 接口扩展方式

芯片级设计中,设计者还可以采用更低层的设计方法。例如,可以采用独立的 WiFi 射频芯片(如 BCM20xx)、基带/MAC 协议芯片(如 BCM43xx)或 MRF24WG0MA WiFi 收发器、天线以及外部组件和协议栈的扩展设计系统的 WiFi 接口。

RN1810 是 Microchip 公司推出的 2.4GHz IEEE 802.11b/g/n 无线模块[101],可以看作一个特定形式的网络接口卡。与上述 WiFi 处理器芯片相比,RN1810 具有更高的集成度,提供了稳压器、晶振、RF 匹配电路、功放、低噪声放大器以及 PCB 印制天线。在软件方面,该模块支持基础设施和软 AP 模式,支持 WiFi 保护设置(WPS),集成了完整的 TCP/IP 网络协议栈以及 IPv4/IPv6、TCP、UDP、DHCP、DNS、ICMP、ARP、HTTP、FTP、SNTP 和 SSL/TLS 等网络协议。显然,该模块较前述方案具有更高的集成度和更为丰富的功能,便于使用,可以有效缩短产品开发周期并降低设计难度。根据 RN1810 的功能和性能特点,该模块可应用于智能能源、消费电子、工业控制、远程设备管理、零售、医疗及健康监护等领域。

RN1810 与主机之间采用 2 线或 4 线的 UART 连接方式,4 线方式时可提供 RTS、CTS 信号。在此基础上,可以进一步设计具有状态监测、模式控制等复杂功能的硬件电路,如图 6.90 所示。RN1810 也采用类似于 RN4020 的 ASCII 指令语言进行功能配置,例如:

```
et uart baudrate 115200          /*设置 UART 波特率位 115200*/
set ip host 202.117.80.1         /*设置主机 IP*/
get wlan                         /*获取 WLAN 信息*/
apmode ssid                      /*初始化 AP 模式*/
open 192.168.1.102 2000          /*建立到特定 IP 地址和端口的 TCP 连接*/
```

6.3.4 NFC

NFC(Near Field Communication,近场通信)是由非接触射频识别(Radio Frequency Identification,RFID)技术演变而来的,是电子设备间的短距离高频率无线通信技术,主要由飞利浦、诺基亚和索尼 3 家公司联合组成的 NFC 论坛(NFC Forum)于 2004 年联合推

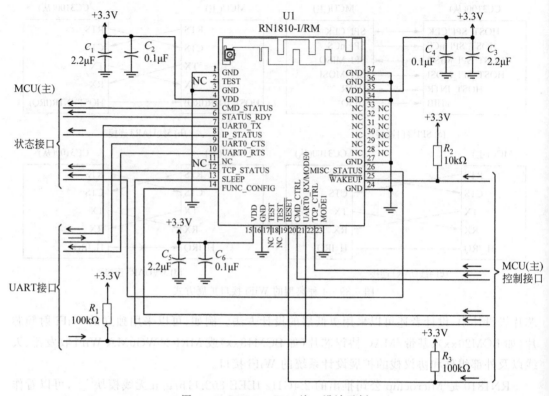

图 6.90　RN1810 WiFi 接口设计示例

出。NFC 工作在 13.56MHz 频率，带宽为 14kHz，具有 106kb/s、212kb/s、424kb/s 3 种通信速率，通信距离为 10cm，现已形成 ISO/IEC IS 18092 国际标准、EMCA-340 标准与 ETSI TS 102 190 标准。NFC 的用途主要包括简单业务、数据交换以及电子设备间的无线连接，例如，具有 NFC 功能的手机可用作机场登机验证、门禁钥匙、交通一卡通、信用卡、支付卡等。

1. NFC 规范与设备

NFC 定义了一组服务规范和协议，包括数字协议（Digital Protocol，DP）、逻辑链路控制协议（LLCP）、NFC 数据交换格式（NFC Data Exchange Format，NDEF）、简单 NDEF 交换协议（Simple NDEF Exchange Protocol，SNEP）、记录类型定义（Record Type Definition，RTD）、非接触卡片通信协议标准 ISO 14443 Type A/B 以及 NFC 接口与协议标准 ISO 18092。

其中，NFC DP 技术规范说明了 NFC 设备通信的数字协议，给出了基于 ISO/IEC 18092 和 ISO/IEC 14443 标准的实现规范，并涵盖了 NFC 设备作为发起者、目标、读写器和卡模拟器时所使用的数字接口以及半双工传输协议等。NFC LLCP 是基于 IEEE 802.2 的精简协议，旨在支持有限数据的传输，如小文件传输等。该规范定义了 OSI 二层协议以支持 NFC 设备间的点到点通信，定义了面向连接的和无连接的服务类型，并相应地提供了 3 类服务。NDEF 技术规范为 NFC 设备、标签定义了一个通用的数据格式。NFC 活动（Activity）规范说明了如何利用 DP 规范设置 NFC 主设备与 NFC 从设备或标签之间的通信协议，以及如何将一组活动组装为 NFC 设备的一个配置。SNEP 允许点到点模式时 NFC 设备上的应用与另一个 NFC 设备交换 NDEF 消息。该协议采用面向连接的 LLCP 传输模式，支持可靠的数据交换。NFC 模拟技术规范阐述了 NFC 设备射频接口的模拟特性，主要包括功率要求、发射要求、接收机要求以及信号形式,但不包括天线设计要求。NFC 控制器接口(NFC Controller Interface,NCI)技术规范定义了 NFC 控制器与设备主处理器之间的标准接口。NCI 为用户提供了一套基于 UART、SPI、I²C 等物理接口的逻辑接口。

另外,NFC 还定义了一套记录类型定义(RTD)技术标准,包括文本 RTD、URI RTD、智能海报 RTD、通用控制 RTD 等,以及一组参考应用技术规范,如个人健康设备通信标准、连接切换技术标准等。

依据 NFC 规范,可以将 NFC 标签分为如下 4 类。不同类型的 NFC 标签在遵循的规范、存储容量、访问速率、价格以及安全性方面有所区别。

(1) 第 1 类标签。符合 ISO/IEC 14443 Type A 规范,具有数据冲突保护功能;可读,可重写;有 96B 的存储器,可扩展至 2KB;用户可将标签配置为只读;读写速率为 106kb/s;常见标签名为 TOPAZ。

(2) 第 2 类标签。符合 ISO/IEC 14443 Type A 规范,具有数据冲突保护功能;可读,可重写;可配置为只读;可用存储单元共 48B,可以扩展至 2KB;读写速率为 106kb/s;常见标签名为 MIFARE。

(3) 第 3 类标签。基于日本工业标准 JISX 6319-4,由 Sony 公司推出,具有数据冲突保护功能;出厂前配置为可读、可重写或只读模式;存储器容量可变,每个服务最多可用的存储空间为 1MB,读写速率为 212kb/s;价格比较昂贵;常见标签名为 Felica。

(4) 第 4 类标签。符合 ISO 14443 Type A、Type B 规范,可使用 NFC-A 或 NFC-B 通信;具有数据冲突保护功能;出厂前配置为可读、可重写或只读模式;每个服务最多可用的存储空间为 32KB,读写速率为 106～424kb/s;常见标签名为 MIFARE-DESFire。

RFID 标签只能工作在被动通信模式下,而 NFC 设备可以采用主动或被动通信模式。在主动通信模式下,两个设备都有电源供电,分别产生自己的射频场。当一个设备在等待数据时,会关闭自己的射频场;在被动通信模式下,发射设备提供载波场,接收设备利用发射设备发出的电磁场感应操作电流,进而通过负载调制进行应答。基于不同的通信模式,NFC 设备还有不同的操作模式、应用模式,操作模式与设备功能和角色相关,应用模式与应用场景相关。

1) NFC 设备操作模式

根据 NFC 设备在应用中可扮演的角色,可以将 NFC 设备的操作模式归纳为如图 6.91 所示的 3 种。在图 6.91 中,左侧设备为发起者,右侧设备为目标设备。

(1) 读写器模式。NFC 设备(如智能手机)可以从 NFC 标签读取或向 NFC 标签写入数据。读写器到目标设备(也称应答器)的数据以 ASK(Amplitude Shift Keying,幅移键控)方式调制,目标设备到读写器的数据采用负载调制方法,符合 ISO 14443/ISO 15693/Felica 标准。

(2) 点到点模式。两个有源 NFC 设备均以主动通信模式工作,发送器以 ASK 方式调制数据并发送到接收方设备,符合 ISO 18092 标准。

(3) 卡模拟模式。NFC 设备模拟一个非接触卡(如 RFID、智能卡),阅读器访问设备的安全单元,如全球用户身份模块(Universal Subscriber Identity Module,USIM)和嵌入式安全单元(embedded Security Element,eSE),并读取数据,符合 ISO 14443 标准。

2) NFC 应用模式

根据 NFC 设备的应用场景,可将其应用模式分为以下 3 类:

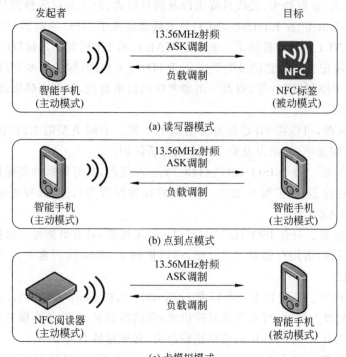

图 6.91　NFC 设备操作模式

（1）接触通过（Touch and Go）模式。这是获取特定标签数据的模式，用户仅需将存储有访问码或电子票的设备接近读卡器就可以进行验证，如访问控制、电子票、产品信息、海报 URL 等。

（2）接触确认（Touch and Confirm）模式。在商场购物等用户需要输入密码或签名才能支付的场景中，可采用输入设备进行接触确认，称为电子支付、移动支付。

（3）接触连接（Touch and Connect）模式。两个 NFC 设备间进行数据交换时，将两个 NFC 设备进行触碰就可自动建立点到点连接，进而可以交换音乐、图像或同步通讯录等数据。

2. NFC 接口设计

NFC 设备的设计主要是指 NFC 智能手机和 NFC 阅读器，NFC 标签仅用于对数据的读写。与其他无线接口的设计方法相似，在嵌入式系统中扩展 NFC 接口时也可以采用芯片搭建接口电路，或者采用 NFC 模组进行硬件集成。

以 TI 公司的 TRF7970A RFID 和 NFC 收发器集成电路为例[102]。该芯片支持 NFCIP-1（ISO/IEC 18092）和 NFCIP-2（ISO/IEC 21481）两个标准，集成了完整的 ISO 15693、ISO 18000-3、ISO 14443A/B 和 Felica 协议，集成了编码/解码器、发起端的数据组帧逻辑和卡模拟器，具有面向 NFC 被动转发模拟操作的可编程射频场检测器和用于物理层冲突避免的射频检测器，支持 3 种速率下的主动和被动目标操作。该芯片采用并行接口或 SPI 接口与微处理器连接，可由用户编程设置为 RFID、NFC 阅读器、NFC 端或卡模拟模式。

由于 DATA_CLK 引脚上的时钟频率较低，采用并行接口是一个可靠的连接方式。图 6.92 给出了 TRF7970A 采用 8 路并行接口与 MSP430F23x0 超低功耗 MCU 连接的电路原理。由图 6.92 可知，TRF7970A 与 MCU 的电路连接非常简单。该系统可以支持 ISO 15693、

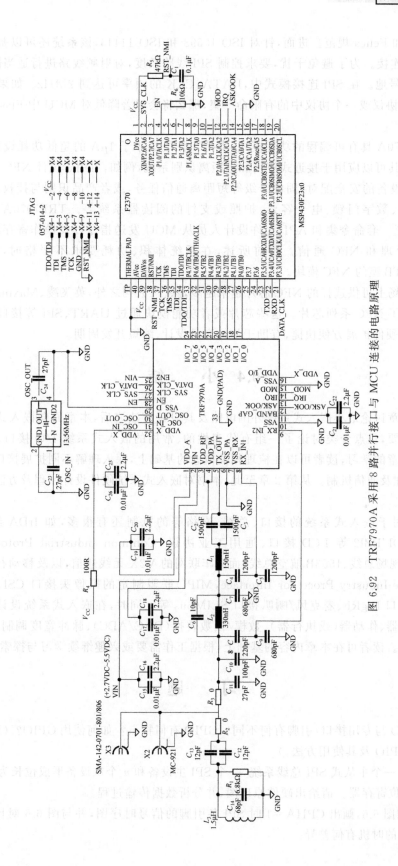

图 6.92 TRF7970A 采用并行接口与 MCU 连接的电路原理

ISO 14443 和 Felica 规范。进而，针对 ISO 15693 和 ISO 14443，该系统还可以基于 SPI 接口与 MCU 连接。为了避免干扰，要求控制 SPI 线路长度，对射频线路进行适当隔离，并合理地设计信号地。在 SPI 连接模式中，DATA_CLK 的频率可达到 2MHz。如果仅需要支持一个 ISO 协议或一个协议中的有限命令集，那么将会显著降低对 MCU 中 Flash 和 RAM 的需求。

TRF7970A 具有可编程的功耗模式，支持工作电流小于 $1\mu A$ 的超低功耗设计，内部的编程机制使其可以应用于接近式应用和近距离识别系统，例如，可用于设计 NFC 移动设备、蓝牙/WiFi 设备的安全配对、固件升级等短距离通信任务，或者产品识别与授权、医疗设备与消费电子、数字门锁、电子客票、护照或支付的阅读器系统等。TRF7970A 的固件为 MCU 提供了一套命令集和 API，允许设计人员从 MCU 发送指令以及操作寄存器组，实现对接口的管理和 NFC 通信。如前所述，在系统体积、功耗要求不严格时，也可采用 TRF79x0ATB 型的 NFC 模块。

目前市场上可供选择的 NFC 芯片越来越多，除 TI 公司之外，英飞凌、Maxim 等公司也都陆续推出了 NFC 系列芯片。这些芯片或者功能模块通过 UART、SPI 等接口与系统主 MCU 连接，硬件扩展方便快捷，有助于加速产品设计、缩短开发周期。

6.4 小　　结

继第 5 章讨论最小嵌入式系统外围电路及其设计方法之后，本章面向嵌入式系统的扩展性设计需要，重点分类讨论了一组有代表性的、常用的嵌入式系统 I/O 接口、总线及网络。通过本章的学习，读者可以在梳理相关概念的基础上，深入理解不同扩展接口的物理特性、工作原理及通信机制。从第 2 章至此，本书对嵌入式系统硬件设计原理及方法的相关论述全部完成。

当然，用于嵌入式系统的接口、总线、网络等的机制还有很多，如 IrDA 红外接口、LCDC/MDDI/EBI2 等 LCD 接口、通用工业协议（Common Industrial Protocol，CIP）、LonWorks 现场总线、1553B 航空总线、面向车联网的 V2X 无线通信，以及移动行业处理器接口（Mobile Industry Processor Interface，MIPI）联盟制定的摄像头接口 CSI、显示接口 DSI、射频接口 DigRF、麦克风/喇叭接口 SLIMbus 等。同时，在嵌入式系统设计中还经常要用到传感器、作动器（或执行器）、数模/模数转换（DAC/ADC）、脉冲宽度调制（PWM）等组件或技术。读者可在本章内容的基础上，根据工作需要或兴趣继续学习与探索。

习　　题

1. GPIO 与专用接口/引脚有何不同？GPIO 有何特点？如何使用 GPIO？（延伸：查阅资料了解 GPIO 及其使用方法。）

2. 设计一个主从式 SPI 总线系统，一个 SPI 主设备和 n 个从设备形成位长为 $(n+1) \times 8$ 的循环移位寄存器。请给出硬件原理图，并分析数据传输过程。

3. 参照图 6.6，画出 CPHA=1 时 SPI 各引脚的信号时序图，并与图 6.6 对比数据采样和数据输出的时机有何差异。

4. 图 6.93 是基于 I²C 总线设计的三设备连接系统。调试中发现,各个节点正常工作,但无法正确收发数据。请分析硬件电路存在的问题并给出解决方法。

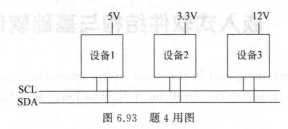

图 6.93　题 4 用图

5. 简述 I²C 总线的仲裁原理,并分析为何在仲裁过程中并不会丢失任何数据。

6. 如何理解 SPI、I²C 总线中同步的含义及其机制?

7. 使用 UART 进行通信时收发双方需要设置哪些参数?简述其数据收发的基本过程。

8. 信号在传输过程中会随着距离的增加而衰减,并可能受到外部电磁环境的干扰。请给出至少两种增加信号可靠传输距离的方法,并简述其原理。

9. 分析车载舒适总线中的电平状态,并参照图 6.50 画出 CANH 和 CANL 的变化关系。

10. 一个由蓝牙设备组成的微微网在什么状态下可以有多于 7 个从设备?该状态有什么特点和用处?

11. 简述蓝牙 Mesh 网络的组网原理,并给出至少一个场景分析或设计。

12. 分析、对比新型蓝牙、ZigBee、WiFi 技术的特点及其适合的应用场合。

第 7 章　嵌入式软件结构与基础软件组件

If you do something and it turns out pretty good, then you should go do something else wonderful, not dwell on it for too long. Just figure out what's next.

—Steven Paul Jobs

The value of a man should be seen in what he gives and not in what he is able to receive.

—Albert Einstein

在数字计算装置的体系架构中,硬件承载着软件的"数字生命",而软件又为硬件赋予更高级的"数字灵魂"。嵌入式系统呈现应用类型多样、技术途径多元等特点,那么,各式各样的嵌入式软件系统到底具有什么样的逻辑体系? 又有哪些典型的软件结构与基础软件组件呢? 本章将从计算系统的运行逻辑着手进行梳理和分析,加深读者对相关技术的理解,并为嵌入式软件与系统的设计、开发奠定基础。

7.1　计算系统的启动与运行过程

在阐述嵌入式软件体系之前,先来分析和对比通用计算机和嵌入式计算系统的启动过程,以更好地理解本章及后续章节的内容。

7.1.1　通用计算机启动过程分析

计算机是如何启动的? 仅仅是打开电源,在闪过几个画面后启动操作系统吗? 在这个过程的表象背后,计算装置都进行了哪些操作,执行了怎样的流程,又涉及哪些软件呢?

在做分析之前,首先简要地回顾 BIOS(Basic Input Output System,基本输入输出系统)这个固件。BIOS 最早出现于 1975 年的 CP/M 计算机中,现已成为 IBM PC 兼容计算机系统中的标准固件接口。从软件角度看,BIOS 是存放在计算机 ROM 或 Flash 中的一段程序,也是计算机启动后执行的第一段程序,其主要功能如下:

(1) 上电自检(Power-On Self-Test,POST)。系统加电后,BIOS 程序识别硬件配置并对其进行自检,以保证可以正常初始化。

(2) 基本 I/O 驱动与事件处理。初始化并驱动硬件,如显示器、串口、键盘等接口,使能基本的中断机制。

(3) 启动参数设置。引导过程中允许用户通过热键开启设置界面,进而对 CMOS RAM 中的启动参数进行配置。注意,CMOS RAM 是由后备电池供电的存储器,等效于第 4 章介绍的 BBSRAM,存放启动配置数据,电源掉电后内容丢失。

(4) 系统自动装载。在系统自检及初始化成功后,根据启动顺序,将相应启动设备主引导记录(Master Boot Record,MBR,一般位于 0 磁道的 0 扇区,大小为 512B)中的引导程序加载至内存并从其入口地址运行。

通用计算机的基本启动过程可以描述如下。

(1) 系统上电或复位,x86 处理器复位,其中代码段寄存器 CS 的初值为 0xFFFF,指令指针寄存器 IP 的初值为 0x0000,该 CS:IP 地址存放的是一条跳转指令。

(2) 跳转至 ROM 中 BIOS 的入口地址 0xFFFFFFF0(复位向量地址),启动 BIOS。

(3) BIOS 进行上电自检,若无错误,则初始化基本硬件,允许用户进行参数配置,然后将第一个启动设备的第一个扇区加载到系统 RAM 的 0x7C000 地址,启动 MBR 中的引导程序,进入引导的第一阶段。

(4) 调用 Windows MBR Loader 或 LILO、GRUB、WinGrub 等引导程序运行,进入引导的第二阶段。

(5) 引导程序调用操作系统的引导加载程序(BootLoader)把用户选择的操作系统内核加载到内存,并跳转到操作系统入口地址开始执行。至此,计算机的控制权就交给了操作系统,基本的启动过程完成。

由以上对启动过程的分析可知,通用计算机中的系统软件并不仅仅是用户安装在存储介质上的操作系统,还应包括主板 ROM 中的 BIOS 固件程序、MBR 中的引导程序以及操作系统的引导加载程序,这才构成了一个可启动、可运行的完整软件系统。

7.1.2　嵌入式系统启动过程分析

嵌入式系统的软硬件体系结构丰富多样,并不像通用计算机那样具有较为统一的接口标准,因此不同嵌入式系统的启动过程也有所不同。以下结合几种不同类型的嵌入式处理器进行分析和对比。

1. MCS-51 MCU 的启动过程

MCS-51 MCU 是一类比较简单的嵌入式处理器。不论是基于操作系统(如 RTX51)设计的代码还是基于 MCU 直接编写的用户程序,都将被一体化地编程为一段可运行的代码。进而,开发者可以通过编程器将这些代码直接烧写在 MCU 的 E²PROM 或 Flash 中,即完成了嵌入式软件的固化。

如前所述,MCS-51 MCU 在上电复位后,各个寄存器会设置为相应的初值(见表 5.6),其中 PC 寄存器的初值为 0x0000,指向第一条指令的存储位置。在 MCS-51 MCU 中,0000H、0001H、0002H 这 3 个单元存放了一条无条件跳转指令,当从该地址执行时将直接跳转到主程序的入口地址。与此类似,0003H、000BH、0013H、001BH 及 0023H 分别存放了外部中断 0、定时器中断 0、外部中断 1、定时器中断 1 以及串口中断的 ISR(Interrupt Service Routine,中断服务程序)地址。因此,也可以将该段代码看作 MCS-51 MCU 的中断向量表(Interrupt Vector Table,IVT)。

以下是典型的 MCS-51 MCU 初始化汇编代码:

```
ORG 0000H              ;入口地址
LJMP START             ;开始函数入口
ORG 0003H              ;外部中断 0
NOP                    ;空指令,延时
AJMP RETURN            ;无外部中断 0 的中断服务程序,返回
ORG 000BH              ;定时器 0 中断
```

```
        AJMP TIMER0                    ;跳转至定时器 0 的中断服务程序
        NOP                            ;错误位置,空指令,延时
        AJMP RETURN                    ;再次从定时器 0 的服务处理程序返回
        ORG 0013H                      ;外部中断 1 的中断服务程序
        AJMP RETURN                    ;无外部中断 0 的中断服务程序,返回
        NOP                            ;错误位置,空指令,延时
        AJMP RETURN                    ;再次从外部中断 1 的中断服务程序返回
        ORG 001BH                      ;定时器 1 中断
        RETI                           ;定时器 1 中断返回
        NOP                            ;错误位置,空指令,延时
        AJMP RETURN                    ;再次从外部中断 1 的中断服务程序返回
        ORG 0023H                      ;串口中断
        AJMP RECEIVE                   ;跳转到串口接收中断程序
        ...                            ;时钟、波特率、I/O 等的初始化代码
    START:                             ;主程序入口
        ...
        JMP START                      ;无限循环
    TIMER0:
        ...
        RETI
    RECEIVE:
        ...
        RETI
```

其中,ORG 0000H 就是 MCU 的复位入口地址,在该地址存放了长跳转指令 LJMP START。复位后,LJMP START 指令执行,将跳转到标号 START 处执行。这就是 MCS-51 MCU 加电启动的基本过程。在"START:"代码段的结尾处或任何需要程序返回入口地址执行的地方,可使用 JMP START 指令,从而使主程序以无限循环的方式运行。

2. ARM 处理器的启动过程

处理器复位后,将从第一条指令处开始执行,ARM 处理器也不例外。当然,ARM 处理器较 MCS-51 具有更为复杂的体系和丰富的功能,其启动过程也更为复杂。

1）上电启动

ARM 处理器在复位后从 0x00000000 地址开始执行指令,至于这条指令存放在什么位置,则与具体的启动方式、内存布局密切相关。例如,基于 NAND Flash 的 S3C2440 处理器的启动过程如下:

(1) 处理器上电复位。

(2) NAND 控制器将 NAND Flash 中最前面的 4KB 代码(如厂商提供的 bootloader0)复制到首地址为 0x00000000 的 Boot SRAM 区(也称 Boot 镜像区)。

(3) 处理器从 Boot SRAM 区的第一条指令开始执行,可为更复杂的软件初始化资源,因此 Boot SRAM 区被形象地称作垫脚石(stepping stone)。

在 ARM 的裸机程序(bare metal program)设计模式中,将编译生成的二进制代码烧写到 NAND Flash 的 0x00000000 地址,系统复位后,基于以上步骤就能运行用户希望执行的代码,比较简单。当采用 NOR Flash 启动方式时,因为其被统一编址且首地址映射为 0x00000000,可直接取第一条指令执行。

对于片内集成启动固件的处理器,如采用 ARM-A8 核的 A10/A20 SoC 以及基于 ARM920T 的 EP9315 等,片内都集成了容量有限的独立 Boot/internal ROM(BROM/iROM),ROM Boot Loader(RBL)支持从 NAND Flash、SD/MMC、eMMC 或 USB 等设备启动。上电复位后,处理器将从该 ROM 的复位向量地址 0xFFFF0000 开始执行,RBL 通过判断处理器特定引脚的电平进入正常启动模式或开发模式。然后,RBL 获取下一步要执行的代码并将其复制到 SRAM 或 SDRAM 中引导执行。

再以 STM32 为例,它提供了 3 种启动模式,并允许通过控制 BOOT0、BOOT1 引脚的电平进行启动模式选择。BOOT0 为 0 表示从处理器内置的主 Flash 启动,地址空间为 0x08000000~0x0807FFFF,是正常工作时采用的启动模式;BOOT0 为 1、BOOT1 为 0 表示从系统存储器启动,地址空间为 0x1FFFF000-0x1FFFF7FF,用于程序下载烧写;BOOT0 为 1、BOOT1 为 1 表示从片上 SRAM 启动的调试模式,地址空间为 0x20000000~0x3FFFFFFF。处于第三种模式时,在应用程序初始化代码中需要重新设置中断向量表的位置。启动模式只决定待加载代码的具体位置,加载完成后会有一个重映射,将其映射到 0x00000000 地址位置,然后处理器从 0x00000000 开始执行指令。这些指令将进一步完成堆栈指针(Stack Pointer,SP)设置、程序计数器(PC)设置、系统时钟配置、外部 SDRAM 配置以及应用/系统程序的调用。

2) 嵌入式操作系统装载

完成上电启动之后,处理器就进入程序执行状态。此时,既可以执行用户程序(裸机软件),也可以进一步加载、执行嵌入式操作系统。要进入操作系统执行阶段,还需要用到称为 BootLoader 的系统软件。BootLoader 进行硬件初始化工作,如屏蔽所有中断、建立中断向量表、关闭看门狗、建立内存空间映射图、设置堆栈等,然后将自身复制到 SDRAM 中。进而,BootLoader 继续为操作系统的运行做好资源初始化和环境准备,并将外部存储器中的操作系统映像及根文件系统映像复制到内存的代码和数据空间,设置内核启动参数。最后,跳转至操作系统内核入口地址开始执行,至此,嵌入式操作系统的启动全部完成。

3. DSP 的启动过程

DSP 的引导与启动通常也是由片内/片外的引导程序完成的。上电复位后,DSP 从入口获取复位向量地址,并据此跳转至初始化引导函数执行。以 TI 公司的 DSP2812 为例,入口地址为 0x3FFFC0。这个地址的具体位置仍需要根据 XMP/MC引脚的信号确定,在微处理器(MP)模式时从外部存储器的 0x3FFFC0 地址调用引导程序,而在微处理机(MC)模式时则从片上 Boot ROM 启动。引导程序执行后,继续查询 DSP 启动模式选择引脚的信号值,以确定具体的启动模式。启动类型决定了从什么位置加载 BootLoader 程序,常见的方式有 SPI、SCI、OTP、SARAM 及并行接口读入等。BootLoader 在内存中运行时,会执行堆栈指针初始化、数据块复制、寄存器配置以及用户程序加载等操作,然后系统进入最终的应用运行状态。

由上述分析可知,对于不同的嵌入式系统类型,其启动过程所涉及的软件构成有所不同。但基本上都是跳转到入口地址,执行基本的引导程序初始化资源,进而在内存中加载应用并启动执行。为了更好地理解这一启动过程,就需要进一步仔细阅读相应处理器的技术手册,深入理解其存储模型、引导模式和启动方法。

7.2　嵌入式软件结构

从上述启动流程，读者应该对嵌入式系统的软件有了一定的认识。显然，对于不同的处理器或者不同的设计架构，嵌入式软件的构成是有所不同的。以下从系统及用户软件的角度出发，对硬件上直接部署嵌入式软件以及通过嵌入式操作系统部署嵌入式软件这两种结构进行归纳和分析。

7.2.1　基于裸机的嵌入式软件结构

直接部署在嵌入式硬件上的软件称为**裸机软件**或**裸机程序**、**裸机代码**。该类软件一般要包括两方面的功能：其一是对硬件的直接操作和管理；其二是完成特定的应用处理。围绕裸机软件的结构与开发特征，图 7.1 给出了裸机嵌入式软件结构。

图 7.1　裸机嵌入式软件结构

部分嵌入式处理器内部会提供一个启动固件。由上面对启动过程的分析可知，启动固件的功能是完成处理器的复位引导及加载并执行应用软件。此时需要根据固件的要求将应用软件存储在特定的外存地址中。对于不提供启动固件的处理器，就需要设计人员将编译好的应用软件固化在处理器的复位入口地址处。调试软件的主要功能是根据用户指令控制应用软件的运行、观察软件运行的状态、设置运行参数等。调试软件可以是独立固化在目标机上的软件，也可以与应用软件集成在一起，这在本章后续内容及第 11 章中将会进一步讨论。

在传统设计中，裸机软件主要是指在目标机硬件上直接部署和运行的嵌入式软件，通常功能不复杂且代码量不大。该类软件的代码一般分为两个组成部分：最开始的初始化代码主要负责设定中断向量表以及配置时钟、波特率、I/O 功能、中断优先级及开关等，使硬件达到应用软件的运行要求；软件的主体部分主要是运行算法、操作 I/O 以实现应用功能，而且一般都是无限循环结构，这是因为嵌入式系统上电后就应该永远处于执行任务状态，直至宕机。显然，该类嵌入式软件不但具有应用功能，还具备系统软件的硬件管理功能。这种传统的软件结构非常适合路灯控制、玩具等小型、单一产品的设计和开发，其优点是简洁、高效。

但是，当系统具有不断升级或不同型号的演化需求时，裸机软件的缺点就会明显地暴露出来。首先，当硬件平台发生改变时，如体系结构、时钟频率等有了变化，必须对应用软件代码中的相关部分进行修改。其次，当对 I/O 功能及操作进行调整时，也需要修改应用软件的代码。这导致软件不易于维护、升级和复用。为了解决这些问题，设计中可采用如图 7.2 所示的可移植嵌入式裸机软件结构。在微观上，该结构内部采用层次化设计，将硬件层、I/O 操作层与应用层软件进行模块化的分离，各层之间以模块接口的形式进行交互。其中，板级支持包（BSP）层提供对硬件资源的抽象描述，操作代码封装在具有标准接口的模块中，模块内部可以实现对不同处理器和目标机硬件的支持,多采用汇编语言、C 语言等编程语言实现。I/O 操作层定义了对 I/O 访问和操作的标准接口,内部封装了不同硬件体系下进行 I/O 操作的代码实现,使得应用算法只需要调用接口而无须关注硬件细节。最上层的应用算法是与硬件无关的、纯逻辑性质的,一般采用 C 语言等高级语言实现。当需要将该应用软件移植到新的计算平台或产品上时,只需要关注和修改硬件层与 I/O 操作层代码,而复杂的应用算法则几乎不需改动甚至完全不用修改。显然,这一结构的层次更为清晰,具有更好的可移植性和可维护性。

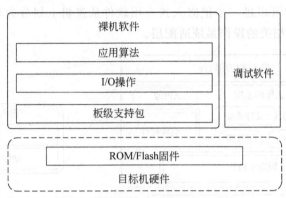

图 7.2 可移植嵌入式裸机软件结构

实际上,设计良好的嵌入式操作系统就是可移植嵌入式裸机软件的典型代表。例如,μC/OS Ⅲ 操作系统的代码总体可被划分为三大部分,即:与 CPU、外设硬件相关的代码和配置文件,硬件无关的操作系统服务代码,以及用户代码等。

7.2.2 基于嵌入式操作系统的嵌入式软件结构

裸机嵌入式软件结构具有结构较简单、额外资源开销少等特点,适用于简单系统的设计。但对于更为复杂的嵌入式系统而言,这种结构就显得非常受限。例如,若要设计一套多任务并发的嵌入式软件,满足多个功能同时运行、互相传输数据且操作同步、共享某些计算资源、采用图形界面、文件存储和管理等需求,那么,采用裸机软件结构该如何设计?实现的复杂度和工作量又如何呢?毋庸置疑,基于裸机软件结构肯定可以实现这些要求,因为天才的程序员总是能够找到解决各种问题的办法。但很明显的问题在于,除应用功能之外,设计者将不得不面临巨大的研发挑战,要为设计和开发系统的管理和服务功能付出巨大努力。另外,如果在产品研制的生命周期中需要将这样的一套软件移植到与当前架构不同的其他处理器上,也存在巨大的复杂度和难度。

1. 经典结构

操作系统的出现解决了底层资源的管理和维护问题,并以标准接口的形式向上层软件提供更丰富、强大的虚拟服务功能。操作系统可以把应用软件和硬件隔离,应用软件更多依赖于操作系统接口且侧重于算法功能实现。操作系统在降低软件设计复杂度的同时,还允许开发者实现功能更丰富、性能更好、逻辑更复杂的软件系统,在嵌入式系统领域也是如此。结合嵌入式系统的特点,图 7.3 给出了基于嵌入式操作系统的嵌入式软件结构,由下至上依次有硬件抽象层(Hardware Abstraction Layer,HAL)、BootLoader、嵌入式操作系统和嵌入式应用软件,同时还可能集成了系统调试软件。硬件抽象层向下屏蔽了硬件细节,向上为操作系统乃至 BootLoader 提供统一的资源描述和访问接口,可以增强上层软件的可移植性。BootLoader 在一定程度上初始化硬件,然后将操作系统内核装载到内存空间,并加载操作系统。嵌入式操作系统以微内核为核心,同时根据需要可以扩展文件系统、网络协议栈、嵌入式图形库以及系统服务 API 库等组件。嵌入式应用软件是面向特定应用设计的,用于完成具体的应用功能。为了增强嵌入式应用软件在不同操作系统之间的可移植性,一般要将应用软件中与操作系统相关的接口进行抽象。类似于裸机可移植软件及操作系统的 HAL 思想,在设计中可以进一步把嵌入式应用软件从逻辑上划分为与操作系统无关的算法层以及与操作系统相关的操作系统适配层。

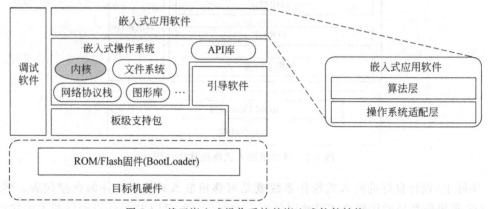

图 7.3　基于嵌入式操作系统的嵌入式软件结构

在图 7.3 所示的软件结构中,硬件抽象层、设备驱动程序、BootLoader 等软件组件与特定的嵌入式硬件密切相关。通常将这些与硬件密切相关的基础软件组件组织并纳入到统一的软件包中,形成嵌入式系统中独特的板级支持包(BSP)。在完成新的硬件设计之后,或打算将操作系统移植到新的目标硬件时,首先要完成的任务通常就是 BSP 的设计或移植,以实现嵌入式系统硬件的初始化和驱动。后续章节将会对上述软件组件分别进行介绍和分析。

2. 衍生结构

随着嵌入式系统的软件日益复杂,经典的嵌入式软件体系也在不断演化和发展。一方面,采用嵌入式中间件(embedded middleware)的嵌入式软件结构诞生。嵌入式中间件是部署在嵌入式操作系统软件和嵌入式应用软件之间的一类服务软件,用于屏蔽异构硬件差异或提供特定的功能和服务。典型的嵌入式中间件有面向平台异构性的 Java 虚拟机中间件、数据分发服务(Data Distribute Service,DDS)中间件、面向智能家庭的 HAVi 以及面向数字电视的 DVB-MHP 等。为了进一步发挥嵌入式资源(如多核、众核)的效能、丰富系统的功能或者增强嵌入式系统的安全性、隔离故障以提高可靠性等,嵌入式虚拟化(embedded visualization)技术随之出现。这对嵌入式软件体系的发展产生了重要影响。嵌入式虚拟化主要通过在嵌入式系统中部署特定的嵌入式监控程序(embedded hypervisor)或虚拟机管理器(Virtual Machine Manager,VMM),使得嵌入式系统硬件平台可以实现更为灵活和高级的功能,从而也使嵌入式设备发展至一种新的构造和开发形态。部署于嵌入式硬件之上的虚拟机软件可以向上支持多个相互独立的操作系统内核或多个不同类型的应用软件同时运行。在嵌入式系统领域,常见的虚拟化软件有面向嵌入式网络设备的 VirtualLogix VLX、面向移动设备与消费电子产品的 OKL4 Microvisor、面向手机的 VMware 移动虚拟化平台(Mobile Virtualization Platform,MVP)、面向物联网的 LynxSecure、风河公司的 Wind River Hypervisor、三星公司基于 ARM 的 Xen-ARM 等。

7.3 基础软件组件

7.3.1 ROM Monitor

Monitor(监控程序)顾名思义是一个用来监管系统运行的软件;ROM 则表示其通常为固件形态,属于系统软件的范畴。监控程序通常被看作是现代操作系统的鼻祖,最早用于实现作业批处理等管理功能。随着现代操作系统的发展,监控程序的运行时管理功能被完全取代,但其作用并未完全消失。例如,它可被用于系统的第一阶段引导、对运行时资源和状态的监控或者嵌入式系统开发中的调试等。本节将从嵌入式系统的角度出发,讨论该类软件组件的基本功能与特性。

1. 基本功能与特点

监控程序是嵌入式系统领域常见且重要的辅助软件组件,主要用于开发过程中的资源管理、代码下载和调试。在开发模式下,监控程序将在系统加电后被执行,初始化硬件资源,通过串口/网口与开发主机交互,进而执行程序加载、命令执行、程序调试等操作;在正常运行模式下,监控程序不会被加载执行,对用户是透明的。总体上,监控程序通常具有如下主要功能:

(1) 具有基本的系统初始化能力。当该程序运行后,可以初始化基本的处理器工作环境,包括校验存储器、设置寄存器、初始化串口等,使嵌入式硬件进入基本运行状态。

(2) 提供一个简单的用户命令接口。该接口通常是字符形式的命令行接口,允许接收并执行用户命令,可以执行检查、切换存储器或读写 I/O 端口等操作。

(3) 支持程序加载与执行。接收指令,通过串口或网口从主机或服务器将用户程序代码下载到目标机存储器,进而跳转到用户程序入口地址执行。

(4) 支持对程序设置断点并单步跟踪。接收到用户在特定位置插入断点的命令后,监控程序用特定指令(如 TRAP)替代原有代码中的指令。程序执行中遇到 TRAP 指令时,处理器将转入异常处理句柄执行。监控程序同时允许通过使用状态寄存器中的跟踪位(Trace)单步执行程序[103]。

(5) 查看寄存器及内存变量的值。允许用户通过命令访问处理器中的特定寄存器。允许用户通过命令读取、修改内存特定地址的内容。

(6) 可以与调试器(debugger)集成。可以提供从基本参数设置或者存储器、寄存器的测试到完整的反汇编与字符串搜索的能力。与调试器相结合,可提供更为强大的软件调试功能,如反编译、指令执行的连续跟踪等。

(7) 与硬件跳线配合使用。开发阶段将跳线引脚短路,系统启动后从监控程序进入开发、调试模式;在产品正式阶段,断开跳线引脚,系统从用户软件启动。

不同的芯片厂商所提供的监控程序在功能上会有所差异,但在软件开发、调试中的作用大都与图 7.4 所示的流程基本类似。相关调试机制的内容将在第 11 章阐述。

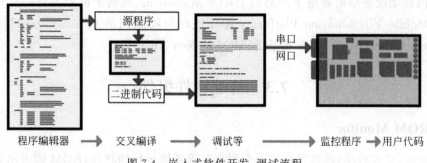

程序编辑器 ➡ 交叉编译 ➡ 调试等 ➡ 监控程序 ➡ 用户代码

图 7.4 嵌入式软件开发、调试流程

总体上，监控程序具有如下几方面的主要特点：

（1）驻留在目标硬件中的"系统"辅助软件，无须专门硬件，成本低、通用性强。

（2）上电后可以独立运行，也可通过设置跳线将其旁路。

（3）是调试嵌入式软件的有效工具，较硬件仿真器更为廉价，提高效率、减少硬件操作次数，避免可能的硬件损耗。

（4）较片上调试电路而言，减少了引脚数量和芯片逻辑复杂度及设计成本，避免了高速运行时的电磁干扰等问题。

2. 实例分析

监控程序类型丰富，功能也各有差异。本节选择几个不同类型的监控程序进行分析，以便读者更好地理解相关内容。

1）片内 Monitor ROM 及电路设置示例

MC68HC708 是 FreeScale 公司早期的一款 8 位低功耗、高性能微控制器，采用了 68HC08 处理器的计算核，内部提供了监控程序并允许通过引脚配置设定启动模式。图 7.5 给出了使 MC 68HC708 上电进入监控模式的电路示例。将 $\overline{IRQ1}$ 引脚接 $V_{DD}+V_{HI}$ 电平，同时分别将 PTC0、PTC1、PTA0、PTC3 这 4 个引脚置为 1、0、1、1 或者 0 就可满足处理器进入监控模式的条件。然后，执行一条软中断指令（SWI）或在 RST 引脚上先后加载逻辑 0、1 电平，处理器就会进入监控模式，并执行内置的监控程序。在该模式下，可以通过监控程序执行存储器读写、索引读写、读栈指针、运行用户程序等命令。

图 7.6 是该 MCU 的片内资源逻辑。其中，LVI 为低电压禁止模块，BREAK 为断点模块，COP 为 CPU 正常工作监控模块（也称看门狗）。MCU 内部集成了多种存储资源，有 8KB 用户 ROM、128B 用户 RAM、48B 用户 ROM 向量空间以及 960B 的 Monitor ROM。Monitor ROM 中存放监控程序固件，可通过单线接口实现监控程序与开发主机的通信。

2）PAULMON2

PAULMON2 是早期一个免费、易用的软件开发级 ROM Monitor，适合基于 MCS-51 系列 MCU 设计的单板计算机。在将 PAULMON2 固化到目标板上 EPROM 之后，目标板加电启动将进入菜单交互模式，允许设计人员将程序下载到 RAM 并启动运行。这是一种比重新烧写 EPROM 更为高效的方式。同时，PAULMON2 提供了调试程序功能和一些有用的内置功能，如交互菜单、软件下载与运行、内存控制等，支持对代码的多级调试。

当 MCS-51 程序设计完成时，任何涉及应用程序的 PAULMON2 功能都将被复制到用

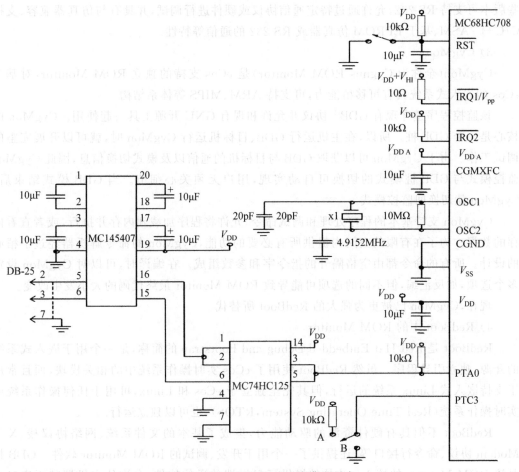

图 7.5 MC 68HC708 的监控模式电路

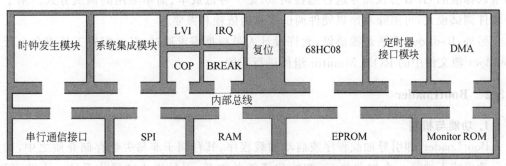

图 7.6 MC 68HC708 的片内资源逻辑

户代码中,快速地形成一个独立的应用。另外,PAULMON2 还具有可用于 Flash 的特性,即直接将修改过的应用程序下载到目标板 Flash 中。之后,通过设置 Auto-Start Header,可以在系统启动时让 PAULMON2 启动用户代码执行。如果用户代码需要更新,开发人员接通硬件跳线即可触发 PAULMON2 擦除 Flash 并返回到开发模式,进而重新下载用户代码。

其他类似的调试应用,如 Trace32 ROM Monitor,通常与 EPROM 仿真器一起运行,一些版本可支持 RS-232，允许通过特定通信协议或硬件进行调试，并具有与仿真器兼容、支持 C/C++/ASM、基于 EPROM 仿真器或 RS-232 的通信等特性。

3) CygMon

CygMon（全称为 Cygnus ROM Monitor）是 eCos 支持的独立 ROM Monitor，对基于 eCos 的嵌入式系统具有可移植能力，可支持 ARM、MIPS 等体系结构。

该监控程序遵守现有 GDB[①] 协议并允许和现有 GNU 开源工具一起使用。CygMon 的核心是一个 GDB 桩。所以，在主机运行 GDB、目标机运行 CygMon 时，就可以开展完整的调试工作。由于 CygMon 可以获取 GDB 与目标机的通信以及模式切换信息，因此 CygMon 监控模式与 GDB 桩模式的切换可自动实现，用户无须关心细节。当 GDB 模式结束后，CygMon 就切换回监控模式。

CygMon 支持基本的程序处理和调试命令，允许将程序加载到内存并执行，或者查看内存的数据。为了在有限的空间内提供所有必要的功能，CygMon 的命令解析器经过了精心的设计。所有的命令都由空格隔开的指令字和参数组成。在编译时，可以对 CygMon 设定多个选项，如反汇编，但不同的选项可能导致 ROM Monitor 最终代码的大小发生改变。

现在，CygMon 已被更为强大的 RedBoot 所替代。

4) RedBoot 中的 ROM Monitor

RedBoot 是 Red Hat Embedded Debug and Bootstrap 的简称，是一个用于嵌入式系统的开源、独立引导程序。虽然 RedBoot 使用了 eCos 实时操作系统中的相关模块，而且常用于支持嵌入式 Linux 系统的运行，但其完全独立于 eCos 和 Linux，可用于任何操作系统或实时操作系统（Real-Time Operating System，RTOS），也可以独立运行。

RedBoot 不但具有硬件资源的驱动能力，集成了基本的文件系统、网络协议栈、X/Y Modem 协议、命令行接口等，还提供了一个用于开发、调试的 ROM Monitor 软件。GDB 桩是该 ROM Monitor 的核心。该软件提供了目标端的通信软件，允许从主机端基于串口或网络以标准的 GDB 协议命令进行远程调试，是一种低成本、简单易用的调试方式。基于这一软件调试模式，可消除对昂贵硬件调试工具的依赖和需要。

另外，RedBoot 遵循开源协议，允许设计人员根据需求通过 eCos 配置工具或命令行对 RedBoot 源文件中的 ROM Monitor 组件进行配置。

7.3.2　BootLoader

1. 功能与机制

BootLoader，即引导加载程序或启动加载程序，其存储于非易失性存储介质之中，在正常启动模式下被第一个加载执行，初始化资源并加载、引导嵌入式操作系统。由此可见，BootLoader 必然成为现有计算结构范式下举足轻重的嵌入式系统软件组件。

1) 软件功能

作为第一阶段运行的系统软件，BootLoader 本身与操作系统、上层应用无关。根据上

---

① GDB：GNU Project Debugger，是 GNU 计划中的一款调试器。GNU 是 Gnu's Not UNIX 的缩写，由 Richard Stallman 在 1983 年公开发起，目标在于创建一个完全兼容于 UNIX 的自由软件环境或自由操作系统，Linux 就属于 GNU 类型。

述功能定位,BootLoader 要进行 CPU 及硬件资源的初始化,进而加载执行嵌入式操作系统或应用程序。因此,BootLoader 的设计就具有最小功能要求:对 CPU、存储器及外设进行初始化,驱动至少一个外部的数据通信接口,提供一种读、写、擦除 Flash 的方法。在此基础上,BootLoader 还应具备校验应用代码并将其搬移到内存中引导执行的能力。这是任何 BootLoader 软件都必须具备的特性。除此之外,BootLoader 还可提供在启动、引导过程中进行故障及错误的检测、报告、处理功能。从工作方式上,BootLoader 具有正常启动和交互式启动两种模式。正常启动时,BootLoader 执行硬件资源初始化、内存映射建立、应用代码/用户代码搬移与启动等操作;而在交互式启动模式中,BootLoader 则会在初始化之后进入用户交互接口(如 CLI),允许用户对启动参数的配置和管理。在加载启动操作系统或应用程序之后,BootLoader 不再发挥作用,成为系统中的哑代码。

　　由上述 BootLoader 功能分析可知,一个 BootLoader 程序由特定 I/O 驱动程序、通信协议或协议栈、文件系统、用户交互接口、内存映射配置表以及操作系统引导组件等构成。当然,不同的 BootLoader 在功能上存在差异,其体系、组件和机制也常常有所区别。图 7.7 给出了 BootLoader 的功能组成示例,其中的函数说明见表 7.1。

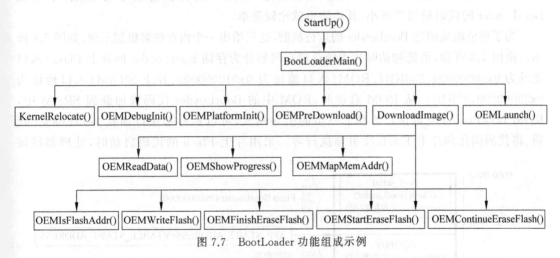

图 7.7　BootLoader 功能组成示例

表 7.1　图 7.7 中的函数说明

函　　数	功　　能
StartUp()	入口代码,上电后由 CPU 加载执行
BootLoaderMain()	完成基本的初始化工作,然后陆续调用 KernelRelocate()、OEMDebugInit()、OEMPlatformInit()、OEMPreDownload()函数
KernelRelocate()	将初始化数据的镜像文件复制到 RAM 的特定位置
OEMDebugInit()	初始化串口等调试资源,为后续软件调试做好环境准备
OEMPlatformInit()	执行特定平台的初始化工作,如时钟、一些驱动程序
OEMPreDownload()	做下载前的准备工作,向用户反馈信息
DownloadImage()	根据参数,将操作系统镜像下载到 RAM 或者 Flash
OEMLaunch()	引导、启动就绪的镜像
OEMReadData()	从远程计算机读取数据

续表

函　　数	功　　能
OEMShowProgress( )	显示操作完成进度
OEMMapMemAddr( )	内存地址映射,将 Flash 镜像文件临时缓冲到 RAM 中
OEMIsFlashAddr()	判断一个地址是否为有效的 Flash 地址
OEMWriteFlash( )	将镜像、数据写到 Flash 特定区域
OEMFinishEraseFlash( )	判断擦除 Flash 操作是否完成
OEMStartEraseFlash( )	启动擦除 Flash 操作
OEMContinueEraseFlash( )	继续擦除 Flash

2) 运行机制

BootLoader 的运行可分为单阶段模式和多阶段模式两大类。所谓单阶段模式,是指在对 BootLoader 寻址或将其搬移到 SRAM 特定位置之后,BootLoader 将完成上述所有功能,并引导操作系统或用户应用程序执行。由于 SRAM 的存储容量非常有限,单阶段 BootLoader 的代码量通常较小,其功能也就比较简单。

为了更清晰地阐述 BootLoader 的运行机制,这里给出一个内存映射机制示例,如图 7.8 所示。由图 7.8 可知,系统初始时片内的存储空间划分为存储 BootLoader 的片上 Flash(入口地址为 0x00000000,256KB)、ROM(入口地址为 0x01000000)、片上 SRAM(入口地址为 0x20000000,32KB)。从 ROM 启动时,ROM 中的 BootLoader 代码被加载到 SRAM 中,ROM BootLoader 允许用户选择下一步的引导模式,可以从外部接口加载 BootLoader 代码、将代码固化到片上 Flash 或引导执行等。采用片上 Flash 的代码启动时,处理器将该

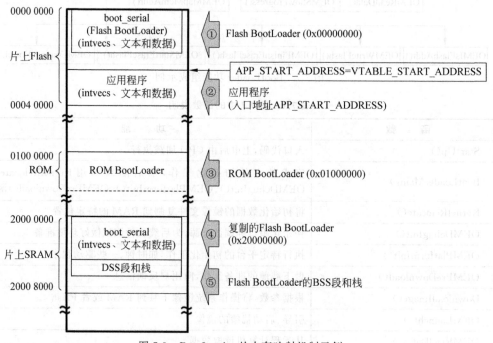

图 7.8　BootLoader 的内存映射机制示例

BootLoader 代码复制到片上 SRAM 中,启动运行。注意,由于这里的 SRAM 只有 32KB,因此,当 Flash BootLoader 代码大于 32KB 时,就无法将其复制到 SRAM 中运行。要使用更为丰富的 BootLoader 功能,就需要采用多级启动机制。

多阶段模式是指:一段启动代码上电运行后,为下一段启动代码准备环境,并加载、调度该代码执行;新的代码又为下一段代码准备环境并加载、调度执行;以此类推,直至操作系统或用户程序被启动。BootLoader 的多阶段运行模式将引导过程分为多个阶段,常见的是 Stage1＋Stage2 两阶段模式。

预启动阶段是为 BootLoader 运行做准备的阶段,通常是指片上 ROM 的执行阶段。如上所述,在直接从 BootLoader 启动的系统中不需要预启动操作。

在第一启动阶段(Stage1),BootLoader 执行基本的初始化代码,初始化堆栈,准备 RAM 空间并将下一阶段的代码复制到 RAM 特定位置,然后跳转至下一阶段的代码入口点执行。由于第一阶段的代码通常基于汇编语言实现且代码量非常小,适合在空间有限(如 SRAM)或速度较慢(如 NOR Flash)的片上存储资源中运行。

第二启动阶段(Stage2)的代码在内存中运行,由于不再受到内存容量的限制,因而允许设计更为复杂的功能。常见功能包括:初始化本阶段要用到的硬件设备,检查系统内存的映射,将内核文件和根文件系统映像从 Flash 复制到 RAM 的特定位置,设置内核启动参数以及调用内核执行,等等。通常情况下,第二阶段的代码基于 C 语言设计,具有良好的可读性和可移植性。

图 7.9 是采用两阶段运行模式的 BootLoader 的内存映射示例。

图 7.9　采用两阶段运行模式的 BootLoader 的内存映射示例

简言之，嵌入式系统的上述启动过程就是：在初始阶段直接使用基本指令来初始化一部分资源，之后加载一小段代码，进而由这段代码继续准备更多的资源，加载更为复杂的代码，循序渐进地实现自引导，直至操作系统或应用程序被引导执行。

3）BIOS 与 BootLoader

从功能上，上述 BIOS 和 BootLoader 在计算系统中所扮演的角色有一定的相似性。但通过以上分析可知，二者是不能完全等同，主要存在如下差异：

（1）BIOS 是通用计算机组件，BootLoader 是嵌入式系统常用系统软件组件。

（2）BIOS 负责初始化硬件，然后调用操作系统引导代码（如 WinGRUB）；而 BootLoader 包含了全部这些功能。

（3）通用计算机中必须有 BIOS，但嵌入式系统中可以没有 BootLoader（如裸机软件）。

（4）通用软件设计人员通常不用关心 BIOS 功能，嵌入式系统软件设计人员需要关注 BootLoader 的功能和机制。

（5）BIOS 由厂商提供，一般只能用厂商发布的升级包升级和维护；BootLoader 通常由开发人员根据硬件进行定制，允许配置或增加新的功能，同一个目标板可采用不同的 BootLoader。

（6）BIOS 通常是主板上独立的 ROM 单元；BootLoader 既可以是独立的 ROM，也可以和操作系统、应用代码同时存储在 Flash 的不同区域。

（7）系统启动后，BIOS 的运行时服务驻留在内存中，目标操作系统及应用仍可使用；而 BootLoader 完成引导任务之后就不再有效，成为哑代码。

2. RedBoot

RedBoot 是 Red Hat 公司基于 eCos 硬件抽象层设计、推出的标准化嵌入式系统调试/引导环境，是面向嵌入式系统的完整引导程序。作为 CygMon 监控程序和 GDB 桩等调试固件的替代软件，RedBoot 可以支持多种操作系统的引导并提供了网络下载、调试等功能组件，为引导映像文件提供了简单的 Flash 文件系统。同时，RedBoot 提供了在嵌入式目标系统中下载、执行程序的一组工具以及控制目标系统环境的工具集，既可用于嵌入式产品的开发，也可用于最终产品的部署。

图 7.10 是 RedBoot 的基本组成结构。由图 7.10 可知，RedBoot 通过硬件抽象层与特定的目标机硬件匹配，并驱动所要使用的串口、以太网接口及存储设备。在更上层，RedBoot 集成了网络协议栈、通信协议 X/Y Modem、文件系统。RedBoot 提供了 GDB 桩和目标端的通信功能，允许采用将 RedBoot 和主机上 GNU 调试器相结合的远程调试模式，通过串口或网络调试嵌入式软件。RedBoot 的命令行接口（CLI）模块提供了一组格式为"Command [-Option1][-Option2 Value] Operand"的控制命令，开发人员通过命令行交互的方式对 RedBoot 进行配置和管理。

RedBoot 可以被配置为 3 种启动模式。在 ROM 模式下，RedBoot 驻留在 Flash 或 EPROM 等非易失性存储器中，并从当前位置执行。这种模式适用于 RAM 资源受限的系统。此时，Flash 命令不能更新 RedBoot 映像所在的 Flash 区域。在 ROMRAM 模式下，启动时必须先将驻留在 Flash 或 EPROM 中的 RedBoot 复制到 RAM 中，再从 RAM 中引导执行。虽然这种模式会占用较大的 RAM 空间，但其运行速度快，而且允许对 Flash 上的 RedBoot 区域进行更新。如果需要更新 Flash 中的 RedBoot 映像，则必须以 RAM 模式启

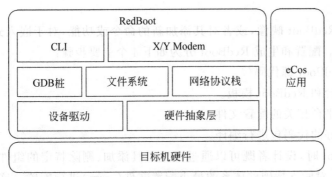

图 7.10 RedBoot 的基本组成结构

动 RedBoot。在 RAM 模式下,RedBoot 驻留在内存空间并从内存引导执行。RAM 模式主要用于更新 ROM 中的 RedBoot 映像,或者当已存在另一个非 RedBoot 的引导监控程序时安装 RedBoot。注意,当没有其他 ROM Monitor 加载 RedBoot 时,RAM 模式并不可用。因此,在独立启动一个目标板时,只能使用 ROM 或 ROMRAM 方式。RedBoot 的启动方式可通过硬件抽象层中的 CYG_HAL_STARTUP 选项控制,同时,可以通过 RedBoot 命令行接口中的 version 命令查看当前是哪种启动模式,上述 3 种启动模式分别提示为[ROM]、[ROMRAM]和[RAM]。图 7.11 是在 A2F200 ARM 平台部署 RedBoot 后,以 ROM 模式启动时在串口超级终端输出的信息。

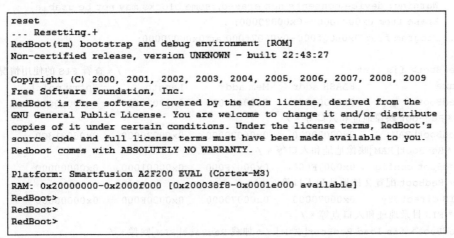

```
reset
... Resetting.+
RedBoot(tm) bootstrap and debug environment [ROM]
Non-certified release, version UNKNOWN - built 22:43:27

Copyright (C) 2000, 2001, 2002, 2003, 2004, 2005, 2006, 2007, 2008, 2009
Free Software Foundation, Inc.
RedBoot is free software, covered by the eCos license, derived from the
GNU General Public License. You are welcome to change it and/or distribute
copies of it under certain conditions. Under the license terms, RedBoot's
source code and full license terms must have been made available to you.
Redboot comes with ABSOLUTELY NO WARRANTY.

Platform: Smartfusion A2F200 EVAL (Cortex-M3)
RAM: 0x20000000-0x2000f000 [0x200038f8-0x0001e000 available]
RedBoot>
RedBoot>
RedBoot>
```

图 7.11 RedBoot 以 ROM 模式启动时在串口超级终端输出的信息

就工作模式而言,RedBoot 可以被配置为串口或以太网口通信模式,而且只要从该端口开始传输命令,此后就只能基于该端口进行所有的通信及数据下载,直至系统被复位。当采用以太网端口与 RedBoot 通信时,必须把 RedBoot 获取 IP 地址的方式配置为静态参数或 DHCP(Dynamic Host Configuration Protocol,动态主机配置协议)。其中,静态参数是指在编译 RedBoot 映像之前就为其指定了固定的网络地址,或者运行后通过串口配置一个 IP 地址。而在动态 IP 分配模式时,RedBoot 会使用 BOOTP(Bootstrap Protocol,引导协议)动态获取网络参数。这种情况下,嵌入式设备必须可以访问一台 DHCP 或 BOOTP 服务器。基于网络接口和 TCP/IP 协议栈,RedBoot 可以使用 TFTP 从服务器端自动下载应用代码。

移植、定制 RedBoot 映像，或者对其添加新的命令或功能，对于嵌入式系统的设计、升级是非常重要的。配置和生成 RedBoot 分为如下 4 个主要步骤：

（1）下载 RedBoot 源代码包。

（2）选择平台和 RedBoot 模板。

（3）导入与平台相关的配置文件。

（4）对配置好的代码包进行编译。

配置 RedBoot 时，设计者既可以通过配置工具添加、删除特定的组件，进行手动定制，也可以基于 eCos 对所支持硬件体系的最小配置文件（.ecm）进行配置。这个最小配置文件包含了具体硬件平台的基本配置信息，允许快速生成一个可执行的配置。以上配置和编译操作均可采用命令行方式和图形界面方式实现。

在编译好 RedBoot 映像之后，可以通过 ROM Monitor 等方式将其固化在非易失性存储器中。一旦 RedBoot 映像驻留在系统的 Flash 存储器中，用户就可以基于 RedBoot 提供的 Flash 映像系统（Flash Image System，FIS）和操作命令运行或更新配置。以下是 FIS 文件系统初始化及查看指令，相关细节请查阅《RedBoot 用户手册》。

```
RedBoot> fis init                                        /* 初始化 FIS */
About to initialize [format]flash image system - continue (y/n)? y
*** Initialize Flash Image System
    Warning: device contents not erased, some blocks may not be usable
... Erase from 0x00070000-0x00080000: .
... Program from 0x0606f000-0x0607f000 at 0x00070000: .
...
RedBoot> fis list                                        /* 查看 FIS 的使用情况 */
Name              FLASH addr      Mem addr        Length        Entry point
RedBoot           0x00000000      0x00000000      0x00020000    0x00000000
/* RedBoot 映像地址和入口等 */
RedBoot[RAM]      0x00020000      0x06020000      0x00020000    0x060213C0
/* RedBoot[RAM]映像地址和入口等 */
RedBoot config    0x0007F000      0x0007F000      0x00001000    0x00000000
/* RedBoot 配置文件地址和入口等 */
FIS directory     0x00070000      0x00070000      0x0000F000    0x00000000
/* FIS 目录地址和入口点等 */
RedBoot> fis load RedBoot[RAM]  /* 加载 RedBoot[RAM]映像 */
RedBoot> go                      /* 启动 RedBoot[RAM]映像 */
...
redboot> fconfig                   /* 对已保存在 Flash 中的配置选项进行管理和重配置 */
Run script at boot: true           /* 脚本上电运行 */
Boot script:
Enter script, terminate with empty line
>>fis load zImage                  /* 加载操作系统映像文件 */
>>exec -c "root=/dev/mtdblock4 console=ttyS0 devfs=mount display=sam240"
/* 以特定参数启动内核 */
Boot script timeout (1000ms resolution): 3                    /* 延迟 3s */
Update RedBoot non-volatile configuration - continue (y/n)? Y  /* 存储配置 */
```

总体上，可以将 RedBoot 的特性总结如下：

（1）支持脚本启动，提供上电自检功能。

（2）通过超级终端或 Telnet 连接命令行接口，可以配置和管理 RedBoot。

（3）集成了 GDB 桩，允许主机的调试器通过串口或局域以太网进行远程调试。

（4）RedBoot 属性配置，包括网络参数、默认启动的 Flash 映像、默认失效保护图片、时间和日期等。

（5）可针对不同的目标系统进行配置和扩展。

（6）支持通过 BOOTP、DHCP、TFTP 等协议的网络引导启动及配置。

（7）针对串口下载映像的 X/Y Modem 机制。

（8）广泛地支持 ARM、PowerPC、MIPS、IA32/x86、SuperH、CalmRISC 等处理器，通用性强。

除 RedBoot 之外，常见的嵌入式系统 BootLoader 还包括 U-Boot、Blob、vivi 以及 TI 公司面向 DSP 的启动程序等。例如，U-Boot（Universal BootLoader，即通用的引导装载程序）也是一个开源的 BootLoader。"通用"表示其广泛支持不同类型的嵌入式操作系统和处理器。目前，U-Boot 可以支持 Linux、VxWorks、QNX、Android、pSOS 等数十种嵌入式操作系统，以及 ARM、PowerPC、MIPS、x86、NIOS 等多种处理器体系结构。U-Boot 项目源自以前的 PPCBOOT 项目，因此对 PowerPC 系列处理器的支持更为丰富和完善。Blob（BootLoader Object）专门针对 StrongARM 架构的 LART 硬件。vivi 是 MIZI 面向 s3c2410 开发的加载程序。表 7.2 给出了几种典型 BootLoader 的参数对比。由表可知，RedBoot 与 U-Boot 的通用性更为突出，是常用的 BootLoader。

表 7.2　典型 BootLoader 的参数对比

名称	监控程序功能	说　明	支持的典型处理器体系结构					
			x86	ARM	PowerPC	MIPS	SuperH	M68K
RedBoot	有	以 eCos 为基础的加载程序	√	√	√	√	√	√
U-Boot	有	以 PPCBoot 和 ARMBoot 为基础的通用加载程序	√	√	√	√	√	√
Blob	无	LART 硬件计划的产品	×	√	×	×	×	×
Bios-it	无	专门支持三星公司 S3C4510B ARM 处理器	×	√	×	×	×	×
vivi	无	韩国 MIZI 公司为三星公司 S3C2410 开发的加载程序	×	√	×	×	×	×
Sh-Boot	无	Linux SH 计划的主要加载程序	×	×	×	×	√	×
PMON	有	面向 MIPS 处理器开发的加载程序	×	×	×	√	×	×
LILO	无	Linux 的主要磁盘引导加载程序	√	×	×	×	×	×
GRUB	无	Lilo 的 GNU 版后继	√	×	×	×	×	×
WinGRUB	无	基于 Windows 的 GRUB	√	×	×	×	×	×

7.3.3 BSP

如前所述，通用计算机采用了标准的 x86 体系结构，I/O 接口基本一致，硬件平台、系统软件具有一致性和确定性。因此，可以设计具有基本统一的硬件抽象层软件集管理底层硬件，向上支持 Windows 或 Linux 操作系统的运行。

然而，嵌入式系统中的情况发生了很大变化。首先，嵌入式处理器体系结构有数百种之多，无法统一抽象和描述；其次，即使采用相同体系结构的处理器，不同应用系统的资源类型、规模等也会存在差异；最后，嵌入式操作系统丰富多样，同一嵌入式硬件也可对应不同的系统软件部署方案。这 3 个主要因素决定了不可能采用通用计算机的设计思路为嵌入式系统设计、开发一个比较统一的硬件抽象层，同时也决定了在嵌入式系统领域不会形成 Windows+Intel（常称为 WINTEL）这样的垄断式技术体系。

1. BSP 的基本原理

1）BSP 的功能与特性

为了实现嵌入式操作系统在不同嵌入式硬件平台的快速部署和移植，嵌入式软件体系中引入了板级支持包（BSP）。BSP 是位于嵌入式系统硬件和嵌入式操作系统之间的软件包，其形式由嵌入式操作系统决定，而其具体内容则由硬件平台决定。也就是说，BSP 的文件结构、内容格式等都依赖于嵌入式操作系统，不同操作系统的 BSP 形式不同。例如，VxWorks、Windows CE、Linux 等不同嵌入式操作系统的 BSP，其组织形式是完全不同的。在不同硬件上部署同一个嵌入式操作系统时，相应的 BSP 具有相同的结构和形式，但其内部参数、驱动程序等具体实现则可能有所差异。从功能上讲，BSP 中提供了硬件初始化、中断、驱动等所需的配置参数和代码，实现对操作系统与具体硬件的隔离。由此，操作系统的移植就主要体现为对 BSP 的修改，其优点显而易见。

从不同的角度，可以发现 BSP 具有不同的特性。从设计的角度，BSP 通常会给出一套编写规则，如 BSP 的编码规则、文档规范、BSP 结构、驱动规范等，同时也会给出 BSP 的确认过程，如 BSP 的验证、安装测试、功能测试以及代码检查等。在不同操作系统的 BSP 接口描述中，这些规则和过程有所差异，需区别对待。从接口的角度，BSP 是内核与设备驱动程序之间的接口。BSP 并不直接使用硬件，但可以为操作系统提供基础运行环境和标准的硬件访问接口，包括设备控制器、存储器、内外部总线等的驱动程序。从软件功能的角度，BSP 是一个硬件抽象层函数库的集合。BSP 内部采用模块化的设计结构，为各硬件组件设计相互独立的函数，并形成一个函数库。这个库中包括了上电或复位后硬件的初始化组件，以及用于中断产生与处理、硬件时钟与定时器管理、存储器映射等的组件与服务。这些基本服务进一步为操作系统内核提供了多任务服务、存储管理等支持。另外，其他设备驱动程序和相关的支持服务也可以包括在这些库中。例如，设计人员可以通过扩展该集合的功能实现对网络、安全、存储、图形以及特定 I/O 的支持。从开发、调试的角度，BSP 可以支持主机/目标机交叉开发环境。BSP 提供了目标系统与开发主机的通信协议。在开发阶段，目标机和开发主机上的开发环境可以通过以太网、JTAG、串口等方式通信，进而支持对目标嵌入式软件的远程跟踪与调试。在系统开发完成时，可以将 BSP 中的开发、调试组件去掉，生成最终发布的嵌入式软件。

另外，从不同技术人员的角度，也可以对 BSP 形成不同的认识。在系统开发过程中，

BSP 及驱动程序设计人员将其作为具有标准格式的低层应用软件包进行设计,要尽可能掌握相关硬件的技术细节和机制,并将配置的参数、开发的代码以规定的形式集成。操作系统开发人员将其看作一个可直接使用的资源包,在开发、定制嵌入式操作系统时仅涉及对 BSP 的配置,然后编译生成一个特定的操作系统映像。另外,BSP 也常用于生成 BootLoader 映像。嵌入式应用软件开发人员则将 BSP 的资源和功能当作函数或服务的集合使用,并不关心底层硬件和操作系统层的具体实现细节。

由上述内容可知,BSP 的主要作用有两个:一是针对特定硬件配置操作系统内核;二是使操作系统内核等机制与硬件进行隔离,便于移植。这些特性主要通过定义相应的引导过程并提供一组配置过程及访问特定硬件时所需的机制加以实现。如前所述,BSP 中不但包含硬件资源的描述,还包含处理器、总线、中断控制器、时钟和 RAM 等系统资源的初始化和配置功能以及设备驱动程序和可能的 BootLoader 代码等。简言之,BSP 提供了 CPU 及硬件组件初始化过程所需的信息和代码,并将系统中的硬件设备以可用方式呈现给上层的嵌入式操作系统和应用软件。综上所述,可将 BSP 所包含的功能进行如下概括:

(1) Boot Monitor,描述可用的系统启动资源及方法,如以太网、UART、SCSI、ROM 等组件。

(2) 提供用于网络启动的相关支持,如 BOOTP、Proxy-ARP 等。

(3) 默认的 RAM 大小,可配置的内存映射参数。

(4) Cache 功能支持。

(5) ROM 和 Flash 配置,包括 ROM 的创建和安装方式,以及 Flash 是否可以固化、如何固化。

(6) 系统时钟与定时器支持,描述 CPU 速度和定时器的比例关系。

(7) 设备支持,包括芯片驱动、板级设备驱动程序及其可支持的其他选项。

(8) 内存映射配置,提供详细的局部总线以及所有扩展总线的内存映射,允许通过配置文件(如 VxWorks 中为 config.h)配置地址。如果使用了 VME 总线,配置默认的主、从窗口参数;如果使用了 PCI 总线,则配置地址映射。

(9) 共享内存机制,设定主总线及所提供的共享内存类型、邮箱类型等。

(10) 可配置的中断参数,提供一个基于优先级/向量号的中断、异常列表,具有 BSP 中使用的中断及其例程。

(11) 串口支持,设定所有串行接口的默认参数。

(12) SCSI 接口配置,包括类型(SCSI-1、SCSI-2)及参数。

(13) 以太网支持,为每一个以太网接口设定相应的参数,包括获取 IP 地址。

(14) 编译规则,配置哪些预编译对象将随该 BSP 发布,设定待生成系统内核的类型。

(15) 配置目标机、服务器通信参数,包括名称以及支持的调试代理等。

2) BSP 的开发方法

前面对 BSP 与硬件平台、操作系统关系的论述已经潜在地说明了开展 BSP 设计和开发的基本思路与方法。要想设计一个基于特定硬件平台的、面向特定操作系统的 BSP,设计者首先要非常熟悉具体操作系统 BSP 的设计规范,即该 BSP 中文件、内容的组织形式和格式,同时还要很好地掌握目标硬件的体系和参数。需要强调的是,BSP 与其他软件的最大区别在于 BSP 有一整套模板和格式,开发人员必须严格遵守,不允许任意发挥。在 BSP 中,绝大部分文件的文件名和所要完成的功能都是固定的。所以，BSP 的开发一般来说都是在一个基本成型的 BSP 模板上进行修改，以适应不同单板的需求。基本的 BSP 开发过程可描述为如下 5 个主要步骤。

（1）配置操作系统的 BSP 开发环境。

（2）获取最小化的硬件或硬件模拟器配置。

（3）深入、透彻地理解硬件设计。

（4）创建一个最小的具有基本功能的内核。

（5）增加设备驱动程序。

一般情况下，开发的第一步就是用汇编语言编写将硬件初始化到不会产生未知中断的确定状态，然后才采用基于高级语言的代码为操作系统运行进行环境的初始化。显然，从头编写一个 BSP 将是一项较为复杂的工作，具有挑战性。

所幸，为了更好地使用嵌入式操作系统，嵌入式软硬件厂商通常都会不断地丰富其 BSP 资源库，这为特定 BSP 的开发以及操作系统的移植提供了方便。例如，Wind River 公司可供下载的 BSP 资源中 ARM 体系结构的 BSP 有 800 多个，PowerPC 体系结构的 BSP 有 1300 多个，MIPS 及 x86/Pentium/IA-32/IA-64 体系结构的 BSP 分别有 300 多个和 500 多个，同时还有 68K/CPU32、ColdFire、SPARC、XScale、i960 等其他嵌入式处理器的 BSP[104]。用户有两种渠道获取这些 BSP 资源：一是在购买特定的硬件板卡时，由板卡的原始设备制造商（Original Equipment Manufacturer，OEM）提供适合某个嵌入式操作系统的 BSP，另一个则是在购买嵌入式操作系统时从操作系统提供方获取特定硬件体系的 BSP。如果是自主设计的硬件，通常需要从操作系统提供方获取类似的 BSP。但应注意，这个 BSP 并不能直接用来编译、生成所需的操作系统映像，而是用作开发目标 BSP 时的参考和基础。这里简要说明基于现有 BSP 进行目标 BSP 开发的基本思路：第一步，选定要运行的嵌入式操作系统，因为操作系统决定了 BSP 的形式；第二步，从该操作系统的 BSP 资源中选择一个与目标系统硬件的处理器体系相同且资源最为接近的 BSP，这一步非常关键，如果选择合适，将会大大提高 BSP 的开发效率和质量；第三步，根据目标系统的特性，对 BSP 中的参数进行配置，同时对驱动程序进行扩展。

从方法上，对 BSP 的配置应该依照系统启动的顺序依次进行，从最小系统开始，即从最小操作系统内核功能的支持开始。在最小内核可以正确运行之后，逐步添加新的配置和驱动程序，以增量方式循序渐进地完成开发。

3）BSP、BootLoader 及 BIOS

如前所述，BSP 所包括的功能体现在从系统上电复位执行、硬件初始化到操作系统加载和运行的整个过程，主要用于生成特定平台嵌入式操作系统映像，部分嵌入式操作系统的 BSP 也可以生成独立的 BootLoader，如 VxWorks 的 Boot ROM 和 Windows CE 的 EBOOT。有一些嵌入式操作系统的 BSP 本身不包括 BootLoader 组件，此时设计人员可以基于 RedBoot 或 U-Boot 等定制一个 BootLoader，相关参数和驱动程序可从 BSP 中获取。

初学者常常会将 BSP 和 BIOS 的概念混淆，认为通用计算机中的 BIOS 与嵌入式系统中的 BSP 是等同的。实际上，BIOS 和 BSP 在功能上虽然存在相似之处，但本质上是完全不同的，因此，将二者等同也就是错误的。下面对二者的特性进行简要对比，以帮助读者厘清差异。

（1）BIOS 是驻留在板上 ROM 或 Flash 中的一段可执行程序；BSP 是一个软件包，不能独立编译、运行。

（2）BIOS 对于通用计算机具有一定的通用性；BSP 的组织形式取决于嵌入式操作系统，具体参数值等则取决于嵌入式硬件。

（3）BIOS 执行开机自检，初始化基本环境，加载 BootLoader，然后将常驻程序库驻留在内存特定位置；BSP 中的组件可实现这些功能，且为操作系统提供了设备驱动程序。

（4）BIOS 是二进制代码，通常只能由设备提供商修改和升级；BSP 具有开放的源代码，允许设计人员编程修改，并允许在 BSP 中添加与本系统无关的驱动程序或其他相关程序。

2. VxWorks BSP 机制

VxWorks 是美国 Wind River 公司[①]的嵌入式实时操作系统，具有优秀的实时性、可靠性，广泛应用在航空航天、军工国防、工业控制、数据通信等领域。关于 VxWorks 操作系统的特性与机制，将在第 8 章进行阐述。本节主要介绍其 BSP 的原理、组成和设计方法。图 7.12 是 VxWorks 软件体系。典型的 VxWorks 操作系统由内核、BSP、驱动程序和函数库等组件构成。其中，BSP 位于操作系统内核以下，提供操作系统内核定制、设备驱动程序等相关的参数和代码。结合这一体系，以下从系统启动过程、BSP 组件、开发与调试 3 方面进行讨论。

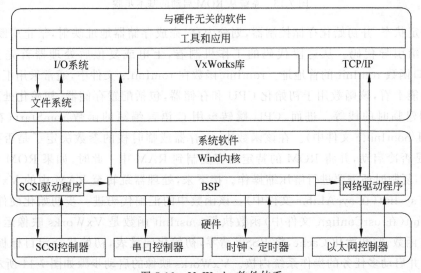

图 7.12　VxWorks 软件体系

1）系统启动过程

所有处理器都采用基本相同的过程进行初始化和加载 VxWorks 内核。图 7.13 给出了系统从 ROM 启动的基本步骤。

首先，要最低限度地初始化处理器，需要提供一些存放在存储器特定位置的表以及一部分代码，处理器复位后应跳转至初始代码的入口地址执行。然后，这段代码会把处理器设置

---

① Wind River（风河）公司是美国著名的嵌入式软件平台研制与服务提供商，创建于 1981 年，2009 年被 Intel 公司收购。

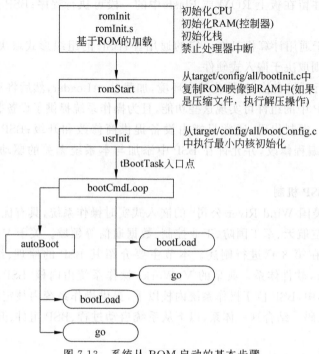

图 7.13　系统从 ROM 启动的基本步骤

到一个特定状态，并初始化存储控制器，划分内存，完成存储器地址映射，禁止中断，并将控制权转交给引导代码。从这段代码的工作机制看，上电或复位后处理器首先会跳转至 ROM 入口函数 romInit 的首地址。romInit 函数在 romInit.s 文件中，通常采用汇编代码编写。从功能上看，该函数用于初始化 CPU 和存储器，包括配置存储器、初始化处理器的状态字并创建临时的栈等。进而，CPU 跳转至用 C 语言编写的函数 romStart（在 target/config/all/bootInit.c 文件中）。在该函数中，寄存器或临时栈的参数决定了是否要清理存储器，即是否冷启动，并将 ROM 的特定内容复制到 RAM 中。此时，如果 ROM 中的内容是压缩的，复制时还需要进行解压缩操作。接下来，处理器跳转至 RAM 中的 VxWorks 入口点函数 sysInit（在 sysALib.s 文件中）。该函数中的汇编代码进一步初始化硬件后，将会转入 usrInit（在 usrConfig.c 文件中）函数执行。usrInit 函数是 VxWorks 映像运行的第一个 C 语言函数，它初始化 Cache，将 BSS[①] 清零，初始化向量表，初始化特定目标板组件，最后会调用并启动多任务的操作系统内核。VxWorks 映像的启动步骤如图 7.14 所示。

　　如上所述，VxWorks 支持多种启动过程配置。BSP 一般可以支持所有配置，而特定应用中则只需支持其中一种或几种配置。在开发阶段，最常用的是通过基于 ROM 的 BootLoader 启动。ROM 中的引导映像文件被称为 bootrom，是 VxWorks 的一个精简版本，可以从远程开发主机或本地文件系统加载 VxWorks 映像文件。另一种可选的启动方法是将包括操作系统和应用代码的 VxWorks 映像文件直接固化在 Flash 中，上电或复位后直接从 Flash 中加载执行。无论哪种启动方式，处理器的复位向量都应该从 Flash 中的代

---

　　① BSS：Block Started by Symbol，块存储段，通常是指用来存放程序中未初始化的全局变量和静态变量的一块内存区域。编译后的可执行程序包括 BSS 段、数据段和代码段。

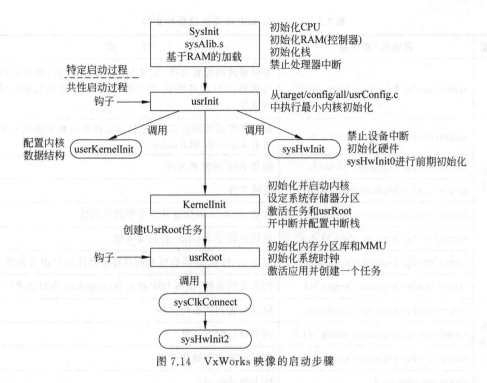

图 7.14 VxWorks 映像的启动步骤

码开始执行,而 Flash 中的代码继续在 Flash 中执行,且可以将自身复制(解压缩)到内存的特定地址空间。

2) BSP 组件

Wind River 公司在每一个 BSP 中都提供了与处理器相关的软件,也就是说,BSP 已经为用户完成了与处理器体系相关的移植和定制工作。不仅如此,BSP 还针对每一个处理器类型提供了大量的硬件驱动程序,用户可以进行修改和集成。在了解启动过程的基础上,进一步学习 BSP 的组件将是加深理解并进行 BSP 定制的基础。从 VxWorks BSP 的构成来看,其通常包括了源文件、头文件、一个编译配置文件(Makefile)、一组文档文件(target.nr 或 target.ref)、与特定对象模块相关的文件以及一系列衍生的文件(如工程文件)等。这些 BSP 大都包括了必需的以及可选的目录和文件,常见的目录和文件如表 7.3 所示,详细信息可参考《VxWorks BSP 开发者指南》[104]等技术文献。

VxWorks BSP 具有良好的体系无关性。但是,由于很多体系结构和板卡具有特殊要求,设计时仍然需要考虑与体系结构相关的问题。例如,MIPS 处理器使用 ModeIn 输入引脚设置 256 位的初始化信息,称为初始化引导记录(IBR),通常存储在片外的非易失性存储器中。硬件设计人员可以将这些信息存放在 ROM 或 NVRAM 中,将其存放在启动 Flash 中时,要求将 Flash 映像的前 32 字节设置为预留。Intel i960 处理器也有类似的要求。又如,BSP 中通常从零地址开始为 RAM 编址,同时将 Flash 定位到高地址端。但在部分体系中,将 Flash 配置在零地址,而将 RAM 配置在高地址区域。此时,如果处理器默认的中断向量表在零地址处,就需要将中断向量表放置在 Flash 中,以便处理器上电/复位后的正确访问。另外,设计中还需要考虑处理器支持的是大端还是小端字节顺序,且一个 BSP 只能支持一种字节顺序。因此,若要实现对两种字节顺序的支持,就必须创建两个独立的 BSP。

表 7.3　VxWorks BSP 常见的目录和文件

类型	目录名/文件名	说　　明
必要文件	target/config/bspname/bspname.h	不可更改的配置文件,定义与硬件相关的值,如中断向量与级别、I/O 设备地址、寄存器位的含义、系统与辅助时钟参数等
	target/config/bspname/config.h	配置操作系统的头文件,包括与处理器和板卡体系相关的所有 #include 和 #define 宏
	target/config/bspname/Makefile	编译 BSP 的配置文件
	target/config/bspname/README	说明文件
	target/config/bspname/romInit.s	包括 romInit 函数及其所需要的子函数
	target/config/bspname/sysALib.s	包括部署于 romInit 的汇编函数
	target/config/bspname/sysLib.c	包括 sysHwInit 函数以及面向特定硬件的 C 语言函数
	target/config/bspname/target.ref	BSP 文档文件,说明 BSP 的参数(target.nr 为旧格式)
可选文件	target/config/bspname/sysSerial.c	串口配置和初始化文件
	target/config/bspname/configNet.h	网络接口配置文件
	target/config/bspname/sysEnd.c	网口设置和初始化文件
设备驱动程序目录	target/src/drv/end	网卡驱动程序
	target/src/drv/hdisk	磁盘接口驱动程序
	target/src/drv/intrCtl	中断控制器驱动程序
	target/src/drv/mem	存储器驱动程序
	target/src/drv/parallel	并行接口驱动程序
	target/src/drv/pci	PCI 接口驱动程序
	target/src/drv/pcmcia	PCMCIA 接口驱动程序
	target/src/drv/serial	串口驱动程序
	target/src/drv/sio	串口驱动程序
	target/src/drv/other	其他驱动程序
配置目录	target/config/all	BSP 配置文件目录,包括配置操作系统的全局头文件 configAll.h、用于 Boot ROM 的 bootConfig.c、包含 romStart 函数的 bootInit.c、包含 usrInit 函数和 usrRoot 函数的 usrConfig.c 文件
	target/src/config	usrKernel.c 包括可由 Makefile 控制的 #ifdefs 定义,该文件不可修改
	target/config/comps	VxWorks 核心组件描述文件
	target/config/comps/src	VxWorks 核心组件源代码
	target/config/comps/vxWorks	通用于不同 BSP 的组件配置

3）开发与调试

BSP 的开发需要特定的开发环境,主要由硬件调试器、IDE 环境、编译器及其他开发工具以及下载 VxWorks 映像的组件构成,提供了编译对象模块、下载映像到目标机以及测试已下载代码的功能。基于开发环境,开发者可以定制、移植 BSP。在此过程中,建议开发者从具有简单测试代码的调试方法入手,而不是一开始就对基于完整的 VxWorks 映像进行 BSP 功能验证。例如,当板卡上有 LED 时,开发者完全可以先编写一小段代码控制 LED,由此验证平台、开发环境是否正常。为了说明这个过程,以下给出几种常用的调试方法,供读者参考。

（1）本地调试 ROM。某些硬件厂商提供了 Flash 软件,用于调试 VxWorks BSP,如 Motorola 公司的 ppcbug。为了实现调试,ROM Monitor 必须支持断点功能,同时也要提供下载映像的功能。

（2）ROM 仿真器。ROM 仿真器是一个插入目标系统 ROM 插座并对 ROM 功能进行仿真的硬件设备。对于目标机,该设备就是一个 ROM;而对于开发主机,ROM 仿真器允许开发人员查看 ROM 中的信息,如正在执行的指令、特定地址的数据等。

（3）片上调试（On-Chip Debugging,OCD）设备。硬件调试器较上述方法更适合 BSP 调试。现在,很多处理器都提供了可由外部调试硬件访问的调试总线,允许访问寄存器值、中断掩码及处理器的其他内部状态等,例如嵌入式处理器广泛使用的 JTAG 接口。Wind River ICE 等 OCD 设备可以访问这个接口,允许开发人员在 BSP 开发初期就启动调试工作。

（4）内部电路模拟器（In-Circuit Emulator,ICE）。内部电路模拟器是一个模拟特定处理器的外部设备,调试中替代目标系统中的处理器,也可用于 BSP 开发中的调试。ICE 具有 OCD 设备的所有优点,其缺点是成本高,支持的处理器类型有限,适用于没有 OCD 设备接口的处理器体系。

当没有硬件调试器可用时,开发者也可以使用 Wind River 公司提供的开发工具,如 WDB Agent（Wind 调试目标代理）。WDB Agent 链接到内核,能够与内核共享初始化代码。由此,在初始化代码运行后,设计人员可以启动 WDB Agent、内核两者之一或是全部。WDB Agent 提供了一个功能丰富的调试环境,允许开发人员在不能使用 OCD 设备、ROM 仿真器和 ICE 时也可以进行 BSP 的调试。具体地,驻留在目标机中的 WDB Agent 可以通过串口、以太网与开发主机通信,根据开发主机的命令控制目标机软件的运行或实现对寄存器、内存的访问。当系统调试完成时,可关闭 BSP 中的 WDB 功能,以缩减正式版软件的代码规模。

3. SylixOS BSP 机制

SylixOS 是北京翼辉信息技术有限公司自主研制的一款国产大型嵌入式实时操作系统,诞生于 2006 年,起初其只是一个小型多任务调度器,现已演化成为一个功能完善、性能卓越、可靠稳定的嵌入式系统软件开发平台。该操作系统采用抢占式、多任务、硬实时思想设计,适用于（但不限于）对实时性和稳定性要求较高的领域。

作为一款经典国产嵌入式操作系统,SylixOS 为设计人员提供了一组常用的 BSP 模板。在开发 BSP 时,设计人员可以先选择一个与其目标系统架构参数相近的 BSP 模板,并以此为基础进行修改、定制和扩展。如果没有相近的模板,则可以选择一个 CPU 类型相同的标准空白模板（例如，单板的 CPU 类型是 ARM，则可以选 arm-none 模板）为基础进行开发。表 7.4 给出了 SylixOS BSP 中的主要目录和文件，表 7.5 给出了 Sylix BSP 目录下的主要文件。

表 7.4　SylixOS BSP 中的主要目录和文件

目录名/文件名	说　明
Binaries	工程编译后所有生成的目标文件/可执行文件
Includes	所有头文件查找路径，包括编译器相关库的头文件路径、本工程源码中的头文件路径、base 工程中内核组件库和第三方标准库的头文件路径
Release	该目录结构参考 Debug 目录。整个 BSP 工程编译完成后，会根据当前编译模式是 Release 模式还是 Debug 模式生成对应的 Release 和 Debug 目录
Debug	该目录下包含 dep（各源文件编译时的依赖关系）、obj（编译时生成的中间目标文件）和 strip（去除调试用的符号信息后的 elf 文件）。/Debug/xxx.elf 文件用于调试，/Debug/xxx.bin 文件可在裸机上执行，debug.txt 为反汇编文件
SylixOS	默认的源代码文件存放目录，主要包含 bsp、driver、user 子目录
bsp	该目录主要包含系统启动的程序框架代码，包括汇编代码、内存映射、BSP 参数配置等。整个 BSP 工程编译完成之后，此目录内还会生成 symbol.c 和 symbol.h 两个包含符号表的文件。该目录下的文件主要完成内核启动前（时间/vmm/Cache 等）的初始化，并调用 BASE 工程 libsylixos 中的内核启动接口完成内核的启动，然后创建 t_boot 内核线程用于初始化总线和注册驱动以及相关的内核组件等
driver	该目录主要包含整个操作系统运行时需要用到的底层硬件的驱动代码。该目录下的驱动代码将在 bspinit.c 文件中通过驱动注册接口注册到内核中。SylixOS 为各类外设搭建了相应的驱动框架，用户可以在 BASE 工程的 system 目录下找到对应驱动框架的源码和接口
user	该目录下只有一个文件 main.c，该文件为 t_main 内核线程的实现。该文件主要用于添加内核线程和启动 Shell（Lw_TShell_Create）。另外，在 driver 目录下的驱动程序编写完成后，可以在 main.c 中添加测试程序或创建测试线程，测试驱动程序是否能够正常稳定地工作
config.h	该文件是由 IDE 自动生成的配置文件，其中主要包含了物理内存空间的划分，即内核代码段、数据段、DMA 内存段、APP 内存段这 4 个空间的大小
bspxxx.mk	该文件是对应 xxx 型号开发板的 BSP 工程的子 Makefile 文件（IDE 通过 Makefile 支持多目标编译），用于生成支持该型号板卡的 BSP 工程的目标
config.mk	该文件主要用于配置 3 个 Makefile 全局变量：SYLIXOS_BASE_PATH、DEBUG_LEVEL、FPU_TYPE。该文件由 RealEvo-IDE 生成，不建议手动修改
Makefile	该文件是整个工程的编译管理文件。该文件和 config.mk、config.lds 等由 IDE 自动生成，不建议手动修改（手动修改时应参考 Makefile 和 lds 文件语法）
config.ld	该文件主要用于配置编译后内核镜像的内存布局，包括代码段大小、数据段大小和启动时栈空间的大小。该文件由 RealEvo-IDE 生成，不建议手动修改
SylixOSBSP.ld	链接脚本文件，该文件主要用于指定各个段（TEXT、DATA、BSS、STACK、HEAP）和各个节（section）的连接顺序、起始地址等相关信息

表 7.5　BSP 目录下的主要文件

文件名	说　　明
bspMap.h	该文件中定义了物理分页空间与全局映射关系表。_G_physicalDesc 用于描述物理地址和虚拟地址的映射关系，_G_virtualDesc 用于描述可用虚拟地址空间的起始地址和范围。注意，虚拟内存空间编址不能与内核 TEXT 段，内核 DATA 段，VECTOR 段，DMA 缓冲区所映射的区间冲突。一般 _G_physicalDesc 中采用平板映射（物理地址等于虚拟地址）的方式
config.h	该文件包含目标板的基本配置情况，如果 BSP 包含对多种目标板的支持，则可以在 bsp 目录下再建立一些对应各类型目标板的子目录，具体可参考 am335xBSP
startup.S	该文件是系统的启动入口
bspInit.c	该文件是初始化入口，其中初始化函数为 bspInit，该函数会被 startup.S 文件调用
bspLib.c	该文件是基础支持程序的主要实现部分，包括中断管理、TICK 初始化等（处理器需要为 SylixOS 提供的功能支持）
symbol.c	系统 sylixos 符号表（该文件由 makesymbol 工具自动生成，请勿修改）。BSP 通过该符号表链接（找到）sylixos-base.so 中的内核接口函数（API）
symbol.h	系统 sylixos 符号表头文件（该文件由 makesymbol 工具自动生成，请勿修改）。该文件提供了 symbolAddAll 函数，用于导出符号表信息

其中，startup.S 是内核启动时执行的第一个文件，用于设置堆栈、异常向量表并定义在系统复位及启动时会通过异常向量表首先执行的 reset 函数，以实现系统启动时的复位操作。reset 函数的主要操作包括关闭看门狗、初始化堆栈、核心硬件接口的操作（若 BootLoader 中已完成，此处可省去）、初始化 DATA 段、清 BSS 段、执行用 C 语言编写的 bspInit 函数等。开发 BSP 时，用户需要根据 bspInit.c 文件中各个初始化函数的定义和规范添加或者完成相应的驱动程序和初始化代码。具体方法请参考《SylixOS 设备驱动程序开发手册》。bspLib.c 文件主要包含一些提供给 SylixOS 使用的功能函数，例如控制中断控制器的函数接口、获取硬件信息的函数接口、Hook 函数的实现、系统 Tick 时钟的初始化、核间中断的实现、CPU 运行速度的设置、软件延时接口等。config.ld 和 SylixOSBSP.ld 这两个文件控制 SylixOS 内核镜像如何进行链接，在实际使用中很少需要改动这个两个文件。

1）启动过程分析

这里以 mini2440 的 SylixOS BSP 为例给出 SylixOS 单核启动时的函数调用过程，如图 7.15 所示。在这个调用过程中，usrStartup 函数会初始化与应用相关的组件，并且创建操作系统的第一个任务。在初始化相关组件时，需要注意代码编写的顺序，必须先初始化内存管理功能 vmm，然后才能正确初始化 Cache（避免将页表写入 Cache 中）。usrStartup 执行完成后，代码转到 API_KernelPrimaryStart 函数继续执行，最后通过调用 _KernelPrimaryEntry 函数启动内核。

多核启动相对于单核启动而言，主核的启动流程与单核启动大体相似，最终都会调用函数 API_KernelPrimaryStart。两者的区别在于，在多核情况下，主核在调用的 API_KernelPrimaryStart 函数中完成自身资源的初始化，然后会进一步调用 _KernelBootSecondary 函数通知从核进行初始化操作。完成上述操作之后，主核启动就与单核启动一样，最后调用 _KernelPrimaryCoreStartup，进入多任务状态。

```
(power on)上电

[startup.S]
FUNC_DEF(reset)

LDR    R10, =bspInit
MOV    LR , PC
BX     R10

[bspInit.c]
INT bspInit (VOID)
       extern UCHAR __heap_start, __heap_end;    // 系统内核堆与系统堆，在链接脚本 SylixOSBSP.ld 文件中定义
       halModeInit();                            // 初始化硬件
       debugChannelInit(0);                      // 初始化调试接口
       API_KernelStartParam("....");             // 操作系统启动参数设置，如果 bootloader 支持，可使用
       API_KernelStart(usrStartupHook, ...);     // bootloader 设置启动内核

[sylixos-base/libsylixos/SylixOS/kernel/interface/KernelStart.c]
API_KernelStart : API_KernelPrimaryStart
       _KernelPrimaryLowLevelInit                // 内核底层初始化
       bspIntInit                                // 初始化中断系统
       _KernelHighLevelInit                      // 内核高级初始化
       _cppRtInit                                // CPP 运行时库初始化
       pfuncStartHook                            // 用户系统初始化: usrStartupHook
       _KernelBootSecondary                      // #if LW_CFG_SMP_EN > 0 多核启动相关
       _KernelPrimaryEntry                       // 启动内核
```

图 7.15　SylixOS 单核启动时的函数调用过程

与主核相同，从核启动也是从 startup.S 汇编代码开始。reset 通过 CPUID 检测到不是主核时，会跳转到从核 CPU 复位入口执行。从核的复位操作同样会有 Cache、MMU 和分支预测等内容，但因主核已经进行了堆栈初始化操作，因此从核的复位函数不需要对堆栈进行初始化。从核复位完成后会进入 C 语言代码中运行。

与主核不同的是，从核的第一个 C 语言函数是 bspInit.c 文件中的 halSecondaryCpuMain 函数。该函数中一般只需要调用从核系统内核入口函数 API_KernelSecondaryStart 即可。API_KernelSecondaryStart 会循环等待上述的主核通知，即循环检测 _K_ulSecondaryHold 的值。当主核修改了这个值之后，从核才会继续执行操作。后续的操作就与主核类似，包括从核底层的初始化，用户回调以及从核启动多任务。

2）开发过程与方法

SylixOS 为 BSP 的开发提供了一个良好的 BSP 工程框架，开发人员可以参考图 7.16 所示的流程进行开发。其中，带有"＊"的步骤为可选步骤，需要根据实际情况决定是否需要修改。开发过程中，开发人员可以使用 SylixOS 的集成开发环境 RealEvo-IDE 创建 BSP 工程并在该环境中完成开发工作。如果开发人员非常熟悉 BSP 的文件结构和格式，也可以以文本编辑方式对 BSP 中的文件和代码进行修改。但是，由于 BSP 工程依赖于 BASE 工程生成的头文件、函数库等资源，因此，基于 RealEvo-IDE 开发 BSP 更为方便高效，具体请参考《RealEvo-IDE 使用手册》。

7.3.4　虚拟机监控程序

1. 虚拟化技术

提及虚拟化（virtualization）技术，读者可能已经想到了曾经使用过的 Java VM、VMware、VirtualBox、Virtual PC 或 KVM 等虚拟机软件。这些软件的神奇之处在于，能够在一套计算机硬件上"复制"出新的"计算机硬件"，允许用户像使用真正的计算机一样在这

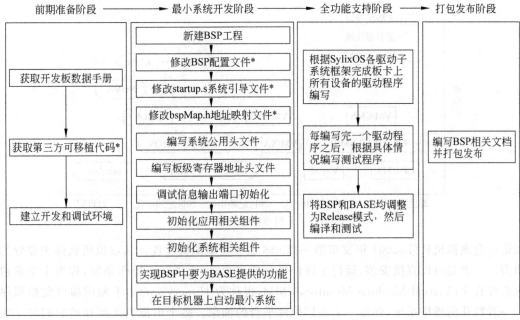

图 7.16 SylixOS BSP 开发框架

个"计算机硬件"上安装操作系统、安装应用、配置个性化参数等,而且多个这样独立的"计算机"可以同时运行。虚拟机是用于虚拟"计算机设备"的软件系统,可以在现有硬件中为用户虚拟出新的硬件资源和接口,其核心是虚拟化的资源管理技术。本质上,操作系统也可归为一类虚拟机,因为其可虚拟出超出硬件本身的一组功能。

从发展历程看,虚拟化技术并非新鲜事物,其最初诞生于久远的大型机时代。20 世纪 60 年代,为了实现大型机中的多客户作业处理和终端服务,系统软件中就开始部署了具有虚拟功能的系统软件,从而使每个用户都像在使用独立的计算装置一样共享访问大型机的资源。IBM 公司的分时操作系统 CP/CMS、VM/CMS、PR/SM 等就是在大型机时代开发的具有虚拟化功能的操作系统。随着计算体系对虚拟化技术的支持、计算能力的日益增强以及计算服务需求的不断增长,虚拟化技术在经历了一段沉寂期之后自 20 世纪 90 年代又迎来了复兴和爆发。全球著名的 IT 研究和咨询公司 Gartner 在 2006 年、2007 年和 2009 年均将虚拟化技术列为当时需要重点关注的十大 IT 战略技术之首。Wind River 公司 CTO Tomas 也曾指出:"多核和虚拟化技术将是未来计算的发展方向,在嵌入式领域也是如此。"戴尔公司 IT 战略专家 Matt Brooks 认为:"与部署和运行物理服务器相比,在 3 年的时间里,戴尔公司部署的每台非生产用虚拟机节省了约 6500 美元,每台生产用虚拟机节省了约 9300 美元。自实施虚拟化以来,戴尔公司已经将应用软件的部署时间从平均 45 天缩短至仅需 4 天——效率提升了 90%。"这次技术复兴在服务器领域尤为突出。现在,虚拟化技术已广泛应用于嵌入式系统领域。读者可由图 7.17 所示的技术发展历程清楚地得出这一结论。

对于虚拟化技术的基本分类,本节以读者熟知的 VMware[①] 系列虚拟机为例进行阐述[105]。VMware 公司在 1998 年发布了第一个虚拟机平台专利,1999 年面向 Intel IA-32 发

---

① VMware 公司由斯坦福大学的 Mendel Rosenblum 教授等人于 1998 年 1 月创立。

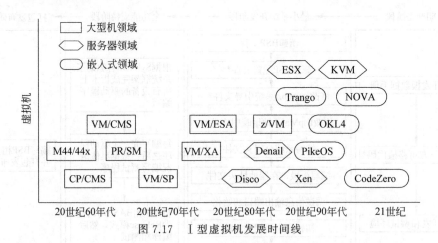

图 7.17　Ⅰ型虚拟机发展时间线

布第一套虚拟机软件，2001 年发布第一套 x86 服务器虚拟机软件。其虚拟机软件主要分为两类。一类是可以直接安装、运行于硬件平台的虚拟机，无须宿主操作系统，称为Ⅰ型虚拟机监控程序（Virtual Machine Monitor，VMM，也称为 Hypervisor）。Ⅰ型虚拟机监控程序是一种特殊的操作系统，创建一个底层硬件平台的抽象。多个虚拟机无须知道它们共享底层硬件平台，便可直接使用底层硬件。例如Ⅰ型虚拟机的体系结构如图 7.18 所示。另一类是运行于主操作系统之上的虚拟机软件，可以视为操作系统中的应用程序，称为Ⅱ型虚拟机监控程序，例如面向单机的 VMware Workstation 和面向工作组的 VMware GSX Server，其体系结构如图 7.19 所示。在Ⅱ型虚拟机之上，用户可以安装客户操作系统、应用程序，与主操作系统环境同时运行。这类虚拟机一般也称为托管型虚拟机。人们日常工作中常用的虚拟机产品大都属于Ⅱ型虚拟机范畴。

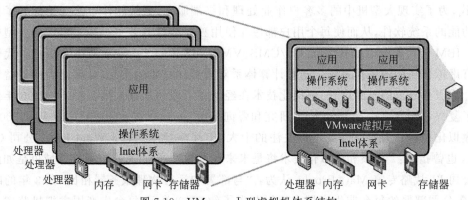

图 7.18　VMware Ⅰ型虚拟机体系结构

另外，还可将虚拟化技术分为三类：一是在主机上仿真目标硬件的硬件仿真技术；二是运行于硬件之上且不需修改客户操作系统的完全虚拟化技术（也称硬件辅助虚拟化技术）；三是需要针对客户操作系统进行 API 修改的半虚拟化技术（paravirtualization，也称为准虚拟化技术）。硬件仿真技术在主机上构建完整的目标机指令集体系，对每一条需要运行的指令都进行仿真，复杂度高，效率低。完全虚拟化技术通过运行于底层硬件之上的监控程序捕获客户操作系统要执行的特权指令，然后在硬件上运行。该技术具有良好的兼容性，并可以支持不同类型的操作系统。半虚拟化技术也是通过底层硬件上的监控程序实现多个客户操

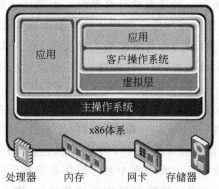

图 7.19　VMware Ⅱ型虚拟机体系结构

作系统对硬件的共享访问,需要修改操作系统并将与虚拟化相关的代码集成到操作系统中,但无须捕获特权指令。

总体上,虚拟化技术的优点主要包括如下几方面:

(1) 在同一台计算机上同时相互隔离地运行多个操作系统,以降低硬件成本、能耗及体积。

(2) 加速新系统的部署速度。

(3) 应用程序相互隔离运行,避免故障传播,可以提升可靠性和安全性。

(4) 延长各系统的正常运行时间,提升容错能力。

(5) 延长早期应用的生命期。

(6) 便于将现有系统移植到云端。

(7) 可以提供不同于计算机载体的指令集体系结构。

(8) 整合与优化资源并提高资源利用率,虚拟化技术仅消耗 2%~8% 的计算机资源。

(9) 易于维护。

当然,虚拟机技术的缺点也非常明显,例如部署慢、成本高、资源浪费、难以迁移和扩展、服务与硬件厂商提供的特性绑定等。因此,该技术体系在近年来朝着容器、微服务等技术方向演化。

2. 嵌入式虚拟化技术

由第 1 章给出的定义可知,嵌入式系统就是面向特定应用的、软硬件具有定制特征并对体积、重量、功耗、可靠性等具有特定要求的计算装置。而如前所述,虚拟化技术的主要目的是盘活计算资源、提高资源利用率并为不同类型的应用提供优化的服务。那么,在一个资源受限、应用功能基本确定的计算装置中采用虚拟化技术是否背离了其初衷? 是否具有实际意义?

的确,传统的嵌入式系统内涵体现了资源的相对受限性。但随着半导体技术、计算体系等的快速发展,现在新型的嵌入式设备,不论是智能手机还是机载计算机,其计算能力和资源都已实现了跨越式的提升,完全可以满足更为复杂的计算需求。例如,华为公司麒麟9000 处理器内置了 1 颗 3.13GHz Cortex-A77、3 颗 2.54GHz Cortex-A77 以及 4 颗2.04GHz Cortex-A55 等 8 个计算核,同时还集成了 1 颗 24 核的 Mali-G78 GPU、1 颗神经网络处理单元(Neural Processing Unit,NPU),其性能早已达到甚至远远超过部分计算机。那么,通过软件技术充分发挥嵌入式硬件的性能,使其具有更为灵活、更为强大的功能,将有助于把嵌入式计算装置转换为一种新型的计算系统。虚拟化就是可以达成这一目标的软件技术，而且越来越广泛地受到关注和推广应用。随着虚拟机监控程序可配置能力的增强以及新型处理器的多核性能与硬件虚拟化加速能力的提升，嵌入式系统设计人员已经可以使用虚拟化技术解决包括安全域隔离、独立的健康监测、独立的应用接口流量调控等在内的一系列难题。

嵌入式系统的虚拟化是指在嵌入式系统中部署在裸机上直接运行的虚拟机监控程序，该程序向下屏蔽和管理硬件，向上提供多个虚拟的硬件平台，通常称为"零型"虚拟机监控程序。实际上，嵌入式虚拟机监控程序类似于 I 型虚拟机监控程序的裸机架构模式。由虚拟平台和微内核构成的系统软件可以实现多个基于操作系统和无操作系统的嵌入式应用同时运行，其架构如图 7.20 所示。通过解除对操作系统的依赖，嵌入式虚拟机监控程序的软件规模可大幅减小至几百 KB，也可以减少虚拟平台的计算开销。

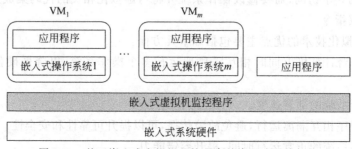

图 7.20　基于嵌入式虚拟机监控程序的嵌入式系统架构

与面向服务器的虚拟化技术不同，嵌入式虚拟机监控程序实现了另一种抽象，拥有与其他平台不同的约束，主要包括以下几方面：

（1）体积约束。嵌入式虚拟机监控程序应尽可能小，通常 II 型虚拟机监控程序为数千 MB，I 型虚拟机监控程序为数百 MB。

（2）效率约束。嵌入式虚拟机监控程序的运行不应过多地消耗嵌入式系统的资源，应具有极高的内存使用率以及很小的规模。

（3）安全约束。嵌入式虚拟机监控程序自身应具有极高的安全性，并能为上层虚拟机和应用提供安全性支持。

（4）通信约束。嵌入式虚拟机监控程序应为多个虚拟机上的应用提供具有不同权限的通信机制，实现多个客户操作系统及用户程序之间的安全通信。

（5）隔离约束。嵌入式虚拟机监控程序应保证不同虚拟机的软件在相互隔离的环境中共存，软件之间相互独立、互不影响。

（6）实时性约束。对于部分应用，嵌入式虚拟机监控程序必须具有支持实时任务运行的资源管理和调度功能。

3. 典型嵌入式虚拟化软件

1）VirtualLogix VLX

VirtualLogix 公司为嵌入式系统提供了一套实时虚拟化软件以及相关的开发工具，其典型的虚拟化产品是面向嵌入式网络设备、移动手持设备等的虚拟机监控软件 VLX。

VLX 可运行于多种 32 位/64 位的单核、多核嵌入式微处理器及 DSP，向上可以支持

Linux、Windows 及多个实时操作系统(RTOS)的并行运行,并可以保证较高的吞吐量和实时性。在初始化时,VLX 可以将系统资源全部分配给一个操作系统,也可以将系统资源虚拟化并在不同操作系统之间共享。拥有全部系统资源的操作系统使用原生驱动程序,而共享系统资源的操作系统则使用虚拟驱动程序。不论如何分配系统资源,运行于操作系统之上的应用程序都是无须修改的。

总体上,VLX 的主要特点如下:面向实时嵌入式系统的轻量级虚拟化;保证硬实时性能;引入分区技术,允许具有 MMU 和无 MMU 的系统同时运行;提供最大的系统吞吐量;使用已有软件,成本低,周期短,便于扩展更多功能;虚拟层引入了增强的系统安全性。VLX 的高可用性版本为 VLX vHA,网络设施版本为 VLX-NI。图 7.21 给出了 VLX-NI 3.0 的体系结构。

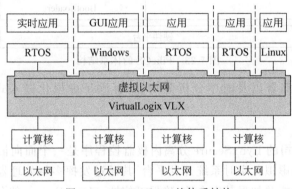

图 7.21 VLX-NI 3.0 的体系结构

2) PikeOS

Sysgo 公司的 PikeOS 本质上是一个基于微内核的实时操作系统,主要面向航空电子系统等复杂嵌入式系统的实时响应、多种软硬件支持需求,用于安全攸关软件的设计和部署。

PikeOS 中的虚拟机监控程序提供了分离内核的架构和平台支持包,为操作系统和应用提供多个分区的服务,可支持 x86、PowerPC、SuperH 等处理器体系结构。图 7.22 给出了 PikeOS 的体系结构[①]。其中,PikeOS 微内核主要实现分区管理,体系支持包(Architecture Support Package,ASP)和平台支持包(Platform Support Package,PSP)用于兼容不同的硬件。PikeOS 系统软件提供了系统分区及参数配置功能,也可以为上层不同的分区之间提供通信机制,既能够提供基于客户操作系统的复杂运行模式,也能够支持适合某个特定领域的应用程序编程接口和运行时环境(Run-Time Environment,RTE),如 PikeOS 原生接口和实时 Java 等。PikeOS 采用分离内核技术对多个内核进行隔离,可以保证各内核的安全运行。

除此之外,Sysgo 公司还提供了基于 Eclipse 的 CODEO 集成开发环境。该工具具有图形化交互界面,不仅提供了编译器、汇编器以及连接器,还提供了向导配置、远程调试、

---

① 图 7.22 中的 ARINC 653 是安全攸关航空电子实时操作系统中时空域分区的软件规范,基于该规范的系统进一步可达到 DO-178B、DO-254、DO-297 等严格的航空电子系统安全标准。ARINC 是 Avionics Application Standard Software Interface(航空应用标准软件接口)的缩写。

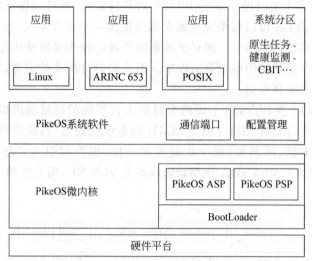

图 7.22　PikeOS 的体系结构

目标监控、远程应用部署以及时序分析等功能，可满足虚拟化嵌入式应用开发、部署的需要。

3）LynxSecure

LynuxWorks 公司的 LynxSecure 分离内核监控程序是一个面向嵌入式、实时及可靠、安全攸关系统设计的虚拟化实时系统开发平台，其通过发挥多核处理器硬件的虚拟化特性提升嵌入式系统的性能并加强其安全性，确保可信性。LynxSecure 的分离内核与监控程序可以向上提供全虚拟化、半虚拟化的支持，既能够在硬件平台之上为客户操作系统提供资源分配、执行调度以及相互通信等机制，也可以直接支持 LynxSecure 的可信应用，其体系结构如图 7.23 所示。其分离内核为可扩展、高性能的应用体系提供了可靠、安全的服务支持（如隔离的内存、DMA 和 I/O 接口、处理器特权指令、可信平台模块接口、存储接口、应用空间、

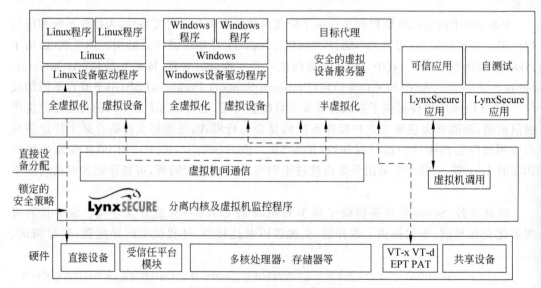

图 7.23　LynxSecure 的体系结构

系统服务空间以及监控虚拟机与虚拟处理器间通信和服务的启停),提供共享内存接口、SMP/AMP 多核处理、实时处理器调度、I/O 设备共享以及全虚拟化等功能。基于 LynxSecure SDK,开发人员就可以清楚地定义计算平台如何根据可跟踪参数运行,进而开发和部署一个虚拟化的应用系统。

最初,LynxSecure 主要用于国防领域具有严格安全需求以及航空电子系统等特定的应用,现已广泛地应用于工业、汽车、医疗、航天等多个领域。典型的应用场景有从互联网分离关键应用、从应用程序域隔离安全功能、验证并过滤域间通信等。其优点体现在以下几方面:可靠、安全的应用分区;可信应用保护;多通道网络隔离;多核体系支持;硬件虚拟化支持;实时运行控制;高可信的可靠性和安全性认证设计支持等。

4) Wind River Hypervisor

Wind River 公司的 Hypervisor 是一个支持 Intel、PowerPC、ARM、MIPS 等多核处理器的 I 型嵌入式虚拟机监控程序,具有事件驱动、可扩展、低延迟、确定性好、多核性能及软件规模小等特征。在新发布的版本中,通过将单核/多核处理器划分为多个不同保护级别的安全分区,可以加强对实时系统和 VxWorks 安全性的支持。除了基本的 Hypervisor 之外,Wind River 公司还设计实现了 I 型的 Hypervisor 分离内核 VxWorks 653、VxWorks MILS 平台等,读者可根据兴趣自行学习。

如图 7.24 所示,Hypervisor 将一个系统划分为多个独立且隔离的虚拟板卡(即分区),虚拟板卡可以运行基于客户操作系统的应用和无操作系统的裸机应用。Hypervisor 控制每一个虚拟板卡及其所需要的处理核资源和可访问的存储器。通过配置参数,虚拟板卡可以独占计算核与 I/O 接口,如虚拟板卡 1 的 Core1 和虚拟板卡 2 的串口,或者在虚拟板卡之间共享计算核和 I/O 资源,如虚拟板卡 2 和虚拟板卡 3 共享 Core2,多个虚拟板卡共享以太网、定时器等。虽然各个虚拟板卡是相互隔离的,但 Hypervisor 所支持的零复制多操作系统进程间通信(MIPC)机制可以实现多核处理器上多个虚拟板卡间的快速消息通信。在图 7.24 中,Wind River Hypervisor 创建的每一个虚拟板卡又都是一个独立的故障容器,由此实现了不同虚拟板卡之间的故障隔离。通过配置,开发者可以指定 Hypervisor 处理虚拟板卡的故障,或者在虚拟板卡的操作系统空间内进行处理。由于允许对这些虚拟板卡进行独立的创建、挂起、启动、重启虚拟板卡,在计算核间进行对象迁移,故障恢复,以及对系统进行动态扩展,这些操作都变得更加方便和灵活。例如,当吞吐量需求增加时,可在现有处理器计算核上创建新的虚拟板卡实例以满足要求;而当吞吐量需求降低时,则可以挂起虚拟板卡或将其合并到同一组计算核上,从而为其他任务让出计算核资源。

Hypervisor 通过硬件机制和客户操作系统的半虚拟化技术实现对性能的优化,允许每个客户操作系统以接近原生性能的方式运行。Hypervisor 充分发挥了处理器的虚拟化能力,进而提供安全的虚拟化服务,包括:对监控程序、客户操作系统、应用程序的不同特权级别的管理,对设备访问权限的管理,以及虚拟 MMU(VMMU),等等。注意,如果硬件不具备相应的虚拟化能力,就需要以软件的方式实现相应的功能,同时要对客户操作系统进行必要的半虚拟化处理。目前,Hypervisor 既可以支持的 Linux、VxWorks 实时操作系统,也可以支持其他操作系统(如 Windows 系列)。如上所述,在 Hypervisor 的裸机运行虚拟板卡模式下,可以通过系统 API 实现诸如数据处理引擎及快速轮询等裸机软件的设计。这对于设计不需要操作系统且代码规模受限的系统非常有用。

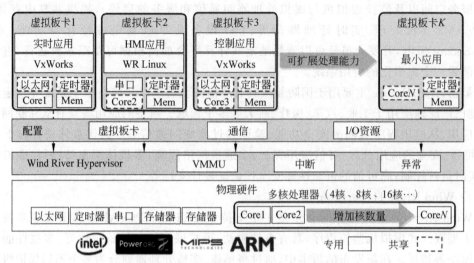

图 7.24　Wind River Hypervisor 的体系结构

Wind River Hypervisor 与 VxWorks、Linux、Wind River Workbench、Wind River Simics 及 Wind River Test Management 等组件一起构成了多核嵌入式软件的开发平台。Wind River Workbench 是基于 Eclipse 的集成开发环境，允许开发人员通过图形界面配置、构建、诊断、调试、分析基于 Hypervisor 的嵌入式系统。

以上给出了几种典型的嵌入式虚拟化技术和软件。由分析可知，这些虚拟化技术所采用的架构与机制比较类似，但在具体的实现方式、硬件依赖、性能保证等方面有所差异，使用时应根据需要进行选择。除此之外，类似的嵌入式虚拟化软件还有 Xen、OKL4、NOVA、XtratuM、Codezero、Trango 等。

7.3.5　容器、微服务与云原生[106,107]

容器、微服务、云原生是互联网、云计算领域的重要概念和技术体系。鉴于其轻量、解耦、弹性、隔离、协同、高效等方面的特色与优势，这些技术及其理念近年来也已在航空航天等安全攸关的复杂嵌入式系统中得到了初步应用和验证。例如，美国军方于 2019 年启动的 Enterprise DevSecOps 计划致力于基于容器和服务网格等云计算架构与技术升级战斗机等武器装备的信息能力和战力。2020 年以来，美军已在 U-2S 侦察机、F-16v 战斗机上成功地部署了容器管理平台 Kubernetes（简称 K8s）和服务网格 Istio，并开展了通过超视距（Beyond Line-Of-Sight，BLOS）通信技术在飞机飞行过程中敏捷升级电子战软件等验证工作，取得了良好效果。限于篇幅，本节仅对相关技术的原理进行简要阐述，感兴趣的读者可进行拓展学习。

云原生（cloud native）可被理解为一系列技术和思想的集合，既包含容器、微服务等技术载体，也包含 DevOps（开发＋运维）等组织形式与沟通文化。云原生应用则是指专门为在云平台部署和运行而设计的应用。云原生的本质和目标是构建一种新的应用模式，其中的关键支撑组件及特性包括如下 3 方面：

（1）容器化的抽象封装。标准化代码和服务，封装在独立的容器中，有助于复用和资源隔离。实现方式有 Docker、rkt 等。

（2）动态管理。通过集中式的编排和调度系统动态管理及优化资源。实现方式有 Kubernetes、Swarm 和 Mesos 等。

（3）面向微服务。应用程序基于微服务架构，显著提升开发效率，提高架构演进的灵活性和可维护性。典型实现方式有 Spring Boot、Spring Cloud 等。

图 7.25 给出了云原生框架、特点及其与容器、微服务、DevOps 的逻辑关系。

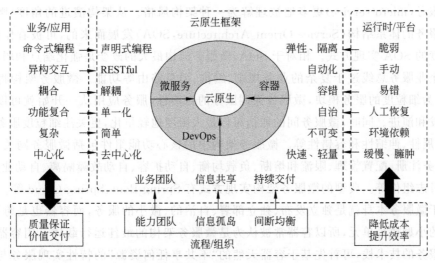

图 7.25　云原生框架、特点及其与容器、微服务、DevOps 的逻辑关系

在操作系统中，一个应用程序的运行环境的总和（内存数据、寄存器值、堆栈指令、打开的文件以及各种设备的状态信息集合）构成一个进程，进程间相互隔离可以增强系统的安全性。容器本质上等同于进程，其技术核心就是将应用及其所依赖的环境像集装箱一样封装起来，并通过约束和修改集成的动态表现为其创造出一个逻辑的"边界"。因此，容器也常被看作一种沙盒技术或者一种轻量级的虚拟化封装技术。本质上，容器重点解决两个问题：一是对应用的资源进行隔离限制，避免应用之间的相互干扰，二是提升应用的可复制性和可移植性，实现一次开发、多处部署。对于开发人员而言，容器提供了可以将应用及其依赖封装到一个可移植的独立执行体的能力，通过集装箱式的封装让开发人员和运维人员都能够以其所提供的"镜像＋分发"的标准化方式发布应用。与虚拟机类似，容器也提供相对独立的运行环境，但两者的差异在于虚拟化层的位置以及对操作系统的资源使用方式，容器直接共享使用宿主机操作系统内核，更加轻量化。在业界，典型的容器产品有 Google 公司早期的 cgroup、基于 cgroup 和 namespace 的 Linux 容器 LXC、dotCloud 公司的 Docker 等。

总体上，容器的特点可归纳为如下几方面：

（1）轻量化。相较于虚拟机，容器提供了更小的镜像，与底层共享操作系统，因此可以更快捷地对容器进行构建和启动。容器更适合需要批量快速上线和快速弹性伸缩的应用。

（2）细粒度（资源管控）。容器是一个沙盒运行进程，这个沙盒起到了细粒度管控资源的作用。在创建容器时，可以指定 CPU、内存及 I/O 资源。在运行容器时强制执行这些资源限制，可以防止容器占用其他资源。

（3）高性能（资源利用率）。容器使用更轻量级的运行机制，是一种操作系统级的虚拟化机制。由于容器是以进程形态运行的，因此其性能更加接近裸机的性能。对于有较高性能要求的应用，如高性能计算等，容器更为适合。

（4）环境一致性。容器实现了操作系统的解耦。它将整个操作系统打包，保证应用运行的本地环境与远端环境高度一致，从而保证一次打包、多处运行。

（5）管理便捷性。迁移、扩展、运维等生命周期管理更加便捷。

微服务（micro-service）更多地被理解为一种架构风格。从架构演进的角度，微服务是从面向服务的体系结构（Service-Orient Architecture，SOA）发展而来的，可被看作更先进、更细粒度的SOA实现方式。相对于SOA，微服务架构最大的改变是强化端点和弱化通道，抛弃了企业服务总线过于复杂的业务规则、编排、消息路由等功能。微服务架构将应用解耦，拆分为细粒度的服务模块，微服务强调服务的自治性，服务应用从一开始就可以独立地进行开发和演进。同时，微服务间的通信可以最大限度地轻量化，更关注细粒度服务的独立性、可扩展性、伸缩性和容错性等。微服务架构中的核心功能组件包括微服务网关、微服务治理、服务注册、配置管理、限流和熔断、负载均衡、自动扩容、自动故障隔离、自动业务恢复、监控和日志组件等。典型的微服务架构实现方式有Spring Boot、Spring Cloud等。

由于微服务本身就是独立发布、独立部署、自治的、微小的服务，而容器也是跨平台、独立运行的小型执行单元，所以容器常被认为是微服务架构的最佳运行载体。用容器封装每一个微服务的技术栈，可首先基于容器天然的"不共享任何资源"的特性实现服务与运行平台的解耦，方便地进行复制和移动。进而，容器可以其细粒度的管理模式为微服务提供更有效的资源供给和管理，轻量实现微服务的快速启动和伸缩。例如，容器编排器Kubernetes原生集成了许多微服务治理功能，而Istio等服务网格技术则弥补了Kubernetes不具备但微服务治理所需的其他功能。由此，Kubernetes＋Istio可以实现一套完整的微服务治理功能。

如前所述，云原生架构优势突出。可以预见，将容器、微服务等基础设施、技术、理念等运用于复杂的嵌入式系统，将大幅提升该类计算系统的云端演化能力以及运行效能，也必将引发嵌入式系统架构及其开发范式的重要变革，值得关注。

7.4 小 结

本章围绕嵌入式软件的结构展开讨论。首先结合计算系统的启动过程分析和比较了通用计算机系统和嵌入式系统上电后的软硬件运行流程，由此梳理系统运行的共性机制及相关的软件功能。在此基础上，结合可移植嵌入式软件设计思想，讨论了基于裸机和基于嵌入式操作系统的嵌入式软件体系结构。然后，重点阐述了嵌入式软件体系中ROM Monitor、BootLoader、BSP、虚拟机监控程序等基础系统软件的原理和工作机制，并分别给出了典型的软件实现实例。

另外，随着计算、存储、通信等能力的大幅增强，在嵌入式系统中部署、实现云原生、容器、微服务等机制已经成为可能且日趋必要，该类技术的巨大优势必将推动嵌入式系统的软件架构和基础设施的跃变，值得读者关注和学习。

习　题

1. 结合 STM32 处理器,分析裸机软件和嵌入式操作系统的启动过程。

2. 简述 ROM Monitor 软件的工作原理及其在嵌入式系统开发中的作用。

3. 简述 BootLoader 的用途。它应包含哪些最小功能?

4. 什么是 BootLoader 的多阶段启动模式?简述其工作过程。

5. 简述 BSP 的功能以及基本的 BSP 开发思想与过程。

6. BSP 具有开放性,允许设计人员添加应用代码。这种做法是否可取?为什么?

7. 面向嵌入式系统的虚拟机需要满足哪些要求?

8. 虚拟机分区技术为什么可以提高系统的可靠性和安全性?请举例说明。

9. 简述容器技术与虚拟机技术的联系与区别。

10. 什么是微服务,其与 SOA 有何联系与区别?

11. 为什么说容器是微服务的最佳载体?

12. 实践作业。

(1) 在 PC 上安装 VxWorks 开发环境、RamDiskNT 软件和 VMware 虚拟机。

(2) 在 VxWorks 中创建新的工程,选择 Pentium BSP 并配置、编译一个支持串口、以太网口的 VxWorks 映像文件;配置生成一个从 C 盘根目录加载 VxWorks 映像的 bootrom 文件。

(3) 将生成的 bootrom 文件复制到 RamDiskNT 虚拟的 A 盘,VMware 虚拟机从 A 盘启动 bootrom 和 vxWorks。

(4) 撰写实验报告。

第8章 嵌入式操作系统及其服务机制

Thompson and Ritchie[①] were among the first to realize that hardware and compiler technology had become good enough that an entire operating system could be written in C, and by 1978 the whole environment had been successfully ported to several machines of different types.

—Eric Steven Raymond[②]

从早期的监控程序到(多道)批处理操作系统再到分时/实时操作系统、嵌入式操作系统、物联网操作系统的这一多样化发展历程,本身就是一部解决计算系统需求和问题的历史。随着大规模集成电路技术及高级语言、软件开发技术等的发展,1981 年,Ready System 公司率先面向晶体管计算机开发了通用实时执行体内核 VRTX32/T(Versatile Real-Time eXecutive for Transputers),被公认为世界上第一个商业嵌入式实时内核。毋庸置疑,嵌入式操作系统(Embedded Operating System,EOS)已经成为现代嵌入式计算体系中的重要系统组件,也是嵌入式技术知识学习者和系统设计必须掌握的重要内容。本章将从嵌入式操作系统的架构与模型、服务机制以及典型嵌入式操作系统 3 方面进行理论分析和阐述。

8.1 架构与模型

8.1.1 宏内核、微内核与超微内核

操作系统是驱动、管理和调度底层硬件资源,优化资源并向上层应用提供扩展、虚拟服务的一种基础系统软件。经过数十年的演化,现代操作系统的设计已经形成了以宏内核(也称单内核,monolithic kernel)或微内核(microkernel)为核心的基本架构,如图 8.1 所示。在操作系统中,内核是最早被加载运行的组件,提供了任务调度、任务间通信、中断/事件分发等基本、核心的系统服务,并以其为中心向外扩展软件功能。这种架构将操作系统的共性核心功能与可选组件分离,增强了系统结构的灵活性,同时通过将内核中相应的关键代码单独放置在受保护的内存区域,有效地防止非法访问等引起的内核错误。由图 8.1 可知,微内核架构操作系统较宏内核架构具有核心更小、关键代码分区存放、结构灵活、访问安全、组件化程度更高等优势。当然,微内核架构会增加通信、上下文切换等开销,且因系统服务与内核的地址空间分离,代码局部性差,造成 Cache 命中率降低等问题。为了在宏内核与微内核之间扬长避短,还发展出了混合内核形态,将部分服务置于内核中。

从基本架构和功能来看,嵌入式操作系统与通用操作系统相似。但是,鉴于嵌入式系统

---

① Kenneth Lane Thompson(1943—)与 Dennis MacAlistair Ritchie(1941—2011)均为著名的美国计算机科学家和软件工程师,共同设计了 B 语言、C 语言,创建了 UNIX 和 Plan 9 操作系统,1983 年同获图灵奖。

② Eric Steven Raymond(1957—),美国软件工程师、著名黑客,被公认为开放源代码运动的主要领导者之一,著有关于开源软件工程方法论的《大教堂与市集》一书。

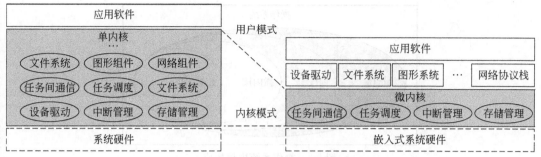

图 8.1　宏内核与微内核操作系统架构

面向特定应用及其在资源、功耗、体积、重量、实时性、可靠性等方面的要求和约束,嵌入式操作系统又呈现出一些差异性。首先,嵌入式操作系统采用基于宏内核、微内核或超微内核(nanokernel)的组态软件结构,后两种可大幅减少内核的代码空间,缩小至几十千字节(KB)甚至几千字节(KB)。其次,嵌入式操作系统多采用高度组件化的设计以提升组件的可配置、可裁剪能力。例如,图 8.2 给出了基于超微内核和多个微内核的嵌入式实时软件结构。单核处理器上的超微内核是一个事件分发器,能够最先捕获系统中产生的中断和事件,进而将其分发给上层的系统内核或应用。对于多核处理器,超微内核还会完成计算核资源的分配,这与第 7 章中的虚拟机功能类似。微内核中实现基本且必要的操作系统功能,如任务管理、任务间通信、存储管理、中断响应与分发等。

图 8.2　基于超微内核和多个微内核的嵌入式实时软件结构

图 8.3 给出了操作系统内核构成。超微内核规模最小,位于操作系统的最内层,主要完成中断、事件的分发,部分超微内核还可以对多核处理器资源进行分配。微内核是基于超微内核的扩展,具有任务调度等功能。内核则进一步提供了任务间的同步、通信等复杂多任务机制。执行体则是包括私有内存块、I/O 服务以及其他复杂机制的微内核,大多数商业嵌入式实时操作系统都属于该形式。最后,操作系统通常是指提供了用户交互接口、文件系统、数据库、安全服务等组件的执行体,是一个完整的系统软件。

　　如上所述,嵌入式操作系统通常都具有高度的组态化特性。同一个操作系统,模块划分的粒度越小,模块的功能就越单一,从而使得定制和裁剪的自由度也就越大。例如,Windows XP 和 Windows XP/E 嵌入式操作系统同源,但前者由一千多个大组件组成,而后者则将这些功能划分为上万个粒度更小的微组件,允许开发者按需进行"量体裁衣"式的定制。类似地,还有 Windows 10 与 Windows 10 IoT 等操作系统。总而言之,微内核架构与高度组态化的体系结构可以保证嵌入式操作系统具有良好的灵活性、安全性和细粒度定制

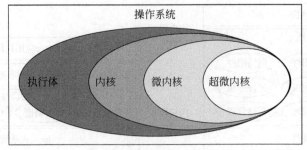

图 8.3　操作系统内核构成

能力,在 VxWorks、μC/OS、QNX、华为鸿蒙、翼辉 Matrix653(分区嵌入式操作系统)等众多嵌入式操作系统中被广泛采用。

8.1.2　功能模型

1. 经典模型

嵌入式操作系统是嵌入式软件体系的重要组成,提供了与任务和 I/O 相关的一组功能和服务。在微内核架构中,微内核内部仅仅提供了初始化代码以及与任务调度密切相关的原子任务创建、任务调度器、核心内存服务、任务状态记录等功能代码和数据结构。如前所述,微内核一般只占用非常小的存储空间,但其仅有的任务调度功能对于构建完整的嵌入式应用是远远不够的。虽然内核可被裁剪至几百千字节(KB)甚至几千千字节(KB),但这样的内核一般不能用于搭建应用系统,没有实际意义。因此,除了微内核之外,完整的嵌入式操作系统还必须能够提供一组可选的内核组件和系统组件,其功能模型如图 8.4 所示。

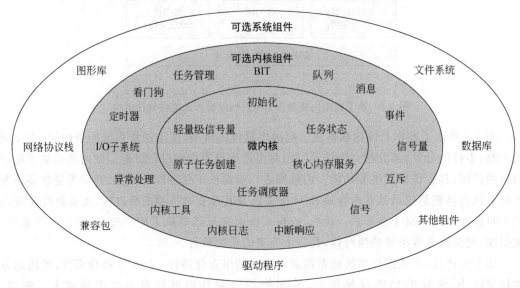

图 8.4　嵌入式操作系统功能模型

这一功能模型中包含的典型内核组件如下:

(1) 多处理器核(实时)调度组件(多核操作系统)。

(2) 定时器组件,基于硬件时钟为调度器、中断等提供时钟嘀嗒(tick)。

（3）更为丰富的任务创建、删除、挂起、阻塞等管理组件，使任务管理更为灵活、可靠。

（4）支持共享内存、消息队列、邮箱、管道等任务间的数据通信方法。

（5）提供信号量、事件、信号等任务间的同步、互斥机制以及良好的多任务支持。

（6）提供虚拟内存管理组件，支持安全、灵活、高效的内存访问。

（7）提供中断响应和异常处理组件，能够以异常处理的方式进行快速响应。

（8）针对嵌入式应用，提供看门狗、BIT 等可靠性增强的组件。

（9）提供一组用于调试和访问内核的工具等。

需要说明的是，这些组件并不都是必需的。不同的嵌入式操作系统所提供的可选内核组件的类型和数量可能不同。

可选的外围系统组件位于嵌入式操作系统的最外层，主要包括驱动程序、图形库、文件系统、数据库、网络协议栈等与 I/O 相关的功能模块或 API 兼容包、虚拟机、调试与分析辅助服务等其他模块。不同于通用操作系统上的同类组件，这些组件通常具有明显的嵌入式特征，而且与操作系统的关系较为松散，允许设计者根据系统特性选择、定制和集成。例如，围绕一个嵌入式内核，开发者完全可以选择不同的嵌入式文件系统、嵌入式图形库等组件，构建一个满足平台资源约束和应用功能需求的定制化嵌入式操作系统（相关内容见第 9 章）。

注意，嵌入式操作系统 I/O 功能的定制与硬件平台存在密切的联系，可参阅 7.3.3 节的相关内容。另外，即使是类型相同的组件，在不同操作系统中功能和机制的设计也可能存在差异。因此，在实际应用中，设计者一定要对这些操作系统区别对待，使用时要仔细查阅相关技术手册。

2. 衍生的嵌入式操作系统模型

Virginia Postrel[①] 说："The definition of an 'operating system' is bound to evolve with customer demands and technological possibilities."嵌入式操作系统的发展也不例外。在几十年的技术进化过程中，嵌入式应用的领域特征对嵌入式操作系统技术也产生了非常重要的影响，从而也衍生了一组面向领域应用的嵌入式操作系统或平台模型。

1）基于嵌入式操作系统扩展领域功能

实际上，经典模型的嵌入式操作系统已经呈现出一些基本的领域特征。除可定制的嵌入式 Linux 操作系统常常具有广泛的应用领域之外，其他嵌入式操作系统大都在架构、机制、性能、成本等方面对某些领域应用表现得更为适用。例如，μCLinux、μC/OS、Windows CE 适用于（实时）控制系统，VxWorks、SylixOS、μC/OS 适用于航空航天等安全攸关的复杂实时系统，而 Windows Mobile、Android 则主要面向手机、平板移动设备等。基于该类操作系统的嵌入式系统的领域应用功能全部部署在上层嵌入式软件中。

在嵌入式系统日益丰富和细分的进程中，为了进一步提高领域嵌入式系统的开发效率与质量并推进同类产品的标准化，同类应用上层软件中的公共组件开始被抽取出来，在归类、优化、扩展之后封装为独立的服务软件包。典型地，嵌入式中间件就是这样一类软件。嵌入式中间件向下使用嵌入式操作系统功能，向上为应用软件提供资源管理、数据处理、消息传递、状态监测等软件服务。那么，将这些服务组件作为必备的系统组件与嵌入式操作系统内核进行集成，就可以形成面向领域的嵌入式系统软件平台，其模型如图 8.5 所示。通常

---

① Virginia Postrel(1964—)，美国作家，IT 专栏撰稿人，代表作有《魅力的影响力》等。

情况下，一个嵌入式系统软件平台的功能组件都是确定的，在此基础上采用"定制的嵌入式内核＋定制的系统组件＋领域服务组件＋嵌入式应用软件"架构可以大幅降低嵌入式应用开发的复杂度和难度。

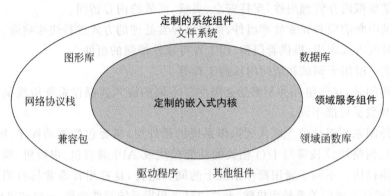

图 8.5　面向领域的嵌入式系统软件平台模型

2）面向领域的嵌入式系统开发平台框架

如上所述，"嵌入式操作系统＋中间件"的软件架构可以满足构建特定领域嵌入式系统软件的需要。然而，这种"扩展＋集成"的系统软件设计方式对于某些专用性或性能约束更严格的领域而言可能是远远不够的，如航空航天系统、机器人、通信设施、物联网设备等。究其原因，一方面是因为经典嵌入式操作系统的架构、机制、组件都侧重通用，对特定应用缺乏针对性设计，如分布式协同；另一方面，在已有内核上进行组件扩展，软件的融合程度通常较差，会对系统运行的性能（如可靠性、安全性等）造成制约。为此，需要进一步针对特殊领域需求设计符合其特征和规范的内核架构、运行机制、服务功能及工具集，以解决上述问题。近年来，在嵌入式系统领域陆续出现了深度领域化的嵌入式操作系统。这些操作系统不但具有传统嵌入式操作系统的部分特性，还能提供更为专用和特殊的功能与性能。以下给出一些典型的领域化嵌入式系统软件示例：

（1）面向航空领域，如美国的 FOS（Flight Operations System）、DEOS（Digital Engine Operating System）以及国产的天脉操作系统等。

（2）面向航天领域，如德国航天中心的 BOSS/ EVERCONTROL、RODOS（Real-time Onboard Dependable Operating System）以及国产的天卓、风云翼辉等。

（3）面向移动手持设备，如 Windows Phone/Mobile、Android、iOS、Tizen、PalmOS 以及国产的 Hopen 等。

（4）面向机器人领域，如 ROS（Robot Operating System）、DROS（Dave's Robot Operating System）、COROS 以及国产的 Turing OS 等。

（5）针对物联网、万物智联场景，如华为的鸿蒙（HarmonyOS）、阿里巴巴的 AliOS、翼辉的 MS-RTOS 以及谷歌的 Fuchsia、苹果的 HomeOS、Contiki、TinyOS 等。

（6）面向网联车，如特斯拉的 V 系列、大众的 VW.OS、阿里巴巴的 AliOS 等。

（7）面向边缘计算，如翼辉的爱智（EdgerOS）、HopeEdge OS 等。

这些新型的嵌入式操作系统都要满足特定行业的规范要求。围绕领域特征，以这些嵌入式操作系统为核心会形成一套较为完整的领域嵌入式系统开发平台框架，也常常存在相应的软件生态系统(software ecosystem)。在实际应用中,可以基于已有嵌入式操作系统代码深度定制该类嵌入式操作系统,也可以从内核到组件进行重新设计和开发。

当然,不论是扩展的嵌入式操作系统平台还是深度领域化的软件开发平台框架,仍未完全脱离经典操作系统、嵌入式操作系统的理论及模型体系。为此,本书仍将重点围绕这些共性的基本概念、核心机制和设计方法展开讨论。

8.2 服务机制

8.2.1 基本概念

1. 内核

内核(kernel),顾名思义就是操作系统中最核心、最基础的运行组件,在运行时提供任务管理、任务同步、定时器、中断与异常处理以及基本的内存管理等服务,其基本功能如图 8.6 所示。由于内核可以创建运行多于处理器(或计算核)数量的任务集,因此可以说内核层实现了任务级的虚拟化。另外,可以根据内核提供服务的数量将其分为如前所述的宏内核、微内核等。

图 8.6 内核的基本功能

从任务管理机制的角度,内核可以被进一步划分为图 8.7(a)所示的非抢先式内核和图 8.7(b)所示的抢先式内核。在非抢先式内核中,多个任务按照先来先服务的策略进行调度,高优先级任务就绪后必须等待正在执行的低优先级任务释放处理器;在抢先式内核中,一旦高优先级的任务就绪,就会立刻获得处理器的使用权。其共性在于:这两种内核中的中断服务程序都可以在任务执行的任何时刻抢占处理器资源,多个中断服务程序按照优先级顺序嵌套执行。

与以上内核机制不同的还有一种协作式内核。在这种内核中,调度功能的实现对应一个可被调用的内核函数。任务在执行过程中直接调用调度函数选择下一个任务并进行任务的切换。这种内核机制的不足是:可靠性受任务的制约,任何一个任务失败都可能引起内核功能的失效。因此,这种内核常用于一些小型嵌入式操作系统,如 TinyOS、Contiki 等。

在这些不同类型的内核中,抢先式内核能够更好地保证重要任务的执行质量,因此更为常见,如 VxWorks 的 WIND、SylixOS 的 LongWing 等。

2. 任务

在嵌入式软件,尤其是实时操作系统中,任务(task)是一个非常重要的概念。"任务"一词的基本含义是"需要完成的工作的一个特定部分"[①],强调了应用属性。在嵌入式操作系统中,任务是一个有具体特性的软件对象。

20 世纪 80 年代,AT&T 的 SVR4 UNIX 操作系统实现了对多用户环境的支持。在

---

① *Collins Concise English Dictionary*(《柯林斯简明英语词典》)中对 task 的定义是"A specific piece of work required to be done"。

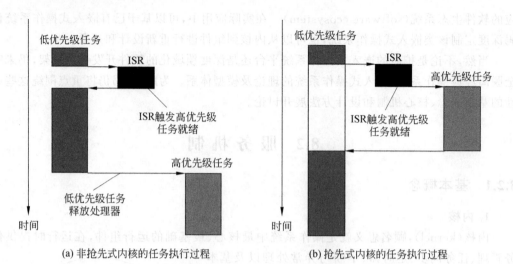

(a) 非抢先式内核的任务执行过程   (b) 抢先式内核的任务执行过程

图 8.7　非抢先式内核与抢先式内核

SVR4 UNIX 中，程序是指一个可执行的文件，程序的一个执行实例被定义为进程。同一时期，VRTX、pSOS、iRMX 等面向嵌入式实时系统的操作系统诞生。鉴于 UNIX 的公平调度方法并不适用于具有执行期限要求的系统，当时面向无 MMU 硬件的实时操作系统中多采用新的多任务编程模型。一个程序被分割为一组同级别的功能函数，如监测、通信、控制等，每个函数都类似于一个主函数且大都采用无限循环。在这个模型中，每个并发的执行单元被称为任务，是可以被调度且并发运行于处理器中的软件功能单元。这与早期的进程和 20 世纪 90 年代出现的线程概念相似。在嵌入式操作系统中，一个任务可以由任务的状态（如运行、阻塞、结束等）和类似于图 8.8 的任务结构（数据、对象、资源、任务控制块）统一描述。任务状态由嵌入式操作系统中的进程控制，调度进程为任务分配处理器，资源管理进程为任务分配内存、网络等资源。每个实时操作系统中都提供了一组创建、管理任务的 API。在此基础上，可用一组任务及其不同状态下的任务行为表示一个应用程序。

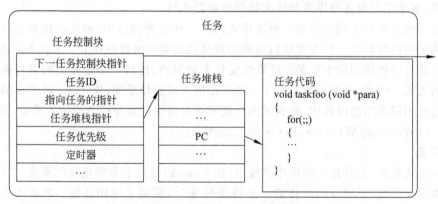

图 8.8　内存空间中的任务结构

从计算的角度，任务和进程、线程在本质上是一致的，都是操作系统管理、调度的基本对象，简要对比如下：

（1）线程是处理器上调度的最小对象，任务也是；进程通常不可调度执行，只是一组线程/子进程的资源容器。

（2）在早期的定义中[108]，如果系统中没有 MMU，那么操作系统中可调度的对象就是任务；如果有 MMU 且采用了虚拟寻址机制，则称为线程/子进程。现在，任务与线程/子进程的特性已经融合。

（3）裸机软件中无操作系统，但仍可能存在任务的概念。例如，在前后台软件系统中，主程序为无限循环运行的后台任务，ISR 为响应事件的前台任务。

（4）进程中的线程有独立的上下文，实时操作系统中的任务也是如此。

（5）任务、线程、进程不同于函数，一个任务/线程/进程不能调用另一个任务/线程/进程；函数通常是任务体的入口点，并在任务的上下文中执行。

（6）任务一词突出应用特征，线程、进程侧重计算的含义。

（7）任务描述可重复的计算，其每一次计算被称为一个作业。例如，对于每个周期任务 τ，其在 $t_1, t_2, \cdots, t_n$ 时刻的执行对应一个作业集 $\{J_1, J_2, \cdots, J_n\}$。

需要说明的是，虽然在不同的嵌入式操作系统中的调度对象命名有所不同，但本质上这些对象仍具有统一性。例如，嵌入式 Linux 继承了 Linux 和 UNIX 的传统，将调度对象命名为进程、子进程；Windows 系列操作系统将其称为进程、线程；而 VxWorks、μC/OS 等嵌入式操作系统中则将其称为任务。

3. 任务状态

任务状态反映了物理内存中的任务在系统中所处的情形，由操作系统内核维护。任务的基本执行状态包括运行态、就绪态、阻塞态、睡眠态和挂起态。其中，运行态指任务占有处理器或多核处理器中的一个核，其代码正在执行；就绪态表示任务已经拥有除了处理器之外的全部所需资源，等待被调度到处理器执行；阻塞态表示任务在等待处理器以外的某资源，该资源因其他任务占用等原因当前不可用；睡眠态表示任务处于延迟执行状态，延迟结束后即可转入就绪态；挂起态表示任务被暂停执行，等待继续执行。任务可处于其中的某个状态，也可以处于某个组合状态，例如阻塞状态的任务被其他任务挂起。除了运行态以外，操作系统内核会为其他状态维护相应的任务队列，如就绪队列、睡眠队列、等待某资源任务的阻塞队列、挂起队列。操作系统的调度器控制任务在不同状态之间转换，转换过程对应一个任务状态机。图 8.9 为 VxWorks 中的任务状态机及相关函数。

图 8.9　VxWorks 中的任务状态机及相关函数

4. 任务控制块

任务控制块（Task Control Block，TCB）是进行任务管理的重要内存数据结构，包括任务 ID、状态、指向下一个 TCB 的指针、优先级及上下文等内容和属性。操作系统内核基于 TCB 中的信息，将相同状态的任务挂载到相应的任务队列中进行分类管理，如图 8.10 所示。不同嵌入式操作系统中的 TCB 常常存在差异，既有任务的基本属性，也会提供一些高级属性。例如，μC/OS 将 TCB 定义在 struct os_tcb 结构体中，有数十个成员变量（在 src/uC/ucos_ii.h 文件中）；而 VxWorks 在 wind_tcb 结构体中定义（在 taskLib.h 文件中），其组成如表 8.1 所示。

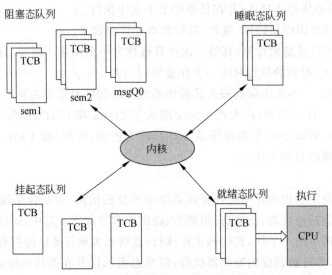

图 8.10　内核中维护多个不同状态的任务队列

表 8.1　VxWorks 的任务控制块

条　　目		描　　述
任务名称		指向任务名字符串
上下文	PC	任务被中断的地址，由此地址的指令恢复执行
	CPU 状态	使用的处理器寄存器资源
	栈	用于动态变量、函数调用、信号处理等
	标准输入输出	任务使用的标准输入、标准输出及错误输出的定义
	延时定时器	任务延时时间片计数
	时间片定时器	用于时间片轮转调度（Round-Robin）
	内核控制结构	内核使用，存放与任务相关的地址等信息
	信号处理配置	包括阻塞信号集、信号处理方式、信号状态等
	错误状态	各任务有一个独立的全局 errno 副本
	调试和性能监视状态	任务调试和性能监视信息
	任务变量（可选）	用于提高函数的可重入性
	浮点上下文（可选）	用到浮点处理单元时使用该项
异常信息		用于异常处理，因处理器体系差异而不同
退出码		ExitCode，用于调试

5. 任务上下文及其切换

任务上下文(task context)是多任务系统中任务被中断时必须保存的一组现场状态,涉及分配给任务的内存区域(包括堆和栈)以及处理器的寄存器组等资源,记录在任务控制块中(即表 8.1 中的上下文)。图 8.11 是任务挂起前的运行时上下文。为了便于管理,任务上下文信息通常都被保存在类似于任务控制块的内存区域。

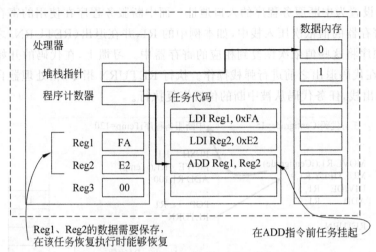

图 8.11 任务挂起前的运行时上下文

如果要在一个处理器上执行两个或两个以上的任务,那么就需要有一种方法保存当前正在执行的任务的上下文,并根据将要执行的任务的上下文构造或恢复出相应的运行时上下文。然后,根据新的程序计数器值加载该任务的指令执行,如果要执行的任务是新加载的,程序计数器中是该任务代码的入口地址;如果是恢复执行,则是被打断时所执行指令的下一个地址。图 8.12 给出了两个任务上下文切换(context switch)的逻辑,其效果是实现任务的切换。上下文切换是多任务嵌入式软件的共性特征。在很多系统中,上下文切换最简

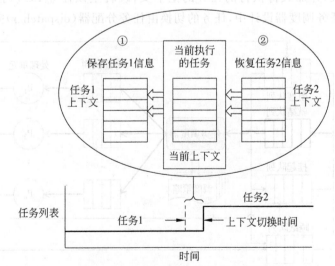

图 8.12 两个任务上下文切换的逻辑

单的方式是调用一个软件中断（如 SWI 或陷阱）。如果不采用嵌入式操作系统，软件开发人员就需要在编写代码时自行增加相应的数据保存和恢复操作。在汇编语言中，常用压栈指令（PUSH）和弹栈指令（POP）完成寄存器值的保存和恢复。

图 8.13 给出了中断程序中的寄存器压栈、弹栈汇编代码示例。在该例中，处理器在中断到来之后自动压栈保存当前 PC 的值，即任务代码中"MULTIPLY R1,9"的地址，进而自动将 PC 指针设置为中断服务程序的入口地址。而中断服务程序在使用的寄存器之前必须把待使用的寄存器的值依次压入栈中，如本例中的 R1，并在退出（RETURN）之前按照压栈操作的相反顺序将这些值依次恢复到相应的寄存器中。习惯上，在代码的开始部分先完成压栈操作，并在代码退出之前进行弹栈操作。执行 RETURN 指令后，处理器自动将前面保存的 PC 值弹出栈，任务代码从被中断的位置恢复执行。

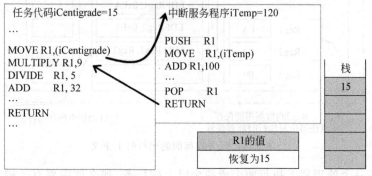

图 8.13　中断程序中的寄存器压栈、弹栈汇编代码示例

6. 任务调度器

任务调度器（scheduler）是内核中以就绪队列为操作对象的任务管理组件，其基本结构如图 8.14 所示。从功能上说，任务调度器的调度工作可以分为两个主要阶段：第一阶段，以特定的调度策略从就绪队列中选取将要执行的任务；第二阶段，在内核态保存当前正在执行的任务的上下文，并加载待执行的任务的上下文，跳转至该任务 PC 所指的指令位置执行。在模块化的任务调度器设计中，任务的切换由任务分配器（dispatcher）完成。

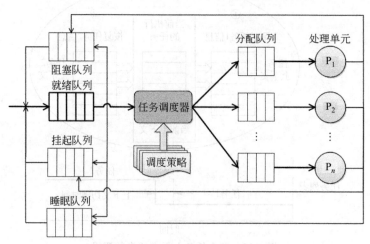

图 8.14　任务调度器的基本结构

在嵌入式操作系统的任务调度器中,常用的调度策略有以下两种:

(1) 基于优先级的抢先式调度(preemptive priority-based scheduling)。高优先级的任务一旦就绪,正在执行的低优先级任务立刻让出处理器,如单调速率调度(rate monotonic scheduling)、最早截止期优先调度(Earliest Deadline First,EDF)等。

(2) 时间片轮转调度(round-robin scheduling,RR)。为每个任务每次分配特定长度的时间片 Δt(如 10ms),一个执行时长为 T 的任务将至少被调度执行 $\lceil T/\Delta t \rceil$ 次。当一个任务的当前时间片用完之后,任务调度器将选择并调度下一个要执行的任务。由此,多个任务可公平地得到执行。

同时,关于评价任务调度器效能的指标主要包括如下几个:

(1) CPU 利用率(CPU utilization)。单位时间内 CPU 的占用率,可由式(8.1)计算。调度的目标是提高 CPU 利用率,但对于实时系统而言,过高的利用率可能导致可靠性降低。

$$U_{\mathrm{CPU}} = 1 - \frac{空闲时间}{周期} \tag{8.1}$$

(2) 吞吐率(Throughput)。单位时间内完成执行的任务数。

(3) 周转时间(Turnaround time)。从任务提交到其完成之间的时间。

(4) 等待时间(Waiting time)。任务在就绪队列的累计等待时间。

(5) 响应时间(Response time)。从发出调度请求到任务被调度所经历的时间。

(6) 公平性(Fairness)。任务调度器尽量使所有任务都能获得所需的执行时间。

7. 任务优先级

任务优先级是表示任务紧急程度的重要属性,也是嵌入式操作系统内核进行任务管理的重要依据之一。在抢先式内核中,一个任务的优先级越高,表示该任务应该越早地被调度执行。但要注意的是,在中断服务程序与任务之间,即使最低优先级的中断服务程序也要比最高优先级的任务优先执行。

通常情况下,优先级的值越小,表示优先级越高。不同嵌入式操作系统中对任务优先级的约定不同。举例来说,VxWorks 内核划分为 256 个优先级(0~255),0 为最高优先级,255 为最低优先级;μC/OS 内核支持 64 个优先级,0~3 以及 60~63 为系统保留优先级,而且任务的优先级就是任务 ID,也就是说,μC/OS 中每个优先级上只能有一个任务。μC/OS Ⅱ 支持 256 个优先级,每个优先级上一个任务;μC/OS Ⅲ 内核则可以支持 256 个优先级,每个优先级上可以有多个任务。

8. 共享资源与临界资源

在计算系统中,共享变量、I/O 接口等可以被多个任务使用的资源称为共享资源。如果某些共享资源同时仅允许被一个任务访问,那么这种资源就属于临界资源。为了防止对数据的破坏或引起 I/O 错误,每个任务在访问临界资源之前都应该首先获取该资源的访问权限,只有正在占用资源的任务将其释放后,其他任务才可以竞争访问,即保证访问的原子性。

在操作系统内核服务中,通常会提供互斥信号量机制,可用于多任务对临界资源的安全访问。但是,无操作系统的裸机软件并没有这样的信号量机制,因此需要采用其他软硬件技术途径解决后台任务与 ISR、ISR 与 ISR 的数据共享问题,这将在 10.2 节举例讨论。

9. 优先级翻转

在基于优先级的抢先式调度策略中,任务调度器在任何时刻都应保证高优先级的任务优先执行。但在实际系统中，却常常会出现因为低优先级任务持有高优先级任务所需的临界资源，从而导致高优先级任务被延迟执行的现象。在嵌入式系统技术领域，这类现象被统称为优先级翻转（priority inversion）问题。

以图 8.15 为例，在抢占式调度不同优先级的 3 个任务时优先级翻转问题的产生过程如下：

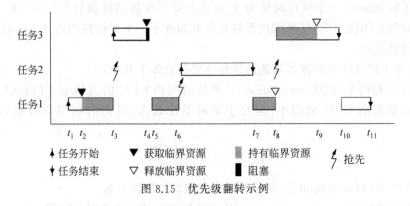

图 8.15　优先级翻转示例

（1）t_1 时刻，低优先级的任务 1 开始执行。

（2）t_2 时刻，任务 1 获得临界资源的使用权。

（3）t_3 时刻，高优先级的任务 3 到来并抢先执行。

（4）t_4 时刻，任务 3 因未获取临界资源而被阻塞，任务 1 继续执行。

（5）t_6 时刻，中优先级的任务 2 到来并抢先执行，直至 t_7 时刻完成，然后任务 1 恢复执行。

（6）t_8 时刻，任务 1 释放临界资源，任务 3 解除阻塞状态，抢先执行。t_9 时刻，任务 3 释放临界资源。

（7）t_{10} 时刻，任务 3 完成，任务 1 继续执行直至完成。

由图 8.15 可知，虽然任务 3 具有最高的优先级，但因其所申请的共享资源被低优先级的任务 1 占用，因此实际的任务完成序列为任务 2（中优先级）、任务 3（高优先级）、任务 1（低优先级），而不是预期的任务 3（高优先级）、任务 2（中优先级）、任务 1（低优先级）。如果任务 1 直至 t_{11} 时刻完成时才释放共享资源，那么实际的完成序列将是任务 2（中优先级）、任务 1（低优先级）、任务 3（高优先级）。显然，这种情况下高优先级的任务并不能被优先调度。优先级翻转问题将会对实时操作系统的性能造成严重影响，是实时操作系统中任务调度和资源管理需要解决的关键问题之一。

一个典型案例是 1997 年美国 NASA 发射的火星探路者号探测器。在登陆火星之初的一段时间，探测器的工作比较稳定，但随后系统频繁出现复位、数据丢失等现象。后经地面工程师分析发现，其原因在于系统中发生了优先级翻转问题：在低优先级的数据采集任务执行期间，高优先级的总线管理任务阻塞等待数据，此时到来的中优先级数据通信任务会抢先执行，与图 8.15 的过程类似。由于数据通信任务的执行时间较长，因此低优先级的数据采集任务和高优先级的总线管理任务长时间不能执行。系统看门狗检测到总线长时间无响应时错误地判定系统故障，并自动复位。在确定问题之后，NASA 通过远程升级探测器的软件解决了这一问题，探测器系统恢复正常。

10. 优先级继承协议

优先级继承(Priority Inheritance Protocol,PIP)是解决优先级翻转问题的典型方法。其核心思想在于,优先级翻转问题发生时,让持有共享资源的低优先级任务获取被阻塞的高优先级任务的优先级,以尽快执行并释放共享资源,进而使高优先级任务能够得到快速响应。仍以图 8.15 中的 3 个任务为例,采用优先级继承方法的任务执行过程如图 8.16 所示,具体步骤如下:

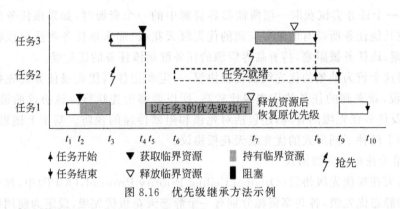

图 8.16　优先级继承方法示例

(1) t_1 时刻,低优先级的任务 1 开始执行。

(2) t_2 时刻,任务 1 获得临界资源的使用权。

(3) t_3 时刻,高优先级的任务 3 到来并抢先执行。

(4) t_4 时刻,任务 3 因未获取临界资源而被阻塞,发生优先级翻转。

(5) t_5 时刻,任务 1 的优先级被提升到任务 3 的优先级,以高优先级继续执行。

(6) t_6 时刻,任务 2 就绪,但因高优先级的任务 1 正在执行而等待。

(7) t_7 时刻,任务 1 释放临界资源,优先级恢复至原有的低优先级,高优先级的任务 3 抢先执行。

(8) t_8 时刻,任务 3 完成执行,任务 2 开始执行。

(9) t_9 时刻,任务 2 完成执行,任务 1 恢复执行。

(10) t_{10} 时刻,任务 1 完成执行。

显然,采用优先级继承方法后,3 个任务的执行和完成顺序变成了任务 1、任务 3、任务 1、任务 3、任务 2、任务 1,与高优先级任务尽量先执行且尽可能早执行完的约束保持一致。由图 8.16 可知,此时任务 3 的阻塞时间仅为任务 1 持有临界资源所占用的时间。因此,在软件设计中,只要保证程序处于临界区中的时间尽可能少,高优先级任务被阻塞和延迟的时间就会比图 8.15 所示的情形大大减少。

优先级继承是解决优先级翻转问题的有效方法,不仅可以用于实时系统中的任务调度,其思想还可用于创新解决其他本质相似的问题。例如,作者在面向服务的协作式智能交通系统(SoC-ITS)研究中就采用优先级继承思想解决了多服务类型无人车的协同调度问题,提高了智能交通系统中紧急车辆在交叉路口的通过效率[109,110]。

需要说明的是,优先级继承只考虑了单个共享资源的情形。在有多个共享资源的情形下,该方法并不能有效避免可能的死锁问题。

11. 优先级天花板协议

优先级天花板协议（Priority Ceiling Protocol，PCP）是解决优先级翻转问题的另一种方法，适合在多个任务之间有超过一个共享资源的情形。在该协议中，除了任务有自身分配的静态优先级以及可能继承的动态优先级之外，还要为每个临界资源赋予一个较高的优先级。该协议的基本思想可描述如下：

（1）任何任务在临界资源以外时均以当前的优先级运行。

（2）当一个任务尝试获取一组所需临界资源中的一个资源时，如果该任务的优先级严格大于已被其他任务所持有的临界资源的优先级天花板，那么该任务将获得该临界资源的使用权；否则，该任务被阻塞，持有临界资源的任务继承该任务的优先级。

要理解这个较为抽象的优先级天花板协议，一定要记住高优先级任务抢先执行这个前提，也就是说，新来到的任务的优先级比较高，所以能够抢先执行。该协议的第（2）点是核心，不但涉及任务优先级的管理，还包括对死锁和阻塞传递的预防。基于上述思想，实际中常见的有如下两种不同形式的优先级天花板协议。

1) 原始天花板优先级协议

在原始天花板优先级协议（Original Ceiling Priority Protocol，OCPP）中，每个任务都有一个默认的静态优先级，各共享资源分别有一个静态天花板优先级，设定为使用该资源的任务中的最高优先级。同时，每个任务有一个动态优先级，是其静态优先级和继承自阻塞者任务的优先级中的最高者。该协议约定，当一个任务申请一个资源时，如果其动态优先级高于任何被其他任务持有的资源的静态天花板优先级，那么该任务将能够获得其申请的资源。

举例说明，假设任务 2 的优先级高于任务 1 的优先级，且两个任务都会使用资源 S1 和 S2，那么，两个临界资源的静态天花板优先级都将等于任务 2 的优先级。图 8.17 描述了基于 OCPP 的任务执行和优先级变化过程。

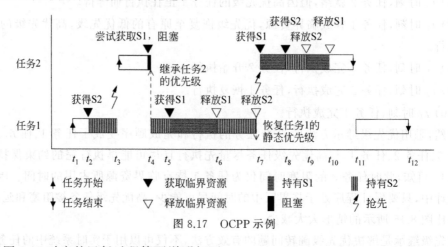

图 8.17 OCPP 示例

对图 8.17 对应的运行过程简要说明如下：

（1）t_2 时刻，任务 1 申请资源 S2，由于当前 S1 和 S2 都可用，任务 1 持有 S2。

（2）t_3 时刻，任务 2 到来并抢先执行。

（3）t_4 时刻，任务 2 尝试获取 S1，但由于其优先级并不高于被持有资源 S2 的静态天花板优先级，因此任务 2 被阻塞，同时阻塞者任务 1 的优先级被提升到任务 2 的优先级。

（4）t_5 时刻，任务 1 尝试获取 S1，因没有其他任务占用其所需的其他资源（此处只有 S1），任务 1 持有 S1，直至 t_6 时刻释放 S1。

（5）t_7 时刻，任务 1 释放 S2，退出临界资源部分，优先级恢复为原来的静态优先级，高优先级的任务 2 抢先执行。t_8 时刻，任务 2 获得 S2。t_9 时刻，任务 2 释放 S2。t_{10} 时刻，任务 2 释放 S1。

（6）t_{11} 时刻，任务 2 完成，任务 1 恢复执行。

（7）t_{12} 时刻，任务 1 完成。

2）立即天花板优先级协议

和 OCPP 中的约定相同，在立即天花板优先级协议（Immediate Ceiling Priority Protocol，ICPP）中，任务有一个默认的静态优先级，同时每个资源有一个静态的天花板优先级。不同的是，任务的动态优先级是其静态优先级及其所持有的所有资源的天花板优先级中的最大值。注意，该协议中任务的动态优先级管理更为简化，仅依赖于任务自身所持有的资源，不再从其他任务继承。

图 8.18 是采用 ICPP 时访问两个资源的 3 个任务的执行过程。由图 8.18 可知，任务 1 在陆续获得 S2、S1 后，其优先级依次提升到 S2 和 S1 的天花板优先级。由于任务 3 的优先级最高，可以抢先执行；而任务 2 的优先级低于资源 S2 和资源 S1 的天花板优先级，因此其就绪后只能等待高优先级任务先执行完成。任务 1 释放资源 S2 后，优先级恢复到原来的低优先级，此时任务 2 抢先执行。由此过程可知，基于 ICPP 依然可以保证高优先级任务尽可能早地执行和完成。

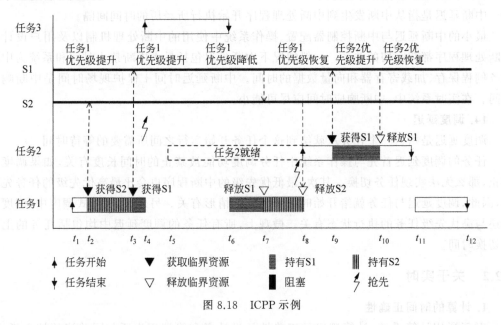

图 8.18　ICPP 示例

显然，ICPP 较 OCPP 更易于实现，且有效减少了上下文的切换，但增加了对任务优先级的操作。与优先级继承不同的是，在天花板优先级协议中，不论是否发生优先级翻转问题，只要任务访问共享资源就会提升其优先级。这种方式不需要复杂的判断，但其缺点是调用系统函数（如 μC/OS 中的 OSTaskChangePrio）改变任务的优先级时会产生额外的系统開销。在未发生优先级翻转问题时,提升和恢复任务的优先级将产生额外的系统开销,会对实时系统产生较大影响。μC/OS、μC/OS Ⅱ操作系统中采用了天花板优先级协议,μC/OS Ⅲ中采用了优先级继承方法,SylixOS操作系统则同时支持优先级继承方法和天花板优先级协议。

根据改变优先级的不同时机,优先级天花板协议还有一些变体。例如,分布式优先级天花板协议(Distributed PCP,DPCP)以及多处理器天花板优先级协议(Multiprocessor PCP,MPCP)都是面向多处理器的优先级天花板协议的扩展。

除了优先级继承方法和优先级天花板协议之外,栈资源策略(stack resource policy)因其较少的抢先次数也成为解决优先级翻转问题的流行方法。该策略为任务引入抢先等级,会在作业(即任务的一次执行)尝试抢先时对其阻塞,而不是在尝试锁定时:如果一个作业具有最高优先级且它的抢先等级高于系统天花板,该作业才可抢先执行。这3种方法总体上被归类为面向单处理器的资源访问协议,目前尚未形成面向多核的标准资源访问协议。读者可进一步阅读文献[5]的4.2节。

12. 最大中断禁止时间

当操作系统运行在内核态、执行某些系统调用或执行高优先级中断时,不会响应新到来的低优先级中断(可认为中断被禁止)。当这些处理完成,系统重新回到用户态时才响应外部中断请求。该过程所需的最大时间就是最大中断禁止时间。在实时系统中,最大中断禁止时间是一个非常重要的性能指标。一般来说,该时间越小越好。

13. 中断延迟与中断响应时间

中断延迟是指从中断发生到中断处理程序开始执行所经历的时间间隔。

最小的中断延迟与中断控制器配置、操作系统中使用的中断处理机制以及用户设计的中断处理程序都有密切的关系。一般情况下中断延迟包括最大中断禁止时间和系统为中断服务例程保存、加载寄存器和向量数据的时间。中断延迟时间+保护现场时间是中断响应时间。在实时系统中,中断响应时间应尽可能小。

14. 调度延迟

调度延迟是指当一个任务从就绪到这个任务开始运行之间所需要的等待时间。

任务的调度延迟首先与操作系统中任务调度功能被禁止的时间长度有关,如果调度被禁止,那么无法实现任务切换。其次,最低优先级的中断程序也会比最高优先级的任务先执行,因此,调度延迟与任务就绪开始时的中断处理情形有关。另外,在抢先式调度中,调度延迟还与高优先级任务的执行状态有关。微观上,所有任务的调度延迟中均包括任务的上下文切换时间。

8.2.2 关于实时

1. 计算的时间正确性

对于通用计算系统,计算逻辑的正确性是设计者和终端用户所共同关注的核心指标。但对于诸如航空、航天等领域的嵌入式系统而言,不仅要求正确的计算逻辑,还要求这些计算操作必须在限定的时间内完成,这称为时间正确性(timing correctness)。也就是说,对于某些系统,只有同时满足计算的逻辑正确性和时间正确性,计算结果才是有效的。为了说明时间正确性对于应用系统的重要性,先来看看因时间约束未被满足而引起的一些严重灾难或事件。

1）泰坦尼克号沉没

1912 年 4 月 10 日，初航的泰坦尼克号邮轮满载游客从英国南安普敦出发经大西洋前往美国纽约。因船员未能及时观察到漂浮在海面的冰山，发现时已来不及调整船速和航线进行规避，最终这艘号称"上帝也沉没不了的巨型邮轮"撞上冰山并于 4 月 15 日凌晨沉没，死亡人数超过 1500 名，堪称 20 世纪最大的海难事件。

在泰坦尼克号沉没事件后，波士顿潜艇信号公司的费森登[①]受该事件的启发，于 1913年发明了用于测距的费森登振荡器，奠定了现代声呐[②]系统的技术基础。

2）导弹拦截失败

早期的爱国者导弹系统内部，每隔 100ms 就会因进制转换产生 0.000000095s 的时间误差，如果连续工作 8h，射程就会偏离正常位置约 20%。因此，每过一段时间就需要对系统进行复位，以消除这些误差。美国军方知道这个缺陷，但不认为该系统会持续工作超过 8h。1991 年海湾战争期间，爱国者导弹系统连续工作了 100h，内部产生了 0.34s 的时间误差，这使得该系统未能监测到来袭的飞毛腿导弹，导致美军上百人伤亡。

3）火星极地着陆者号探测器坠毁

1999 年 1 月，美国 NASA 通过德尔塔-2 运载火箭发射了火星极地着陆者号探测器。经过 11 个月的漫长太空飞行，探测器从巡航阶段转入火星登陆阶段，速度为 6.9km/s。但此后，探测器与地面失去联系。经后续调查，这极可能是因为控制软件在距火星表面 40m高度时过早地关闭了逆喷射引擎，从而导致火星极地着陆者号探测器坠毁在火星表面。

人们日常生活中大量的事务也都有时间的要求。例如，一则招聘通知会限定该通知有效的时间范围；学生要在考试结束时间之前完成答卷，在考试时间内写出的正确答案才能获得分数；球迷希望看到与现场尽量保持同步的比赛转播；紧急情况时，驾驶员要迅速做出正确的决策，控制车辆刹车或规避以避免事故。通过这些事例可以发现，物理空间中事务的时间正确性本质上与牛顿定律、流体力学等物理学规律相对应，这不同于纯信息世界中主要受处理器速度影响的时间。例如，汽车的刹车距离与车速、路面、天气、风力以及驾驶员/驾驶系统的反应时间等密切相关。

嵌入式系统是信息系统和物理对象的融合，因此，在航空、航天、核电站等安全攸关领域，计算对物理对象的影响就需要满足物理规律的约束。例如，飞机姿态控制以空气动力学为约束，需要副翼舵机、襟翼舵机、尾翼转向舵、发动机等在限定时间（常见周期为 10ms）内完成严格的协同控制，任何部件不能及时完成控制动作都可能造成姿态控制的不可预测。对于该类嵌入式系统，如果其不能在限定时间内完成所要求的动作，就可能会产生严重故障，甚至发生灾难。

2. 实时性与实时系统

通过上述示例分析，读者可以体会到时间属性在某些计算系统中的重要性以及时间约束的本质上源于不以人的意志为转移的物理规律。那么，什么是实时？什么样的系统才是

---

① 费森登（Reginald Aubrey Fessenden，1866—1932），加拿大科学家、发明家，以发明广播电台而著名，首次通过无线电播送第一套远距离的电台节目。他还发明了显微照相技术、声呐原型系统等，获 IEEE 荣誉奖章。

② SONAR：音译声呐，是声音导航与测距（SOund Navigation And Ranging）的缩写。

实时系统？直观地看,实时似乎应该就是任务能够执行得非常快,实时系统就是能够非常快地进行计算的系统。那么,实际情况是不是如此呢?

为了回答这些问题,先来看如下两个关于实时的定义。第一个定义源自 POSIX 1003.b 标准中的描述:实时是指系统能够在限定的响应时间内提供所需水平的服务。这是一个广义的定义,可以涵盖大多数具有时间约束的情形。配合实时特征,POSIX 1003.b 标准还定义了 3 个任务调度策略,即 SCHED_FIFO(优先级抢先,同优先级先来先服务调度策略)、SCHED_RR(轮转调度策略)以及 SCHED_OTHER(其他调度策略)。第二个是 Donald Gillies[①]教授给出的实时系统定义:一个实时系统是指计算的正确性不仅取决于程序的逻辑正确性,也取决于结果产生的时间,如果系统的时间约束条件得不到满足,将会发生系统出错。(A real-time system is one in which the correctness of the computations not only depends upon the logical correctness of the computation but also upon the time at which the result is produced. If the timing constraints of the system are not met, system failure is said to have occurred.)虽然这两个定义在文字上有所不同,但本质上都强调了计算的时间限定属性,要求计算结果具有时间约束。这是实时在计算系统中最基本的内涵。同时,实时也潜含着可预测性和确定性,即,不论一个任务什么时候到来,其都能在可估计的时间内响应和完成。以两小时时长的考试为例,不论考试何时开始,只有在两小时内正确完成所有题目才能得到 100 分的有效成绩。另外,实时还隐含地表示了与可靠性的关联,因为任何导致任务或系统不可靠的问题都会使得任务的完成期限不可预测。

基于这些基本概念,接下来对与嵌入式系统相关的实时性展开阐述。

1) 任务的时间属性

在实时系统中,任务是计算系统的最小调度单元,是体现实时性的最小软件对象。因此,任务,尤其是实时任务,不仅要具备传统的功能属性,同时还要具备时间约束、可靠性等非功能属性。以下给出任务相关的基本时间属性定义:

(1) 释放时间(release time)。任务就绪的时刻。如果所有任务都在系统启动时就绪,那么释放时间为 0。

(2) 截止期(deadline)。任务必须完成执行的最晚时刻。如果截止期为无限大,表示不存在截止期。

(3) 相对截止期(relative deadline)。释放时间至截止期之间的时间间隔长度,任务应该在该时间段内完成执行。

(4) 响应时间(response time),任务从就绪到完成之间的时间间隔长度,等于完成时间－释放时间。

(5) 延迟时间(tardiness)。如果完成时间不超过截止期,则该时间值为 0;否则为完成时间－截止期。

(6) 滞后时间(lateness)。等于完成时间－截止期,其值可正可负。

任务的时间属性关系如图 8.19 所示。

另外,在实时系统中还有一组与任务和实时性相关的概念和指标:

---

① Donald Gillies(1928—1975),加拿大数学家,计算机科学家,其博士生导师为冯·诺依曼。他在博弈论、计算机设计等方面做出了巨大贡献,发明了程序重定位寄存器、管道控制电路等。

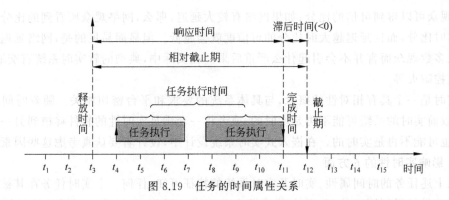

图 8.19 任务的时间属性关系

(1) 任务可调度(feasible schedule)。对于一个具有截止期要求的任务,如果不论何时,只要在释放时间时(后)启动,就一定能够在截止期之前完成,那么这个任务就是可调度的。

(2) 可调度性(schedulable)。对于一个调度算法,一组任务总是有可行的调度方案。如果一个系统中的所有任务都是可调度的,就可以说这个系统是实时的。

(3) 优化调度(optimal schedule)。只要存在可行的调度序列,调度算法总是可以找到它。

(4) 错失率(miss rate)。完成执行但超过截止期的任务在已执行任务中所占的比例。

(5) 丢失率(loss rate)。丢弃的任务所占的比例。

(6) 失效率(invalid rate)。等于错失率+丢失率。

实时在一定程度上包含了"快"的意思,即,任何任务都能够足够快地在截止期到来之前完成执行。但实际上,系统软硬件足够快,并不等于该系统就是实时系统。例如,不能说基于 3.2GHz 处理器的系统是实时的,而基于 100MHz 处理器的系统就不是实时的,也不能说前者的实时性就比后者的好。系统是否实时,主要还得依据系统中具有截止期的任务是否可调度这一条件判定。

2) 硬实时与软实时

根据对截止期要求的严格程度,可以将任务或系统的实时性分为硬实时和软实时。

硬实时(hard real-time)是指截止期是一个严格的时间约束,必须严格遵守,否则就会造成系统故障乃至重大灾难。如果系统中某一任务的截止期在任何时候都必须被严格满足,那么这个任务就是硬实时的。如果系统中所有任务都具有严格的截止期,那么这个系统就是硬实时的。硬实时系统中所有硬实时任务的调度都必须全部满足截止期要求,全部是可调度的。航空航天、军事国防、轨道交通、核设施等安全攸关领域的应用都是典型的硬实时系统。例如,无人机是硬实时系统,其数据采集任务、控制率解算任务、舵机控制任务都是硬实时任务,需要在几毫秒或十几毫秒的时间内完成执行,否则就会导致飞机姿态异常乃至出现事故。

软实时(soft real-time)较硬实时要求稍低,是指系统具有时间约束,但任务的截止期限制并不严格(或者说具有一个软截止期),偶尔违反截止期并不会引起灾难性的后果。本质上,软实时是一个具有统计特征的属性。如果任务能够在截止期前完成,则正确的逻辑结果是 100%可信的;否则,完成时间超过截止期越久(滞后时间越长),逻辑结果的可信度越低。这就如同在一个网络平台上观看比赛,满足实时性的系统应该在几秒以内将现场画面传输回来,观众可以得到可信的比分;如果网络有较大延迟,那么,网络观众所看到的比分就可能不是实时比分,而且延迟越大时比分的可信度就会越低。但显而易见的是,网络延迟这种情况对大多数观众而言并不会引起什么严重后果。在实际中,典型的软实时系统有交通导航、远程监控防火等。

实时是一个具有相对性的概念,与具体系统的要求和平台密切相关。随着时间约束的改变,以前实时的系统可能不再是实时的;或者将一套满足实时性的软件移植到另一个平台时,其也可能不再是实时的。在嵌入式实时系统设计中,设计者要认真考虑这些因素。

3. 影响实时性的 6 方面

从上述任务的时间属性、实时及实时系统的特征可知,任何一个实时任务在其被释放之后都应该尽早得到调度执行,并在截止期之前完成。因此,可以将实时系统的目标总结为"让紧急任务尽可能先执行,且尽可能快地完成执行"。这里,先从操作系统内核空间中的任务执行角度进行梳理,归纳为如下 6 个重要方面。

(1) 必须能够识别任务的紧急度。这就要求操作系统为任务提供优先级属性。

(2) 紧急任务就绪后应能够立即抢占 CPU 执行。这就要求操作系统支持优先级抢先调度。

(3) 紧急任务要得到执行,必须优先获得所需的全部资源。这就要求操作系统提供解决优先级翻转的机制。

(4) 中断的最大响应时间尽可能小,减少对紧急任务的延迟且延迟影响可预测。这就要求操作系统提供优化的中断响应机制。

(5) 所有任务的截止期都得到保证。这就一组任务的可调度设计以及优化的操作系统调度算法。

(6) 保证任务正常执行。这就要求操作系统高可靠。

由上述分析可知,任务的响应时间与系统对中断和事件的响应速度、任务调度机制、资源访问机制以及任务执行的可靠性都存在密切的关系,下面进行简要阐述。

(1) 快速中断/事件响应。在嵌入式实时系统中,应该采用快速的外部中断响应机制以及可预测的事件响应机制,以减少响应过程引入的时间延迟及其不确定性。这主要与 CPU 中断响应机制、系统服务软件或操作系统的中断响应机制相关。实时操作系统中对中断、事件的响应进行了优化,可以保证非常小的时间开销且最坏响应时间可预测。与此同时,在嵌入式软件中一定要合理地使用这些机制,否则会造成对系统实时性的影响。例如,慎重使用关中断操作,合理利用中断的优先级以保证关键事件能够被及时响应和处理,等等。

(2) 抢先式优先级调度。在任务到达后,实时系统应该保证紧急任务尽可能早地执行。通常情况下,用优先级表示任务的紧急程度,为不同任务分配不同的优先级。在实时操作系统中,内核都采用了抢先式调度策略。基于优先级的抢先式调度算法能够保证高优先级的任务尽早地被调度。而对于相同优先级的任务,则可以采用 FIFO 或 RR 的调度策略。在实时系统设计中,要注意在定制内核、软件逻辑设计时启用这些调度策略。

(3) 支持优先级的资源访问。参照前面对优先级翻转问题的分析可知,除了可能的内部逻辑设计错误外,任务通常会因为在某些 I/O 上的阻塞而产生执行时间延迟。一个任务已经获得处理器的使用权,并不代表任务能够在截止期之前完成。为了保证实时性,就必须尽可能早地为最高优先级的任务分配其所需的全部资源,让最高优先级的任务尽早执行。

实时操作系统采用优先级继承、优先级天花板等方法解决了优先级翻转问题,可以降低高优先级任务的阻塞时间,这是 Windows、Linux 等通用操作系统所不具备的。在嵌入式软件中要正确、合理地使用这些机制,以充分发挥实时操作系统的特性。

(4) 可靠性保障。在实时系统中,与实时任务相关的任何故障都有可能使任务产生延迟或导致任务不能完成。因此,系统的可靠性也是制约实时系统性能的关键方面。通常情况下,实时系统同时也应该是高可靠系统,需要从机电组件、计算系统软硬件等多个方面进行可靠性设计。

另外,实时系统通常是大应用的一部分,任务的响应时间与 I/O 组件的执行速度也有密切关系,需要进行一体化考量与综合性设计。

实时计算是指满足物理规律约束的正确计算。基于此,下面对与嵌入式、实时相关的几个概念进行辨析:

(1) 嵌入式操作系统不一定是实时操作系统,如 μCLinux、鸿蒙、Android 等。

(2) 实时对应于物理规律是嵌入式系统的特征,因此实时操作系统一定是嵌入式操作系统。

(3) 实时系统一定是嵌入式系统,反之则不一定。

(4) 基于分时操作系统不能构建实时系统。

(5) 基于实时操作系统构建的不一定是实时系统,除非使用实时服务机制且保证任务的可调度性设计。

8.2.3 内核服务机制

1. 任务管理

任务管理是操作系统内核的核心功能之一,涵盖了系统运行中需要进行的任务创建、调度与删除等操作。与通用操作系统一样,嵌入式操作系统内核提供了一组用于控制任务的系统调用 API 供开发者使用。

1) 基本操作

(1) 任务创建。

任务创建是指内核在内存中创建任务的实体,其主要步骤包括:在内存中为任务控制块、栈和代码分配空间,加载程序代码,初始化并激活任务控制块。只要内存空间足够,内核一般不限制可创建任务的数量。当然,在一些操作系统中也可能存在例外情况,如 μC/OS Ⅱ 仅能支持 64 个任务。在不同的嵌入式内核中,创建任务的方式会有所不同。例如,μC/OS 提供了 OSTaskCreate 和 OSTaskCreateExt 函数[111];VxWorks 中支持直接用 taskSpawn 函数创建、激活一个任务,也可以采用 taskInit 函数创建一个任务,然后再用 taskActivate 函数激活该任务[112];SylixOS 中原生提供的线程创建函数有 API_ThreadCreate 和 API_ThreadInit。

任务创建函数可由主程序(如 main 函数)或前面创建的任务调用。一般情况下,中断程序中不能调用创建任务的函数。

(2) 任务删除。

对于大多数操作系统而言,任务删除是指结束任务执行,删除任务实体并释放其占用的资源。内核提供一组系统调用,如 VxWorks 中的 taskDelete 和、exit、SylixOS 中的 API_

ThreadDelete、μC/OS 中的 OSTaskDel 等，均为从内存中删除任务的操作系统服务。

注意，执行任务的删除操作时必须非常慎重和仔细，特别是删除一个正在占用临界资源或使用 malloc 函数分配了动态内存的任务，可能导致这个临界资源对其他任务永远不可用，造成系统内存的泄漏或逻辑错误。针对这一问题，复杂的嵌入式操作系统内核中通常还会提供一些保护机制。例如，μC/OS 中的 OSTaskDelReq 函数仅向内核提交删除某任务的请求，当该任务调用 OSTaskDelReq 函数查询到有让自己执行删除操作的请求时，可释放占用的资源和动态内存，然后再调用 OSTaskDel 函数删除自己。VxWorks 提供了 taskSafe 和 taskUnsafe 的任务保护函数对，以防止任务在未释放资源前被删除，同时还提供了安全互斥信号量及其 SEM_DELETE_SAFE 选项，持有该信号量的任务在执行 semGive 函数之后才能被删除。在 SylixOS 中，则采用 API_ThreadSafe 函数和 API_ThreadUnSafe 函数实现线程的安全删除。

（3）任务控制。

嵌入式操作系统内核提供了一组用于任务控制的系统调用，允许开发者根据软件的逻辑对任务运行状态进行动态控制。在不同嵌入式内核的实现中，可能会提供任务挂起、恢复执行、延迟、重新启动、修改任务参数、获取任务参数与状态、任务栈的检查、设置任务优先级等功能或其中的一部分，这取决于嵌入式操作系统本身的设计。任务控制一般基于任务 ID 实现，任务 ID 和优先级通常没有关联。特殊的是，μC/OS II 中任务的优先级就是任务 ID，二者等同。

在这些操作中，μC/OS 中的 OSTaskChangePrio、VxWorks 中的 taskPrioritySet 以及 SylixOS 中的 API_ThreadSetPriority 等动态修改任务优先级的系统调用是非常有用的，可以为动态调整软件中任务的执行顺序、解决优先级翻转问题等提供支持。

2）任务调度

任务调度是任务管理的重要功能，由内核中的任务调度器根据具体的调度算法和策略对就绪队列中的任务进行调度管理。如前所述，调度机制是保证多任务系统实时性的关键方面。结合嵌入式实时操作系统的实现，下面分析几种典型的任务调度算法。

（1）单调速率调度。

单调速率调度（Rate Monotonic Scheduling，简称 RMS 或 RM）[113] 是面向周期任务的、采用静态优先级的抢先式任务调度算法，主要用于实时操作系统。该算法的核心思想是：根据任务的周期为其确定一个优先级（因该优先级在任务周期内保持不变，故称为静态优先级），且约定，任务的周期越短，其优先级越高。基本的 RMS 调度模型有如下前提：

① 任务之间不存在任何软硬件资源的共享。

② 任务 i 的截止期 D_i 就是任务的周期 T_i。

③ 根据单调速率规则为任务分配静态优先级。

④ 最高优先级的任务总能抢先执行。

⑤ 上下文切换时间以及其他操作不影响调度。

⑥ 非周期性任务无截止期。

对于 n 个周期性任务，假设每个任务 i 都有唯一确定的周期 T_i，任务 i 在每个周期内的执行时间为 C_i，那么，当 CPU 的利用率 U 满足式（8.2）的约束时，所有任务都能在截止期之前完成，这组任务也就是可调度的。由式（8.2）可知，RMS 算法的性能受任务数的影响较大。例如，$n=2$ 时，只要 CPU 利用率 U 不超过 0.8284，这两个任务就是可调度的；当任务数趋于无限多时，只要 U 的上限不超过式(8.3)的极限值 0.693147，就可以保证所有周期性任务是可调度的，其他约 30.7% 的 CPU 时间可用于非实时、低优先级任务的执行。图 8.20 给出了 3 个周期性任务的 RMS 算法调度过程。

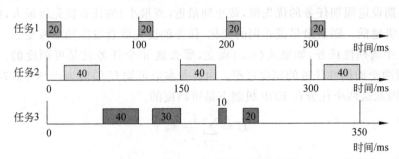

图 8.20 3 个周期性任务的 RMS 算法调度过程

$$U = \sum_{i=1}^{n} \frac{C_i}{T_i} \leqslant n(2^{1/n} - 1) \tag{8.2}$$

$$\lim_{n \to \infty}(n(2^{1/n} - 1)) = \ln 2 \approx 0.693147 \tag{8.3}$$

RMS 是优化的静态优先级调度算法，凡是任何其他静态优先级调度算法可调度的任务组，RMS 算法都能调度。同时，RMS 算法实现简单且运行高效。

从模型可知，RMS 算法的不足在于 CPU 利用率较低且要求严格相同的截止期和周期，这限制了 RMS 算法的应用场合。另一个重要问题在于，RMS 算法假设所有任务之间无资源共享，这个假设显然是非常有局限的，在实际系统中，多个任务之间会使用共享资源，或传递数据，或进行同步、互斥操作。显然，对于存在资源共享的多任务系统，RMS 算法无法避免优先级翻转和死锁等问题。所以，在实时操作系统中，通常还需要进一步采用解决这些问题的机制。在扩展的 RMS 实现中，这些问题陆续得到优化和解决。一种方法是在访问共享资源时禁止优先级抢先调度。例如，μC/OS II 操作系统在调用宏 OS_ENTER_CRITICAL 之后禁止抢先调度，在调用宏 OS_EXIT_CRITICAL 之后再使能抢先调度；μC/OS III 中提供了函数 OSSchedLock 和 OSSchedUnlock 分别禁止调度和启动调度；VxWorks 中则提供了抢占加锁机制，通过将临界区代码置于 taskLock 和 taskUnlock 之间，防止任务在临界区中时被高优先级任务抢先。另一种方法是采用前面所述的优先级继承或优先级天花板协议解决优先级翻转问题。例如，SylixOS 中就采用了 RMS 算法和优先级继承机制。

(2) 单调截止期调度。

单调截止期调度(Deadline Monotonic Scheduling, DMS)。是在 RMS 算法基础上进一步发展出的调度算法，除了任务 i 的截止期 D_i 小于周期 T_i 之外，其他条件都与 RMS 算法相同。在 DMS 算法中，任务的截止期越短，其优先级越高，且支持高优先级抢先调度。对于一组给定的周期任务，式(8.4)是判定可调度性的充分条件。另外，也可以通过分析各个任务在第一个周期是否可调度判定任务集的可调度性。总体上，DMS 算法的原理与 RMS 算法是非常相似的，此处不再赘述。

$$U = \sum_{i=1}^{n} \frac{C_i}{D_i} \leqslant n(2^{1/n} - 1) \tag{8.4}$$

（3）最早截止期调度。

动态优先级调度算法是一类非常重要的实时任务调度算法。在这类算法中,任务的优先级在系统运行过程中随着某些因素动态变化。最早截止期调度(Earliest Deadline First Scheduling,EDF)。就是非常著名的动态优先级调度算法。与 RMS 算法不同,EDF 算法以任务的截止期设定周期任务的优先级,截止期最近(或最小)的任务优先级最大,截止期越大任务的优先级越低。随着最早截止期的变化,任务的优先级会发生动态改变。

对于 n 个周期性任务,如果式(8.5)成立,那么这 n 个任务就是可调度的。图 8.21 是 EDF 算法对两个周期性任务的调度过程。由任务参数可知 U 的值为($2/5+4/7\approx0.97$),满足式(8.5),因此这两个任务在 EDF 机制下是可调度的。

$$U = \sum_{i=1}^{n} \frac{C_i}{T_i} \leqslant 1 \tag{8.5}$$

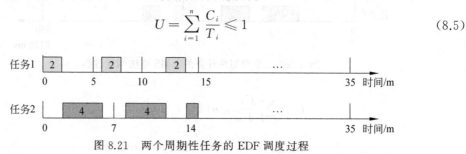

图 8.21　两个周期性任务的 EDF 调度过程

总体上,EDF 算法是一个优化的实时调度算法,不仅适用于周期性任务,也可用于非周期性任务。理论上,只要是其他算法可调度的任务组,EDF 算法就都能调度。但由于要动态地修改任务的优先级,因此 EDF 算法的实现通常较为复杂且运行效率较 RMS 算法低。同时,EDF 算法的稳定性存在不足,如果一个任务错过了截止期,那么其他任务也就可能错过截止期,系统状态将不可预测。同时,单处理器上表现突出的 EDF 算法在多处理器/多核处理器的全局任务中并不具备同样突出的性能。由于任务可在多个处理器或多个核之间迁移且任务负载并非作为优先级高低的因素,导致按照截止期将任务调度到处理器或核上时会导致某些任务超过截止期,这也常被称为 Dhall 效应。关于多处理器/多核处理器上的实时任务调度机制,读者可根据兴趣查阅资料学习。

（4）轮转调度。

轮转(RR)调度是为保证相同优先级任务得到公平调度执行的策略,称为 SCHED_RR。通常情况下,RR 调度算法采用时间片作为任务的调度依据,每个任务每次只能执行若干时间片,然后排到相同优先级任务的队尾,调度器选择下一个任务执行。在这种方式下,每个任务的执行过程都将根据时间片分为多个执行片段,一组任务分时交替使用处理器,保证了公平性。如果取消时间片机制,那么相同优先级的任务就会按照就绪顺序被依次调度执行,一个任务一旦被调度就会一直执行完成,这就是 SCHED_FIFO 策略。SCHED_RR 和 SCHED_FIFO 都只用于实时任务,支持高优先级任务的抢先调度。

RR 策略较 FIFO 策略具有更好的公平性和响应性,但时间片机制会导致任务在执行过程中的频繁切换,将引入额外的调度开销。而且,时间片越小,上下文切换越频繁,开销越大,这可能对实时系统的性能造成一定影响。例如,某系统中有 6 个任务,每个任务的执行时间均为 1s,一次上下文切换需要 5μs。若采用 RR 策略且时间片为 10ms,那么每个任务将被分成 100 个执行片段,共 600 个执行片段,整个执行过程需要 6.003s。但如果不采用

RR 策略而是顺序执行,那么所有任务执行一次的时间开销为 6.00003s,较 RR 策略可以节省 2.97ms 的处理器时间。

那么,到底是否要采用 RR 策略呢?在实时系统中,如果一组任务被设定了相同的优先级,这就意味着哪一个任务先执行、先完成都没有关系。否则,就应该采用不同的优先级干预任务的调度顺序。对于此类任务组,设计时可以考虑取消时间片,关闭 RR 调度算法。大多数嵌入式操作系统提供了这样的系统服务。在 VxWorks 中,kernelTimeSlice 函数的参数 ticks 表示启动时间片为 ticks 的轮转调度,其值为 0 时表示禁止时间片调度。μC/OS III 中允许在同一优先级上有多个任务,也提供了允许设定全局时间片和单个任务时间片的 RR 机制,通过调用系统函数 OS_SchedRoundRobin 可以启动 RR 调度算法,任务完成之后可调用 OSSchedRoundRobinYield 函数主动放弃剩余的时间片。在 SylixOS 中,提供了设置线程调度策略的系统服务 API_ ThreadSetSchedParam。例如,API_ ThreadSetSchedParam (thread,LW_ OPTION_SCHED_FIFO,LW_OPTION_RESPOND_IMMIEDIA)将线程的调度策略设置为 FIFO,禁止了时间片机制,同时将其设置为高速响应线程,该线程就绪后会被放在就绪队列的头部。

2. 时钟管理服务

时钟管理在内核中占有非常重要的地位,大量的内核服务都是基于时间驱动的。例如,内核必须管理系统的运行时间以及当前日期和时间,要为用户空间提供一组系统调用以获取实际日期和实际时间,必须能为用户提供延迟、定时等功能,必须基于硬件支持计算和管理时间,等等。

1) 时钟服务

嵌入式系统硬件为内核提供了一个系统定时器以计算时间的流逝。系统定时器以某种频率自行触发时钟中断,这个频率称作时钟频率(单位为 Hz),又称系统定时器频率、节拍率(tick rate)。系统时钟连续两次时钟中断的间隔时间称作节拍(tick),等于节拍率的倒数。大量内核函数和服务都是利用时间中断周期执行或累积了一定数量的时钟节拍数时才执行。也就是说,这些与时间相关的服务或函数大都以节拍作为参数。例如,μC/OS 中可以通过 OS_CFG_TICK_RATE_HZ 设置节拍的长度,其单位为 ticks/s,通常将其设置为 10~1000,即节拍为 100~1ms。SylixOS 中对应的宏是 LW_TICK_HZ。设计者可以在定制操作系统时或软件代码中对该参数进行配置。

下面以 VxWorks 内核为例说明内核的时钟服务。在 VxWorks 内核中,基于宏 SYS_CLK_RATE 定义节拍的时间长度,即每个节拍的时长为 1/SYS_CLK_RATE 秒。节拍的值越小,精度越高,但会导致基于节拍的内核服务(如计时、任务上下文切换等)过于频繁,从而产生更多的系统开销。在 VxWorks 中,SYS_CLK_RATE 的默认值一般为 60,也常常设置为 100。另外,VxWorks 内核共提供了 3 个基本的定时器时钟类型,分别用作系统时钟(sysClk)、辅助时钟(sysAuxClk)和时间戳(Timestamp)时钟,具体功能描述如下。

(1) 系统时钟。

系统时钟为 VxWorks 内核的运行提供时钟基准,包括增加节拍计数、处理任务调度中的时间片轮转、更新延时及超时计数器等。在 VxWorks 中,允许采用 sysClkRateSet 函数改变系统时钟的速率。

基于系统时钟的 VxWorks 看门狗定时器是系统时钟中断处理的延伸,处理函数在系统时钟中断的上下文中进行。看门狗定时器可当作普通定时器使用，用于任务的延时或创建周期性任务，可以发挥高定时精度的优势。它也可用于启动超时异常的处理，如软启动、硬启动，这与 5.3.3 节讨论的看门狗电路的思想比较相似。

（2）辅助时钟。

辅助时钟通过启动一个与系统时钟不同的硬件定时设备获得更高的时钟分辨率，可达到 1ms 甚至微秒级。通过将用户的中断处理函数挂接在该设备上，可以避免内核驱动的负担。时钟分辨率的精度取决于硬件定时器的精度和用户中断函数的执行时间。在VxWorks BSP 的 config.h 文件中定义了辅助时钟最大速率（AUX_CLK_RATE_MAX）、最小速率（AUX_CLK_RATE_MIN）和实际速率的初值，允许用户通过 sysAuxClkRateSet 函数改变时钟的中断频率，并使用 sysAuxClkConnect 函数定义辅助时钟的定时任务。

（3）时间戳时钟。

该时钟采用查询方式取得当前定时器的硬件计数值，消除了中断处理的负担，一般可以获得比系统时钟精确几十倍的分辨率。当然，这还要取决于每个节拍包含多少个硬件计数。时间戳时钟从系统开始运行时就一直递增，主要应用于 VxWorks Windview 工具，用户程序也可通过 sysTimestamp 函数获取该时钟的当前值。

2）延时服务

延时是一种让任务推迟一段时间再执行的内核机制。延时的本质是让当前执行的任务主动让出处理器，在休眠一段时间之后再被调度执行，或者在允许信号唤醒时由信号唤醒执行。延时的作用主要有两个：一个是让任务休眠一段时间再执行，可用于设计周期性任务；另一个是进行一些特殊的软件处理，例如两次相邻的按键采样操作之间进行延迟可以实现软件形式的抖动消除。现在的操作系统内核大都以系统调用的形式为用户提供延时服务函数，如 Delay、taskDelay、API_TimeSleep、nanosleep 等。

一个任务调用延时函数后，将触发内核的任务调度器进行任务调度，内核会把该任务转移至休眠队列并选择新的任务调度执行。调用 Delay(n) 函数之后，休眠任务将在休眠后的第 n 个时间片到达时解除休眠状态。此时，休眠任务被内核移动至就绪队列，调度器进行任务调度。然而，问题是任务调用 Delay(n) 后就一定能达到 n 毫秒的延时吗？或者说，延时精度到底能达到多少？结合这些问题，以图 8.22 为例给出在定时器精度为 1ms 的系统中任务两次调用 Delay(3) 时的执行情况。由图 8.22 可知，第一次延时开始的时刻非常接近上一次定时器中断，滞后约 0.07ms，在第三次定时器中断到来之后延时结束，此时的延时时长约为 2.93ms；第二次延时开始距上一次定时器中断约 0.84ms，在第三个定时器中断到来之后延时结束，总的延时时长为 2.16ms。显然，所谓的延时时长其实就是定时器中断的次数，其精度与定时器的精度以及开始延时的时机密切相关。为此，SylixOS 中提供了高精度时间服务 bspTickHighResolution 供 nanosleep 和 lib_clock_gettime 调用，该函数会对误差进行高精度补偿。同时，提升定时器精度，如从 $100\mu s$、$10\mu s$ 到 $1\mu s$ 等，会使计时误差降低。但问题是，定时器中断也会更频繁，系统的额外开销必然更大。

VxWorks 中提供了两个基本的时延函数：taskDelay 和 wdStart。通常来说两者都只能实现 10ms 以上的延迟，但后者更为精确。在 μC/OS Ⅲ 中，OSTimeSet 函数用于设置节拍计数器的值，OSTimeDly 函数用于指定延迟的时间片个数，OSTimeDlyHMSM 函数将一个任务延迟到特定的 HH：MM：SS.mmm 时间，OSTimeDlyResume 函数恢复一个被延迟

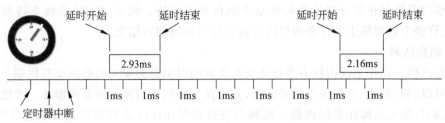

图 8.22　任务两次调用 Delay(3)后的延时情况

的任务。

在没有延时函数的环境中,如早期的汇编语言中,开发者常常会在需要延时的位置插入多条空操作指令(如 NOP),其数量等于需要延迟的总时间除以当前处理器上执行一条空指令的时间,或者将这些指令封装成一个延时函数。这种方式的缺点是代码的可移植性差,更换处理器或更改运行频率之后,需要对循环次数进行修改。

通用软件中也常常使用操作系统的延时服务。例如,设计者可以调用 Sleep(t)、uSleep(t)函数让该程序在当前位置休眠 t 秒或 t 毫秒。t 的值为 0 表示让任务休眠 0 时间,这是一个看似毫无意义的操作。然而,如前所述,在延时函数被调用时,当前任务就会触发任务的调度,使当前任务进入休眠任务队列并调度其他任务执行。但由于 t 为 0,该休眠任务将会立即结束休眠,转而进入就绪队列。这种调用的意义在于,让一个任务主动让出处理器资源,使其他任务有机会得到调度,从而优化软件的响应性能。例如,在一个图形界面和一个无限循环的高优先级任务组成的软件中,高优先级任务主动进行 0 时长的休眠将会使图形界面得到响应的机会,可以提高图形界面响应的灵敏度。这些方法对于嵌入式软件设计也是适用的。

3. 任务间通信

在嵌入式多任务软件逻辑中,任务与任务之间、任务与中断服务程序之间大都要进行数据交换和执行过程的协调,这就涉及多任务之间的数据通信和同步操作。任务间通信是多任务操作系统内核的重要功能,为不同任务之间的数据交互、同步、互斥等提供支持。正确、合理地使用这些内核服务机制,是正确设计嵌入式软件的重要方面。

1) 共享内存

在公共内存区间,创建可由多个任务共同访问的存储空间并创立相应的数据结构,可以用于多任务间的直接数据交换。例如,全局变量就是一种最为简单和常用的共享内存方法。由于多个任务共享相同的内存空间,那么,在多个任务要进行写操作时,就必须对共享的内存区域进行加锁或者说互斥保护。在多个访问速度不同的任务之间采用共享内存机制交换数据时,简单的共享变量方式无法满足设计要求。此时,可进一步采用更为复杂的数据结构进行管理,如共享数组(线性缓冲区)、循环数组(环形缓冲区)、链表、指针变量等。在这些数据结构中,共享数组、循环数组的操作比较简单,但要对其初始空间大小进行较为准确的评估,过大会造成内存资源浪费,过小则可能导致数据的覆盖与丢失。对于访问速率和大小不确定的共享数据,建议采用链表、指针变量等方式,按需分配,用后释放。这几种方式可以减少内存空间浪费,但数据结构的维护较为复杂,会增加时间开销。需要说明的是,如果所有任务都存在于实地址空间(如 VxWorks 5.x、μCLinux)中,内存中的所有数据都是可共享访问间的,此时要注意非法访问等安全问题。

共享内存机制在部分多处理机体系中也得到了支持。例如，VME 总线支持共享内存空间，允许多个处理机上的任务通过内存窗口进行快捷的数据交换。

2）消息队列

消息队列是操作系统内核为多任务交互提供的以消息为单元的数据交互机制。操作系统内核可以同时创建、维护多个消息队列，并为任务提供读写队列的系统服务。考虑任务的优先级因素，嵌入式操作系统内核一般都会支持传统 FIFO 队列和优先级消息队列机制。在 FIFO 队列中，消息按照到达内核的时间进行排序，每个消息到来后都会添加在队列末尾；而在优先级队列中，则会按消息的优先级将其插入队列的合适位置，紧急的消息加入队列前端，低优先级消息加入队列后端。例如，在 VxWorks 中，用 MSG_Q_FIFO、MSG_Q_PRIORITY 属性指定要创建的是 FIFO 型还是带优先级的消息队列，同时分别用 MSG_PRI_URGENT、MSG_PRI_NORMAL 属性表示紧急消息和普通消息。在 SylixOS 中，创建消息队列时可通过 LW_OPTION_WAIT_PRIORITY 选项，将在该消息队列上等待的任务按照优先级进行排序。发送消息时，可通过 LW_OPTION_URGENT 选项实现紧急消息的发送，紧急消息将被插入消息队列的首部，通过 LW_OPTION_BROADCAST 选项将该消息传递给在消息队列上等待的所有任务。

消息队列有其独立的标识符（ID），队列中的消息数量和长度可变。基于消息队列的 ID，任务可以向队列写入消息或从队列读出消息。写消息时，任务调用系统函数（例如，SylixOS 中的 Lw_MsgQueue_Send2、API_MsgQueueSendEx2，μC/OS 中的 OSQPost）向内核提交消息数据，内核将该消息插入到队列特定位置，紧急的在队首，非紧急的在队尾。然后，如果有任务阻塞在该消息队列上，内核会根据消息类型选择一个或所有（广播时）阻塞在该队列上的任务，解除其阻塞。如果因写入速度快于读取速度而出现了消息队列满的情况，后续的写操作将无法执行。一般情况下，队列满时写操作可等待一个超时时间。超时后，该消息将被丢弃，写函数返回写入错误。注意，消息队列满会造成数据丢失甚至系统错误，因此，设计时应尽量避免。接收任务可以使用系统调用（如 Lw_MsgQueue_ReceiveEx、OSQPend），以阻塞或非阻塞的方式读消息队列。

另外，使用消息队列时还需要特别注意以下两个问题。第一，应该向内核传递消息指针而不是消息实体。因为传递消息实体会造成内核与任务之间交换的数据量非常大且不可确定，进而会降低内核效率。传递消息指针的优势在于，可大幅减少任务与内核之间的数据传递，降低消息队列的内存空间需求，提高创建消息队列的成功率，同时统一的指针长度也可以降低内核设计的复杂度。实际上，嵌入式操作系统内核也的确都提供了采用指针传递方式的消息队列机制。图 8.23 给出了使用 μC/OS API 进行消息指针传递的消息队列机制和步骤。第二，在中断程序中要慎重使用阻塞式的发送、接收操作。中断程序主要用于快速响应外部事件，而不是处理外部事件。因此，当在中断程序调用创建队列失败或读写函数发生阻塞时，会增加中断程序行为的不确定性，可能导致系统变得不稳定。另外，对于收到消息就会触发调度器进行任务调度的内核而言，触发内核进行任务切换将导致中断程序被挂起。为了解决这个问题，部分操作系统内核的消息发送 API 中提供了禁止触发任务调度的选项，如 μC/OS 中的 OSQPost 函数的 OS_OPT_POST_NO_SCHED 选项。

基于上述机制，设计者根据需要可以创建出形式更为多样、功能更为丰富的任务间通信机制。总体上，由于消息队列是单向的，更适用于多个生产者、单个消费者的任务通信模型

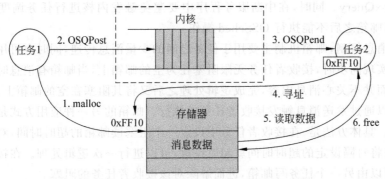

图 8.23　基于指针传递的消息队列机制和步骤

以及通信不频繁的场合。对于具有双工通信要求的两个任务,需要创建两个消息队列。另外,不同嵌入式操作系统提供了不同的队列创建、管理和服务机制以及不同的系统调用接口与参数形式,因此,在实际系统设计中要正确、合理地使用任务间通信机制。

3) 消息邮箱

消息邮箱(或邮箱)与消息队列是非常相似的,一般可以看作长度非常短的消息队列。例如,μC/OS 内核中的邮箱大小固定为一个消息指针,Nucleus 内核中的邮箱大小仅为一个消息(4×32 位),而 RTX 内核中邮箱的大小可变。与消息队列相比,邮箱的资源和操作开销都更小,运行效率更高。

支持邮箱机制的操作系统内核会提供一套用于邮箱创建、初始化、读取、写入、查询、清空、销毁操作的函数。操作系统内核支持同时创建多个邮箱,用户任务通过邮箱的句柄对邮箱进行操作。任务执行写邮箱操作后,操作系统内核会把接收到的消息转发给阻塞在该邮箱上的第一个任务。在此过程中,如果发送任务写邮箱时邮箱已满,该任务阻塞等待,或立即返回并提示写失败。读消息时,如果接收者任务读取当前为空的邮箱,那么既可以阻塞在该邮箱上等待数据,也可以立即返回并提示读取失败。是否发生阻塞取决于具体操作系统内核的实现,不同内核中可能存在差异。与消息队列一样,在中断程序中使用邮箱机制时也需要非常慎重,要避免在中断程序中进行阻塞式的消息发送或读取。例如,在如图 8.24 所示的 μC/OS 邮箱机制中,中断服务程序可以使用 OSMboxPost、OSMboxPostOpt 这两个非阻塞式发送函数发送一个单播消息或广播消息。而在接收端中断服务程序中,只能使用非阻塞式的读消息操作 OSMboxAccept,不能使用阻塞式的读取函数 OSMboxPend 和查询

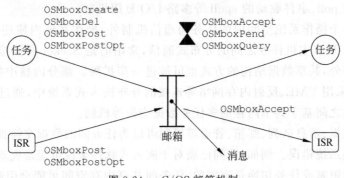

图 8.24　μC/OS 邮箱机制

函数 OSMboxQuery。同时，在中断服务程序中要避免触发内核进行任务调度的邮箱访问操作，例如写邮箱之后不能执行 OSSched 操作。

区别于消息机制，邮箱机制主要用于任务之间的少量消息传递，同时也可用于任务间的同步。用于实现同步时，接收者任务无限阻塞在为空的邮箱上，当邮箱有消息时仅取消对该任务的阻塞而并不关心消息内容，完成逻辑处理之后又将其阻塞在空的邮箱上。这样，发送者任务就可以通过发送消息触发接收者任务的执行。邮箱的另一种应用方式是实现任务的非精确延时。具体方法是，在接收者任务中设定一个阻塞读邮箱的超时时间，对于永远为空的邮箱，任务将每隔设定的超时时间就超时一次，可以进行一次逻辑处理。在接收者任务的等待期间，可以由另一个任务写邮箱，进而解除对该接收者任务的阻塞。

鉴于消息邮箱与消息队列较为相似，在 VxWorks、µCLinux 等嵌入式操作系统中都不再提供该机制。如需要使用类似功能，设计者可以通过开辟小的消息队列或其他机制模拟实现消息邮箱的功能。

4）管道

管道是一个在任务之间提供消息流的 I/O 设备，也是多个任务间进行数据交互的一个有效手段。与消息队列、消息邮箱机制的不同之处在于，管道中允许写入的消息长度不受限制，而消息队列和消息邮箱都要求写入固定长度的消息。同时，管道通常是完全面向字节流的，可以按 M 字节写入，按 N 字节读出，每次读写的字节数可不同。需要说明的是，管道也是嵌入式操作系统中的可选组件，µC/OS、RT-Thread、FreeRTOS 等嵌入式操作系统并不支持管道机制。

用户程序调用操作系统内核自带的创建、读出、写入管道函数，可以实现管道的管理和操作。一方面，可以采用内核提供的系统函数创建和访问管道，如 Linux 中的 pipe 函数、VxWorks 中的 pipeDevCreate 函数等。另一方面，由于管道被当作一个 I/O 设备，因此也可以采用 open、read、write、close 等标准的 I/O 操作函数进行操作。在一些嵌入式操作系统中，还可使用标准的文件读写函数 fread、fwrite 操作管道。

管道提供了消息队列和消息邮箱所不具备的一个重要特性。作为 I/O 设备，可以使用 select 这一高级的 I/O 复用机制实现对多个设备的监听。select 函数允许任务根据要读取的一个或一组同步/异步 I/O 设备（包括网络套接字和串行设备等）设定变量 fd_set * pReadFds 的值，进而在这一个或一组 I/O 设备上等待数据，直至相应的 I/O 设备可用。这种方法可以大大简化嵌入式软件中读取一组 I/O 设备的代码。与 select 类似的，还有无最大连接数限制的 poll、事件驱动的 epoll 等多路 I/O 复用机制。

除了上述单个操作系统空间内的任务间通信机制外，操作系统内核还可以基于 TCP/IP 网络协议栈实现多主机任务之间的分布式通信，常用的是 Socket 通信接口和客户/服务器通信模型。另外，共享数据结构的方式也可被进一步扩展。部分内核中扩展了数据共享机制。例如，在采用 VME、反射内存网络等连接的分布嵌入式系统中，通过对内核的扩展，实现了不同主机之间基于共享内存的多任务数据交换等机制。

上述共享数据、消息队列、邮箱、管道等机制可以为任务间的数据交换提供支持，但使用不慎也容易引起系统错误。例如，队列已满对于嵌入式软件来说可能是灾难性的，在中断中发送消息并引起阻塞或任务切换是有害的，任务间共享内存空间可能会引起导致系统失效的数据共享问题（见 10.2 节）等。因此，开发人员一定要深刻理解、熟练掌握特定嵌入式操作系统中的任务通信的机制及其特性,并慎重使用。

4. 任务间协同

除了数据交换以外,多个任务以及任务与中断服务程序之间也常常需要执行逻辑的协同,以正确实现应用功能。在嵌入式操作系统内核中,一般会提供事件、事件组、信号量、信号等机制或其中的一部分,以支持多任务的协同运行。

1) 事件与事件组

事件是基于同步模型的多任务之间、任务与中断服务程序之间、任务与操作系统资源之间的通信机制,也是实时操作系统的重要标志。在支持事件机制的操作系统内核中,每个任务的任务控制块(TCB)中会包括一个二进制的事件寄存器,该寄存器的每一位对应一种事件。也就是说,每一种事件会以一个特定的二进制位表示,称为二进制事件标志(event flag)。除了系统预留位之外,用户可根据需要对其他事件进行自定义。

事件机制允许多个任务阻塞在同一个事件上。当事件到来时,操作系统内核将依据任务的优先级从阻塞在该事件上的任务中选择并释放一个任务。同时,操作系统内核也允许一个任务等待在"与逻辑"(AND)或"或逻辑"(OR)的事件组上。在采用"或逻辑"时,只要其中一个事件到来,该任务都可以解除阻塞;而在采用"与逻辑"时,需要等待全部事件到来才会解除阻塞。需要注意的是,当一个事件解除了一个等待的任务后,一定要对该事件的值进行清除(或复位)。不同的嵌入式操作系统内核复位事件值的方式有所不同。在部分操作系统内核中,释放任务后会自动清除该事件。但有些操作系统中则要求用户软件对事件值进行清除,如果应用程序不做显式的事件清除,会导致释放更多的被阻塞的任务。

仍以 VxWorks 为例进行说明。自 VxWorks 5.5 起的内核版本中提供了对事件机制的支持。每一个任务的 TCB 中都包含了一个 32 位的事件寄存器,其中高 8 位为系统保留,低 24 位为用户自定义事件。由于只用一位表示事件,用 0、1 状态表示该事件是否已经到来,因此操作系统并不能对多次发生的同一事件进行计数。同时,工作在事件上下文中的资源,如队列、信号量,也可以和任务进行事件方式的通信。具体地,应用任务中通过调用 msgQEvStart、semEvStart 就可以在特定的消息队列、信号量上启动事件机制,也就意味着在相应事件上进行了注册。注册后,当消息队列中有消息到来且没有任务阻塞在该事件上时,消息队列的事件将会发送给注册在该事件上的任务。信号量事件也是如此,不再讨论。VxWorks 中约定,任务、中断服务程序和资源都可以发送事件,但只有任务可以接收事件。如果在中断服务程序中调用了 eventReceive 函数,将会返回错误提示 S_intLib_NOT_ISR_CALLABLE。图 8.25 为 μC/OS 操作系统中的事件机制和系统函数,不再讨论。

2) 信号量

信号量是多任务操作系统内核必备的服务机制。一方面,信号量主要用于共享资源的互斥访问;另一方面,信号量也越来越多地用于中断服务程序和任务、任务和任务之间的同步操作。当把信号量用作表示事件出现的标志时,不同类型的信号量有不同的初值和用法。但不论是访问临界资源还是进行同步,一个访问信号量的任务只有在获取该信号量后才能进行某些操作。

常见的信号量包括二进制信号量、互斥信号量以及计数信号量 3 种,在一些嵌入式操作系统中还提供了任务信号量,以下进行简要分析、比较和讨论。

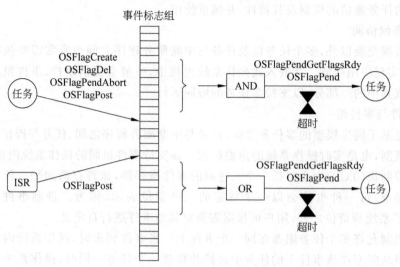

图 8.25　µC/OS 操作系统中的事件机制和系统函数

（1）二进制信号量。

二进制信号量仅有表示资源可用和不可用的两种状态，即满（FULL）和空（EMPTY）。任务访问信号量时具有一定的行为特性。一个任务在获取一个二进制信号量时，如果信号量是可用的，则该任务取得信号量继续执行；如果信号量不可用且未超时，则该任务阻塞等待；如果已阻塞超时，则该任务不能取得信号量。在释放信号量的过程中，如果信号量本身是可用的，那么释放任务继续执行且信号量不发生变化。如果有任务阻塞在该信号量上，那么阻塞队列上的第一个任务进入就绪态，信号量又转为不可用；否则，没有任务阻塞在该信号量上，信号量转为可用。

最常见的二进制信号量的用法就是互斥访问共享资源，信号量的初值为 FULL，表示最初的资源可用。另一个用法是任务间的同步，用信号量表示某个事件是否发生，此时，信号量的初值应该为 EMPTY。

（2）互斥信号量。

互斥信号量是一种特殊的二进制信号量。与普通的二进制信号量的不同在于，互斥信号量仅用于互斥，且仅能由持有该信号量的任务进行释放，不能在可能引起任务调度的中断服务程序中进行释放。

在实时操作系统中，互斥信号量机制中还常常提供优先级翻转安全、删除保护、资源递归访问等一些高级特性，允许解决一些影响实时性、可靠性的软件问题。例如，在 µC/OS Ⅲ 中使用 OSMutexCreate 函数创建的互斥信号量默认就具有优先级继承的属性。在 VxWorks 中，使用 semMCreate 函数以及 SEM_Q_ PRIORITY 和 SEM_INVERSION_ SAFE 属性，才可以创建具有优先级继承能力的互斥信号量。而且，也只有在 VxWorks 程序中使用了这样的互斥信号量，调度器才能在发现优先级翻转问题的时候自动启动优先级继承算法。在实时软件设计中，一定要注意这些嵌入式操作系统的设计机制差异。

（3）计数信号量。

计数信号量能够记录信号量的释放次数。每释放一次信号量，计数器的值加 1；每获取一次信号量，计数器的值减 1。当计数器为 0 时，尝试获取信号量的任务将被阻塞。计数信号量的其他属性与二进制信号量类似,不再讨论。

（4）任务信号量。

使用信号量向任务发送信号是一个非常流行的任务同步方法。为了增强这种同步方法并简化代码的设计,在某些嵌入式操作系统（如 μC/OS Ⅲ 中）还为每个任务增加了内置的信号量,称为任务信号量,并提供了一组用于操作任务信号量的函数,如 μC/OS Ⅲ 中的 OSTaskSemxxx 函数组。在 μC/OS Ⅲ 的中断程序或其他任务中,可以通过设置 OSTaskSemPost 中目标任务的 TCB 指针,向目标任务发送一个释放任务信号量的信号,而目标任务通过阻塞或非阻塞地调用 OSTaskSemPend 函数等待、获取一个任务信号量。

需要特别说明的是,在 μC/OS Ⅱ 和 μC/OS Ⅲ 操作系统中,中断服务程序可以调用释放信号量的 OSSemPost 函数,这是因为操作系统内核机制可以识别释放信号量的是中断服务程序还是任务,因此,并不会在中断服务程序中触发任务的切换。在嵌套执行的最后一个中断服务程序中调用 OSIntExit 函数后,才明确地告知内核中断程序已经全部完成,内核调度器才可以启动任务的调度。

另外,在多处理器系统中,不同处理器上的任务可能共享使用外部设备,也可能会通过共享的存储单元进行数据交换。此时,传统的内核信号量机制无法实现此类多任务间的互斥操作。这种情形下,一般会基于一个专用的硬件组件提供信号量服务。驱动硬件后,各个处理器上的任务可以通过 API 获取、释放硬件信号量,实现彼此之间的互斥、同步操作。

3）信号

不同于事件、信号量等同步机制,信号是内核提供的用于改变任务控制流的任务间异步通信服务,任务无须查询、等待特定信号的发生。信号本质上是软件层次对中断机制的一种模拟,其来源包括程序错误、硬件事件和信号发送命令,特别适合错误和异常的处理。内核检测到某个信号到来时,会根据用户的设置执行忽略信号、捕捉信号或默认动作 3 种操作中的某一个。其中,在捕捉信号方式下会为信号绑定一个信号处理函数,以在信号发生时执行必要的操作。每个使用自定义信号机制的任务都要在其代码中调用系统服务将信号与特定的信号处理函数绑定。例如,标准的 signal 函数实现一次性绑定,信号被传递后其动作将恢复成默认动作;sigaction 函数则实现永久绑定,是一种可靠机制（注意,在 SylixOS 中 signal 函数本质上就是 sigaction 函数）。需要强调的是,信号处理函数与中断服务程序类似,要避免调用导致自身阻塞的函数和服务。

任务可以通过 raise、kill 函数发送非排队信号,通过 sigqueue 函数发送排队信号。POSIX 1003.1 信号没有计数功能,只能表示有无信号发生,这种信号也常被称为非实时信号或不可靠信号。POSIX 1003.1b 信号接口提供了队列化扩展的信号,这种信号可以对信号的到来进行排队,不会造成信号信息的丢失,因此被称为实时信号或可靠信号。接收到信号时,VxWorks 内核中如果一个任务指定了该信号的处理函数,不论这个任务是否被挂起,都将立刻调用信号处理程序,完成后再将任务恢复到以前的状态。当然,如果某个信号已被 sigprocmask（或 VxWorks 中的 sigsetmask、sigblock）这样的函数所屏蔽,那么该信号到来时不会被处理,即使已为其指定了处理函数。

同样,信号也是嵌入式操作系统内核的可选组件。例如,VxWorks 内核可以支持 UNIX BSD 类型的信号、POSIX 兼容的信号、该内核的原生信号以及信号事件机制。该内

核中有 63 个可用信号，其中 SIGUSR1 和 SIGUSR2 是用户自定义信号，SIGRTMIN～
SIGRTMAX 为实时信号，位于该区间的信号都是可靠的。注意，这里的"实时"是指信号有
计数功能，不会丢失，不同于前面所述的实时概念。SylixOS 中提供了 63 个不同的信号，包
括标准信号、实时信号以及 3 种时间域不同的定时器信号和一种 POSIX 定时器信号机制。
对于定时器信号，定时器超时后会重载并向特定的任务发信号，以实现工作的延迟处
理等[114]。

5. 中断与异常管理

1）基本中断机制

硬件中断是处理器快速响应外部事件的异步机制，可能在系统执行的任何时刻随机到
来。中断发生后，处理器识别中断请求并将自动跳转到该中断请求所对应的中断服务程序
执行。这个从中断检测、中断响应到中断处理的过程可全部由处理器独立完成。

（1）中断检测。

为了满足对外部中断的实时检测，处理器的指令周期中通常会设计中断周期。在每条
指令结束时的中断周期内，处理器检测是否有中断信号产生。当检测到中断信号时，就对中
断进行处理；否则继续读取并执行下一条指令。显然，微观上中断的检测是基于查询机
制的。

一般而言，处理器一旦检测到中断信号就会响应并进行处理。但在进行某些处理的时
候并不允许响应外部中断。例如，系统初始化或任务代码正在访问与中断程序共享的数据
区域时，就应暂时不响应中断以防造成错误或访问冲突。处理器通过中断控制寄存器提供
了中断的禁止和使能操作机制，在必要的时候，用户任务可以通过指令禁止中断。能够被禁
止的中断通常称为可屏蔽中断。除此之外，还有一些中断是不应该被屏蔽的，否则系统可能
出现错误。例如，不论系统当前处于何种运行状态，都应该实时检测掉电中断，以免造成系
统数据丢失。这些在系统运行中不允许被屏蔽的中断称为不可屏蔽中断（Non-Maskable
Interrupt，NMI）。不可屏蔽中断不受一般开关中断指令的影响。当然，为了增强设计的灵
活性，部分处理器也提供了 NMI 的专用开关操作指令。

设计硬件时，如果处理器的中断资源较为有限，需要通过中断控制器进行扩展。同时，
中断控制器也可以实现对中断信号的缓冲与排队，避免中断信号丢失并保证对重要中断事
件的优先响应。

（2）中断响应。

中断信号到来后，处理器会自动跳转到该中断所对应的中断服务程序的入口地址，这个
过程称为中断响应过程。一般情况下，可以用 3 种方式指定中断服务程序。第一种是直接
中断，即中断对应的中断服务程序入口地址是固定的，中断到来时直接跳转至固定地址执
行。第二种是间接中断，中断服务程序的入口地址存放在一个特定的寄存器中。较第一种
方式，间接中断方式更为灵活。第三种是向量中断，即在内存的特定位置设立一个中断向量
表，表中的每一项表示一个中断及其服务程序的映射关系，这也是目前最为常用的方式。由
于中断可能被禁止或抢先嵌套，响应中断时要进行现场保护，因此，中断并非会总是被立即
响应。但对于实时操作系统，必须让最大中断响应时间具有较高的确定性且尽可能小。

（3）中断处理。

中断服务程序负责完成特定中断事件的处理，其操作包括禁止中断（可选）、保存上下

文、轮询设备的中断状态寄存器(可选)、逻辑处理、恢复上下文、打开中断(可选)、恢复执行中断前的指令等。

在嵌入式系统中,中断处理过程大都具有优先级抢先特性并且可以嵌套执行。即在低优先级中断的处理过程中,高优先级中断可以得到响应,并抢先低优先级中断服务程序执行。这是保证重要外部事件得到及时响应的关键,也是实时系统的重要基础机制。对于同等优先级的中断服务程序,只能按照先到先服务的顺序依次调度、完成。

2) 操作系统中的中断管理

在现代操作系统中,中断的概念得到了进一步的扩展。硬件中断、软件中断以及异常等可能引起程序正常执行流程发生改变的事件都被广义地定义为中断或异常。中断向量表也常常被称为异常向量表,这在 3.3.1 节已经进行了讨论。在这些异常中,硬件中断是异步事件,是处理器机制;而软件中断、异常则是同步事件,是操作系统内核中扩展、实现的软件机制。

为了统一地管理这些不同的中断事件,嵌入式操作系统内核中通常会增加一个中断接管程序和映射至中断向量表的虚拟中断向量表。同时,内核还会提供一个系统调用,如 VxWorks 的 intConnect,允许应用程序为特定中断事件绑定一个中断服务程序。中断产生后,中断接管程序将接收该中断事件,进而在虚拟中断向量表中查询、获得相应的中断服务程序。在中断服务程序运行之前,接管程序会保存上下文信息并在中断栈中设置起始位置。注意,中断服务程序可以使用被中断任务的堆栈,但为了提高可靠性,内核通常会为所有中断服务程序划定一个单独的中断栈。中断服务程序完成后,接管程序恢复上下文和堆栈,并负责使处理器恢复到前面被中断的任务或中断服务程序继续执行。

前面提到,中断服务程序中通常不能使用阻塞式的内核服务,如阻塞地读消息队列、读消息邮箱、获取信号量或等待事件。那么,中断服务程序中要是使用了发送消息、释放信号量等可能引起任务切换的服务,会产生什么样的后果呢?如果内核不知道引起任务切换的事件是由当前的中断服务程序所触发的,那么内核调度器将会从就绪队列中选择第一个高优先级的任务调度执行。显然,任务打断中断服务程序的执行是不合理的,将会导致系统不稳定或出现错误。针对这一问题,部分实时操作系统内核的设计中增强了对中断嵌套的判断,使内核可以确定当前运行的是中断服务程序还是应用任务。例如,在 μC/OS Ⅲ 内核中提供了一个所有中断服务程序可共享访问的中断嵌套计数变量 OSIntNestingCtr。在用户设计的每一个中断服务程序开始都会增加一条"OSIntNestingCtr ++ ;"语句,而在中断服务程序退出时调用 OSIntExit 函数。每退出一个中断服务程序,内核对 OSIntNestingCtr 减1。这样,操作系统内核就可以根据当前的 OSIntNestingCtr 值判断是否所有中断都已完成,以及是否可以进行任务调度。在这种情形下,中断服务程序可以部分地使用上述内核机制。当然,如果中断服务程序不使用嵌入式操作系统内核所提供的任何服务,就可以认为中断服务程序的设计与操作系统内核之间不存在关联。

6. 存储管理

操作系统存储管理的重点是对物理内存以及基于 MMU 的虚拟内存的管理,而外部存储器的管理则通常交给文件系统负责。内存管理涉及动态跟踪哪些内存区域已被使用、哪些区域空闲、如何为任务分配内存、如何回收和整理内存等。在操作系统中,内存管理常采用分段式的静态内存管理和动态内存管理相结合的方式。对于实时操作系统,内存管理操作不仅必须是高效率的,而且必须是可靠的和可预测的,因此还会采用一些特殊的设计。

1) 静态内存管理

静态内存管理是指将内存空间分段划分为多个固定区域,以供不同的代码或系统功能(如调试)使用。计算系统的物理内存常常被划分为 3 个大的区域,即代码区;数据区以及可动态使用的存储区域。代码区用于加载操作系统内核及其组件的代码和应用程序代码;数据区存放操作系统的数据结构、常量,以及应用程序相关的全局变量、局部变量等数据和存放数据的栈。堆是系统中所有任务可自由使用的存储区域,存放系统运行过程中的公共和动态数据,应用任务可使用 malloc、free 等动态内存分配函数自由地使用堆中的存储区域。在定制嵌入式操作系统时,设计者可通过参数配置设定这些内存区域的大小。

例如,在 VxWorks 操作系统的实地址模式中,内存从低到高静态划分为保留区域、中断向量表、初始栈空间、VxWorks 内核及应用空间、调试代理任务内存空间、VxWorks 和应用程序动态使用的内存池以及用户保留区等,如图 8.26 所示。其中,低端内存区域以 LOCAL_MEM_LOCAL_ADRS 为起始地址,典型值为 0,以 RAM_LOW_ADRS 标记该区域的最高地址,主要用于存放中断向量表、系统引导配置和异常等信息。VxWorks 及应用程序段存放操作系统映像及应用代码,RAM_LOW_ADRS 和 FREE_MEM_ADRS 分别是该段的起始地址和结束地址。系统内存池提供系统运行过程中可动态分配的内存以及创建任务堆栈和控制块、VxWorks 运行所需的内存。系统启动时初始化系统内存池,启动后可通过 memAddToPool 函数向系统内存池中增加内存,通过 SysMemTop 函数获取该内存池的最高地址。WDB(Wind 调试代理)内存池是在目标系统上为 VxWorks 调试工具(Wind Debugger)保留的一个内存区域,用于动态下载目标模块、传送参数等。WDB 内存池的初始大小由 configAll.h 文件中的 WDB_POOL_SIZE 宏定义,默认为系统内存池的 1/16。要启用 WDB 内存池,需要在定制系统时启用 INCLUDE_WDB 宏。用户保留区域是用户为特定任务所保留的内存块,可用于保存与用户程序相关的信息,也可由某个任务专门使用。该区域的大小由宏 USER_RESERVED_MEM 决定,默认值为 0。以上所涉及的宏和函数大部分在 VxWorks 的 BSP 中定义,开发者可根据需要在配置 BSP、定制操作系统时进行设置。

静态内存管理的优点在于,为对实时性、可靠性要求高的任务提供了确定的内存资源,可以保证实时任务的运行性能,同时可以大大减少内存碎片。但其缺点在于要求设计者能够尽量准确地估计任务所需的内存大小,否则会造成内存浪费或导致任务无法正常执行。另外,过多地使用用户保留区域会造成内存空间的浪费。在开发、调试完成后,对于所需内存数量确定的实时任务就可以使用静态内存分配机制。

2) 动态内存管理

无论操作系统内核还是任务,在运行过程中都需要动态地操作内存,典型地如内核创建、销毁一个任务、消息队列或消息邮箱以及使用链表等动态数据结构。这些操作都会涉及

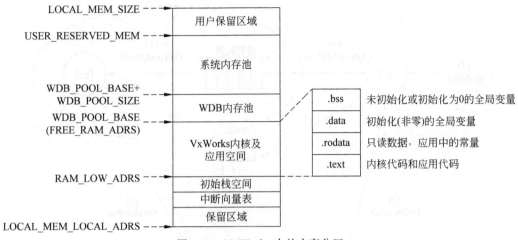

图 8.26　VxWorks 中的内存分区

操作系统对系统内存池的动态访问和管理。内核支持的 ANSI C 库大都提供了基本的内存操作函数 malloc 和 free,用于动态地在物理内存的堆中分配、释放一个任意大小的内存块,允许任务在需要时按需使用内存空间,不需要时释放内存空间。这种动态存储器管理方式的优点是灵活性强、内存利用率非常高。但其缺点是随意大小的内存分配可能导致系统产生大量内存碎片。极端情况下,即使可用内存的总量超过任何任务的需要,但没有任务能够成功地申请到满足其要求的内存块。内存分配失效会进一步造成实时任务的超时或失效,进而导致整个系统不稳定。同时,malloc 和 free 函数进行的都是物理内存操作,时间开销大且可预测性受系统运行状态影响。频繁的分配、释放内存块操作会造成过多的时间延迟,也会对实时任务的性能造成影响。

为了提升内存管理的性能,很多实时操作系统内核都在前述静态内存管理和动态内存管理的基础上进一步扩展,提供了系统内存池上的分区内存管理机制,也称为定长内存管理。其基本思想是:对系统内存池中的堆资源进行提前分配,创建一组确定大小的内存块(block),一组内存块组成内存分区(partition),一组内存分区可在逻辑上进一步构成一个内存池(pool),如图 8.27 所示。同样,操作系统内核提供了相应的数据结构和系统调用,允许任务

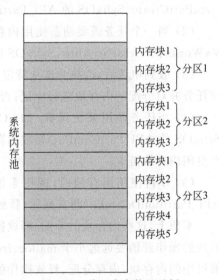

图 8.27　分区内存管理示例

对这些不同层次的内存对象进行管理。例如,VxWorks 内核在启动时创建一个系统内存池,操作系统和大部分用户应用程序对内存的动态操作都发生在系统内存池内。SylixOS、μC/OS Ⅲ 操作系统也都提供创建分区、获取分区、释放分区 3 类操作。图 8.28 为 μC/OS Ⅲ 操作系统中基于分区内存管理机制的消息通信过程。通过分析这个过程,有助于理解分区内存管理的原理和机制。

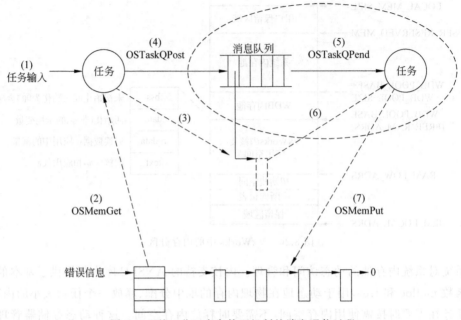

图 8.28　基于分区内存管理机制的消息通信过程

基于分区内存管理，基本的任务动态内存申请、释放过程可描述如下：

（1）系统或任务初始化时，调用系统函数（如 μC/OS Ⅲ 的 OSMemCreate、VxWorks 的 memPartCreate、SylixOS 的 API_PartitionCreate），通过内核创建系统内存池。

（2）当一个任务需要动态使用内存时，将通过系统调用（如 μC/OS Ⅲ 的 OSMemGet、VxWorks 的 memPartAlloc、SylixOS 的 API_PartitionGet）向内核发起申请。

（3）收到申请后，内核尝试从特定内存池中分配内存块。如果有空闲内存块，则分配给该任务并对分配的内存块进行标记；否则返回分配失效提示。

（4）当任务调用系统函数（如 μC/OS Ⅲ 的 OSMemPut、VxWorks 的 memPartFree、SylixOS 的 API_PartitionPut）释放内存块时，内核将释放的内存块标记为空闲，并将其添加至空闲内存块链表。

（5）不再使用内存池时，调用系统函数（如 VxWorks 的 memPartDelete、SylixOS 的 API_PartitionDeleteEx）将其删除（释放，物理操作）。

本质上，这些内存块的分配、释放操作更多是对内存块状态的逻辑管理，因此，分区内存管理的操作开销要远远小于 malloc、free 等直接操作物理内存的函数。而且，只要保证有足够可用的内存块，内存分配、释放操作的响应时间就会具有很好的可预测性。这些都非常符合实时任务、实时系统的设计要求。当然，为了对内存块、内存池及其状态进行管理，分区内存管理中需要使用额外的内存空间存放附加信息，这会造成内存空间的消耗。

另外，为了提高管理效率，分区内存管理机制还常常要求分配的内存的起始地址和大小都必须是字节对齐的，具体的对齐值与目标机体系结构相关，例如，ARM 体系结构中为 4B，MIPS 体系结构中为 16B，PowerPC 体系结构中为 8B 或 16B 等。如果用户申请的内存块大小未能保证字节对齐，操作系统常常会自动进行对齐调整。

8.3 典型嵌入式操作系统

8.3.1 RTX51

RTX51 是 Keil 软件公司①面向 8051 系列嵌入式微控制器设计的微型嵌入式实时内核[115],主要用于支持嵌入式多任务和实时控制软件的设计。与裸机软件相比,基于 RTX51 可以设计更为复杂的多任务嵌入式实时软件,同时大大降低该类软件的开发难度。

RTX51 有两个版本可供选择。其中,RTX51 Full 版支持时间片轮转的任务调度和 4 个优先级(0~3 优先级)的任务调度机制,提供了与中断管理、多任务管理以及信号、消息等任务间通信、内存池管理相关的核心机制,仅占用 6~8KB 的存储器空间。RTX51 Tiny 版是 RTX51 Full 的精简版本,内核的体积小且对系统资源要求低,仅需要约 900B 的程序存储空间。其系统变量和应用程序的堆栈区直接存储在 8051 微控制器的片内 RAM 中,可支持 16 个任务,每个任务处于运行态、就绪态、阻塞态、删除态以及超时态中的某个状态。RTX51 Tiny 版内核仅支持轮转和信号方式的任务切换,不提供对系统内存池的支持。同时,RTX51 Tiny 版使用 8051 的定时器中断 0 作为定时程序输入,为了保证实时内核的正常运行,要求代码的任何部分都不能关闭定时器中断 0。

RTX51 提供了简单的事件机制(如超时、信号、信号量等),无论何时,只要调用 os_wait 函数就可以将当前任务阻塞在一个事件上,然后其他任务开始执行。在 RTX51 Full 版中,可以在声明任务时设定任务的优先级。当一个低优先级任务通过 os_send_signal 函数向高优先级任务发送信号时,高优先级任务立即开始执行。

如上所述,RTX51 的功能较为简单,其提供的系统服务函数也较为有限。表 8.2 给出了该内核服务接口。例如,用户程序中可以通过 os_create(1)将任务 1 加入执行队列。另外,在 RTX51 Full 版中还提供了一组 CAN 总线控制函数,可以支持 Philips 82C200、80C592 以及 Intel 82526 等 CAN 控制器。RTX51 操作系统内核支持标准 C 语言的应用程序开发,基于 C51 编译器就能方便地编译生成可执行二进制代码。

表 8.2 RTX51 内核服务接口

函　数	描　述	操作所需时钟周期
os_create (task_id)	将任务加入执行队列	302
os_delete (task_id)	将任务从执行队列移除	172
os_send_signal (task_id)	从任务中发送一个信号给其他任务	有任务切换时为 408,快速任务切换时为 316,无任务切换时为 71
os_clear_signal (task_id)	清除一个信号	57
isr_send_signal (task_id)	在中断程序中发送一个信号给任务	46

---

① Keil 软件公司是由 Reinhard Keil 等人于 1982 年在德国创建的嵌入式软件公司,主要从事嵌入式软件开发工具集、嵌入式操作系统等软件的研制,开发了第一个面向 8051 微控制器的 C 语言编译器。2005 年,Keil 公司被 ARM 公司收购。

函　数	描　述	操作所需时钟周期
os_wait（event_sel，ticks，dummy）	等待一个事件	等待信号时为68，等待消息时为160
os_attach_interrupt	中断向量设置	119
os_detach_interrupt	解除中断向量设置	96
os_disable_isr	关中断	81
os_enable_isr	开中断	80
os_send_message/os_send_token	从任务中发送消息或信号量	有任务切换时为443，快速任务切换时为343，无任务切换时为94
isr_send_message	从中断程序中发送消息	53
isr_recv_message	在中断程序中接收消息	71
os_create_pool	创建内存池	644（20×10 字节大小）
os_get_block	从内存池分配一个内存块	148
os_free_block	释放一个内存块到内存池	160
os_set_slice	设置 RTX51 的系统时钟值	67

RTX51 是一个早期的微控制器嵌入式实时内核。虽然 ARM 公司现在已经停止了对该项目的维护，但其思想仍然是值得借鉴的。除了 RTX51 以外，ARM 公司目前还面向其他类型的微控制器提供了诸如 ARTX-166、RTX166 等嵌入式实时内核。这些内核的功能较 RTX51 更为强大，可支持更多的任务和优先级、更为丰富的任务调度和任务间通信机制，提供 Flash 文件系统、TCP/IP 网络协议栈等操作系统组件，可根据具体的硬件特性进行选择。

8.3.2　μC/OS

μC/OS 是美国 Micrium 公司开发的抢先式多任务实时内核，诞生于 1989 年。μC/OS 源码开放且具有良好的可移植性、可裁剪性、可固化（ROMable）等特征，目前已移植到 50 多种嵌入式处理器体系结构上，广泛适用于嵌入式微处理器、微控制器以及 DSP 等上百种嵌入式处理器。现在，μC/OS Ⅱ 和 μC/OS Ⅲ 均已通过美国联邦航空局（FAA）的商用航行器认证，以及美国航空无线电技术委员会（RTCA）的 DO-178B E～A 级航空电子标准、国际电工技术委员会（IEC）的 61508 安全集成 1～3 级标准、ISO 的 62304 A～C 级标准等认证，是高效、可靠、可信的全功能嵌入式实时操作系统，广泛应用于航空航天、工业控制、医疗电子等领域。

μC/OS 内核提供了资源管理、同步、任务间通信、中断管理等现代实时内核要求的所有服务。随着版本的演化，μC/OS 操作系统的功能现已变得更加完善和优化。除基本功能外，μC/OS Ⅲ 还提供了一些特有的功能，如运行时的性能测试、向任务发送直接信号或消息以及在信号量、消息队列等多个内核对象上的阻塞等，其体系结构和源文件如图 8.29 所示。图 8.29 也说明了在进行 μC/OS 操作系统移植时用户需要修改的处理器相关文件。表 8.3 对 μC/OS 主要版本的特征进行了比较。由于在前面的章节中已经结合 μC/OS Ⅱ/Ⅲ 的机制给出了大量示例,故本节不再展开讨论。另外,Micrium 公司还提供了 μC/FS、μC/TCP-IP、μC/GUI、μC/USB 等实时操作系统组件,可支持不同类型嵌入式系统的设计。

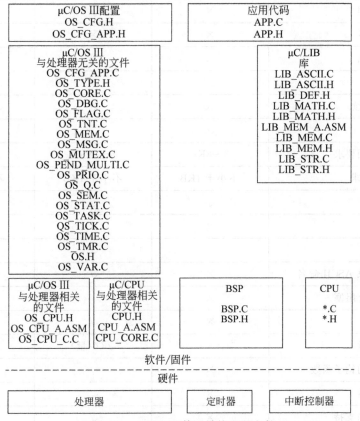

图 8.29 μC/OS Ⅲ 体系结构和源文件

表 8.3 μC/OS 各主要版本的特征比较

μC/OS 属性	μC/OS	μC/OS Ⅱ	μC/OS Ⅲ
发布时间	1992	1998	2009
源码开放	√	√	√(需要许可)
抢先多任务	√	√	√
最大任务数	64	255	不限
每个优先级上的任务数	1	1	不限
轮转调度	×	×	√
信号量	√	√	√
互斥信号量	×	√	√(可嵌套)
事件标志	×	√	√
消息邮箱	√	√	×
消息队列	√	√	√

续表

μC/OS 属性	μC/OS	μC/OS Ⅱ	μC/OS Ⅲ
分区内存管理	×	√	√
直接任务信号	×	×	√
直接任务消息	×	×	√
软件定时器	×	√	√
任务挂起/继续	×	√	√（可嵌套）
死锁预防	√	√	√
程序存储空间要求	3～8KB	6～26KB	6～20KB
RAM 空间要求	不小于 1KB	不小于 1KB	不小于 1KB
可固化	√	√	√
运行时配置	×	×	√
编译时配置	√	√	√
每个内核对象 ASCII 命名	×	√	√
在多个对象上阻塞	×	√	√
任务寄存器	×	√	√
内置性能测量	×	√（少量）	√（丰富）
用户可定义的钩子函数	×	√	√
优化的调度器	×	√	√
内置内核感知支持	×	√	√
任务级的时间片支持	×	×	√
服务数量	最多 20 个	最多 90 个	最多 70 个

8.3.3 嵌入式 Linux 系列

作为一款著名的开源操作系统，Linux 操作系统自诞生以来就得到很多 IT 企业、软件工程师以及终端用户的青睐，并首先在通用计算机、服务器等领域得到了应用。虽然因用户习惯和软件生态等因素的制约，Linux 在通用计算机操作系统市场中一直未能有效挑战 Windows 操作系统的统治地位，然而，良好的体系设计、丰富的系统功能以及完全开放的源代码等优点却使其在嵌入式系统领域得以广泛应用。现在，基于 Linux 已经衍生了一系列嵌入式 Linux 操作系统，如 μClinux、Montavista、Android、KaeilOS、Wind River Pulsar Linux 等，并已广泛应用于工业控制、移动设备、通信、医疗、消费电子等不同的嵌入式系统领域。

1. μClinux

μClinux 是针对无 MMU 嵌入式处理器且内核体积小于 512KB 的嵌入式 Linux 版本，是一款经典的非实时嵌入式 Linux 操作系统。μClinux 开源操作系统项目最初由 Lineo 公司于 1998 年发起，并首先移植到摩托罗拉公司 MC68328 微处理器上。2002 年以来，μClinux 产品开始由 Arcturus 网络公司维护和推广。现在，不断演化的 μClinux 已经可以广泛地支持不同类型的嵌入式处理器体系结构，如 ARM、68K、ColdFire、ADI Blackfin 等，同时还针对不同应用提供了相应的软件库、工具链乃至用户应用，形成了较完整的开发和应用体系。

μClinux 是在标准 Linux 基础上进行定制和优化形成的，因此其内核结构与标准 Linux 基本一致，兼容 Linux 的大多数 API，且保留了 Linux 可靠、可移植性好、网络功能强大等优点。但如前所述，μClinux 主要用于基于无 MMU 微处理器的小型控制系统，对 Linux 的内核服务机制、功能组件、函数库等进行了大量的小型化处理。其中一个关键的处理就体现在内存管理机制上，Linux 采用虚拟内存管理机制，而 μClinux 则采用实地址模式。虚拟内存可以有效地提升存储子系统的效能且可以实现内存保护，但开销较大。实地址模式可以有效降低复杂内存管理所带来的系统开销，但由于内核、进程均共享使用相同的物理地址空间，操作不当会引起内存非法访问并导致系统错误。因此，在使用与内存管理相关的 μClinux 内核服务时就需要非常仔细。

Linux 内核以进程、子进程为调度对象，并提供了 fork、vfork、clone 等创建子进程的接口函数，分别对应 sys_fork、sys_vfork、sys_clone 等系统调用。其中，sys_fork 创建的子进程是父进程的副本，除代码段外不共享任何内容，独立性强，可靠性好；sys_vfork 创建与父进程共享内存的子进程，子进程可能修改父进程地址空间的数据；sys_clone 通过修改参数指定父子进程间是否共享内存，进而实现 sys_fork 或 sys_vfork 的功能。μClinux 创建进程的特点在于，其 fork 函数本质上就是 vfork 调用，系统中除 init 进程之外的其他进程均是通过 vfork 调用创建的。因此，如果开发者在进程中调用 fork 创建一个子进程，那么这个子进程将能够修改父进程的共享变量等内容，进而引起代码的可重入问题和数据共享问题（见第 10 章）。这是基于 μClinux 的嵌入式多进程软件设计中极为常见的错误。在终止进程的机制上，μClinux 的处理也有所不同。在 μClinux 中，exit_mm 函数在释放子进程占据的内存空间之前，会首先判断进程所占据的存储空间的内容与初始状态是否相同，若不相同，则允许恢复到初始状态。进而，该函数还要对内存共享计数器 mm->count 进行判断，当还有其他进程共享使用 mm_struct 时，不能释放 mm 指针。这种方式既可节省空间，也能保证系统中其他进程的正常运行，从而使得 μClinux 上的应用运行更加安全，是其进程管理的一个突出特点。

除进程管理之外，μClinux 支持的可执行文件格式和运行方式也不同于标准 Linux 操作系统。Linux 采用了 3 种可执行文件格式：a.out（汇编器和链接编辑器的输出）、COFF（Common Object File Format，通用对象文件格式）以及 ELF（Executable and Linking Format，可执行和链接格式）格式。其中，ELF 又包括可重定位文件（.o 后缀）、库文件（.so 后缀）和可执行文件。为了精简文件并减小存储规模，μClinux 采用了文件头、程序头等文件信息更加简化的 Flat 可执行文件格式。注意，gcc 编译器并不能直接形成 Flat 格式的文件，而是需要使用 coff2flt、elf2flt 等工具对 COFF、ELF 格式的文件进行转换。另外，μClinux 采用了简化的内核加载方式，要么固化在 Flash 上直接运行，要么压缩存储在 Flash 上并解压到 RAM 中运行，后一种方式的运行效率更高。

如上所述，μClinux 是一款经典的嵌入式 Linux 操作系统。在系统设计中，开发者可直

接下载 μClinux 的源代码并对其进行源码级的定制和优化。但要注意的是，μClinux 并不是一款实时操作系统，因此不能直接应用于实时系统的开发。

2. RT-Linux 与 RTAI

要在实时系统中使用嵌入式 Linux 操作系统，就需要使其自身首先具备实时能力。目前，有两种主流的 Linux 操作系统实时化方法。一种是充分利用 Linux 的源代码，对其内核源代码中的中断响应与处理、任务调度、资源管理等相关机制进行实时化设计，形成新的实时 Linux 操作系统内核，典型的如 KURT-Linux 和商业级的 MontaVista Linux 等。这种方式对 Linux 内核的实时化最为彻底，但缺点是开发难度大、周期长、成本高。另一种方式源于虚拟机概念的多内核扩展方式。其核心思想是在硬件之上部署一个与非实时内核共存的实时内核，实时任务直接运行于实时内核之上，而非实时内核则作为一个低优先级的非实时任务在后台运行。RT-Linux Free、Wind River 公司的 RT-Linux 以及 RTAI、Xenomai 嵌入式实时 Linux 等都使用了这一实时内核扩展方法。该方法的优点是易于实现，对 Linux 内核的改动少，且可以使用 Linux 的所有服务；其缺点是内核体积大，多内核管理以及不同内核间的任务通信等会增加系统开销。

图 8.30 给出了基于 RT-Linux 的双内核实时 Linux 架构。由图 8.30 可知，RT-Linux 作为实时内核直接运行在硬件之上，向上为实时任务和 Linux 内核任务提供服务。RT-Linux 的核心任务是捕获硬件中断并根据事件对实时任务、操作系统内核进行调度和事件分发。当有实时任务运行时，非实时内核的任务被阻塞，因此可以支持硬实时的任务调度。实时任务和非实时任务之间通过 RT-Linux 提供的 RT FIFO 进行通信。

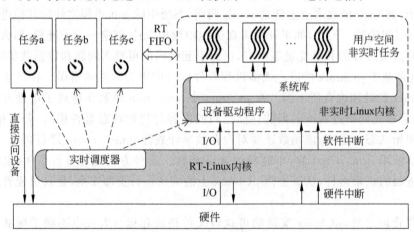

图 8.30 基于 RT-Linux 的双内核实时 Linux 架构

基于 RT-Linux 构建实时 Linux 的过程比较简单，基本步骤如下：
（1）获取合适的 RT-Linux 源码包。
（2）给 Linux 源码包打补丁。
（3）定制、编译内核。
（4）部署运行。

这一过程对于熟悉 Linux 内核定制和基本操作的读者而言应该是非常简单的。

RTAI 是（Real-Time Application Interface，实时应用接口）的简称，其核心由基于

RTHAL(Real-Time Hardware Abstraction Layer,实时硬件抽象层,早期)或 ADEOS[①] 的 Linux 内核补丁和面向实时需求的一组服务构成。RTAI 具有中断响应时间确定、兼容 POSIX 标准以及支持本地实时任务等特性,支持任务间的 RT FIFO、共享内存、消息、邮箱 及信号量操作。现在,RTAI 已被移植到 ARM、PowerPC、MIPS、IA-32 等数十种不同体系 结构的处理器上,是实现实时 Linux 操作系统的重要方式。

与 RTAI 不同,Xenomai 是一个 Linux 内核的实时开发框架,其目的是通过与 Linux 的 无缝集成实现实时能力,为应用程序提供全面的、与接口无关的硬实时性能。可以说, Xenomai 更侧重于将实时应用程序移植到 Linux 操作系统。图 8.31 给出了基于 RTAI 和 Xenomai 的实时 Linux 体系结构,本书不再讨论其具体细节。

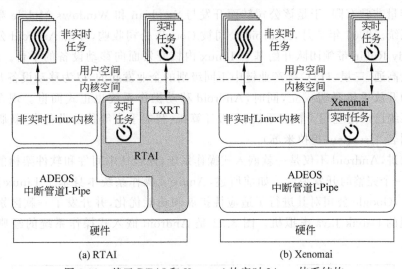

图 8.31 基于 RTAI 和 Xenomai 的实时 Linux 体系结构

有关双(多)内核的思想,在第 7 章阐述虚拟机技术时已有述及,读者也可以将本部分内 容与之结合起来阅读,以便更好地理解。

类似地,通用 Windows 操作系统以及由其衍生的嵌入式操作系统(如 Windows XP/E) 也都不具备实时特性。针对这一问题,美国 Ardence 公司[②]采用与 RT-Linux 相似的多内核 机制,于 1995 年推出了通用 32 位 Windows 操作系统的实时扩展 RTX(Real Time Extension for Control of Windows),给出了 Windows 操作系统的硬实时扩展方案。近年 来,通用 Windows 操作系统+RTX 已被广泛应用于复杂实时控制系统的设计中。从机制 上,RTX 通过向 Windows 系统增加一个独立运行的实时子系统(Real-Time SubSystem, RTSS)实现实时内核、Windows 运行环境的共同运行,形成双内核架构。其中,Windows 内 核运行非实时任务及交互任务,RTX 支持实时任务。基于 RTX 进行操作系统实时化及开 发时,开发者首先要获取并安装 RTX 及其 SDK 软件包,然后可以根据系统需要对 RTX 的 运行参数进行个性化配置,完成对 Windows 操作系统的实时化扩展。进而,开发者可以在

---

① ADEOS(Adaptive Domain Environment for Operating Systems,操作系统自适应域环境),一个位于硬件和操作 系统之间的超微内核硬件抽象层或者说管理程序,为多个操作系统或单个操作系统的多个实例提供一个灵活的资源共 享环境。

② Ardence 公司于 2008 年被美国 IntervalZero 公司收购。

Visual Studio IDE 中创建 RTX 应用程序、RTX 设备驱动程序或 RTX 网络驱动类型的工程项目，具体请参阅 IntervalZero 的官方文档。

另外，针对嵌入式系统的快速启动要求，Ardence 公司第一个推出了面向 Windows 的即时启动软件方案 ReadyOn。采用 Windows＋RTX＋ReadyOn 方案，可以构建具有快速启动、即时开关机能力的嵌入式实时 Windows 系统平台。

3. Android

Android 公司成立于 2003 年，最初致力于开发"能够更好地感知用户位置和喜好的智能移动装置"（原文：smarter mobile devices that are more aware of its owner's location and preferences），并面向数字摄像头开发了一款高级的嵌入式操作系统。但随后发现，该类设备的市场容量非常有限，于是该公司转而开发与 Symbian 和 Windows Mobile 竞争的智能手机操作系统。2005 年 7 月，Android 公司被 Google 公司收购，并由 Android 公司创始人之一的 Andy Rubin 带领团队开始基于 Linux 内核开发面向移动设备的平台。2007 年 11 月，由谷歌、高通、三星、HTC 等产业链中不同级别的企业发起的、以为移动设备开发开放标准为目标的开放手机联盟成立，同时，Android 移动操作系统也正式面世。现在，Android 系列操作系统已广泛应用于智能手机、平板计算机、智能手表等移动设备中，新版本已发展至 13 版（别名 Tiramisu，提拉米苏）。

准确地讲，Android 不仅是一款嵌入式操作系统，还包括中间件和软件架构的定义与实现，更像是一个完整的开发平台。如前所述，Android 操作系统本身基于 Linux 内核设计。在此基础上，Google 公司对其进行了适应性扩展和功能优化，并开发了一款区别于 Oracle Java 虚拟机的 Dalvik Java 虚拟机。图 8.32 是 Android 嵌入式操作系统的经典 4 层体系结构。

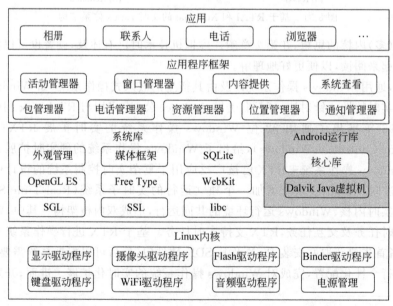

图 8.32　Android 嵌入式操作系统的经典 4 层体系结构

Android 各层的功能和特性简要描述如下：

（1）基于 Linux 的操作系统内核层提供进程管理、安全性、内存管理、驱动模型等内核服务。

（2）由系统库、Android 运行库组成系统运行库层。系统库位于应用程序框架与 Linux 内核之间，包含 C/C++ 库，并被 Android 中的不同组件使用。Android 运行库则包含核心库和 Dalvik Java 虚拟机，Dalvik Java 虚拟机支撑 Java 应用程序；核心库提供了 Java API 以及 Android 的核心 API。

（3）应用程序框架层提供组件的重用机制，为开发人员提供直接可用和可扩展的 Android 组件，如管理程序生命周期的活动管理组件（Activity Manager）、窗口管理组件（Window Manager）、提供共享数据的内容供应组件（Content Providers）以及提供资源访问的资源管理组件（Resource Manager）等。

（4）基于 Java 的应用层，主要是 Android 自身提供的电话拨号器、图片查看器、Web 浏览器等一组应用程序（简称 APP）以及各类应用程序。从结构上，每个 Android 应用主要包括四大组件，即活动（Activity）、服务（Service）、内容提供者（Content Provider）和广播接收器（Broadcast Receiver）。

对于开发者而言，常用的 Android 应用基本开发环境主要由 JDK（Java SE Development Kit）、Android SDK、安卓开发者工具 ADT、Eclipse（或 Android Studio）等组件构成。

相对于 Linux 在通用操作系统领域市场份额的不尽如人意，Google 公司的 Android 系列嵌入式操作系统却迅速占据了移动设备市场的大半江山，成为迄今为止全球市场上最为流行的智能手机操作系统。究其原因，主要有三点：第一，Google 公司注入技术力量之后，迅速消除了存在于开源操作系统中的诸多弊端，软件产品更为优化和规范；第二，嵌入式领域的技术开放性及产品多样化发展使 Android 可以占据嵌入式操作系统的一席之地；第三，近年来智能手机、平板计算机以及网络投影仪等移动设备井喷式增长，不同领域 Android 设备的软件生态环境更加完善，也进一步推动了 Android 的发展。现在，Android 操作系统已占全球智能手机操作系统市场 80% 以上的份额，活跃用户总数已超过 14 亿。

8.3.4　VxWorks

VxWorks 是美国 Wind River 公司的一款嵌入式实时操作系统，早期内核类似于 VRTX[①]。1987 年，Wind River 公司设计了自主的 VxWorks 内核，支持 32 位处理器。20 世纪 90 年代推出的 VxWorks 5.0 是第一个具有网络协议栈的实时操作系统，随后的 VxWorks 6.x 中实现了多核支持并增加了对行业规范（如航空航天规范、工业行业规范、医疗行业规范等）的支持。2009 年，Intel 公司收购 Wind River 公司，并于 2014 年推出了针对物联网应用的 VxWorks 7 版本。现在 VxWorks 已可广泛地支持包括 ARM、PowerPC、Intel 等在内的众多 32 位、64 位的单核/多核处理器体系结构，以其良好的可靠性和卓越的实时性被广泛地应用在航空航天、军事国防、网络通信、消费电子、汽车电子等不同应用领域，堪称部署最为广泛的嵌入式实时操作系统。

VxWorks 操作系统采用多任务的微内核架构设计，可支持 SMP、AMP 及混合多核处理器架构，符合 POSIX 1003.1b 实时扩展标准，并获得 POSIX PSE52 实时控制器

---

① VRTX 是多工实时执行体（Versatile Real-Time Executive）的缩写，是最先实现了具有确定性内核机制的实时操作系统，由 Hunter&Ready 公司于 1980 年推出，早期的主要竞争对象为 VxWorks。

1003.13—2003 产品标准一致性认证。WIND 内核具有快速的中断响应能力和高效的任务管理能力，支持 256 个任务优先级以及抢先式调度和轮转调度策略。

针对更为复杂的多任务通信需要，VxWorks 对基本的任务间通信机制进行了扩展，包括基于透明进程间通信（Transparent Inter-Process Communication，TIPC）的多操作系统 IPC 与风河多操作系统 IPC 以及本地、分布式的消息队列等。针对实时任务的优先级翻转问题，VxWorks 提供了优先级继承的互斥信号量机制及优先级继承方法。

在内存管理方面，早期的 VxWorks 版本都以实地址模式进行内存操作，设计时要严格保证应用任务对内存的安全访问。自 6.0 版本开始，VxWorks 操作系统采用了基于 MMU 的内存保护机制以提高内存访问的安全性。除传统的内核模式之外，VxWorks 还引入了基于进程的用户模式。将运行在实时进程（Real-Time Process，RTP）空间的用户模式程序与内核以及其他 RTP 中的用户模式程序互相隔离，可以避免非法访问及故障的传播，有助于提高系统的可靠性。图 8.33 给出了 VxWorks 运行环境及两个实时进程示例[116]。

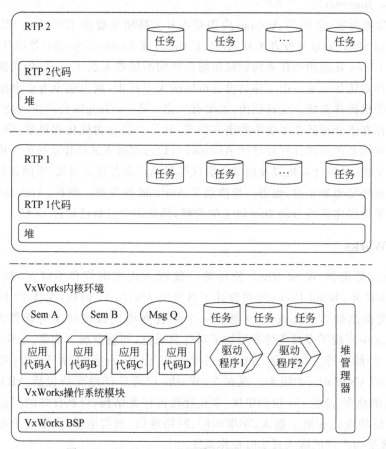

图 8.33　VxWorks 运行环境及两个实时进程示例

在文件管理方面，VxWorks 支持高可靠文件系统（High Reliable File System，HRFS）、基于 FAT 的 DOSFS 文件系统、NFS、TFFS 等文件系统。另外，VxWorks 内核中还实现了对 IPv4、IPv6 网络协议栈以及蓝牙、USB、CAN、1394 等接口的支持。

VxWorks 7 定位为物联网嵌入式实时操作系统,实现了对多种 32 位、64 位嵌入式处理器的广泛支持,重点强调可扩展性、安全性、保密性、网络互联、图形化及虚拟化等特性,具体如下:

(1) VxWorks 微内核,一个完整内核最小约为 20KB。

(2) 分层的模块化设计,允许对不同层的代码进行独立升级。

(3) 安全能力更强,包括数字签名模块、加密、密码管理以及在运行时添加、删除用户等能力。

(4) 采用 SHA-256 哈希算法进行密码处理。

(5) 采用向量图形和 Tilcon 的人机接口,支持 OpenVG、OpenGL、Tilcon 图形开发工具、帧缓冲驱动程序(FrameBuffer)等实现图形用户界面。

(6) 升级的 VxWorks 配置接口。

(7) 对 Telnet、SSH、FTP、rlogin 等服务的授权控制。

(8) 基于蓝牙、SocketCAN 协议栈的网络连接。

(9) 提供了多操作系统进程间通信(MIPC)支持。

(10) 丰富的网络支持,包括 Wind River 公司的 MACsec、IEEE 802.1A、基于 L2TP/VLAN 的 PPP。

(11) Wind River 公司 Workbench 4 开发环境增加了新的系统分析工具。

(12) 支持 Wind River 公司 Diab 编译器、GNU 编译器、Intel C++ 编译器等。

在开发环境方面,VxWorks 5.x 操作系统提供了 Tornado 集成开发环境,内置了以下工具:操作系统定制工具,BootRom 定制工具,用户软件的开发、交叉编译及远程调试工具,仿真运行和系统运行追踪工具,功能非常强大。在 6.0 版本以后,Wind River 公司提供了基于 Eclipse 的 Workbench 集成开发工具,其架构如图 8.34 所示。

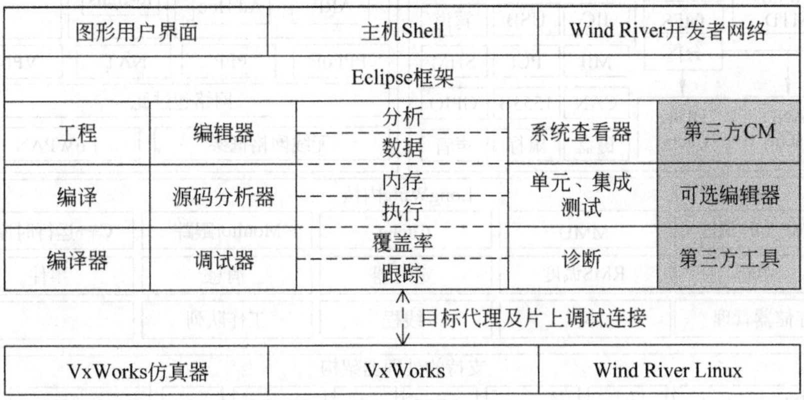

图形用户界面		主机Shell		Wind River开发者网络	
Eclipse框架					
工程	编辑器	分析 数据	系统查看器	第三方CM	
编译	源码分析器	内存 执行	单元、集成 测试	可选编辑器	
编译器	调试器	覆盖率 跟踪	诊断	第三方工具	

目标代理及片上调试连接

VxWorks仿真器	VxWorks	Wind River Linux

图 8.34 Workbench 集成开发工具架构

8.3.5 SylixOS

SylixOS 是由北京翼辉信息技术有限公司自主研制并于 2015 年正式推出的一款大型嵌入式实时操作系统,经工信部认证,内核自主化率 100%,是国产嵌入式实时操作系统的优秀代表之一。SylixOS LongWing 内核诞生于 2006 年,当时只是一个提供线程调度、中断管理、定时器、RMS 和信号量等最基本内核资源的小型多任务调度器。经过多年演化，SylixOS 现已成为一个功能完善、性能卓越、可靠稳定的嵌入式系统软件平台，支持 LoongArch、RISC-V、ARM、PowerPC、X86、DSP、SPARC 等主流处理器体系结构以及 TCPDUMP、Python、JavaScript、TensorFlow、NCNN、QGIS 等组件。

SylixOS 在设计思路上借鉴了 RTEMS、VxWorks、ThreadX 等众多实时操作系统的设计思想，性能参数上达到或超过了众多实时操作系统的水平。例如，在实时进程机制中，进程内的所有线程都使用实时调度算法，所有进程共用一个地址空间，任务切换过程无须切换页表等，都是对实时性的增强。同时，由于 SylixOS 支持进程及动态装载，所以整个系统支持运行时可裁剪。图 8.35 给出了 SylixOS 的核心框架。

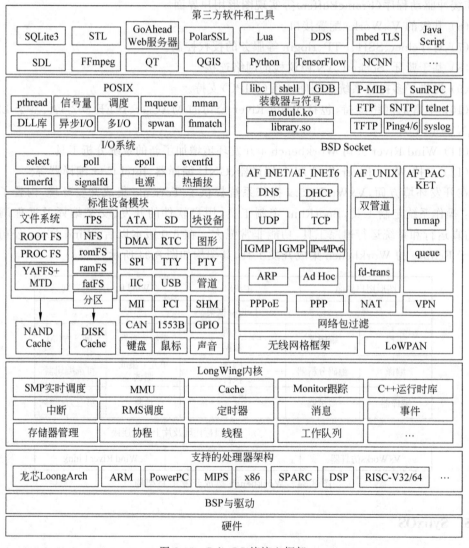

图 8.35 SylixOS 的核心框架

SylixOS 的主要特性如下[117]：

（1）微内核架构，内核高度稳定且 CPU 占用率低。

（2）支持实时进程（作为资源容器）、线程（等同于任务）、协程 3 种多任务模型。

（3）支持无限多个任务，有 256 个优先级。

（4）支持 RMS 调度。支持紧耦合同构多处理器（SMP），提供任务统一管理以及任务对特定核的亲和度调度策略。

（5）优秀的实时性能（任务调度与切换算法、中断响应算法都是 $O(1)$ 时间复杂度的算法）。支持优先级继承，防止优先级翻转。

（6）支持动态应用程序装载、动态链接库以及内核模块。

（7）支持安全容器，实现地址空间隔离和容器间的信息安全。

（8）支持标准 I/O、多路 I/O 复用与异步 I/O 接口。支持多种新型异步事件同步化接口，例如 signalfd、timerfd、hstimerfd、eventfd 等。

（9）支持 FAT、YAFFS、ROOTFS、PROCFS、NFS、ROMFS 等多种标准文件系统，以及翼辉公司自主研制的掉电安全文件系统 TpsFs。

（10）支持文件记录锁，可为各种类型实时数据库（SQL、NoSQL、In-Mem DB 等）提供支持。

（11）支持标准 TCP/IPv4/IPv6 双网络协议栈、AF_UNIX/AF_PACKET/AF_INET/AF_INET6 协议域以及众多网络工具。

（12）支持 TTY、BLOCK、DMA、ATA、GRAPH、RTC、PIPE 等众多标准设备抽象。

（13）支持多种工业设备或总线模型，如 CAN、I2C、SPI、USB、PCI、SDIO 等。

（14）提供内核行为跟踪器，方便调试。

（15）支持 QT、MiniGUI、ftk、ucGUI 等众多图形界面系统。

（16）兼容 IEEE 1003（ISO/IEC 9945）操作系统接口规范以及 POSIX 1003.1b（ISO/IEC 9945-1）实时编程的标准。

（17）提供 RealEvo-IDE 集成开发环境，集设计、开发、调试、仿真、部署、测试功能于一体。

表 8.4 给出了 SylixOS 与典型实时操作系统的特性对比。

表 8.4 SylixOS 与典型实时操作系统的特性对比

对 比 项	SylixOS	VxWorks	RTEMS	QNX
内核抢占	√	√	√	√
优先级	256 个	256 个	256 个	256 个
优先级继承	√	√	√	√
进程支持	POSIX 进程	RTP 进程	×	POSIX 进程
协程（纤程）	√	×	×	×
MMU 管理	√	√	×	√
SMP 多核	实时调度	实时调度	协作式多核	实时调度
RMS 调度	√	×	√	×
高速定时器	√	√	×	×

对　比　项	SylixOS	VxWorks	RTEMS	QNX
写平衡文件系统	YAFFS	TFFS	×	√
实时数据库	√	√	√	×
动态装载	√	√	×	√
动态链接库	√	√	√	√
内置热插拔	√	×	×	×
文件记录锁	√	部分	×	×
工业总线	CAN/以太网	CAN/以太网	以太网	CAN/以太网
自组网协议	MAODV	×	×	×
POSIX 支持	完善	较完善	较完善	较完善
C++ 支持	√	√	√	√
编译器	专用编译器	专用编译器	GCC	专用编译器
调试	GDB	WDB	GDB	GDB
内核跟踪器	√	√	×	√

作为国产嵌入式实时操作系统的优秀代表，SylixOS 近年来已在航空航天、武器装备、工业自动化、智能电网、轨道交通等诸多领域的新装备研制中得到了广泛应用和充分验证。读者可在 SylixOS 的开源网站下载并学习。同时，翼辉公司还针对边缘计算、物联网设备研制推出了 EdgerOS 和轻量级的 MS-RTOS，面向航空航天等安全攸关领域推出了符合 ARINC 653 规范的 Matrix653 分区操作系统，并推出了 MultiOS 混合多系统平台、ROS-RT 实时机器人系统、OpenRT 核心网路由平台、EmbeddedAI 嵌入式人工智能四大领域解决方案。

另外，西安航空计算技术研究所的天脉嵌入式操作系统（ACoreOS）、北京控制工程研究所的天卓嵌入式操作系统（SpaceOS）等也都是优秀的国产嵌入式实时操作系统，已在航空航天领域的系列型号中应用。

8.3.6　鸿蒙操作系统

鸿蒙（HarmonyOS）是由华为公司自主研制的一款基于微内核的分布式嵌入式操作系统，于 2019 年 8 月正式发布，随后宣布开源。该操作系统面向 5G 物联网应用需求，用于打造、实现 1（智能手机）+8（电视、音箱、眼镜、手表、车机、耳机、平板计算机、PC）+N（移动办公、工业自动化、无人驾驶、智能家居）的全场景、全连接、全智能体系。与 Android、iOS 等相比，鸿蒙操作系统具有突出的系统与硬件解耦、弹性部署、跨设备信息交互及分布式协同等特点，为人、设备、场景的互联提供了强大基座，一经发布就得到业界的高度关注。2022 年，鸿蒙 3.0 正式推出。

鸿蒙操作系统采用了 3 层架构，如图 8.36 所示[118]。鸿蒙采用了多内核架构，将 Linux 内核、LiteOS 内核等合并为一个鸿蒙 OS 内核，通过内核抽象层（Kernel Abstraction Layer，

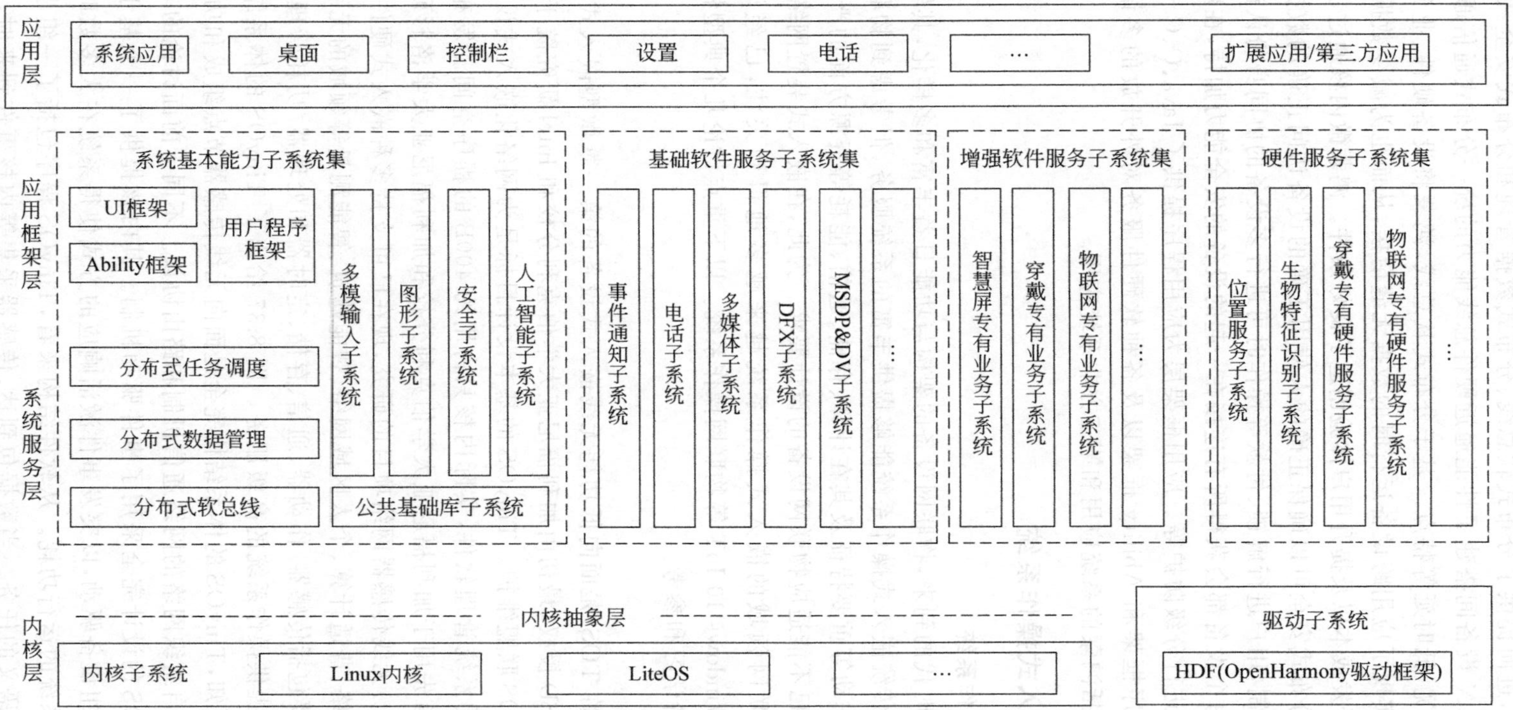

图 8.36 鸿蒙操作系统架构

KAL)屏蔽内核差异,允许根据设备的特性进行定制。在系统服务层,鸿蒙对硬件能力进行了解耦和虚拟化,进而提供了分布式软总线、分布式数据管理和分布式安全三大核心能力。软总线在 $1+8+N$ 设备间搭建了性能逼近硬件总线能力的统一分布式通信通道,具有自发现、自组网、高带宽、低时延等特点。基于分布式软总线,鸿蒙将设备硬件、业务逻辑与数据存储进行解耦,实现了应用跨设备运行时的数据无缝衔接,从而也为减少数据冗余、保证数据完整性、降低开发成本以及提升用户体验创造了良好条件。鸿蒙微内核通过了 CC EAL5＋的安全认证,其分布式安全可以确保正确的人使用正确的设备访问正确的数据。通过鸿蒙的分布式安全机制,用户进行解锁、付款等操作时可进行多设备的协同身份认证。在多设备融合的情况下,每个设备都会获得所有连接在一起的设备的安全能力加持,在数据流中对数据的存储和访问进行分级防护等。应用框架层为应用程序提供了 Java、C、C＋＋、JavaScript等多语言用户程序框架和 Ability 框架以及各种软硬件服务对外开放的多语言框架 API等。应用层则包括鸿蒙的系统应用和第三方非系统应用。

8.3.7　其他嵌入式操作系统

1. 物联网操作系统

随着物联网时代的到来,物联网设备的架构与功能日益丰富和多样化,其软件系统也越来越复杂。虽然传统嵌入式操作系统能够提供丰富的系统服务,但考虑到物联网设备的感知、计算、通信、作动等重要特征及其在计算、存储、通信、能耗等资源方面的严格限制,传统嵌入式操作系统已不能适应物联网设备的设计要求。为此,在嵌入式装置网络化、物联化的趋势下,针对物联网领域的嵌入式操作系统越来越多地得到关注,已经诞生了鸿蒙、VxWorks 7 和 Windows 10 IoT 等物联网操作系统。以下重点讨论几个典型物联网嵌入式操作系统,供读者学习和参考。

1) TinyOS

TinyOS(简称 TOS)是面向低功耗无线嵌入式设备的第一款微型嵌入式操作系统,源码开放且采用 BSD 授权,最初由加利福尼亚大学伯克利分校和 Intel 研究院于 2000 年联合研制,现由 TinyOS 联盟维护。TinyOS 的基本设计目标是为网络化嵌入式设备提供更小、更廉价、低功耗的系统管理软件,实际内核只占用约 400B 的程序空间。发布后的第一个TinyOS 版本被首先用于加利福尼亚大学伯克利分校和加利福尼亚大学洛杉矶分校的智能尘埃(Smart Dust)无线传感器网络项目的研究,现在已可支持多种嵌入式硬件平台,并广泛应用于传感器网络、普适计算、个人区域网络、智能建筑、智能测量等领域的无线设备[119]。

TinyOS 主要包括传感器/作动器、通信、存储、定时器和处理器/功耗管理等基本组件,并基于这些组件提供操作系统的高级服务。图 8.37 给出了 TinyOS 的体系结构及基本组件。由图 8.37 可知,TinyOS 的体系结构完全是面向无线传感器节点组成和功能特性的,尤其是集成了面向自组织网络的网络通信机制和路由协议。不同于前面讨论的多任务嵌入式操作系统,TinyOS 的设计完全采用了事件驱动机制。其内核提供了一个基于并发模型的任务调度器和一组设备驱动,以突发事件激活响应的方式使得系统在大多数时间处于休眠状态,可以降低系统的运行功耗。从软件结构来看,TinyOS 程序包括了一组事件句柄和具有运行时完整性语义的任务。当数据包到达、传感器采集等内核事件到来时,TinyOS 将调用合适的事件句柄进行处理,且事件句柄会中断操作系统中的所有任务。在 2.1 版本中,

TinyOS进一步增加了 TOSThreads 多线程库和同步原语（如信号量、互斥等）功能，并在 TinyOS 的并发层增加了线程执行上下文的切换机制，实现了线程级的抢先式执行。

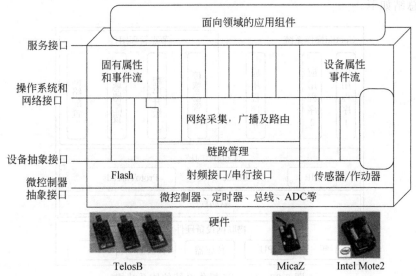

图 8.37　TinyOS 的体系结构及基本组件

　　TinyOS 操作系统及其应用的开发都采用了一种扩展的 nesC[①] 语言。因此，如果开发者要对 TinyOS 源码进行定制或开发 TinyOS 应用程序，就要首先掌握 nesC 语言程序设计方法并构建相应的编译工具链。具体地，一个完整的宿主机开发环境应该包括 Java JDK、Cygwin（仅 Windows 平台）、微控制器的原生编译器、nesC 编译器，并安装从 Github[②] 下载的 TinyOS 源码包以及 Graphviz 虚拟化工具等。

2) Contiki

　　Contiki 是一款面向存储资源受限、低功耗物联网设备的轻量级多任务嵌入式操作系统，源码开放且采用 BSD 授权[120]。2000 年，瑞典梅拉达伦大学的 Adam Dunkels[③] 博士结合其负责的运动员体征检测项目需要，创建了 LwIP(Lightweight Internet Protocol，轻量互联网协议)。Adam Dunkels 认为 LwIP 仍然不够轻量，在 2003 年又进一步开发了 MicroIP(μIP，微型互联网协议)，并最终演化成为非常著名的 Contiki 物联网操作系统，整个操作系统只占用约 40KB 的 ROM 存储空间和 2KB 的 RAM 空间。随着物联网技术的蓬勃发展，Contiki 在近年来受到广大研究人员和企业的推崇，并广泛应用在智能路灯、工业控制、医疗电子、智能家庭、环境监测、游戏终端等物联网应用领域。

---

　　① nesC(network embedded systems C，面向网络化嵌入式系统的 C 语言)是在 C 语言基础上针对传感器网络特性进行扩展所形成的编程语言。

　　② Github 是美国 Github 公司提供的基于 Git 进行版本控制的软件源代码托管服务。Git 是由 Linux 之父 Linus Torvalds 于 2005 年为更好地管理 Linux 版本所开发的分布式版本控制软件，Linux 等诸多著名软件都使用 Git 进行版本控制。

　　③ Adam Dunkels(1978—)，软件工程师、企业家，瑞典 Thingsquare 公司、智能对象网络协议(Internet Protocol of Smart Objects，IPSO)联盟创始人，开发了著名的 LwIP 及 μIP 协议栈、并行程序设计轻量级模型 ProtoThreads 和物联网操作系统 Contiki，著有 *Interconnecting Smart Objects with IP—the Next Internet* 一书及 IPSO 白皮书等。2009 年，他被《MIT 科技评论》评为全球 35 岁以下的 35 位顶级发明家之一。

图 8.38 给出了 Contiki 操作系统的体系结构。其中，Contiki 内核由微型的 μIPv4/μIPv6 网络协议栈、动态加载模块以及无栈的、可阻塞的轻量级线程组成。各组件的功能和特性简要总结如下。

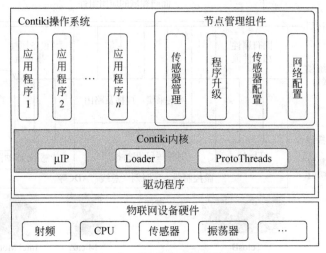

图 8.38　Contiki 操作系统的体系结构

（1）低功耗网络。Contiki 内核不但提供了低功耗的 IPv6 协议簇（6LoWPAN、RPL、CoAP），还提供了包括 UDP、TCP 及 HTTP 等功能的 IP 协议栈。节点管理组件提供了对传感器的配置与管理、网络的配置以及运行时程序的升级功能。为了降低网络开销并解决可能的 IPv6 协议栈失效问题，Contiki 中还采用了一个裁剪过的无线网络协议栈 RIME。该协议栈可以实现向周围节点的消息单播/广播发送、防止广播风暴以及无地址的半可靠多跳数据收集等机制。Contiki 中的休眠式路由器实现了这些网络协议，该路由器在无中继消息转发时就会进入休眠状态，从而实现网络层的低功耗处理。

（2）动态模块加载。考虑节点部署后的软件更新需要，Contiki 的 Loader 模块提供了运行时的模块加载和链接能力。该模块可以加载、重定位、链接生成标准的 ELF 文件，并允许进一步清除调试符号以缩小模块的规模。

（3）ProtoThreads 线程。为了有效减少对微控制器 RAM 空间的占用，Contiki 中使用了 ProtoThreads 类型的线程机制，将事件驱动方式和多线程机制进行融合，可以实现良好的控制流。通过 ProtoThreads 机制，事件句柄可阻塞在具体的事件上。同时，Contiki 允许在各应用程序内部选择是否使用抢占式多线程机制，且程序之间通过事件消息进行通信。

（4）内存管理。对于 RAM 空间非常受限的微控制器而言，有效地管理和使用内存是提高系统运行效率和可靠性的重要方面。针对这个问题，Contiki 提供了一组优化的内存管理机制，主要支持基于内存块的分配、受约束的内存分配函数以及内存分配函数。

（5）能耗感知。如前所述，Contiki 本身就是针对电池供电的低功耗应用的。在操作系统内部，Contiki 提供了系统电源消耗的评估机制和电源消耗的分析与定位机制。这些机制允许设计人员能较准确地评估系统的能耗，进而进行设计的优化。

另外，Contiki 中还提供了一个可选的 GUI 子系统，可以实现对本地终端、基于 VNC 的网络化虚拟显示或者 Telnet 的图形化支持。

开发者可以从 Github 获取 Contiki 的代码和开发包,并在 Instant Contiki 开发环境中基于 C 语言开发应用软件。如果没有嵌入式硬件环境,开发者也可将开发的 Contiki 软件在 Cooja 仿真环境中仿真运行。

随着物联网时代的到来,物联网操作系统变得日益丰富。除以上物联网操作系统以外,其他物联网操作系统还有开源的 RIOT OS、ARM Mbed OS、Nucleus RTOS、Green Hills 公司的 Integrity、苹果公司的 iOS+HomeKit 方案以及 Google 公司于 2015 年发布的轻量级、低功耗物联网 Android 操作系统 Brillo 等。另外,MementOS、Dewdrop 等低功耗的物联网操作系统内核可以用于增强 RFID、智能卡型设备的计算能力。

2. 机器人操作系统

ROS(Robot Operating System,机器人操作系统)是专门面向机器人的元操作系统,源码开放且采用 BSD 授权。ROS 与现有的 Player、YARP、Orocos、CARMEN、Orca、MOOS、OpenJAUS、微软公司的 Robotics Studio 等机器人框架在某些方面具有相似性。但由于 ROS 集成了诸多顶级机器人研究机构的科研成果,因此自 2010 年正式发布以来受到了广大研究者和机构的关注。2013 年,《MIT 科技评论》对 ROS 做出了如此评价:"自 2010 年发布 1.0 版本以来,ROS 已经成为机器人软件的事实标准。"

准确地讲,ROS 是一个非常灵活的机器人软件设计框架,是一组工具、系统库和规范的集合,用于在不同平台上比较简单地创建复杂、健壮的机器人系统。但 ROS 的主要目标并不是要形成一个特性非常丰富的系统框架,而是要解决机器人研究与开发中的代码复用问题,并为不同的研究组织、个人提供一个分布式的协作平台。从架构上看,ROS 是面向松耦合、可独立运行的多进程分布式框架,而这些进程又可以被划分为可共享和分发的包和栈(由一组包组成)。基于代码仓库系统,不同开发者可以进行独立的软件开发和实现,同时又可以通过相应的工具进行整合,实现分布式协作。

图 8.39 是 ROS 框架的主要特性。其中,通道(plumbing)是指 ROS 提供的一种发布-订阅式的通信框架,可以简单、快速地构建分布式计算系统;工具集(tools)表示 ROS 整合、提供了大量工具,用于配置、启动、自检、调试、可视化、登录、测试、结束等操作;能力(capabilities)指 ROS 提供了广泛的库文件,可以方便地实现以机动性、操作控制、感知为主的机器人功能;生态系统(ecosystem)代表 ROS 具有强大的资源支持,有成千上万的软件包可供使用。随着生态系统的不断扩展,ROS 会越来越强大。

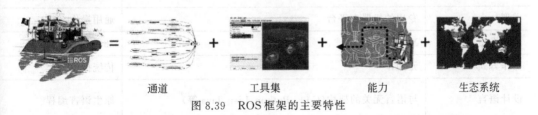

| 通道 | 工具集 | 能力 | 生态系统 |

图 8.39 ROS 框架的主要特性

ROS 可被分为 3 个层次。文件系统级(file system level)主要涵盖了与资源相关的内容,包括包、元包、包清单、包的版本库、消息类型、服务类型以及管理源码、编译指令等工具。计算图(computation graph)是指由一组协同工作的进程组成的端到端网络。在计算图级(computation graph level)定义了 ROS 的节点(node)、主管理器(master)、参数服务器、消息、主题(topic)、消息收发服务以及消息存放包(bag)。在 ROS 中,已经实现了基于服务的同步 RPC 通信机制、基于主题的异步数据流以及参数服务器上的数据存储等不同类型的通信方式。社区级（community level）体现了在不同团队之间交换 ROS 资源的能力，主要包括发布包集合、代码仓库、Wiki 论坛等。

图 8.40 所示为 ROS 的组件构成。ROS 的核心组件包括消息机制和面向机器人的特征组件。在消息机制的设计上，ROS 在低层提供了一个进程间的消息传递接口（中间件），支持匿名的消息发布/订阅、消息的记录和回放、请求/响应远程过程调用、可分布共享的参数配置等功能。后者则主要提供了针对机器人定义的标准消息、机器人几何库、机器人描述语言、可抢先的 RPC、诊断、姿态评估、定位、地图构建与导航等功能组件。ROS 为用户提供操作系统的服务，如硬件抽象、底层设备控制、常用功能实现、进程（ROS 中执行计算的进程就是节点）间的消息传递以及包的管理等。同时，ROS 还为在多计算装置之间获取、编辑、编译、运行代码提供了一套工具集和函数库。

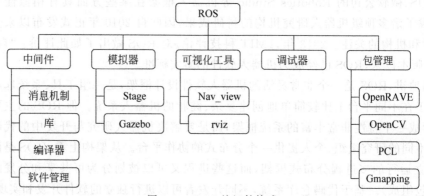

图 8.40　ROS 的组件构成

表 8.5 给出了 ROS 与通用操作系统的对比。由表 8.5 可知，ROS 并不是一款真正可独立运行的嵌入式操作系统，而是基于传统操作系统且具有具体服务能力的软件框架。这也是将 ROS 称为元操作系统的原因。关于 ROS 的安装及基于 ROS 的机器人软件开发方法，请读者参阅 ROS 的官方资料。

表 8.5　ROS 与通用操作系统的对比

对 比 项	ROS	通用操作系统
类型	专用的机器人平台	通用操作系统
硬件平台	Xeon、ARM 等	x86 为主
操作方式	元操作	传统操作
设计语言	与语言无关的架构（C++、Python、Lisp、Java 等）	原生语言编程
运行体系	异步分布式体系	串行体系
提供的开发环境	软件框架	软件开发集成环境
代码属性	BSD 授权的开源	专有/开源
程序设计复杂度	非常轻量的 ROS 框架	复杂的编程框架

对 比 项	ROS	通用操作系统
执行对象	节点	程序
通信机制	消息	IPC 通信
系统完整性	无内核	包括内核
支持的操作系统	Ubuntu、Fedora、Android、macOS、Gentoo、Debian、Arch Linux 等	

8.4 小 结

嵌入式操作系统是现代嵌入式系统知识体系中的核心内容。本章从嵌入式操作系统的共性特征出发,重点归纳、分析了该类操作系统的内核模型、体系架构及核心机制等内容,尤其是结合实时性对实时系统设计面临的问题及嵌入式实时操作系统提供的解决方法的原理进行了深入讨论。深刻地理解这些共性的原理和机制将为更好地学习和掌握、运用具体嵌入式操作系统奠定基础。在本章的后半部分,基于技术脉络梳理以及由简单至复杂、由传统至新兴的思路,重点分析了几组典型嵌入式(实时)操作系统的原理和特性。目前可用的嵌入式操作系统产品种类繁多,如 RTEMS、Nucleus、QNX、LynxOS、ThreadX、FreeRTOS、μITron、OSE、Tizen 等。作为同类事物,这些嵌入式操作系统的架构和机制仍在本书所述的范畴中,故不再逐一讨论。实际上,只要读者理解、掌握了本章所归纳的这些共性特征和机制,那么对嵌入式操作系统的学习也就会有触类旁通的效果。

SylixOS、鸿蒙、天脉、天卓等都是我国自主嵌入式操作系统的优秀代表。近年来,在我国大批优秀科技工作者的努力下,国产自主处理器架构和嵌入式操作系统等持续突破并取得长足进步,改变了我国长期面临的"缺芯少魂"局面,为国家的科技进步、数字化转型打下了自主可控的关键技术基础。

习 题

1. 简述微内核和宏内核结构,两者各有什么优缺点?

2. 操作系统内核的核心功能有哪些?

3. 简述多内核操作系统中采用内核抽象层的作用和意义。

4. 简述进程、任务/线程的含义,并比较其异同。

5. 什么是协程? 简述其原理、特点和用途。

6. 任务调度分为任务选择和任务切换两个阶段,简述两个阶段内核的主要操作。

7. 实时计算本质是在物理规律下具有时间约束的计算。 如何理解这一说法?

8. 简述硬实时任务/系统与软实时任务/系统的内涵,并举例说明。

9. 实时操作系统中保证实时性的机制通常有哪些?

10. 什么是优先级翻转问题? 请给出不同解决方法,并比较这些方法的特点和异同。

11. 假设有周期性任务 T1、T2、T3，其周期分别为 30、50 和 80，最大执行时间分别为 10、20、20，且 3 个任务均在 0 时刻就绪。请分析采用 RM 和 EDF 调度算法时是否可调度，并参照图 8.20、图 8.41 给出 3 个任务的调度序列图。

12. 什么是任务组的可调度性分析？如何实施？

13. 在消息队列中传递消息的指针而非消息体有何优点？

14. 采用内核的延迟服务、阻塞式读邮箱服务、定时器服务都可以创建周期响应的任务。简述这 3 种方法的实现原理和特点。

15. 中断服务程序中限制使用诸如创建消息队列、阻塞式读消息及 I/O 等部分内核服务。简述其原因。

16. 如何使用 select 方法进行多路 I/O 的复用监听？如何使用协程机制实现类似功能？

17. 分区存储管理、线程池等方法都有助于提高系统行为的可靠性和可预测性。简述其共性思想。

第9章 嵌入式软件组件

Do you want to spend the rest of your life selling sugared water or do you
want a chance to change the world?

—Steve Paul Jobs

除了前述不同层次的基础系统软件之外,设计、实现嵌入式软件时常常还要考虑其他问题。例如,如何为嵌入式软件设计良好的图形用户交互界面;如何有序、有效地存储和管理嵌入式系统中的文件或大量数据;在数据存储、访问过程中如何提升 Flash 的性能并延长其使用寿命;如何扩展嵌入式软件,使其从单机形式成为网络化软件;等等。实际上,这都是诸多嵌入式软件设计所面临的共性问题。众所周知,嵌入式系统软件采用了高度组件化的设计结构,要满足上述设计要求,就必须在启动软件、操作系统内核等系统软件的基础上进行扩展。

围绕这些常见需求,本章将重点阐述嵌入式图形库与图形组件、嵌入式文件系统、嵌入式数据库以及嵌入式网络协议栈等主要组件的原理及其设计方法。

9.1 嵌入式图形库与图形组件

可视化信息的输入输出是计算装置的重要人机交互方式。在通用计算机中,操作系统的图形用户界面(GUI)可以直观地展示数据,并以事件机制捕获和响应用户的鼠标、键盘输入,其直观便捷的优点不言而喻。在嵌入式系统领域,人机交互的方式具有多元化特征。一部分嵌入式系统,如可穿戴设备、智能路灯、路由器/交换机、无人机控制系统等,一般通过 LED、声音、微振动等方式呈现信息,节约了系统自身的资源,减小了系统的体积、重量、功耗和成本。而另一部分嵌入式系统,如手机、平板计算机、机顶盒、工业装备、战斗机等系统,则要求采用字符、图形可视化的方式为用户实时呈现更为丰富的数据和信息。近年来,该类交互技术快速发展,已经从最初的字符数据显示+键盘输入方式发展到图形界面、多点交互、3D 显示及虚拟现实阶段。

结合资源及性能约束,轻量级、高可靠、高性能、可配置的图形组件较传统的图形库更符合嵌入式系统的设计需要。本节将对典型嵌入式图形库与图形组件及其机制进行介绍和讨论。

9.1.1 μC/GUI 与 emWin

μC/GUI 是 Segger 公司[①]为 Micrium 公司定制的嵌入式图形用户支持系统,是 Micrium μC/OS 嵌入式操作系统的组件之一。本质上,μC/GUI 就是 Segger 公司的

[①] Segger 公司成立于 1997 年,主要从事嵌入式设备中间件与设计工具的开发,典型产品有嵌入式实时操作系统 embOS、图形库 emWin、网络协议栈 embOS/IP、文件系统 emFile 等。

emWin[121]。类似地，Segger 公司为 ST STM32 处理器定制了 STemWin 图形系统。μC/GUI 完全基于 C 语言设计，具有与处理器、LCD 控制器无关的特征，可运行于任何单任务、多任务的操作系统环境，适用于任意大小的物理、虚拟 LCD 显示，为需要图形显示的嵌入式应用设计提供了灵活的 GUI 支持。现在，μC/GUI 已被广泛移植到 VxWorks、嵌入式 Linux 等操作系统中。

图 9.1 是 μC/GUI 的基本架构。自下而上，μC/GUI 由输出层、渲染层、窗口层和控件层组成。输出层与硬件相关，对与显示相关的资源和 I/O 进行控制。其虚拟网络计算（Virtual Network Computing，VNC）服务器是采用 GPL① 授权条款的轻量型远程控制软件，在 μC/GUI 中实现为基于简单显示协议的客户/服务器系统，允许用户从开发主机查看、操作目标系统的界面。渲染层是 μC/GUI 的核心，提供了图形库、基本字体和触摸屏/鼠标支持，为上层高级图形属性提供支持。窗口层负责系统中的多窗口创建和更新，并基于事件机制实现窗口的管理和交互。控件层向上为设计人员提供类似于 Windows 的窗口控件库，便于快速设计图形化的用户软件界面。图 9.2 是 μC/GUI 的核心组件。

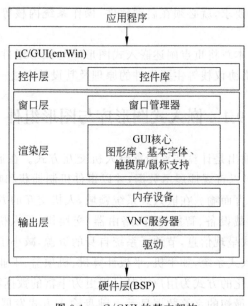

图 9.1　μC/GUI 的基本架构

总体上，可将 μC/GUI 的功能和特点总结为如下几方面：

（1）仅需一个 ANSI C 编译器，即可在 8 位/16 位/32 位/64 位处理器上运行。

（2）可支持所有单色、灰度、彩色 LCD 及其控制器。

（3）在较小的显示系统上，可不使用 LCD 控制器。

（4）使用配置宏支持接口，显示尺寸可配置。

（5）将字符、位图显示在 LCD 的任意点。

---

① GPL(General Public License，通用公共许可证)协议具有强的开源约束。如果软件符合 GPL 条款，就意味着所有用户可以自由共享、免费使用该软件，修改后的软件和衍生的代码也都必须开源。类似地，LGPL(Library GPL)协议是面向类库的开源协议。

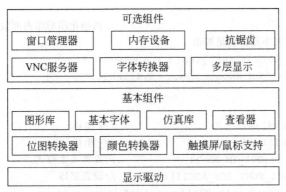

图 9.2 μC/GUI 的核心组件

（6）针对大小和速度进行了代码优化。

（7）对于低速 LCD 控制器，可将数据缓存在内存中。

（8）支持虚拟显示。

（9）图形库不使用浮点数，提供了位图转换器，并可以支持不同颜色深度的位图和多种绘图模式，可实现点、线、圆及多边形的快速绘制。

（10）提供了多种字体和一个字体转换器，字体可缩放，并允许自定义字体、添加新字体以及根据应用对字体进行裁剪。

（11）支持以十进制、二进制、十六进制以及多种字体编辑和显示字符串和数值。

（12）窗口管理器中提供了完整的窗口管理机制，窗口可移动并可重新调整大小，支持回调函数，使用很小的内存空间（每个窗口占用约 50B）。

（13）以窗口对象实现了一组图形窗口控件。

（14）对于诸如按钮等窗口控件，提供了触摸屏和鼠标的支持。

（15）提供了 Win32 环境的仿真库、窗口查看工具 emWinView、对话框创建工具 GUIBuilder、位图转换器及字体转换器等工具集。

μC/GUI 支持源码级的应用集成与开发，要求开发者必须使用具有 ISO/IEC/ANSI 9899(C90)、ISO/IEC 9899(C99)、ISO/IEC 14882(C++)国际标准之一的 ANSI C 编译器。同时，建议的软件源码结构是：将 μC/GUI 源码统一放置在 GUI 子目录中，把应用程序源码存放在其他目录中，这便于对 μC/GUI 源码版本的维护。开发时，首先根据应用所使用的 GUI 功能，设置 include path，包括 Config、GUI\Core、GUI\DisplayDriver、GUI\Widget（如果使用控件库）、GUI\WM（如果使用窗口管理器）等目录。进而，根据目标系统的特征对 μC/GUI 进行配置，包括要使用的内存区域、绘图操作需要使用的硬件驱动程序和颜色转换函数、显示控制器初始化以及硬件加速等。基于文本方式或 GUIBuilder 工具编写、生成的 μC/GUI 窗口界面代码可以以源码或链接库的方式添加到目标程序中。

以下是基于 μC/GUI 的 HelloWorld 程序示例[122]，该程序的运行界面如图 9.3 所示。该示例展示了 μC/GUI 程序的基本结构。更多示例请参见 Segger 网站。

```
#include "GUI.h"
#define R_MEMORY (1024L * 5)              //推荐内存大小
void MainTask(void) {
    int xPos, yPos, xSize;
```

```
int i = 0;
GUI_Init();                                        //初始化图形库内部数据结构和变量
//检查可用内存大小是否满足要求
if (GUI_ALLOC_GetNumFreeBytes( ) < R_MEMORY) {
  GUI_ErrorOut("Not enough memory available.");
  return;
}
xPos = LCD_GetXSize() / 2;                          //x 坐标
yPos = LCD_GetYSize() / 3;                          //y 坐标
GUI_SetTextMode(GUI_TM_REV);                        //设置文本模式
GUI_SetFont(GUI_FONT_20F_ASCII);                   //设置字体
GUI_DispStringHCenterAt("Hello world!", xPos, yPos);       //显示字符串
GUI_SetFont(GUI_FONT_D24X32);
xSize = GUI_GetStringDistX("0000");        //返回显示 4 位数时 x 方向的大小
xPos -= xSize / 2;
yPos += 24 + 10;
while (1) {                                         //循环显示 0~ 9999
  GUI_DispDecAt( i++, xPos, yPos, 4);              //显示十进制数
  if (i > 9999) {
    i = 0;
  }
}
}
```

9.1.2 Nano-X Window

Nano-X 是在 NanoGUI 项目基础上发展而来的嵌
入式图形库系统，采用 GPL 或 MPL[①]协议，被认为是
嵌入式 Linux 的图形窗口标准。2005 年以前，该图形
库被命名为 Microwindows，之后为了避免对 Microsoft
Windows 商标的侵权风险更名为 Nano-X。Nano-X 的
窗口管理功能非常齐备，可用于通用计算机和嵌入式

图 9.3　HelloWorld 程序的运行界面

设备的图形化应用。Nano-X 的主体采用 C 语言设计，只有少量针对速度优化的部分采用
了汇编语言代码，因此具有非常好的跨平台能力。目前，该图形库可以支持 Linux、
Windows、macOS、Android、DOS、μCLinux、RTEMS 等操作系统以及 x86、MIPS、ARM、
PowerPC 等 16 位/32 位的处理器。

本质上，Nano-X 也采用了层次化的设计架构，允许根据特定需求对每一层进行特定的
实现。在最底层，屏幕、鼠标/触摸板及键盘驱动实现了对物理显示和输入硬件的支持。中
间层与设备无关，主要实现了可移植的图形引擎 MicroGUI。该引擎直接调用设备驱动程
序操作硬件，并提供了画线、填充、多边形、剪贴和颜色模型等功能，是整个 Nano-X 图形功
能的核心。最上层为图形应用开发者分别提供了与 Win32 和 X11 兼容的 Microwindows

---

① MPL(Mozilla Public License, Mozilla 公共许可)是一个弱于 GPL 的开源协议。其允许免费重发布、免费修改，
但要求修改后的代码版权归软件的发起者，以维护商业软件的利益。

API 和 Nano-X API,允许从其他系统进行程序移植。同时,Nano-X 支持客户/服务器和应用链接两种应用模式。

开发 Linux 平台的 Nano-X 应用程序时,开发者应该先配置并测试 Nano-X,包括安装 Nano-X 服务器、客户函数库及头文件。在构建 Nano-X 环境后,就可以在编辑工具中编写应用程序。注意,Nano-X 程序在开始和退出之前必须分别调用 GrOpen 和 GrClose 函数,示例代码如下。最后,用 gcc 编译器编译、生成二进制可执行文件即可。

```
//示例程序 sample.c 源代码,创建一个基本窗口
#define MWINCLUDECOLORS
#include <stdio.h>
#include "nano-X.h"
int main(int ac, char **av) {
    GR_WINDOW_ID w;
    GR_EVENT event;
    if (GrOpen() < 0) {                      //创建一个与服务器的新连接
        printf("Can't open graphics\n");
        exit(1);
    }
    w = GrNewWindow(GR_ROOT_WINDOW_ID, 20, 20, 100, 60, 4, WHITE, BLUE);   //创建新窗口
    GrMapWindow(w);                          //显示窗口
    for (;;) {
        GrGetNextEvent(&event);              //在事件队列上等待并获取下一个事件
    }
    GrClose();                               //关闭与服务器的连接
    return 0;
}
```

9.1.3 MiniGUI

MiniGUI 是由北京飞漫软件公司推出的一款非常著名的轻量级嵌入式系统高级窗口系统,目标是为嵌入式系统的设计、开发提供一个稳定、高效的图形用户界面支持环境[123]。自 1999 年推出第一个版本以来,历经多年发展,MiniGUI 已经成为性能优秀、功能丰富的跨操作系统嵌入式图形用户界面支持系统,可以支持 SylixOS、VxWorks、μC/OS、ThreadX、Linux/μClinux、eCos、Nucleus、pSOS、OSE 等嵌入式操作系统和 x86、ARM、MIPS、PowerPC、M68K 等多种处理器体系结构。2010 年,飞漫公司把最新版的 MiniGUI、mDolphin、mPeer、mStudio 等系统集成在一起,推出了合璧操作系统(HybridOS)解决方案,形成了一套专为嵌入式设备打造的快速开发平台,实现了软件的跨越式升级。

MiniGUI 广泛应用于通信、医疗、工控、电力、机顶盒、多媒体终端等领域,其用户分布在中国、新加坡、韩国、美国、德国、意大利、印度、以色列等国家。在中国自主开发 3G 通信标准 TD-SCDMA 后,约有 60% 获得入网许可证的 TD-SCDMA 手机使用 MiniGUI 作为其嵌入式图形平台,以支撑浏览器、可视电话等应用软件的运行。在众多处于工业界领先地位厂商的支持下,MiniGUI 已成为嵌入式图形中间件领域事实上的工业标准。总体上,MiniGUI 是一款值得推广的国产嵌入式软件。

1. 基本架构与机制

MiniGUI 是针对嵌入式系统设计和优化的完整图形支持系统,提供了完备的图形、控

件、消息处理机制。作为操作系统和应用程序之间的一个中间件，MiniGUI 将底层操作系统和硬件平台的细节隐藏起来，并为上层的应用程序提供了一致接口。同时，MiniGUI 通过软件抽象层将应用层和系统层分离，使软件具有良好的可移植性。MiniGUI 的基本架构如图 9.4 所示。

图 9.4　MiniGUI 的基本架构

图 9.5 给出了 MiniGUI 与操作系统的层次关系。基于 MiniGUI 的应用通过调用 ISO C 语言函数库、MiniGUI 库以及系统的函数接口与设备驱动程序实现应用功能。图形抽象层和输入抽象层屏蔽了底层硬件与操作系统的细节，因此在应用程序中无须关注输入输出设备。另外，MiniGUI 提供了 MiniGUI-processes、MiniGUI-threads、MiniGUI-standalone 3 种不同的运行时模式，可以方便地运行在不同的操作系统之上。

下面对 MiniGUI 的主要模块进行分析。

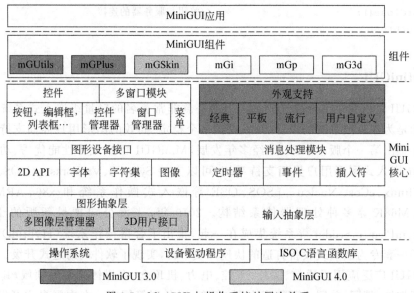

图 9.5　MiniGUI 与操作系统的层次关系

（1）图形抽象层（Graphic Abstration Layer，GAL）。图形抽象层对来自不同操作系统或设备的图形接口进行抽象，为 MiniGUI 上层组件提供统一的图形接口。在图形抽象层内，包含针对 Linux FrameBuffer 设备、eCos LCD 设备等的软件组件。这些软件组件通过调用底层设备接口实现具体的图形抽象层操作，如打开设备、设置分辨率及显示模式、关闭设备等。所有这些用于适配图形抽象层接口的软件组成部分统称为引擎（engine），其概念和操作系统中的设备驱动程序类似。

(2) 输入抽象层(Input Abstration Layer,IAL)。和图形抽象层类似,输入抽象层将 MiniGUI 涉及的所有输入设备,如键盘、小键盘(keypad)、鼠标、触摸屏等抽象出来,为上层提供一致的访问接口。要支持不同的键盘、触摸屏或者鼠标接口,只需要为输入抽象层编写不同的输入引擎实现即可。MiniGUI 通过输入抽象层及其输入引擎提供对 Linux 控制台(键盘及鼠标)、触摸屏、遥控器、小键盘等输入设备的支持,并支持对触摸屏的校准。

(3) 图形设备接口(Graphic Device Interface,GDI)。图形设备接口基于图形抽象层为上层应用程序提供与图形相关的接口,如绘制曲线、输出文本、填充矩形等。图形设备接口中还包含其他相对独立的子模块,如多字体支持、多字符集支持、图像支持等。

(4) 消息处理模块。该模块在输入抽象层基础上实现了 MiniGUI 的消息处理机制,为上层提供完备的消息管理接口。几乎所有的 GUI 系统本质上都是事件驱动的,系统自身的运行以及 GUI 应用程序的运行都依赖于消息处理模块。

(5) 多窗口处理模块和控件模块。基于图形设备接口和消息处理模块,MiniGUI 实现了多窗口处理模块。该模块为上层应用程序提供创建主窗口和控件的基本接口,并负责维护控件类。在 MiniGUI 中,窗口分为主窗口、对话框和控制窗口 3 种类型。所有窗口都以层次体系进行组织,根窗口是所有其他窗口的祖先;除根窗口之外,其他窗口都有父窗口,也都可以有子窗口、兄弟窗口、祖先窗口或后代窗口等。不同窗口可以互相重叠,但在重叠区域每次仅显示一个窗口。控件模块支持创建属于某个控件类的多个控件实例,从而可以最大限度地实现代码复用并提高软件的可维护性。MiniGUI 的控件模块中实现了与 Windows 风格类似的 GUI 控件。

(6) 外观支持接口。MiniGUI 3.0 及以后的版本还为上层应用程序提供了外观支持接口,用来定制 MiniGUI 窗口、控件的绘制风格。在 MiniGUI 3.0 以前的版本中,可以通过配置选项让 MiniGUI 的主窗口、控件以类似 PC 的三维风格、平板风格、流行风格显示。在 MiniGUI 3.0 中,主窗口和控件的外观可完全由应用程序自行设定,只要在创建主窗口或者控件时指定外观渲染器的名称,就可以让主窗口或者控件具有各自不同的外观。

在 MiniGUI 核心接口之上,新版本的 MiniGUI 还为应用程序提供了若干组件,这些组件分别为上层应用程序提供了一组特殊的功能与特性。其中,mGi 是 MiniGUI 的输入法组件,该组件目前提供了软键盘输入法和手写输入法框架,并提供了管理输入法的容器,也允许用户添加自定义的输入法。mGp 是针对 MiniGUI 应用程序的一个打印组件,该组件使用户程序具有打印输出功能,可以将 MiniGUI 程序中的位图或文字输出到打印机。mG3d 是一个为 MiniGUI 应用程序提供三维接口的组件,允许用户为应用程序添加三维图像、文字渲染、场景渲染等效果,从而形成具有三维效果的人机界面。mGUtils 组件为用户提供了一些常用的对话框模板。如普通文件对话框、颜色设置对话框、字体设置对话框、信息设置对话框等,基于这些模板可以避免常用功能代码的重复编写。mGPlus 组件是对 MiniGUI 图形绘制功能的扩展和增强,主要提供对二维矢量图形和高级图形算法的支持,如路径、渐变填充和颜色组合等。

2. 运行模式

MiniGUI 为嵌入式软件提供了完整的多进程支持。但由于嵌入式操作系统模式的不同,MiniGUI 的运行环境会出现较大的差异。如前所述,对于运行在无 MMU 嵌入式处理

器上的 μClinux、μC/OS 等操作系统,通常只有实地址中运行的任务或线程,而不支持地址空间独立的进程。为了适应不同操作系统环境,MiniGUI 提供了可配置的 MiniGUI-Threads、MiniGUI-Processes、MiniGUI-Standalone 3 种运行时模式。

1）MiniGUI-Threads 模式

在 MiniGUI-Threads 模式下,运行在 MiniGUI-Threads 上的程序可以在不同的线程中建立多个窗口,但所有的窗口在一个进程或者地址空间中运行,主要用于支持大多数实地址模式的嵌入式操作系统,如 μClinux、μC/OS、eCos 等。在这一运行时模式中,桌面线程(desktop-thread)扮演了微服务器的角色,从事件线程、定时器线程获取事件,进而将事件分发到目标窗口的线程进行处理,如图 9.6 所示。当然,MiniGUI 也能以 MiniGUI-Threads 的模式运行在其他类型的嵌入式操作系统中,应用面较广。

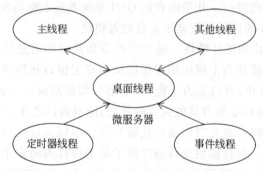

图 9.6　MiniGUI-Threads 模式下的通信机制

2）MiniGUI-Processes 模式

与 MiniGUI-Threads 模式不同,MiniGUI-Processes 模式下的每个程序都是独立的进程,每个进程可以建立多个窗口,并且实现了多进程窗口系统。在该模式下,消息传输机制是基于 UNIX Socket 实现的。MiniGUI 服务器直接捕获键盘、鼠标等设备的输入和事件,同时基于 Socket 与每个独立的进程实现数据通信。任何一个进程的退出都不会影响其他进程的运行。MiniGUI-Processes 适用于具有多进程支持能力的嵌入式操作系统,如嵌入式 Linux,应用面窄。

3）MiniGUI-Standalone 模式

在该运行模式下,MiniGUI 以独立任务的方式运行,既不需要多线程的支持,也不需要多进程的支持,适合功能较为单一的应用场合。例如在一些使用 μClinux 的嵌入式产品中,因各种原因而缺少线程支持,此时就可以使用 MiniGUI-Standalone 模式开发应用软件。MiniGUI-Standalone 模式几乎可用于所有嵌入式操作系统,适用范围最广。

3. 应用开发方法

设计人员可以在 Linux 或 Windows 环境下开发 MiniGUI 应用。由于 MiniGUI 是完完全全用 C 语言代码设计的,因此对 MiniGUI 及其应用程序的交叉编译和移植也是非常方便的。

MiniGUI 程序的开发与所在平台的开发工具密切相关,基本步骤如下:

（1）安装 MiniGUI 资源包。

（2）基于 MiniGUI 程序开发规范编写代码。

（3）采用编译工具链进行交叉编译，（模拟）运行与调试应用程序。

例如，在操作系统为 Linux 的宿主开发主机上，开发人员可以使用 Vim、Gedit 或 UltraEdit 等文本编辑工具编写源代码。进而，使用特定的 gcc 编译器或 KDevelop 等集成开发环境对源码进行编译。如果 Linux 启动了 FrameBuffer 驱动，就可以直接在控制台启动运行应用程序；否则，可以在 FrameBuffer 模拟器 qvfb 中运行应用程序。下面给出了一个 MiniGUI 程序示例[124]，其运行界面如图 9.7 所示。由该示例可看出，基于 MiniGUI 的界面设计与 Win32 的编程风格非常相似。

```
#include <stdio.h>
#include <minigui/common.h>       //MiniGUI 常用的宏以及数据类型的定义
#include <minigui/minigui.h>      //全局和通用接口函数及某些杂项函数的定义
#include <minigui/gdi.h>          //包含了 MiniGUI 绘图函数的接口定义
#include <minigui/window.h>       //窗口有关的宏、数据类型、数据结构定义及函数接口声明
static int HelloWinProc (HWND hWnd, int message, WPARAM wParam, LPARAM lParam){
//窗口过程函数,消息处理函数
    HDC hdc;
    switch (message) {
    case MSG_PAINT:
        hdc = BeginPaint (hWnd);                      //获取设备上下文句柄,开始绘制
        TextOut (hdc, 60, 60, "Hello world!");        //输出文本
        EndPaint (hWnd, hdc);                         //结束绘制,释放设备上下文句柄
        return 0;
    case MSG_CLOSE:
        DestroyMainWindow (hWnd);                     //窗口退出
        PostQuitMessage (hWnd);                       //发送退出消息
        return 0;
    }
    return DefaultMainWinProc (hWnd, message, wParam, lParam);
}
int MiniGUIMain (int argc, const char * argv[]){      //程序入口点
    MSG Msg;
    HWND hMainWnd;
    MAINWINCREATE CreateInfo;
    #ifdef _MGRM_PROCESSES                             //MiniGUI-Processes 模式
        JoinLayer(NAME_DEF_LAYER,"helloworld",0,0);   //加入或创建新层
    #endif
    //设置主窗口风格和参数
    CreateInfo.dwStyle = WS_VISIBLE | WS_BORDER | WS_CAPTION;
    CreateInfo.dwExStyle = WS_EX_NONE;
    CreateInfo.spCaption = "HelloWorld";
    CreateInfo.hMenu = 0;
    CreateInfo.hCursor = GetSystemCursor (0);
    CreateInfo.hIcon = 0;
    CreateInfo.MainWindowProc = HelloWinProc;
    CreateInfo.lx = 0;
    CreateInfo.ty = 0;
    CreateInfo.rx = 240;
```

```
            CreateInfo.by = 180;
            CreateInfo.iBkColor = COLOR_lightwhite;
            CreateInfo.dwAddData = 0;
            CreateInfo.hHosting = HWND_DESKTOP;
            hMainWnd = CreateMainWindow (&CreateInfo);        //创建主窗口
            if (hMainWnd == HWND_INVALID)  return -1;
            ShowWindow (hMainWnd, SW_SHOWNORMAL);             //显示主窗口
            while (GetMessage (&Msg, hMainWnd)) {             //进入消息循环,获取消息
                TranslateMessage (&Msg);                      //消息转换
                DispatchMessage (&Msg);                       //消息分发
            }
            MainWindowThreadCleanup (hMainWnd);
            return 0;
        }
    #ifndef _MGRM_PROCESSES
        #include <minigui/dti.c>       //该文件定义了桌面接口功能,不采用进程模式时须包含
    #endif
```

在 Windows 宿主机上,一般是要在 Visual Studio
中编写并编译 MiniGUI 程序,然后就可以直接在模拟器
wvfb 中运行程序。在 VxWorks 中,需要在 Tornado 或
Workbench 集成开发环境中进行 MiniGUI 程序的开发
和编译。

为了进一步降低 MiniGUI 应用的开发难度、丰富软
件功能并提高开发效率和质量,飞漫公司在核心
MiniGUI 之外还提供了非常丰富的软件资源和示例代
码,如前面述及的组件库、开发工具、依赖库、mDolphin
浏览器及其依赖库、嵌入式 GIS 开发平台 mEagle、三维

图 9.7　MiniGUI 程序运行界面

支持库 Mesa3D、Java AWT 的原生实现包 mPeer 等。其中,基于 Eclipse 的 MiniGUI 集成
开发环境 mStudio 集成了多种设计工具,包括：MiniGUI 定制工具,可以基于 MiniGUI 的
BSP 配置创建最终的 MiniGUI 库；所见即所得(What You See Is What You Get,
WYSIWYG)的界面设计工具,用于快速设计用户界面；字体设计工具,允许对现有字体文
件的增、删、改操作；位图管理器,提供了位图的管理功能,允许将位图资源编译到程序中；文
本管理器,用于文本编辑和管理。基于该环境,设计人员可以快速地定制 MiniGUI,设计程
序的用户界面,进行资源管理并对应用程序进行调试,大大简化了软件的设计与开发过程。

详细的应用设计接口和方法请参见官方的《MiniGUI 编程指南》及 API 手册等资料。
图 9.8 为作者基于 MiniGUI 设计的某工业控制嵌入式系统软件界面。

延伸阅读：MiniGUI 并不是由专门的 GUI 研发项目促成的,而是源于清华大学负责的
国内第一台产品化虚拟轴机床数控系统的研发项目。该数控系统较早地采用了实时 Linux
操作系统,以便满足实时性要求。但是,由于 Linux 的 X-Window 过于庞大和臃肿,不能满
足嵌入式控制系统的要求,图形用户界面成为当时项目方案所面临的一个重大技术问题。
为此,该项目组决定自己开发一套图形用户界面支持系统,这就是 MiniGUI 产生的背景。
1998 年 12 月,清华大学魏永明开始开发 MiniGUI,在此期间得到了 AKA 组织的帮助,第

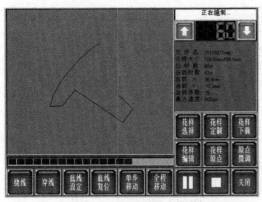

(a) 嵌入式控制软件(嵌入式Linux)　　　　　　　　(b) 图形设计软件(Linux)

图 9.8　基于 MiniGUI 设计的某工业控制嵌入式系统软件界面

一版的 MiniGUI 产品首先在数控机床中得到应用。2000—2002 年,MiniGUI 主要采用符合 GPL 规范的自由软件形式。2002 年 9 月,北京飞漫软件公司成立,MiniGUI 的商业版本发布。

9.1.4　Qt

Qt 是一款基于 C++ 的应用与用户图形界面跨平台开发框架,最初由 Trolltech 公司 CEO Haavard Nord 和联合创始人 Eirik Chambe-Eng 于 1991 年开始设计,分别推出了 Qt/X11 和 Qt/Windows 两个版本。此后的十余年中,Qt 陆续由 Trolltech(1991—2008)、Nokia(2008—2011)、Digia(2012—2014)、Digia 下属的 Qt 公司(2014—)和 Qt 项目的开源组织(2011—)共同开发,版本从 1.0 演化到现在的 5.0 系列。Qt 采用了两种授权方式:商业授权允许开发无限制的 Qt 应用,而采用 GPL、LGPL 授权则对功能模块和 Qt 应用进行了限制。从 Qt 5.7 版本开始,除非获取商业授权,否则不允许发布基于 Qt 的嵌入式设备。

早期的 Qt 是在 C++ 语言基础上,扩展了信号-槽通信机制开发的。新的 Qt 版本,如 Qt5,不仅支持与 Java(Qt Jambi)、Ruby、C♯、C++ 等编程语言的交互,还支持 QML(Qt 原生)、JavaScript、Python 等脚本语言。Qt 平台抽象层 QPA 使 Qt 和软件具有良好的移植性,可以达到"一次编码、随处编译运行"(code less,create more,deploy everywhere)的跨平台运行目标。Qt 可广泛用于开发运行在不同软硬件平台上的应用软件,从 Linux、Windows、macOS 的桌面系统平台到 Android、iOS、SylixOS、嵌入式 Linux、Windows Embedded、WindowsRT、VxWorks、QNX、Tizen 等嵌入式平台。基于 Qt 的典型应用软件有 KDE、Qt Creator、Google Earth、3ds Max、Linux 版 Skype 等。

1. 基本架构与功能

自 Qt 5 版本起,Qt 的体系结构和机制中增加了很多新的特性,当然这些版本也包括 Qt 4 和 Qt Mobility 的功能。本节重点结合 Qt 5 版本系列(尤其是 Qt 5.7/5.8)的特性进行分析。

从结构看,Qt 开发环境主要由 Qt 基本组件、Qt 附加组件以及工具集组成,其体系结构如图 9.9 所示。

其中,Qt 基本组件是指所有平台都需要使用的模块,主要分为非 GUI 组件和 GUI 组

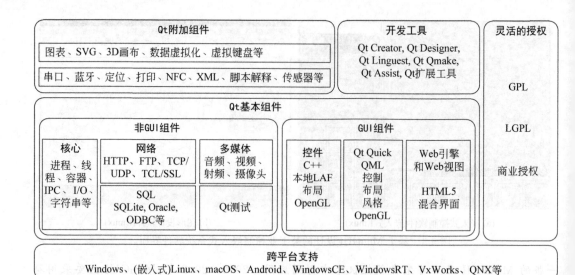

图 9.9　Qt 体系结构

件两大类，其体系如图 9.10 所示。Qt 的基本组件都具有二进制兼容性要求，采用宿主操作系统的本地机制实现，可以提高运行效率。在 Qt 应用开发中，大多数应用开发者都会用到 Qt 基本组件。

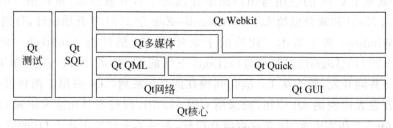

图 9.10　Qt 基本组件体系

同时，Qt 5 版本对 Qt 核心进行了一系列优化和扩展。例如，增加了对 JSON 的支持，并实现了基于 JSON 的高性能键-值数据库 QJsonDB。旧的信号-槽函数 connect(sender, SIGNAL(valueChanged(QString, String)) 和 receiver, SLOT(updateValue(QString))) 存在不足，例如，宏＋字符串的方式在编译时不能进行足够的语法检查，对 C++ typedef、namespace 等类型的兼容性不够，运行时解析字符串会造成潜在的性能损失，等等。为此，在 Qt5 的核心中，将信号-槽函数优化为更符合现代 C++ 语法的 connect(sender, &Sender:: valueChanged, receiver, &Receiver::updateValue)。这个改进的优点在于任何函数都可以成为槽函数，不再采用 slot 关键字和 Q_SLOTS 宏声明槽函数。

Qt 中对 GUI 类功能组件也进行了扩展和优化，如图 9.11 所示。在 Qt 5 中，GUI 类组件直接集成了 OpenGL，独立地实现了 QML 和 Qt Quick 2.0，QML 仅与 Qt 核心和网络组件相关而不再依赖于 Qt GUI。另一个关键的方面是，采用 Qt 平台抽象层（Qt Platform Abstraction，QPA）架构可以使 Qt 具有良好的跨平台能力。基于 QPA 可以实现 GUI 事件分发器、平台窗口和平台后备存储器、图形绘制引擎、剪贴板、输入方式、OpenGL 上下文、主题、拖动以及其他附加功能。当然，设计者也可以在实现中使用操作系统的原生图形库，如

Windows 的 Raster/GDI、Linux 的 X-Window、macOS 的 Carbon/Cocoa，这可以提升 Qt 的运行性能。

图 9.11　Qt 的 GUI 类功能组件

附加组件提供了针对特定应用环境的模块和工具，不存在二进制兼容性的要求。工具集主要由跨平台 IDE Qt Creator、GUI 布局设计工具 Qt Designer、国际化工具 Qt Linguest、跨平台编译工具 Qt Qmake、其他 IDE 的插件、Qt 配置工具以及 C++ 函数库组成。其中，Qmake 是跨平台的编译工具，根据配置信息生成 Makefile 文件，进而由 make 工具根据该文件编译、生成目标应用程序。

2. 开发工具与方法

与 MiniGUI 应用程序的开发较为相似，开发 Qt 应用程序可以采用两种基本方法。

Qt 提供了功能丰富、形式多样的开发工具集。为了实现 Qt 应用程序的快速开发和部署，开发人员一般都会采用 Qt 提供的这些开发工具或插件（如 Qt Creator）、Eclipse 或者微软公司提供的 Microsoft Visual Studio。例如，要设计一个 GUI 应用程序，可以采用 Qt Creator 集成开发环境创建工程，然后调用 Qt Designer 设计用户界面，并在 Qt Creator 中编写基于信号-槽机制的应用代码，最后编译、调试、（模拟）运行应用程序。熟悉 Eclipse 或 Microsoft Visual Studio 的开发人员也可以下载、安装 Qt 的集成组件和 SDK，构建符合自己习惯的 IDE 之后按照熟悉的方式进行软件开发。

Qt 5.5.1 已经实现了对 VxWorks 7 版本的支持，而 Qt 4.8 则面向较早的 VxWorks 版本。Qt Creator IDE 集成了对 VxWorks 的支持，通过图形界面可将 Qt 应用部署到运行 VxWorks 操作系统的目标系统中。在安装面向 Wind River 公司的 Workbench 的 Qt Eclipse 插件后，也可以在 VxWorks 开发环境中进行 Qt 应用程序的开发。需要说明的是，面向 VxWorks 的 Qt 采用了商业授权。

VxWorks 中另一种开发方法是手工编写、编译应用程序，适合熟悉代码编译流程及相关工具的开发人员。例如，开发人员可以手动创建一个 helloworld.pro 工程文件，在该文件中要指明需要的 Qt 模块，如 widgets、xml、sql、dbus、multimedia、network 中的一个或一组；然后创建 main.cpp 源代码文件；接下来执行 qmake helloworld.pro 命令，生成面向特定平台的 Makefile 文件；最后执行 make 命令编译、连接并生成可执行文件。这个示例的代码如下，其运行结果如图 9.12 所示。

```
//helloworld.pro 文件
TEMPLATE = app          #默认为 APP 模板
TARGET = hello          #可执行文件或库文件名
QT += widgets           #使用的 Qt 模块
```

```
CONFIG += debug                 #发布版本类型
SOURCES += main.cpp             #源文件
//main.cpp 文件
//Simple C++ widgets example
# include <QApplication>
# include <QPushButton>
int main(int argc, char * argv[]){
    QApplication app(argc, argv);
    QPushButton hello("Hello, world!");
    app.connect(&hello, SIGNAL(clicked()), &app,SLOT(quit()));
    hello.show();
    return app.exec();
}
```

可以说,使用这种手动设置编译规则、命令行编译方式的前提是开发人员要对计算机系统有非常深入的理解。需要强调的是,对于复杂的嵌入式软件而言,其工程文件、编译规则等都较为复杂,因此这种手工方法仅适合作为一种辅助方式。

下面给出了一个基于 QML 的 GUI 程序示例,其运行结果如图 9.13 所示。

图 9.12　C++ 控制程序运行结果　　　　图 9.13　基于 QML 的 GUI 程序示例

```
//QML 窗口示例
import QtQuick 2.6
Rectangle {
  width: 200
  height: 200
  Text {
    anchors.centerIn: parent
    font.pixelSize: 18
    text: "Hello, world!"
  }
  MouseArea {
    anchors.fill: parent
    onClicked: {
      Qt.quit()
    }
  }
}
```

这是 Qt 提供的一种快速创建动态用户界面的机制。作为一种声明性语言,QML 允许用户根据界面虚拟组件及其相互之间的交互关系来描述用户界面,允许组件以动态方式进行互连。进而,设计者基于 Qt Quick 模块就可以快速地创建和发布图形化用户软件。

在嵌入式系统技术的发展进程中,嵌入式图形库的演化也呈现出百花齐放的局面。除了上述几种嵌入式图形库组件之外,其他的图形库产品还有微软公司的 GWES、Wind River 公司的 Tilcon、Android 系统的 Skia 图形库、NXP 公司的 eGUI 以及 OpenGUI、μGFX、TinyX、fpGUI、μGUI、ZincGUI 等数十种之多。设计者在选择图形库组件时需要重点考虑应用的功能需求、存储空间的约束以及产品的授权协议。

表 9.1 对上述 4 种典型嵌入式图形库的特点进行了对比,供读者参考。

表 9.1 4 种典型嵌入式图形库的特点对比

对比项	μC/GUI(emWin)	Nano-X Window	MiniGUI	Qt
授权方式	修改的 GPL	LGPL/MPL	LGPL/商业授权	GPL/LGPL/商业授权
API	Win32 风格	Win32 风格、X11	Win32 风格	Qt(C++)
函数库大小	约 60KB	约 600KB	约 500KB	约 1.5MB
可移植性	较好	较好	好	很好
多语言支持	一般	好	很好	很好
资源消耗	很少	较少	少	最大
操作系统支持	μC/OS、VxWorks、Linux、FreeRTOS 等	Linux、Android、DOS、macOS、RTEMS 等	Linux、eCos、μC/OS、VxWorks、ThreadX、Nucleus、pSOS、OSE 等	Linux、Windows、macOS、Android、VxWorks、IOS、μCLinux、Windows Embedded、Tizen、QNX、WinRT、黑莓等
处理器支持	任何 8 位/16 位/32 位/64 位处理器	x86、ARM、MIPS、PowerPC、SPARK 等	x86、ARM、MIPS、PowerPC、M68K 等	x86、MIPS、ARM、StrongARM、Motorola/Freescale 68000、PowerPC 等
系统配置要求	小系统 10~25KB Flash、100B RAM；大系统 30~60KB Flash、2~6KB RAM	30MIPS 以上、16MB Flash、16MB RAM	10MIPS 以上、8MB Flash、16MB RAM	200MIPS 以上、16MB Flash、32MB RAM
应用范围	各类嵌入式控制系统、移动设备等	中低端嵌入式系统	高中低端嵌入式系统	应用广泛,包括桌面系统和嵌入式系统

9.1.5 可编程图形界面屏

诚然,嵌入式图形库具有体系完整、功能丰富、便于软件设计等特点,是人们在日常设计中经常采用的软件组件。但实际上,嵌入式图形库并非唯一的图形化系统设计方案。这是因为,采用嵌入式图形库首先需要增加额外的 RAM 和 Flash 空间以保存图形库代码和应用的扩展代码,这对资源、成本有着严格控制的嵌入式系统而言常常并非适用。另外,如果要对已有系统进行图形化扩展,则常常需要对现有硬件架构、资源能力、软件逻辑等进行全方位的重新设计,兼容性差,增加了成本和周期。

因此,在工业界就出现了另外一种可选的图形化解决方案,即采用可编程人机交互屏(也称智能人机交互屏,英文为 Intelligent HMI、Smart HMI 等)组件的图形化应用设计。

可编程人机交互屏，如串口屏(USART HMI)、Android 屏等，是一种基于微控制器/FPGA/GPU 的智能显示模块，通常集成了 LCD、触摸屏、SD 卡等组件和接口，内置软件可以解释执行特定的十六进制界面操作命令集，进而通过串口或 WiFi 等接口与控制系统进行数据交互。就核心功能而言，该类组件提供了可编程的图形图像绘制与显示能力，如界面切换、文本显示、图标显示、曲线显示、仪表显示、进度条、上下拉菜单、虚拟键盘等，以及对触摸屏事件的捕获与响应能力等。该类模块通常支持基于串口、SPI、WiFi 等接口快速构建上下位机架构的图形用户交互界面，如图 9.14 所示。

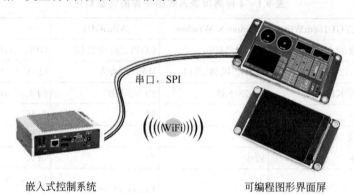

嵌入式控制系统   可编程图形界面屏

图 9.14　基于可编程图形界面屏的可视化嵌入式系统架构

从基本原理角度看，当在系统工作过程中点击触摸屏上的特定区域时，模块会获取其坐标并转换为图片 ID。用户程序接收当前操作区域参数后，会将其转换为界面事件，完成处理后根据应用逻辑和处理结果向界面屏发送特定的显示命令，更新用户界面。

通常情况下，基于可编程图形界面模块扩展已有嵌入式系统的用户界面时，主要包括如下几个步骤：

(1) 根据当前嵌入式系统可用接口选择适当的屏幕组件，并进行硬件连接。

(2) 设计图形用户界面所包括的开机画面、主界面框架、各子界面框架、按钮图标、提示框、文本框等的图片，每个图片应采用统一格式的命名并具有唯一 ID。

(3) 将设计好的图片包下载到可编程图形界面屏的内部存储器或 SD 卡。

(4) 基于可编程图形界面屏的指令集和通信协议，在嵌入式软件中增加通信和图形化交互界面操作的指令代码，集成系统。

为了进一步降低开发难度，部分可编程图形界面屏还配套提供了虚拟的开发和调试环境，如广州大彩公司的 VisualTFT，与 Keil 等开发环境连接后可进行虚拟调试。为了提高开发质量和效率，建议开发者按上述步骤采用循序渐进的方法开展工作，开发过程中可以利用串口调试工具进行辅助。使用过该类模块之后，读者会发现相关的图形化软件设计与操作实际是非常简单且极为高效的。

9.2　嵌入式文件系统

文件系统(File System，FS)是计算装置中对存储资源进行组织和分配，进而存储数据并对存入的数据进行检索和保护的系统。文件系统以文件、目录等对象及其基本属性作为管理对象,并为用户和应用提供高效的文件管理服务。文件系统不仅对于操作系统非常重要,同时对于具有数据存储、检索、压缩和保护等要求的应用系统也是非常关键的。

在学习操作系统课程以及使用通用计算机系统的过程中,读者已经接触了 Windows 系列使用的 FAT、FAT32、NTFS,Linux 使用的 ext2、ext3、ext4 和 Reiser 文件系统,以及网络文件系统 NFS 等,应该对文件系统的树状结构、管理功能、访问特性等有了深入的理解。

那么,能不能将这些文件系统直接应用于嵌入式系统呢?

为了回答这个问题,有必要先来回顾嵌入式存储子系统的资源特性。从第 4 章内容可知,嵌入式系统主要采用 Flash 等作为静态数据的存储介质,而不是通用计算机中广泛采用的磁盘介质。典型地,NOR Flash 和 NAND Flash 通常分别采用 128KB/64KB 和 8KB 大小的逻辑块。NAND Flash 进一步将块分为 512B 的页,每页还采用额外的 16B 存储元数据和页的其他附加信息,称为 OOB(Out-Of-Band,带外)区域。无论何种 Flash 芯片,其每一个存储元可直接写入 0,但不能直接写入 1。因此,在写入前通常要将目标区域全部擦除,使其首先回到全 1 的状态。同时,NOR Flash 采用独立的地址线和数据线,应用程序以字为单位进行读写、擦除等操作,而 NAND Flash 采用共享的数据和地址总线,应用程序只能对固定大小的区域进行擦除。从物理特性看,Flash 的存储元(块)具有十万次到百万次擦写次数的限制。为了避免集中擦写一部分存储空间导致的存储器损坏,应尽可能做到对 Flash 全部存储区域的均衡擦写,称为磨损均衡(wear leveling)。

显然,这些特性与磁盘的“以扇区为基本单位存储信息,以柱面为基本读写对象,写之前不需要执行擦除操作,理论上可以无限次读写”的特征完全不同。因此,对 Flash 存储器件的访问和操作就需要采用新的方法和机制。另外,传统的文件系统具有较大的体积和操作开销,不符合嵌入式系统资源有限的特性。尤其是对时间、安全要求较为严格的嵌入式系统而言,文件系统必须具有较快的访问速度和安全保护等能力。为此,针对 Flash 的坏块管理、垃圾回收以及磨损均衡等要求,就需要采用符合 Flash 特性的文件系统,统称为 Flash 文件系统(Flash File System,FFS)。

本节将结合嵌入式存储子系统的特点及应用要求,对嵌入式系统中 Flash 文件系统、ROM 文件系统以及 RAM 文件系统的原理及其实例进行分析。

9.2.1 JFFS/JFFS2

1. 基本原理与特点

JFFS(Journaling Flash File System,日志闪存文件系统)[125] 最初是由瑞典 Axis Communications AB 公司面向 NOR Flash 开发的日志型 Flash 文件系统。随后由 Red Hat 公司将其移植到 2.2 版本以上的 Linux 内核中,该内核可支持 NAND Flash。JFFS 的设计主要考虑了 Flash 的物理特性以及嵌入式设备、电池供电等系统特征,在均衡访问、掉电保护等方面提供了相应的措施。

最初的 JFFS 是纯粹的日志结构文件系统(Log-structured File System,LFS),主要由一组存储节点构成。所有节点均包含数据和元数据信息,顺序地存储在 Flash 芯片上,并在可用的存储空间内进行严格的线性处理。在 JFFS1 中,日志中只有一种结构类型(struct jffs_raw_inode)的节点,每一个节点对应一个 inode。每一个节点以一个公共头部作为开始,提供所属 inode 的编号、节点相关的元数据以及可能的一些其他数据。任意 inode 的全部子节点都对应一个完整的排序，并可以通过每个节点中 32 位的版本号进行维护。除了基本的 uid、gid、mtime、atime 等 inode 元数据，每一个 JFFS1 节点还包含所属 inode 的名称、上层 inode 的编号等。如果节点中包含了文件的数据，那么该节点将会记录该数据块在文件中的偏移位置。当节点中的数据区域被一个更新的节点所覆盖时，那么原来的节点就成为失效节点，失效节点对应的空间被称为脏空间，进而可以通过设置 inode 元数据中的删除标志删除该节点下的所有节点。为了提高资源可用性，当日志中新增节点接近 Flash 末尾时，文件系统将对脏空间启动垃圾回收操作。

JFFS2 本质上是一个全新的实现，增加了优化的垃圾回收机制、压缩存储以及硬链接等功能，增强了可移植性并具有良好的可靠性。该文件系统较以前单节点类型的版本更为复杂，采用类似 ext2 文件系统的兼容性位掩码机制，允许定义新的节点类型并保证良好的向后兼容特性。各种类型的节点均以一个通用的节点头部作为开始，可以提供节点长度、节点类型和循环冗余校验数据，结构如图 9.15 所示。魔数屏蔽位 0x1985 表示 JFFS2 文件系统，节点类型表示内核所能进行的操作以及兼容性。另外，JFFS2 中将目录项（dentry）和 inode 进行了分离，这使得 JFFS2 可以支持硬链接并实现了 JFFS2_NODETYPE_INODE、JFFS2_NODETYPE_DIRENT、JFFS2_NODETYPE_CLEANMARKER 3 种类型的节点。

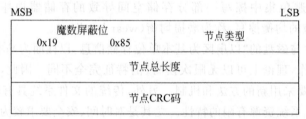

图 9.15　JFFS2 节点头部结构

挂载文件系统时，文件系统扫描整个 Flash 介质，就可以获取所有节点的数据，进而在内存中创建整个文件系统的目录结构以及每个 inode 的映射。由于在文件系统挂载时会将所有信息存储在内存中，因此，目录和文件的查询、访问速度较快。当然，随着文件系统的增大，挂载所需的时间会不断增加。

JFFS2 文件系统的加载过程主要分为如下 4 个步骤：

（1）扫描物理介质，读取所有节点的 CRC 码进行校验，分配原始节点的引用关系，分配 inode 缓存结构并插入哈希表。

（2）扫描完所有节点后，为每一个 inode 建立完整的数据映射，并检测出失效节点。

（3）再次扫描并查找出在文件系统中没有连接关系（即 nlink 为 0）的 inode，并将其删除；当一个目录的 inode 被删除时，其他 inode 可能会成为孤立的节点，此时重新进行无连接关系的 inode 的查找和删除。

（4）释放扫描过程中为每个 inode 缓存的临时信息。

除节点类型不同外，JFFS2 还采用了不同于 JFFS1 中单循环日志结构的逻辑架构，以实现对每个块的独立处理。在 JFFS2 代码中，采用多个链表归类表示逻辑块的状态，例如，clean_list 中每个块的所有节点都为有效节点，dirty_list 中每个块至少有一个失效节点，而 free_list 的每个块只包括一个表示"块已成功擦除标记"的节点。JFFS2 的操作与 JFFS1 类似，也采用顺序写的机制。只有当一个块被写满时，才从 free_list 中获取一个新的块并进行顺序写入。当 free_list 的节点数量达到一定门限值时,文件系统会启动垃圾回收功能。此时,垃圾回收代码使用这些链表选择需要收集的对象。如图 9.16 所示,文件系统每次收集一个块且智能地决策下一个要回收的块,这使得 JFFS2 的垃圾回收效率得到提高。另外,JFFS2 并不将所有 inode 的数据存放在内存中,而是仅将不能快速创建的信息以哈希表的形式保留在内存中,减少了对内存的消耗。

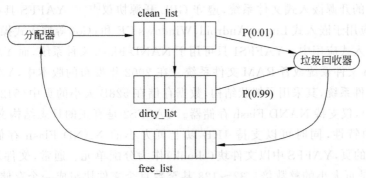

图 9.16 多个链表与垃圾回收

2. 构建 JFFS2 文件系统

JFFS 主要面向 Linux 操作系统平台,可用于嵌入式 Linux、eCos、Redboot 等系统软件。当 Flash 文件系统的目录框架和内容已经准备就绪时,便可以创建一个 JFFS2 文件系统的压缩映像文件,或者通过 MTD(Memory Technology Device,存储技术设备)工具集创建一个 JFFS2 文件系统映像。简言之,如果在操作系统内核引导时可以启动一个中间文件系统(如 NFS、硬盘文件系统),那么压缩映像文件的方式就比较简单;如果不能启动中间文件系统且必须通过 BootLoader 写文件系统,那么应该采用第二种方式创建一个 JFFS 文件系统。

以 MTD 方式为例,在构建好一个文件系统(例如/home/user/workdir/ram)之后,可以采用 mkfs.jffs2 命令创建 JFFS2 映像。具体命令格式为

```
mkfs.jffs2 -r<root file system<-e<erase_block_size>-s>page_size>\[-p\]\[-n\]
-o>output file>
```

其中,-r 指定文件系统的源目录,如/home/user/workdir/ram;-e 指定擦除块的大小,单位为 KB;-s 指定 Flash 的页大小,单位为 KB;-p 表示对未对齐区域的 0xFF 填充;-n 表示每个擦除块不需要增加清除标记,因为在 NAND Flash 中该信息存放于 OOB;-o 指定输出文件名。例如,面向 DaVinci AMD NOR Flash 创建 JFFS2 文件系统的命令为

```
mkfs.jffs2 -r ram -e 64 -o rootfs.jffs2
```

面向 DaVinci NAND Flash 设备时,命令为

```
mkfs.jffs2 -n -r ram -e 16 -o rootfs.jffs2
```

而对于大逻辑块的 NAND Flash 设备,命令可以是

```
mkfs.jffs2 -n -r ram -e 128 -o rootfs.jffs2
```

创建好文件系统映像之后,便可以将其固化到 Flash 的特定分区。例如,在 RedBoot 中,使用 fis 命令为 rootfs.jffs2 准备一个足够大小的就绪分区,并将 rootfs.jffs2 写入 Flash。

最后，修改操作系统内核的启动选项，就可以在操作系统启动时加载该文件系统。

9.2.2　YAFFS/YAFFS2

1. 基本原理与特点

YAFFS（Yet Another Flash File System）是由 Aleph One 公司工程师 Charles Manning 开发的开源嵌入式文件系统，遵守 GPL 开源协议[126]。YAFFS 具有良好的可移植性，已广泛应用于嵌入式 Linux、Android、Windows CE 和 eCos 等嵌入式操作系统以及无操作系统的嵌入式应用中。YAFFS1 只可用于 NAND Flash 文件系统，而 YAFFS2 还可用于 NOR Flash 文件系统或者 RAM 文件系统。在 2002 年发布的版本中，YAFFS1 是修改的日志结构文件系统，其采用了树状结构，数据存储在 528B 大小的页中（512B 的数据区和 16B 的空闲域），仅支持 NAND Flash 存储器。YAFFS2 是真正的日志结构文件系统，延续了前一版本的特性，同时可以支持 1KB 以上页大小的 NAND Flash 存储器。对应于 NAND Flash 的页，YAFFS 中以文件块（chunk）作为分配单元。通常，文件块和页的大小相同，也可以是页大小的整数倍。32～128 甚至数百个文件块组成一个存储块（block），它是 YAFFS 的基本擦除单元。

对 YAFFS 而言，对象是存储在文件系统中的任何实体（标记为 yaffs_obj），主要包括数据文件、目录、硬链接、符号链接以及管道、设备等特殊文件。所有对象都具有一个唯一的整型对象描述符（ID）。作为日志型文件系统，YAFFS 中的写操作并不会将数据直接写入文件的存储位置，而是写到一个连续的日志中。如果写操作过程中发生系统掉电等错误，原始文件不会被破坏，保证了数据的可靠性。在日志中，所有条目都对应相同大小的文件块，分为保存文件内容的数据块（data chunk）和存放对象描述符的对象头（object header）。在每个文件块中，对象 ID（ObjectId）说明该文件块属于哪个对象；文件块 ID（ChunkId）指明该块位于文件的什么位置，为 0 时表示该块包含对象头；删除标记（Deletion Marker，仅 YAFFS1 中存在）表示该文件块不再被使用；字节数表示数据块中的字节数量。以下通过一个示例分析该文件系统中块的管理过程。假设一个物理块包括 4 个数据块，其存储单元的变化过程如图 9.17 所示。

在步骤 5 之后，由于第一个块的四个文件块全部被标记为删除，此时该块不再包含任何有用信息，因此可以被擦除、释放。在步骤 6 之后，第二个块可以被擦除、释放。被擦除的块可以作为新的块使用，实现了存储空间的动态管理。显然，未被全部占用的存储块是不能被擦除的，这种限制将造成空闲文件块的浪费。为了解决这个问题，YAFFS2 中提供了垃圾收集机制，可以将被占用的文件块集中到其他块中，进而释放更多的存储块。其工作机制分为以下两个基本操作：

（1）随着可用存储块不断减少，启发式的垃圾收集算法将越来越多地查找需要收集的块；如果不存在这样的存储块，则退出垃圾收集算法。

（2）在存储块的所有文件块上进行迭代处理。如果发现一个正在使用的文件块，创建新的副本并删除该块，修改 RAM 中的数据结构。

作为 YAFFS 的扩展，YAFFS2 同时提供了对新型 NAND Flash 特性的支持。例如，针对新型 NAND 设备不支持重写的特征，YAFFS2 中不再采用删除标记以及对应于该标记的重写操作。由于不再采用删除标记，YAFFS2 对存储块的写操作具有严格的顺序性，这

块	文件块	对象 ID	文件块 ID	删除	说明
步骤 1: 创建文件，对象 ID 为 500					
1	0	500	0	有效	文件的对象头（文件长度为 0）
步骤 2: 写数据到文件					
1	0	500	0	有效	文件的对象头（文件长度为 0）
1	1	500	1	有效	第一个文件块
1	2	500	2	有效	第二个文件块
1	3	500	3	有效	第三个文件块
步骤 3: 关闭文件					
1	0	500	0	**删除**	失效的文件对象头（文件长度为 0）
1	1	500	1	有效	第一个文件块
1	2	500	2	有效	第二个文件块
1	3	500	3	有效	第三个文件块
2	0	500	0	有效	**文件的新对象头（文件长度为 n）**
步骤 4: 以 W/R 模式打开文件，并重写第一个文件块，关闭文件					
1	0	500	0	**删除**	失效的文件对象头（文件长度为 0）
1	1	500	1	**删除**	失效的第一个文件块
1	2	500	2	有效	第二个文件块
1	3	500	3	有效	第三个文件块
2	0	500	0	**删除**	失效的文件对象头
2	1	500	1	有效	新的第一个文件块
2	2	500	0	有效	新的文件对象头
步骤 5: 调整文件大小为 0，以 O_TRUNC 打开并关闭					
1	0	500	0	**删除**	失效的文件对象头（文件长度为 0）
1	1	500	1	**删除**	失效的第一个文件块
1	2	500	2	**删除**	失效的第二个文件块
1	3	500	3	**删除**	失效的第三个文件块
2	0	500	0	**删除**	失效的文件对象头
2	1	500	1	**删除**	失效的第一个文件块
2	2	500	0	**删除**	失效的文件对象头
2	3	500	0	有效	新的文件对象头（文件长度为 0）
步骤 6: 重命名文件					
1	0				已擦除
1	1				已擦除
1	2				已擦除
1	3				已擦除
2	0	500	0	**删除**	失效的文件对象头
2	1	500	1	**删除**	失效的第一个文件块
2	2	500	0	**删除**	失效的文件对象头
2	3	500	0	**删除**	失效的文件对象头
3	0	500	0	有效	具有新名字的文件对象头

图 9.17　YAFFS 中的文件操作与存储块变化示例

符合 NAND Flash 可靠性规范中的顺序写要求。针对 NAND Flash 容易出现的坏块问题，YAFFS 提供了有效的 NAND Flash 坏块处理策略和方法，并在读/写失效或 3 次 ECC 错误时进行标记。在 YAFFS1 中，采用了 Smart-Media 类型的坏块标记方法，通过空闲区域第 6 字节的值表示存储块的状态，0xFF 为正常，0x59 为损坏（0x00 为厂家标识的损坏）。YAFFS2 不再指定某个字节作为标识，而是调用驱动程序确定哪些块损坏或对坏块进行标记，因此 YAFFS2 的兼容性更好。

　　虽然日志结构的文件系统在理论上只使用了非常少的 RAM 数据结构，节省了内存资源，但也同时限制了文件系统的性能。为了优化性能，在 YAFFS 的核心文件 yaffs_guts.h 中定义了一组 RAM 数据结构，主要包括：描述分区和挂载点的 Device/partition（yaffs_ dev)，描述 NAND 存储块状态的 NAND 块信息（yaffs_block_info），附加在 yaffs_Device 的位字段 NAND 文件块信息表示每个文件块的使用状态，描述每个对象状态的 yaffs_obj，每个文件的树状结构及其中的树节点（yaffs_tnode）。YAFFS 允许按照名称查找对象的目录结构，对象号的哈希表允许通过 ObjectId 查找一个对象，以及用于提升性能的读写高速缓存等。只要这些 RAM 数据结构能够存储足够的文件系统信息，就能够有效地提升文件系统的 I/O 性能。

总体上，YAFFS 具有如下特点：

（1）支持多种操作系统、编译器和处理器。

（2）源代码采用 C 语言编写，可移植性好，且可适应大端、小端字节顺序。

（3）针对 NAND Flash 的缺陷，提供了坏块处理和 ECC 算法。

（4）采用了日志结构，对掉电等引起的数据异常具有非常好的健壮性。

（5）采用了高度优化的可预测垃圾回收策略，提升性能。

（6）较其他日志型 Flash 文件系统占用更少的内存。

（7）通过标准文件系统接口调用，提供广泛的 POSIX 类型文件系统功能，包括目录、符号链接（软链接）、硬链接等。

（8）具有高度可配置能力，适应不同 Flash 大小、不同 ECC 选项及缓存选项等。

（9）提供的 YAFFS 直接接口（YAFFS Direct Interface，YDI）可以简化与系统的集成操作。

（10）适用于大范围的存储器技术。

2. 构建 YAFFS 文件系统

如前所述，YAFFS 是开源的文件系统，基于 YAFFS 直接接口（YDI）[127]允许软件直接或者通过操作系统访问该文件系统。如图 9.18 所示，YAFFS 核心文件系统主要通过 Flash 的驱动接口（如嵌入式 Linux 中的存储技术设备）初始化和访问不同类型的 Flash 存储器，并通过操作系统接口使用操作系统的内核资源，如初始化、锁、时间服务等。进而，应用可以基于 YAFFS 直接接口（如 yaffs_open、yaffs_read、yaffs_close 等）访问文件系统。注意，为了兼容已有 POSIX 代码中标准的 open、read、close 等 I/O 操作函数，设计者可以对文件系统的直接接口进行宏定义或简单的函数封装，以减少对应用代码的修改。在无操作系统的应用中，可以将 YAFFS 模块直接集成到应用程序，并通过 YAFFS 直接接口进行文件访问和操作。

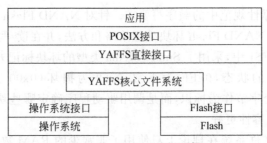

图 9.18　YAFFS 访问逻辑

在面向不同嵌入式系统构建 YAFFS 文件系统时，需要首先对 YAFFS 源码中的 Flash 访问接口和操作系统接口进行配置和移植，同时还需要对操作系统内核进行配置。以

VxWorks 操作系统为例,访问块设备的文件系统和字符设备统一挂接在 I/O 系统上,因此,可以以注册 I/O 驱动的形式实现对 YAFFS 文件系统的支持。为此,需要对 yaffscfg.c 和 yaffscfg2k.c 配置文件进行重点修改。在初始化函数中,yaffsLibInit 函数通过 iosDrvInstall 函数向驱动程序表注册 7 个常用的 I/O 驱动函数指针,并获得一个驱动号。在此基础上,设备创建函数 yaffsDevCreate 调用 iosDevAdd 函数将设备结构添加到设备链表中,设备名就是文件系统名,如"/yaffs"。进而,在 BSP 的 usrroot 函数中先后调用这两个函数(最好封装在一个文件系统初始化函数中),然后再实现相应的 I/O 操作函数,即可完成 VxWorks 中对 YAFFS 的集成。由图 9.18 可知,至此,实际上只完成了创建 YAFFS 文件系统的一半工作,后续还需要实现 YAFFS 与 NAND Flash 的驱动接口,这包括:修改 yaffs_StartUp 函数初始化块设备,初始化操作系统的上下文、配置并注册 YAFFS 文件设备;修改 YAFFS _Device 上的接口和代码,并将这些代码加入到 BSP 中。生成的内核启动后,会自动调用和挂载 YAFFS 文件系统。需要说明的是,设计者也可以采用类似方法为 VxWorks 操作系统创建其他类型的文件系统。

YAFFS 最初是面向 Linux 操作系统设计的。在 Linux 系统中使用 YAFFS 文件系统时,首先要根据设计目标定制、生成文件系统的目录结构和框架,并对其中的库文件等进行定制。进而,可以使用 YAFFS 源码工具包中提供的 mkyaffsimage/mkyaffs2image 生成 YAFFS/YAFFS2 的文件系统镜像,例如命令为 mkyaffs2image rootfs/rootfs_mz.yaffs2。然后,通过串口、USB 等接口将支持 YAFFS/YAFFS2 文件系统的操作系统镜像和 YAFFS/YAFFS2 文件系统镜像下载到 NAND Flash 的特定分区。配置启动选项后,内核启动时将自动把该文件系统挂载为根文件系统。另外,为了支持多种不同的文件系统,Linux 操作系统使用虚拟文件系统(Virtual File System,VFS)对不同文件系统的访问接口进行统一封装。YAFFS 文件系统可支持 VFS 封装的访问和直接访问,如图 9.19 所示。

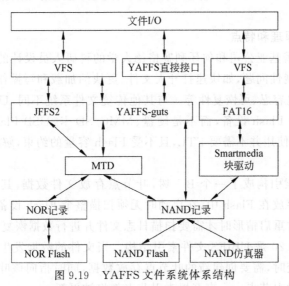

图 9.19　YAFFS 文件系统体系结构

注意:YAFFS 是一个功能较为强大的文件系统,其日志结构特性要求使用较多的 RAM 空间。因此,实际应用时设计者就可能需要根据应用需求对其源码中的功能和数据结构进行裁剪,如文件权限、目录级别、RamDisk 以及所需执行的操作等,以减少对嵌入式系统中 Flash 和 RAM 等存储资源的占用。

9.2.3　UBIFS

1. UBI

在分析 UBIFS(Unsorted Block Images File System,未排序块映像文件系统)之前,先简要阐述 UBI(Unsorted Block Images)的原理和特点。自 Linux 2.6.22 开始,UBI 就成为 Linux 内核的主要存储技术之一。UBI 工作在 MTD 之上,主要用于原始 Flash 存储设备的磨损均衡、逻辑卷管理子系统,具有诸多优点。与逻辑扇区到物理扇区映射的逻辑卷管理器(Logic Volume Manager,LVM)相比,UBI 将逻辑可擦除块映射到物理可擦除块。UBI 卷是较 MTD 设备更高级的对象,是一组连续的逻辑可擦除块(Logical Erasable Block,LEB)。UBI 卷分为只读的静态卷和可读写的动态卷,卷的大小在创建时指定,并允许后续的动态修改。除了独特的映射关系,UBI 还实现了全局的磨损平衡以及透明的 I/O 错误处理,不存在 MTD 设备中的磨损、坏块等问题。例如,当发现 NAND Flash 中出现位翻转(bit-flip)数据时,首先会通过 ECC 对数据进行校验和纠错,进而将数据从当前物理可擦除块搬移到新的物理可擦除块,这一过程(称为数据清理,scrubbing)对上层透明。UBI 与 MTD 都由可擦除块组成且支持读、写、擦除 3 种操作。区别在于:UBI 的卷由逻辑可擦除块组成,而 MTD 分区由物理可擦除块(Physical Erasable Block,PEB)组成;UBI 不存在可擦除块的磨损均衡约束,不存在坏的擦除块;UBI 可以以卷为单位进行动态操作;UBI 能够自动处理位翻转错误;UBI 提供了卷更新机制;UBI 提供了原子的逻辑可擦除块修改操作;UBI 提供了一个逻辑块和物理块的映射解除操作等。

总体上,UBI 的特点包括:提供可动态创建、删除、调整大小的卷;实现整个 Flash 设备的磨损均衡;向上透明地实现对坏物理可擦除块的处理;通过清理数据,可以降低丢失数据的可能。

2. UBIFS 基本原理和特点

UBIFS 是由原诺基亚公司和匈牙利赛格德大学的科研人员设计的文件系统,主要目标是解决 JFFS2 的扩展性问题,如快速打开大文件、更快的加载和写操作等,同时保留 JFFS2 的优点,如压缩、掉电容忍、可恢复性等。与其他传统文件系统不同,UBIFS 工作于 UBI 之上,主要面向原始的 Flash 设备,而不是硬盘、MMC/SD 卡、USB Flash、SSD 等 FTL[①] 设备。因此,UBIFS 的使用并不需要 FTL,且不受 Flash 容量的约束,解决了 MTD 设备所遇到的瓶颈问题。

UBIFS 的全部索引构成了一个 B＋树,叶节点存放文件数据,其他节点都只是索引。由于索引信息全部存放在 Flash 中,在启动时无须扫描整个 Flash 设备构建文件系统索引,仅当出现掉电或异常重启情形时才需要扫描日志文件并进行数据恢复,因此 UBIFS 具有更快的加载速度。图 9.20 是 UBIFS 文件索引结构。当文件的数据发生改变时,即某个叶节点中的数据发生改变时,需要创建新的叶节点存放数据,同时指向该叶节点的索引节点,指向该索引节点的父索引节点……直至根索引节点都将被更新。

---

　① FTL:Flash Transition Layer,Flash 转换层。FTL 设备由原始 Flash 芯片和运行 FTL 固件的控制器组成,FTL 固件向上模拟一个块设备。

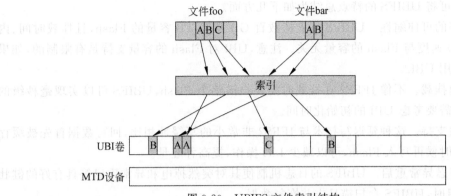

图 9.20　UBIFS 文件索引结构

图 9.21 给出了 UBIFS 文件索引更新示例。在 UBIFS 中，在逻辑可擦除块 LEB1 和 LEB2 中同时存放了两个指向根节点的主节点，如图 9.22 所示。只要能够在 Flash 中标记根索引节点的位置，就可以对索引树进行遍历。如果根节点发生更新，那么仅需同步更新 LEB1 和 LEB2 中的值即可。另外，关于索引树的相关配置信息，如树的宽度、默认压缩类型(Zlib 或 LZO)等，都存储在位于 LEB0 的超级块中。对于 UBIFS 而言，超级块是只读的，仅可通过特定工具进行修改。

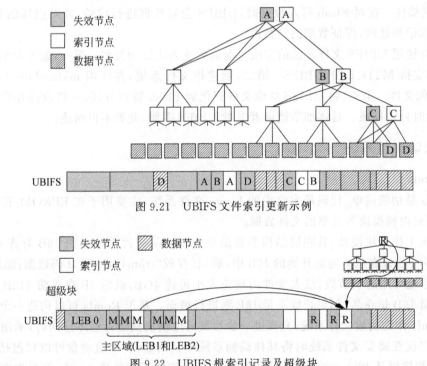

图 9.21　UBIFS 文件索引更新示例

图 9.22　UBIFS 根索引记录及超级块

在可用存储空间下降到一定门限值时，垃圾收集器将存储器中含有失效数据的脏空间进行回收。需要说明的是，垃圾收集器通过日志文件进行有效数据的搬移，既提高了效率又保证了可靠性。

总体上，可将 UBIFS 的特点总结为如下几方面。

（1）良好的可伸缩性。UBIFS 可支持数百 GB 乃至 TB 容量的 Flash，且挂载时间、内存开销和 I/O 速度与 Flash 的容量无关。注意，UBI 对 Flash 的容量支持是有限制的，如果受限，可以采用 UBI2。

（2）快速挂载。不像 JFFS2 在挂载时需要扫描整个 Flash，UBIFS 可以实现毫秒级的快速挂载，但需要考虑 UBI 的初始化时间。

（3）回写支持。这种延迟写技术与 JFFS2 非常小的写缓冲相比，回写数据首先被缓存起来，必要的时候再写入 Flash，可以减少 I/O 操作，提高吞吐量。

（4）可容忍异常重启。UBIFS 的日志机制使其对突然掉电和异常重启等具有好的健壮性。异常重启时，UBIFS 会扫描日志并恢复数据。

（5）快速 I/O。UBIFS 在 Flash 上存储索引信息，其移动日志模式并不会将数据从一个物理区域移动到另一个物理区域，而是给日志增加文件系统索引的信息，然后再分配新的块作为日志空间。

（6）在线压缩。和 JFFS2 一样，UBIFS 支持压缩存储机制，每个节点都具有压缩开关选项。

（7）可恢复性。由于 UBIFS 的每个信息块都包括一个头部，其包括该信息块的描述信息，因此，即使文件系统的索引信息遭到破坏，UBIFS 也可以被完全恢复。

（8）完整性。在对 Flash 写入数据时，UBIFS 会对数据进行校验，并对损坏的数据/元数据进行标记和处理，保证数据的完整性。

创建并使用 UBIFS 文件系统的方法与前面所述方法较为类似。第一，配置和编译内核选项，使其支持 MTD、UBI、UBIFS。第二，创建根文件系统，并使用 mkfs.ubifs 工具创建 UBIFS 映像文件。第三，将 UBIFS 映像文件固化到 Flash 特定分区，并修改操作系统启动项，在启动时自动挂载。具体细节请读者参考 UBIFS 手册，此处不再阐述。

9.2.4　只读文件系统

1. Romfs

Romfs 是功能简单、代码量非常小的 Linux 文件系统，主要用于在 EPROM/E^2PROM 上组织、存放内核模块等重要的文件数据。

Romfs 工作于块设备，其底层结构非常简单。Romfs 文件系统采用 16B 对齐方式，文件名长度为 16B。在从 0 地址开始的 16B 中，前 8B 存放"-rom1fs"ASCII 码数据；随后的 4B 存放文件系统可用的字节数，最大文件的理论大小可达 4GB；最后 4B 存放前 512B 的校验和。第二组 16B 是卷名，如果长度不足 16B 则进行填充。基于 Romfs 可以构造一个最小内核，将 Romfs 作为初始文件系统，允许进一步加载其他模块或运行程序。同时，采用 Romfs 还允许用户仅在需要文件系统时将其挂载到系统中。例如，一个启动盘可以只包括 CD 的 SCSI 驱动程序以及 ISO 9660 文件系统模块，那么内核就不用集成 ext2fs 等大的文件系统模块，在后续的安装过程中可以卸载 CD 设备。

使用 genromfs 工具，可以创建 Romfs 文件系统。

2. Cramfs

Cramfs 是由 Linux 之父 Linus Torvalds 等开发的、基于 MTD 驱动的压缩只读 Flash

文件系统。相比 Romfs，Cramfs 的主要特点是对数据压缩存储功能的支持。Cramfs 的设计主要遵循"存储最少信息"的原则，除了数据包的 CRC 校验信息外几乎不存在其他冗余数据。该文件系统中采用了 Zlib 压缩方式，压缩比可达 2：1，主要用于资源受限的嵌入式系统。

Cramfs 的元数据不采用压缩存储方式，在开始的 76B 超级块之后是一组 12B 的"cramfs_inode＋文件名"构成的目录结构。区别于传统压缩式文件系统，Cramfs 中的文件数据采用了按页（4KB/页）压缩的存储方式，允许对页的随机访问。读取文件时，只根据当前实际读取的部分分配内存并进行解压缩，因此不会消耗过多的系统内存，当然也就不能支持 XIP（Execute In Place，芯片内执行）功能。在 Cramfs 中，默认的文件最大为 16MB，修改配置后最大可支持 256MB 的文件。

使用 mkcramfs 命令可以创建 Cramfs 文件系统映像，其他关于操作系统内核配置、文件系统映像固化与使用的方法与前面所述方法类似。近年来，Cramfs 已被 SquashFS 所替代。SquashFS 对文件数据、inode 节点和目录进行了压缩，可支持 1MB 的块压缩，具有更高的压缩效率和性能。

3. AXFS

增加 XIP 功能的 Cramfs 文件系统可以实现代码在 Flash 中的直接执行，虽然要求使用额外的 Flash 空间，但可以大量节省 RAM 资源。SquashFS 文件系统通过压缩技术节省了 Flash 空间，但需要大量的 RAM，且性能较低。结合这两种文件系统的思想和优点，既节省存储空间又提升 XIP 性能，Intel 公司于 2006 年设计了先进 XIP 文件系统 AXFS（Advanced XIP Files System），现由被 Micron 公司收购的新加坡 Numonyx 半导体公司维护。

AXFS 是一款面向 Linux 的 64 位压缩只读文件系统，可同时支持 NOR Flash 存储器和 NAND Flash 存储器，具有压缩存储和 XIP 的能力，目标是在占用较少内存的同时降低系统启动及程序加载的时间。AXFS 的 XIP 功能是通过在同一个可执行文件中混合使用压缩和非压缩页的存储机制实现的。也就是说，在一个可执行文件中，将经常执行的页以非压缩方式存储，可以提高执行效率；将不常使用的页和数据采用压缩方式存储，可以节省存储空间。这都是 AXFS 的主要特点。AXFS 文件系统支持 NOR 型和 NAND 型 MTD 设备的分离式挂载，也可以支持块设备的一体化挂载，但要求 AXFS 映像中的任何 XIP 区域都必须驻留在 NOR Flash 中。在开发过程中，设计者可以使用 mkfs.axfs 工具创建 AXFS 文件系统映像。

9.2.5 RAM 文件系统

1. Ramdisk 技术

Ramdisk 是一种基于内存的虚拟内存盘技术，使用专门的软件将一部分内存虚拟为块设备分区，并允许以特定文件系统格式对虚拟的块设备进行格式化。采用软件创建 Ramdisk 映像后，可在使用时将其从 Flash、磁盘等存储介质加载到内存，形成可进行读、写、删除等操作的文件系统。相较于直接从 Flash、磁盘访问文件，Ramdisk 充分发挥了内存的物理特性，具有极高的访问性能。RAM 的易失特性决定了对该虚拟内存盘的任何写操作在系统掉电后都将失效。例如，如图 9.23 所示，CrystalDiskMark 测试显示，虚拟内存盘的读、写访问性能均远高于 Flash 和传统磁盘。但很明显的是，Ramdisk 会消耗更多的存储资源。其原因主要有 3 方面：一是静态存储需要占用 Flash 或磁盘空间；二是解压缩、动态创建文件系统时需要占用大量的内存空间；三是块设备要将近期所访问的数据全部存放在缓存中，导致较大的存储开销。

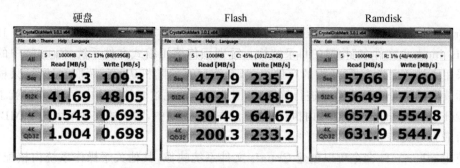

图 9.23 不同类型存储介质的读写速度比较

在通用计算系统中，Ramdisk 常被用于加速应用软件的访问。例如，在内存足够大的情况下，用户可在 Windows 中安装 RAMDisk、ImDisk、SoftPerfect RAM Disk 等工具软件，创建多个 FAT32 或 NTFS 的 Ramdisk 分区，进而将一些常用应用软件和数据，如 Web 内容、数据库的临时索引文件和表、游戏和安装的程序、打印机的 spool 目录等，安装在这些虚拟内存盘中。实际数据表明，这些软件从内存盘中运行时将比从 Flash 或磁盘运行速度更快。这是因为内存及其总线的速度比外部存储介质及其 I/O 总线的速度快很多。

由于嵌入式系统的存储资源通常较为有限，因此，Ramdisk 技术的应用常常会受到一定的限制。设计中，通常仅将一些经常进行只读访问的文件或者具有安全加密特性的文件通过 Ramdisk 加载或解密到内存中，以提高这些文件的访问速度。同时，RAM 的易失性可以保证 Ramdisk 中应用代码和数据的安全。

在 Linux、VxWorks 等嵌入式操作系统中，Ramdisk 技术已经被完整集成和广泛使用。一般情况下，设计人员只需要在定制操作系统时选择 Ramdisk 的启动选项和驱动组件即可，如 VxWorks 中的 INCLUDE_RAM_DISK 选项及 RAM Disk 驱动。当然，设计人员也可以根据需要设计和开发一个属于自己的 Ramdisk，熟悉 Ramdisk 的基本工作机制之后这就不再是难事。

2. Ramfs

Ramfs 是由 Linus Torvalds 等人开发的一种非常简单的文件系统，工作于虚拟文件系统层，用于将 Linux 的磁盘缓存机制（页缓存和 dentry 缓存）实现为基于 RAM 且大小可调的文件系统。Linux 文件系统将所有的文件都缓存在内存中，存放且保持由后备存储器读取的数据页，以便于快速访问，直至虚拟内存（Virtual Memory，VM）系统需要调用该页。同样地，写入后备存储器的数据也将被缓存和保持，直至 VM 系统重新分配内存。对于目录而言，文件系统中也采用了同样的机制。但应注意，在 Ramfs 中并不存在任何后备存储系统。写入 Ramfs 的文件可以和以前一样分配到目录和页缓存，但并不存在可写入的区域。这意味着 VM 系统在循环使用内存时并不能释放 Ramfs 文件占用的内存空间。

Ramfs 的文件全部存放在内存中，所有的读写操作都将发生在内存中。那么，将临时性文件、频繁修改的数据等存放在该文件系统中，既可以提高访问效率，也可以避免 Flash 的擦写损耗、磨损均衡等问题。相比于 Ramdisk，Ramfs 已经是一个文件系统，不能再次格式化;Ramfs 文件系统的大小可以根据文件大小动态调整;无须不必要的内存数据复制及目录管理操作,减少了对 CPU、内存及内存总线带宽的浪费。另外,Ramdisk 可以作为系统的根文件系统,而 Ramfs 则只能作为一种虚拟文件系统使用。

Ramfs 的另一个缺点是文件系统中的所有数据都将被一直保存,即使内存已被全部占用,VM 系统也不能进行释放。因此,通常要对 Ramfs 的使用进行限制。针对这个问题,在 Ramfs 的基础上衍生出 Tmpfs 文件系统,它增加了文件系统的大小限制以及将数据写入交换区(swap space)的能力,允许所有用户对挂载的 Tmpfs 文件系统进行写操作。要使操作系统支持 Ramfs 或 Tmpfs,只需要将相应文件系统配置、编译到内核中即可。

除上述 Flash 文件系统之外,其他还有数十种 Flash 文件系统可供设计者选择。典型的有:替代 JFFS2 的 Flash 文件系统 LogFS、三星公司为 Linux 设计的 F2FS;VxWorks 的 TFFS(True flash file system)是 Flash 转换层,用于提供磁盘接口并支持上层的 Flash 文件系统,如 DosFS 或 RTII;微软公司面向 Flash 存储器的 exFAT 文件系统,在 VxWorks 和其他操作系统中的实现为 XCFiles;ARM 的微控制器开发包 MDK 中集成的 Flash 文件系统;SMX RTOS 中的 smxFFS 等。表 9.2 给出了典型 Flash 型嵌入式文件系统的对比。

表 9.2 典型 Flash 型嵌入式文件系统的对比

对比项	JFFS	JFFS2	YAFFS	YAFFS2	UBIFS	LogFS	RomFS	CramFS	SquashFS	AXFS
设备类型	MTD	MTD	MTD	MTD	UBI	MTD、块	MTD、块	块	块	NOR
写操作	√	√	√	√	√	√	×	×	×	×
加载时间	$O(n)$	$O(n)$	$O(n)$	$O(n)$	$O(n)$	$O(1)$	$O(1)$	$O(1)$	$O(1)$	$O(1)$
RAM 需求	$O(n)$	$O(n)$	$O(n)$	$O(n)$	$O(1)$	$O(1)$	$O(1)$	$O(1)$	$O(1)$	$O(1)$
最大文件大小	无限制	无限制	512MB	无限制	无限制	无限制	无限制	16MB	2TB	无限制
最大页			512B	>2KB	2KB	无限制	无限制	4KB	1KB	
数据压缩	×	√	×	×	√	√	×	√	√	×
XIP	×	×	×	×	×	×	×	×	×	√
目录索引	×	×	×	×	√	√	×	×	×	×
硬链接	×	×	√	√	√	×	×	×	√	×

9.3 嵌入式数据库

随着感知、计算和网络化技术等的日益发展和丰富,路由器、手机、数字电视、医疗电子、车载装置等嵌入式应用开始呈现出越来越多、越来越复杂的数据管理需求。简单的数据管理方式已经不能满足应用要求,此时就需要嵌入式数据库(embedded database)系统的支持。

不同于通用数据库,嵌入式数据库一般要能够进行自主管理,尽量减少终端用户的管理,或者以深度嵌入的方式运行在应用任务中,对终端用户完全透明。同时,为了能够运行于诸多嵌入式应用和平台,嵌入式数据库应提供尽可能丰富的 API 类型和可配置的存储选项。从性能上,嵌入式数据库还必须具有高可靠、安全、低功耗、节约资源等特点。

嵌入式数据库驻留在目标嵌入式系统中,用于构建嵌入式数据库服务器,或者在本地安全保存和管理必要的数据信息,这样既可以提高数据存储、管理与访问的操作效率,也可以减少与服务器的交互,节省网络开销。

9.3.1　SQLite

SQLite 是一套开源的嵌入式数据库软件,是由 Richard Hill 在 2000 年开发导弹导引软件时基于 C 语言设计的,因此 SQLite 最初的设计就已瞄准了资源受限且无须安装与管理数据库的应用,适合嵌入式应用。现在,SQLite 可以运行于 Linux、Windows、macOS 及 Android、WindowsRT、VxWorks、QNX 等嵌入式操作系统,可使用 C、C++、Java、Python、Tcl、PHP 等编程语言。

不同于传统的关系数据库管理系统(Relational Database Management System, RDBMS),SQLite 并没有采用传统的客户/服务器架构。SQLite 不存在独立的服务器,数据库是文件系统中一个单独存储的库文件,数据库引擎则集成在任何需要访问数据文件的应用程序中。因此,在多个应用之间唯一共享的资源也就是位于存储介质上的数据库文件,而应用也就被称为 SQLite 客户端。正是由于这种简约的设计,SQLite 可以被方便地移植到任何一种应用平台,包括移动电话、手持媒体播放器、游戏控制器及其他设备。

SQLite 库的体系结构如图 9.24 所示[128],主要包括核心组件、SQL 编译器、后端组件及附加组件。

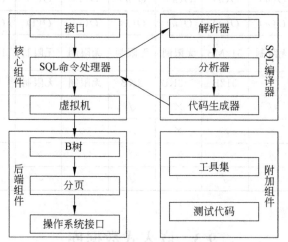

图 9.24　SQLite 库的体系结构

在核心组件中,接口是指 SQLite 软件库的公共接口,位于 main.c、legacy.c 和 vdbeapi.c 文件中。SQL 命令处理器对应 SQL 编译器。其中,字符串解析器(Tokenizer)将 SQL 语句字符串截断为一组标记,并逐个传递给分析器(Parser)。SQLite 的分析器根据当前上下文分析各标记的含义。当解析器把所有标记合成为完整的 SQL 语句之后,就能调用代码生成器生成虚拟机代码。虚拟机则实现一个专门处理数据库文件和指令的抽象计算引擎。在后端,SQLite 数据库中的每一个表和索引都采用独立的 B 树,所有的 B 树都存放在一个文件中。B 树模块以 512～65 536B 的固定大小的块(默认为 1024B)从存储介质请求数据。页缓存用于读、写以及缓冲这些块,同时提供了回滚、原子委托抽象(atomic commit Abstraction)和处理数据文件的锁。为了满足 POSIX 和 Win32 操作系统之间的可移植性,SQLite 还使用了操作系统抽象层。对于其支持的每个操作系统,SQLite 都提供了具体对应的接口及其头文件实现,如 os_unix.c(h)、os_win.c(h)等。

SQLite 工具集提供了内存分配、无效字符串比较、Unicode 转换、私有的 printf、随机数生成器等函数,用于对数据的辅助管理和维护。另外,SQLite 还提供了一些专门用于测试的代码,如 os_test.c 中的接口用于模拟掉电以测试数据恢复机制。需要说明的是,SQLite 实现中有一半以上的代码是用来进行测试的。

总体而言,SQLite 的主要特征如下:

(1) 可靠的应用文件格式,即使在系统宕机或掉电后也能保证事务的 ACID(Atomicity, Consistency Isolation, and Durability,原子性、一致性、隔离性和持久性)。

(2) 支持临时数据分析。引入 CSV(Comma-Separated Values,逗号分隔值)文件。CSV 文件以纯文本的形式存储表格数据(数字和文本),并采用 SQL 分析和生成报告。

(3) 资源消耗非常少。库文件仅 300KB,在 16KB 的栈和 100KB 的堆空间中运行。

(4) 良好的可移植性,采用了标准的 ANSI C 语言和虚拟文件系统,文件格式可跨平台。

(5) 高可靠性,具有 100％的测试覆盖率。

(6) 单数据库文件。SQLite 数据库是一个二进制的磁盘文件,可存放在目录的任何地方,该文件大小不能超过 2TB 或所在文件系统的限制。

(7) 支持高度并发,在整个文件上使用锁机制。

注意,取消服务器功能会导致数据库的能力被限制。本质上,SQLite 面向具有本地存储需要的应用,如访问本地数据库的 Web 服务器。这意味着 SQLite 并不适合多个客户机同时访问一个中心数据库的场合。在多客户情形下,最好采用客户/服务器结构的数据库系统。

9.3.2　Berkeley DB

Berkeley DB(BDB)是一个嵌入式事务数据管理系统,支持开源和商业授权。最初,BDB 是面向加利福尼亚大学伯克利分校 UNIX 操作系统的数据库组件,1991 年开始研发,1992 年 BDB 研究原型在 BSD①4.4 版本中作为一个库文件发布。1996—2006 年,BDB 由 Sleepycat Software 公司维护,后来该公司被全球最大的数据库软件公司甲骨文(Oracle)收购。现在,Oracle BDB 已经演化成一个可移植且可运行于 32 位/64 位 Linux、Windows 以及多种嵌入式操作系统之上的高性能嵌入式数据库系统,广泛应用于从手机到大型服务器等计算装置[129]。

BDB 可存放任意类型的键/值对、SQL 以及 Java 对象,自包含的软件库占用约 300KB 存储空间,每一个 BDB 数据库文件可以存储 256TB 的数据(取决于文件系统的限制)。同

---

① BSD(Berkeley Software Distribution,伯克利软件套件)是衍生自 UNIX 的操作系统名称,也称为伯克利 UNIX (Berkeley UNIX)。

时，BDB 提供了一组可配置的高级特性，如事务数据存储、高并发访问、SMP 系统上的可扩展性、高可靠的复制以及容错等。可配置的 Berkeley DB 数据库产品特征如表 9.3 所示。针对多样的应用程序开发，BDB 可支持 C、C++、Java、Perl、Python、Tcl、PHP 以及 XML、基于 SQLite 的 SQL 等形式的数据访问与管理 API，其接口如图 9.25 所示。通过这些 API，数据库底层的加锁、事务日志、共享缓冲器管理、内存管理等服务都将对应用程序透明。如果开发者不需要 SQL 功能，那么可以直接采用键-值 API 进行数据存储操作。

表 9.3 可配置的 Berkeley DB 数据库产品特征

对比项	BDB 数据存储（DS）	BDB 并发数据存储（CDS）	BDB 事务数据存储（TDS）	BDB 高可用性（HA）
产品主要功能	提供具有索引的单用户访问嵌入式数据存储	增加具有多读、单写能力的简单加锁机制	增加完全的 ACID 事务支持及恢复支持	增加跨多个物理主机的单个主数据复制
恢复操作	×	×	√	√
加锁机制	×	√	√	√
并发读写访问	×	√	√	√
事务支持	×	×	√	√
SQL 访问支持	×	×	√	√
复制支持	×	×	×	√

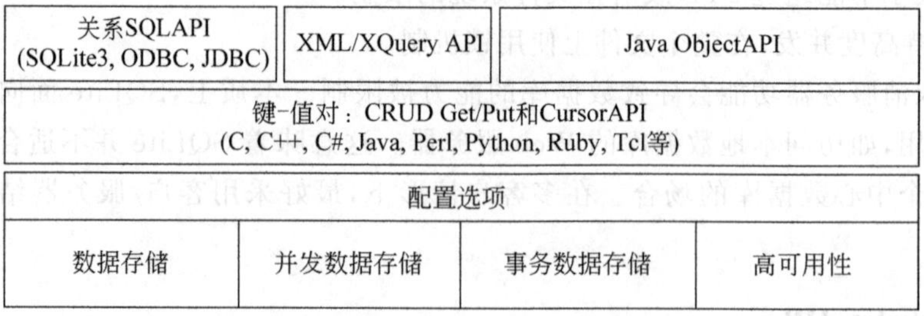

关系SQLAPI (SQLite3, ODBC, JDBC)	XML/XQuery API	Java ObjectAPI
键-值对：CRUD Get/Put和CursorAPI (C, C++, C#, Java, Perl, Python, Ruby, Tcl等)		
配置选项		
数据存储	并发数据存储	事务数据存储	高可用性

图 9.25 BDB 接口

BDB 之所以适用于嵌入式系统，首先是因为它可以被直接链接到嵌入式应用中。鉴于 BDB 的软件库与进程在相同的地址空间运行，因此无须进程间通信就可以完成并发的数据库操作。单机或网络主机上的进程间通信要比进行函数调用的通信在开销上大很多。而且，BDB 的所有操作都使用了简单的函数调用接口，因此无须对查询语言进行解析，也没有执行计划需要处理。这些设计都可以有效降低资源消耗并提高 BDB 的操作效率。

总体上，BDB 的优势和特点如下：

（1）支持多套 API。

（2）缩短商业化发布时间。

（3）减少开发成本。

（4）简化移动设备上的数据存储。

（5）部署成本较低，资源消耗少。

（6）减小系统演进时的重新编码成本。

（7）消除管理成本。

（8）消除数据丢失和冲突。

（9）提供互联网范围、高可用的服务。

BDB 的具体 API 定义和软件设计方法请参阅 Getting Started with Berkeley DB for C[130]等官方技术手册。

9.3.3 eXtremeDB

eXtremeDB 是美国 McObject 公司在 2001 年针对嵌入式系统推出的,使用内存数据库系统(In-Memory Database System,IMDS)架构的高性能、低延迟、ACID 型嵌入式数据库系统,采用商业授权模式。eXtremeDB 源码开放且具有非常好的可移植性,提供了 C、C++、Java、SQL、C♯ 等多种 API,支持多种处理器和 VxWorks、Linux 等实时嵌入式操作系统,可以满足不同应用的设计需要。早期的 eXtremeDB 主要针对机顶盒、工厂与工业控制系统、电信与网络等设备中不断增长的数据管理需求。近年来,基于核心的 IMDS 架构陆续衍生了多个 eXtremeDB 版本,可用于支持高可用、数据集群、内存与外存盘的混合数据存储等功能。在这些版本中,相当一部分已开始转向高性能的非嵌入式软件市场,包括订单匹配引擎、Web 应用的实时缓存、社会网络和电子商务等[131]。

通过在共享内存中创建数据库,eXtremeDB 从根本上消除了外存型 DBMS 的数据复制与传输问题,并允许多个进程进行并发访问,大大提升了性能。测试数据显示,eXtremeDB 数据库直接读写操作的性能是其他嵌入式数据库的几倍乃至数十倍。图 9.26(a)为 eXtremeDB 的体系结构,其内存数据库可以支持结构、数组、向量、二进制大对象(Binary Large OBject,BLOB)等多种数据类型。核心系统是 eXtremeDB 运行时环境。图 9.26(b)进一步给出了 eXtremeDB 运行时环境的组成。基于运行时环境的 API,应用程序可以对数据库进行管理和访问。对于嵌入式(实时)系统设计,eXtremeDB 提供了类型安全的高效原生 C/C++ API,可以创建更为可靠的嵌入式运行时代码。另外,eXtremeDB 的数据中继技术也使得实时系统之间的无缝细粒度数据共享更为简单。

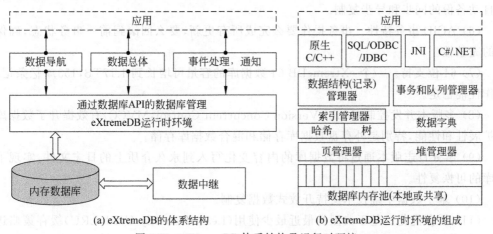

(a) eXtremeDB的体系结构　　(b) eXtremeDB运行时环境的组成

图 9.26　eXtremeDB 体系结构及运行时环境

在基于 eXtremeDB 原生 C/C++ API 的开发过程中，开发者首先要关注数据的定义，进而使用 schema 编译器生成面向应用优化的 API，最后将数据库接口文件、应用代码以及 eXtremeDB 的软件库编译、连接成可执行的二进制应用。基于 eXtremeDB 的应用软件开发流程如图 9.27 所示。

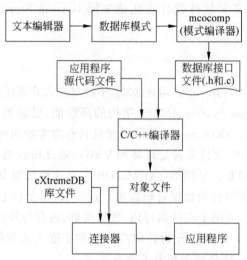

图 9.27　基于 eXtremeDB 的应用软件开发流程

最后对 eXtremeDB 的一些主要特点进行总结和归纳，具体如下：

（1）采用 IMDS 架构，消除了外存盘、文件 I/O、缓存管理及其他资源延迟。

（2）体积微小，约占 150KB 的代码空间，数据库系统的内存大小约为其管理的数据的 15%。

（3）流水线设计架构允许采用低端低成本的 CPU。

（4）可选择磁盘存储或混合存储方式。在 eXtremeDB Fusion 版本中增加了混合存储方式，允许对特定类型的记录采用磁盘存储和缓存方式。

（5）高可用性。eXtremeDB HA 版本可以保证软硬件故障时连续的数据库操作，支持可自动备份的同步和异步复制。

（6）ACID 事务特性。事务操作要么完成所有更新，要么回滚到前一事务状态，确保数据的完整性。

（7）64 位支持。一个 eXtremeDB-64 数据库的容量可增长到 1.17TB，155.4 亿条记录，操作性能稳定。

（8）多版本并发控制（Multi-Version Concurrent Control，MVCC）有效提升了数据库的可扩展性和性能，特别是外存盘数据库存储和混合数据库存储。

（9）事务日志版本通过将数据库的内容变化写入到永久介质上的日志文件，实现了数据库的可恢复性。

（10）基于数据中继技术支持开放式数据复制。

（11）缓存优化。基于典型的最近最少使用（Least Recently Used，LRU）缓存策略进行优化，使时间敏感任务访问的数据对象能够最快速地被访问。

（12）以内核模式部署。将内存数据库部署在操作系统内核中，基于高优先级方式实现零延迟的响应。

对于 eXtremeDB 的性能,波音公司给予了这样的评价:eXtremeDB helped cut 18 programmer months from the development cycle.

9.4 嵌入式网络协议栈

网络协议集是实现同类设备互连的基础,其通常采用分层的模块化设计结构,如 ISO 的 OSI 参考模型。在网络协议集中,每一层完成一个功能并具有特定的协议数据单元格式,上层通过下层提供的接口访问协议的服务,分层结构与对等层通信如图 9.28 所示。除物理层外,不同设备的网络协议对等层之间只进行逻辑通信。图 9.29 进一步给出了 ISO OSI 参考模型、TCP/IP 网络模型及协议集的对应关系,不同主机多进程间的通信机制 Socket 则位于 OSI 参考模型的会话层。

图 9.28 分层结构与对等层通信

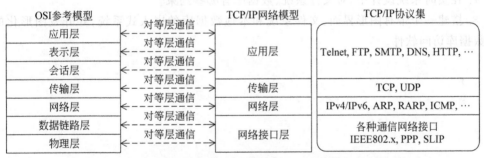

图 9.29 OSI 参考模型、TCP/IP 网络模型及协议集的对应关系

网络协议栈(network protocol stack)是指一套网络协议集的具体实现,一般认为协议集中定义了协议的模型和功能。嵌入式网络协议栈常常是通用网络协议栈的子集,是一种功能较为简单的轻量级协议实现,这符合嵌入式系统应用功能较为简单且资源受限的特点。例如,第 6 章给出了 ZigBee 和蓝牙通信的协议栈结构。

在设计具有网络接口的嵌入式系统硬件基础上,网络协议栈的实现主要有以下 3 种形式:第一,采用网络化嵌入式操作系统,其本身集成了 TCP/IP 等网络协议栈模块可供使用,也允许开发者通过配置内核模块、增加网络接口驱动的方式增加对其他网络的支持;第二,如果不采用嵌入式操作系统,那么可以通过集成网络协议栈源码包(如 μIP 等)实现对网络功能的支持,这为基于微控制器的网络化嵌入式系统设计提供了方便;第三,在嵌入式硬件设计中采用集成了网络协议栈的芯片,可以是内置网络协议栈的 SoC 处理器,也可以是实现了网络协议栈的独立网络接口芯片。

9.5 小 结

本章讨论了嵌入式系统中几种常见的功能组件。在学习嵌入式操作系统的基础上,了解和掌握这些组件的工作原理和使用方法,对于进一步构造功能完备的嵌入式系统软件具有重要意义。需要说明的是,并非所有嵌入式系统都需要这些组件。在实际中,设计者应合理地选择相应的组件,对其进行特定的定制和裁剪,以降低这些组件对资源的消耗并提高组件及整个嵌入式系统的运行效能。

习 题

1. 简述 NAND Flash 文件系统的主要特点。
2. 为什么要对 Flash 存储器进行磨损均衡处理?
3. 实现图形化嵌入式系统的主要方式有哪些? 它们各有什么特点?
4. 简述网络协议集和网络协议栈的关系。
5. 嵌入式数据库应该具有哪些特点?
6. SQLite 中不存在服务器端,那么数据库引擎在什么位置? 这样的设计有什么优缺点?
7. 在实时系统设计中,对文件系统、数据库有哪些约束?
8. 搭建一个带有图形界面、文件系统和本地数据库的嵌入式系统,并开发图形化的文件、数据库访问软件。

第10章 嵌入式应用软件设计方法

There are two ways of constructing a software design: One way is to make it
so simple that there are obviously no deficiencies, and the other way is to make it
so complicated that there are no obvious deficiencies. The first method is far
more difficult.

—C. A. R. Hoare[①]

A model is a simplification of a system built with an intended goal in mind.
The model should be able to answer questions in place of the actual system.

—Jean Bézivin[②]

通用软件的设计主要聚焦于软件中的算法逻辑和接口,设计者几乎很少需要关注系统的底层原理,尤其是计算机的硬件机制。但设计嵌入式应用软件时的情形有所不同,设计者通常都要在一定程度上掌握嵌入式硬件以及系统软件的相关知识,以设计出匹配硬件特征的、可充分发挥硬件和系统能力的应用软件。一般而言,要开发的嵌入式应用软件越是靠近系统底层,对设计者的硬件、系统知识储备就会有越高的要求。因此,基于本书前面各章内容,本章重点围绕嵌入式应用软件设计的几个主要方面展开讨论。

10.1 嵌入式应用软件典型结构

软件是计算装置的"数字灵魂"。对于嵌入式应用软件(以下简称嵌入式软件)而言,软件的结构是影响其品质的关键因素之一。基于通用操作系统的体系结构与机制,应用软件的设计都采用了相似的多进程/多线程软件结构。然而,嵌入式系统的体系结构和能力具有多元的领域化特征,对软件的功能和性能要求也存在差异。因此,嵌入式软件中不可能采用统一的软件结构和模式,设计时需要根据硬件体系结构和应用特征选择合适的软件结构。本节将以原理分析和示例讨论相结合的思路阐述几种典型的嵌入式软件结构。

10.1.1 轮转结构

在第8章分析操作系统任务调度器时已经讨论了轮转调度的原理。在轮转调度中,任务调度器按照时间片或其他某种策略调度一组任务,使所有任务轮流使用处理器,"公平"地运行。实际上,嵌入式软件轮转结构的思想与之非常类似。所谓轮转结构,是指软件中仅有一个循环结构的代码在执行,该段循环代码按顺序查询不同I/O端口的状态或系统中的事件,并依据这些状态或事件顺序执行相应的代码分支。由此可知,轮转结构的软件非常简

---

① Charles Antony Richard Hoare(1934—),英国计算机科学家,图灵奖得主,设计了快速排序算法、霍尔逻辑以及用于描述并发性系统间交互模式的 CSP(Communicating Sequential Processes)形式语言。

② Jean Bézivin,法国南斯大学计算机科学系教授,软件建模技术专家。

单，整个软件中仅有一个循环体在运行，适用于简单且没有实时性、可靠性要求的嵌入式系统。

以下结合日常使用的数字万用表示例进行说明。假设有一个数字万用表，其分别以不同的欧姆、安培、伏特量程测量电路中的电阻、电流和电压。从硬件接口看，核心控制系统外接两个用于接触电路的探针、一个用于选择待测物理量和量程的旋钮开关以及一个连续显示测量数据的 LED 显示屏。数字万用表软件的基本工作流程如下：

（1）上电启动，跳转至程序的入口点执行。

（2）程序循环运行，检测当前旋钮开关位置，并据此执行相应的程序分支，获取测量数据。

（3）格式化测量数据，并在 LED 屏上显示。

（4）跳转至步骤（2）执行，直至关机。

下面是轮转结构的数字万用表软件伪代码，主函数 vDigitalMultiMeterMain 中实现了对旋钮开关所有位置的顺序检测和处理。

```
float read_ OHMS_1();                                  //读取硬件测量的欧姆值,量程单位 1Ω
float read_ OHMS_10();                                 //读取硬件测量的欧姆值,量程单位 10Ω
...
float read_VOLTS_100 ();                               //读取硬件测量的伏特值,量程单位 100V
void vDigitalMultiMeterMain(void){
    enum {OHMS_1, OHMS_10, ..., VOLTS_100} eSwithPosition;    //枚举定义全部的量程
    float Mvalue = 0;                                  //初始化测量值
    while (TRUE){
        eSwitchPosition =                              //读取开关的位置;
        switch (eSwitchPosition ){
            case  OHMS_1:
                Mvalue = read_ OHMS_1();
                ...                                    //格式化
                break;
            case  OHMS_10:
                Mvalue = read_ OHMS_10();
                ...                                    //格式化
                break;
            ...
            case  VOLTS_100:
                Mvalue = read_ VOLTS_100 ();
                ...                                    //格式化
                break;
        }
        ...                                            //将结果输出到 LED 显示
    }
}
```

即使是性能很低的微控制器也能在用户可承受的时间内多次快速地轮转整个程序分支，给出及时的响应，因此这种设计完全可以满足应用要求。由于不存在多任务及任务间的通信、同步、互斥等操作，所以这个软件的复杂度大大降低，可靠性易于得到保证。

然而，这一结构的缺点也是非常突出的。首先，当某个分支的处理时间达到数秒时，用

户将明显感觉到软件的操作响应变慢,或者在此期间不能监测到来的其他事件,造成事件丢失。其次,随着设备的不断增加,轮询和处理的周期变长,也会造成单个分支的响应速度变慢。再次,启动后的主程序会一直处于全速运行状态,系统功耗大,对电池供电系统是极大的挑战。最后,当不同的 I/O 接口具有不同的响应速度或优先级要求时,这种软件结构可能不再可用。

例如,假设某设备有 n 个 I/O 接口,每个接口的处理时间都不超过 $100ms$,第 $k(1 \leqslant k \leqslant n)$ 个 I/O 分支(A_k)必须在限定时间段(如每 $100ms$)内响应一次。那么,如果采用类似于上面的代码给出的轮转结构进行设计,其是否能够满足相应设备的性能要求呢?显然,如果其他 $k-1$ 个 I/O 分支的处理时间都非常小,且每次轮询这些 I/O 分支且全部执行的累计时间小于 $100ms$,那么第 k 个 I/O 接口对应的设备的时间约束是可以被满足的;但如果累计时间大于 $100ms$,这个时间约束就会被破坏。此时,上面给出的轮转软件结构显然已不能满足系统要求。为了能够继续使用这个软件结构,可以对其分支部分进行改造,设计如下所示的代码:

```
...
void main(void){
    while (TRUE){
        if (A₁)   A1_foo();
        if (Aₖ)   Ak_foo();              //处理 Aₖ
        if (A₂)   A2_foo();
        if (Aₖ)   Ak_foo();              //处理 Aₖ
        ...
        if (Aₙ)   An_foo();
        if (Aₖ)   Ak_foo();              //处理 Aₖ
    }
}
```

在这个软件结构中,每一个其他 I/O 分支的处理之后都会进行 A_k 事件的检测,且每一个分支的执行时间都在 $100ms$ 以内。从理论推算来看,这一改进的轮转结构对于该应用是可用的,而且成本只是增加了不到 50% 的主程序代码。然而,这个思路是不是能够解决所有类似的问题呢?再来分析一个更为复杂的例子。假设系统中存在多个具有不同时间约束的 I/O 分支,如 $A_{k-1}(2 \leqslant k \leqslant n+1)$ 要求 $50ms$ 内必须响应一次,$A_{k+1}(0 \leqslant k \leqslant n-1)$ 要求 $30ms$ 内必须响应一次,等等,那么应该如何改造上面的轮转软件结构,从而保证所有 I/O 分支都能正常响应呢?很显然,随着这样的 I/O 分支的增加,问题就会变得越来越复杂。轮转结构最终无法满足该类系统的嵌入式软件设计要求。即使可以采用轮转结构,也将会导致设计成本的大幅增加以及软件可靠性的下降。另外,轮转结构的顺序查询、依次响应方式从根本上也不能满足不同优先级 I/O 分支的响应要求。所以,轮转结构只适用于设计较为简单的嵌入式应用软件。

10.1.2 前后台软件结构

前后台软件结构也称为带有中断的轮转结构。顾名思义,就是将软件轮转结构与处理器中断服务机制相结合形成的软件结构。在该软件结构中,一个中断检测一个或一类事件,中断程序用于检测和记录外部事件,称为前台程序;而轮转函数则在无中断程序运行时执

嵌入式系统体系、原理与设计（第2版）

行，根据检测到的事件调用相应的函数进行处理，称为后台程序。前后台软件结构如图10.1所示。任何中断程序都会优先于任务程序执行，高优先级的中断先于低优先级的中断被响应。因此，不论何时，只要高优先级的外部事件到来，系统都将及时响应，例如图10.1中的高优先级事件3可以打断系统对低优先级事件2的处理。

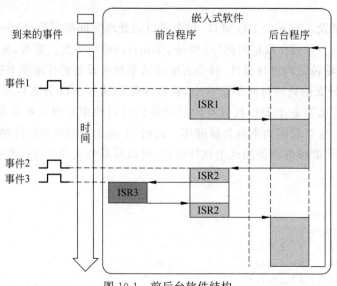

图 10.1　前后台软件结构

仍然以一组 I/O 事件为例，给出如下所示的前后台软件 C 语言伪代码：

```
//I/O 事件标志
BOOL fDeviceA1 = FALSE;
BOOL fDeviceA2 = FALSE;
...
BOOL fDeviceAm  = FALSE;
//I/O 事件检测中断
void interrupt vHandleDeviceA1 (void)  { fDeviceA1 = TRUE; }
...
void interrupt vHandleDeviceAm (void)  { fDeviceAm = TRUE; }
//主循环程序
void main (void) {
    关中断, 初始化定时器、I/O 等
    //设置中断向量表
    setvect (DeviceA1, vHandleDeviceA1);
    ...
    setvect (DeviceAm, vHandleDeviceAm);
    开中断
    while (TRUE){
        if (fDeviceA1){
            fDeviceA1 = FALSE;
            处理输入 I/O 设备 A₁ 或从 I/O 设备 A₁ 输出的数据
        }
        ...
        if (fDeviceAm){
            fDeviceAm = FALSE;
```

448

　　　　处理输入 I/O 设备 A_m 或从 I/O 设备 A_m 输出的数据
　　　}
　　}
}

在这段代码中,首先为每个 I/O 声明一个布尔变量,作为事件是否发生的标志。进而,利用 C 语言提供的 interrupt 关键字为每个 I/O 声明一个中断服务程序[①],中断服务程序中仅将相应的事件标志设置为 TRUE。这些中断服务程序构成软件的前台程序。主程序在初始化时关闭所有中断,并对基本的硬件参数进行设置,通过 C 语言的 setvect 函数(VxWorks 中为 intConnect 函数)初始化中断向量表。完成初始化后,在主程序中使能中断,并以无限循环方式在后台运行。如果有外部事件到来,那么相应的中断服务程序执行并设置事件标志。中断服务程序退出后,后台程序依次检查这些标志,并对为 TRUE 的标志依次进行处理。

由于中断具有优先级,因此前后台软件结构对外部事件的响应也会有优先次序。那么,前后台软件系统是否具有紧急事件的优先处理能力? 为了回答这个问题,仍然结合上述代码示例进行分析。假设设备 A_2 的中断优先级高于设备 A_1 的,A_1、A_2 的中断在后台程序处理 A_3 事件时先后到来,且 A_1 中断服务程序未完成时被 A_2 的中断服务程序抢先。那么,当两个中断服务程序完成后,标志 fDeviceA2 和 fDeviceA1 都被设置为 TRUE,后台程序继续恢复执行 A_3 的事件处理函数,然后依次检测 fDeviceA4,fDeviceA5,…,fDeviceAm。轮询一遍后,后台程序又从头开始检测,此时发现 fDeviceA1 为 TRUE,调用 A_1 的事件处理函数,完成后再执行 A_2 的事件处理函数。显然,在这个轮转的后台程序中,高优先级的 A_2 事件并不能被优先处理。也就是说,前后台软件结构并不能真正保证事件的优先级。

至此,读者可能会对这个软件结构产生疑问:如果高优先级中断正在执行,那么低优先级的外部事件到来时会不会检测不到? 实际上,这主要取决于中断控制器的中断管理特性:如果中断控制器不具备缓冲设计,则会丢失此时到来的事件;否则,该中断只是被延迟了。另外,由于在中断函数中仅需要占用一个或几个时钟周期执行一个变量的赋值操作,所需时间远远小于外部事件的到达周期,因此,只要缩减中断服务程序的执行时间,就可以进一步降低丢失事件的概率。

在实际设计中,还可以根据系统特性对前后台软件结构进行改造。在事务处理相对轻量的前提下,可以将事务处理从后台程序全部转移至中断服务程序,形成如下所示的中断驱动的软件结构:

```
//中断服务程序
void interrupt ISR_1(){
    action_1();              //处理事务 1
    action_r();              //处理事务 r
    …
}
…
void interrupt ISR_m(){
    action_k();              //处理事务 k
```

①　并非所有的编译器都支持 interrupt 关键字。例如,VxWorks 中中断服务程序的声明和普通函数相同。

```
        action_1();                      //处理事务 1
        ...
    }
    //后台程序
    void main() {
        关中断
        系统初始化，设置定时器及中断向量
        开中断
        ...
        while(1) {
            相关处理
            enter_low_power();           //进入低功耗模式
        }
    }
```

在该结构中，中断服务程序内串行完成多个事务的处理，之后退出；后台程序则进行系统的初始化，其循环执行进入低功耗模式的代码或指令。这种软件结构的特点在于：多个事务处理归于同一个中断，且可以实现优先级响应、处理；系统在多数时间都处于休眠状态，降低功耗。但要注意的是，使用该软件结构时，一定要确保同一中断在下次到来之前完成其所有事务的处理，且当所需中断的数量超出处理器所能提供中断源引脚的数量时，还需要对硬件的中断电路逻辑进行适当扩展。

10.1.3　函数队列调度结构

函数队列调度结构是对前后台软件结构的一个扩展，主要是在主程序和一组中断服务程序之间增加了一个共享的数据结构——函数指针队列，用于存放指向具体函数入口地址的指针。和前后台软件结构相同，中断服务程序只响应外部事件，并作为生产者在函数指针队列中添加中断处理函数的指针；主程序则作为消费者，从该队列头部读取函数指针并调用相应的函数执行。图 10.2 给出了函数队列调度结构的示例及其基本运行过程。

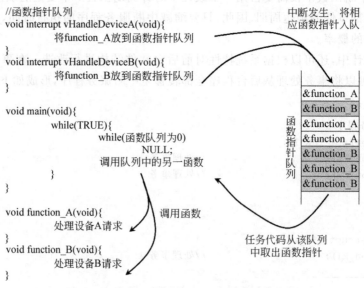

图 10.2　函数队列调度结构示例及其基本运行过程

　　采用函数队列调度结构时,一定要注意确保队列具有足够的长度,以避免出现写入溢出问题,否则可能会导致数据覆盖或无法写入,从而丢失中断事件。同时,由于中断服务程序与主程序及嵌套的中断处理程序之间共享函数指针队列,因此,在代码设计中一定要避免引起数据访问冲突的操作。

　　通过优化函数指针队列的管理方法,函数队列调度结构可以真正实现对优先级的支持。具体而言,主要是修改中断服务程序中的写队列机制,以保证队列中每一个函数指针元素之前不存在比其优先级低的函数指针;而后台主程序的设计保持不变,仍然是依次读取函数指针。显然,采用这种基于优先级的排队机制可以实现一个按优先级顺序排列的函数指针队列,这是一个比较好的优先级处理方式。但是其存在的不足是:在中断服务程序中要进行队列的查询和队列元素的移动,且随着队列长度的增加,访问开销会大大增加。另一种方案是:保持中断服务程序的逻辑不变,每次仍将函数指针添加至队列末尾,而在主程序中增加一个中断处理函数指针的优先级记录数组,每次都在队列中查找第一个最高优先级的函数指针调度执行。这种方式能降低中断服务程序的处理开销和可能出现的风险。另外,也可以考虑采用双向链表和一组指向不同优先级函数起始位置的指针实现一个可快速访问的优先级队列,以空间换时间。读者可以自行设计原型代码并进行对比和分析。另外,基于优先级函数队列进行调度,低优先级的中断处理函数可能永远不会被调度执行。要解决这个问题,就需要在主程序中采取更为复杂的机制,也请读者进行思考。

　　就该软件结构的优先级调度性能而言,如果系统中仅存在一个最高优先级的任务,那么该任务的最坏响应时间就是软件中最耗时的事件处理函数的执行时间。也就是说,当软件中最耗时的事件处理函数开始被后台程序调度执行时,如果此时最高优先级的中断到来并将其处理函数的指针写入队列,那么,仅在当前事件处理函数执行完成后,后台程序才会调用最高优先级的中断处理函数。如果最高优先级上有多个中断,那么这个最坏响应时间还要包括该中断之前所有同级中断的处理时间。总体而言,函数队列调度结构能够支持优先级调度,但并不能实现第8章中所述的抢先式调度。

10.1.4　基于嵌入式操作系统的软件结构

1. 事件驱动的多任务结构

　　总体而言,上述软件结构是比较简单的,都属于单任务或单任务＋多中断的形式,适合较为简单的嵌入式软件设计。在实际中,常常需要设计具有多任务协同等高级特征的嵌入式软件,例如用于数据采集、数据处理、对象控制、用户交互、网络通信的一组任务(而非中断),此时上述软件结构就不能满足设计的要求。如前所述,嵌入式操作系统内核提供了基于事件/时间驱动和内核调度器的多任务管理结构,提供了资源管理、多任务及多任务管理等丰富的服务机制,为设计更为复杂的嵌入式软件提供了良好支持。

　　以下简要描述嵌入式软件,尤其是嵌入式实时软件的基本运行特征:

　　(1) 在时间片到来之前或外部事件响应之前,系统通常应处于等待状态。

　　(2) 由外部事件引发中断,或通过硬件时间发生器产生的时间片触发中断。

　　(3) 应让每个任务在大多数时间处于阻塞状态,等待中断或其他任务的触发。

　　以软件逻辑结构如图 10.3 所示的电报机嵌入式软件为例进行分析。在该软件中有两个中断:一个是网络数据接收中断;另一个是串口数据接收中断。两个中断服务程序分别完成网络接口和串行接口上的数据接收。另外,该软件中还有 3 个任务。链路层协议任务对网络接口上接收的数据进行判断,确定是网络状态查询、本机的网络数据还是非法数据,并根据不同的数据做出相应的处理。如果是本机数据,则将数据进一步提交给协议处理任务。该任务判断接收到的数据是获取状态命令还是打印数据。若是获取状态命令,则将状态返回给链路层协议任务;若是打印数据,则将数据提交到串行接口任务。在没有任何外部事件发生时,所有的中断服务程序和系统任务都不运行或处于阻塞状态,此时处理器更多地处于空闲状态或休眠状态。有外部事件到来时,触发中断服务程序执行。中断服务程序获取数据并通过嵌入式操作系统的消息机制把等待处理的数据提交给相应的任务,如链路层协议任务或串行接口任务,此时被阻塞的任务被激活。操作系统调度器调度就绪任务处理数据,然后该任务将数据提交到下一级任务,自身转入阻塞状态。操作系统调度就绪的任务继续执行。整个过程以此类推,直至一次数据处理全部结束。

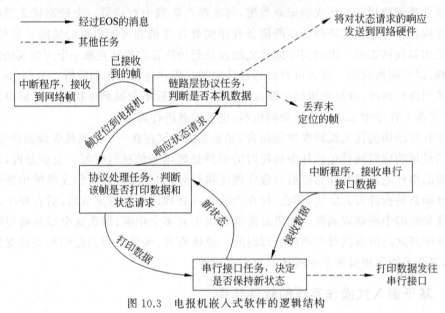

图 10.3　电报机嵌入式软件的逻辑结构

在这个任务结构中,触发任务执行的事件可以是 I/O 中断、定时器中断以及内核事件,而任务可以是具有固定到达间隔的周期性任务(periodic task)、具有最大到达间隔限制的偶发性任务(sporadic task)、随机到达的非周期性任务(aperiodic task)以及处理器空闲时就会一直运行的 Anytime 任务[①]。一个多任务系统通常是由这些不同类型事件和任务所组成的有机混合体。

采用事件驱动的多任务结构具有诸多优点:软件无须持续运行,大大节省了系统的资源开销和能耗;任务独立运行且通过内核机制进行任务间通信,降低了任务间的耦合度和软件的故障率;每个任务都可采用独立的设计以及适合任务特性的实现机制;提高了软件质量及可维护性。

---

① 根据有无严格的截止期约束,任务可以分为实时任务或非实时任务。而根据对系统的关键程度,任务可以分为关键性任务(critical task)和非关键性任务(noncritical task)。所谓关键性任务,一般指失效时会导致系统核心功能也失效甚至发生灾难的任务。

2. 模块化任务设计

本质上,多任务与模块化的软件设计思路是相呼应的,一个任务可以对应软件中的一个或几个功能模块。因此,确定软件模块的划分、任务数量的多少也是该类软件设计中需要考虑的一个重要方面。基于多任务思想实现应用软件时,任务的粒度越小,每个任务的功能就越单一,任务间的独立性就越好,进行代码维护和性能优化也就越方便。然而,任务的粒度是不是一定要尽可能地小呢? 实际上,随着任务粒度的不断缩小,软件中的任务数量会不断增加,任务间通过内核机制进行通信和交互的次数、任务上下文切换的次数也将会更加频繁,这些操作都将累积产生可观的时间开销。例如,在运行于 20MHz 嵌入式处理器的某嵌入式实时操作系统中,获取、释放一个信号分别需要 $10\mu s$ 和 $6\sim38\mu s$,写入、读取消息队列分别需要 $49\sim68\mu s$ 和 $12\sim38\mu s$,建立、删除一个任务分别需要 $158\mu s$ 和 $36\sim57\mu s$,而切换任务的上下文则需要 $17\sim35\mu s$。显然,不断增加的任务数量会引起更多的内核操作,进而导致更多的处理器开销和时间延迟。因此,软件中任务的划分粒度并非越小越好。在软件设计方法学中,一般要求单个任务/模块的功能尽量单一和内部聚合,任务之间则通过接口松散耦合。通常情况下,由设计者基于软件工程思想和设计经验进行任务、模块的划分。任何可以保证系统功能正确性及各个任务时间正确性的设计都应该是有效的。

通过如上分析可知,不同的嵌入式软件结构对整个系统的控制能力、响应速度以及设计复杂度都会产生影响。前 3 种软件结构既适用于裸机软件的设计,也在一定程度上适用于基于操作系统的单任务软件设计。基于嵌入式操作系统的软件结构则最为复杂,可以支持复杂多任务的嵌入式软件开发。在实际开发过程中,这些嵌入式软件结构既可以单独使用,也可以混合使用。但在注意,使用操作系统必然引入对 Flash、RAM 资源规模以及处理器处理能力的更高要求。因此,软件结构的选择要综合考虑应用功能、系统资源、开发复杂度、成本等多方面的因素,一般应遵循从简原则。

10.2　中断与数据共享问题

10.2.1　中断服务程序设计

1. 基本设计方法

中断在嵌入式系统中广泛应用,所以,中断服务程序设计也是嵌入式开发人员需要掌握的嵌入式软件机制之一。在前面的章节中,已经深入探讨了处理器中断机制的基本工作原理,也已经提及了一些中断服务程序设计的理念。本节将结合不同的嵌入式软件形式,阐述基本的中断服务程序设计方法。

处理器在捕获中断之后,将在中断向量表中查找中断服务程序的入口地址,并自动跳转至该地址执行。不同的处理器支持的中断数量、类型以及映射关系不同。例如,基本的 8051/8052 微控制器提供了表 10.1 所示的一组基本中断,在部分衍生产品中可以支持 $0\sim31$ 共 32 个中断。同时,表 10.1 中给出了设置中断向量的汇编代码示例,这段代码位于整个汇编代码的最开始位置。以串口中断为例,在示例中设计了一段以 RECEIVE 为入口标识的串口数据接收代码。当串口有数据到来时,产生 4 号中断,处理器跳转至 ORG 0023H 地址执行,进而通过 AJMP RECEIVE 跳转语句跳转到串口中断服务程序。当中断服务程序完成后,应该执行 RETI 从中断返回,处理器根据栈顶保存的 PC 地址返回中断前的执行状态。

表 10.1　8051/8052 标准中断及设置代码示例

中断号	类　　型	ISR 地址	设置中断向量的汇编代码示例
0	外部中断 0	0003H	ORG 0003H;　　　;外部中断 0 AJMP RETURN　;无处理函数,返回 NOP　　　　　　;空操作 AJMP RETURN　;返回,防止跑飞到此
1	定时器/计数器中断 0	000BH	ORG 000BH　　　;定时器中断 0 AJMP TIMER0　;跳转至定时器 0 中断服务程序 NOP　　　　　　;空操作 AJMP RETURN　;返回,防止跑飞到此
2	外部中断 1	0013H	ORG 0013H　　　;外部中断 1 AJMP RETURN　;跳转至外部中断 1 的中断服务程序 NOP　　　　　　;空操作 AJMP RETURN　;返回,防止跑飞到此
3	定时器/计数器中断 1	001BH	ORG 001BH　　　;定时器中断 1 RETI　　　　　　;无处理函数,返回 NOP　　　　　　;空操作 AJMP RETURN　;返回,防止跑飞到此
4	串口中断	0023H	ORG 0023H　　　;串口接收中断 AJMP RECEIVE;跳转至串口接收中断服务程序
5	定时器/计数器中断 2 (8052)	002BH	ORG 0023H　　　;定时器中断 1 RETI　　　　　　;无处理函数,返回

针对该类处理器,Keil 提供的 C51、Cx51 编译器分别支持标准中断和 32 个扩展中断。这两个编译器提供了 interrupt 关键字声明一个中断服务程序。以下面的中断服务程序代码为例:

```
//中断服务程序源代码
1  extern bit alarm;
2  int alarm_count;
3  void isr_exam (void) interrupt 1 using 3 {
4      alarm_count *= 2;
5      alarm = 1;
6  }

//生成的汇编代码
    ;函数 isr_exam (开始)
              ;源代码第 3 行
0000 C0E0        PUSH  ACC
0002 C0D0        PUSH  PSW
              ;源代码第 4 行
0004 E500    R   MOV   A,alarm_count+01H
0006 25E0        ADD   A,ACC
```

```
0008 F500    R    MOV   alarm_count+01H,A
000A E500    R    MOV   A,alarm_count
000C 33           RLC   A
000D F500    R    MOV   alarm_count,A
                  ;源码第 5 行
000F D200    E    SETB  alarm
                  ;源码第 6 行
0011 D0D0         POP   PSW
0013 D0E0         POP   ACC
0015 32           RETI
     ;函数 isr_alarm (结束)
```

在上面的代码中,语句 void isr_exam(void) interrupt 1 using 3{}声明函数 isr_exam 为中断服务程序。interrupt 后面的参数 1 和 using 后面的参数 3 分别表示 isr_exam 函数是中断 1 的中断服务程序并使用 3 号寄存器组。根据这些参数,编译器会生成相应的中断向量表。注意,如果要在该中断服务程序中调用另外一个函数,需要在该函数的声明之前使用预处理指令♯pragma registerbank(3)指定 isr_exam 函数使用 3 号寄存器组。如果该函数使用与中断服务程序不同的寄存器组,中断程序调用该函数时就会产生错误。

从 VxWorks 手册可知,中断体系结构库 intArchLib 中提供了丰富的、与体系结构无关的中断服务机制。VxWorks 中断服务程序的声明与普通函数相同,通过 intConnect 函数将中断服务程序和某个中断向量进行关联,示例代码如下所示:

```
#define IRQ_Num 10 //中断号
//主程序
void main() {
    ...
    //设置中断向量
    if(TRUE == intConnect((VOIDFUNCPTR) INUM_TO_IVEC (IRQ_Num+ 0x20), IRQ_ISR,
0)) {
        if(sysIntEnablePIC(IRQ_Num)==OK) {      //使能中断
            print{("中断使能成功.\n");
        }
    }
    ...
}
//中断服务程序
void IRQ_ISR() {
    int intLockKey;
    intLockKey=intLock();
    ...                                         //临界区
    intUnlock(intLocKey);
}
```

intConnect 函数以独占方式使用中断向量,对中断服务程序进行封装,进而将封装代码的首地址与中断描述符进行关联。中断产生时,系统查询中断描述符表后会直接跳转至封装代码的首地址,在封装代码中保存寄存器,设置堆栈,并跳转至相应的中断服务程序执行,完成后恢复寄存器和堆栈设置,返回之前执行的现场。VxWorks 中还针对多个 PCI 设备可以共享一个中断的特征提供了一种共享式的中断关联机制,允许通过 pciIntConnect 函数将一个中断处理函数挂接到某个 PCI 中断。其内部使用了一个链表记录这些中断服务程序。当中断发生后，VxWorks 将依次调用链表上的每一个中断服务程序。每个中断服务程序被调用时，将自动查询是否是自身的设备产生了中断。如果是，则响应；否则立即返回并由系统调用下一个中断服务程序。

针对 MC680x0、x86、MIPS、SH、SimSolaris、SimNT 等处理器体系结构，VxWorks 提供的 intVecSet 函数可以将一个异常/中断/陷阱的处理句柄与一个特定的中断向量进行关联。这个中断向量是处理器中断向量表中的一个偏移地址。需要再次强调的是，不同处理器的中断向量表具有不同的起始位置，例如，在 x86 中为 0 地址，在 MIPS 中则可以由软件设置。ARM 处理器复位后的中断向量表地址固定为 0x00000000 或 0xFFFF0000。同时，ARM 允许用户在特权模式软件中使用向量表偏移寄存器（VTOR）或 AArch64 体系中的向量基地址寄存器（VBAR）将中断向量表的起始地址设置到 0x00000080～0x3FFFFF80 内存空间的任何位置。针对中断向量表起始地址可变的处理器，VxWorks 提供了 intVecBaseSet 等系统函数，允许开发者根据内存状况灵活设置初始地址。另外，设计者可以使用中断优先级配置函数，如 VxWorks 中的 intLevelSet 函数，设置不同中断的优先级。

2. 设计原则

由于中断本身的特殊性，中断服务程序的设计较普通任务的设计存在更多的约束，例如中断服务程序一定要尽可能快地完成执行。也就是说，可以不在中断服务程序中进行的处理，就不应出现在中断服务程序中。下面进一步给出针对中断服务程序的设计原则。

原则 1：中断服务程序不能调用任何可能会导致其阻塞的内核服务。

嵌入式操作系统提供了丰富的内核服务机制可供任务和中断服务程序使用。但是，在中断服务程序中不能使用诸如获取信号量、阻塞式读取可能为空的队列或信箱、等待事件等服务。如果中断中使用了该类机制，那么当信号量不可用或队列、信箱为空时，中断服务程序将被阻塞。这种阻塞将直接导致系统执行过程不可预测，也可能导致整个系统停止运行。例如，当一个中断服务程序在一个任务持有信号量后开始执行，如果在中断服务程序中尝试获取该信号量，那么会因为任务不能执行且无法释放信号量而引起死锁问题。

原则 2：中断服务程序中不能调用任何可能引起嵌入式操作系统切换任务的内核服务，除非内核知道这是一个中断服务程序。

中断服务程序中使用内核服务写队列、写信箱、设置事件或释放信号量同样可能存在风险，这取决于嵌入式操作系统内核中任务调度机制的设计。如果一个操作系统的内核在执行了写队列、信箱以及设置事件或释放信号量等操作之后会在就绪队列上进行任务调度，那么系统就会从触发事件的当前任务切换到另一个任务运行。显然，如果触发事件的是中断服务程序，就将导致中断服务程序被阻塞，从而无法及时响应和处理外部事件，导致系统错误。

在前面的内容中提到，某些操作系统，如 μC/OS Ⅲ，并没有对中断服务程序使用这些内核服务进行非常严格的限定。这主要是因为在其操作系统内核中进行了优化设计，内核能够判断当前是在执行普通任务还是中断服务程序。μC/OS Ⅲ 内核中提供了一个公共变量 OSIntNestingCtr，并在每个中断服务程序的开始都增加了一条 OSIntNestingCtr＋＋；语句，如下所示：

//普通中断服务程序　　　　　　　　　　(1)

```
关闭内核可以响应的所有中断;                    (2)
保存 CPU 寄存器;                              (3)
OSIntNestingCtr++;                           (4)
if (OSIntNestingCtr == 1) {                  (5)
    OSTCBCurPtr->StkPtr = 当前任务的 SP 值;
}
清除中断标志;                                (6)
使能内核可以响应的所有中断(可选)              (7)
调用用户的中断服务程序;                       (8)
OSIntExit();                                (9)
恢复 CPU 寄存器;                             (10)
从中断返回;                                  (11)
```

多个中断程序嵌套时,OSIntNestingCtr 的值大于 1。当任意一个中断服务程序退出时,内核都会自动将 OSIntNestingCtr 的值减 1。那么,只要 OSIntNestingCtr 的值大于 0,内核就知道当前正在执行中断服务程序,此时即使执行了写队列、信箱、设置事件、释放信号量等操作,内核也不会进行任务的调度。

如果中断服务程序与操作系统无关,即中断服务程序中不使用任何内核服务,还可以进一步对中断服务程序进行简化,如下所示:

```
//精简的中断服务程序                          (1)
保存中断服务程序所需要的 CPU 寄存器;           (2)
清除中断标志;                                (3)
不再使能中断;                                (4)
调用用户的中断服务程序;                       (5)
恢复保存的 CPU 寄存器;                        (6)
从中断返回;                                  (7)
```

在精简的中断服务程序结构中可以省略与内核相关的操作,从而提高中断服务程序的执行效率,这种方法常用于快速中断的中断服务程序设计。

原则 3:避免执行内存等资源的申请、释放操作。

诸如 malloc、free、open、close 等底层的资源分配、释放、打开和关闭操作以及任务的创建、销毁等操作,通常有一定的不确定性,可能会出现无法分配/打开/创建、错误释放、禁止销毁等问题。如果在中断服务程序中引入这样的操作,就需要增加用于处理相应异常情况的代码逻辑,这可能会增加中断服务程序的运行时间。同时,如果出现异常情况,还可能导致中断服务程序的运行不可测,进而影响系统的可靠性。因此,中断服务程序中应尽量避免使用这些可能失败或失效的底层资源访问操作。

10.2.2 避免/消除数据共享

1. 数据共享问题

不论是裸机软件还是基于嵌入式操作系统的软件,通过共享的内存空间在中断与任务之间、任务与任务之间进行少量数据的传递是非常简单有效的数据通信方式,也是设计者经常使用的数据通信方式之一。然而,这种看似简单的通信方式却经常会让软件存在潜在的出错风险。以下结合一个核反应堆嵌入式软件的设计示例进行分析。

假设核反应堆中有两个温度传感器,控制系统每隔一段时间就采集两个传感器的数据。监测过程中,如果两个传感器的温度相同,则核反应堆正常;否则就应判定为异常,控制系统

应立即报警。核反应堆软件的设计采用了前后台软件结构。其中，前台的中断服务程序
vReadTemperatures 周期性采集传感器数据，并通过整型的静态共享变量 iTemperatures
[2] 将数据传递给后台主程序。后台主程序中将 iTemperatures[2] 的值赋给变量 iTemp0
和 iTemp1，并进行温度判断，如果不相等则报警。

共享变量的定义如下：

```
static int iTemperatures[2];
```

代码如下所示：

```
//中断服务程序
void interrupt vReadTemperatures(void) {
    iTemperatures[0]= 从传感器 1 读取的温度;
    iTemperatures[1]= 从传感器 2 读取的温度;
}
//后台程序
void main(void) {
    int iTemp0, iTemp1;
    while(TRUE) {
        iTemp0 = iTemperatures[0];              (1)
        iTemp1 = iTemperatures[1];              (2)
        if(iTemp0 != iTemp1)                    (3)
            发出警报
    }
}
```

这个软件逻辑在大多数时候都是正常的，但是在某些临界的时刻却会发生错误。例如，
在主程序执行完语句(1)后，iTemp0 变量被赋值为 74。此后中断到来，中断服务程序读入
了两个新的传感器数据且都为 75。中断服务程序退出后，主程序从语句(2)继续执行，将变
量 iTemp1 赋值为 75。这时，主程序在语句(3)进行比较时发现，两个传感器的温度不相
等，便判定系统出现故障并发出警报。然而，此时的核反应堆系统实际上是正常的。究其原
因，就是中断服务程序与主程序在访问共享变量 iTemperatures[2] 时出现了竞争，主程序中
的非原子赋值操作导致了数据的不一致，出现了数据共享问题。

分析以上示例之后，读者可能已经想到了使用嵌入式操作系统中的信号量、临界区机
制。但如原则 1 所述，中断服务程序中不应使用获取信号量的内核服务。或者说，在裸机软
件中也不存在这样的机制。那么，如何才能解决这类数据共享问题呢？

由上面的代码可知，导致这个错误的主要原因是语句(1)和(2)之间发生了中断，如果
能够避免这种现象，就可以解决该代码中的数据共享问题。一旦找出问题的所在，问题就已
经解决了一半。下面的代码首先给出了一个解决方法：修改主程序，用一条比较语句替代
上面的代码中的两条赋值语句，避免在两条语句之间产生中断。

```
void main(void) {
    int iTemp0, iTemp1;
    while(TRUE) {
        if(iTemperatures[0]!= iTemperatures[1])
            //发出警报
    }
}
```

那么,一条比较语句就真的能够消除上述问题吗? 这又需要从微观的角度进行分析。下面给出了 if 语句对应的汇编代码。

```
...
MOVE    R1, (iTemperatures[0)       (1)
MOVE    R2, (iTemperatures[1)       (2)
SUBTRACT    R1, R2
JCOND ZERO, TEMPERA_OK
...      ;发出警报
...
TEMPERA_OK:
...
```

显然,if 语句中的变量比较操作实际上对应了将两个变量值分别赋给 R1 和 R2 两个寄存器,然后进行减法和是否为零判断的操作等,至少包括 4 条汇编指令。实际上,处理器在每条指令执行完之后将检测是否有中断产生。因此,在汇编语句(1)和(2)之间仍然有可能发生中断。显然,这种解决方案实际上是无效的。

由于共享数据的方法被普遍地使用,因此数据共享问题极为常见。由于指令的执行都只有几个时钟周期,因此中断在这个特殊的时间间隔中出现的概率非常低,也就使得这种问题非常隐蔽。只要设计的中断服务程序与任务代码使用了共享数据机制,设计者就一定要保持怀疑的态度。在阅读了 10.3.1 节内容后,读者对此将会有非常深刻的体会。

2. 解决方法分析

仍然结合一个例子分析数据共享问题的解决方法。假设系统的硬件定时器每秒产生一个中断,中断服务程序 vUpdateTime 进行计时,在任务函数 ISecondsSinceMidnight 中计算午夜零点到当前时间的秒数,两者共享 3 个整型静态变量 iSeconds、iMinutes 和 iHours,定义如下:

```
static int iSeconds, iMinutes, iHours;
```

代码如下所示:

```
//ISecondsSinceMidnight 函数
long ISecondsSinceMidnight (void) {
    ...
    return( (((iHours * 60) + iMinutes) * 60) + iSeconds );
}
//中断服务程序 vUpdateTime
void interrupt vUpdateTime (void) {
    ++ iSeconds;
    if(iSeconds >= 60) {
        iSeconds=0;
        ++iMinutes;
        if(iMinutes >= 60) {
            iMinutes=0;
            ++ iHours;
            if(iHours >= 24)
                iHours=0;
        }
    }
    ...
}
```

这段代码中存在数据共享问题。在 ISecondsSinceMidnight 函数的 return 语句中，需要依次（顺序取决于编译器）从内存中读取 iHours、iMinutes、iSeconds 变量的值到寄存器中并进行加法运算。在这个过程中，中断的发生将会改变其中任意一个甚至 3 个变量的值。例如，当前时间为 3∶59∶59，函数 ISecondsSinceMidnight 读共享变量 iHours 的值为 3。此后，若时钟中断立即到来，当前时间将更新为 4∶00∶00，那么中断返回后 iMinutes 和 iSeconds 都被更新为 0。这样，主程序中读出的时间实际就成了 3∶00∶00，计秒结果为((((3 * 60)＋0) * 60)＋0)，出现 1h 的误差。

由上述几个例子可知，出现数据共享问题的关键都是在主程序的关键代码区域发生了中断，破坏了这些代码的原子性。显然，倘若能够保证在该区域不产生中断，应该就可以避免这个问题。基于这一思路，下面给出了基于开关中断的主程序优化方案，其中 disable 和 enable 分别为禁止中断和使能中断的函数。由于在主程序中获取这 3 个变量的语句前后分别使用了关中断、开中断操作的语句(1)和(2)，保证了访问共享变量的原子性，从而消除了数据共享问题。共享变量定义如下：

```
static int iSeconds, iMinutes, iHours;
```

ISecondsSinceMidnight 函数代码如下：

```
long ISecondsSinceMidnight (void) {
    long lReturnVal;
    ...
    disable();                                              (1)
    lReturnVal= (((iHours * 60) + iMinutes) * 60) + iSeconds;   (2)
    enable();                                               (3)
    return(lReturnVal);
}
```

从结果看，上述开关中断的方式似乎是非常有效的。但是，如果再仔细分析，仍然可以发现一些潜在的问题。第一，如果有新的中断在关中断的期间到来，新的中断请求可能不会得到及时响应。在本例中，关中断不是一个大问题，然而对于一些关键事件、实时事件而言，关中断就可能是灾难性的。第二，当软件中有多个后台任务都有关中断、开中断的操作或者 ISecondsSinceMidnight 函数被其他多个任务共享调用时，这种机制中的关中断也可能失效。例如，在 ISecondsSinceMidnight 函数的一个调用实例中执行了关中断操作，随后，其他任务同样在调用该函数后也执行了关中断操作。当其他任务还未退出临界区时，如果第一个调用实例恢复执行并在完成处理后打开了中断，就会完全破坏其他调用实例中的中断关闭状态，从而又出现数据共享问题。为此，上面的 ISecondsSinceMidnight 函数并不适合被多个并发/并行的任务同时调用，应继续优化其逻辑。

参照 μC/OS Ⅲ 中的中断计数机制设计，下面给出了一个采用关中断计数的代码优化方案。该方案首先引入一个全局共享的静态字符型变量 count，初值为 0。在任何任务的 disable();语句后都对 count 进行加 1 操作，表示增加了一个当前处于临界区的任务；在临界区代码之后执行 count 减 1 操作，表示有一个任务离开了临界区。每个任务通过判断 count 是否大于 0，就可以知道是否还有其他任务处于临界区。如果是，就不能执行 enable();语句。但细心的读者可能已经发现了，这个方法在解决问题的同时又引入了一个新的共享变量 count。那么，就要考虑多个任务或函数调用中共享访问变量 count 时会不会产生数据共享问题。其实,这里将 count 定义为 char 型的目的就在于让语句 count＋＋;只对应一条汇编指令,以保证加 1 操作的原子性。如果将 count 定义为超出寄存器宽度的变量类型,加 1 操作就可能会对应多条读取、加法操作,仍然会出现和前面相同的数据共享问题。当然,是否出现共享数据问题还取决于加 1 操作的实现机制。如果将变量先读入一个寄存器,将寄存器的值加 1,再将寄存器的值赋给该变量,那么仍然可能导致 count 上的数据共享问题。因此,这个方案是否可行,还要进一步取决于处理器中的硬件机制。在这个方案中,共享变量的定义如下:

```
static int iSeconds, iMinutes, iHours;
static char count = 0;        //记录执行关中断操作的任务数量
```

ISecondsSinceMidnight 函数代码如下:

```
long ISecondsSinceMidnight (void) {
    long lReturnVal;
    disable();
    count++;
    lReturnVal= (((iHours * 60) + iMinutes) * 60) + iSeconds;
    count--;
    if(count <= 0) {
        count = 0;          //没有其他中断任务在关中断状态
        enable();           //打开中断
    }
    return(lReturnVal);
}
```

另一种思路是将 lSecondsToday 设置为共享变量,由中断服务程序计算 lSecondsToday 的值并在 ISecondsSinceMidnight 函数中使用。

共享变量的定义如下:

```
static int iSeconds, iMinutes, iHours;
static long lSecondsToday;
```

IsecondsSinceMidnight 函数代码如下:

```
long ISecondsSinceMidnight (void) {
    ...
    return(lSecondsToday);       (1)
}
```

语句(1)的 16 位处理器汇编代码如下:

```
MOVE R1, (lSecondsToday)
MOVE R2, (lSecondsToday+1)
...
RETURN
```

中断服务程序 vUpdateTime 代码如下:

```
long lSecondsToday;
static int iSeconds, iMinutes, iHours;
void interrupt vUpdateTime (void){
    ++lSecondsToday;
    if((60 * 60 * 24 == lSecondsToday))
```

```
    ...
    if(iSeconds >= 60){
        ...
    }
    ...
}
```

本质上，这个方案依然存在与前面同样的问题。从微观上分析，这个方案是否能够解决数据共享问题依然取决于处理器的体系结构。例如，语句(1)在64位处理器上可能仅对应一条汇编指令，可以保证读取变量操作的原子性。但在16位处理器中，情况就完全不同了。由于寄存器的宽度不够，语句(1)就会被翻译成多条MOVE汇编指令。如果在这些MOVE指令中间产生了定时器中断，仍然会产生共享变量的读取错误。显然，代码的正确性对处理器的体系结构有依赖性，将某个平台上正常运行的代码移植到另一个平台后，未必可以正常运行，在嵌入式软件设计中，这个特点一定要引起设计者注意。这也表明，一个优秀的设计者需要深入理解计算系统的体系结构与特性，要善于从宏观到微观、从软件到硬件、从高级语言到低级语言的多维视角看待和分析问题。

在该方案的基础上，以下再给出一个优化的解决方案。在函数ISecondsSinceMidnight中增加一个读取lSecondsToday变量的while循环。该函数在执行lReturn＝lSecondsToday;赋值语句之后，while循环会首先判断前面读取的值和当前lSecondsToday变量的值是否相等。如果两个值不相等，则重复读取变量并进行判断;否则，读取的数据有效，退出循环。很显然，这个简单的while循环并不能防止在执行LSecondsSinceMidnight函数的语句(1)～(3)期间有中断服务程序执行，也不能杜绝前面所述的数据错误。但是，这个循环能够保证在数据出错时重新从内存读取新值，直至正确。到目前为止，这应该是一个非常好的、简单有效的解决思路了。在该方案中，共享变量定义如下:

```
static int iSeconds, iMinutes, iHours;
static long lSecondsToday;
```

ISecondsSinceMidnight函数代码如下:

```
long ISecondsSinceMidnight (void) {
    long lReturn;
    lReturn = lSecondsToday;                      (1)
    while (lReturn != lSecondsToday)              (2)
        lReturn = lSecondsToday;                  (3)
    return(lReturn);
}
```

语句(1)～(3)的汇编代码如下:

```
MOVE R1, (lSecondsToday)                          (1)
MOVE R2, (lSecondsToday+1)                        (2)
MOVE IReturn, R1                                  (3)
MOVE IReturn+1, R2                                (4)
MOVE R1, (lSecondsToday)                          (5)
MOVE R2, (lSecondsToday+1)                        (6)
MOVE R3, (IReturn)                                (7)
MOVE R4, (IReturn +1)                             (8)
SUBTRACT R1, R3                                   (9)
```

```
JCOND ZERO, OK1                              (10)
…

OK1:
SUBTRACT R2, R4                              (11)
JCOND ZERO, OK2                              (12)
…

OK2:
…
```

然而,该方案是否完全正确、可行呢? 这时需要进一步延伸思路,为此,先来讨论编译器的优化编译属性。编译器大都有代码优化编译的能力,在编译代码过程中,优化编译可以消除无效代码、提高代码执行效率并减小最终代码的大小。就上面最后一个方案而言,编译器在解析、生成汇编代码之后会发现,汇编代码中的语句(5)和(6)是多余的,因为汇编代码语句(3)和(4)并没有改变内存变量 lSecondsToday 的值和寄存器 R1 的值。这样的代码不但没有任何意义,反而会增加软件的存储空间和处理时间。因此,具有优化能力的编译器一般会自动将语句(5)和(6)优化掉。目标代码中的汇编代码语句(5)和(6)被编译器删除后,程序的运行情况将会发生质的变化。如果在汇编代码语句(1)和(2)之间发生了共享数据错误,那么读取的 lSecondsToday 值就会出现错误。然而,继续执行语句(2)、(3)、(4)、(7)、(8)之后,R1 与 R3 的值、R2 与 R4 的值分别相等,此时,lSecondsToday 的错误取值将不会被发现。显然,汇编代码语句(5)和(6)对于整个程序是有意义的,但编译器并不知道这一点。究其原因,编译器发现语句 lReturn=lSecondsToday;之后并没有任何给 lSecondsToday 变量重新赋值的操作,便认为 while(lReturn != lSecondsToday)中的 lSecondsToday 变量值就是之前读入内存的值,因此,无须再次从内存中重新加载。编译器不知道变量 lSecondsToday 的内存值可能会在汇编代码语句(1)、(2)之后被其他任务修改。为了保证这个逻辑继续有效,就需要告知编译器这样一个事实:"lSecondsToday 变量在其他代码中可能被修改,这段逻辑不能被优化。"为了解决这个问题,最简单的办法就是关闭编译器的优化功能,这将保证设计的任何代码逻辑都是有效的。但是,关闭编译器的优化功能对于嵌入式软件来说并非最优的选择,因为无效代码将会影响软件的性能。

实际上,在嵌入式软件的编译器设计中已经充分考虑了这个问题,并提供了相应的解决方案。在 C 语言编译器中,关键字 volatile(表示易失的)就被用来警告编译器:由 volatile 关键字声明的变量,其值可能会因为中断程序或者其他编译器所不知道的原因而发生改变。一旦一个变量具有 volatile 属性,那么凡是引用该变量的地方都需要从内存中重新读取其值,编译器将不会再把读写该变量的任何代码删除。在上面最后一个方案中,声明 static volatile long lSecondsToday 变量,将会避免编译器对 while 循环代码的优化。需要注意的是,不同的嵌入式软件编译器可能存在差异,如果编译器不支持 volatile 关键字,对于上面最后一个方案的代码逻辑就只能采用关闭编译器优化功能的方式进行处理。在这种情况下,只能要求设计者一定要编写出高质量的代码。

结合上面的示例,本节探讨了不采用操作系统内核机制解决数据共享问题的几种方法。除了这些方法之外,还有很多方法可供设计者使用。例如,可以采用双缓冲区+缓冲区标志的方式避免中断服务程序与主函数同时访问同一个共享变量,进而根据中断的到达速度还可以将这个双共享区数据结构扩展为一个队列等。采用这种方法时,共享变量定义如下:

```
static int iTemperaturesA[2];
static int iTemperaturesB[2];
static BOOL fTaskCodeUsingTempsB = FALSE;
```

ISecondsSinceMidnight 函数代码如下：

```
void main (void) {
    while(TRUE) {
        if(fTaskCodeUsingTempsB)
            if(iTemperaturesB[0]!= iTemperaturesB[1])
            发出警报
        else
            if(iTemperaturesA[0]!= iTemperaturesA[1])
            发出警报
        fTaskCodeUsingTempsB =! fTaskCodeUsingTempsB;
    }
}
```

中断服务程序 vUpdateTime 代码如下：

```
void interrupt vReadTemperatures (void){
    if(fTaskCodeUsingTempsB){
        iTemperaturesA[0]= 从传感器 1 读取的温度
        iTemperaturesA[1]= 从传感器 2 读取的温度
    }
    else{
        iTemperaturesB[0]= 从传感器 1 读取的温度
        iTemperaturesB[1]= 从传感器 2 读取的温度
    }
}
```

方法总比问题多。解决问题的方法有很多种，读者可以在本节内容的基础上进一步进行探索，这个过程将非常有趣。

10.3　嵌入式软件设计机制

10.3.1　可重入代码设计

模块化设计是软件工程中的重要方法。一方面，模块化的结构可以使软件代码的功能和逻辑划分更为清晰，降低代码开发和维护的难度。另一方面，将共性的软件功能提炼出来，封装为具有统一接口的模块，可以避免重复开发与测试，增强共性代码的复用能力和可靠性，同时也能有效地降低代码规模。这对资源受限的嵌入式系统尤其重要。

1. 可重入代码设计规则

为了规范代码设计，优化软件结构，缩减代码体积，软件开发团队通常都会提前将共性的功能提炼出来，并设计成统一的函数库或文件供开发人员使用。这是一个科学、合理的设计方式。然而，由于这些公共函数会同时被多个任务、函数所调用，因此在设计这些公共函数时要非常注意，稍有不慎便可能引发运行错误。为了说明这个问题，首先给出 C 语言程序中各种变量类型的特性描述：

```
static int s_i_grade; //全局静态整型变量,位于静态存储区,可被当前 C 文件中的其他函数使用
```

```
int g_i_class;          //全局整型变量,位于静态存储区,可被其他函数使用
int g_i_score= 0;       //全局整型变量,位于静态存储区,赋初值0,可被其他函数使用
char * s_Name = "Hello NPU!"; //s_Name为全局字符串变量,位于静态存储区,可被其他函数使用
                        //"Hello NPU!"为常量,位于静态存储区
void * p_chain;         //全局无类型指针变量,位于静态存储区,可被其他函数使用
//定义公共函数 foo
void foo(int i_para, int * p_para){
//i_para 和 p_para 均为动态局部变量,位于该函数的栈空间,该函数退出时释放
    static int s_i_temp0;
    //局部静态整型变量,位于静态存储区,仅由该函数使用,该函数退出时不释放
    int i_temp1;        //局部整型变量,位于该函数的栈空间,该函数退出时释放
    s_i_temp0++;        (1)
    ...
}
```

在这一组变量中有一些是非常特殊的,例如 s_i_grade、g_i_class、g_i_score、s_Name 以及 p_chain 都是全局变量,可供程序中的函数共享访问。如前所述,多个函数同时使用这些变量将可能导致数据共享问题,需要采用特殊的处理方法。

除了共享变量之外,多个任务同时调用一个公共函数时,实际上也存在类似的问题。接下来继续分析 foo 函数中的变量属性。foo 函数的形参 i_para、p_para 以及内部声明的变量 i_temp1 都是动态局部变量,在 foo 函数被调用时在该函数的栈空间内创建,在该函数退出时释放栈空间。因此,每一次 foo 函数调用都会为该函数的实例创建一组新的变量,不存在以共享方式访问数据的问题。但是,foo 函数中的 s_i_temp0 是一个静态局部整型变量,该静态变量被分配在程序的静态存储区,并且在编译时就自动赋初值为 0(静态局部字符变量的初值为空字符)。而且,这类在加载程序时创建的静态变量在程序运行期间一直存在,不能释放。这个特征是非常关键的。如果多个任务同时调用 foo 函数,s_i_temp0 实际上就成了该函数的多个执行副本之间的共享变量,这些副本会同时执行语句(1)对该"共享变量"进行加 1 操作,从而出现数据共享问题。显然,foo 函数在任意时刻仅可以被一个任务调用,否则将因数据共享问题出现逻辑错误。也就是说,这个函数不能同时有多个副本,此时称该函数是不可重入的(non-reentrant)。

与数据共享一样,函数的可重入性表示函数代码的可共享性,其对于嵌入式软件设计的重要性不言而喻。那么,什么样的函数才是可重入的? 如何才能设计出可重入的函数呢? 形式上,可重入函数(reentrant function)是一个可以被多个任务同时调用或并发使用,而不会出现逻辑错误的函数。同时,可重入也意味着一个函数可以在任意运行时刻被打断,此后再继续运行也不会发生错误。从特征上看,可重入函数要么使用本地变量,要么在使用全局变量时各个副本都可以保护自己的数据。

大多数情况下,可以通过以下 3 条规则判断一个函数是不是可重入的。反过来,设计一个可重入函数就要遵守以下几条规则。

规则 1:一个可重入的函数一般用原子的方法使用变量,除非这些变量存储在调用这个函数的栈中或这些变量是任务的私有变量。

规则 2:一个可重入函数一般不调用其他不可重入的函数。

规则 3:一个可重入函数一般不以非原子的方法使用硬件。

基于这 3 条规则,接下来讨论以下 3 个函数的可重入性:

```
//代码 1
unsigned foo1( unsigned int max){
    unsigned int count;
    static unsigned int sum = 0;
    for (count = 1; count <= max; count++)
        sum += count;
    return sum;
}
//代码 2
BOOL fError;
void foo2(int sum){
    if(!fError){
        printf("\nSUM = %d", sum);
        j = 0;
        fError = TRUE;
    }else{
        printf("\ncouldn't display SUM!");
    }
}
//代码 3
static int cErrors;
void foo3(void){
    ++cErrors;
}
```

首先判断代码 1 中的 foo1 函数是不是可重入的。根据规则 1,可以发现 sum 变量存储在程序的静态存储空间,对多个 foo1 函数的副本而言是共享变量。同时,foo1 函数中并没有在遵循原子性的基础上使用变量,因此该函数是不可重入的。就该函数而言,只要将 sum 声明改为 unsigned int 就可以使其成为可重入的。

代码 2 中 foo2 函数使用了共享变量 fError。通常情况下,BOOL 变量的赋值应该是原子的,因此在该函数中,fError 不影响可重入性。但 foo2 函数一定是可重入的吗?我们发现,foo2 函数中还唯一地调用了 printf 函数。根据规则 2,printf 函数将决定 foo2 函数的可重入性。然而,printf 函数是否可重入却要取决于能否以原子的方法使用标准输出,即是否满足规则 3。如果 printf 函数是可重入的,则 foo2 函数也是可重入的;否则不可重入。

代码 3 中的 foo3 函数使用了一个全局的静态整型变量 cErrors,仅对其进行简单的自加 1 操作。根据规则 1,foo3 函数是否可重入完全取决于语句＋＋cErrors;是否能够原子地执行。结合前面讨论的内容,读者应该很容易想到这个答案:该操作的原子性依赖于硬件。事实确实如此。例如,在 x86 中,＋＋cErrors;只对应一条汇编语句 INC(cErrors),可以保证规则 1 被满足,foo3 函数是可重入的;但在其他处理器上,如果先要把 cErrors 的值读入寄存器,加 1 之后再写回变量 cErrors,或者寄存器的宽度小于 cErrors 的宽度,都需要多次操作,这样就会产生数据共享问题,此时 foo3 函数是不可重入的。

2. VxWorks 中的任务变量机制

通过上述示例的分析可以看到,代码的可重入性实质上就是代码的共享问题,与数据共享问题关系密切。在嵌入式软件设计中保证所有公共函数的可重入性是非常重要的。

除了采用上述动态变量、受信号量保护的全局与静态变量实现可重入函数之外,在一些嵌入式操作系统中还扩展了任务本身的设计,以增强其可重入性。例如,VxWorks 操作系统在任务的 TCB 中引入了 4 字节的任务变量(Task Variable,TaskVar),指向一个特定的内存空间。虽然任务变量具有相同的名称,但在不同的任务中其指向不同的内存空间,而且当任务发生切换时,任务变量的值也将自动切换。如图 10.4 所示,任务 Task1 和任务 Task2 都要访问共享变量 globDat。不同于前面的共享数据访问,这两个任务中通过 taskVarAdd(0,&globDat);将 globDat 分别设置为各自所有的任务变量。在软件运行过程中,当 Task1 执行时,共享变量 globDat 的值被设置为 Task1 任务变量的值;而当从 Task1 切换到 Task2 执行时,内核将会把共享变量 globDat 的值赋给 Task1 的任务变量,然后再将 Task2 的任务变量的值赋给共享变量 globDat。显然,在这种实现中,任务变量已经成为任务上下文中的一个属性。多个任务看似访问一个共享变量,而实际上只是在使用属于各自的同名变量,互不影响。

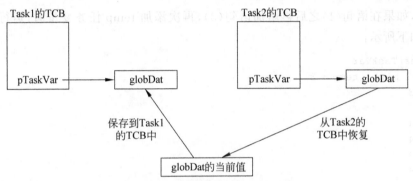

图 10.4　VxWorks 中的任务变量

　　任务变量的使用是非常简单的,只要在任务函数中调用函数 taskVarAdd(tid,任务变量地址)添加即可。此后,就可以创建多个以该函数为执行体或调用该函数的任务。但要注意的是,在函数中不能多次添加同一个任务变量,否则会引起不可知的错误。以下面的函数为例:

```
int temp;                    //共享变量
void testTaskVar (){
    int i = 0;
    temp = 1;
    taskVarAdd(0, &temp);    //增加任务变量            (1)
    temp = 2;                                          (2)
    taskVarAdd(0, &temp);    //增加任务变量            (3)
    temp = 3;                                          (4)
    taskDelay(1);
    printf("Initial temp = %d\n", v1);
    for(i = 0;i<10;i++){
        temp++;
        taskDelay(60);
        printf("temp = %d\n", v1);
    }
}
```

如果函数 testTaskVar 的代码中仅通过语句(1)将共享变量 temp 添加为任务变量,此时的执行结果如下所示，符合预期。

```
-> testTaskVar
Inital temp = 3
V1 = 4
V1 = 5
V1 = 6
V1 = 7
V1 = 8
V1 = 9
V1 = 10
V1 = 11
V1 = 12
V1 = 13
（正确）
```

但是，如果在语句(1)之后再增加语句(3)，再次添加 temp 任务变量时，运行结果将不可预期，如下所示：

```
-> testTaskVar
Inital temp = temp = 3
V1 = 3
V1 = 2
V1 = 4
V1 = 4
V1 = 3
V1 = 5
V1 = 5
V1 = 5
V1 = 6
（错误）
```

由于任务变量属于任务上下文的一部分，每次上下文切换都需要保存或恢复任务变量的值，因此，使用的任务变量越多，产生的额外时间开销也会越大。为提高任务上下文切换的效率，通常可以考虑收集一个函数中的所有任务变量并将其存放于一个动态分配的结构中，用任务变量指针指向这个结构进行访问。因此，软件设计中要慎重使用任务变量机制。

总体而言，可重入代码机制主要是解决代码的复用和共享问题，在设计嵌入式软件时要从嵌入式软硬件特性的角度进行多维度的综合考虑。

1996 年，阿丽亚娜 5 型运载火箭发射出现事故。究其原因，是因为该系统复用了以前的系统的软件代码，计算系统误将一个 64 位数转换为 16 位的有符号数，导致阿丽亚娜 5 型运载火箭升空 40s 后在 3700m 高空发生爆炸，此次事故被称为"价值 50 亿美元的软件错误"，教训深刻。

10.3.2　软件看门狗方法

5.3.3 节讨论了看门狗电路，它可以在系统软件跑飞时自动复位系统，是一种用于提高嵌入式系统可靠性和可恢复性的软硬件机制。结合图 5.22 所示的看门狗电路，可以设计出如下所示的嵌入式软件逻辑：

```
void main() {
```

```
    ...
    while(1) {
        ...
        reset_watchdog();          //将 WDI 先置高电平,再置低电平
        ...
    }
    ...
}
```

注意:复位看门狗的操作 reset_watchdog();既可以在主函数中,也可以在其他中断服务程序或任务中。调用原则是:系统正常运行时,能保证在看门狗电路产生复位信号$\overline{\text{WDO}}$输出之前将看门狗电路复位。在软件代码中,既可以在一处执行复位看门狗的操作,也可以在多处执行这个操作。

1. 基本原理与特点

从上面的软件看门狗逻辑可以看出,不论嵌入式系统中产生了什么样的错误,只要看门狗不再被复位,其都将触发系统复位。这是一种行之有效的可靠性保证方法。为了增强软件的可靠性,在纯软件的设计体系中也常常参照看门狗的设计思想增强软件的可靠性。常见的实现方法是:在多任务软件中设置一个称为看门狗任务或心跳任务的监控任务。该任务模拟看门狗电路的功能,在系统运行时对其他重要任务和系统的运行状况进行监测。当发现系统中出现某种异常时,执行相应的任务或进行系统恢复处理,其核心思想与看门狗电路非常相似。但是,由于看门狗任务是软件形式的实现,因此,相关实现必然减少了对特殊硬件资源的依赖,而且,其实现形式和故障恢复机制也较硬件看门狗更为丰富。

1)"与逻辑"处理

在"与逻辑"的多任务嵌入式软件中部署了一个看门狗任务,用于监测系统中的一组关键任务。看门狗任务可以定时向被监控任务发送检测信号,或者收集这些任务定期上传的状态,以感知每一个被监测的任务是否正常运行。在"与逻辑"看门狗软件中,当一个任务出现故障时,则认为整个软件系统都出现了故障,其结构如图 10.5 所示。

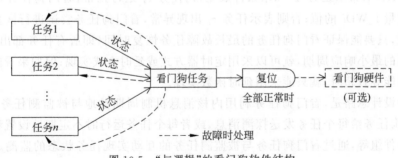

图 10.5 "与逻辑"的看门狗软件结构

在监测到任务故障时,看门狗任务将尝试消除故障。除了和看门狗硬件一样直接复位系统之外,看门狗任务还可以利用软件方法恢复故障任务,如删除任务并重新启动、利用回滚机制恢复任务状态、启动备份任务等。仅当看门狗任务不能恢复某个出现故障的任务时,才会使用软件复位系统的方式使系统重新启动。这一方式的优点在于可以尽量避免对软件(尤其是实时软件)运行状态的破坏。

如果嵌入式系统同时采用了看门狗硬件,一般会在看门狗任务中管理看门狗硬件。当

所有任务都正常时,看门狗任务会周期性地复位看门狗硬件。

2)"或逻辑"处理

图 10.6 给出了"或逻辑"的看门狗软件结构。该逻辑约定:只要还存在一个正常运行的任务,那么整个系统就不应被复位,看门狗任务就应该正常复位看门狗硬件(如果有)。在该逻辑中,看门狗任务检测到故障任务后,会首先尝试对任务进行软件形式的恢复。如果所有任务都发生故障,且均无法恢复到正常执行状态,则看门狗任务复位系统或者触发硬件看门狗的复位事件(如果有)。

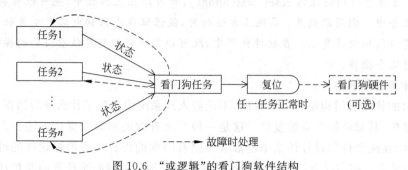

图 10.6 "或逻辑"的看门狗软件结构

2. 实现方式

在实际系统中,软件看门狗一般会被设计为一个周期性任务。典型地,以定时器中断或调用操作系统延时函数的任务实现,具体的实现形式与监测机制密切相关。

1) 通用实现方式

通用的设计方法是,看门狗任务与被监控任务之间通过共享变量传递任务的状态。为第 i 个无限循环的任务 τ_i 和看门狗任务设置一个共享变量 f_WDi,通常为整型或布尔型。运行时,各个被监控任务对 f_WDi 执行加 1(整型时)或置 TRUE(布尔型时)操作,在看门狗任务中判断任务变量 f_WDi 的值是否等于读取的 f_WDi 值减 1(整型时)或当前 f_WDi 值是否为 TRUE(布尔型时)。如果条件成立,则任务 τ_i 运行正常,看门狗任务定期执行时更新所有变量 f_WDi 的值;否则表示任务 τ_i 出现异常,看门狗任务尝试进行恢复。在这种设计模式下,只要能保证看门狗任务的最长故障任务恢复时间(即所有任务都出现故障)不超过定时器的最小响应周期,就可以采用定时器方式或延时方式实现;但如果看门狗任务的一次操作可能导致超时,就只能采用延时函数实现。

另一种设计思路是,看门狗任务利用内核消息机制周期性地与被监测任务进行交互。例如,看门狗任务给每个任务发送探测消息,或者每个任务运行时不定期地设置看门狗任务所绑定的事件组等,通过看门狗任务与被监测任务的互动实现任务状态的监测。由于这种模式使用了内核的事件机制,可能导致阻塞或引起任务的切换,因此,不建议采用定时器中断方式实现看门狗任务,延时方式更为适合。

2) VxWorks 中的看门狗定时器

在分析操作系统定时器机制时,曾讨论了 VxWorks 操作系统中看门狗定时器的基本特性。如前所述,VxWorks 中的看门狗定时器本质上就是系统时钟中断处理的延伸,其中断服务程序处于系统时钟中断的级别。除了用作普通的定时器、创建周期性任务之外,VxWorks 看门狗定时器还可用于任务的运行时监测与恢复。下面给出了一个基于看门狗

定时器的实时任务截止期监测示例:

```
//声明及定时器代码
#include "vxWorks.h"
#include "wdLib.h"
#define WD_PERIOD (10)            //周期为 10 个时间片
WDOG_ID wdId;                     //定时器 ID
//中断级应急处理,超时意味着灾难
void EmergentTask() {
    ...                          //对错过截止期的实时任务进行应急处理
}
//实时任务代码
void RT_Task(){
    wdId= wdCreate();
        for(;;){
        wdStart(wdId, WD_PERIOD,
                (FUNCPTR) EmergentTask, 0 );
        ...                      //执行处理具体实时事务处理
    }
}
```

　　其中,实时任务 RT_Task 调用 wdCreate 函数创建了一个看门狗定时器,并通过 wdStart 函数启动该定时器,延时时长为 10 个时间片。任务 RT_Task 正常时,应该会在 10 个时间片以内再次循环执行 wdStart 函数,此时看门狗定时器的计时被复位,重新延时;如果 RT_Task 任务在处理实时事务时超过了 10 个时间片的截止期,那么该看门狗定时器将会产生超时中断,并进入定时器中断服务程序 EmergentTask 函数执行,进行应急处理。通常设计者可以参照这段代码设计和实现满足特定系统要求的具体看门狗任务。实际上,基于该类,看门狗定时器还可以创建周期性执行的任务,方法也非常简单。例如,在函数 foo 的结束位置增加代码"wdStart(看门狗 ID,周期,(FUNCPTR)foo,0);",就可以在 foo 函数退出时再次启动看门狗。看门狗定时器产生超时中断时,启动并执行 foo 函数。

10.3.3　避免频繁地创建、销毁任务

　　众所周知,并非软件中的所有任务都要在整个系统的运行期间持续运行。实际情况是,在某个阶段或某些事件到来时执行一组任务,在另一个阶段或其他事件到来时执行另一组任务。管理这些任务时常用的一种方法是:在需要时创建相应的任务,而在不需要时将任务取消(或者删除)。这种设计方式可以有效地降低任务对资源的占用和消耗。然而,凡事都是二元辩证的。这种管理方式实际上也存在着非常明显的缺点。首先,频繁地创建、删除任务势必引入更多的处理开销,并增加内核的处理负担。其次,不安全地删除一个执行释放信号量或释放内存等操作的任务将会导致资源的泄漏和软件的错误。系统资源的泄漏将可能进一步导致无法再次创建被删除的任务。最后,由于任务之间存在通信、同步、互斥等操作,如果任务的创建、删除顺序出现错误,就可能引起内核服务异常。这些可能出现的错误都会进一步导致整个嵌入式软件和系统变得不可靠。软件中的任务越多,任务之间的互操作越复杂,动态创建、删除任务的风险就越大,开发和调试的成本也就越高。

　　通过第 8 章介绍的分区式存储管理机制可知,预先分配存储资源既可以减少系统运行时执行该类分配操作的时间开销,也可以降低失效率,进而提高系统的可靠性。显然,这个

设计思想对于任务集确定的嵌入式多任务软件而言也是非常有参考价值的。设计者完全可以借鉴该思想对多任务系统进行类似的管理，以避免出现上述问题。具体的设计原理是：根据系统的可用资源数量，规划、选定一组任务，并在系统启动时提前创建这些任务；进而，先将无须立即执行的任务挂起；在特定事件到来时，通过内核提供的恢复执行 API 激活相应任务执行，完成处理后再将其挂起。将任务状态改变为挂起或就绪的开销不仅远远小于创建、删除任务的开销，而且也避免了错误删除、无法创建等可能发生的系统错误。例如，VxWorks 提供的 taskInit 函数就可以创建一个任务并将其挂起，taskActivate、taskResume 函数用于激活或恢复任务的执行，taskSuspend 函数用以挂起一个任务。基于这一机制就可以实现不同任务组的切换和执行。

显然，这一设计方式具有更高的效率和可靠性，对于嵌入式实时软件、环境自适应嵌入式软件的设计是非常有益的。当然，这种设计也会增加系统资源的开销，如任务实体、堆栈、内核中的链表等，因此，该方式主要适合于任务集相对确定且系统资源相对充裕的嵌入式系统。

10.3.4　基于状态机方法设计软件逻辑

在传统的软件工程方法中，设计者已经习惯了分阶段、模块化的软件设计机制，在概要设计阶段划分模块并定义模块间的关系，在详细设计阶段设计每个模块的接口、参数以及核心逻辑的流程图。但嵌入式软件的不同在于，其通常具有复杂的 I/O、事件处理特征及多维的属性约束。这使得传统的通用软件设计方法在嵌入式系统领域受到了挑战。结合嵌入式软件的特性，本节简要阐述基于状态机的多任务软件设计方法。

有限状态机（Finite State Machine，FSM）也称有限状态自动机（Finite State Automata，FSA），是软件工程领域中一种重要的软件工具，很多软件的运行时模型实际上就对应一个有限状态机。在一个状态机中，一般会包括状态（State）、事件（Event）、转换（Transition）和动作（Action）4 个主要元素。其中，状态指软件对象在其生命周期中的一种状况，处于某个特定状态中的对象必然会满足某些条件、执行某些动作或者等待某些事件；事件是在系统运行过程中状态机可识别并会进一步触发状态变迁的任何对象；转换描述了两个状态之间的转换关系；而动作则主要是指状态机中可以执行的原子操作。事件驱动的状态机本身可以被描述为一个拓展的有向图 $G=<S,R,E,A>$。其中，S 为顶点集合，每个顶点 S_i 就是一个状态；R 是这些顶点的转换关系集合，是 $S\times S$ 的子集；E 是 R 中每个关系所对应的事件组成的事件集合；A 是原子操作的集合。在嵌入式软件设计中，设计者可以根据系统的功能模式、状态提炼出软件的状态集合 S。进而，依据系统的行为特征和规格说明构建状态之间的转换关系集合 R，并列举各个转换关系上对应的事件，如某个操作完成、某个按键（组合）按下等，设计出一个事件集合 E。在此基础上，设计者可以快速地画出系统的功能状态机，并通过推演状态机的转换过程，快速、准确地判断软件的逻辑是否正确，为后续开发奠定基础。

以某控制系统的软件为例进行说明。该控制系统有二十多种功能模式，控制面板放置一组用于操作的机械按键。为了避免在控制面板上放置过多的按键，可采用单按键和多按键组合的方式触发不同的操作功能（类似于计算机键盘的单键和多键组合）。同时，在不同的功能模式下，每个按键或按键组合又可以触发不同的操作。对于这样一个嵌入式系统，如果采用传统的软件设计方法将是非常困难的,因为这些方法很难描述软件的动态运行过程。然而,采用事件驱动的状态机却可以有效地描述这个复杂的动态过程。图 10.7 是基于状态机设计的控制系统软件逻辑。

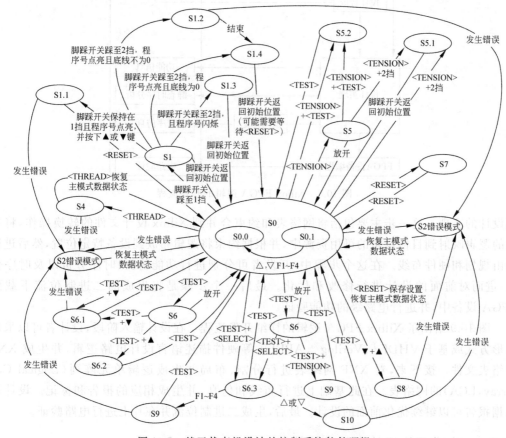

图 10.7　基于状态机设计的控制系统软件逻辑

10.3.5　FPGA IP 核开发流程

与前面所述的嵌入式软件有所不同,FPGA 中的嵌入式软件是基于可编程门阵列的一组硬件逻辑实现的,是软件定义的硬件并最终体现为知识产权(Intellectual Property,IP)核。基于 MCU、MPU、DSP 等的嵌入式软件以逐条指令执行为特点,而在 FPGA 中则不同,主要是以微电路的方式运行。本节以 Xilinx FPGA 为例,简要地阐述 FPGA 逻辑的开发和部署方法,使初学者能够体会 FPGA 逻辑开发流程以及与前面所述嵌入式软件开发方法的差异。图 10.8 是结合 Xilinx ISE 设计工具给出的开发流程。

设计阶段主要包括四个基本步骤。第一步是设计输入,这是整个设计工作的入口,创建文件和工程、添加已有的 IP 核文件并指定时序约束、引脚分配及区域约束。第二步是基于合成工具的设计合成,这一步将检查代码的语法,分析设计的体系以保证所选择的设计体系是优化的,生成网络表文件 NGC 或 EDIF。在前两个步骤中,设计者可以通过仿真判断所做的设计是否满足要求,并根据仿真结果对设计输入和设计合成进行修改。第三步是对上

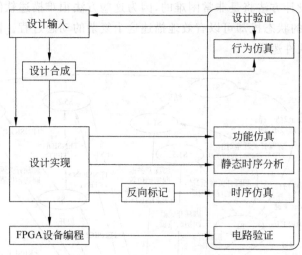

图 10.8　Xilinx FPGA 逻辑的开发流程

述设计的实现。这一步主要包括将网络表和约束合并到 Xilinx 设计文件的转换操作,将生成的逻辑映射到目标设备的可用资源中,并根据约束将逻辑布放到设备特定位置,然后进行路由规划和硬件布线。在这个步骤中,开发者可分别进行功能仿真、时序分析以及时序仿真,进而对前面的设计进行修改和优化。最后一个步骤是将生成的二进制位流下载到 FPGA 设备中,并进行电路级的功能验证。

　　图 10.9 给出了 Xilinx FPGA 逻辑的详细开发流程。在设计输入阶段,设计者可以采用图形方式或基于 VHDL[①]、Verilog[②]、ABEL[③] 等硬件描述语言设计电路逻辑,并生成 XNF 网络表文件。接下来,对 XNF 网络表进行分割、布局并生成逻辑单元阵列(Logical Cell Array,LCA)的网络表。在此基础上进行布线和仿真,并生成相应的报告和标记。设计者根据报告可以继续优化前面的设计。最后,生成二进制位流并在片上进行电路验证。

10.3.6　生成可执行的嵌入式软件

1. 使用交叉编译工具链

　　将编写的源代码转换为可执行文件的过程通常被统称为代码编译。实际上,这个编译过程是由编译、连接以及重定位等多个操作构成的。其中,编译器通过执行预编译指令处理以及一系列的词法分析、语法分析、语义分析和优化等操作生成汇编代码文件。进而,编译器根据指令对照表将汇编代码转换为机器指令,编译形成一套二进制文件。注意,这些二进制文件尚不可执行。为了形成可执行的文件,还需要由连接操作将这些二进制文件按照特定的顺序和地址空间组装起来,并采用特定的可执行文件格式进行封装。

　　在通用软件开发中,用于软件开发的宿主平台与运行软件的目标机具有相同的体系结构,即"开发平台等同于运行平台",并拥有相同的可执行文件格式。例如,在 x86＋

---

　　①　VHDL:VHSIC Hardware Description Language,超高速集成电路(VHSIC)硬件描述语言,用于描述数字和混合信号系统,也用于并行程序设计。
　　②　Verilog:符合 IEEE 1364 标准的硬件描述语言。
　　③　ABEL:Advanced Boolean Expression Language,先进的布尔表达式语言,是一种硬件表述语言。

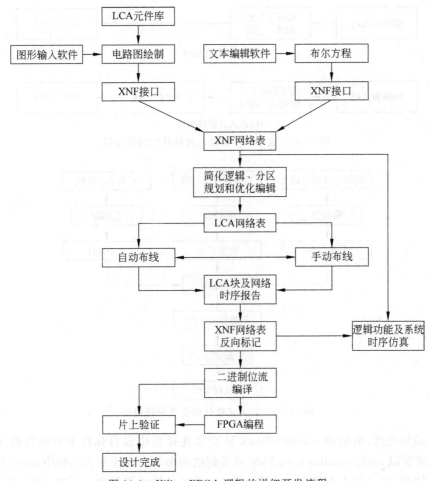

图 10.9 Xilinx FPGA 逻辑的详细开发流程

Windows 或 x86＋Linux 平台安装 Visual Studio 或 KDevelop 等软件开发环境,就可以使用原生的工具链开发、调试运行于相同平台体系的应用软件,其过程如图 10.10(a)所示。这里提及的工具链就是指完成源代码到目标可执行文件转换所需要的工具集合,包括交叉编译器、连接器、重定位器、目标代码生成器等一套顺序执行的工具。在通用软件工具中,编译器生成的汇编代码、机器代码以及最终构建的可执行程序等都与宿主机完全兼容。然而,鉴于体系差异及资源约束,嵌入式系统仅能作为嵌入式软件的运行平台而不能作为开发平台。因此,嵌入式软件基本上都采用在宿主机上开发、编译,在目标机上运行以及远程跟踪调试的模式,其过程如图 10.10(b)所示。这意味着,设计者要在宿主机(如 x86＋Windows)上开发运行于其他体系结构(如 ARM＋Android、PowerPC＋VxWorks 等)的嵌入式软件。显然,在开始嵌入式软件开发工作之前,就必须在宿主机上构建一套可以编译、生成目标平台可执行代码的开发环境,其核心组件集被统称为交叉工具链。所谓交叉,是指在宿主机上可以将源代码编译生成为目标系统体系结构兼容的二进制代码和文件格式。构建合适的工具链之后,就可以以图 10.11 所示的过程生成可用的可执行文件。

图 10.12 给出了一个面向 ARM、Linux 目标平台的交叉工具链[132]。这个工具链包括两个交叉编译器 aarch64-linux-gcc 和 aarch64-linux-g＋＋,生成的对象交由 aarch64-linux-

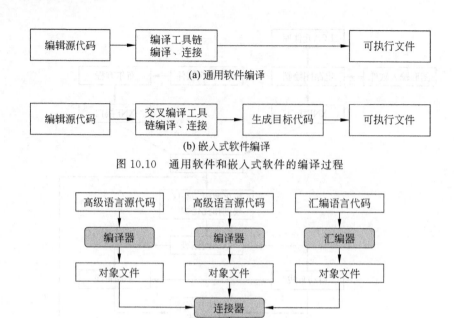

(a) 通用软件编译

(b) 嵌入式软件编译

图 10.10   通用软件和嵌入式软件的编译过程

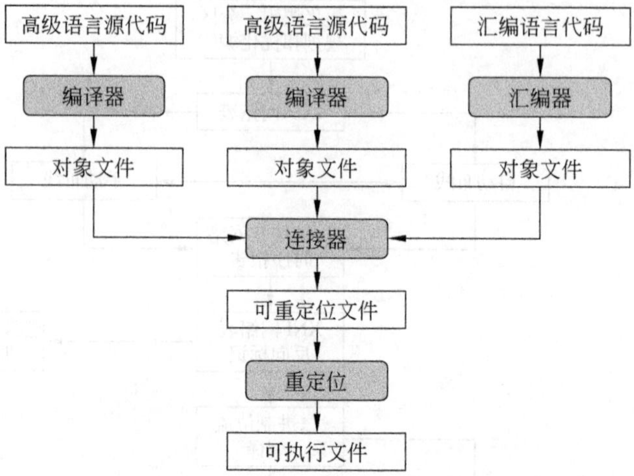

图 10.11   嵌入式软件的交叉编译过程

as 交叉汇编器处理，最后由 aarch64-linux-ld 交叉连接器生成目标机上可执行的文件。交叉工具链常常以 arch[-vendor][-os]-abi 或类似结构命名。在该命名结构中，arch 代表目标机的体系结构，如 ARM、MIPS、x86 等；vendor 是工具链的提供商；os 表示目标操作系统，如 Linux、VxWorks、Android，none 表示开发的是裸机软件；abi 是应用程序的二进制接口。例如，arm-none-eabi 是面向 ARM 处理器裸机软件的交叉工具链，没有提供商、使用 ARM 的 eabi；aarch64-linux-g++ 是面向 AArch64 ARM 处理器上 Linux 应用的 g++ 工具链，使用默认配置的 abi；arm-Linux-androideabi 表示是面向 Android 应用的原生 ARM 编译器。

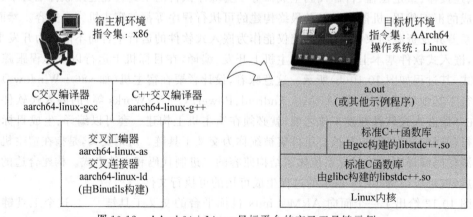

图 10.12   AArch64＋Linux 目标平台的交叉工具链示例

除了使用 IDE 中集成的工具链之外,基于开源软件自行构建交叉工具链的工作也并不复杂。开发者可以根据目标平台的属性选择、下载相应的工具链代码,并在宿主机上编译、部署、安装工具链。这个方法在 Linux 宿主开发平台中是很常用的。例如,要构建上述 AArch64+Linux 目标平台的交叉工具链,首先需要在 Linux 环境中下载、安装表 10.2 所示的软件包。然后,以 aarch64-linux 为目标体系结构参数,依次编译、安装 binutils,修改 Linux 内核源码中的头文件并将其安装到/opt/cross/aarch64-linux/include 目录。最后,编译、安装 gcc、glibc、libgcc、libstdc++ 等支撑库。在完成安装后,就可以在 Linux 命令行中执行 aarch64-linux-gcc -v 和 aarch64-linux-g++ -v 命令验证该交叉工具链的创建是否成功。

表 10.2 基于 Linux 构建交叉工具链所需的软件包

软件包(x.x.x 表示版本号)	说　明
binutils-x.xx.tar.gz	工具集,包括连接器、汇编器在内的约 20 种 GNU 二进制工具
gcc-x.x.x.tar.gz	GNU C/C++ 编译器
linux-x.xx.x.tar.xz	Linux 内核源码包
glibc-x.xx.tar.xz	GNU C 函数库
mpfr-x.x.x.tar.xz	GNU 的多精度浮点计算 C 函数库
gmp-x.x.xx.tar.xz	GNU 的多重精度运算函数库
mpc-x.x.x.tar.gz	基于 GNU MPFR 的复杂浮点函数库
isl-x.xx.x.tar.bz2	用于构建具有 Graphite[①] 循环优化的 gcc 编译器
cloog-x.xx.x.tar.gz	用于生成扫描 Z 形多面体代码的自由软件和库

2. 合理使用编译器功能

除了解析源代码并翻译代码之外,嵌入式软件的编译器还会提供一组优化功能,以提高代码执行效率,缩小代码规模,降低软件功耗,提高生成效率。这些优化功能对于提高嵌入式软件的质量是非常有益的。但正如讨论数据共享问题时遇到的编译器优化问题一样,如果这些功能使用不当反而会引起软件的逻辑错误。因此,从事嵌入式软件开发时,要关注并合理地使用编译器的相关功能。

1) 代码优化功能

代码级优化是几乎所有高级编译器所共有的功能,其主要目的是减小代码的体积和运行时间。在软件代码中,循环和条件分支可以看作最消耗时间的操作,也是编译器优化的主要对象。对于循环结构以及多层嵌套的循环结构,通过删除循环中并不改变变量值的赋值操作、优化离开循环的确定条件分支等将可以减少循环内指令数量、分支、跳转次数的影响。但是,如果有些变量的值可能被其他代码修改或由于未知的原因发生变化,这些看似没有意义的赋值操作实际上可能是有效的,此时就应该告知编译器不要优化这些代码。要达到这

① Graphite 是使用多面体模型(polyhedral model)进行高级内存优化的一个框架,其中多面体模型是一个用于优化程序中循环嵌套结构的数学机制。

个目的，一种方式是使用编译器中的 volatile 关键字，另一种方式是关闭编译器的优化功能，如使用 gcc 编译器中的选项-O0 关闭优化功能。

编译器一般可支持多级的代码优化。以 gcc 编译器为例，其可以支持-O1 级、-O2 级和-O3 级的代码优化。在-O1 级，编译器主要尝试减少代码的大小及运行时间，但并不会进行深入的优化。在-O2 级，编译器会打开-O1 级的所有优化选项，并重点致力于生成性能更好的代码。-O3 级前两级进行更多的优化，例如内联函数、树与循环的向量化优化等。除这些优化选项之外，gcc 还提供了用于优化代码大小的-Os 选项和不影响调试操作的-Og 优化选项等。gcc 还支持面向特定处理器的代码优化选项，如面向 Cypress CY7C602 的-mcypress、面向 SuperSparc 处理器的-msupersparc 等。具体选项定义请参照编译器的说明文档，如 GNU gcc 优化编译选项说明[133]。

与此同时，面向嵌入式软件的新型编译器还可以提供功耗优化功能。研究表明，数据通道（datapath）的频繁切换是导致能耗增加的决定性因素。传统的编译器优化主要采用指令调度和指令重新排序方法提升数据通道的性能，同时提升软件的运行效率。在此基础上，进一步优化指令排序与调度机制，提高指令 Cache 的命中率，减少数据通道的切换频度，可以进一步实现代码能耗的优化。在[134]等文献中阐述了构建能耗优化编译器的思路和方法，本书不再阐述。需要说明的是，如果编译器不支持能耗优化，软件工程师就只能通过优化代码的设计达成这一目的。

2）使用内联函数

采用编译器提供的 inline 关键字（或__inline__，或__inline）可以声明一个内联函数。inline 关键字告诉编译器，在遇到调用该函数的代码时，直接将该函数的代码插入到调用的位置，下面是一个代码替换示例：

```
inline int sum (int x, int y){          //定义内联函数
    printf("%d \n", x+y);
}
void main(){
    int i;
    for(i=0; i<=100; i++)
    sum(i, i+1);                    (1)
}
```

在编译时，用 sum 函数的代码直接替换调用 sum 函数的语句：

```
void main(){
    int i;
    for(i=0; i<=100; i++){
        printf("%d \n", i+i+1);    (2)
    }
}
```

使用内联函数，可以避免因函数调用所产生的开销。一般而言，仅当 C/C++ 函数的代码非常短小时才可被声明为内联函数。

在讨论的代码时，还讨论了一个内联函数关键字 asm（或__asm__，或__asm）。使用 asm 型内联函数的优势在于：可以将汇编代码嵌入到 C/C++ 代码中，实现高级语言与汇编语言的混合编程。这种混合编程模式有助于提高硬件的操作效率，又可以最大限度地保证

算法代码的可移植性。如前所述,汇编代码直接对应一组机器指令,用于实现与硬件相关的底层操作,而且执行效率高于高级语言代码。

armcc 支持的 asm 格式如下:

```
asm{
    代码列表
    : 输出运算符列表(可选)
    : 输入运算符列表(可选)
    : 被更改资源列表(可选)
}
```

asm 型内联函数示例如下:

```
void test () {
    int a=10, b;
    asm{
        "movl %1, %%eax;
        movl %%eax, %0;"
        :"=r"(b)            //输出
        :"r"(a)             //输入
        :"%eax");           //修改的寄存器
    }
}
```

在该例中,b 是输出操作数,由 %0 引用;a 是输入操作数,由 %1 引用。凡带有符号 % 的数都表示输入输出操作数而不是寄存器。r 是操作数的约束,指定将变量 a 和 b 存储在寄存器中,=指定 b 是输出操作数。第三个冒号后的 %eax 告诉编译器,asm 中的代码将修改 gcc %eax 的值,这样 gcc 就不使用该寄存器存储任何其他的值。除了用于插入汇编代码,将 __asm 与 register 关键字配套使用还可以声明命名的寄存器变量。例如,语句 register int R0 __asm("r0");将 R0 定义为对应于寄存器 r0 的寄存器变量。另外,如果不希望编译器优化 asm 型内联函数内部的指令,可在 asm 之后使用 volatile 关键字。

以下是一段关于 __asm 内联函数的 C 语言代码:

```
//text.c代码,符合 armcc 编译器的要求
#include <stdio.h>
//定义函数 add_inline,使用 __asm 嵌入式内联代码
int add_inline(int r5, int r6) {
    int res = 0;
    __asm
    {
        ADD res, r5, r6                          (1)
    }
    return res;
}
int main(void) {
    int a = 12;
    int b = 2;
    int c = 0;
    c = add_inline(a,b);
    printf("Result of %d + %d = %d\n", a, b, c);
}
```

对应的汇编代码如下：

```
; ARM Compiler 5.04 Tool: armcc 编译
; 命令格式 armcc [-c -o- -O0 test.c]
    ARM
    REQUIRE8
    PRESERVE8
    AREA ||.text||, CODE, READONLY, ALIGN=2
    REQUIRE _printf_percent
    REQUIRE _printf_d
    REQUIRE _printf_int_dec
add_inline PROC
    MOV     r2,r0
    MOV     r0,#0
    ADD     r0,r2,r1 ; 内联汇编代码              (2)
    BX      lr
    ENDP
main PROC
    PUSH    {r4-r6,lr}
    MOV     r4,#0xc
    MOV     r5,#2
    MOV     r6,#0
    MOV     r1,r5
    MOV     r0,r4
    BL      add_inline
    MOV     r6,r0
...
```

注意：不同编译器所支持的内联关键字和代码格式可能有所不同。

3）让编译器容易发现错误

现有编译器在执行编译操作时可以识别代码中的语法错误，但并不能识别逻辑错误。试想，有没有编译器能够在编译源代码时识别逻辑错误并输出如下错误提示：

```
line 23: while (i<=j),off by one error: this should be'<';
line 42: int itoa(int i, char* str),algorithm error: itoa fails when i is -32768;
line 318: strCopy = memcpy(malloc(length), str, length); Invalid argument: memcpy
fails when malloc returns NULL;
```

其中，第一个提示的意思是"while 语句的条件应该是 i<j，而不是 i≤j"，第二个提示的意思是"当 i 的值为 −32768 时该函数会出错"，第三个提示的意思是"malloc 返回空指针时 memcpy 函数会失效"。如果软件编译器能够如此"智能地"帮助开发者发现设计中的这些逻辑错误，那么，开发者的编码和调试负担将大大减轻。

然而，事实是目前的编译器尚不具备发现这些代码逻辑错误的能力。因此，开发者只有在软件设计时注意代码的设计，以尽可能地利用编译器已有的规则将潜在的逻辑错误映射为编译器可以识别的语法错误。例如，下面的代码中的错误是由语句（1）处多出一个空语句所引起的。

```
/* 代码 1: memcpy 复制一个不重叠的内存块 */
void* memcpy(void* pvTo, void* pvFrom, size_t size){
    byte* pbTo = (byte*)pvTo;
```

```
    byte * pbFrom = (byte *)pvFrom;
    while(size-->0);                           (1)
        * pbTo++ = * pbFrom++;
    return(pvTo);
}
```

很多开发者都写过这样的代码,这是一个常见的输入失误。然而,因为空语句是正确的语法,因此编译器并不能识别这个错误。为了避免这种错误,一些编译器约定,只允许明确地使用"NULL;"作为空语句,如下面的代码中的语句(1)。

```
/* 代码 2: strcpy 复制一个字符串 */
char * strcpy(char * pchTo, char * pchFrom)
{
    char * pchStart = pchTo;
    while(* pchTo++ = * pchFrom++)
        NULL;                                  (1)
    Return(pchStart);
}
```

对于这样的编译器,编译时就可以发现代码 1 中的错误。如果编译器不支持这样的空语句,开发者就必须在编码时显式地写出空语句,以便及时发现类似的错误。

接下来分析如下代码中的错误:

```
if(ch = '\t')
    ExpandTab();
```

原本是要判断字符变量 ch 的值是否为\t,但由于将==输入为=,原来的逻辑判断就变成了赋值操作,而赋值后的 ch 显然不为空字符。这意味着无论 ch 的值是否为\t,函数 ExpandTab 都会执行。编译器不能发现这样的错误。为了避免该类问题,编码时可以将变量与常量的位置对调,即常量在左、变量在右。此时若少了一个=,如下所示:

```
if( '\t' = ch)
    ExpandTab();
```

编译器将能发现这个错误,因为对常量的赋值操作不是合法的。针对上述问题,某些编译器中对条件表达式中的赋值操作进行了更为严格的约束,要求赋值之后必须和其他值进行显式的比较操作,例如要将 while(* pchTo++ = * pchFrom++)写为 while((* pchTo++ = * pchFrom++)!='0')。

另外,函数参数误用也是一种常见的开发错误。例如,声明了一个函数:

```
void * memchr(const void * pv, int ch, int size)
```

在代码中调用该函数时,如果传入该函数的 ch 和 size 参数写反了,也会导致错误。同样,编译器无法发现这样的错误,因为编译器在执行编译操作时只匹配了参数的类型。为了能够提高编译器发现该类错误的能力,通常需要进一步增强函数的原型描述。例如,将这些参数声明为不同的参数类型,如 unsigned char ch 和 size_t size 等。这样,编译器将能发现代码中传递参数的类型不一致问题。

在软件开发中,开发者还可以利用编译器的优化功能提高代码的可维护能力。为了便于调试,开发者常常会在代码中增加一些辅助代码,如调用 printf 函数输出调试信息,但这些代码在正式发布版本中没有意义,应该被移除,以避免影响代码的规模和效率。例如,下面的代码通过增加语句(1)~(3)发现可能的空指针错误并提示。

```
void memcpy(void* pvTo, void* pvFrom, size_t size) {
    void* pbTo = (byte*)pvTo;
    void* pbFrom = (byte*)pvFrom;
    if(pvTo == NULL || pvFrom == NULL) {                    (1)
        fprintf(stderr, "Bad args in memcpy\n");            (2)
        abort();                                            (3)
    }
    while(size-->0)
        *pbTo++ == *pbFrom++;
    return(pvTo);
}
```

但是，从函数的参数说明可以知道，memcpy 函数要求输入的 pvTo 和 pvFrom 指针必须不为空。也就是说，只有这两个指针参数不为空时才能调用 memcpy 函数。因此，语句(1)~(3)在该函数的正式发布版本中就是冗余代码，应该删除。然而，编译器不能识别软件逻辑，并不会删除代码中的这些冗余代码。常用的方法是：开发者可以在发布软件时手动注释掉这些代码，在需要调试的时候再将其激活。可以想象，当软件规模增大时，这种方式将变得非常笨拙和低效。

对于熟练的开发者，通常不会使用上面的代码的开发风格，而擅长使用 DEBUG 宏，在源代码中需要调试输出的位置使用 #ifdef DEBUG 和 #endif 封装一段调试代码，如下所示：

```
void memcpy(void* pvTo, void* pvFrom, size_t size){
    void* pbTo = (byte*)pvTo;
    void* pbFrom = (byte*)pvFrom;
    #ifdef DEBUG                                            (1)
    if(pvTo == NULL || pvFrom == NULL){                     (2)
        fprintf(stderr, "Bad args in memcpy\n");            (3)
        abort();                                            (4)
    }                                                       (5)
    #endif                                                  (6)
    while(size-->0)
        *pbTo++ == *pbFrom++;
    return(pvTo);
}
```

如果在源代码中激活了预定义语句 #define DEBUG，那么当前的软件版本就为调试版本，编译器将保留 #ifdef DEBUG 和 #endif 之间的调试代码。在完成开发、发布软件时，注释掉 DEBUG 的预定义，编译器就不会编译这些用于调试的代码。显然，这种代码风格将使得发行版代码中的冗余代码大大减少，同时又保留了调试接口。其唯一的不足在于，源代码中将出现大量 #ifdef DEBUG… #endif"构的代码，这将使源代码的规模变大，且可读性变差。

assert(断言)是高级编程语言提供的一种异常处理形式，用于检查一些布尔表达式的条件是否为真。C 语言的 assert 原型 void assert(int expression);定义在头文件 assert.h 中。标准的 assert 约定：如果表达式的计算结果为假，就中止调用程序的执行或输出错误提示。显然，开发者完全可以采用 assert 宏改写上面的代码，形成如下所示的代码：

```
void memcpy(void* pvTo, void* pvFrom, size_t size)
{
    void* pbTo = (byte*)pvTo;
    void* pbFrom = (byte*)pvFrom;
    assert(pvTo != NULL && pvFrom != NULL);
    while(size-->0)
        * pbTo++ == * pbFrom++;
    return(pvTo);
}
```

只要条件表达式 pvTo != NULL && pvFrom != NULL 中的任何一个指针为
NULL,都将产生异常,触发 assert 执行。注意,仅当 DEBUG 宏有效时,assert 宏才是有效
的。因此,在发布软件时,编译器将不会编译 assert 代码,其作用与前面的 #ifdef DEBUG… #
endif 代码完全相同。不同的是,采用 assert 代替 #ifdef DEBUG… #endif 代码后,源代码
中调试代码所占的比例大大降低,代码的可读性会更好。

在实际开发中,一旦开发者掌握了 assert 的使用方法,就常常会根据自己的开发习惯对
assert 宏进行重定义。例如,开发者可以把 assert 定义为发生错误时不是中止调用程序的
执行,而是在发生错误的位置转入调试程序,或者只是将错误写入日志文件而不中断程序的
运行。下面的代码就是一个自定义的断言宏 ASSERT,这个宏执行时调用函数 _Assert,将
代码中出错语句的位置写入日志文件。

```
#ifdef DEBUG
    void _Assert(char* , unsigned);              //原型
#define ASSERT(f)         \
    if(f)=         \
        NULL;    \
    else         \
        _Assert(__FILE__ , __LINE__)
#else
    #define ASSERT(f)        NULL
#endif
void _Assert (char* strFile, unsigned uLine)
{
    fflush(stdout);
    fprintf(stderr, "\nAssertion failed: %s, line %u\n", strFile, uLine);
    fflush(stderr);
    abort();
}
```

需要强调的是,断言是用来处理代码异常的,而不是用来处理逻辑错误的,因此,一般会
将断言放置在程序正常运行时不会到达的位置。以 char* strdup(char* str)函数为例,该
函数实现对一个源字符串的复制,并返回新字符串的指针。该函数的接口说明约定,传入的
字符串指针参数 str 必须非空。那么,在编写该函数时,开发者可以尝试采用前面定义的
ASSERT 宏实现代码,如下所示:

```
#include<assert.h>
#include<stdio.h>
#include<stdlib.h>
char* strdup(char* str)
{
```

```
char * strNew;
ASSERT(str != NULL);                                (1)
strNew = (char *) malloc(strlen(str)+1);            (2)
ASSERT(strNew != NULL);                             (3)
strcpy(strNew, str);
return(strNew);
}
```

在上面的代码中,语句(1)和(3)都使用了断言机制,前者用于判断传入的参数是否为空,后者用于判断是否成功地为变量 strNew 分配了内存。请读者判断这两个断言的使用是否正确。最简单的判断原则是：所有的 ASSERT 语句在软件的发布版本中都应该是不存在的,哪个 ASSERT 语句对应的功能是发布软件中不可或缺的,哪个 ASSERT 语句的使用就是错误的,可以去掉的断言的使用都是正确的。从 strdup(char * str)函数的接口规范可知,传入的 str 参数必须非空,正常调用该函数时就不会执行语句(1)。在发布版本中可以去掉语句(1),这个 ASSERT 语句的使用正确。即使系统正常运行,malloc 函数的返回值也可能为空,这取决于系统的内存状况。为此,在代码中的每一次 malloc 函数执行之后都应该判断其返回值是否为空,以避免可能的异常操作。显然,语句(3)的功能是不可或缺的,这个 ASSERT 语句的使用是不正确的。

10.4　软件工程方法

软件开发是一个系统工程,在开发过程中需要采用科学的方法进行规划、管理、设计和实施。通过前面内容的学习,我们已经知道嵌入式软件的设计、开发、部署过程会涉及嵌入式系统体系及软硬件等诸多方面,是一个非常复杂的过程和体系。结合嵌入式软件开发的特点,本节简要阐述几种典型的开发方法。

10.4.1　模型驱动的开发方法：从 V 模型到 Y 模型

首先回顾图 10.13 所示的传统 V 模型软件开发过程。这种软件的开发过程以用户需求为起点,依次进行系统的分析和设计,直至最终的编码。在完成编码之后,又依次进行软件模块的单元测试、软件的集成测试、系统测试以及用户的验收测试。在这个 V 形的开发流程中,开发者要根据测试结果对相应的设计进行修改和迭代优化,直至通过系统的验收测试。

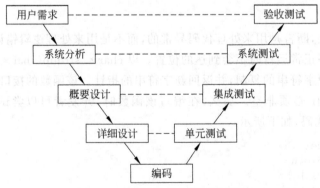

图 10.13　传统的 V 模型开发过程

　　虽然传统的瀑布开发模型、快速原型方法、敏捷开发机制等也都可以用于嵌入式软件的开发,或者说仍然被开发者、团队或企业广泛采用。但不可否认的是,对于软硬件协同、代码规模大、功能丰富、性能约束严格的嵌入式软件而言,这些传统的软件开发方式已经受到了越来越多的挑战。

　　模型驱动开发(Model-Driven Development,MDD)、模型驱动工程(Model-Driven Engineering,MDE)是近十年来迅速兴起和发展的软件开发方法。对于系统模型,对象管理组织(Object Management Group,OMG)给出的定义为"依据特定目标,对系统及其所处环境的描述或者制定的规范"(A model of a system is a description or specification of that system and its environment for some certain purpose)。模型驱动就是以模型和模型化方法作为系统设计、开发的主要方式。图 10.14 所示为 MDE 的基本体系,其涵盖了 MDD 以及更为核心的模型驱动体系(Model-Driven Architecture,MDA)。

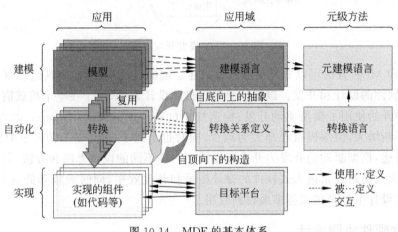

图 10.14　MDE 的基本体系

　　传统的"实现←→验证"双向工程(Round-Trip Engineering)方法也蕴含了一定的模型概念,但主要针对模块关系和模块内的逻辑。在这一方法中,模型和代码几乎具有相同的抽象级别,模型更多是指程序结构的可视化呈现,包括结构化的控制流、过程抽象、内存管理、数据抽象以及模块等。而在模型驱动的软件开发方法中,模型已经成为更高级和抽象的概念,其不再是描述程序结构的实体,而是与编程语言无关的、描述软件中所有功能属性和非功能属性(如任务的可调度性以及系统的实时性、可靠性等)的形式化对象。这种位于问题与编程语言之间的抽象模型可以缩小问题与具体实现之间的差距。

　　采用模型驱动的方法进行嵌入式软件设计,其基本流程包括问题抽象、模型建立、模型验证、模型优化、代码生成、代码扩展、编译生成目标软件、集成与验证等几个主要步骤。在建模阶段,开发者可采用 Rational Rhapsody(UML)、ANSYS SCADE、UPPAAL、TIMED 等工具对系统的功能属性和非功能属性进行建模,建立一个形式化的系统原型。进而,可以通过对模型的仿真运行验证模型的属性,并根据验证结果优化模型的设计。在模型满足要求后,可以采用代码生成工具(如 MathWorks 公司的 RTW、ANSYS 公司的 KCG 等)将模型直接生成为 C、C++ 等语言的源代码。需要说明的是,这些实现了模型逻辑的代码尚不能直接部署于嵌入式系统平台并运行,开发者还要手动编写与软硬件系统平台相关的接口代码。另外,专业的建模工具以及代码生成工具都是基于严谨的数学模型设计和实现的,因此这些自动生成的代码通常都具有非常高的品质。以 ANSYS 公司的 KCG 为例,该工具自动生成的源代码符合 DO-178B/C、IEC 61508:2010 等标准的要求,可免去测试。在这种情况下,图 10.13 所示的 V 模型就转换成了图 10.15 所示的 Y 模型。

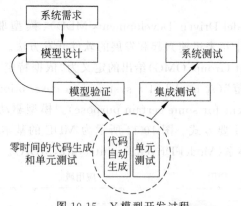

图 10.15　Y 模型开发过程

　　MDD 和 MDE 方法可以非常高质量地描述系统的属性和逻辑,尤其适合复杂嵌入式系统、嵌入式软件的设计和开发。以法国空客飞机的设计为例,由于在整个机载嵌入式系统的开发框架中开始使用了模型驱动开发、构造校正(Correct-by-Construction)的方法学,尽管软件规模不断增大,但编码错误却大为减少,同时也节约了 50% 以上的开发时间和开发成本。如上所述,模型驱动的开发为开发者提供了一种不同的设计思路和方法,与传统方法相比,它可以大大提高复杂嵌入式软件的设计质量和开发效率,同时大幅降低成本,在未来的嵌入式软件设计中势必越来越多地得到应用。

10.4.2　软硬件协同设计

　　总体上,嵌入式系统的设计涵盖了嵌入式硬件设计、嵌入式软件设计以及系统集成等几个主要方面。嵌入式硬件是整个系统的基础,没有硬件就无法运行软件。那么,开发者是不是必须先完成嵌入式硬件的设计与开发,而后才能开发和调试嵌入式软件呢? 或者说,应该如何协调这几方面以提高嵌入式系统的开发质量和效率呢? 显然,先设计硬件、再设计软件、最后进行测试与集成的顺序开发方式是可行的。但问题在于,以完全顺序化的方式组织不同的开发工作,将会导致非常长的研制周期和高昂的成本。

　　软硬件协同设计(hardware/software co-design)是一个协作式的软硬件设计方法。该方法的第一个目标就是解决如上所述的软硬件设计问题,通过提高嵌入式硬件和嵌入式软件设计的并行度缩短系统的开发时间和成本。另一个目标是,通过协同设计,保证软硬件功能的合理划分,在体积、重量、功耗、成本等综合约束下进一步提高嵌入式系统的性能。图 10.16 为软硬件协同设计的基本流程。

　　项目开始前,首先根据系统的功能、性能要求,设计、生成描述整个系统的规范。进而,根据性能、成本约束对系统规范中的各个功能进行软硬件划分,即,对于每个功能模块选定以硬件方式还是软件方式实现。在完成软硬件划分并确定软硬件接口之后,可以对系统规范进一步求精和细化。接下来,软硬件开发团队分别参照相应的设计规范进行软硬件开发。最后,对软硬件进行集成和验证。如果系统不满足设计要求,则重新审视软硬件划分并修改

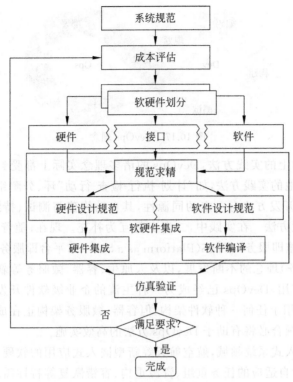

图 10.16　软硬件协同设计的基本流程

设计规范,更改软硬件的设计,直至满足设计要求。

　　从上述软硬件协同的开发过程可知,嵌入式软件的开发可以与嵌入式硬件的开发保持一定程度的同步。这对于缩短研制周期具有重要意义。近年来,嵌入式软件开发工具中提供了越来越多的目标系统仿真组件,为嵌入式软件提供了基本的开发、运行和调试工具。这些工具可以进一步降低嵌入式软硬件开发的耦合程度,提高开发效率和质量。

10.4.3　DevOps 方法

　　DevOps 是开发(Development)和运维(Operation)的缩写,是于 21 世纪初逐渐发展、成熟的一套支持开发、运维、质量保障等各环节实现高效沟通、协作的新理念、新方法和新 IT 文化。本质上,DevOps 是一种以 CI/CD(Continuous Integration/Continuous Deployment,持续集成/持续部署)为特征、强调软件开发人员与运维人员沟通和协同的软件工程方法,目标是打通软件产品开发、测试、运维过程中的全流程和工具链,支持敏捷开发、频繁交付的高效工作流,其理念如图 10.17 所示。

　　亚马逊 Web 服务(Amazon Web Service,AWS)认为,DevOps 集文化理念、实践和工具于一身,可以提高组织交付应用程序和服务的能力。与使用传统软件和基础设施管理流程相比,DevOps 能够帮助组织更快地发展和改进产品。这种速度使组织更好地服务其客户,并在市场上高效地参与竞争。Bass、Weber 和朱黎明 3 位研究者从学术视角将 DevOps 定义为"一组旨在保证高质量,同时减少将更改提交到系统和将更改放入正常生产之间的时间的实践[135]"。

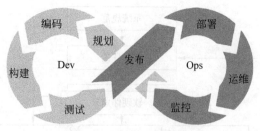

图 10.17　DevOps 理念

作为一种自底向上的实践方法，DevOps 的诸多理念实际上都受到其他实践方法的启发，或者是借鉴了其他的实践方法，如"计划-执行-检查-行动"环、分解组件的敏捷开发方法等。DevOps 与敏捷开发方法有一定的同源性，其自动构建与测试、持续集成、持续发布等特性都源自敏捷开发方法。在实践中，二者更是互为补充。现在，随着 IaaS(Infrastructure as a Service，基础设施即服务)、PaaS(Platform as a Service，平台即服务)、SaaS(Software as a Service，软件即服务)理念的不断发展，以及云原生、容器、微服务等新型软件架构与开发技术的不断成熟和应用，DevOps 已经成为一种主流的企业级软件开发、运维方法。当然，DevOps 在原则上适用于任何一种软件架构，但容器、微服务架构正在成为构建可持续部署系统的新标准，与之融合必将有助于 DevOps 方法的高效实施。

与此同时，在嵌入式系统领域，航空航天等新型嵌入式应用的软硬件体系日益复杂，且呈现出在线进行环境自适应的任务重组、资源重构、容错恢复等特性需求，在这样的发展背景下，如何高效开展应用的开发、部署、维护就成为亟待解决的关键问题。例如，远程开发环境中成功运行的代码不能快速部署至飞机或卫星上，需要漫长的调试验证且造成项目的无限拖期，正是造成美国防御管理系统项目失败的教训。而云原生、容器、微服务等技术的突出优势恰好就在于解决该类问题。云原生、微服务的开放式架构实现高级别解耦，容器化的嵌入式软件包在开发完成后可迅速迁移至不同作战平台，真正实现"所见即所得"、"一次构建、随处部署"。2019 年以来，美国军方陆续在 F-16 战斗机、B-21 隐身轰炸机、U-2 侦察机中成功试验了基于 Kubernetes 的云原生及容器化软件技术，同时将基于 Kubernetes 建立的 PlatforONE(一号平台)与 DevSecOps [①] (Development，Security，and Operation，开发、安全和运维)视为美国国防部实现数字化转型的关键解决方案之一。显然，这些新方法、新技术的运用可以显著缩短软件的设计开发、部署调试、测试验证时间，真正实现敏捷开发，值得关注和学习。

如前所述，DevOps 不是一个工具，而是一套工具链。下面结合图 10.18 所示的 DevOps 工具链给出各个环节典型的开发工具及其简要说明。

（1）软件代码仓库。用于软件版本管理、存储软件代码，如 GitLab、Github、码云(Gitee)、JIRA 等。

（2）构建工具。持续集成工具，用于对程序进行编译、打包，运行单元测试等，如 Jenkins、Maven 等。

---

① DevSecOps 的目的和意图是建立每个人都负责安全的理念，目标是在不牺牲必要安全性的前提下，快速、安全、大规模地将安全决策分配给那些拥有最高背景级别的人。DevSecOps 的优势在于，可让开发团队更快地交付更安全的代码，成本更低。

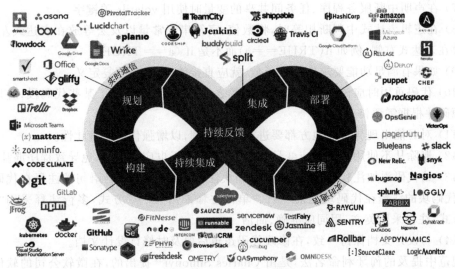

图 10.18　DevOps 工具链

（3）代码分析器/审查工具。负责查找代码中的错误，检查代码的格式、质量及测试覆盖率等，如 SonarQube 等。

（4）部署工具。快速上线部署，实现自动化发布，如 Capistrano、Maven 等。

（5）编排工具。配置、协调、管理系统和软件，如容器编排工具 Kubernetes、云编排工具 Terraform 等。

（6）测试工具。提供安全攸关业务风险反馈的自动化连续测试支持，如 Selenium、Junit 等。

（7）安全工具。提供安全测试、漏洞防护、容器安全等支持，如 Contrast、CodeAI、Aqua Security 等。

（8）配置管理。基础架构配置和管理，如 SaltStack、Chef、Puppet 等。

（9）监控工具。监控软硬件，快速定位问题，确保系统正常运行，如 Splunc、Prometheus、Zabbix、OpenFalcon 等。

10.4.4　制定编码规范

在软件开发团队内部制定统一的编码规范，对于增强软件代码的一致性、可读性和可维护性是非常重要的。这涉及代码的结构、编码风格以及命名规范等多个方面。不同风格的软件项目或软件开发团队可以根据项目特点和开发习惯制定规范。以下给出一组面向 C 语言的软件开发规范，供读者参考。

（1）代码组织要清晰。{ }、( )、if-else、do-while、for、case 等格式上对齐，而且 if、else、do、while、switch、case、for 等保留字与( )、变量之间均有一个空格。

（2）每一层代码行的缩进均用制表符（Tab 键），制表符缩进量设置为 4 字符。

（3）变量和函数名采用匈牙利命名规则（Hungarian notation）。

（4）对于程序中的常量，尽量使用宏，以便于维护。

（5）new、malloc 与 free 的使用要配对。

（6）使用 assert 宏。

（7）在声明中断服务程序、任务间共享的变量时使用 volatile 关键字。

（8）在逻辑表达式中判断相等时，将数值、字符串等常量以及宏等放在表达式左侧，将变量放在表达式右侧，例如 if(TRUE==a)而不是 if(a==TRUE)。

（9）如果有满足功能要求的系统函数，就应直接使用，避免重复定义。

（10）代码重用时应该仔细检查。除函数之外，如果直接复用了某些代码段，应该仔细阅读源码并根据需要修改。

（11）对可能出现异常的地方都要进行异常处理，以增强代码的健壮性。

（12）删除从不使用的函数或变量，注释掉的代码行也应删除，以免导致程序混乱。

（13）给代码添加注释，包括语句注释和块注释。其中，对代码语句的注释在代码行末尾，对代码块的注释在代码块之前一行。单行注释采用"//…"方式，多行注释采用"/ * … * /"方式，注释采用英文，用词应准确、简洁。

（14）与设计文档保持一致，在修改代码逻辑后要及时修订设计文档。

规范中提及的匈牙利命名法，是由 Charles Simonyi[①] 提出的，在微软公司的软件设计中大量采用[136]。所谓匈牙利命名法，就是约定了一组特殊的符号和命名规则，通过在变量、常量和函数名中加入额外的信息以增进程序员对程序的理解。匈牙利命名法的基本方法是：变量名=属性＋类型＋对象描述，各元素的定义如下。

（1）属性：全局变量(g_)、常量(c_)、C++ 类成员变量(m_)、静态变量(s_)等。

（2）类型：指针(p)、函数(fn)、无效(v)、句柄(h)、无符号(u)、整型(i)、长整型(l)、短整型(n)、布尔型(b)、实型(r)、浮点型(f,有时也指文件)、双精度浮点型(d)、字符(c)、字符串(sz)、字节(by)、字(w)、双字(dw)、计数(cnt)等。

（3）对象描述：最大(Max)、最小(Min)、初始化(Init)、临时变量(T 或 Temp)、源对象(Src)、目的对象(Dest)等。

结合开发目标，程序员能够快速地读懂遵循这个命名规则的代码，理解每个变量和函数的含义。例如，有两个变量 g_pszPatternFileName 和 g_s_iPassGrade。前一个变量是全局(g_)的字符串(sz)指针(p)，是一个图形文件的名字；而后一个变量为全局的(g_)静态(s_)整型(i)变量，表示分数线。又如，fnValidateDate 为一个用于验证日期有效性的函数(fn)等。显然，增加了额外信息的这些变量名和函数名具有良好的可读性，这比初学计算机编程的开发者常常使用的 a、b、c、x、y、z 等变量名以及 f1、f2、f3 等函数名更为规范，也更有助于代码的审查和维护。

当然，关于这一命名法也存在着一定的争议。首先是关于成本的争议，由于为变量名添加了属性、类型等前缀，就将变量的属性和类型信息复制到了很多个地方，形成了冗余。这种方式既增加了代码副本维护的成本，也增加了源代码的规模。其次是关于收益的争议，有人认为这种命名法的收益是含糊的、不可预期的。例如，将函数 strcpy(foo1,foo2)修改为采用新参数形式的 strcpy(pstrFoo,pcstrFoo2)是没有收益的，因为几乎没有程序员不知道 strcpy 函数的参数类型。而且，参数仅是函数接口的一部分，程序员只有在翻阅函数的说明

---

① Charles Simonyi(1948—)，匈牙利裔美国软件工程师、企业家、太空旅行家，曾是微软公司应用软件团队的负责人，创建了 Intentional 软件公司推广其提出的 intentional 编程技术。2007 年、2009 年分别搭乘联盟号飞船 Soyuz TMA-10、Soyuz TMA-14 进入太空和国际空间站旅行。

之后才能知道一个函数的具体功能、接口信息以及参数的合法性约束等,而且这些内容相对于其命名更为重要。另外,对于某些编程语言,这种命名法可能是无法实施的。

那么,这种方法到底可不可用呢?我们认为,匈牙利命名法总体上还是非常有用的,有助于规范项目编码、增强代码的易读性。在具体实施中,软件开发团队可以参照匈牙利命名法定义自己的命名规则集合,但无须完全照搬。

10.5　小　　结

嵌入式软件的开发具有与通用软件不同的特点。本章在分析几种典型嵌入式软件结构的基础上,进一步结合多任务嵌入式软件中的数据共享问题,从宏观到微观,从软件到硬件,从高级语言到汇编语言,从软件设计到编译器,以多维视角对各种解决方法中可能存在的问题进行了深入讨论。进而,着重对可重入代码、软件看门狗以及状态机、编译器等相关的共性设计机制进行了分析,并讨论了几个典型的软件工程方法以及在嵌入式系统领域崭露头角的云原生架构和 DevOps 方法。嵌入式系统类型众多,是百花齐放的,因此,不同类型的嵌入式软件就会有不同的设计机制和特点。因篇幅所限,本章未能深入展开部分内容,请读者继续学习、拓展和积累。

习　　题

1. 举例分析软件结构为什么会对嵌入式软件的性能造成影响。

2. 为什么说前后台软件结构具有优先级响应能力,但不具备优先级处理能力?

3. 简述中断服务程序设计的几个基本原则,请举例进行分析说明。

4. 什么是数据共享问题?请给出至少一种解决方法并进行分析。

5. 为什么说 10.2.2 节中基于开关中断解决数据共享的方法在多任务环境下可能会失效?

6. 结合看门狗电路原理,设计"与逻辑"的看门狗任务对其他 n 个任务进行监测的机制,并给出伪代码。

7. 对于嵌入式实时系统而言,频繁地创建、删除任务可能会有什么风险?请给出优化的解决方法。

8. 简述如何基于状态机思想进行软件设计,并举例说明。

9. 什么是函数的可重入问题?如何理解设计可重入函数应遵循的几条原则。

10. 函数的可重入问题与数据共享问题有何联系与区别?

11. 简述交叉编译工具链的工作原理以及嵌入式软件的编译过程。

12. 简述模型驱动软件开发的基本过程及其优点。

13. 简述 DevOps 方法与瀑布模型、敏捷开发方法的联系与区别。

14. 如何理解 DevSecOps 中的 Sec,实施中应该注意哪些方面?

15. 模拟设计一个基于函数队列的任务调度系统,并实现 FIFO 调度和优先级调度。

16. 搭建一个 DevOps 开发环境,进行容器和微服务的软件开发、部署、运行与维护。

第 11 章　调试、测试与仿真方法

Given enough eyeballs, all bugs are shallow. (Linus' Law)

—Eric Steven Raymond

Give me a lever long enough and a fulcrum on which to place it, and I shall move the world.

—Archimedes[①]

Give me a set of LED, I shall debug any embedded system.

—Anonymity

软件开发是一个对所做的设计进行编码实现,并不断验证和优化的迭代过程。软件设计人员在编码过程中进行调试,要尽量使开发的软件与设计要求保持一致;软件测试人员依据软件规格说明制订测试计划,设计测试用例,测试软件以发现其中潜在的错误。针对嵌入式软件的硬件融合、多维性能约束以及软硬件协同设计等特点,基于传统软件工程的思想已经形成了面向嵌入式软件(系统)的新型调试、测试、仿真方法和验证体系。本章将重点分析和讨论嵌入式软件开发过程中的验证机制,使读者能够理解和掌握这些验证机制的基本原理与使用方法,最终完善嵌入式软件与系统开发的知识体系。

11.1　嵌入式软件调试

软件调试是软件开发人员在开发过程中对编写的代码进行的验证。在通用软件开发中,宿主机与目标机具有兼容的体系结构,开发平台就等同于运行平台,因此开发人员能够通过开发环境中的调试器进行代码的运行调试。常用的调试方法包括断点设置、单步跟踪、内存变量设置、资源查询等。

然而,由于嵌入式软件的开发环境和运行环境分布在不同平台上,开发环境通常无法在宿主机中直接进行软件的调试。为此,嵌入式软件的调试通常采用图 11.1 所示的远程调试方式。在这种调试方式中,原有的调试器功能被划分为宿主机调试器和目标机调试代理两个部分。宿主机调试器是调试环境的主体,也是与开发者交互的对象,它通过特定物理接口连接到位于目标机的调试代理,进而向调试代理发送调试指令;调试代理是驻留在目标机上的、具有实际调试控制能力的对象,它响应远程的调试指令并对嵌入式软件的运行过程进行控制。除了向目标平台下载嵌入式软件以及配置、链接目标机的操作外,远程调试模式与通用软件调试模式的操作过程基本相同,是易于掌握的。

---

① 阿基米德(Archimedes,希腊语为 Αρχιμηδης,前 287—前 212 年),古希腊数学家、物理学家、发明家、工程师、天文学家,与牛顿和高斯被西方世界评价为有史以来最伟大的三位数学家。

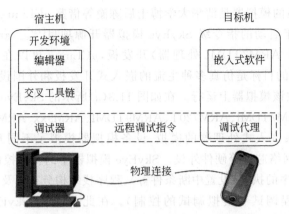

图 11.1　嵌入式软件的远程调试方式

11.1.1　基于宿主机的调试

除非宿主机和目标机的硬件采用相同的体系结构,否则二者之间是存在差异的,不能直接在宿主机上调试目标机软件。但是,部分语言具有良好的可移植性,如标准的 C、C++ 以及 Java。基于该类语言所开发的代码通常也具有良好的可移植性,那么,就有可能在宿主机上运行与硬件无关的裸机代码,也就有可能基于宿主机进行调试。

一般而言,与目标机硬件相关的代码无法直接在宿主机上运行。但只要能让宿主机识别并执行目标平台的指令,宿主机也就可以执行这些与硬件相关的代码。在实际中,通过指令集模拟技术可以达到这个目标。所谓指令集模拟器(Instruction Set Simulator,ISS),是指利用软件模拟目标嵌入式硬件指令系统的软件,可以识别并解释执行目标处理器的指令。显然,基于指令集模拟器,就可以在宿主机上运行与特定处理器相关的代码。当然,考虑到嵌入式系统硬件的体系结构与组成,仅采用指令集模拟器解决指令的执行问题还是远远不够的。为此,开发者可进一步采用设备仿真器在内存中虚拟目标硬件的中断、定时器、存储器、I/O 设备等组件,与指令集模拟器配合,在宿主机上虚拟出一个目标平台,以便在没有目标硬件的情况下继续开发嵌入式软件。图 11.2 是目标硬件模拟器的基本架构和逻辑示例。由图 11.2 可知,宿主机上交叉编译的软件可以直接在虚拟的硬件平台上运行,同时,宿主机上的调试软件也可以对应用软件进行运行时调试。

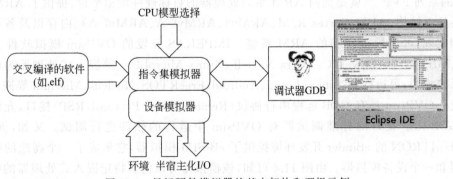

图 11.2　目标硬件模拟器的基本架构和逻辑示例

　　早期的一个典型的模拟器是清华大学博士后陈渝等借鉴 μCLinux 组织的 armulator 模拟器思想，于 2002 年启动的指令级 SkyEye 模拟器开源项目[137]。armulator 主要模拟了 ATEML AT91（基于 ARM7TDMI 处理器）开发板，μCLinux 可以在 armulator 上直接运行。而 SkyEye 项目的目标是仿真多种主流的嵌入式开发板和外围设备，同时让更多的嵌入式操作系统可以在该模拟器上运行。在如图 11.3(a) 所示的 SkyEye 基本架构中，CPU 模拟模块实现了对 ARM7TDMI、ARM720T、ARM9TDMI、ARM9xx、ARM10xx、StrongARM 及 XScale 等 ARM 体系嵌入式处理器的模拟，设备模拟器模拟了不同开发板的串口、时钟、RAM、ROM、LCD、网络芯片等硬件外设。SkyEye 模拟器中的目标控制模块主要完成执行控制（如中断服务程序的执行、设置中断条件等）、程序栈结构分析以及对具体目标硬件的控制（如本地调试、远程调试和模拟调试的控制）。在此基础上，SkyEye 模拟器可以运行 Linux、μCLinux、μC/OS-II 等嵌入式操作系统和软件，进而允许在宿主机上调试嵌入式软件。图 11.3(b) 给出了在 SkyEye 模拟器中运行 Linux 操作系统及 MiniGUI 应用软件的结果。

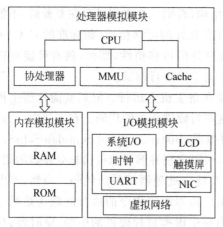

(a) SkyEye模拟器基本架构　　　　　　(b) SkyEye模拟器中运行的Linux和MiniGUI

图 11.3　SkyEye 模拟器

　　鉴于指令集模拟器的诸多优点，功能更为丰富的纯软件仿真器在近年来不断涌现，被统称为面向嵌入式系统仿真的固定虚拟平台（Fixed Virtual Platform，FVP）或虚拟机。例如，ARM 的系列 FVP[138] 就是面向 ARM 系列处理器的目标硬件模拟平台，提供了 ARM 系列处理器体系结构（ARM Cortex-R/M、ARMv8、ARMv8-A、ARMv7-A）、内存以及各种外设的模型实现，可以模拟完整的 ARM 系统。IMPERAS 开发的 OVPsim 模拟软件支持以 ARM、MIPS32/64、PowerPC、Altera Nios II、Xilinx MicroBlaze 等嵌入式处理器为核心的硬件系统模拟，可运行 μCLinux、Linux、Android、FreeRTOS、Nucleus、Micrium 等嵌入式操作系统。OVPsim 具有 GDB 远程串行协议（Remote Serial Protocol，RSP）接口，允许任何支持 GDB RSP 接口的标准调试器对 OVPsim 中运行的软件进行调试。又如，面向 T-Kernel/μITRON 的 eBinder 开发环境提供了 eB-SIM 模拟器，它集成了一个高速的指令集模拟器和一个设备模拟器。由图 11.4 可知，该模拟器可以仿真特定嵌入式处理器的指令集以及一个定时器、通用 I/O 接口、BSD Socket、一个 LCD 和一个触摸屏等外围设备。基于该模拟器，开发者可以在没有目标机硬件时开发设备驱动程序和应用软件，也可直接运行、调试图形化的目标应用程序。另外,微软、Wind River 等企业分别在其嵌入式软件开发工具中集成了仿真器软件,可以直接运行定制的嵌入式操作系统以及开发的嵌入式软件。

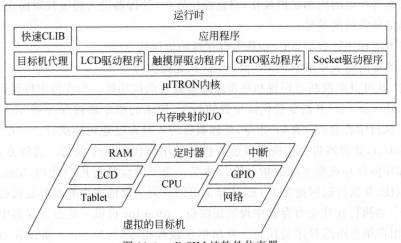

图 11.4　eB-SIM 纯软件仿真器

基于指令集模拟器的纯软件仿真器或面向仿真的虚拟平台是非常实用的嵌入式软件开发工具。软件开发者无须购买昂贵的开发板,也无须等待漫长的硬件开发过程,就能够快速地在宿主机上开发、调试嵌入式软件。这对学习嵌入式软件开发或者协同式的嵌入式软硬件开发都是非常有用的。

11.1.2　ROM Monitor 软件调试

在 7.3.1 节已经讨论论过 ROM Monitor 软件(以下简称 Monitor)的基本原理和特点。Monitor 除了用于开发时的嵌入式软件下载、固化和运行功能,还常常支持脚本执行、寄存器的读写访问、内存内容的读取或修改等操作功能。Monitor 中的这些操作大都采用了中断驱动机制,且支持设置断点和代码的单步跟踪。基于这些功能,Monitor 可以实现对目标程序运行过程的控制,进而实现图 11.5 所示的远程调试。

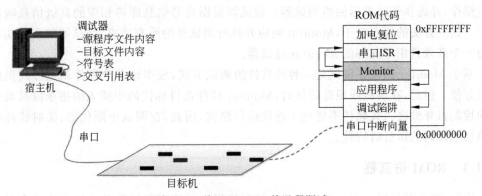

图 11.5　基于 Monitor 的远程调试

例如,EST ROM Monitor 采用了中断驱动的设计机制,采用 TRAP 指令处理代码断点,允许在预先定义的指令位置打断程序执行。在该 Monitor 中,打断正常程序流的事件被称为异常,分为同步、异步两种类型。同步异常由基于 TRAP 指令的程序执行引起,异步异常由外部中断信号引起。异常的处理分为 4 个步骤:

(1) 状态寄存器的内部赋值操作,将监控位置位,处理器进入超级权限模式。

(2) 确定异常的向量号。

(3) 将当前程序计数器(PC)和状态寄存器的值压栈。

(4) 从异常向量表中取新的 PC 值,CPU 从此处执行。

基于此,就可以实现断点设置和单步跟踪等软件调试功能。当在特定位置设置断点时,Monitor 将用一条 TRAP 指令替代该位置的指令,原来的指令将被保存到 Monitor 的临时存储区中。执行中若遇到 TRAP 指令,处理器将转入异常处理句柄执行。一旦完成异常处理返回 Monitor,处理器将会切换到以前备份过的用户代码指令执行。这种方式让开发者可以检查程序内存并观察实际的指令执行情况。为了继续执行用户代码,Monitor 将断点处的地址压栈,并执行返回指令 RTE,从异常返回。为了保证多个断点都能被处理,需要先于 RTE 指令的执行在状态寄存器中设置跟踪位。Monitor 提供了状态寄存器中的 trace 跟踪位,允许用户单步跟踪程序的执行。发出单步跟踪指令后,Monitor 将设置 trace 位。这样,每一条指令之后都将产生一个 trace 异常。该 trace 异常的句柄和 TRAP 异常句柄一样,都是 Monitor 中的一个入口点。另外,Monitor 也可以被用作模拟数据断点的跟踪模式,在执行每条指令后,Monitor 测试特定内存位置的内容并在值匹配时停止执行。对于固化在只读存储器中的程序,Monitor 无法移除和替换特定指令。因此在跟踪过程中,Monitor 需要在指令执行前对当前程序计数器的值与 ROM 断点地址列表进行对比,以确定是否需要进行异常处理。

将功能更强大的 GDB 等源码级调试器与 Monitor 相结合,可以构建出功能更丰富的源码级远程调试器。调试器使用编译、汇编代码时生成的符号表将高级结构映射到低级地址中,进而根据计算的物理地址向 Monitor 发送特定指令。这些指令用于在源码级控制代码执行并显示信息,典型的有开始执行、从当前位置继续执行、设置断点、任意时刻打断执行、创建断言(assert)、评估 C 语言表达式、显示变量值、给变量赋值、查看栈的回溯信息、反汇编存储器数据、查看源码级的跟踪信息、显示断点、创建宏等。Monitor 接收到命令后执行相应操作,并将执行结果返回给调试器。调试器根据符号信息库将相应的高级信息输出给用户。这一方法的特点在于,Monitor 响应并执行调试器的所有请求,调试器的主要功能是成为一个高效且用户友好的 Monitor 过滤器。

基于 Monitor 的软件调试是一种纯软件的调试方式,成本较其他硬件调试方式更低且使用方便。但是,在调试或跟踪软件时,Monitor 软件在目标代码中插入的指令以及对寄存器的控制将导致嵌入式软件不能处于连续运行模式,因此,在调试中断代码、实时软件时会影响这些代码的运行时特性。

11.1.3　ROM 仿真器

编写/修改源代码→交叉编译生成二进制代码→用编程器擦除单片机内容并重新固化二进制代码→将单片机芯片插接到目标板→通过蜂鸣器或 LED 辅助观察运行结果→如果逻辑不正确,撬下芯片,重新开始,这是早期 MCU 离线软件开发、调试的基本过程。从事过该类软件开发的读者应该对这个过程的烦琐和不便有着非常深刻的体会。这一方式中没有有效的调试工具，无法直接观察和控制软件运行的状态和过程，而只能借助目标板上的特定 I/O 进行调试，不直观，效率低。同时，每次进行代码修改的，都要先取下芯片，擦除芯片数据（EPROM 芯片的擦除周期很长），编程后再安装。这个操作过程很容易造成芯片引脚的损坏，不可靠，成本高。为了简化这类处理器烦琐的开发过程，芯片制造商面向其产品推出了用于仿真、调试的 ROM 仿真器软硬件环境。

　　ROM 仿真器是使用 RAM 器件和附加电路仿真 ROM 的硬件设备，一般包括一套用于匹配目标系统 ROM 芯片接口的线缆及插头、一块用于代替目标系统中 ROM 的快速 RAM、一个用于控制的本地处理器、一个连接到主机的通信端口以及其他外围组件。其中，RAM 用于模拟 ROM，存放用户程序和数据。ROM 芯片插头直接连插接在目标硬件的 ROM 插座上，就构成了一个完整的目标硬件系统。由于该类仿真器是基于 RAM 电路设计的，因此允许从宿主机动态下载数据或软件代码，也允许宿主机上的调试软件进行远程调试。图 11.6 是基于 ROM 仿真器开发、调试软件时的开发环境连接关系。通过与宿主机相连的接口，宿主机上的调试软件可以向 ROM 仿真器下载程序、发送指令和收发数据。

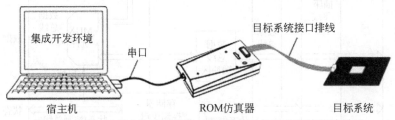
图 11.6　基于 ROM 仿真器开发、调试软件时的开发环境连接关系

　　与离线编程相比，ROM 仿真器具有非常突出的优点，例如，可以快速加载数据和代码、灵活的调试机制、减少芯片损耗、缩短调试周期、降低开发成本等。但其缺点在于，ROM 仿真器设备一般只适用于特定类型的芯片，通用性差，且不能用于从 RAM 启动和执行的软件。随着存储器技术、在线编程技术以及软件仿真技术的发展，近年来 ROM 仿真器已经逐渐被其他技术所替代。

11.1.4　在线仿真器

　　与 ROM 仿真器的思想类似，在线仿真器（In-Circuit Emulator，ICE）也采用一套独立的硬件单元替换目标系统中的硬件组件。ICE 仿真器主要替换目标系统的嵌入式处理器，并实时监控目标系统的运行过程，是一种经典的嵌入式软件调试方法。广义地说，如上所述的 ROM 仿真器也是一种 ICE 设备。

　　ICE 设备具有自己的处理器、ROM 以及 RAM 资源，其处理器与待调试目标系统的处理器相同。通过特定的连接器或飞线方式，ICE 设备就可以替换目标系统的嵌入式处理器，同时搭线连接目标系统的数据总线、地址总线和状态/控制总线，如图 11.7 所示。在这种结构中，目标系统程序驻留在目标内存中，而调试代理则存放于 ICE 设备的存储器中。调试时，用户通过宿主机上的调试软件操作 ICE 设备，ICE 设备中的调试代理则从本地存储器读取指令并控制目标系统运行。ICE 设备和目标系统之间的代码切换原理和过程可描述为：要停止执行用户目标代码并进入调试模式时，宿主机向 ICE 设备发出 NMI（Non-Maskable Interrupt，不可屏蔽中断）信号；ICE 的 NMI 控制逻辑阻塞来自目标系统的 NMI

信号，以保证在调试核心执行代码时不会响应任何 NMI；存储器控制逻辑关闭至目标系统的地址总线缓冲区及数据总线缓冲区，并且打开 ICE 设备的本地存储器。这种方式可确保 ICE 设备保持对目标系统运行过程的控制，并能在目标系统运行时进行实时监控，且调试代理不受目标系统错误的影响。在将 ICE 设备连接到目标系统的地址总线、数据总线及状态/控制总线上之后，只要将逻辑分析仪也挂接在这些线路上，就可进一步实现软件逻辑的实时跟踪。

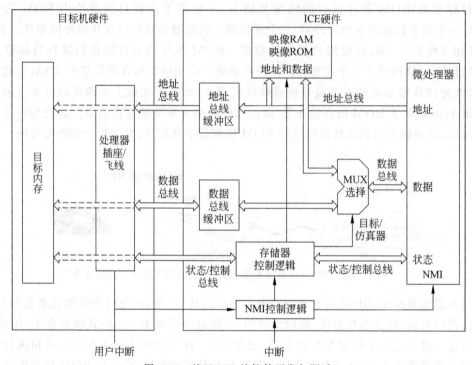

图 11.7　基于 ICE 的软件开发与调试

ICE 的主要优点是具有对目标系统运行时的实时跟踪能力。其最大的缺点是设备专用、成本较高，尤其是用于高速处理器系统的 ICE 设备价格更高。因此，ICE 主要应用于低速和中速系统，如基于 ARM、MCS-51 等 MCU 的嵌入式系统。

另外，在嵌入式处理器技术的发展过程中，为了增强芯片自身对调试能力的支持，一些处理器内部也开始集成了 ICE 单元，称为在线调试器（In-Circuit Debugger，ICD）或片上调试器（On-Chip Debugger，OCD）。例如，Motorola 公司针对其嵌入式处理器设计的后台调试模式（Background Debugging Model，BDM），第一个将 ICD 特殊硬件放在处理器中，开创了片上集成调试资源的历史。又如，ARM7TDMI 处理器内部提供了嵌入式 ICE-RT 逻辑、嵌入式跟踪宏单元（Embedded Trace Macrocell，ETM）以及相应的外部接口。对于这些片上调试方式，宿主机与目标系统处理器的调试接口直接相连，即可实现设置断点、单步跟踪、变量查看与赋值等调试机制。这种方式的优点在于：连接简单，无须替换目标机的处理器，可以实现在线编程和在线调试。这节省了购置 ICE 硬件的成本，也可保证目标系统的运行速度。与此同时，将逻辑分析仪与芯片内的嵌入式跟踪单元连接还可以实现对用户程序的实时调试和逻辑分析。ICD 的不足在于：需要增加额外的处理器内部逻辑和处理器外部引脚数量,同时占用目标系统的 ROM 和 RAM 存储空间。

11.1.5　JTAG 调试

JTAG(Joint Test Action Group,联合测试行动组)调试是当今嵌入式系统领域广泛采用的软硬件调试方法,JTAG 本身是 IEEE 1149.1—1990(IEEE 标准测试访问接口及边界扫描结构)标准的简称或代名词[139]。

JTAG 协议起源于硬件电路板的测试行业。在 JTAG 出现之前,钉床测试是硬件电路板测试的主要手段。其基本原理是:将硬件电路板置于具有密集接触点阵列的测试板上,使硬件电路板上的每个电路点与钉床上的触点接触,从而快速地测试这些电路点的正确性,如是否存在短路、断路、搭线等问题。钉床测试是一个完全基于硬件的电路连接可靠性测试方法。这种方法的缺点非常明显:第一,要针对不同的硬件电路板及测试的复杂度设计不同的钉床硬件和测试规则,成本高,灵活性差;第二,对于复杂电路,尤其是 BGA 等封装的器件以及多层电路板,无法测试内部触点。

JTAG 的诞生弥补了传统硬件测试方法的不足。其基本原理是,将硬件电路板上所有的待测点一一连接到一个移位寄存器,每一个二进制位对应电路中的一个待测点。进而,JTAG 仿真器软件通过分析移位寄存器的输出数据判断电路板的状态。在如图 11.8 所示的电路中,总线右侧有 9 个电路元件,除元件 2、元件 8 被旁路外,其他 7 个元件的引脚串行相连,组成了一个 JTAG 循环。测试中,只要在串行移位位流的某个位置写入特定的二进制值,就可以设置电路上某个引脚的状态。一次完整的位流移位输入之后,这些引脚上的值同时将被移位输出至特定的输出端口,也就是电路输出的逻辑结果。由此,通过分析、对比输入位流和输出位流就可以确定电路中每个待测点是否存在问题。典型地,可以采用 JTAG 测试硬件电路的连通性以及逻辑串和存储器等器件的正确性。

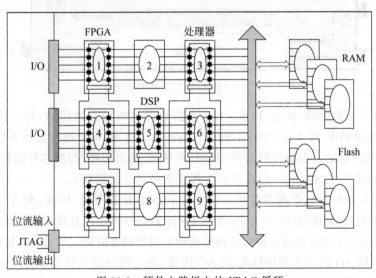

图 11.8　硬件电路板上的 JTAG 循环

为了使用 JTAG 协议,硬件设计中就必须采用符合 JTAG 标准的集成电路器件,以构成图 11.8 所示的 JTAG 循环电路。图 11.9 是 JTAG 标准器件内部逻辑,5 个 JTAG 外部引脚依次是 TDI(测试数据输入)、TDO(测试数据输出)、TCK(测试时钟)、TMS(测试模式选择)、$\overline{\text{TRST}}$(测试复位)。由图 11.9 可知,在靠近芯片逻辑的每一个输入输出引脚上增加了一个边界单元,一组边界单元串行组成一个边界扫描寄存器(Boundary Scan Register, BSR),多个 BSR 连接起来形成边界扫描链(Boundary Scan Chain,BSC)。TAP(Test Access Port,测试访问端口)控制器用于控制处理器的运行,通过该控制器也可以实现对芯片所有数据寄存器、指令寄存器的访问。当芯片处于调试状态时,每个 BSR 可将芯片与外围的输入输出引脚进行隔离,通过 BSR 实现对芯片输入输出信号的观察和控制。基于相应的时钟信号和控制信号,BSC 中就可以串行地输入和输出数据。JTAG 配置是通过 TMS 引脚,以状态机的形式一次操作一位实现的。

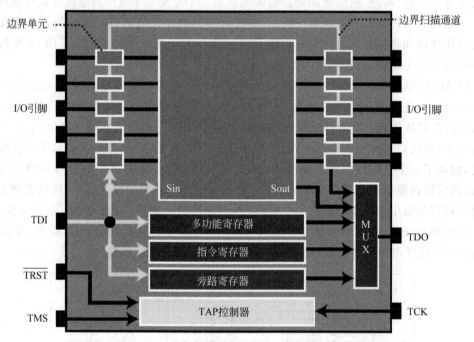

图 11.9　JTAG 标准器件内部逻辑

因为只有一条数据线,因此 TDI、TDO 上的数据以串行方式传输,每一位数据在每个 TCK 时钟脉冲分别由 TDI 和 TDO 引脚传入或传出。进而,可以通过加载不同的命令模式读取芯片的标识,对输入引脚进行采样,驱动(或悬空)输出引脚,控制芯片运行,或者将芯片旁路(即,将 TDI 与 TDO 连通,以在逻辑上短接多个芯片的链路)。

由于 JTAG 接口可以控制芯片的运行以及访问芯片的资源,因此,配合片上的调试逻辑(如 ICD、BDM)和调试软件(如 Trace 32、ARM ADS 等),就可以对嵌入式软件进行调试。目前 JTAG 协议或类 JTAG 协议已被广泛地集成到不同处理器的调试单元中。其特点如下:

(1) 基于 JTAG 的命令使用标准 JTAG 协议,通过调试命令移动串行二进制位流并控制调试内核,而不是直接在串行二进制位流中写入新值。这个二进制位流被解释为向处理器核心发出的命令流。宿主机通过 JTAG 适配器连接目标系统的 JTAG 接口,并通过 JTAG 命令进行软件调试。

(2) 采用可定位循环机制,通过一个简短的 JTAG 命令设置循环连接,进而通过操纵较短的循环代替较长的循环。可定位循环的另一个典型应用是多处理器的调试。例如,调试多个处理器时,一个长的 JTAG 循环可能会在每个命令中花去数十毫秒的时间。采用可定位循环,只要将一个短的 JTAG 操作块加入到设计中,用户就能向一些控制逻辑发送一个简短的命令,从而指导循环到达相应的处理单元。

JTAG 是一个开放的、有效的测试协议,允许产品生产商对其进行修改,也可以和前面所述的 ICE、OCD、BDM 等机制灵活地组合。因此,在实际使用中,可以根据不同产品的说明进行调试接口、调试适配器和调试软件的设计。当然,软件开发人员无须关心这些协议和产品内部的差异,只要掌握特定调试工具的使用方法即可。

11.2 嵌入式软件测试

软件测试是为了查找开发的软件与需求规格说明中需求项不一致的问题而开展的验证,是一个依据测试计划在有限测试用例集上对软件行为进行验证的过程,是软件工程中的重要环节,也是评价软件质量的主要手段。一般而言,软件的测试过程包括测试计划制订、测试用例设计以及执行软件测试、编写测试报告等主要步骤,软件测试生命周期(Software Testing Life Cycle,STLC)如图 11.10 所示。在这个周期中,软件测试过程又可分为 7 个基本实施阶段,即单元测试、集成测试、外部功能测试、回归测试、系统测试、验收测试、安装测试。在每一阶段,如果测试中发现了软件的缺陷(bug),都应该记录缺陷并进行管理,进而由开发者在审慎分析缺陷的基础上对设计和编码进行修改。在此之后,需要再次进行回归测试,将前面发现的缺陷归零。

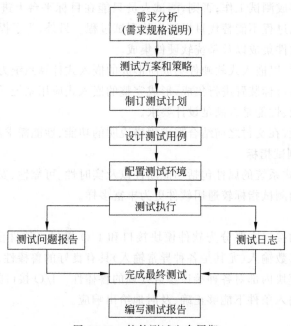

图 11.10 软件测试生命周期

常用的软件测试方法主要包括源码级的白盒测试以及功能级的黑盒测试。前者主要是检查程序的内部设计,根据源代码的组织结构查找软件缺陷;而后者则根据软件的用途和外部特征查找软件中可能存在的缺陷。在实际应用中，这两种方法又可能有不同的实施过程，例如，白盒测试既可以是静态的代码走查测试，也可以是基于跟踪的代码运行测试。

11.2.1　基本测试方法与指标

与通用软件相比，嵌入式软件呈现出不同的系统特性：第一，嵌入式软件的运行依赖于目标系统的硬件，其功能大都与外部 I/O 操作密切相关。第二，嵌入式软件大都具有实时性、可靠性等非功能属性约束。第三，部分嵌入式软件的运行与外部环境密切相关。这些特点决定了嵌入式软件的测试过程和方法将会有别于通用软件。

1. 测试过程

嵌入式软件的测试主要包括软件的单元测试、集成测试、软硬件集成的系统测试和验收测试。其中，前两个步骤的目标和方法与通用软件测试基本一致。下面对这几个步骤的特点进行简要分析。

在单元测试阶段，算法型软件模块的测试大都在宿主机环境中进行，主要验证软件模块的逻辑功能、输入输出的正确性以及在输入异常时的可靠性，而部分与 I/O 相关（如设备驱动、通信、控制）的软件单元的测试则需要在目标系统中进行。注意，宿主机中的代码测试只能作为快速发现问题、提升测试效率的辅助手段，并不能替代最终的目标机测试。总体上，即使是通过宿主机测试的嵌入式软件模块，也必须在目标机上再次进行测试。

在集成测试阶段，所有软件模块链接、形成了完整的嵌入式软件实体，此时的软件测试工作主要依赖于嵌入式系统平台。如果嵌入式软件开发环境提供了目标系统的仿真环境，如 FVP、Windows 的 WPC 仿真器等，那么，测试人员仍然可以在宿主机上以仿真运行的方式运行软件并开展集成测试工作；否则，测试人员只能在目标平台上进行软件测试。同样，基于仿真运行的测试过程不能替代目标机上的测试过程。另外，为了提高集成测试的效率，可以分步骤地进行软件集成以及系统软硬件集成。

在系统测试阶段，以嵌入式软硬件集成所形成的嵌入式计算系统为对象进行测试，进而将嵌入式计算系统与目标装置进行集成，形成完整的嵌入式应用系统，综合地测试和验证整个嵌入式系统的功能、性能是否满足设计要求。

在验收测试阶段，在交付之前结合需求规格说明的功能、性能需求项进行最终测试。

2. 几个关键的测试指标

如前所述，嵌入式系统的属性包括功能属性以及实时性、可靠性、安全性等非功能属性，这使得嵌入式软件的测试指标较通用软件更为丰富多样。

1) 接口正确性

嵌入式系统中的接口主要分为软件模块接口和 I/O 接口。软件模块接口的正确性是指该接口对可能的参数输入（尤其是各种异常输入）具有良好的鲁棒性。软件模块接口正确性主要反映了软件模块内部对各种接口参数处理的鲁棒性。I/O 接口的正确性指 I/O 接口本身在可能的物理输入条件下能够正确、及时地给出响应。

2) 逻辑正确性

逻辑正确性主要是指软件模块内部逻辑的正确性和模块之间逻辑的正确性。前者表示输入有效参数时模块是否会输出正确的计算结果，后者则用于评价不同模块之间的调用关系和调用结果是否正确。注意，即使所有软件模块的逻辑都是正确的，也不能保证最终的软件就必然正确。前面讨论的数据共享、可重入函数等问题已经说明了这一点。因此,在进行单元测试之后,必须对集成后的软件逻辑以及运行于目标硬件上的软件逻辑进行正确性测试。

3) 任务的时间约束

时间属性是嵌入式实时系统的关键属性。时间属性的测试主要关注是否所有实时任务都能够满足或者能够以何种程度满足其截止期约束,为发现软件中的时间错误提供依据。同时,时间测试也可对软件中每一个(或一组)函数、任务的执行时间进行监测和统计,为优化软件的时间开销提供依据。

时间属性测试的重要前提是保证嵌入式软件在目标系统中全速运行,并在尽量不影响中断、任务或函数的响应时间、执行时间的前提下进行时间开销的统计。鉴于实时系统采用的高精度时钟以及嵌入式软件运行时的复杂交互特点,时间属性测试可谓是嵌入式实时软件测试中相当具有挑战性的一项工作。为了统计时间,开发者可以在对象代码的开始及结束位置分别插入一个获取时间的变量,并通过 print 或 printf 函数调用将获取的时间值连续地输出到显示设备或者文件。这个方法对于没有时间限制的软件而言是可行的,因此在通用软件开发中广泛使用。然而,该方法并不适用于嵌入式实时软件的时间属性测试,因为这些用于统计时间的操作使用了 I/O,产生的额外时间开销会破坏被测对象的时间属性和运行真实性。可想而知,对于一个执行时间非常接近但并未超过截止期的任务而言,附加的额外操作将可能导致任务不能在截止期内完成,从而形成错误的测试结论。因此,这些传统的方法是不可行的,还需要采用更加合理、优化的方法进行测试。

4) 代码覆盖率

代码覆盖率是指软件运行中已执行代码数量占代码总量的比例,是评价嵌入式软件,尤其是航空、航天等安全攸关嵌入式软件的重要指标。不同于在通用软件中的功能正确性测试,嵌入式软件的测试结论常常需要以代码覆盖率作为重要参考依据。例如,对于同样的源代码,甲的测试结论为"本软件 80% 正确,此次测试的代码覆盖率为 95%",而乙的测试结论为"本软件 95% 正确,此次测试的代码覆盖率为 50%"。那么,哪一个测试结论更为可信呢?显然,我们应该更加信任代码覆盖率高的测试结论,因为执行的代码越多,被隐藏的问题就会越少。本章开篇引用的林纳斯定律(Linus' Law)——"只要有足够多的测试人员,就能够发现所有缺陷"本质上也是这个道理。

在软件测试中,常见的代码覆盖率有以下几种:

(1) 函数覆盖率(function coverage)。被调用函数的数量与代码中函数总数量的比值,判断是否所有函数都被调用执行。

(2) 指令覆盖率(instruction coverage)。采用控制流图表示程序时,是否每一行指令都被执行过。

(3) 判定(分支)覆盖率(decision coverage)。采用控制流图表示程序时,判断代码中的每一个条件分支是否都被执行到。

(4) 条件覆盖率(condition coverage),也称为谓词覆盖(predicate coverage)。判断代码中是否每一个逻辑表达式中每一个原子条件的成立及不成立情形都被遍历过。

(5) 条件/判定覆盖率(condition/decision coverage)。同时对条件覆盖率和判定覆盖率进行评价。

例如：

```
//函数 1
int Sum(int x, int y) {                     (1)
    int sum = 0;                            (2)
    if((x>0) && (y>0)) {                    (3)
        sum = x+y;                          (4)
    }
    else
        sum=-1;                             (5)
    return sum;                             (6)
}
//函数 2
void main ( void ) {                        (7)
    int m = 1;                              (8)
    int n = 2;                              (9)
    printf("%d", Sum(m, n));                (10)
}
```

在上面的代码中，共有两个自定义函数和一个 if 条件判断。当 main 函数执行时，会调用 Sum 函数，因此，这段代码的函数覆盖率为 100%。在 main 函数运行时，它包括的 3 条代码都被执行，同时，由于 m 和 n 都大于 0，Sum 函数中的(2)、(3)、(4)、(6)语句也被执行，因此此时的指令覆盖率为 87.5%。但是，当前 m、n 的值无法让语句(5)执行，因此代码的判定覆盖率仅为 50%；m 和 n 仅表示了大于 0 的情形，任意变量为 0 的情形没有被覆盖，因此代码的条件覆盖率为 25%。

如果修改 main 函数的代码，依次执行函数调用 Sum(1,1)、Sum(1,0)、Sum(0,1)、Sum(0,0)，那么 main 函数执行后，该段代码的函数覆盖率、指令覆盖率、判定覆盖率、条件覆盖率都将达到 100%。由此可知，代码的覆盖率与测试方案中的测试用例设计密切相关。一个好的测试用例集，应该能够让软件运行时尽可能覆盖到绝大多数的代码。

在实际中还有循环覆盖率(loop coverage)、参数值覆盖率(parameter value coverage)等。上述几种覆盖率侧重于不同方面的代码属性，可以单独使用或者以组合的方式使用。

嵌入式系统具有资源受限的基本特点，资源耗尽对于嵌入式系统而言是灾难性的。嵌入式软件的运行不可避免地要对内存进行分配和释放操作，正确的内存操作是增强嵌入式系统可靠性的重要方面。为此，内存测试已经成为嵌入式软件测试的一项重要内容。内存测试是在代码运行过程中跟踪、统计每个任务所消耗的内存资源，包括占用的内存资源数量以及任务中执行的内存操作、泄漏的内存数量等。通过内存测试，测试人员可以快速地找出消耗内存多的任务，确定造成内存消耗的操作，以及可能出现内存泄漏的位置。这些测试数据既可以用于排除造成内存泄漏的代码错误，也可以用于对代码的优化。

3. 测试方法

1) 白盒测试

白盒测试(white-box testing)，也称结构测试、逻辑驱动测试或基于代码本身的测试，是软件测试的主要方法之一。从软件工程规范可知，白盒测试方法主要测试源代码内部结构和运行机制，而不是测试其功能，目标在于排除源代码中潜在的错误，主要用于软件的单元测试阶段。

由于白盒测试是源码级测试，因此，只有熟悉代码的设计架构以及编程机制，才能够设

计出好的测试用例。也就是说,测试人员要熟悉代码的结构和开发机制,要具备程序员的素质。白盒测试过程可分为以下几个步骤:

(1) 测试人员深入理解待测试代码,并清楚应该创建什么样的测试用例才能对每一个可见的代码路径进行测试。

(2) 根据软件的功能需求、详细设计文档、源代码、安全规范规则等设计测试用例,创建一个可以覆盖整个软件代码的测试用例集合。

(3) 开展测试工作,即依据测试用例对代码中的各个执行路径进行遍历,并推导、判定代码的每个输出是否符合预期。

(4) 形成测试报告。

为了全面、深入地分析源代码,白盒测试方法涵盖了一组标准的代码覆盖率准则,包括控制流测试、数据流测试、语句覆盖测试、分支覆盖测试、判定覆盖测试、判定/条件覆盖测试、路径覆盖测试等。每一条准则用于对源代码中的某些代码进行测试和验证,也是设计测试用例的依据。图 11.11 列举了白盒测试中可采用的不同方法。其中,静态测试是直接对源代码进行结构、质量分析的过程,可以采用人工方式,也可以采用软件工具。该类测试关注的内容涵盖代码的检查、静态结构分析、代码质量度量等方面,主要测试方法有代码走查(code walkthrough)和代码审查(code inspection)。代码走查是一个非正式的、开发人员与架构师讨论代码的过程,目的是讨论、交换有关代码的设计思路,以修正、优化代码的设计。代码审查则是项目组内正式的代码评审活动,主要用来发现代码中的问题,如有无规范的注释、编码是否遵守项目组设定的规则、是否有功能重复的代码、是否存在逻辑错误等。不同于静态测试,动态测试以代码的覆盖率和代码质量为主要指标,并通过测试用例在代码运行过程中进行代码质量的分析。

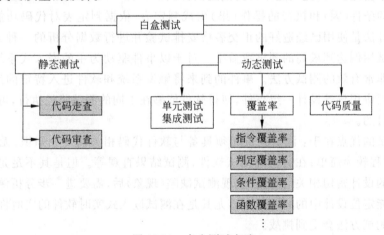

图 11.11　白盒测试方法

作为软件工程中常用的测试方法之一,白盒测试的优点体现在:测试过程需要掌握源代码的架构和设计;通过揭示代码中隐藏的错误消除可能的软件缺陷;在源代码级为程序员提供反馈,并可增强问题的可追溯性;可以采用工具进行自动化测试等。当然,白盒测试也有一些明显的缺点,例如,对测试人员有更为专业的要求,测试人员需要了解代码细节,测试过程较为复杂,无法实现 100% 的测试。

规范的嵌入式软件开发过程管理或行业标准,如 GB/T 28171—2011《嵌入式软件可靠性测试方法》、DO-178B《机载系统和设备合格审定中对软件的要求》等，都会要求对代码进行白盒测试，且代码的质量必须达到特定标准的要求。在如前所述的安全攸关嵌入式软件中，白盒测试是该类软件测试的重要内容。

2）黑盒测试

黑盒测试（black-box testing），也称为功能测试、数据驱动测试或基于规格说明的测试，是用于软件功能测试的主要方法，可用于单元测试、集成测试、系统测试以及验收测试等不同的测试阶段。

不同于白盒测试，黑盒测试从用户的角度出发，针对软件界面、功能及外部结构进行测试。在黑盒测试过程中，测试人员只需了解程序的输入、输出和系统的功能，以有效输入和无效输入验证软件的输出是否满足预期，而无须了解程序代码的内部设计，也无须掌握程序代码、内部结构和编程语言的专门知识。因此，测试人员可以根据软件规范、需求规格说明、设计参数进行测试用例集的设计，进而发现软件的功能错误或设计遗漏、界面错误、输入和输出错误、数据库访问错误、性能错误等问题。

黑盒测试的用例设计技术主要有等价类划分法、边界值分析法、错误推测法、因果图法、判定表驱动法、正交试验设计法、功能图法、场景法等。其中，等价类划分法把可以等效地发现程序错误的一组输入划分为一个输入域的子集，子集中的任何一个输入都可以满足一类功能的测试。在该方法中，要同时设计有效等价类和无效等价类，以保证测试质量。边界值分析法通过选择等价类边界的测试用例，对程序输入输出的边界条件进行测试，是上一种方法的补充。错误推测法是一种基于经验的测试方法，测试人员凭借经验将可能存在的程序错误列举出来，并有针对性地设计一组测试用例进行验证。这种方法的效果取决于测试人员是否拥有丰富经验，因此只能作为其他测试方法的补充。因果图法和判定表驱动法都是根据程序中的条件（因）和执行的操作（果）生成判定表，依据判定表对代码功能进行测试。正交试验设计法是使用已经造好的正交表格安排试验并进行数据分析的一种方法，目的是用最少的测试用例达到最高的测试覆盖率。对于以事件驱动为主的嵌入式系统和软件，场景法是一个非常有效的测试方法。事件的到来将触发系统和软件进入特定的运行态，即某个场景。根据应用场景设计一组事件，使得软件能够在不同的测试路径执行，可以达到软件功能测试的目的。

黑盒测试的优点在于：测试人员无须具备与软件代码相关的专业知识，无须关心软件内部逻辑，过程较为简单；在运行时测试软件，测试结果直观等。但是其不足是：测试质量与测试用例的设计密切相关，而且在发现测试缺陷（现象）后，需要进一步分析源代码或通过其他方式才能定位设计中的问题所在。尤其是在测试嵌入式实时软件的实时性、可靠性时，传统的黑盒测试方法会受到挑战。

3）代码插桩

在现代嵌入式软件测试技术中，代码插桩（code instrumentation）是一个为尽量降低时间开销而引入的动态测试方法，对于白盒测试中的覆盖率测试、黑盒测试中的性能测试都非常重要。代码插桩的基本思想是：在源代码中需要标记的各个位置插入一条可快速执行的特殊指令（注意，不是操作I/O的函数），并建立指令和插入位置的映射数据库。软件在目标机上运行时，这些特殊指令的执行会触发某些特殊操作，如在目标机特定的内存地址中写入一个特殊值并产生一个中断事件（类似于双端口RAM）。测试工具以中断的方式获取这些事件,并根据数据库中的映射关系记录数据。基于这些数据,测试人员就可以统计程序运行时的代码覆盖率。例如,测试人员在使用 gcc/g++ 工具编译 Linux 操作系统中的 C/C++ 程序代码时,可以使用编译器的 coverage 选项生成插桩的、可用于覆盖率分析的二进制文件。代码运行时,就可以用代码覆盖率测试工具 gcov 统计、生成代码的覆盖率情况,也可以使用 lcov 等工具生成 HTML 版本的代码覆盖率报告。

除此之外,嵌入式软件的测试还会涉及软件的性能测试。这个测试可发生在单元测试、集成测试、系统测试等不同阶段,允许对软件的模块、软件系统、软硬件系统性能进行评价。对于嵌入式实时软件、安全攸关软件,通常还需要进行压力测试等与环境相关的特殊测试,本书不再讨论。

11.2.2 测试工具的使用

随着嵌入式系统、嵌入式软件的规模和复杂度不断增长,嵌入式软件的测试已经日益成为一件非常关键且富有挑战性的事情。随着自动化测试技术的不断进步,测试人员可用的软件测试工具日益丰富。这些测试工具很好地实现了上述测试准则和方法,可以帮助测试人员快速地进行嵌入式软件的代码分析和功能验证。本节简要介绍几种嵌入式软件测试工具,供读者参考。

1. 嵌入式软件静态分析工具 Goanna

Goanna 是 Red Lizard 公司针对软件安全性及可靠性推出的 C/C++ 代码深度静态分析工具。该工具采用获得图灵奖的模型检测技术对嵌入式软件代码进行静态分析和错误查找[140]。Goanna 支持表 11.1 所示的功能,可以进行 250 多项重要检查,如空指针错误、数组越界、字符串溢出、内存泄漏、内存损坏、双重释放、安全性缺陷、坏的结构、未初始化变量、死代码、算术错误、可移植性缺陷、除零、不安全的库以及用户自定义的检查等。在测试基础上,Goanna 使用 Web 接口将这些软件缺陷即时地绘制成图形化报告,便于开发人员快速找到并解决问题。

表 11.1 Goanna 代码静态分析工具的功能

功 能	Goanna Studio 版	Goanna Central 版
模型检测技术(图灵奖)	√	√
路径优先的全代码分析	√	√
抽象数据跟踪	√	√
250 多项检查	√	√
MISRA C、MISAR C++ 、CWE、CERT 规范	√	√
跟踪仿真器	√	√
在线增量分析	√	√
用户定制的检查	√	√
IDE 集成	√	×
图形报告与可视化	√	√
集成基于 Sonar 软件的仪表和测量	×	√
代码规模不限	√	√
无限升级	√	√

Goanna 测试工具提供了符合一些行业安全规范的验证，如 MISRA C:2004、MISRA C:2012、MISRA C++ :2008^① 等，从而可以帮助客户通过一些行业标准的认证，如汽车领域的 ISO 26262、航空领域的 DO-178B 等。现在，Goanna 软件分析工具已经广泛应用于嵌入式软件验证，如军工、汽车、医疗等领域。

2. 嵌入式软件动态分析工具 Cantata

Cantata 是 QA Systems 公司面向单元测试、集成测试阶段推出的嵌入式软件白盒/黑盒测试工具，具有单元/集成测试、基线测试、覆盖率分析和静态分析等功能，允许在目标嵌入式系统或宿主机平台快速地验证 C/C++ 代码。该软件测试工具基于 Eclipse 框架，同时支持静态测试和动态测试。Cantata 工具提供了自动化的测试框架生成、测试用例生成、执行测试以及结果诊断与测试报告生成等机制，可以快速进行满足多个安全标准要求的嵌入式软件测试，涵盖 DO-178B/C、ISO 26262、工业自动化领域的 IEC 61508、核电领域的 IEC 60880、医疗领域的 IEC 62304 以及铁路领域的 EN 50128/50129 等规范。

Cantata 中提供的代码静态分析功能可以生成包括代码行、注释、函数等在内的程序级度量，以及超过 300 种的源代码评价，包括 Myers、MOOSE、McCabe、MOOD、Halstead、QMOOD、Hansen、Robert Martin、McCabe 以及 Bansiya 的 Class Entropy 等。为了进行覆盖率等的动态测试，Cantata 会对源代码首先进行插桩处理，然后通过交叉编译生成目标机上的可执行文件。在代码运行过程中，这些插桩的指令将通过 I/O 接口或共享内存向 Cantata 测试软件发送事件，由 Cantata 测试软件对这些数据进行统计、处理和显示，测试过程如图 11.12 所示。Cantata 支持宿主机和目标机中的代码测试，如果有模拟器，就可以在宿主机上运行目标程序并进行测试。

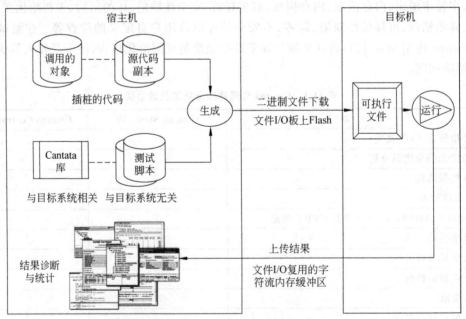

图 11.12　基于 Cantata 的目标系统测试过程

---

① MISRA C 是汽车产业软件可靠性协会（Motor Industry Software Reliability Association）提出的 C 语言开发标准，目的在于增进嵌入式系统的安全性及可移植性，现在已广泛应用于电信、国防、铁路等多个领域。

类似于 Cantata，Razorcat 公司的 Tessy 也是一个专门针对嵌入式软件 C/C++ 代码进行单元测试、集成测试的工具，符合 ISO 26262、IEC 61508、EN 50128/50129、DO-178B、汽车 SPiCE 等测试标准的要求，可在安全攸关的嵌入式软件研发中使用。

3. 通用嵌入式软件测试工具 CodeTEST

CodeTEST 是 MetroWerks 公司推出的嵌入式软件分析工具，支持对运行时嵌入式软件的精确分析[141]。与 Cantata 等测试工具一样，CodeTEST 也采用了目标软件插桩的方式。不同的是，CodeTEST 既可以在宿主机直接进行软件测试，也可以通过硬件（CodeTEST探测器）方式连接到目标系统，在嵌入式软件的实际运行过程中进行测试。

图 11.13 给出了采用 CodeTEST 进行嵌入式软件测试的硬件环境。在主机上运行 CodeTEST 分析软件并通过网络与 CodeTEST 数据采集器连接，数据采集器以 1394 接口与探测器相连，探测器通过特定的适配器连接目标硬件。由图 11.13 可知，CodeTEST 支持非常灵活的目标系统连接方法。其中，最为通用的是手动飞线方式。当然，这种方式也最为专业和复杂，要求测试人员必须非常熟悉处理器等硬件组件的 I/O 特性。VME 总线适配器、PCI 总线适配器等连接方式都采用专用的总线接口，通用性差，但使用简单。

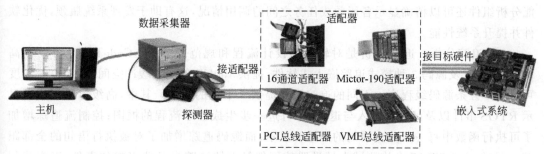

图 11.13　CodeTEST 测试硬件环境

图 11.14 给出了基于 CodeTEST 在目标机进行嵌入式软件测试的基本过程。以在 Linux 平台上运行 CodeTEST 环境为例，测试过程可简要描述如下：

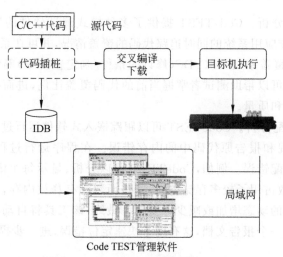

图 11.14　CodeTEST 测试的基本过程

（1）软件预编译处理。CodeTEST 工具对待测软件源代码进行插桩（在特定位置写入一条赋值语句，如 amc_ctrt＝0x74100009），然后编译生成可执行的.out 文件和插桩数据库.idb 文件。

（2）将.out 文件下载到目标板上运行。程序运行到插桩点位置时，目标板的控制总线和地址总线上会出现相应的控制信号和地址信号。探测器从总线上采集数据，并把这些数据发送给 CodeTEST 管理软件。

（3）CodeTest 管理软件得到数据后，结合.idb 文件中的插桩信息和源代码副本，分析并输出测试结果。

运行在主机上的 CodeTEST 管理软件提供了软件性能分析、追踪分析、代码覆盖率分析以及动态内存分配分析 4 项功能，具体如下。

（1）软件性能分析。无论是关注任务截止期还是优化嵌入式软件的时间性能，CodeTEST 的软件性能分析功能都可以提供详细的软件时间性能分析数据。CodeTEST 的软件性能分析功能可以同时对 128 000 个函数和 1000 个任务进行性能分析，可精确得出各函数、任务、中断服务程序的最大、最小和平均执行时间，精确度可达 50ns。同时，软件性能分析组件还可以精确显示各函数或任务之间的调用情况，这有助于发现系统瓶颈，优化软件并提升系统性能。

（2）追踪分析。追踪分析是对软件的设计流程和规范的验证。CodeTEST 可以按高级、控制流以及源码 3 种模式追踪嵌入式软件，提供 400KB 的追踪缓冲空间，最大追踪深度可达 150 万条源码级程序。不同的追踪模式提供了不同的服务。其中，高级追踪模式可显示 RTOS 事件以及函数的进入与退出，并可进一步生成程序流程的框图；控制流追踪增加了可执行函数中每一条分支语句的跟踪和显示；而源码追踪增加了对被执行语句的全部跟踪。同时，CodeTEST 允许测试人员设置软硬件触发器追踪自己感兴趣的事件，以查找程序的缺陷所在。以上模式均能呈现详细的内存分配情况，包括在哪个文件的哪一行、哪个函数调用内存的分配或释放函数，被分配内存的大小和指针、被释放内存的指针以及内存错误等。

（3）代码覆盖率分析。CodeTEST 提供了多种模式测试软件的覆盖情况。使用该功能，测试者可以在操作应用系统的同时追踪代码的覆盖情况，并可在系统运行时进行 SC（语句覆盖率）、DC（判定覆盖率）和 MC/DC（修订的条件/判定覆盖率）等级别的代码覆盖率测试。代码覆盖率测试可以帮助测试者掌握当前的代码覆盖比例，进而指导对测试用例的优化并提高测试的效率和质量。

（4）动态内存分配分析。CodeTEST 可以跟踪嵌入式软件运行过程中的动态内存分配情况，同时也可以发现和报告原代码中的内存错误。在程序运行过程中，CodeTEST 能够探测二十多种内存分配错误。例如，CodeTEST 可以分析、显示每个函数/任务的存储器分配情况，发现哪些函数占用了较多存储空间，哪些函数没有释放内存，甚至还可以统计存储器空间随着程序运行的动态增加或减少等变化。最终，该工具将自动把错误所在的函数和代码行等信息汇总成一个报告文档，这有助于快速定位错误，进一步提高嵌入式软件的性能和质量。

显然，作为一个硬件辅助的在线嵌入式软件测试与分析工具，CodeTEST 采用了轻量级的插桩技术，同时无须在目标系统存放测试数据，也不需要运行额外的预处理任务。这使得代码插桩对目标系统的影响非常小,为 1‰～15‰。另外,借鉴纯硬件测试工具中通过总线搭线捕获数据的方法,CodeTEST 采用了实时监测系统总线的方式。在该方式下,仅当目标系统中的代码运行到插桩点时,CodeTEST 探测器才主动到数据总线上把数据捕获回来,既不增加开销,还能做到精确、实时的数据采集。

鉴于上述特点,CodeTEST 也被视为通用的嵌入式软件测试工具。类似的工具还有NXP 公司面向 PowerPC 推出的 PowerTAP PRO 等,本书不再讨论。

11.3　系统仿真验证技术

仿真是对现实系统某一层次抽象属性的建模和模仿,是对现实系统某些属性的逼近。基于建立的模型,人们可以开展试验并从中获取所需的信息,进而帮助人们对现实世界某一层次的问题做出决策。计算机仿真的大规模发展起源于第二次世界大战中采用蒙特卡洛方法对核爆炸的模拟,也称为计算机仿真。计算机仿真是指以控制论、系统论、相似原理及信息技术为基础,以计算机和专用设备为工具,利用系统模型对实际的或设想的系统进行动态试验的技术,是基于模型进行动态试验的综合性技术。鉴于计算机仿真技术高效、安全、受环境条件约束少、可改变时间比例、使用方便等优点,其应用越来越广泛。

现在,计算机仿真已成为嵌入式系统开发中的重要验证手段。如前所述,ROM 仿真器、在线仿真器、目标平台仿真器等用于嵌入式软件调试的仿真工具,采用硬件或纯软件的方式分别模拟 ROM 芯片、处理器芯片和整个目标系统硬件。这些方法不仅方便了嵌入式软件的调试过程,而且在一定程度上解决了软硬件协同开发的问题,提高了嵌入式软件的开发效率。除此之外,计算机仿真技术在信息物理融合、智能协同等嵌入式系统的开发中也发挥着举足轻重的作用,以下举例说明。

1. 工业设备嵌入式软件研制

开发工业设备的嵌入式控制系统时,开发者可以采用计算机及电路设备对嵌入式应用的机电装置、外部环境进行仿真。在完成机电装置开发之前,采用仿真系统模拟响应嵌入式控制系统的 I/O 信号和控制动作,可以实现嵌入式系统控制功能和行为过程的验证。这种方法使嵌入式控制系统与机电设备的研制相互独立,实现了系统的并行设计和开发。

2. 航行器嵌入式软件研制

航行器是一个安全攸关的嵌入式应用。试想,在开发飞行控制软件的过程中,直接基于试飞航行器的方法验证嵌入式软件的逻辑和运行过程会有什么样的问题和不足? 显然,这种验证方法的效率非常低而且成本往往是非常高昂的,因为一次试飞部署需要消耗大量的人力、物力,而且即使是一个小的软件缺陷都有可能导致飞行器的损毁。对于该类应用,采用计算机仿真技术在地面进行飞行控制软件功能的验证,可以避免上述问题并大大提升嵌入式系统的开发效率。

3. 协同式无人车嵌入式软件研制

随着无人驾驶车辆技术的日益成熟,以及车载通信网络的发展,智能交通系统(Intelligent Traffic System,ITS)的研究已经开始迈入协作式智能交通系统(Cooperative Intelligent Traffic System,C-ITS)阶段。如果要在实际的车辆和交通环境中进行车载嵌入式系统的验证,首先就需要部署一定数量的无人车,同时准备智能化的交通环境,包括智能道路、通信设施、监管系统等。在这种方式下,验证环境的构建复杂、成本高昂且验证过程的安全性难以保证。然而,若能够通过计算机仿真方法构建一个虚拟的智能交通环境,就可以在实验室环境中对协同算法、通信机制等核心机制进行前期验证。

11.3.1 计算机仿真方法及其原理

通过上述案例分析,读者应该已经体会到计算机仿真技术在嵌入式系统验证中的诸多优势。下面简要地分析几种常用的嵌入式系统仿真方法。

1. 模型在线仿真

模型在线(Model-In-the-Loop,MIL)仿真也称纯模型仿真,是一种基于纯数学模型的仿真验证技术。该仿真方法的核心思想是:根据目标系统的需求与特征建立一个完整的数学模型,进而在计算机上运行模型,获取运行结果,最后对数据进行分析与评价。在该方法体系中,构建与系统符合度高的数学模型是开展高质量仿真的重要前提。

图 11.15 为 MIL 仿真的基本流程。由图 11.15 可知,在建立涵盖系统功能、非功能属性的数学模型之后,设计人员可进一步配置模型的输入激励,驱动模型运行并输出计算结果。通过分析输入激励和模型输出的关系就可以判定模型是否满足要求。若不满足设计要求,设计者可迭代地对模型进行修改、优化和验证。

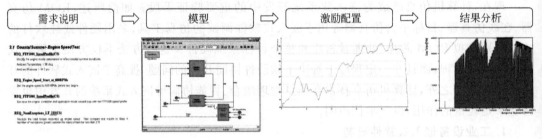

图 11.15　MIL 仿真的基本流程

MIL 仿真与模型驱动软件设计方法中的模型建立、模型验证过程类似,整个过程不涉及任何目标软件代码的开发。设计人员通常可以采用 MATLAB、SCADE、UPPAAL 等工具完成这一工作。

图 11.16 是基于 MIL 仿真方法的多无人车协同仿真环境 QoS-CITS[142]。该仿真环境对交通对象、交通流、通信网络等进行了数学建模,进而以模拟运行方式对多无人车协同控制算法的功能和性能进行验证与评价。

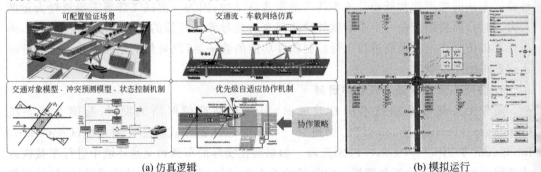

(a) 仿真逻辑　　　　　　　　　　　　　　　　　　(b) 模拟运行

图 11.16　基于 MIL 仿真方法的多无人车协同仿真环境 QoS-CITS

2. 软件在线仿真

软件在线(Software-In-the-Loop,SIL)仿真也称为纯数字仿真、纯软件仿真,是将开发的嵌入式软件与仿真物理世界的数学模型软件合并,在计算机内部进行模拟运行的验证方法。不同于纯模型的 MIL 仿真方法,该仿真方法更接近系统的实现,常用于目标嵌入式软件已经完成设计和开发之后的阶段。在这一阶段,采用数学模型模拟与嵌入式软件进行交互的 I/O 和外部环境,就能够在宿主机或模拟器中对嵌入式软件的功能进行快速验证。其基本原理如图 11.17 所示。

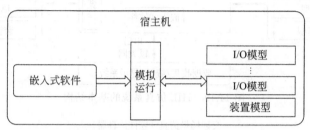

图 11.17　SIL 仿真的基本原理

3. 处理机在线仿真

处理机在线(Processor-In-the-Loop,PIL)仿真就是在嵌入式系统硬件上运行开发的嵌入式软件,进而通过 I/O 模型、装置模型进行系统运行过程仿真的方法,其基本原理如图 11.18 所示。显然,由于嵌入式软件真实地运行在嵌入式硬件上,PIL 仿真较软件在线仿真更为逼近真实的目标系统,仿真运行的结果也更为可信。当然,这里的目标机并非必须是最终的嵌入式硬件,也可以是采用与目标硬件相兼容的评估板构建的原型系统。

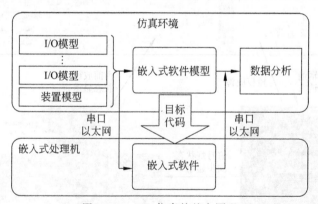

图 11.18　PIL 仿真的基本原理

4. 硬件在线仿真

模型在线仿真、软件在线仿真以及处理机在线仿真都适用于在开发前期对嵌入式软件功能的验证和测试。硬件在线(Hardware-In-the-Loop,HIL)仿真也称半物理仿真、半数字仿真等,主要是在研发后期对整个嵌入式系统进行系统性的验证,尤其适合于复杂嵌入式实时系统的测试。

图 11.19 为 HIL 仿真系统的基本结构。与 PIL 仿真相比,HIL 仿真以最终的嵌入式系统作为中心,并以实物和数学模型共存的方式将控制对象、外部运行环境的复杂特性纳入到仿真系统中,使仿真过程在尽可能真实的场景下进行。基于 HIL 仿真,开发者通常可以获

取与嵌入式应用真实运行场景非常接近的系统响应数据，仿真结果的可信度也就更高。例如，图 11.20 是针对 AIC-SoC 网联路口调度器验证构建的 HIL 仿真环境[143]。近年来，HIL 仿真已经成为验证、测试航空航天、机器人等复杂嵌入式系统的主流仿真方法。

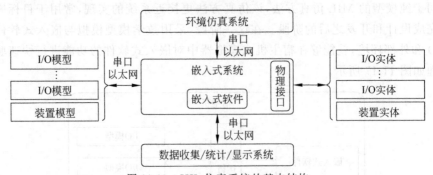

图 11.19　HIL 仿真系统的基本结构

交通场景仿真（软件仿真器）

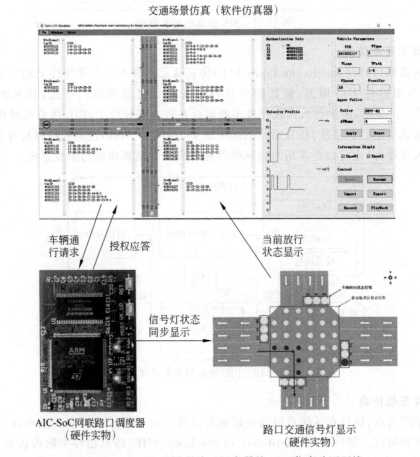

图 11.20　AIC-SoC 网联路口调度器的 HIL 仿真验证环境

11.3.2　可视化技术

可视化是计算机仿真的重要辅助技术。采用可视化方法，可以以图形方式生动地呈现系统仿真运行过程中的数据和结果,或者以虚拟现实方式实时地"还原"出物理世界中的复杂运行场景,从而使开发者或用户可以非常直观地观察系统的运行过程和结果。本节结合几个工具简要地介绍常用的可视化方法,仅为读者提供一些思路,不再做进一步讨论。

LabVIEW[①] 是由 TI 公司开发的图形化程序开发平台,它采用的是可视化编程语言——G 语言[144],允许采用可视化的方式进行软件开发,如图 11.21(a)所示。该工具最初面向仪器自动控制设计,引入了虚拟仪表的概念,设计者可以通过人机界面直接控制开发的仪器设备,并设计类似于图 11.21(b)所示的可视化界面。在功能方面,LabVIEW 提供了强大的函数库,可以实现信号截取、信号分析、模块控制、机器视觉、数值运算、逻辑运算、音频分析、数据存储等功能,因此开发者可依需要快速地设计可视化的控制软件。同时,新版本的 LabVIEW 还实现了对实时操作系统、FPGA 的支持。这使得基于 LabVIEW 开发环境设计、编译的程序也可以直接下载至各种嵌入式系统运行。现在,LabVIEW 被广泛应用于测试测量、控制系统、模拟仿真等领域。

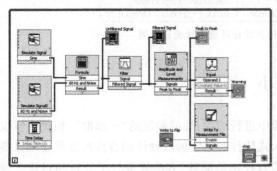
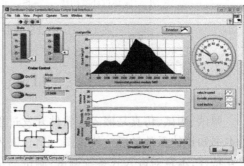

(a) 可视化开发　　　　　　　　　　　　　(b) 可视化界面

图 11.21　LabVIEW 的可视化技术

虚拟现实(virtual reality)是仿真技术的一个重要方向,是仿真技术与计算机图形学、人机接口技术、多媒体技术、传感技术、网络技术等多种技术的融合。虚拟现实技术可以为用户构建一个能实时反映物理对象变化与相互作用的可视化环境,利用头盔显示器、数据手套等辅助传感设备,还能使用户进入虚拟环境并进行身临其境的交互。在嵌入式系统的仿真验证中,场景驱动的虚拟现实仿真技术可以使嵌入式系统融入虚拟环境中运行,同时将应用对象、外部环境的运行状态还原为一个可视化的运行场景。与简单的图形可视化方法相比,虚拟现实方法的效果更为逼真,当然其实施过程更为复杂,成本更高。

图 11.22 给出了场景驱动的仿真验证环境设计流程示例。第一步,构建运行环境。第二步,采用 3ds Max、Creator 或 Photoshop 等工具对机器人、飞机、轮船、建筑等目标对象的物理特征进行三维建模。第三步,采用实时三维虚拟现实开发工具,如 MultiGen-Paradigm 公司的 Vega、Vega Prime 等,创建虚拟现实场景并将应用系统模型与虚拟对象进行绑定。第四步,编写仿真控制软件,基于 Vega Prime API 等软件机制和接口驱动场景和虚拟对象。在系统运行过程中,仿真软件通过网络接口等同步获取仿真运行的输出数据,然后对虚拟现实场景中各个对象的行为进行同步控制,实现场景的动态还原。

---

①　LabVIEW,Laboratory Virtual Instrumentation Engineering Workbench,实验室虚拟仪器工程平台。

除了上面介绍的技术以外，读者还可以在掌握经典技术方法的基础上，根据需要与时俱进地学习和运用数字孪生、虚拟现实/增强现实、元宇宙等不断涌现的新理念、新技术展开创新研究、系统设计和产品研发。

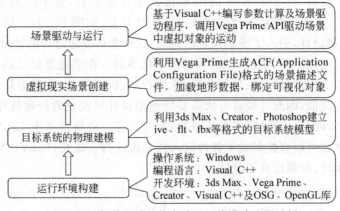

图 11.22　场景驱动的仿真验证环境设计流程示例

11.4　小　　结

调试、测试、仿真是嵌入式软件开发过程中进行功能、性能验证的"三部曲"，相关内容也是本书知识体系的最后一块拼图。结合嵌入式软件和系统的软硬件融合特性以及物理世界交互特性，本章对嵌入式系统调试、测试与仿真技术的原理、方法等进行了分析和讨论。通过本章内容的学习，读者可以进一步加深对嵌入式软件、嵌入式系统技术体系的理解，为未来从事相关领域的工作奠定基础。

习　　题

1. 简述远程调试的基本原理。
2. 分析 ROM 仿真器与 ICE 的联系与区别。
3. 什么是代码插桩技术？阐述基于代码插桩进行嵌入式实时软件测试的优点。
4. 如何理解代码覆盖率测试的准则？
5. 简述半物理仿真的基本原理和过程。

后 记

在本书的第一版出版以后,作者对多维融合的知识体系、内容组织、授课方式以及嵌入式系统课程的课程思政等环节又进行了5年多的教学实践,在不断印证教材知识体系等的有效性的同时,进一步依托多项校级课程改革项目进行了全面的探索、优化和拓展。如此组织内容的基本动机在于,尽可能在有限的篇幅里以体系为纲,系统性地梳理和组织相关知识点,并在突出各知识点嵌入式特性的同时阐述新的技术和理念,从而帮助读者全面掌握知识体系与原理、思想,并依托嵌入式系统技术的特质和适当的课程思政元素促进专业思维、系统能力及科技素养的提升。嵌入式系统的知识体系庞大,限于篇幅,本次修订无法深入全部细节,请读者根据需要和兴趣自行拓展学习。

多年来,作者在从事教学、科研工作之余,基于广泛的兴趣阅读了一些科学史、文学史、艺术史方面的经典著作,从诸多科学家、文学家、艺术家的远见卓识、杰出成就及其不平凡的生命历程中强烈地感受到了"聚焦价值、追求卓越、服务社会"以及"心怀理想、追求纯粹"的人文情怀。如同从事教育、科研工作一样,专业图书的写作对于一名教育工作者而言也应该是一件纯粹而又科学、严谨的事情,同时也应该是一个在艰辛前行中享受知识、提升自我的过程。实际上,不论是本书第一版15个月的潜心创作还是本版半年多的修订,其间困难重重,但信念与责任一直在坚定地引领着我,同时我也从著名作家路遥先生朴实而又积极的《个人小结(草稿)》中汲取了力量,不断地坚定信心、振奋精神。我相信,墙角的那一簇迎春花在历经漫长的寒冬后终会盛开。在此,向路遥先生致敬!

柳青说:"文学是愚人的工作!"其实人才培养、科学研究也是如此。我们首先要以愚公移山的精神坚持努力,同时还需要拥有良好的认知和知识储备,只有用真诚的心和真正的智慧才能将这些事情做好。"写气图貌,既随物以宛转;属采附声,亦与心而徘徊。"(刘勰),在经历了生活和学习的一段艰辛旅程之后,人终会让自己的认知从处理具体事务的生活体验不断上升为充满智慧的生命体验。这也是自己尽最大努力教好一门课、写好一本书、做好一件事的另一个意义所在。

最后,我要强调的是,以嵌入式系统为代表的数字技术赋予了人类前所未有的创造力。人类可以根据需要创造出自然界中原本不存在的"数字生命体",或者是对人造物进行数字化、智能化赋能与改造。可以说,数字技术进一步释放了工程学范畴的创造性,使其充满机遇和乐趣,而不再是枯燥重复的辛苦之事。在新数字时代,学习并开展与数字技术相关的创造性科技工作将对人的科技思维与能力的养成、人生价值的实现以及社会文明的进步产生积极而深远的影响。在此与所有读者共勉!

限于作者的水平,本书中的错误和不妥之处在所难免,欢迎各位读者提出宝贵意见和建议!

作 者

2023 年 5 月 西安

参 考 文 献

[1]   梅拉妮·米歇尔. 复杂[M]. 唐璐,译. 长沙:湖南科学技术出版社,2018.

[2]   爱德华·阿什福德·李. 柏拉图与技术呆子[M]. 张凯龙,冯红,译. 北京:中信出版社,2020.

[3]   EVERETT R R. A History of Computing in the 20th Century:Whirlwind[M]. New York:Academic Press,1980.

[4]   WEISER M. The Computer for the 21st Century[J]. ACM SIGMOBILE on Mobile Computing and Communications Review,1991.

[5]   彼得·马韦德尔. 嵌入式系统设计:CPS 与物联网应用[M]. 3 版. 张凯龙,译. 北京:机械工业出版社,2020.

[6]   爱德华·阿什福德·李. 嵌入式系统导论:CPS 方法[M]. 2 版. 张凯龙,译. 北京:机械工业出版社,2018.

[7]   LEE E A. The Future of Embedded Software[C]. ARTEMIS Annual Conference,Graz,Austria,May,2006.

[8]   IEEE Dictionary. Embedded Computer System[DB]. http://dictionary.ieee.org/index/e-4.html.

[9]   RYAN C. CORBA based Middleware for Cooperating Mobile Robots[R]. University of Dublin,2000.

[10]   IEEE Dictionary. Embedded ComputerSystem[DB]. http://dictionary.ieee.org/index/e-4.html.

[11]   LEE E A. Computing foundations and Practice for Cyber-Physical Systems:A Preliminary Report [R]. EECS Department,University of California,Berkeley,2007.

[12]   National Science Foundation. Cyber-Physical Systems (CPS)[EB/OL]. https://www.nsf.gov/pubs/2013/nsf13502/ nsf13502.htm.

[13]   European Commission. Topic:Smart Cyber-Physical Systems[EB/OL]. https://ec.europa.eu/info/funding-tenders/opportunities/portal/screen/opportunities/topic-details/ict-01-2014.

[14]   Wolf W. What is Embedded Computing? [J]. IEEE Journal Computer,2002,35(1):136-137.

[15]   RAJKUMAR R R,LEE I,SHA L,et al. Cyber-Physical Systems:the Next Computing Revolution [C]. Proceedings of the 47th Design Automation Conference,California,USA,2010:731-736.

[16]   ITU. The Global Standards Initiative on Internet of Things (IoT-GSI)[S]. http://www.itu.int/en/ITU-T/gsi/ iot/Pages/default.aspx,2012.

[17]   ZHANG K L,XIE C Y,WANG Y J,et al. Hybrid Short-Term Traffic Forecasting Architecture and Mechanisms for Reservation-based Cooperative ITS[J]. Journal of Systems Architecture,Volume 117,August 2021.

[18]   PAMPAGNIN P,LETELLIER L. The GENCOD Project:Automated Generation of Hardware Code for Safety Critical Applications on FPGA Targets[C]. Proceedings of the Conference on Embedded Real Time Software and Systems,France,2010:1-9.

[19]   张凯龙. 基于嵌入式系统课程特质的系统化思维与能力培养[J]. 计算机教育,2019(10):117-120.

[20]   张凯龙,吴晓,苗克坚. 面向新工科的嵌入式系统知识体系创新研究[J]. 无线互联科技,2019(9):110-114.

[21]   张凯龙,周兴社,张彦春,等. "嵌入式计算"课程的教学探索与思考[J]. 计算机教育,2009(3):65-67.

[22]   ARMLimited. Cortex-A9 处理器[DB]. http://www.arm.com/zh/cortex-a9.php.

[23]   Altium. Protel 99SE Handbook[R]. http://www.altium.com/files/protel/legacy/handbookp99se.

pdf,1994.

[24] 郭银景.电磁兼容原理及应用教程[M].2版.北京:清华大学出版社,2007.

[25] Intel Corporation. Intel Architecture Software Developer's Manual Volume 2: Instruction Set Reference[R]. 1997.

[26] The RISC-V Instruction Set Manual[R]. Electrical Engineering and Computer Sciences,University of California at Berkeley,2016.

[27] ARM Limited. ARM7TDMI Technical Reference Manual[R]. 2001.

[28] Atmel Corporation.AT91SAM7L-STK Rev. B Starter Kit--User Guide[R]. 2008.

[29] Imagination Technologies. M-Class M6200 and M6250 Processor Cores[R]. 2015.

[30] SiFive Inc. SiFive U74-MC Core Complex Manual 21G2.01.00[R]. 2021.

[31] Analog Devices Inc. ADSP-21532 Preliminary Technical Data[R]. 2001.

[32] Altera Technologies.MAX II CPLD Features[EB]. 2015.

[33] Xilinx Company.XILINX VIRTEX-II SERIES FPGAs[EB]. 2003.

[34] ARMLimited. Mali GPU Architecture[EB]. 2015.

[35] NVIDIA Corporation.NVIDIA's Next Generation CUDA Compute Architecture: Kepler TM GK110 Whitepaper[EB]. 2012.

[36] ARM Limited. ARM Support Documentation[EB]. http://infocenter.arm.com/help/index.jsp.

[37] ARM Limited. ARMv7-AR Architecture Reference Manual[R]. 2014.

[38] ARM Limited. ARMv7-M Architecture Reference Manual[R]. 2010.

[39] Imagination Technologies LTD. MIPS Architecture For Programmers Volume I-A: Introduction to the MIPS32 Architecture[EB]. 2014.

[40] Imagination Technologies LTD. MIPS Architecture For Programmers Volume I-A: Introduction to the MIPS64 Architecture[EB]. 2014.

[41] Imagination Technologies LTD. MIPS Architecture For Programmers Volume I-B: Introduction to the microMIPS32 Architecture[EB]. 2015.

[42] Imagination Technologies LTD. MIPS Architecture For Programmers Volume I-B: Introduction to the microMIPS64 Architecture[EB]. 2015.

[43] IBM.PowerPC User Instruction Set Architecture Book v2.02[R]. 2005.

[44] IBM.PowerPC Virtual Environment Architecture Book v2.02[R]. 2005.

[45] IBM.PowerPC Operating Environment Architecture Book v2.02[R]. 2005.

[46] Freescale Semiconductor. Freescale PowerPC Architecture Primer[EB]. 2005.

[47] Freescale Semiconductor. MPC7450 RISC Microprocessor Family Reference Manual[R]. 2005.

[48] ISSI. IS64WV1288DBLL SRAM Datasheet[R]. 2010.

[49] Micron Technology,Inc.Mobile Low-Power DDR SDRAM[EB]. 2009.

[50] CYPRESS. Understanding Asynchronous Dual-Port RAMs[R]. 2015.

[51] Integrated Device Technology (IDT),Inc.IDT70V3319/99S Datasheet[R]. 2014.

[52] ATMEL.Two-wire Automotive Serial EEPROM[R]. 2004.

[53] Micron Technology,Inc.N25Q512A Datasheet[R]. 2011.

[54] Micron Technology,Inc. Parallel NOR Flash Embedded Memory: M29W256GH[R]. 2013.

[55] Samsung Electronics.K9GAG08B0M: 2Gx8Bit NAND Flash Memory[EB]. 2007.

[56] Cypress Semiconductor Corporation. FM24CL16B: 16-Kbit (2K×8) Serial (I²C) F-RAM Datasheet [R]. 2015.

[57] Fairchild Semiconductor Corporation. LM78XX FIXED VOLTAGE REGULATOR[R]. 1999.

［58］ Master Instrument Corporation. 1N4001 THRU 1N4007［EB］. http：//www.cnmic.com.

［59］ ON Semiconductor.CS5171/2/3/4 1.5A 280 kHz/560 kHz Boost Regulators Datasheet［R］. 2006.

［60］ STMicroelectronics. STM32L100xx，STM32L151xx，STM32L152xx and STM32L162xx advanced ARM-based 32-bit MCUs［DB］. 2015.

［61］ MiguelUsach Merino. Powering ICs On and Off［J］. Analog Dialogue，49：03，March 2015.pp1-4.

［62］ Freescale. MPC8260 PowerQUICC II Family Reference Manual［R］. 2005.

［63］ Microchip Inc.TCM809/TCM810 3-Pin Microcontroller Reset Monitors［DB］. 2012.

［64］ STMicroelectronics.Watchdog timer circuit--STWD100 Datasheet［DB］. 2015.

［65］ MaximIntegrated Products. MAX705/MAX706/MAX707/MAX708/MAX813L Low-Cost，μP Supervisory Circuits［R］. https：//datasheets.maximintegrated.com/.

［66］ STMicroelectronics. STM32F10xxx/20xxx/21xxx/L1xxxx Cortex-M3 Programming Manual ［R］. 2013.

［67］ Maxim Integrated.MAX6816/MAX6817/MAX6818 Datasheet［R］. 2015.

［68］ STMicroelectronics. STM32L162VD，STM32L162ZD，STM32L162QD，STM32L162RD Datasheet ［R］. 2016.

［69］ Motorola. SPI Block Guide V03.06［R］. 2003.

［70］ Silicon Storage Technology，inc. SST25VF032B 32Mbit SPI Serial Flash Data Sheet［R］. 2011.

［71］ SD Association. SDIO/Isdio［EB］. https：//www.sdcard.org/developers/overview/sdio/.

［72］ SD Association.SD Specifications Part E1：SDIO Simplified Specification V3.00［S］. 2011.

［73］ RAK.RAK310 802.11b/g/n WiFi Module Data Sheet［R］. 2013.

［74］ Philips Semiconductors. I²S Bus Specification［S］. 1996.

［75］ Samsung Electronics Co.，Ltd.S3C2440A 32-Bit Cmos Microcontroller User's Manual［R］. 2004.

［76］ Analog Devices，Inc. 低成本、高性能 SOUND BAR 系统［EB］. 2013.

［77］ Analog Devices，Inc. ADAU1761 SigmaDSP Stereo，Low Power，96kHz，24-Bit Audio Codec with Integrated PLL［DB］. 2009.

［78］ Analog Devices，Inc. SSM2518 Digital Input Stereo，2 W，Class-D Audio Power Amplifier［DB］. 2011.

［79］ NXP Semiconductors，Inc. I²C-bus Specification and User Manual［R］. 2014.

［80］ Texas Instruments，Inc. TL16C2550-Q1 1.8V to 5V Dual Uart With 16-Byte Fifos［DB］. 2011.

［81］ Texas Instruments，Inc. MAX232，MAX232I Dual Eia-232 Driver/Receiver［DB］. 2002.

［82］ Texas Instruments，Inc. RS-422 and RS-485 Standards Overview and System Configurations ［R］. 2010.

［83］ Maxim，Inc. Low-Power，RS-485/RS-422 Transceivers［DB］. 2019.

［84］ BOSCH.CAN Specification V2.0［S］. 1991.

［85］ Texas Instruments，Inc. Introduction to the Controller Area Network (CAN)［DB］. 2008.

［86］ Philips Semiconductors.SJA1000 Stand-alone CAN controller［R］. 2000.

［87］ NXP.PCA82C250 CAN Controller Interface［DB］. 2011.

［88］ 全国工业过程测量和控制标准化技术委员会第四分技术委员会. 用于工业测量与控制系统的 EPA 系统结构与通信标准：GB/T 20171—2006［S］. 北京：中国标准出版社，2006.

［89］ 史春华，张浩，彭道刚，等. EPA 实时工业以太网通信协议的研究［J］. 自动化仪表，2009(12)：1-5.

［90］ ZHANG Kailong，Huliang，et al. Wireless Extension Mechanism and Logic Design for FPGA-based Ethernet Powerlink Node ［C］. IEEE/ACIS 15th International Conference on Computer and Information Science，Okayama，Japan，2016.

［91］ VITAStandards［S］. http：//www.vita.com.

[92] RYNEARSON J. OpenVPX Recognized as an American National Standard[DB]. E-cast. http://cloud1.Opensystem smedia. com /VITAactivitychart.Sum10.pdf.

[93] American National Standards Institute,Inc. Standard For VITA 42.0 XMC[DB]. 2008.

[94] Texas Instruments Incorporated. A True System-on-Chip Solution for 2.4-GHz IEEE 802.15.4 and ZigBee Applications[R]. 2011.

[95] Texas Instruments Incorporated. Using CC2592 Front End With CC2530[R]. 2015.

[96] Bluetooth SIG.Specification of the Bluetooth System[S]. 2003.

[97] Martin Woolley. Bluetooth Core Specification Version 5.3 Feature Enhancements[S]. Bluetooth SIG,2021.

[98] Microchip Technology Inc.RN4020 Bluetooth Low Energy Module[DB]. 2015.

[99] Texas Instruments Incorporated. CC2541 2.4-GHz Bluetooth Low Energy and Proprietary System-on-Chip[DB]. 2013.

[100] Texas Instruments Incorporated. CC3100 SimpleLink WiFi Network Processor[DB]. 2015.

[101] Microchip Technology Inc. RN1810/RN1810E 2.4 GHz IEEE 802.11b/g/n Wireless Module [DB]. 2016.

[102] Texas Instruments Incorporated. TRF7970A Near Field Communication (NFC) Transceiver IC [DB]. 2014.

[103] DAWSON P, LANTZ A. Real-Time Debugging with Rom Monitors[C]. Embedded Systems Conference (ESC),Sept,1991: 61-68.

[104] Wind RiverMarketPlace. Wind River BSP Resources[DB]. https://bsp.windriver.com.

[105] VMware.VMware Infrastructure Architecture Overview[R]. https://www.vmware.com.

[106] 贺阮,史冰迪.云原生架构——从技术演进到最佳实践[M]. 北京：电子工业出版社,2021.

[107] 王佩华. 微服务架构深度解析——原理、实践与进阶[M]. 北京：电子工业出版社,2021.

[108] KAMAL R. Embedded Systems：Architecture,Programming and Design[M]. Tata McGraw-Hill Publishing Company. 2011.

[109] ZHANG K L,YANG A S,SU H,et al. Service-Oriented Cooperation Models and Mechanisms for Heterogeneous Driverless Vehicles at Continuous Static Critical Sections[J]. IEEE Transactions on Intelligent Transportation Systems,Volume:18,Issue:7,2017.pp1867-1881.

[110] ZHANG K L, ZHANG D F, DE LA FORTELLE A, et al. State-driven Priority Scheduling Mechanisms for Driverless Vehicles Approaching Intersections[J]. IEEE Transactions on Intelligent Transportation Systems,2015,16(5):2487-2500.

[111] Micrium Press. uC/OS Ⅲ User Manual[R]. 2010.

[112] Wind River Systems,Inc. Vxworks Application API Reference 6.6[R]. 2007.

[113] LIUC L, LAYLAND J W. Scheduling Algorithms for Multiprogramming in a Hard-Real-Time Environment[J]. Journal of the ACM (JACM),1973,20(1):46-61.

[114] 韩辉,焦进星,曾波等. SylixOS 设备驱动程序开发[M]. 北京：北京航空航天大学出版社,2022.

[115] Keil Software,Inc. RTX51 Tiny User's Guide 2.95[R]. 1995.

[116] Wind River Systems,Inc. VxWorks 6 Product Note[R]. 2005.

[117] 韩辉,焦进星,曾波,等. SylixOS 应用开发权威指南[M]. 北京：北京航空航天大学出版社,2022.

[118] 徐礼文.鸿蒙操作系统开发入门经典[M]. 北京：清华大学出版社,2021.

[119] TinyOS Documentation Wiki[DB]. http://tinyos.stanford.edu/tinyos-wiki/index.php/Main_Page.

[120] DUNKELS A,GRONVALL B,VOIGT T. Contiki-a Lightweight and Flexible Operating System for Tiny Networked Sensors[C]. 29th Annual IEEE International Conference on Local Computer

Networks，Nov，2004.

[121] Micrium Company. μC/GUI User Mannual (v5.34) [R]. 2016.

[122] emWin Samples[DB]. https://www.segger.com/emwin-samples.html.

[123] Beijing FMSoft Technologies Co.，Ltd. MiniGUI Technology White Paper[R]. 2008.

[124] BeijingFMSoft Technologies Co.，Ltd. MiniGUI Programming Guide V3.0-C[R]. 2010.

[125] David Woodhouse. JFFS：The Journalling Flash File System[C]. Ottawa Linux Symposium. 2001.

[126] Charles Manning. How YAFFS Works[DB]. www.yaffs.net. 2012.

[127] Aleph One Ltd. YAFFS Direct Interface (YDI) Integration Guide[R]. 2007.

[128] The Architecture Of SQLite[DB]. https://www.sqlite.org/arch.html.

[129] Oracle Inc.Oracle Berkeley DB Programmer's Reference Guide[R]. 2011.

[130] Oracle Inc.Getting Started with Berkeley DB for C[R]. 2015.

[131] Mcobject LLC. eXtremeDB In-Memory Database System[DB]. 2013.

[132] How to Build a GCC Cross-Compiler [DB]. http://preshing.com/20141119/how-to-build-a-gcc-cross-compiler/.

[133] GCC Options That Control Optimization [DB]. https://gcc.gnu.org/onlinedocs/gcc/Optimize-Options.html.

[134] KANDEMIR M，VIJAYKRISHNAN N，IRWIN M J，et al. Compiler Optimizations for Low Power Systems[M]. Springer Press. 2002：191-210.

[135] 伦恩·拜斯,英戈·韦伯,朱黎明. DevOps 软件架构师行动指南（DevOps：A Software Architect's Perspective)[M]. 胥峰,任发科,译. 北京：机械工业出版社,2017.

[136] Maguire S. Writing Solid Code[M]. New York：Microsoft Corp,1993.

[137] 陈渝,李明,杨晔. 源码开放的嵌入式系统软件分析与实践——基于 SkyEye 和 ARM 开发平台[M]. 北京：北京航空航天大学出版社,2004.

[138] ARM Inc.Fixed Virtual Platforms-VE Cortex-A15 Cortex-A7 CCI-400 User Guide[R]. 2014.

[139] Intel Corp.Randy Johnson,Stewart Christie. JTAG 101 IEEE 1149.x and Software Debug White Paper[R]. 2009.

[140] Red Lizard Software Inc. Static Analysis for Safety Critical C/C++. 2009.

[141] Metrowerks Corp.CodeTEST Software Analysis Tools[DB]. 2003.

[142] ZHANG K L，ZHANG D F，DE LA FORTELLE A，et al. State-driven Priority Scheduling Mechanisms for Driverless Vehicles Approaching Intersections[J]. IEEE Transactions on Intelligent Transportation Systems,2015,16(5)：2487-2500.

[143] ZHANG K L，Li Q，Fu WW，et al. SoC-AIC：Service-oriented Cloud-cooperative Autonomous Intersection Controller for SoC-ITS[C]. 2021 IEEE/ACIS 20th International Fall Conference on Computer and Information Science (ICIS Fall),13-15 October 2021,Xi'an,China.

[144] National Instruments. Getting Started with LabVIEW[DB]. 2013.